Leitfäden und Monographien
der Informatik

Reinhold Paul
Elektrotechnik und Elektronik
für Informatiker
Band 1   Grundgebiete der Elektrotechnik

Leitfäden und Monographien
der Informatik

Herausgegeben von

Prof. Dr. Hans-Jürgen Appelrath, Oldenburg
Prof. Dr. Volker Claus, Stuttgart
Prof. Dr. Günter Hotz, Saarbrücken
Prof. Dr. Klaus Waldschmidt, Frankfurt

Die Leitfäden und Monographien behandeln Themen aus der Theoretischen, Praktischen und Technischen Informatik entsprechend dem aktuellen Stand der Wissenschaft. Besonderer Wert wird auf eine systematische und fundierte Darstellung des jeweiligen Gebietes gelegt. Die Bücher dieser Reihe sind einerseits als Grundlage und Ergänzung zu Vorlesungen der Informatik und andererseits als Standardwerke für die selbständige Einarbeitung in umfassende Themenbereiche der Informatik konzipiert. Sie sprechen vorwiegend Studierende und Lehrende in Informatik-Studiengängen an Hochschulen an, dienen aber auch in Wirtschaft, Industrie und Verwaltung tätigen Informatikern zur Fortbildung im Zuge der fortschreitenden Wissenschaft.

Elektrotechnik und Elektronik für Informatiker

Band 1   Grundbegriffe der Elektrotechnik

Von Prof. Dr.-Ing. Reinhold Paul
Technische Universität Hamburg-Harburg

Mit 282 Bildern und 54 Tafeln

B. G. Teubner Stuttgart 1994

Die Deutsche Bibliothek – CIP-Einheitsaufnahme

Paul, Reinhold:
Elektrotechnik und Elektronik für Informatiker / von Reinhold
Paul. – Stuttgart : Teubner.
Bd. 1. Grundbegriffe der Elektrotechnik. – 1994
  (Leitfäden und Monographien der Informatik)

  ISBN 978-3-519-02126-1   ISBN 978-3-322-96651-3 (eBook)
  DOI 10.1007/978-3-322-96651-3

Satz: Schreibdienst Henning Heinze, Nürnberg

Vorwort

Der vorliegende Gesamttext entstand aus dem Anliegen, Informatikern, aber auch Ingenieuren und Wissenschaftlern, die keinen Bezug zur Elektrotechnik/Elektronik hatten, eine angemessene Einführung in Schwerpunkte dieses Fachgebietes zu geben. Die Notwendigkeit dürfte unbestritten sein, nicht zuletzt ist gerade der Computer ein überzeugendes Produkt der elektronischen Industrie selbst. Auch für die Einbindung des Rechners über Sensoren und Aktoren in die technische Umwelt oder in Kommunikationsnetze sind elektronische Grundkenntnisse für jeden Informatiker höchst nützlich.

Dies ist einer der Gründe, weshalb Einführung in die Elektrotechnik/Elektronik in den einschlägigen Ausbildungsempfehlungen vorgesehen ist. Die Zielstellung bedingt von Anfang an eine Stoffbeschränkung auf wirkliche Grundkenntnisse, die mit minimalen Mathematikkenntnissen auskommen und dafür mehr Wert auf die anschauliche Darstellung legen. Häufiger Bezug auf uns täglich umgebende elektrotechnische Erscheinungen soll den Leser über Stoffklippen hinweghelfen und ein Gefühl dafür vermitteln, was sich z.B. hinter Begriffen wie analoge und digitale Signalverarbeitung und -übertragung, Wellenausbreitung u.a. verbirgt.

Der gesamte Stoff wurde auf zwei Bände verteilt: Der vorliegende erste Band enthält hauptsächlich die elektrotechnischen Grundbegriffe und Phänomene, die Grundlagen der Netzwerke (Stromkreise) und ihrer Netzwerkelemente, Wechselstromnetzwerke (als Grundlage einer allgemein zeitveränderlichen Signalübertragung), einen kurzen Abriß der Signal- und Systembegriffe sowie eine phänomenologische Einführung in das elektromagnetische Feld (das in konzentrierter Form z.B. in den Grundelementen auftritt).

Der folgende Band umfaßt die typischen Eigenschaften der wichtigsten Halbleiterbauelemente, analoge und vor allem digitale Schaltungen und Schaltkreise, digitale Systeme sowie Signalverarbeitung in solchen System und die Signalübertragung zwischen Systemen.

Zur Verstärkung der Lernmotivation wurden jedem Abschnitt Lernziele vorangestellt und am Ende in Form von Lernorientierungen die wichtigsten Erkenntnisse thesenartig zusammengefaßt. Regelmäßig in den Text eingebaute

Aufgaben (mit Lösungen) und eine Reihe typischer praxisbezogener Beispiele vermitteln dem Leser sehr bald ein Gefühl für den jeweiligen Fortschritt.

Bei der Abfassung des Textes stand mir – neben den eigenen Lehr- und Übungserfahrungen – vor allem Herr Prof. Dr. Waldschmidt sachwaltend zur Seite. Gerade von ihm kamen viele wertvolle Hinweise zur Stoffakzentuierung für Informatiker.

Herr Dr. Spuhler vom B.G. Teubner Verlag sorgte zusammen mit seinen Mitarbeitern – insbesondere Herrn Kretschmer – für die rasche drucktechnische Abwicklung.

Hamburg, Juli 1993   R. Paul

Inhalt

Hinweise zur Arbeit mit dem Lehrbuch. Studienmethodik

Wohl kaum ein Bereich der Technikwissenschaften baut auf einem Teilgebiet der Physik – dem Elektromagnetismus – so systematisch und anwendungsorientiert auf wie die Elektrotechnik. Die Folge sind nicht nur ein sehr geschlossenes System von Gesetzmäßigkeiten, sondern gleichzeitig auch ihre Unterstützung durch ein Skelett mathematischer Verfahren. Dies führt einerseits durch die enorme Anwendungsbreite der Elektrotechnik zu einer großen Stoffülle, andererseits ist das Gebiet doch auch sehr gut durchschaubar und vor allem erlernbar, wenn man sich systematisch mit den Grundlagen der Elektrotechnik befaßt. Um dies möglichst rationell durchzuführen, sollen einige Hinweise dienen.

Stoffstrukturierung. Die Aneignung des Stoffes erfordert ein *intensives Selbststudium mit Papier und Bleistift*. Zielsetzung ist dabei die Erlernung wichtiger physikalischer Sachverhalte, Definitionen und Gesetzmäßigkeiten und vor allem Lösungsstrategien für typische Aufgabenstellungen. Zum Erlernen der Schwerpunkte wurden jedem Abschnitt Lernziele vorangestellt. Ob diese Ziele jeweils erreicht wurden, können Sie durch Beantwortung von Fragen und Lösen von Übungsaufgaben am Ende eines jeden Abschnittes selbst überprüfen. Die Musterlösungen bieten dabei eine Orientierungshilfe.

Technik des Lernens. Das Erlernen eines Stoffes ist ein mehrstufiger Prozeß. In einem ersten Schritt wird man einen Teilabschnitt durchlesen und sich zunächst einige Notizen (wichtige Definitionen, Gesetzmäßigkeiten, grafische Zusammenhänge) machen (Regel: max. 1/2 bis 1 Seite von ca. 10 Seiten Text). Anschließend versuchen Sie an Hand dieses „Excerptes" durch Nachdenken und verstehendes Erlernen dieses „Gerüstes", den Inhalt eigenständig zu formulieren und vielleicht auch schon die eine oder andere Aufgabe und Frage zu lösen. Dabei wird es noch viel Mißerfolg geben. Deshalb schließt jetzt eine repetierende Phase *intensiver Durcharbeit* an:

– systematische Wiederholung der Schwerpunkte eines Teilabschnittes (in Verbindung mit den jeweiligen Zielstellungen),

- immer wieder begleitende Lösung von Übungsaufgaben, Abwandlung der Aufgaben,
- Ergänzung des angefertigen Excerptes,
- Beziehen Sie in dieser Phase auch das Gespräch mit KommilitonInnen ein. Sie merken in der Diskussion sehr rasch, wo noch Lücken existieren.
- „Inhaltsorientiertes" Einprägen der häufig eingefügten Lösungsstrategien z.B. für die Netzwerkanalyse.

Am Ende dieser zweiten Durcharbeitungsphase werden Sie die Lernziele größtenteils erreicht haben und die Mehrzahl der Übungen einigermaßen gut lösen können.

Sehr hüten sollten Sie sich aber vor bloßen Auswendiglernen möglichst vieler Formeln, oder etwa, zu einer Aufgabe die „passende" Formel zu finden. Im Vordergrund steht vielmehr jeweils der physikalisch-elektrotechnische Prozeß, das Phänomen, also das „elektrotechnische Weltbild". Dieses schrittweise zu begreifen und nutzen = anwenden zu können, ist das Lernziel!

Um es möglichst gut zu erreichen, schließt sich jetzt ein *Vertiefungsphase* an:

- Nehmen Sie für Detailprobleme, die noch nicht verstanden wurden, auch einmal andere Lehrbücher zur Hand und suchen Sie *gezielt* nach diesem Problem. Lösen Sie weitere zugehörige Aufgaben.
- Suchen Sie in Einzelfragen, die Sie noch nicht verstanden haben, Kontakt zu Übungsleitern oder Lehrpersonen.
- Arbeiten Sie den Teilabschnitt im Lehrbuch in Verbindung mit Ihrem Excerpt nochmals durch. Runden Sie letzteren ggf. ab (farbige Hervorhebung, Skizzen, Stichworte). Dieses so entstandene „Nachschlagblatt" sollten Sie auch später von Zeit zu Zeit repetieren, um das Stoffverständnis *langfristig* zu erhalten.
- Sie werden jetzt feststellen, daß Sie die Zielstellungen des Abschnittes alle richtig finden, die Elektrotechnik plötzlich „viel einfacher" wird und Sie über ein *verstandenes Stoffskelett* verfügen. Die mathematische Formulierung der Gesetze ist dann die einfachste und verständlichste Form! Wächst jetzt Ihre Neugier auf den nächsten Teilabschnitt, so war Ihre Lernmethodik erfolgreich.

Studienhinweise

Die *anwendungsbereite* Aneignung der elektrotechnisch-elektronischen Grundlagen der Informatik schließt zwei Phasen ein:

- Teilnahme an einer entsprechenden Lehrveranstaltung. Dabei ist der aufmerksame Hörer nicht passiv, sondern er führt gleichzeitig drei Funktionen durch: Zuhören, Mitdenken und *stichwortartiges* Mitschreiben. (Unverbindliches Zuhören und bloßes Mitschreiben erfüllen die Funktion der Wissensvermittlung nicht.) Lassen Sie in der Nachschrift Platz für Notizen bei der Nacharbeit. Unverstandene Probleme sollten sofort angemerkt werden. Sehr vorteilhaft und wünschenswert ist es, sich auf eine Lehrveranstaltung *vorzubereiten*: Vorlernen verkürzt Nachlernen. Zur anwendungsbereiten Erkennung eines Stoffgebietes reicht die Lehrveranstaltung erfahrungsgemäß *nicht* aus, vielmehr ist das *Selbststudium* der eigentliche kreative Teil des Studiums. Dabei will Ihnen das *Lehrbuch* eine Hilfe sein. Die Durchführung eines regelmäßigen *Selbststudiums* dient

- dem Aufnehmen, der Verarbeitung und dem Speichern des Stoffgebietes,
- der Ausbildung von Fähigkeiten und Fertigkeiten,
- der Aneignung allgemeiner Strategien und Methoden des Fachgebietes und schafft dann die Voraussetzungen kreativer Weiterentwicklungen und der Gewinnung einer rationellen Arbeitstechnik,
- Arbeit mit dem Lehrbuch, dem Skript, Übungsaufgaben u.a. Dafür soll Ihnen das vorliegende Lehrbuch einige Hilfe geben.

Lehrstoff. Das Stoffgebiet Elektrotechnik/Elektronik umfaßt etwa das, was man einem Studenten mit Elektrotechnik im Nebenfach im Zeitalter der Computertechnik anbieten kann. Wert wurde auf besondere Anschaulichkeit und physikalisch-technisches Verständnis gelegt. Als mathematische Vorkenntnisse genügen u.a. elementare Algebra und Trigonometrie, elementare Funktionen und Vektoralgebra, Grundbegriffe der Integral- und Differentialrechnung, wie sie als Vorkenntnisse eingebracht und durch einen Mathematik-Kurs geboten werden.

Strukturierung des Lehrstoffes. Zur besseren Arbeit mit dem Lehrbuch sind jedem Abschnitt *Ziele* vorangestellt, die auf zu erarbeitende Kenntnisse des betreffenden Abschnittes verweisen. Wichtige Aussagen sind optisch (Balken) hervorgehoben. Wesentliche Stoffelemente bilden eingefügte *Lösungsstrategien* für typische Verfahren der Elektrotechnik. Ihre anwendungsbereite Beherrschung ist eine notwendige Voraussetzung für Stoffkenntnisse und Übungsaufgaben. Eine Reihe von Beispielen und viele Bilder dienen der Veranschaulichung und Größenfindung. Zusammenfassungen unterstreichen nochmals das geforderte Grundwissen, das bei Wiederholung und Prüfungsvorbereitung hilfreich sein kann. *Fragen* dienen der Kontrolle des Lernerfolges. Sie sollten nach Durcharbeit des betreffenden Teiles *problemlos* beantwortet werden können, sonst war das Selbststudium nicht intensiv genug. Ein sehr kritischer Gradmesser für die Stoffbeherrschung ist die Fähigkeit, Übungsaufgaben zu lösen. Dabei sind einfachere und schwierigere Aufgaben (mit Lösungen) einführt. Eine gute Stoffbeherrschung liegt vor, wenn Sie die Mehrzahl der Aufgaben problemlos lösen können.

Vorschläge für ein effektives Selbststudium. Die Selbststudienzeit ist nie reichlich vorhanden. Sie sollte deshalb gut genutzt werden und zu höchstmöglichem Ergebnis führen. Dazu gehören, neben Leistungswillen und Aktivität, vor allem eine rationelle *Arbeitstechnik*, die Kenntnis der eigenen physischen Besonderheiten der wissenschaftlichen Arbeit, eine Arbeitsatmosphäre (Ruhe, Konzentration) und vor allem Bleistift und Papier.

Ein Selbststudium ohne intensive Nutzung von Papier und Schreibgerät zum Skizzieren, Nachdenken, Finden von Ansätzen ist vertane Zeit. Wenig produktiv ist eine nochmalige Erarbeitung einer „sauberen" Nachschrift, bloßes Durchlesen von gedrucktem Material oder gedankenloses Auswendiglernen des Stoffes. Obwohl Selbststudium sehr individuell abläuft, haben sich doch einige Schritte bewährt:

a) *Kennenlernen und Durcharbeit des Stoffes.* Lesen Sie in Verbindung mit Ihrem Vorlesungsskript die Zielstellungen eines Abschnittes und den betreffenden Stoff des Lehrbuches (ohne Beispiele und Aufgaben), um zunächst einen Überblick über ein Teilgebiet zu gewinnen. Manches wird sofort verständlich sein, anderes nicht. Sie erkennen, *wie* etwa die Zielstellungen methodisch erreicht werden.

b) *Erarbeitung des Stoffes.* Im nächsten Schritt repetieren Sie nochmals die Zielsetzungen und beginnen dann, den Stoff absatzweise intensiv zu lesen und zu durchdenken. Dabei sollten gleichzeitig *skizzenartige* Notizen (wichtige Gleichungen und deren Zustandekommen, Zusammenhänge) gemacht werden. Legen Sie Pausen ein und bemühen Sie sich, den Stoff *verstehend* einzuprägen (so, daß Sie wichtige Schritte selbst skizzieren können). Schwierige Probleme (Fragezeichen) sollten noch zurückgestellt werden, aber nicht jedes „Problem" ist schwierig. Konzentrieren Sie sich besonders auch auf die Lösungsstrategien. Testen Sie Ihre so erworbenen Kenntnisse durch den Versuch, einfache Aufgaben zu lösen und eigene Kontrollfragen zu beantworten. Das wird noch nicht in allen Fällen gelingen.

c) *Vertiefung, Kontrolle des Stoffes.* Diese Arbeitsstufe sollte erst nach einem zeitlichen Abstand (1 bis 2 Tage) zu Schritt b) erfolgen und sich konzentrieren auf

- Probleme, die bei der Kontrolle der Kenntnisse nach b) noch offenbar werden,
- Ergänzungen Ihrer Notizen (stichwortartig), die sich so zu einem „Repetitorium" entwickeln. Ergänzen Sie Kernaussagen, stichwortartige Lösungsmethoden.
- Lösung weiterer Übungsaufgaben (auch schwierigere, die jetzt doch größtenteils problemlos gelöst werden können). Nur in „Notfällen" sollten Sie nach intensiven eigenen Bemühungen die Lösungen im Anhang nachschlagen. Gehen Sie zu dem nicht verstandenen Stoffteil zurück.
- Beantwortung von Kontrollfragen.

d) *Konsultation.* Gibt es dennoch Probleme, die Sie im Selbststudium nicht verstanden haben, so sollten Sie zunächst KommilitonInnen fragen, wie sie das Problem sehen und/oder sich um eine Konsultation bemühen. Dazu sollten Sie

- das Problem präzise formulieren (was soll geklärt werden?),
- sich gründlich vorbereiten (ein Konsultation ist keine Nachhilfestunde!).

Versuchen Sie möglichst häufig, mit KommilitonInnen Stoffgebiete oder Aufgaben zu diskutieren. Sie werden im Gespräch sehr schnell erkennen, was verstanden wurde oder was nicht.

Derjenige Leser, der die hier angegebenen Hinweise mit echtem Leistungswillen angeht, darf sich des Erfolges ziemlich sicher sein.

1   Grundbegriffe

Nach Durcharbeit des Abschnittes beherrscht der Lernende:

- den Umgang mit physikalischen Größengleichungen,
- den Ladungsbegriff (Einheit, Arten, Eigenschaften),
- den Trägertransport in Metallen, Halbleitern und Nichtleitern (qualitativ),
- die Definition des Stromes, Stromflußrichtung und Richtung der Teilchenbewegung
- wenigstens vier typische Wirkungen des elektrischen Stromes
- die Erklärung des einfachen Stromkreises (Strom-, Spannungsbegriff)
- den Zusammenhang zwischen Strom und Ladung
- den Stromdichtebegriff
- den Begriff elektrischer Feldstärke (und seine Ursache)
- den Spannungsbegriff
- das erste und zweite Kirchhoffsche Gesetz
- den Begriff aktiver/passiver Zweipol vom Energie- und Leistungsumsatz her
- Arbeit und Leistung am aktiven/passiven Zweipol ausgedrückt durch Strom und Spannung.

Zur Stoffauswahl. Es wäre sicher eine Untertreibung, zu behaupten, daß wir heute nicht in einem Zeitalter der Elektronik leben. Das Gegenteil dürfte zutreffen: die heutige Gesellschaft würde ohne Elektronik wohl sehr schnell in ihrer Existenz bedroht sein, entfiele die Nutzung elektrotechnischer Phänomene plötzlich. Die Elektronik umfaßt nicht nur Rundfunk, Fernsehen, Satellitenfunk, unterschiedlichste Rechner – also Informations- und Datenverarbeitung und -übertragung –, sondern auch die Meß-, Steuerungs- und Regelungstechnik unterschiedlichster Produktionsprozesse, die Energiegewinnung und -übertragung, die Energiewandlung (Motor, Generator, Batterie, Wärme- und Lichterzeugung, chemische Prozesse) mit breiter Anwendung in nahezu allen Bereichen der menschlichen Gesellschaft und vieles andere mehr. Es gibt praktisch kein Produkt, an dessen Herstellung die Elektrotechnik nicht (direkt oder indirekt) beteiligt ist.

Das riesige Gebiet der Elektrotechnik und ihrer Anwendung wird überschaubarer, wenn man die Höhe der typischen Energien betrachtet:

- Die *elektrische Energietechnik* befaßt sich mit der Erzeugung, Übertragung, Verteilung und Anwendung (Umwandlung) elektrischer Energie mit möglichst hohem Wirkungsgrad. Hier spielen enorme Leistungen die Hauptrolle. Begriffe wie Motor, Generator, Hochspannung, Netzspannung (230 V), Beleuchtungstechnik u.a.m. gehören in diese Kategorie. Wir verfolgen diesen Zweig hier nicht.

- Die *Informationstechnik* nutzt die elektrische Energie als Träger von Informationen. Das schließt die Informationsübertragung, -vermittlung, Speicherung und Verarbeitung ein. Informationen können Sprache, Bild, Text, Daten u.a.m. sein, für die wir später aus elektrotechnischer Sicht den Signalbegriff einführen. Man mag geteilter Meinung sein, ob zur Informationstechnik z.B. die Meß-, Regelungs- und Automatisierungstechnik gehören oder nicht, aus elektrotechnischer Sicht ist dies nebenrangig. Leistungsgesichtspunkte spielen in der Informationstechnik im Regelfall eine untergeordnete Rolle. Beispielsweise entnimmt der Rundfunkempfänger der Antenne eine Leistung von etwa 10^{-14}(!) Watt: total belanglos. (Der Rundfunksender selbst strahlt aber mit einer Leistung von etwa 100 kW.)

Beide Gebiete benötigen elektrotechnische Bauteile und Geräte. In den letzten Jahrzehnten haben die Erfolge der *Halbleitertechnik* und *Mikroelektronik* die Elektrotechnik in nie vermutetem Umfang revolutioniert. Dadurch können auf kleinstem Raum große Leistungen gesteuert werden (Dioden, Thyristoren) oder auch unwahrscheinlich viele „Bauelemente" in einem „System" zusammenwirken. So enthält ein 64 MB-Speicher in einem Volumen von etwa 10 mm^3 immerhin rd. 130 Millionen (!) Einzelbauelemente untrennbar miteinander verbunden. Noch ist ein Ende der Entwicklung der Mikroelektronik nicht abzusehen.

All diese phantastischen Entwicklungen nutzen letztlich die Wirkungen des elektrischen Stromes, die Eigenschaften elektrischer und magnetischer Felder und ihre Wechselwirkung mit der Materie (Leiter, Nichtleiter, Halbleiter u.a.). Deshalb überrascht nicht, wenn auch der *sichtbare Teil* der elektromagnetischen Strahlung – das Licht – in Form der *Optoelektronik* bereits intensiv in der Informationstechnik genutzt wird: es gibt optische Sende- und Empfangselemente (Laser, Fotodioden, Solarzellen) und vor allem die *Lichtwellenleiter* zur rationellen Übertragung von Informationen über große Entfernungen mit kleinsten Leistungen.

Warum muß sich der Informatiker mit elektrotechnisch-elektronischen Grundlagen befassen?

Die Informatik als Disziplin zur automatisierten Informationsverarbeitung nutzt den Computer als wichtigstes Arbeitsmittel. Ein solches hochautomatisiertes elektkrotechnisches System wird entscheidend geprägt durch Nutzung moderner elektrotechnischer Prinzipien und Komponenten. Deshalb soll der Leser durch Grundkenntnisse der Elektrotechnik in die Lage versetzt sein, das Arbeitsinstrument besser kennenzulernen und vor allem auch die gegenseitige Kommunikation mit anderen Geräten zu verstehen. So gesehen ist das Stoffgebiet nicht nur für den Informatiker zugeschnitten, sondern generell für technische und naturwissenschaftliche Studiengänge (z.B. Maschinenbau, Physik, Mathematik), die sich eingehender mit elektrotechnischen Grundlagen ohne ein Lehrbuch für Elektrotechniker vertraut machen wollen. Gerade dieser Kreis steht oft vor der Aufgabe, Bauelemente und Schaltungen anwenden zu müssen , ohne viele Einzelheiten über tiefere Wirkprinzipien zu kennen. Der Stoff ist mehr aus dieser Sicht verfaßt.

Schließlich gibt es eine ganze Reihe von Anwendungsfeldern der Informatik (z.B. Schaltkreisentwurf, Simulationsverfahren von großen Netzwerken und Digitalsystemen, Testprobleme, Systemmodellierung), für die ein elektrotechnischer Hintergrund sehr zum besseren Verständnis beiträgt.

Zur Stoffeinteilung. Der Stoff wurde bedacht auf zwei Bände verteilt. Der vorliegende Band 1 enthält die Grundlagen, die zum anwendungsorientierten Verständnis elektrischer Grundbauelemente und ihrer Verbindung zu Stromkreisen notwendig sind (Bild 1.0.1). Im Mittelpunkt steht dabei der einfache und erweiterte Stromkreis (das Netzwerk). Stromkreise bilden immer die Basis für jede elektrotechnische Lösung in der Informations- und Energietechnik. Systematisch dargeboten werden vor allem *charakteristische* Berechnungsmethoden von Gleichstrom- und Wechselstromkreisen. Gerade der Wechselstromkreis kann durch Einführung einer Transformation in vielen Punkten auf Kenntnissen des Gleichstromkreises aufbauen. Obwohl er zunächst noch nicht zur Informationsverarbeitung geeignet ist, bildet er doch ein wichtiges Modell, auf dem später die Methoden der Informationsübertragung und -verarbeitung aufsetzen. Weil dies sowohl mit analogen als auch digitalen Signalen erfolgt, ist die Reaktion des Netzwerkes auf sprungförmige Erregung – und eine angepaßte mathematische Beschreibungsform – eine zweckmäßige Vorbereitung für das fortgeschrittene Schaltungsverständnis.

Wenn auch die Verbindung zwischen einer Erregergröße (Signalquelle oder einfach Spannungsquelle) und einem Empfangsort immer durch ein elektrisches Netzwerk erfolgt, so bietet doch im Sinne des Eingangs-/Ausgangsverhaltens eine derartige Anordnung an, von einem „System" zu sprechen und damit zum „Black-Box-Modell" überzuleiten. Gerade dadurch

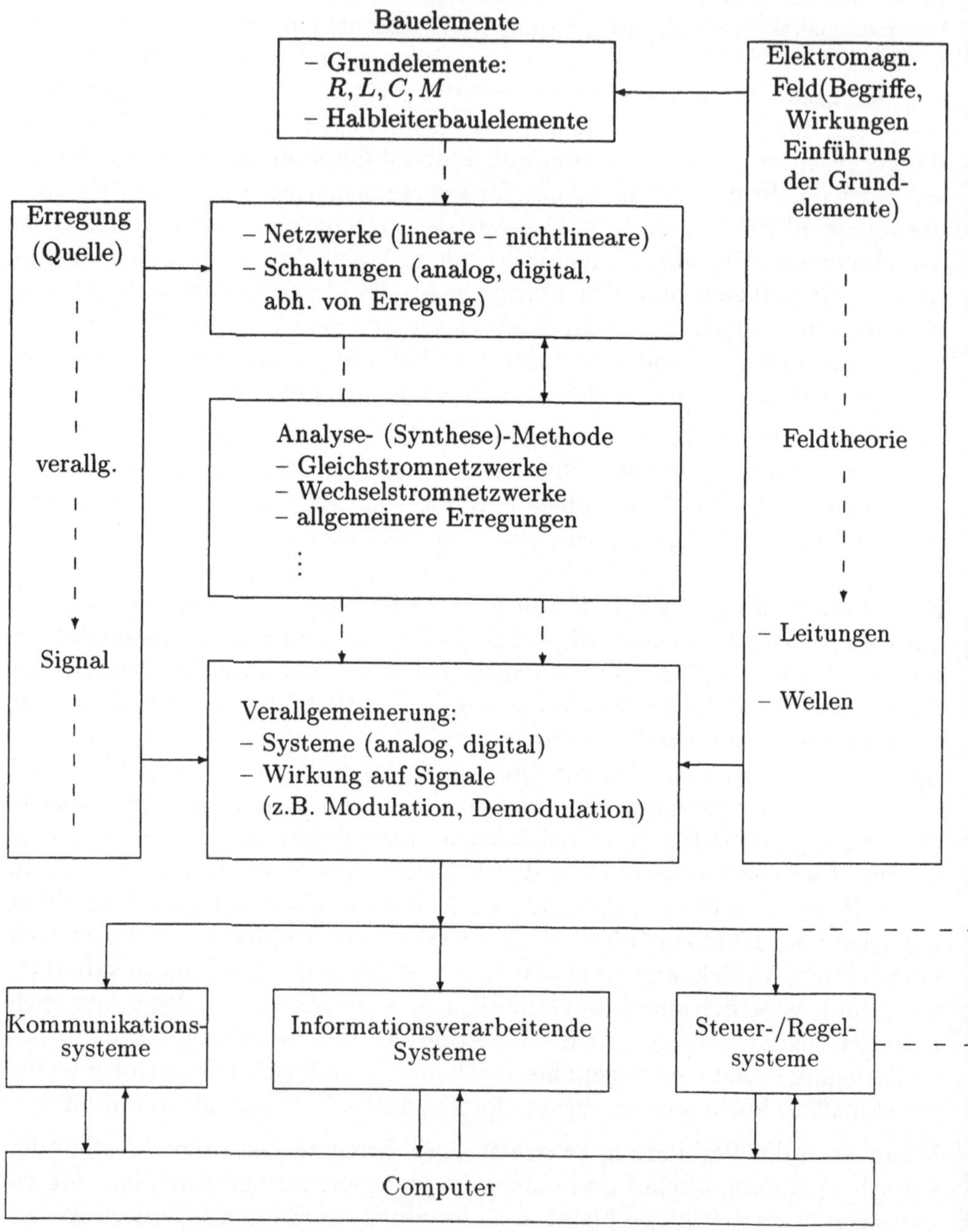

Bild 1.0.1 Schwerpunkte der Elektrotechnik für die Informatik

– werden die Übertragungseigenschaften des Netzwerkes verallgemeinert

– gelingt es, auch kompliziertere Übertragungsaufgaben – wie sie die Informationstechnik vielfältig bietet – sehr stark auf Grundkenntnisse des Wechselstromkreises zurückzuführen.

Obwohl im Band 1 Bauelemente und vor allem Netzwerke der Hauptgegenstand sind, so ist das elektromagnetische Feld doch allgegenwärtig. Deshalb stellen wir an das Ende des Bandes einen (knappen) Abschnitt mit den wichtigsten Gesetzmäßigkeiten des elektromagnetischen Feldes und typischen Anwendungsbeispielen. Feldvorstellungen sind später für die Ausbreitung elektromagnetischer Wellen erforderlich.

Band 2 baut auf den elektrotechnischen Grundlagen des Bandes 1 auf und enthält die elektronischen Grundlagen der wichtigsten halbleiter- und optoelektronischen Bauelemente, Schaltungstechniken und Systemgesichtspunkte.

Bedingt durch die z.T. starken Kennliniennichtlinearitäten der Halbleiterbauelemente, werden die Schaltungen zwangsläufig nichtlinear. Spätestens von hier aus erfolgt die Schaltungsanalyse durch Simulation stark unter Nutzung von Simulationsprogrammen.

Der Schwerpunkt des Bandes sind elektronische Schaltungen. Dazu zählen die Analogschaltungen, vor allem aber die Digitalschaltungen. Überwiegend erfolgt die Informationsverarbeitung digital, obwohl die Natur nur analoge Größen bereithält. Analog-Digital-Umsetzer (und umgekehrt) schaffen hier die notwendige Verbindung. Der Abschnitt „Digitaltechnik" wurde recht breit gestaltet, weil er zum typischen Grundwissen des Informatikers zählt.

Er umfaßt u.a. Verknüpfungsglieder, Schaltkreisfamilien, Schaltnetze, Speicherkonzepte und Schaltwerke als typische Rechnerbestandteile und zur Informationsverarbeitung allgemein. Auch kundenorientierte Realisierungskonzepte digitaler Schaltungen werden überblicksartig eingeschlossen.

Viele Analog- und Digitalsysteme arbeiten synchron, also mit einem Taktsignal. Im weitesten Sinne sind es Abtastsysteme. Im Zusammenwirken von Signal und System muß dann das Abtastverhalten betrachtet werden. Auch hier erweist sich die Anbindung an die Kenntnisse des Wechselstromkreises als vorteilhaft. Zum Signalbegriff gehören auch „Modulation und Demodulation". Erst dadurch ist eine Informationsübertragung möglich. Dabei spielt die Filterung (analog, digital) eine gewisse gewollte oder ungewollte Rolle.

Die technische Basis der Informationsübertragung bilden Ausbreitungsvorgänge des elektromagnetischen Feldes auf Leitungen und im Raum, aber auch Detailfragen wie Bussysteme, Systemverbindungen und Vereinbarungen über den Informationsaustausch.

Die Stoffülle gebot, in die einzelnen Themengruppen nur Grundlegendes aufzunehmen und beispielhaft zu kommentieren. Einzelheiten wurden zugunsten der Verständlichkeit fallengelassen. So glaubt der Autor, ein modernes verständliches Angebot elektrotechnisch/elektronischer Grundlagen für den oben angesprochenen Leserkreis vorzulegen.

1.1   Physikalische Größen und Maßeinheiten

Als Teilgebiet der Physik benutzt die Elektrotechnik/Elektronik zur Beschreibung physikalisch-technischer Vorgänge durchweg *physikalische Größen*. Das sind *meßbare* Merkmale von Objekten (in der Elektrotechnik ist alles meßbar!), die stets als Produkt einer *Maßzahl* mit einer *Maßeinheit* oder *Dimension* angegeben werden und werden müssen. Wir merken:

$$\boxed{\text{Physikalische Größen} = \text{Maßzahl} \times \text{Maßeinheit.}}$$

So besagt eine Angabe 220 an einer Steckdose noch nichts, aber 220 V sehr wohl, daß es sich offenbar um eine Spannung der Größe „220× der Einheit 1 V" handelt.

Heute wird durchweg das seit 1960 gültige Internationale Einheitensystem (SI = „Système International à Unites") verwendet.

Tafel 1.1.1 Si-Basiseinheiten

Größe	Formelzeichen	Name der Einheit	Einheitenzeichen
Länge	l	Meter	m
Masse	m	Kilogramm	kg
Zeit	t	Sekunde	s
elektrische Stromstärke	I	Ampere	A
Temperatur	T	Kelvin	K
Stoffmenge	n	Mol	mol
Lichtstärke	I_V	Candela	cd

Es umfaßt 7 Grundgrößen und entsprechende *Basiseinheiten* (Tafel 1.1.1). Dabei sind die Grundgrößen der Elektrotechnik: Länge s, Zeit t, Masse m und elektrische Ladung Q.

Als Anwendungsbeispiel einer Gleichung aus physikalischen Größen möge die Geschwindigkeit $v = s/t$ gelten. Die Maßeinheit einer (allgemeinen) Geschwindigkeit lautet

$$[v] = \frac{[s]}{[t]} = \frac{\mathrm{m}}{\mathrm{s}}$$

Dabei bedeutet $[v]$ die Maßeinheit von v (Maßeinheit = physikalische Größe in Klammern).

Auf der Basiseinheit beruht eine Reihe *abgeleiteter Einheiten* (Tafel 1.1.2). Sie wurden aus Zweckmäßigkeitsgründen vereinbart. Ihre Maßeinheiten tragen Eigennahmen bedeutender Naturwissenschaftler und Techniker. Man erkennt daraus bereits den wichtigsten Vorteil des SI-Systems, die *bequeme Umrechnung der Einheiten.*

Die Größen der Elektrotechnik unterscheiden sich, wie alle Größen der Physik, oft um viele Zehnerpotenzen. So sind Spannungen von $10^{-9} \dots 10^{6}\,\mathrm{V}$ meßbar und von technischer Bedeutung. Deshalb ist es zweckmäßig, Vorsätze

Tafel 1.1.2 Abgeleitete physikalische Größen und Einheiten

Physikalische Größen und Formelzeichen		Name der Einheit	Kurzzeichen	Definition, Beziehung zu anderen SI-Einheiten
Frequenz	f	Hertz	Hz	$1\,\mathrm{Hz} = 1/\mathrm{s}$
Kraft	F	Newton	N	$1\,\mathrm{N} = 1\,\mathrm{kg} \cdot \mathrm{m/s^2}$
Druck	p	Pascal	Pa	$1\,\mathrm{Pa} = 1\,\mathrm{N/m^2}$
Energie	$W(E)$	Joule	J	$1\,\mathrm{J} = 1\,\mathrm{N} \cdot \mathrm{m}$
Leistung	P	Watt	W	$1\,\mathrm{W} = 1\,\mathrm{J/s}$
elektrische Spannung	V	Volt	V	$1\,\mathrm{V} = 1\,\mathrm{W/A}$
elektrische Ladung	Q	Coulomb	C	$1\,\mathrm{C} = 1\,\mathrm{A} \cdot \mathrm{s}$
elektrischer Widerstand	R	Ohm	Ω	$1\,\Omega = 1\,\mathrm{V/A}$
elektrischer Leitwert	G	Siemens	S	$1\,\mathrm{S} = 1\,\mathrm{A/V}$
elektrische Kapazität	C	Farad	F	$1\,\mathrm{F} = 1\,\mathrm{A} \cdot \mathrm{s/V} = 1\,\mathrm{C/V}$
magnetischer Fluß	Φ	Weber	Wb	$1\,\mathrm{Wb} = 1\,\mathrm{V} \cdot \mathrm{s}$
magnetische Flußdichte	B	Tesla	T	$1\,\mathrm{T} = 1\,\mathrm{V} \cdot \mathrm{s/m^2} = 1\,\mathrm{Wb/m^2}$
Induktivität	L	Henry	H	$1\,\mathrm{H} = 1\,\mathrm{V} \cdot \mathrm{s/A} = 1\,\mathrm{Wb/A}$
Lichtstrom	$\phi_V\,(\Phi)$	Lumen	lm	$1\,\mathrm{lm} = 1\,\mathrm{cd} \cdot \mathrm{sr}$
Beleuchtungsstärke	$E_V\,(E)$	Lux	lx	$1\,\mathrm{lx} = 1\,\mathrm{lm/m^2}$

Tafel 1.1.3 Einheitenvorsätze (Vorsätze der Elektrotechnik umrahmt)

Faktor			10^{12}	10^{9}	10^{6}	10^{3}
Name			Tera	Giga	Mega	Kilo
Kurz- zeichen			T	G	M	k

Faktor	10^{-1}	10^{-2}	10^{-3}	10^{-6}	10^{-9}	10^{-12}	10^{-15}
Name	(Dezi)	(Zenti)	Milli	Mikro	Nano	Piko	Femto
Kurz- zeichen	d	c	m	μ	n	p	f

in den Maßeinheiten zu verwenden (Tafel 1.1.3). Sie werden u.a. so gewählt, daß sich Zahlenwerte im Bereiche $0,1 \ldots 1000$ ergeben. So schreibt man statt der Temperaturspannung $U_{\mathrm{T}} = kT/q$

$$U_{\mathrm{T}} = \frac{kT}{q} = \frac{1,38 \cdot 10^{-23}\,\mathrm{Ws/K} \cdot 300\,\mathrm{K}}{1,6 \cdot 10^{-19}\,\mathrm{As}} = 0,02587\,\frac{\mathrm{Ws}}{\mathrm{As}} = 0,02587\,\mathrm{V}$$

besser $\approx 25,9\,\mathrm{mV}$.

Gerade dieses Beispiel verdeutlicht zweierlei:

1. Zu den physikalischen Größen zählen offenbar neben der Grundgröße „Temperatur T" auch *Naturkonstanten* (Boltzmann-Konstante k, Elementarladung q) und sog. *Definitionsgleichungen*. Das sind (gesetzmäßige) Verknüpfungen physikalischer Größen, die die Einführung einer neuen, eben der „definitierten Größe" – hier die Temperaturspannung – zweckmäßig erscheinen lassen. Für Halbleiterbauelemente hat diese Größe eine große Bedeutung (s. Abschnitt 7).

2. In Gleichungen aus physikalischen Größen treten auf beiden Seiten *immer* Maßzahlen und Maßeinheiten auf (deshalb bietet bereits die Einheitenkontrolle einen Hinweis darauf, ob nicht prinzipiell falsch gerechnet wurde). Zu beachten ist dabei, daß eine Reihe von Funktionen (z.B. Exponenten, die Argumente transzendenter Funktionen wie $\sin x$, $\exp x$) grundsätzlich dimensionslos sein müssen.

Werden Rechnungen mit dem Computer ausgeführt, so sind grundsätzlich nur Zahlenwerte verarbeitbar. Dann müssen die physikalischen Gleichungen durch *Normierung* dimensionslos gemacht und ggf. in einen passenden Zahlenbereich gebracht werden.

Normierte Größen sind Zahlenwerte, die durch Division der jeweiligen physikalischen Größe durch eine (vereinbarte) Größe gleicher Einheit entstehen.

Es möge z.B. die Geschwindigkeit $v = s/t$ auf einen Bezugswert v_0 normiert werden und ebenso s_0 und t_0 als Normierungsbezugswerte gegeben sein. Die normierten Größen mögen lauten: $v_\mathrm{n} = v/v_0$, $s_\mathrm{n} = s/s_0$, $t_\mathrm{n} = t/t_0$. Dann folgt

$$v_\mathrm{n} = \frac{v}{v_0} = \frac{s_\mathrm{n}s_0}{t_\mathrm{n}t_0v_0} = \frac{s_\mathrm{n}}{t_\mathrm{n}} \cdot \frac{3\,\mathrm{m}}{5\,\mathrm{s} \cdot 10\,\mathrm{m/s}} = \frac{3}{50}\frac{s_\mathrm{n}}{t_\mathrm{n}}$$

Im Beispiel rechts wurden $v_0 = 10\,\mathrm{m/s}$, $s_0 = 3\,\mathrm{m}$, $t_0 = 5\,\mathrm{s}$ als Normierung gewählt. Dann ergibt sich die normierte Größe v_n, indem man jeweils die normierten Größen s_n und t_n dividiert und das Ergebnis mit $3/50$ multipliziert. Der Zahlenfaktor rechts würde 1, wenn als Normierungsgeschwindigkeit $v_0 = s_0/t_0 = 3/5\,\mathrm{m/s}$ gewählt würde.

Unabhängig von der Computerauswertung sind normierte Größen und Darstellungen in der Elektrotechnik sehr verbreitet und vorteilhaft, weil dadurch eine verhältnismäßig allgemeine Aussage möglich ist.

Eine weitere Größengruppe sind die sog. *Verhältnisgrößen* als Größenquotienten zweier Größen gleicher Art und Maßeinheit, z.B. Wirkungsgrad, Verstärkungsfaktor, Spannungsverhältnis, Prozent. Sie werden, falls sie mehrere Zehnerpotenzen umfassen, zweckmäßig als *logarithmische Größen* angegeben (Anhang 1). Auch die typischen Größen der *Informationstheorie* (Bit, Byte, Baud) sind im Band 2 näher erläutert.

Schreibweise elektrotechnischer Größen. In der Elektrotechnik sind folgende Größenbezeichnungen üblich:

- *Vektoren* erhalten fettgedruckte Buchstaben (z.B. Kraft $\vec{F}$). Ein Vektor ist die mathematische Darstellung einer Vektorgröße, gekennzeichnet stets durch die Angabe von Betrag und Richtung. Bezeichnung hier durch Symbol *mit* Pfeil.
- *Beliebige zeitabhängige Größen*, wie Ströme, Spannungen, Leistungen u.a. erhalten kleine Buchstaben (i, u, p), zeitunabhängige Größen große Buchstaben (I, U, P),
- *komplexe Größen* (Wechselstromtechnik) werden durch Unterstreichen bezeichnet, z.B. $\underline{i}$, $\underline{u}$, $\underline{Z}$, $\underline{Y}$).

Aufgaben 1.1.1, 1.1.2.

1.2   Elektrische Ladung

Begriff der Ladung. Die Erfahrung zeigt, daß sich bestimmte nichtmetallische materielle Körper in einen besonderen physikalischen Zustand „elektrisch geladen" (z.B. durch Reiben) versetzen lassen. Dabei treten *Kraftwirkungen* auf andere „elektrisch geladene Körper" auf, die *nicht* durch mechanische Gesetze erklärbar sind. So ziehen sich ein geriebener Hartgummi und Glasstab gegenseitig an. Häufig sträuben sich beim Kämmen die Haare.

Die Erklärung solcher (und vieler anderer) Phänomene erfordert die Einführung einer neuen physikalischen Größe, der *elektrischen Ladung* mit dem Symbol Q (von Quantum, Menge).

Die Maßeinheit der elektrischen Ladung Q ist das Coulomb[1] $[Q]$
$$1 \, \text{Coulomb} = 1 \, \text{C} = 1 \, \text{As} \, .$$

Die elektrische Ladung Q tritt als neue arteigene Grundgröße der Elektrotechnik gegenüber der Mechanik auf. Sie wird nicht durch andere Größen erklärt, sondern dient selbst zur Erklärung anderer Erscheinungen (z.B. elektrischer Strom, elektrisches Feld).

Die Ladung ist (aus meßtechnischen Gründen) keine Basisgröße (Tafel 1.1.1), sondern der elektrische Strom.

Die elektrische Ladung weist folgende *Merkmale* auf:

1. *Vorzeichen.* Es gibt Ladungen zweierlei Vorzeichens, positiv und negativ (nach Lichtenberg[2]). Diese Festlegungen sind historisch bedingt willkürlich:
– ein mit Katzenfell geriebener Bernsteinstab lädt sich negativ auf
– ein mit Leder geriebener Glasstab lädt sich positiv auf.

2. *Zurückführung auf eine Elementarladung.* Nach heutiger Auffassung ist die elektrische Ladung (neben Ruhemasse und Spin) eine *grundlegende Eigenschaft der Elementarteilchen.* In der uns umgebenden Materie existieren an geladenen Elementarteilchen

---

[1]Charles Augustin de Coulomb, französischer Physiker 1736–1806.
[2]Georg Christoph Lichtenberg, deutscher Physiker und Schriftsteller 1742–1799.

> Elektronen: Ladung negativ, $Q = e = -q = -1,602 \cdot 10^{-19}$ As,
> Masse $m = 9,11 \cdot 10^{-31}$ kg,
>
> Protonen: Ladung positiv, $Q = +q$, $m_\mathrm{p} = 1,67 \cdot 10^{-27}$ kg
>
> Neutronen: Ladung null, $Q = 0$.

Deshalb kann jede Ladung Q nur als ganzes Vielfaches der *Elementarladung* q dargestellt werden:

$$Q = \pm Nq \qquad Q_+ = Nq_+ = -Ne \tag{1.2.1}$$
$$Q_- = Nq_- = Ne\,.$$

Man sagt: Ladung tritt nur *gequantelt* auf und wird oft auch als „Elektrizitätsmenge" bezeichnet.

3. *Ladungstrennung und Rekombination.* Bekanntlich besteht das Atom aus einem Kern (Protonen und Neutronen) und einer umgebenden Elektronenhülle. Dabei stimmt die Zahl der Elektronen und der Protonen (Ordnungszahl Z, Kernladung $Q = Z \cdot e$) überein und das Atom ist *elektrisch neutral* (beispielsweise hat ein Silizium-Atom eine Elektronenhülle aus insgesamt 14 Elektronen, $Z = 14$). Werden ein oder mehrere Elektronen aus der Elektronenhülle herausgelöst, so entsteht ein *positives Ion*:

> positives Ion $\rightarrow$ Elektronen*mangel*: positiv geladen,
> z.B. Cu $\rightarrow$ Cu^{++} + 2$\ominus$, Cl + $\ominus$ $\rightarrow$ Cl$^-$.

Umgekehrt führt Elektronenanlagerung zu einem negativen Ion:

> negatives Ion $\rightarrow$ Elektronenüberschuß: negativ geladen,
> z.B. Cl + $\ominus$ $\rightarrow$ Cl$^-$.

Wir erkennen: Positive und negative Ladungen werden nicht „erzeugt", sondern sie entstehen durch *Ladungstrennung* unter Energieaufwand. Umgekehrt verschwinden positive und negative Ladungen durch Anlagerung oder *Rekombination*. Dabei bleibt die Summe der elektrischen Ladungen (in einem abgeschlossenen System) konstant (Satz von der Ladungserhaltung).

Bei den meisten technischen Problemen sind so viele Elektronen beteiligt ($N \gg 1$), daß die Quantelung vernachlässigt werden kann. So enthalten Metalle immerhin rd. 10^{23} Elektronen pro cm^3, Halbleiter $\approx 10^{10} \ldots 10^{22}$ cm^{-3}.

Selbst in der Speicherzelle eines 64 MB dynamischen Speichers sind noch etwa $10^5 \ldots 10^6$ Elektronen gespeichert.

4. *Kräfte zwischen Ladungen.* Wie erwähnt, üben Ladungen eine Kraftwirkung aufeinander aus. Gerade dies ist der Grund zur Einführung des Ladungsbegriffes. Zwischen zwei *ruhenden* punktförmigen Ladungen Q_1 und Q_2 im Abstand $\vec{r}$ herrscht nach dem *Coulombschen Gesetz* die Kraft (im Vakuum).

$$\text{Vektorgrößen}$$
$$F = \frac{Q_1 Q_2}{4\pi\varepsilon_0 r^2} \rightarrow \vec{F} = Q_2 \frac{Q_1}{4\pi\varepsilon_0 r^2}\,\frac{\vec{r}}{r} \quad \text{d.h.} \quad \vec{F} = F\,\frac{\vec{r}}{r} \qquad (1.2.2)$$
$$\text{Coulombsches Gesetz. Naturgesetz.}$$

Die rechte Schreibweise in Vektorform (der Vektor $\vec{r}/r$ zeigt in Richtung des Abstandsvektors, Betrag 1) drückt gleichzeitig die Richtung der Kraft $\vec{F}$ aus: Ladungen gleicher Polarität ($Q_1 Q_2 > 0$) stoßen sich ab, solcher verschiedener ($Q_1 Q_2 < 0$) ziehen sich an.

Die *elektrische Feld-* oder *Dielektrizitätskonstante* (des Vakuums)

$$\varepsilon_0 = 8,85 \cdot 10^{-12}\ \text{As/Vm}$$

ist eine *Naturkonstante.* Die hier verwendeten Einheiten A (Ampere) und V (Volt) werden später erklärt.

Das Coulombsche Gesetz Gl. (1.2.2) entspricht bezüglich des Abstandsverhaltens völlig dem Gravitationsgesetz nur mit dem Unterschied, daß bei Ladungen anziehende und abstoßende Kräfte existieren, im Gravitationsfall nur anziehende.

Bild 1.2.1 Kraftwirkungen zwischen zwei Punktladungen Q_1, Q_2
      a) gleiche Vorzeichen $Q_1 \cdot Q_2 > 0$,
      b) verschiedene Vorzeichen $Q_1 \cdot Q_2 < 0$

5. *Kraftfeld der Ladung.* Die Kraftwirkung zwischen beiden Ladungen nach Bild 1.2.1 läßt sich auch im Raum um die Ladungen nachweisen, wir sprechen deshalb von einem *Kraftfeld*, einem *besonderen physikalischen Raumzustand*. Dafür wird nachfolgend der Begriff des „*elektrischen Feldes*" eingeführt.

Kraftwirkungen zwischen (ruhenden) elektrischen Ladungen machen sich sehr vielfältig bemerkbar und werden entsprechend genutzt. Einige Beispiele:

- elektrostatisches Aufspannen von Papier auf Plottern
- Herstellung eines Ladungsbildes beim Xerografie-Verfahren
- Kraftwirkungen zwischen beweglichen Elektroden, die Ladungen tragen (Kondensatormikrofon, elektostatisches Voltmeter)
- Prinzip des Tintenstrahldruckers
- Ablenkung eines Elektronenstrahles in einem solchen Kraftfeld (Prinzip der Oszillographenröhren u.a., s. Abschn. 6.3).

Raumladungsdichte. Oft genügt nicht die bloße Kenntnis einer Ladung Q, sondern es interessiert ihre *Verteilung* oder die *Ladungsdichte*. Das ist die Ladung bezogen auf ein Volumen, eine Fläche oder – wie bisher – konzentriert in einem Punkt (Punktladung). Wir beschränken uns auf die *Raumladungsdichte*, weil sie für das bessere Verständnis des Ladungstransportes eine Rolle spielt. Die Raumladungsdichte ϱ

$$\varrho = \frac{\Delta Q}{\Delta V} \rightarrow \varrho = \frac{\mathrm{d}Q}{\mathrm{d}V}, \quad [\varrho] = \frac{[Q]}{[V]} = \frac{1\,\mathrm{C}}{\mathrm{cm}^3} \tag{1.2.3}$$

ist die Ladungsmenge ΔQ, die in einem Volumen ΔV enthalten ist. Umgekehrt folgt daraus

$$Q = \int_V \varrho\,\mathrm{d}V = \rho \int_V \mathrm{d}V = \varrho V \tag{1.2.4}$$

$$\text{Konstante}$$

> Ist die Raumladungsdichte konstant, so gilt: Ladung gleich Raumladungsdichte mal Volumen.

In einem Leitergebilde (z.B. Halbleiterstab oder Elektrolyt) gibt es i.a. *positive Ladungsträger* mit einer Konzentration oder Dichte p

$$p = N_\mathrm{p}/V\,, \qquad [p] = \mathrm{cm}^{-3} \tag{1.2.5}$$

(Zahl N_p der Träger pro Volumen) und *negative Ladungsträger* mit einer Konzentration oder Dichte n

$$n = N_\mathrm{n}/V\,, \qquad [n] = \mathrm{cm}^{-3}. \tag{1.2.6}$$

In einem Kupferstab beträgt die Elektronendichte $n = 8,6 \cdot 10^{22}\mathrm{cm}^{-3}$. Hat ein stromführendes Gebilde negative und positive Träger (n, p), so ergibt sich die Raumladungsdichte ϱ, indem die Konzentration mit der jeweiligen Ladung $Q_\mathrm{p}, Q_\mathrm{n}$ der Teilchen multipliziert wird:

$$\varrho = pQ_\mathrm{p} + nQ_\mathrm{n} \qquad \text{Raumladungsdichte mit positiven und negativen Trägern.} \qquad (1.2.7)$$

Im Halbleiter gibt es u.a. positive Ladungen (Defektelektronen, Löcher mit der Ladung $Q_\mathrm{p} = q$ (> 0) und negative Ladungen (Elektronen mit der Ladung $Q_\mathrm{n} = e = -q < 0$, $q = +1{,}602 \cdot 10^{-19}\,\mathrm{As}$). Dann beträgt die Raumladungsdichte aller beweglichen Teilchen:

$$\varrho = qp + en = q(p - n)\,. \qquad (1.2.8)$$

Der Halbleiter ist elektrisch neutral ($\varrho = 0$), wenn Löcher- und Elektronendichte übereinstimmen. Für Metalle (z.B. Cu), in denen nur frei bewegliche Elektronen vorhanden sind, würde sich eine Raumladungsdichte

$$\varrho = en = -qn = -1{,}602 \cdot 10^{-19} \cdot 8{,}6 \cdot 10^{22}\,\mathrm{As/cm^3} = -13{,}78 \cdot 10^{3}\,\mathrm{As/cm^3}$$

ergeben. Sie wird durch eine gleich große positive Ladung der Atomrümpfe kompensiert. Insgesamt verschwindet die Gesamtladung eines metallischen Leiters, er ist *elektrisch* stets neutral.

Aufgabe 1.2.1.

1.3   Elektrisches Feld, elektrische Feldstärke, elektrische Spannung

1.3.1   Elektrische Feldstärke

Der Raumbereich zwischen den beiden Punktladungen im Bild 1.2.1 hat die besondere Eigenschaft, daß eine dorthin gebrachte weitere Probeladung Q_3 ebenfalls eine Kraftwirkung erfährt (Bild 1.3.1). Ihre Ursachen sind offenbar die beiden Punktladungen Q_1, Q_2 (Bild 1.3.1a). Ein solcher Raumzustand wird durch den Begriff „elektrisches Feld" beschrieben:

Elektrisches Feld = Raumbereich, in dem Ladungsträger eine Kraftwirkung erfahren.

Da die Ursache für die Kraftwirkung auf Q_3 offenbar von Q_1, Q_2 herrührt, ist es zweckvoll, dem Raumzustand „Kraftfeld" eine eigene Größe, die *elektrische Feldstärke* $\vec{E}$ zuzuordnen:

$$\vec{F} = Q\vec{E} \quad \text{Maßeinheit } [E] = V/m \qquad \text{Definition der elektrischen Feldstärke.} \qquad (1.3.1)$$

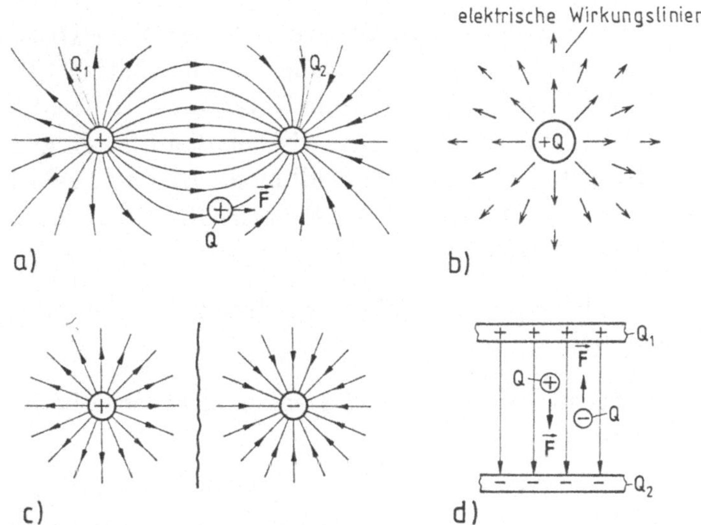

Bild 1.3.1 Kraftwirkung und elektrisches Feld
a) Elektrisches Feld zweier ungleichnamiger Ladungen
b) Elektrisches Feld um eine Punktladung Q, Darstellung der Kraftwirkungen
c) Feldlinien von Einzelladungen (Gegenladung unendlich weit entfernt)
d) Homogenes elektrisches Feld (Überlagerung von Punktladungen auf ebenen
Platten). Kräfte auf Punktladungen zwischen den Platten

Die elektrische Feldstärke ist wie die Kraft $\vec{F}$ ein Vektor, hat also Betrag
und Richtung: sie ist von der positiven zur negativen Ladung gerichtet
und existiert in jedem Raumpunkt.

Größenordnung typischer Feldwerte: Atmosphäre $E \approx 100\,\text{V/m}$, in Leitern: $E \approx 0,1\,\text{V/m}$, in Sperrschichten von Halbleiterbauelementen: $E \approx$
$10^5\,\text{V/cm}$, Durchschlagfestigkeit der Luft $E \approx 30\,\text{kV/cm}$, in Kondensatoren: $E \approx 10^6\,\text{V/m}$.

Die elektrische Feldstärke $\vec{E}$ kann – wie jeder Vektor – durch einen Pfeil
dargestellt werden. Zeichnet man genügend Pfeile (Bild 1.3.1b), tritt die
Richtungsstruktur des Feldes zutage. Ersetzt man die Pfeile durch Lini-
en, die *Feldlinien*, wird das *Feldbild* deutlich. Da hierbei die Feldintensität
(Pfeillänge) verlorengeht, werden Linienabstände umgekehrt proportional
zu den Beträgen der Feldkraft eingetragen: geringer Feldlinienabstand $\rightarrow$
große Feldstärke und umgekehrt (Bild 1.3.1c).

Feldlinien gehen von positiven Ladungen aus und enden auf negativen (s.o.).
Ist die Gegenladung weit entfernt, weisen die Feldlinien strahlenförmig von
der Punktladung weg.

Ein besonders einfacher Fall ist das *homogene elektrische Feld* (Bild 1.3.1d). Es entsteht zwischen zwei parallelen Leiterplatten (die isoliert voneinander sein sollen) und die – flächenhaft verteilt – die Ladungen Q_+, Q_- tragen. Dann ist $\vec{E}$ überall im Raum zwischen den Platten gleich groß und von gleicher Richtung ($\rightarrow$ parallele Feldlinien). In dieses Feld wurde die Zuordnung von Kraft $\vec{F}$ und Feldstärke $\vec{E}$ nach Gl. (1.3.1) für positive und negative Ladung eingetragen:

| Bewegliche positive Träger wandern daher stets in Feldrichtung, negative entgegen.

Im Rückgriff auf Abschnitt 1.2 haben elektrische Ladungen somit eine *Doppelfunktion*:

– Sie sind durch Ladungstrennung Ursache des elektrischen Feldes. Da hierbei Energie aufgewendet werden muß, die nach dem Energiesatz nicht verlorengehen kann, muß das elektrische Feld auch ein *Energieraum* sein, in dem Arbeitsvermögen gespeichert ist:

| elektrisches Feld = Sitz der elektrischen Feldenergie.

– Sie unterliegen als Objekt dem Krafteinfluß eines vorhandenen (d.h. von anderen Ladungen herrührenden) elektrischen Feldes. Bei Kenntnis der Feldstärke kann die auf die Probeladung zu erwartende Feldkraft somit vorausgesagt werden.

Quellenfeld. Ein Feld, dessen Feldlinien von Ladungen ausgehen und auf solchen enden, heißt Potential- oder Quellenfeld. Daneben gibt es noch elektrische Feldlinien ohne Anfang und Ende. Ein solches „Wirbelfeld" tritt bei der Induktion auf. Auf diese Eigenschaften kommen wir später (Abschn. 6) im Rahmen einer kurzen Betrachtung des elektromagnetischen Feldes nochmals zurück.

Aufgaben 1.3.1, 1.3.2.

1.3.2 Elektrische Spannung

Bewegt sich eine Ladung in einem Feldraum, so ist die Beschreibung dieses Vorganges durch die Feldstärke u.U. sehr umständlich. Die Darstellung wird erheblich einfacher, wenn man die Arbeit bestimmt, die das Kraftfeld $\vec{F}$ an der sich bewegenden Ladung verrichtet. Verschiebt man die Ladung Q im

Kraftfeld von A nach B längs eines Weges $\vec{s}$ (Wegelement $\mathrm{d}\vec{s}$), so beträgt die Arbeit = aufgewendete Kraft × Weg, also

$$\Delta W = (W_\mathrm{A} - W_\mathrm{B}) = W_\mathrm{AB} = \int\limits_A^B \vec{F} \cdot \mathrm{d}\vec{s} = \int\limits_A^B Q\vec{E} \cdot \mathrm{d}\vec{s}. \qquad (1.3.2)$$

Weil hierbei noch die Ladung Q eine Rolle spielt, führt man besser die spezifische, von Q unabhängige Arbeit ein:

$$u_\mathrm{AB} = \frac{W_\mathrm{AB}}{Q} = \int\limits_A^B \vec{E} \cdot \mathrm{d}\vec{s}, \qquad [u] = \frac{[W]}{[Q]} = \frac{1\,\mathrm{Ws}}{1\,\mathrm{As}} = 1\,\mathrm{V}^{3)}. \qquad (1.3.3)$$

Definition der Spannung u_AB.

Sie heißt elektrische Spannung u_AB zwischen den Punkten A und B, erhält die Einheit „Volt" (Abkürzung V) und das Symbol u. Da sie immer zwischen zwei Punkten wirkt, muß sie konsequenterweise stets zwei Indices haben (u_AB) oder einen Richtungs- oder Zählpfeil, um auf die beiden Indices verzichten zu können.

Der Zählpfeil definiert die positive Zählrichtung der Spannung. Er kann willkürlich gewählt werden (und führt dann ggf. zu einem negativen Wert von u).

Die rechte Seite von Gl. (1.3.3) drückt die Spannung u_AB als spezifische, d.h. auf die Ladung Q bezogene Energieänderung oder Arbeit aus, die von A nach B geleistet wird. Die linke Seite ist von grundsätzlich meßtechnischer Bedeutung: eine Spannung u_AB läßt sich zwischen zwei Punkten mittels eines *Spannungsmessers* stets messen. Damit ist sie eine überaus wichtige Größe der Elektrotechnik, z.B. für die Stromkreisberechnung. Die Spannung wird uns in zwei Formen begegnen:

- als Spannung von *Spannungsquellen* = Antriebsorgan des elektrischen Stromes (sog. Quellenspannung, Abschn. 2.1)
- als Spannung, die bei Stromfluß durch einen Leiter entsteht: *Spannungsabfall* (s. Abschn. 2.2.1).

[3)]Alessandro Volta, italienischer Physiker 1745–1827.

Größenvorstellung der Spannung. Trockenbatterie $u \approx 1,5\,\text{V}$, Autoakku: $12\,\text{V}$, logischer Pegel in Digitalschaltungen $u \approx 3\,\text{V}$, Betriebsspannung von Halbleiterbauelementen: $u \approx 3\ldots15\,\text{V}$, Lichtnetz $u \approx 220\,\text{V}$, Spannungsspitze bei der elektronischen Zündung $u \leq 15\,\text{kV}$, Spannung am Bahnnetz $u \approx 15\,\text{kV}$, Spannung im Bereich analoger Signalverarbeitung $u = \mu\,\text{V}\ldots\text{V}$.

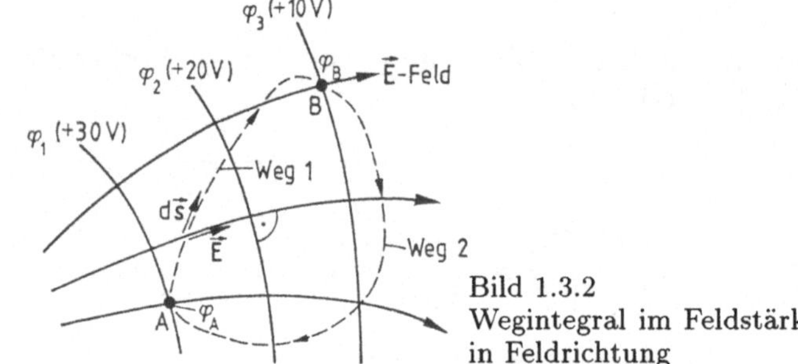

Bild 1.3.2
Wegintegral im Feldstärke- und Potentialfeld. φ sinkt in Feldrichtung

Für das von ruhenden Ladungen erzeugte Feld (das sog. *Potentialfeld*) läßt sich nun zeigen, daß u_{AB} nach Gl. (1.3.3) unabhängig vom Weg zwischen A und B ist, mithin gelten muß (Bild 1.3.2):

$$\int_A^B \vec{E}\,d\vec{s} + \int_B^A \vec{E}\,d\vec{s} = 0 = u_{AB} + u_{BA} \quad \text{resp.} \quad u_{AB} = -u_{BA}\,. \qquad (1.3.4)$$

In einem solchen Fall (Wegunabhängigkeit des Integrals) kann das Kraftfeld $\vec{F} = Q \cdot \vec{E}$ auch durch eine andere skalare Größe, die *potentielle Energie* W beschrieben werden, so daß in A, B die Energiewerte W_A, W_B existieren (wie angesetzt). Bezogen auf die Ladung Q heißt die Größe W/Q *elektrisches Potential* φ (eines Punktes):

$$\varphi_A = \frac{W_A}{Q}, \qquad \varphi_B = \frac{W_B}{Q} \qquad\qquad (1.3.5)$$

$$\text{Maßeinheit } [\varphi] = [U] = \frac{[F][s]}{[Q]} = \frac{\text{kg}(\text{m}^2/\text{s}^2)\text{m}}{\text{As}} = \text{V (Volt)}.$$

Potential, Definitionsgleichung

Das elektrische Potential ist die der potentiellen Energie einer Ladung an einem Ort zugeordnete (skalare) Größe.

Damit ergibt sich die Spannung u_{AB} (Gl. (1.3.3))

$$u_{AB} = \frac{W_A}{Q} - \frac{W_B}{Q} = \varphi_A - \varphi_B = \int_A^B \vec{E} \cdot \mathrm{d}\vec{s}. \qquad (1.3.6)$$

▌ Spannung = Potentialdifferenz der Potentiale an den Orten A und B.

Während dem Potential (wie W_{pot}) im Raum ein willkürlicher Bezugspunkt zugeordnet sein kann, gilt dies für die Spannung als *Differenz* zweier Größen nicht. Hierin liegt die große praktische Bedeutung des Spannungsbegriffes. Wegen $u_{AB} = -u_{BA}$ wird die Spannung entweder durch zwei Indices oder einen Richtungs- oder Zählpfeil gekennzeichnet (stets vom höheren Potential ausgehend; positiver Zahlenwert).

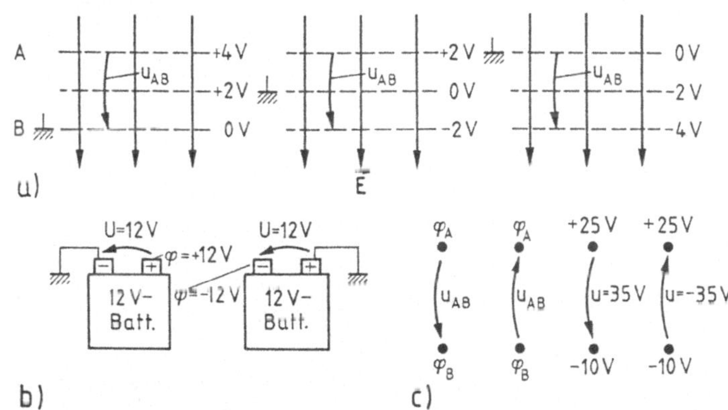

Bild 1.3.3 Potential- und Spannungsbegriff
  a) Potential im Feldstärkefeld (in Feldrichtung abnehmend) bei verschiedenem Potentialbezug
  b) Praktische Festlegung des Potentialbezugspunktes
  c) Richtungspfeil der Spannung und Potential

Im Bild 1.3.3a wurde ein Potentialfeld bestehend aus Linien ausgewählten Potentials dargestellt mit drei verschiedenen willkürlich gesetzten Bezugswerten $\varphi = 0$ des Potentials, ebenso die Spannung u_{AB} zwischen zwei ausgewählten Linien. Sie bleibt stets gleich. Dies ist aus Erfahrung bekannt, wie man z.B. vom Auto her weiß. Im Regelfall wird ein Pol der Batterie immer mit der Karosserie verbunden (Stromrückleiter, Bild 1.3.3b). Dann arbeitet die Elektrik (bei der gleichen Batterie) entweder mit Potential $+12\,\mathrm{V}$ oder Potential $-12\,\mathrm{V}$ (gegen Masse $\varphi = 0$). Masse und Erdung haben deshalb in der Elektrotechnik erheblich praktische Bedeutung! Bild 1.3.3c zeigt einige Beispiele zur Zuordnung von Potential und Spannung.

Zeitverlauf der Spannung. Eine Spannung kann sich zeitlich ändern, das ist in der Elektrotechnik sogar der häufigere Fall. Man unterscheidet deshalb typischerweise

- die *Gleichspannung U* (zeitlich konstante Spannung)
- die *Wechselspannung u(t)* mit periodisch wechselnder Richtung
- eine *Mischspannung* als Überlagerung von Gleich- und Wechselspannung und
- die *Impulsspannung*: Spannungsstöße kurzer Dauer.

Da entsprechende Verläufe auch beim Strom auftreten, werden sie später (s. Bild 1.4.4) dargestellt. Zur experimentellen Darstellung eines Zeitverlaufes $u(t)$ dient der *Oszillograph*. Das ist ein Meßgerät mit Bildröhre, auf dessen Schirm der Verlauf einer Spannung über der Zeit sichtbar gemacht werden kann (s. Abschn. 6.2).

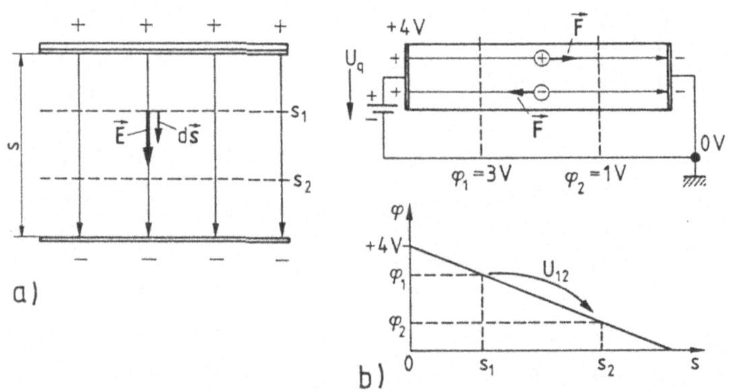

Bild 1.3.4 Homogenes elektrisches Feld
   a) Elektrische Feldlinien zwischen geladenen, parallelen Platten verursacht durch eine anliegende Spannung
   b) Potentialverlauf (Potentialgebirge) zu a) und Bewegungsrichtung positiver und negativer Ladungsträger

Spannung und Feldstärke im homogenen Feld. Wenn auch die meisten Feldprobleme inhomogener Natur sind, so trägt der Sonderfall eines *homogenen* elektrischen Feldes, bei dem $\vec{E}$ nicht vom Ort abhängt, wohl am besten zum prinzipiellen Verständnis bei. Nach Gl. (1.3.3) gilt dann

$$u_{\mathrm{AB}} = \vec{E} \cdot \int_{A}^{B} \mathrm{d}\vec{s} = \vec{E} \cdot \vec{s} = E s \cos(\sphericalangle \vec{E}, \vec{s}) = E s \, . \qquad (1.3.7)$$

Hierbei wurde der Weg $\vec{s}$ parallel zu $\vec{E}$ gewählt $(\cos(\sphericalangle\vec{E},\vec{s}) = 1)$. Bild 1.3.4 zeigt ausgewählte Potential- und Feldlinien. Es gilt jetzt

$$E = U/s \tag{1.3.8}$$

oder speziell für zwei Schnitte bei s_1, s_2 (den sog. Flächen konstanten Potentials)

$$E = \frac{U_{12}}{s_2 - s_1} = \frac{\varphi_1 - \varphi_2}{s_2 - s_1} = -\frac{\varphi_2 - \varphi_1}{s_2 - s_1} = -\frac{\Delta\varphi}{\Delta s} = -\frac{\mathrm{d}\varphi}{\mathrm{d}s}\,. \tag{1.3.9}$$

Die Feldstärke ergibt sich anschaulich als Spannung zwischen zwei Punkten bezogen auf den zugehörigen kürzesten Weg – oder da das Potential in Richtung s abfällt – als *Potentialgefälle* längs einer Wegstrecke. Diese Vorschrift läßt sich – auch im inhomogenen Feld – durch die Ableitung in einem Punkt definieren und später in der Feldbeschreibung durch eine spezielle *Vektoroperation* darstellen (s. Abschn. 6.4.1). Im Bild 1.3.4b wird die Zuordnung zwischen Spannung, Potentialgefälle und Abstand zweier „Bezugspunkte" deutlich.

Die globale Aussage elektrische Feldstärke = Spannung pro Abstand (der Meßpunkte) reicht deshalb oft für eine qualitative Feldcharakterisierung aus. Deswegen können wir mit Bezug auf die Kraftgleichung (1.3.1) später auch sagen:

Positive Ladungen „fallen" ein Potentialgefälle hinab, negative Ladungen „steigen wie Gasblasen" am Potentialgefälle auf.

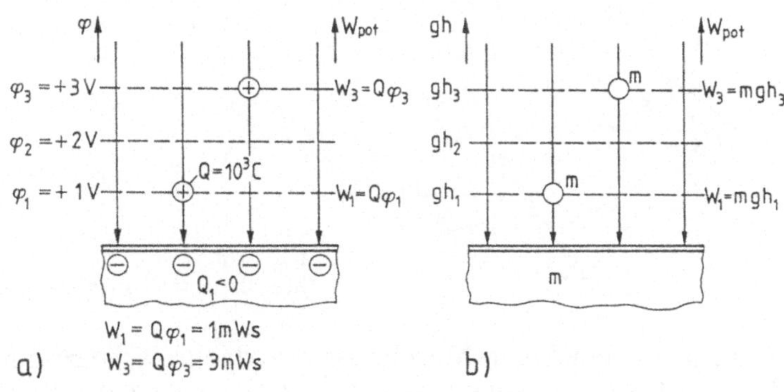

Bild 1.3.5 Potentielle Energie im homogenen Feld
a) Im elektrischen Potentialfeld (senkrecht: Linien der elektrischen Feldstärke, waagerecht Potentiallinien)
b) Im Schwerefeld (senkrecht: Kraftlinien, waagerecht: Höhenlinien)

Zur Potentialverteilung im homogenen Feld (Bild 1.3.4) und zum Begriff „potentielle Energie einer Ladung" bietet sich ein Vergleich mit einem Schwerefeld der Erde an (Bild 1.3.5a). Eine Ladung Q besitzt am Ort 3 mit höherem Potential eine höhere potentielle Energie als am Ort 1, so wie dies auch für eine Masse m an den Orten 3 und 1 gilt. Das elektrische Feld ist tatsächlich ein Energieraum, nämlich Träger potentieller Energie. Wir kommen auf diese Analogien zum Schwerefeld im Abschnitt 6.2 nochmals zurück.

Aufgaben 1.3.3, 1.3.4.

1.3.3 Maschensatz

Aus einem Feldstärke- und damit Potentialfeld (Bild 1.3.6) werden die Punkte $A \ldots D$ willkürlich herausgegriffen, zwischen denen sich nach Gl. (1.3.5) Spannungen definieren lassen. Dann gilt

$$u_{AB} + u_{BC} + u_{CD} + u_{DA} = 0,$$

d.h. die Summe aller Spannungen längs eines geschlossenen Umlaufs verschwindet. Ein solcher Umlauf heißt *Masche*. Verallgemeinert lautet das Ergebnis

$$\sum_{\nu=1}^{n} u_\nu = 0 \qquad \text{Maschensatz,} \atop \text{2. Kirchhoffsches Gesetz[4].} \qquad\qquad (1.3.10)$$

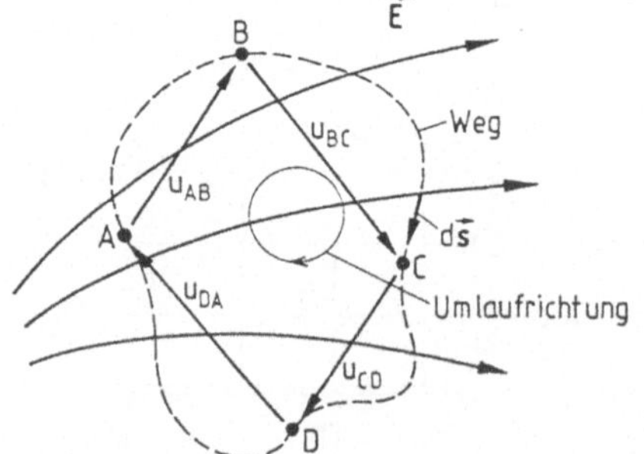

Bild 1.3.6
Maschensatz in einem Feldstärkefeld

In jeder beliebigen Masche ist die algebraische Summe aller Spannungen zu jedem Zeitpunkt Null (Grundeigenschaft, basierend auf dem Potentialfeld).

---

[4]Robert Kirchhoff, deutscher Physiker 1824 – 1887.

Der Maschensatz ist eine der beiden fundamentalen Beziehungen der sog.
Kirchhoffschen Gesetze für die Berechnung elektrischer Stromkreise.

Im Maschensatz kann die Umlaufrichtung beliebig gewählt werden (da durch
Multiplikation mit -1 Umlaufrichtung änderbar).

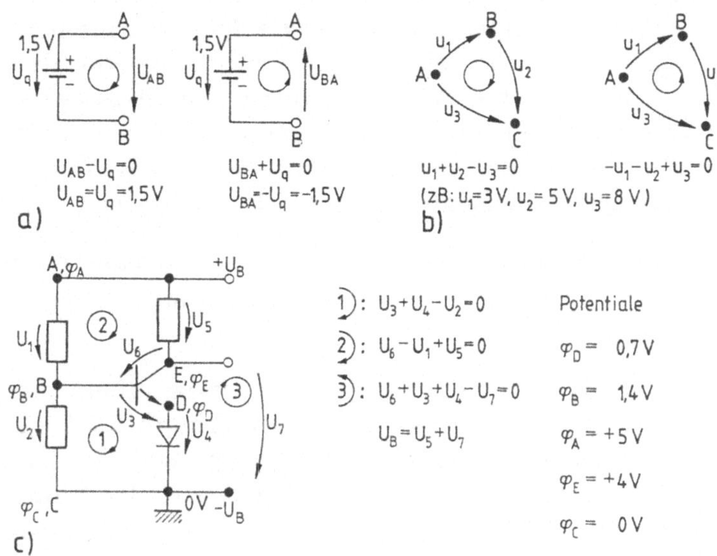

Bild 1.3.7 Beispiele zum Maschensatz
  a) Leerlaufende Spannungsquelle
  b) Maschen mit verschiedener Umlaufrichtung
  c) Maschen einer Transistorschaltung mit Spannungs- und Potentialangaben

Man beachte für die praktische Anwendung: Spannungen, deren Richtungspfeil mit der Umlaufrichtung übereinstimmt, werden mit positivem Vorzeichen angesetzt, solche mit dem Richtungspfeil entgegen der gewählten
Umlaufrichtung mit negativem Vorzeichen. Bild 1.3.7 zeigt einige Beispiele
zum Maschensatz. Eine Masche muß dabei kein geschlossener Stromkreis
sein, wie man am Beispiel der leerlaufenden Batterie erkennt (Bild 1.3.7a).
Daß der Maschensatz zu *jedem Zeitpunkt* gilt, geht aus Bild 1.3.7b hervor:
wenn die linke Maschengleichung zu einem Zeitpunkt t_1 erfüllt ist, gilt dies
auch, wenn sich zu einem späteren Zeitpunkt t_2 die Richtungen aller Spannungen $u_1 \ldots u_3$ vertauscht haben. Genau diese Situation trifft aber für eine
Wechselspannung zu. Auch in komplizierten Schaltungen (Bild 1.3.7c) gilt
der Maschensatz unabhängig von den verwendeten Bauelementen.

1.4 Elektrischer Strom. Stromdichte

Der Begriff „*elektrischer Strom*" knüpft an den Strömungsbegriff im täglichen Leben an: Verkehrsstrom, Geldstrom, Flüssigkeitsstrom u.a. So wird etwa die Stärke eines Luftstromes in einem Abluftrohr durch die Menge der durchgeströmten Luft pro Zeiteinheit beschrieben, z.B. $1\,\mathrm{m}^3$ Luft pro 1 min. Auch ein Verkehrsstrom ist nichts anderes als die Anzahl der Verkehrsteilnehmer pro Zeiteinheit durch eine Meßstelle, etwa an einer Straße („Verkehrsstromleiter"). Ganz analog können sich (freie) Ladungsträger (Elektronen, Ionen) unter Krafteinwirkung, z.B. durch ein elektrisches Feld, in oder gegen die Feldrichtung gerichtet bewegen.

> Man versteht unter einem Strom (oder genauer einem sog. Konvektionsstrom) eine gerichtete Bewegung von Ladungsträgern oder einen Trägertransport.

Der Hinweis „Konvektionsstrom" deutet darauf hin, daß der Ladungsträgertransport mit einer *Massebewegung* verknüpft ist. Sie kann besonders beim Ionenstrom von technischer Bedeutung sein. Da der Massetransport bei Elektronen praktisch keine Rolle spielt, wird der Zusatz „Konvektion" üblicherweise weggelassen.

Neben dem Konvektionsstrom werden wir später noch den *elektrischen Verschiebungs-* oder *dielektrischen Strom* kennenlernen, der *nicht* mit Ladungsträgerbewegung einhergeht. Seine Ursache ist vielmehr ein zeitveränderliches elektrisches Feld. Beide Ströme haben als gemeinsames Merkmal ein *umwirbelndes magnetisches Feld* als *das* Kennzeichen eines Stromes, wie wir sogleich sehen werden.

1.4.1 Elektrische Stromstärke

Elektrische Stromstärke. Analog zum allgemeinen Stromverständnis lautet die elektrische Konvektionsstromdichte – oder einfacher die (*elektrische*) *Stromstärke i* (Intensität) – halbquantitativ

$$i = \Delta Q / \Delta t \,.$$

> Die elektrische Stromstärke kennzeichnet die pro Zeiteinheit durch eine gedachte oder vorhandene „Durchtrittsstelle" (Meßebene) transportierte Ladungsmenge (Bild 1.4.1).

Im Grenzfall $\Delta t \to 0$ wird daraus

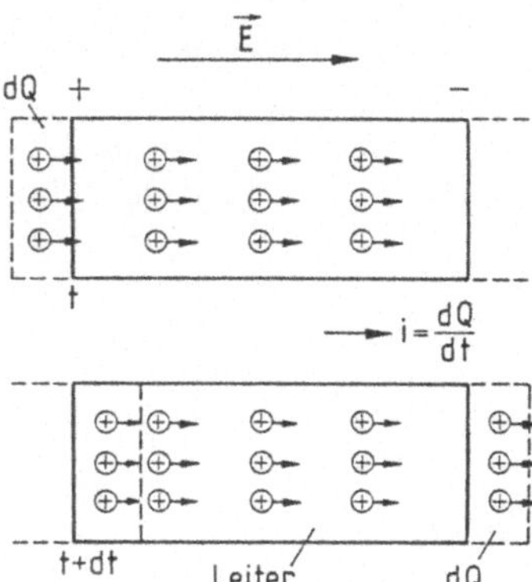

Bild 1.4.1
Definition des Konvektionsstromes
(für positive Träger, Zeitpunkt t und $t + dt$)

$$i = dQ/dt, \qquad [i] - [Q]/[t] - 1\,\text{As}/1\,\text{s} = 1\,\text{A}^{[5]} \qquad\qquad (1.4.1)$$
$$\text{elektrische Stromstärke,}$$
$$\text{Definitionsgleichung.}$$

Bei einer Stromstärke von 1 Ampere wird die Ladungsmenge 1 Coulomb pro
Sekunde durch einen Querschnitt transportiert. Zur *Größenordnung* praktisch vorkommender Stromstärken mögen folgende Richtwerte dienen:

Strom im Taschenlampenkreis: 0,1 A, Strom„verbrauch" im Taschenrechner
einige 10 mA, Leuchtdiode $I \approx 10$ mA, Signalströme in integrierten Schaltungen $I \approx$ einige μA. Strahlstrom einer Bildröhre einige μA. In der Energietechnik treten dagegen hohe Ströme auf: Autoanlasser $I \approx 100$ A, Elektrolok
einige 100 A, Tauchsieder einige A, Blitz > 10 kA.

Man erkennt somit, daß die Informationstechnik etwa den Strombereich
μA... einige A überstreicht.

Nach der Stromdefinition Gl. (1.4.1) stehen Ladung und Strom auf „unterschiedlichen zeitlichen Stufen" (Bild 1.4.2a): einem Stromsprung entspricht
ein Knick in der Ladungskurve $Q(t)$, der Ladungsabnahme eine Stromrich-
tungsumkehr usw., m.a.W. muß für den Strom eine Richtung vereinbart
werden.

Der Strom i ist eine skalare Größe, doch hat er einen Richtungssinn oder
Zählpfeil (Bild 1.4.2b): es ist nämlich nicht gleichgültig, ob sich die Ladungsmenge Q von einem Beobachtungsstandpunkt aus durch die Fläche

---

[5] André Marie Ampère, französischer Physiker und Mathematiker 1775 – 1836.

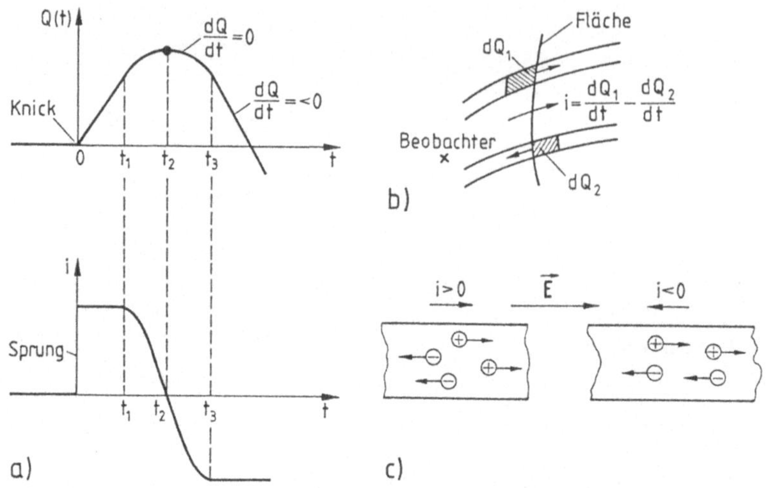

Bild 1.4.2 Konvektionsstrom
   a) Zusammenhang zwischen Strom und Ladung
   b) Zur positiven Zählrichtung von i in Bezug auf eine vom Strom durchsetzte Fläche
   c) Zählrichtung der Stromstärke und Richtung der Ladungsträgerbewegung

fortbewegt oder auf ihn zukommt. Der Zählpfeil deutet somit auf die Durchflußrichtung bezüglich der Fläche hin, dennoch ist der Strom kein Vektor! Üblicherweise legt man den Richtungspfeil so, daß er mit der Durchflußrichtung positiver Träger übereinstimmt (positiver Zahlenwert von i, Elektronen fließen dann bei gleicher Antriebsursache (elektr. Feld) entgegen, Bild 1.4.2c).

Die positive Flußrichtung der positiven Träger bezeichnet man üblicherweise als technische Stromrichtung.

Aus Bild 1.4.1 lernt man übrigens auch etwas zum Stromtransport selbst: die Ladungsmenge ΔQ, die zur Zeit t in den Leiter einströmt, muß ihn später (zur Zeit $t + \Delta t$) an anderer Stelle (Leiterende) verlassen, weil die Ladung Q im Leiter erhalten bleibt ($Q = $ const.):

Transportierte Ladung verhält sich wie eine inkompressible Flüssigkeit.

Stromkennzeichen. Physikalische und chemische Wirkungen. Mit dem Stromtransport sind eine Reihe charakteristischer *Merkmale* verknüpft:

Magnetfeld. Jeder Strom (Konvektions-, Verschiebungsstrom) *wird von einem Magnetfeld umwirbelt.* Es ist z.B. mit einer Magnetnadel leicht nachweisbar (Bild 1.4.3, Stromkennzeichen schlechthin). Genügten zur Erzeugung eines elektrischen Feldes bereits ruhende Ladungen, so sind für das Magnetfeld in jedem Falle *bewegte Ladungen* erforderlich. Anwendung finden Magnetfelder z.B. im Generator, Motor, Festplattenspeicher u.a.m. (s. Abschn. 6.3).

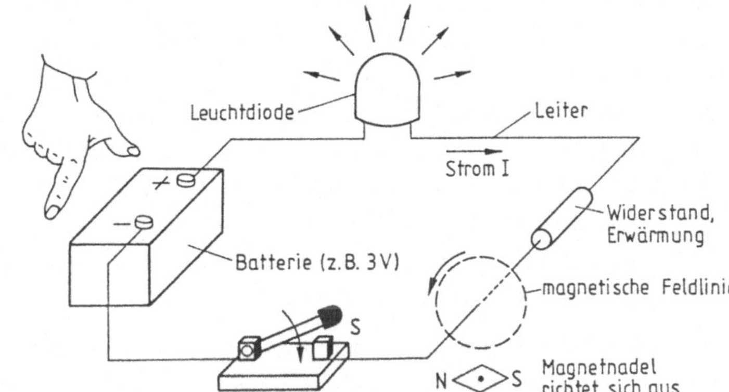

Bild 1.4.3
Wirkungen des Stromes

Wärmewirkung. Durch Wechselwirkung bewegter Ladungsträger mit dem Medium, durch das der Strom fließt (z.B. Stoßprozesse der bewegten Elektronen mit Gitteratomen im Festkörper), tritt eine *Erwärmung* des Mediums auf: jeder stromdurchflossene Leiter erwärmt sich. Die Wärmewirkung ist meist unerwünscht (Verlustwärme in elektrischen Geräten und Einrichtungen), wird aber auch bewußt genutzt (elektrische Heizung, Tauchsieder, dielektrische Erwärmung (medizinische Behandlung, Thermodrucker u.a.).

Chemische Wirkung, vor allem bei der Ionenleitung in Flüssigkeiten (Oberflächenveredlung von Metallen, Eloxieren, Metall reinigen, Galvanoplastik, Schmelzflußelektrolyse). In diese Gruppe fallen auch alle wiederaufladbaren Batterien.

Mechanische Wirkung. Ströme erzeugen nicht nur ein Magnetfeld, umgekehrt übt ein Magnetfeld (z.B. durch einen Dauermagnet) eine *Kraftwirkung* auf bewegte Ladungsträger aus. Deshalb ziehen sich zwei parallele Drähte *an*, wenn sie von Strömen in gleicher Richtung durchflossen werden, während sie bei entgegengesetztem Fluß auseinandergedrückt werden. Diese Kraftwirkung liegt der Definition der Stromstärkeeinheit zugrunde.

Die Kraftwirkung des Magnetfeldes ist von grundsätzlicher Bedeutung für die Energietechnik (Motorprinzip, Relais u.a.), aber auch für die Informationstechnik (magnetisch abgelenkte Bildröhre, Halleffekt, Meßinstrumente, Lesekopf für Informationsträger u.a.).

Optische Wirkung (Elektroluminiszenz). Durch Stromfluß kann es in Gasen oder Festkörpern zur *Lichterzeugung* kommen: Im ersten Fall stoßen die vom elektrischen Feld erzeugten Ionen und Elektronen ständig mit Gasmolekülen zusammen (Stoßionisation, Erzeugung von weiteren Elektronen). Bei der Rekombination wird die zugeführte Feldenergie in Form elektromagnetischer Strahlung (z.T. als Licht) abgegeben (Vorgänge in Leuchtstoffröhren und Blitz). Ein ähnlicher Vorgang läuft in der *Leucht-* oder *Lumineszenzdiode* ab. Das sind pn-Übergänge an GaAs, GaAsP (s. Abschn. 7.5). Sie senden jedoch nur Licht in einem sehr schmalen Wellenlängenbereich von einer bestimmten Farbe aus. Licht ist bekanntermaßen elektromagnetische Strahlung in einem sehr begrenzten Wellenlängenbereich ($\lambda \approx 0,38$ bis $0,78\,\mu$m). Die Lichterzeugung der Glühlampe beruht dagegen auf der Wärmewirkung ($\rightarrow$ Temperaturstrahler) mit einem relativ breiten Spektrum.

Physiologische Wirkungen. Im menschlichen Organismus werden die grundlegenden Funktionen durch elektrische Ströme in den Nervenbahnen gesteuert. Von außen einwirkende Fremdströme können deshalb – je nach Intensität – nützlich oder schädlich sein:

- *nützliche* Anwendung in der Elektromedizin, z.B. Elektrisierung, Diathermie (Erwärmung durch Ströme hoher Frequenz), Elektroschock, elektrische Anregung von Organfunktionen, Herzschrittmacher
- *schädliche* Wirkungen, z.B. bei elektrischem Unfall durch Verbrennungen, Lähmungen oder gar Tod. U.a. werden Gleichströme um 1 mA bereits als kräftiger „Schlag" angesehen. Ströme ab 30 mA und einer Einwirkungsdauer von einigen ms sind absolut schädlich (Herz direkt in Strombahn, z.B. vom Arm nach dem Fuß). Bei einem Körperwiderstand von einigen kΩ ist daher für Spannungen größer als 42 V größte Vorsicht geboten. Entsprechende Vorschriften (VDE 0100, 0101, 0134) des Verbandes deutscher Elektrotechniker (VDE) sind daher einzuhalten.

Zeitverläufe. Der Strom kann sich – wie andere elektrische Größen, z.B. die Spannung - zeitlich ändern. Die typischen Zeitverläufe (Bild 1.4.4) entsprechen voll den bereits bei der Spannung (Abschn. 1.3.2) verwendeten Bezeichnungen:

- der *Gleichstrom* (Strom mit gleichbleibender Stärke, Bild 1.4.4a)
- der *Wechselstrom* mit ständig wechselnder Richtung (und damit Vorzeichen und Richtung der Ladungsträgerbewegung (1.4.4b))
- der *Impulsstrom* (Bild 1.4.4c). Ein Strom kurzer Dauer heißt Stromimpuls. Eine Überlagerung von mehreren Stromformen ergibt den Mischstrom.

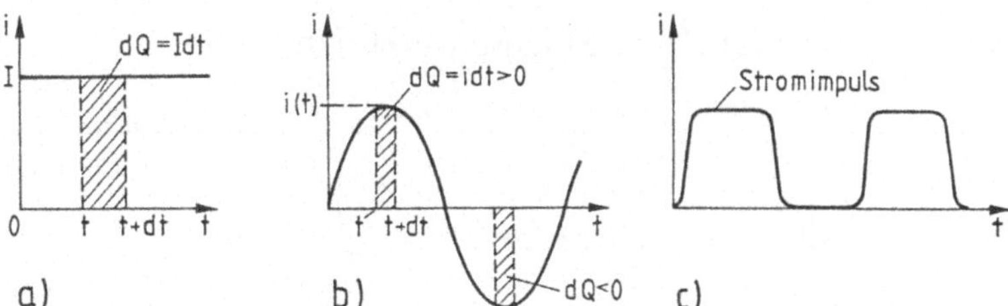

Bild 1.4.4 Typische Zeitverläufe des Stromes
a) Gleichstrom b) Wechselstrom (sinusförmig)
c) Impulsstrom aus Stromimpulsen

Ladungsmenge. Beziehung Strom – Ladung. Die Ladungsmenge ΔQ, die ein Strom im Zeitabschnitt $\Delta t = t - t_0$ durch eine (gedachte) Fläche transportiert, ergibt sich aus Gl. (1.4.1) durch Umstellung $dQ = i\,dt$ und Integration (Bild 1.4.5)

$$\int\limits_{Q(t_0)}^{Q(t)} dQ = \int\limits_{t_0}^{t} i(t)\,dt$$

$$\Delta Q = Q(t) - Q(t_0) = \int\limits_{t_0}^{t} i(t)\,dt\,. \qquad (1.4.2a)$$

▌ Ladungsänderung = Integralkurve des Stromes.

Speziell für *Gleichstrom* folgt

$$\Delta Q = I \int\limits_{t_0}^{t} dt = I(t - t_0) = I\Delta t\,. \qquad (1.4.3)$$

Bild 1.4.5
Zusammenhang zwischen Ladungsänderung und der durch Strom transportierten Ladung
a) Strom-Zeitdiagramm b) Ladungs-Zeitdiagramm

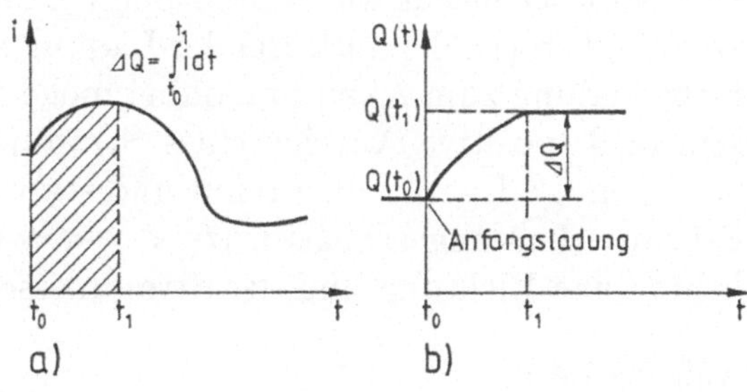

Das Ergebnis Gl. (1.4.2a) kann durch Umstellen

$$
Q(t) \;=\; Q(t_0) \;+\; \int_{t_0}^{t} i(t)\,\mathrm{d}t \qquad\qquad (1.4.2b)
$$

Gesamt-   Anfangs-   Ladungsänderung durch
ladung   ladung   Stromtransport

auch anders erklärt werden: die Gesamtladung einer Anordnung besteht aus einer Anfangsladung und der durch den Strom an- oder abtransportierten Ladung.

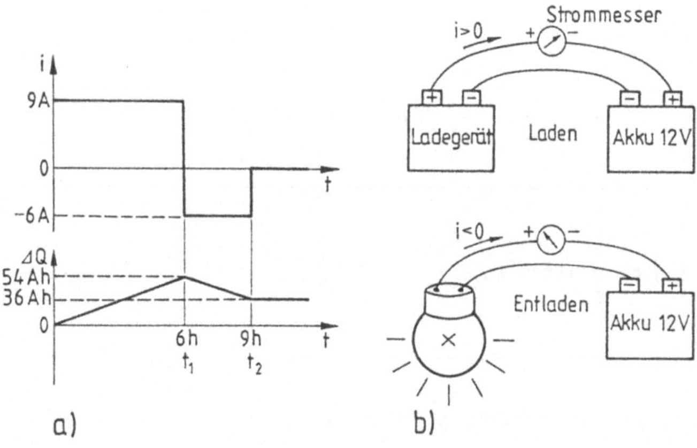

Bild 1.4.6 Stromstärke und transportierte Ladung am Beispiel des Ladens/Entladens eines Akkumulators
a) Strom-Ladungsdiagramm
b) Anordnung mit vereinbarter positiver Stromrichtung

Dies wird vielleicht am besten beim Laden/Entladen eines Akkumulators verständlich (Bild 1.4.6). Bei der Ladung aus einem Ladegerät (Zeit $0\ldots t_1$) fließt Ladung zum Akku hin, dabei möge die Stromrichtung positiv gewählt sein (z.B. positive Anzeige eines Strommessers). Wird der Akku anschließend vom Ladegerät abgetrennt und statt dessen an einen Verbraucher (z.B. Scheinwerfer) angeschlossen ($t_1 < t < t_2$), so fließt Ladung ab, der Strom kehrt seine Richtung und der Strommesser zeigt einen negativen Wert.

Aufgabe 1.4.1.

1.4.2 Stromdichte

Stromdichte. Fließt ein Strom I durch einen Leiter mit verschiedenem Querschnitt A (Bild 1.4.7a) ($\perp$ Stromfluß), so wird die Größe „Strom pro Fläche" oder die *Stromdichte*

$$S = I/A \qquad \text{Strom/Fläche}^{6)}$$

unterschiedlich sein: sie ist im Querschnitt A_1 sicher kleiner als am Querschnitt A_2. Will man die Stromdichte S für unterschiedliche Stellen des gesamten Querschnittes angeben, so ist eine Unterteilung sowohl des Stro-

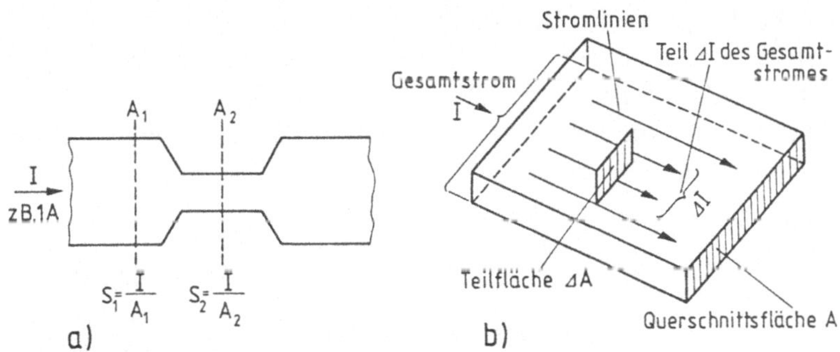

Bild 1.4.7 Übergang vom Strombegriff zur Stromdichte
a) Qualitatives Modell (z.B. $A_1 = 1\,\text{cm}^2$, $A_2 = 0,3\,\text{cm}^2$)
b) Zur Definition der Stromdichte

mes I in Teilströme oder sog. *Stromelemente* ΔI (z.B. $\Delta I = I/10$) und der Fläche in Elemente ΔA (z.B. $A = 10\Delta A$) erforderlich (Bild 1.4.7b). Die Stromdichte des einzelnen Stromelementes beträgt dann

$$S = \frac{\Delta I}{\Delta A} \to S = \lim_{\Delta A \to 0} \frac{\Delta I}{\Delta A} = \frac{\mathrm{d}I}{\mathrm{d}A}. \qquad (1.4.4)$$

Die Stromdichte S beschreibt daher die Verteilung der Stromstärke ΔI in einer vom Strom durchsetzten Querschnittsfläche ΔA. Sie kennzeichnet die Strömung in einem *Punkt* (und ist deshalb eine Feldgröße, wie sich später ergeben wird).

Im Bild 1.4.8 wurden ausgewählte Stromlinien ΔI und Querschnittselemente ΔA eines Leiters mit einer Engstelle dargestellt. An der engsten Stelle tritt die größte Stromdichte S auf.

$^{6)}I \perp A$: Strom I fließt senkrecht zum Querschnitt A.

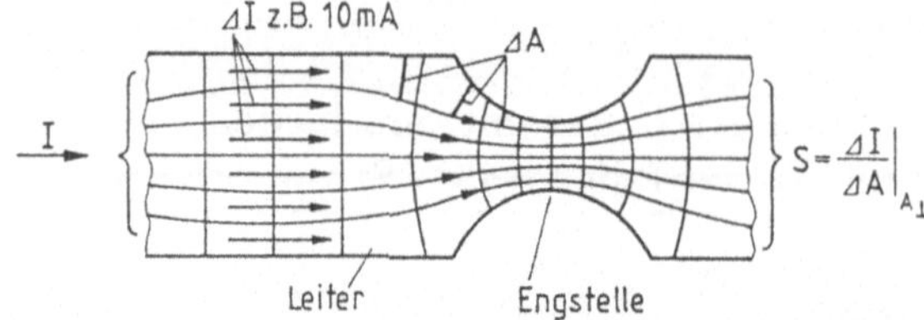

Bild 1.4.8
Strom I und Stromdichtebegriff S

Die Stromdichte S ist die wichtigste Größe für die „Strombelastbarkeit" eines Leiters. Man weiß, daß vom Autoanlasser ein relativ dickes Kabel zur Batterie führt. Der probeweise Ersatz durch eine dünne Leitung würde diese bei Stromfluß sofort zerschmelzen, die Stromdichte ist offenbar zu hoch. Typische Stromdichten betragen: Cu-Leiter der Starkstromtechnik $S \approx 5\ldots 10\,\mathrm{A/mm^2}$, Halbleiterbauelemente $S \approx 10\ldots 100\,\mathrm{A/mm^2} = 10\ldots 100\,\mu\mathrm{A}/(\mu\mathrm{m})^2$. Im Blitz fließen Ströme von einigen 10^3 A durch einen Querschnitt von wenigen mm^2. Dies erklärt seine zerstörende Wirkung durch Überhitzung des Stromkanals.

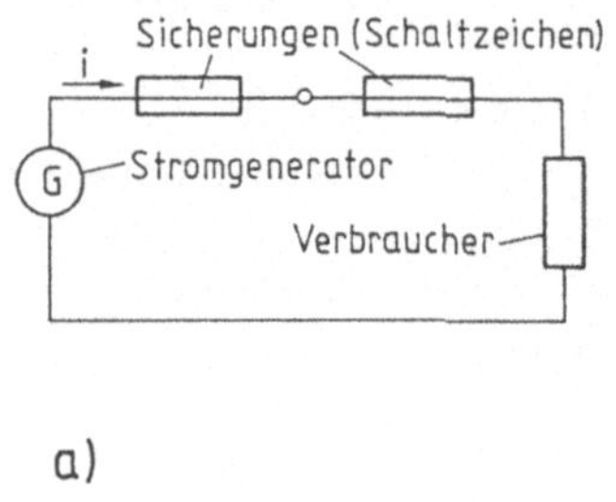

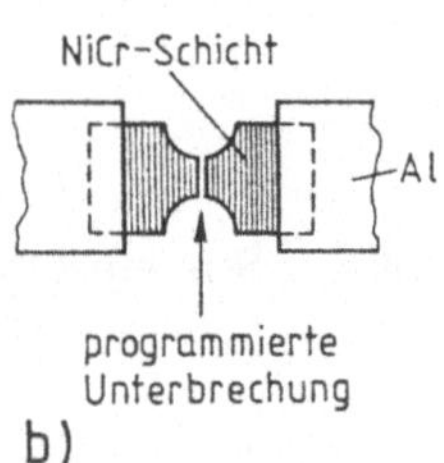

Bild 1.4.9
Schmelzbare Leiterverbindungen
a) Als Sicherung im Stromkreis
b) Abschmelzbare Verbindung in einer programmierbaren logischen Schaltung. Widerstand des NiCr-Bereiches $\approx 100\,\Omega$

Typische Folgerungen aus dem Stromdichtebegriff sind deswegen

– die Leiterbemessung bei vorgegebener maximal zulässiger Stromdichte als Sicherheit vor Zerstörung

– der absichtliche Einbau solcher „Querschnittsabnahmen" in Form einer Sicherung in den Stromkreis (Bild 1.4.9a). Überschreitet der Strom eine kritische Stärke, so schmilzt sie durch und unterbricht den Kreis. Man erkennt daraus, welche Gefahr beim Überbrücken einer Sicherung[7] durch einen dicken Cu-Draht droht. Deshalb werden Sicherungen für bestimmte Stromstärken ausgeführt. Ausgenutzt wird das Schmelzprinzip auch bei sog. programmierbaren Logikelementen (s. Abschn. 9.10). In den Gatterzuleitungen sind abschmelzbare Teile (Bild 1.4.9b) eingeführt, die durch einen Strom von rd. 20 mA durchgeschmolzen werden können. Damit ist

---

[7] Th. Edison, amerikanischer Erfinder 1847 – 1931.

die Verbindung unterbrochen und das Logikelement (irreversibel) programmiert.

Stromdichte = Vektor der Trägerströmung. In Gl. (1.4.4) fällt auf, daß für das Verständnis der Stromdichte die Relativlage der durchströmten Fläche zum Strom ($A \perp I$) erwähnt wurde. Dies läßt einen Vektorcharakter der Stromdichte vermuten. Auch die Tatsache, daß eine Strömung (Geschwindigkeit $\vec{v}$) in einem Punkt nur entsteht, wenn sich die dort vorhandene Ladung ΔQ bezogen auf ihr Volumen ΔV, also die Raumladungsdichte ϱ (Gl. (1.2.3)) mit $\vec{v}$ bewegt, deutet darauf hin, daß S eine Vektorgröße sein muß. Tatsächlich gilt (was hier ohne nähere Ableitung übernommen wird)

$$\vec{S} = \varrho\vec{v} \qquad\qquad\qquad (1.4.5)$$

Stromdichte = Raumladungsdichte ϱ der beweglichen Träger

$$\times \text{ Geschwindigkeit der Träger.}$$

Die Beziehung zwischen Strom i und Stromdichte $\vec{S}$ lautet dann

$$\mathrm{d}i = \vec{S} \cdot \mathrm{d}\vec{A}$$

oder

$$i = \int_A \vec{S} \cdot \mathrm{d}\vec{A} \;\rightarrow\; i = \vec{S} \cdot \vec{A} = SA\cos(\sphericalangle\vec{S},\vec{A})\,. \qquad (1.4.6)$$

allgemein   homogenes Strömungsfeld.

Dann erklärt sich die anschauliche Einführung von $\vec{S}$ nach Gl. (1.4.4) sofort. Die Tatsache, daß der Strom aus dem Produkt von Stromdichte (parallel zur Stromrichtung) und der dazu senkrecht projizierten Fläche besteht, wird durch Zuordnung eines *Flächenvektors* (senkrecht auf A stehend) zum Ausdruck gebracht (Bild 1.4.10). Wir wollen diese Betrachtungen aber nicht weiter vertiefen, da sie über den Rahmen dieser Einführung hinausgeht. Erwähnt sei, daß sich der Strom nach Gl. (1.4.6) mit der Stromdichte Gl. (1.4.5) auch in die Ausgangsform Gl. (1.4.1) überführen läßt.

Mit Gl. (1.4.5) kann auch die relativ große Stromdichte in Halbleiterbauelementen erklärt werden. In Halbleitern liegen die Ladungsträgerdichten n, p bei $10^{16}\ldots10^{18}\,\mathrm{cm}^{-3}$ und die erreichbaren Geschwindigkeiten v betragen

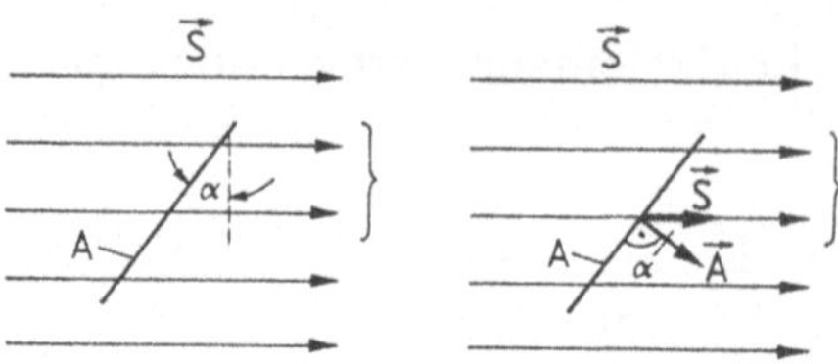

Bild 1.4.10
Stromstärke und Stromdichte im homogenen
Feld. Im homogenen Feld gilt $i = \vec{S} \cdot \vec{A}$

$10^4 \ldots 10^6$ cm/s bei hoher Feldstärke (ganz im Gegensatz zu Leitern, wo sie um Größenordnungen geringer sind). Dann gilt

$$S = v \approx q \cdot p \cdot v = 1,6 \cdot 10^{-19}\,\text{As}(10^{16} \ldots 10^{18})\,\text{cm}^{-3} \cdot (10^4 \ldots 10^6)\,\text{cm/s}$$
$$= 1,6 \cdot (10^1 \ldots 10^5)\,\text{A/cm}^2\,!$$

Deshalb sind Halbleiterbauelemente i.a. stärker belastet als Leiter (weshalb sie schon bei geringer Überlastung zerstört werden).

Aufgaben 1.4.2, 1.4.3.

1.4.3   Knotensatz

Haupteigenschaft des Stromes: Kontinuität. Die Haupteigenschaft der Ladung ist ihre *Erhaltung* in einem abgeschlossenem System (z.B. Volumen, Erhaltungssatz, Naturgesetz)[8].

$$\boxed{Q = \text{const.} \qquad \text{Erhaltungssatz. Naturgesetz.} \qquad (1.4.7)}$$

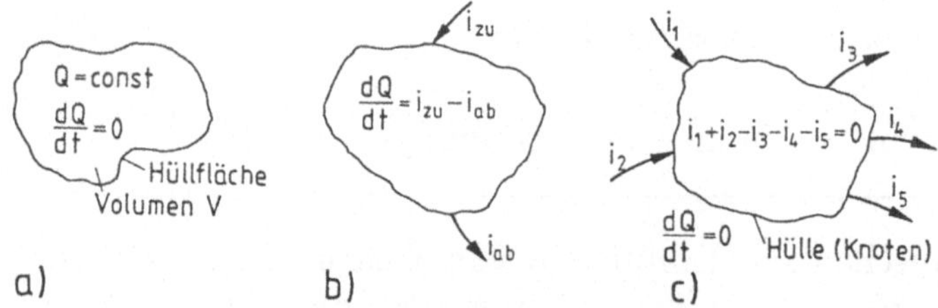

Bild 1.4.11 Bilanzgleichung der Ladung Q im Volumen
     a) Ladungserhaltung im abgeschlossenen Volumen
     b) Ladungsänderung durch die Differenz von Zu- und Abstrom

Dies drückt sich z.B. in Bild 1.4.11 aus. Deshalb kann sich die Ladung in einem Volumen nicht durch Generation und Rekombination, sondern nur durch Zu- und Abfluß ändern

---

[8]Solche Erhaltungssätze existieren für verschiedene physikalische Größen, z.B. Energie, Masse, Impuls.

$$\frac{\mathrm{d}Q}{\mathrm{d}t} = \frac{\mathrm{d}Q}{\mathrm{d}t}\bigg|_{\mathrm{zu}} - \frac{\mathrm{d}Q}{\mathrm{d}t}\bigg|_{\mathrm{ab}} = i_{\mathrm{zu}} - i_{\mathrm{ab}} \qquad \begin{array}{l}\text{Bilanzgleichung}\\ \text{(Kontinuitätsgleichung)}\end{array} \qquad (1.4.8)$$

$$\frac{\text{Ladungsänderung}}{\text{pro Zeiteinheit}} = \frac{\text{zufließender} - \text{abfließender}}{\text{Konvektionsstrom.}}$$

Bleibt die Ladung erhalten ($\mathrm{d}Q/\mathrm{d}t = 0$), so muß die Summe der durch die Hüllfläche des Volumens zu- und abfließenden Konvektionsströme verschwinden. Dieses Ergebnis gilt auch, wenn mehrere Ströme durch die Oberfläche zu- und abfließen und lautet verallgemeinert

$$\sum_{\mu=1}^{n} i_\mu = 0 \qquad \begin{array}{l}\text{Knotensatz. 1. Kirchhoffsches Gesetz}\\ \text{(Stromkontinuität).}\end{array} \qquad (1.4.9)$$

Die algebraische Summe aller über eine (gedachte) Hüllfläche fließenden Ströme verschwindet.

Dabei werden Ströme, die in die Hülle hinfließen, mit positivem (Richtungspfeil hinweisend), herausfließende mit negativem Vorzeichen versehen (Bild 1.4.11c):

Summe der hinfließenden = Summe der abfließenden Ströme.

Die Hüllfläche wird auch als *Knoten* (= Verbindungsstelle von Leitungen, Lötverbindung mehrerer Metalldrähte) bezeichnet.

An dieser Stelle drängt sich zur Erläuterung des Knotensatzes (Gl. (1.4.9)) ein Vergleich mit einem anderen Erhaltungssatz, z.B. der Masse, etwa der Wassermasse m in einer Talsperre auf. Sie werde von mehreren Gebirgsbächen gespeist ($\rightarrow \sum i_{\mathrm{zu}}$), ein Wasserstrom fließt ab (i_{ab}). Bleibt der Wasserstand erhalten, so folgt daraus ein analoges Ergebnis zu Gl. (1.4.9). Im anderen Falle ergibt sich $\mathrm{d}m/\mathrm{d}t > 0$ oder < 0.

Aus dem Knotensatz folgt aber noch eine zweite, wesentliche Erkenntnis für einen beliebig geformten Leiterkreis (Bild 1.4.12a). Dort kann man sich an jeder Stelle solche Hüllflächen denken: überall gilt $i_{\mathrm{zu}} = i_{\mathrm{ab}}$ oder:

Der Strom ist eine in sich geschlossene Erscheinung. Er besitzt in jedem Querschnitt die gleiche Stärke und hat deshalb keine Quellen und Senken: Strom als „Band" ohne Anfang und Ende.

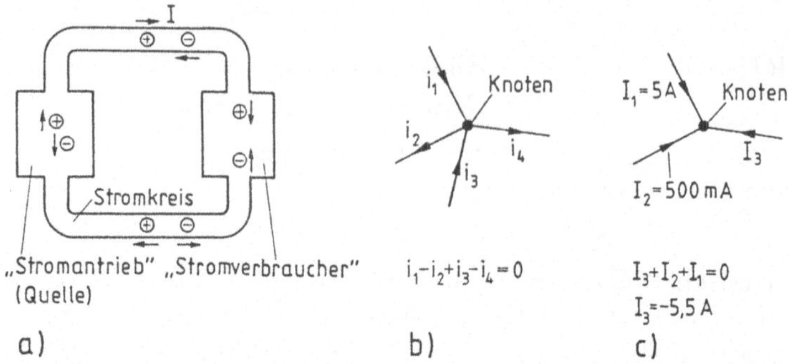

Bild 1.4.12 Knotensatz
　　　　a) Begriff des Stromkreises (Stromkontinuität)
　　　　b), c) Beispiele des Knotensatzes

Deshalb heißt eine geschlossene Leiteranordnung auch *Leiter-* oder *Strom-kreis*. Dies bedeutet zwangsläufig, daß bewegte Ladungsträger einen „Bewegungsantrieb" erfahren müssen, also *durch* eine „Antriebsquelle" fließen. Sie werden dort weder erzeugt noch verbraucht, sondern nur durch *Energiezufuhr* in Bewegung gesetzt. Dazu ist eine Energiewandlung nichtelektrisch − elektrisch erforderlich (s. Abschn. 1.5).

Anwendung des Knotensatzes. Aus dem Knotensatz Gl. (1.4.9) ergeben sich einige direkte Konsequenzen für Bauelemente und Schaltungen (Bild 1.4.12b, c, 1.4.13):

− Im Knoten verschwindet die algebraische Summe aller Ströme. Ergeben sich dabei Ströme mit negativen Zahlenwerten, so fließt der Strom entgegen der angesetzten Richtung.

− Bei einem Bauelement oder einer Schaltung mit *zwei Anschlüssen*, dem sog. *Zweipol* oder *Eintor* gilt $i_A = i_B$.

− Für einen *Vierpol* (Zweitor) gilt $\sum_m i_m = 0$ (Bild 1.4.13b). Für einen Dreipol ergibt sich damit der dritte Strom automatisch, wenn die beiden anderen bekannt sind.

− Für einen *Mehrpol* (Transistor, Schaltkreis, Bild 1.4.13c, d) mit n Klemmen müssen insgesamt $n - 1$ Ströme bekannt sein, um den restlichen Strom zu bestimmen.

− Der Knotensatz gilt auch für alle Ströme in einem Netzwerk (Schaltung), die durch eine beliebig gelegte (geschlossene) Schnittlinie fließen (Bild 1.4.13e).

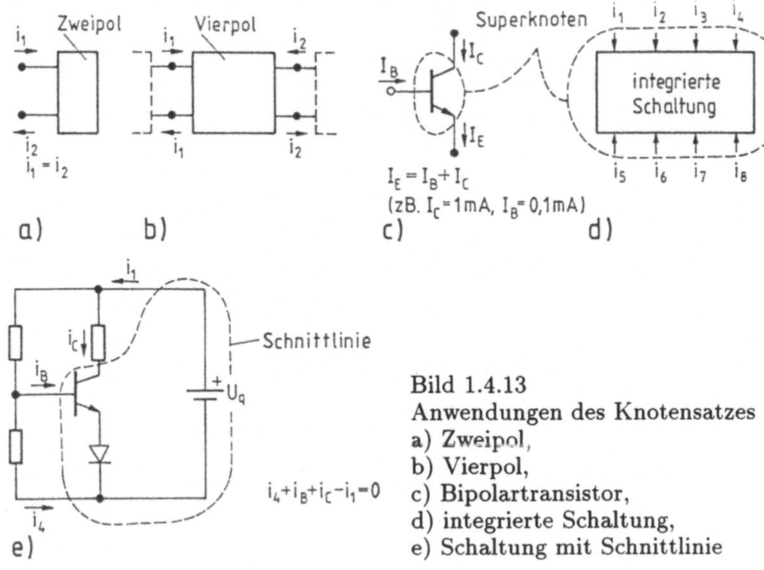

Man erkennt aus den Beispielen, daß der „Knoten" auch Bauelemente oder Schaltungsteile enthalten kann (dann wird er oft als Superknoten bezeichnet). Dies ist der tiefere Inhalt des Knotensatzes.

Aufgabe 1.4.4.

Ladungsträger in Metallen, Halbleitern und Nichtleitern. Konvektionsstrom setzt bewegliche Ladungsträger voraus. Stoffe, in denen (auch ohne anliegendes elektrisches Feld) eine große Zahl freier Träger vorhanden sind, heißen *Leiter* (Bild 1.4.14). Dazu gehören:

Elektronenleiter, insbesondere Metalle. Hier sind die äußeren Hüllelektronen quasi nicht an den Atomverband gebunden und frei beweglich. Daraus erklärt sich die relativ hohe Elektronendichte mit

$$n \approx 10^{22}\ \text{cm}^{-3}, \tag{1.4.10}$$

gleichzeitig gibt es eine gleich große Zahl positiver ortsfester Atomrümpfe, deren positive Ladung sich gerade mit der Elektronenladung kompensiert (Bild 1.4.14a). Metalle sind elektrisch stets neutral.

Elektrolyte. Das sind Stoffe, deren Schmelze oder Lösungen (Säure, Basen, Salze) den Strom durch Ionenleitung führen (positive, negative Ionen, Bild 1.4.14b).

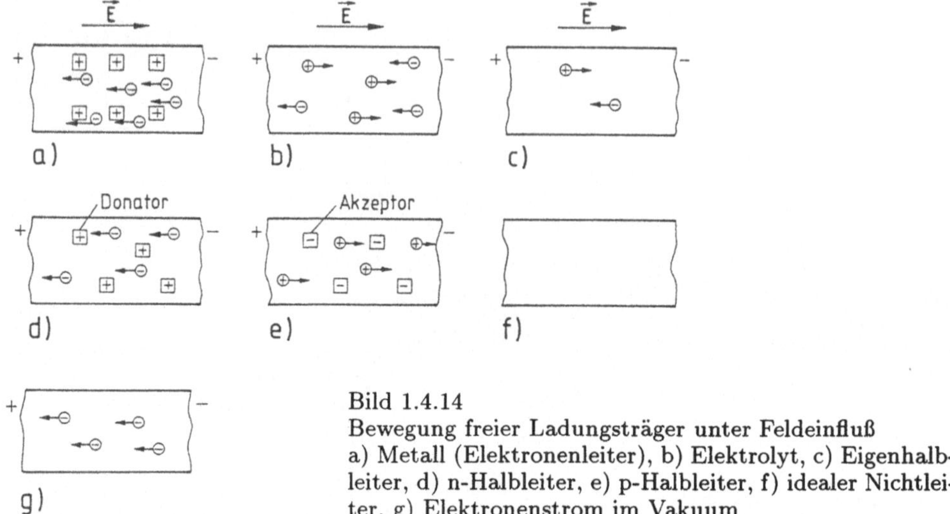

Bild 1.4.14
Bewegung freier Ladungsträger unter Feldeinfluß
a) Metall (Elektronenleiter), b) Elektrolyt, c) Eigenhalbleiter, d) n-Halbleiter, e) p-Halbleiter, f) idealer Nichtleiter, g) Elektronenstrom im Vakuum

Halbleiter (kristallin, z.B. Si, Ge, GaAs, GaP oder auch polykristallines Si).
Hier erfolgt der Stromfluß durch Elektronen und Löcher (Defektelektronen).
Löcher stellen Gitterplätze dar, die von Elektronen nicht besetzt sind und
durch thermische Bewegung der Träger als positive Ladungsträger verstanden werden können. Je nachdem, ob mehr Elektronen oder Löcher vorhanden sind, spricht man von n- oder p-Halbleitern. Im Abschnitt 6.2.3.3 werden
wir uns mit diesen Vorgängen näher befassen.

Beim *Eigenhalbleiter* gilt (Bild 1.4.14c)

$$n = p = n_i \,.$$

Die Eigenleitungsdichte n_i ist materialspezifisch, sie beträgt bei Silizium
$n_i \approx 1,5 \cdot 10^{10}\,\mathrm{cm}^{-3}$ bei Zimmertemperatur.

n-Halbleiter entstehen durch Dotieren (Einbau) von ortsfesten Störstellen.
Sie geben Elektronen ab (Donatoren, z.B. As bei Si), es gilt

$$n \gg n_i \gg p \quad (\text{z.B. } n \approx 10^{12} \dots 10^{20}\,\mathrm{cm}^{-3} \text{ bei n-Si}) \,. \tag{1.4.11}$$

Die ionisierten Störstellen tragen zur Gesamtladung des Halbleiters bei; er
ist deshalb insgesamt neutral (Bild 1.4.14d).

p-Halbleiter entstehen durch Einbau von ortsfesten Störstellen, die Löcher
abgeben (z.B. B in Si). In diesem Fall gilt (Bild 1.4.14e)

$$p \gg n_i \gg n \quad (\text{z.B. } n \approx 10^{12} \dots 10^{20}\,\mathrm{cm}^{-3} \text{ bei p-Si}) \,. \tag{1.4.12}$$

Nichtleiter (Isolatoren, Dielektrika) haben im Idealfall keine freien Ladungsträger (Bild 1.4.14f)

$$n = 0\,. \tag{1.4.13}$$

Der ideale Nichtleiter ist das *Vakuum*. Werden in ein solches Vakuum Elektronen injiziert (z.B. Glühemission einer Kathode wie bei der Bildröhre), so fließt ein Elektronenstrom (s. Abschn. 6.2.3.4). In diesem Falle ist die Ladung der beweglichen Träger *nicht* kompensiert und man spricht von raumladungsbegrenztem Strom.

Im Plasma – z.B. bei Leuchtröhren – laufen ähnliche Vorgänge ab, nur stehen positive und negative Träger zur Verfügung.

1.5 Energie, Arbeit und Leistung im Stromkreis

1.5.1 Energie, Arbeit, Leistung

Es ist bekannt, daß im Stromkreis – z.B. einer Taschenlampe – stets eine *Energiequelle* vorhanden sein muß, wenn ein Strom (Ladungsträgerbewegung) fließen soll. Energie ist aber eine sehr allgemeine (vielleicht die universellste) physikalische Größe, denn sie verbindet über die *Energiewandlung* verschiedene Gebiete, z.B. Mechanik, Wärmelehre, elektromagnetische Vorgänge u.a.

Unter *Energie* wird die Fähigkeit verstanden, *Arbeit* zu verrichten. Energie und Arbeit besitzen das Formelzeichen W mit der Einheit

$$1\,\text{Joule} = 1\,\text{J} = 1\,\text{N} \cdot \text{m} = 1\,\text{Ws}. \quad (\text{W Watt})$$

Da alle Naturvorgänge Umwandlungen einer Energieform in eine andere sind (wobei die Gesamtenergie eines abgeschlossenen Systems konstant bleibt, Energiesatz[9]), muß die dem Stromkreis zugeführte elektrische Energie an einer anderen Stelle wieder entzogen und z.B. als Wärme an die Umgebung abgegeben werden.

Einrichtungen, die elektrische Energie aus einer nichtelektrischen Form „erzeugen", heißen *Erzeuger* , solche, die elektrische Energie „verbrauchen" und in eine andere Energieform umwandeln, *Verbraucher*.

---

[9] Robert Mayer, deutscher Arzt und Physiker 1814–1878.

Deshalb tritt im Stromkreis (Bild 1.5.1) ständig ein *Energiefluß* vom Erzeuger zum Verbraucher auf (im Moment sicher davon ausgehend, daß er irgendwie mit Strom und Spannung zusammenhängt). Später werden wir sehen, daß der Energietransport eigentlich im elektromagnetischen Feld erfolgt, eine sicher unerwartete Behauptung.

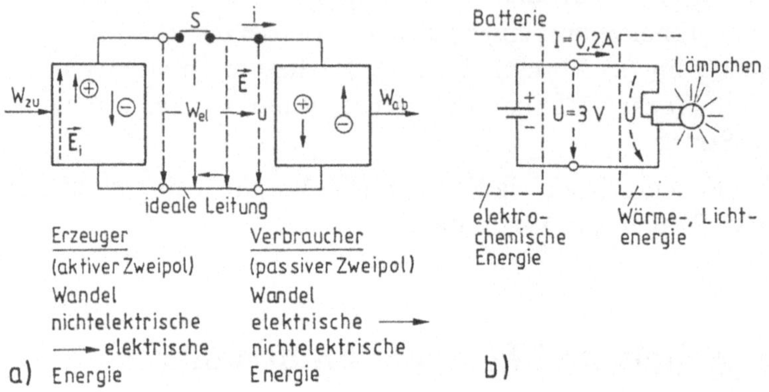

Bild 1.5.1 Energiewandlung im Stromkreis
　　　　　a) Zusammenwirken zwischen aktivem und passivem Zweipol vom Energieumsatz her gesehen
　　　　　b) Stromkreis einer Taschenlampe als Beispiel zum Energieumsatz

Erzeuger elektrischer Energie sind beispielsweise:

- Batterie, Akkumulator (chemisch-elektrisch-chemisch)
- Dynamo, Generator (mechanische-elektrische Energie)
- Solarzelle: (Strahlung → elektrische Energie)
- Thermoelement: (Wärme → elektrische Energie)

Typische Verbraucher elektrischer Energie sind

- Widerstand (elektrische → Wärmeenergie)
- Elektromotor (elektrische → mechanische Energie)
- Akkumulator (elektrische → chemische Energie)
- Lumineszenzdiode, LED (Strahlung).

Aus dem bisherigen wird deutlich, wie bedenklich die im täglichen Leben üblichen Begriffe „Strom-, Energieverbraucher, Energiequellen" sind: Im Stromkreis wird weder Strom verbraucht noch erzeugt, sondern ein Stromfluß bestimmter Stärke durch Energieumwandlung aufrecht erhalten.

Leistung. Der Energiebegriff enthält die Zeit nicht. Im technisch/wirtschaftlichen Bereich ist es aber geboten, eine bestimmte Arbeit pro Zeit zu verrichten, also etwas zu „leisten". Dies führt direkt zum Begriff der *Leistung* (oder auch Energiedurchsatz pro Zeit)

$$p = \frac{\mathrm{d}W}{\mathrm{d}t}\,, \quad [p] = \frac{[W]}{[t]} = \frac{1\,\mathrm{J}}{1\,\mathrm{s}} = 1\,\mathrm{W}\ ^{10)} \qquad \text{Leistung.} \qquad (1.5.1)$$

Während die Energie für die Beanspruchung und konstruktive Abmessung eines elektrischen Gerätes relativ wenig aussagt, ist gerade die Leistung für die Geräteausführung ausschlaggebend (z.B. Angabe der zulässigen Verlustleistung von Bauelementen und Geräten).

Für die Informationstechnik haben Energie- und Leistungsgesichtspunkte eher untergeordnete Bedeutung, für die Energietechnik stehen sie an erster Stelle. Geräte im Haushalt beanspruchen folgende Leistungen: Tauchsieder $100\ldots 1000\,\mathrm{W}$, Fernsehempfänger $100\,\mathrm{W}$, Computer $100\,\mathrm{W}$, tragbare Empfänger $\leq 10\,\mathrm{W}$. Während eine Reihe von Geräten direkt der Energieumformung dient (Tauchsieder, Bohrmaschine, Waschmaschine), sind typische Geräte der Informationstechnik (Fernsehempfänger, Rundfunkgerät bei Zimmerlautstärke ($20\,\mathrm{mW}$)) reine Wärmequellen. Die mit einer Nachricht übermittelte Energie ist extrem klein, man stellt praktisch sogar die Frage, welche Mindestenergie gerade noch erforderlich ist. Sie liegt – je nach Ansatz – pro Bit bei

$$W_{\min} \approx kT \ln 2 = U_\mathrm{T} q \ln 2 = 26\,\mathrm{mV} q \ln 2 = 28{,}8 \cdot 10^{-22}\,\mathrm{Ws}\big|_{T=300\,\mathrm{K}}$$

Sie liegt in der Größenordnung der Temperaturspannung des pn-Überganges (s. Abschn. 7).

> Die häufig vertretene Auffassung, daß Information nichts mit Energie zu tun habe (was auf Wieners Aussage: „information is information, not energie or matter" zurückgeht), ist so *nicht* berechtigt, denn Information ist stets an einen physikalischen Informationsträger gebunden.

Auch aus anderer Sicht stellt sich das Energieproblem in der Energietechnik anders: dort steht ein möglichst hoher Umwandlungswirkungsgrad im Mittelpunkt. Das Kraftwerk möchte elektrische Energie mit möglichst guten wirtschaftlichem Effekt liefern. In der Informationstechnik hingegen

---

$^{10)}$ James Watt, Erfinder der Dampfmaschine 1736 – 1819.

kommt es darauf an, Information mit einem Minimum an Energieaufwand zu übertragen und verarbeiten. Dabei spielt der Wirkungsgrad eine völlig untergeordnete Rolle.

1.5.2   Energie und Leistung am Zweipol

Liegt an einem Zweipol die Spannung u und fließt der Strom i hindurch, so beträgt die momentan umgesetzte elektrische Leistung

$$p = u \cdot i , \qquad [p] = [u][i] = 1\,\text{V} \cdot 1\,\text{A} = 1\,\text{W}. \qquad (1.5.2)$$
$$\text{elektrische Leistung}$$

Setzt man gleiche Richtungen von i und u voraus, d.h. $p > 0$ (Bild 1.5.2), so bedeutet das

$$p > 0 \qquad \text{„Verbrauch" elektrischer Leistung}$$
$$p < 0 \qquad \text{„Erzeugung" elektrischer Leistung.}$$

Deshalb heißt diese u-i-Richtungszuordnung auch *Verbraucher-Zählpfeilsystem* und der Zweipol selbst *Verbraucher-* oder *passiver Zweipol*. Eine Strom- oder Spannungsumkehr ($p < 0$) führt zum *Erzeugerpfeilsystem* (aktiver Vierpol). Beim Zusammenschalten beider Zweipole zu einem Stromkreis fließt dann der Strom als „kontinuierliches Band" mit der Möglichkeit der Energieübertragung vom Erzeuger zum Verbraucher (Bild 1.5.1). Dabei kann ein als passiv definierter Zweipol durchaus auch als aktiver Zweipol wirken und umgekehrt, man denke etwa an das Laden/Entladen eines Akkumulators (Bild 1.4.6).

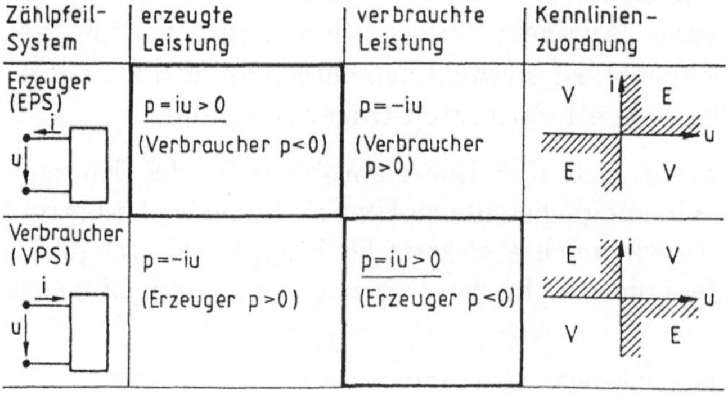

Zählpfeil-System	erzeugte Leistung	verbrauchte Leistung	Kennlinien-zuordnung
Erzeuger (EPS)	$\underline{p = iu > 0}$ (Verbraucher $p<0$)	$p = -iu$ (Verbraucher $p>0$)	
Verbraucher (VPS)	$p = -iu$ (Erzeuger $p>0$)	$\underline{p = iu > 0}$ (Erzeuger $p<0$)	

Bild 1.5.2
Richtungspfeilsysteme am Zweipol

Als Gedächtnisstütze für die Erzeuger-Verbrauchereinteilung möge dienen:

<table>
<tr><td>Verbraucher:</td><td>Stromfluß in den Plus- und aus dem Minuspol (Pfeilspitze von u),</td></tr>
<tr><td>Erzeuger:</td><td>Stromfluß aus dem Plus- und in den Minuspol.</td></tr>
</table>

Bei zeitveränderlichen Größen (Wechselspannung) müssen sich dann u *und* i ändern, wenn ein Zweipol als Verbraucher arbeiten soll.

Energiedurchsatz. Wie kann nun der Ladungsfluß durch den aktiven und passiven Zweipol (Bild 1.5.1) und überhaupt der Energieumsatz im Erzeuger- und Verbraucherzweipol mit den bisherigen Kenntnissen erklärt werden?

Im Erzeugerzweipol muß die potentielle Energie der (positiven) Ladungsträger in Bewegungsrichtung erhöht werden. Dazu ist eine Trägerbewegung von „−" nach „+" erforderlich (negative von „+" nach „−"), also *entgegen* der Kraft $\vec{F} = Q\vec{E}$, die Träger durch den Verbraucherzweipol treibt. Nun erzeugt jede Energieumformung nichtelektrisch → elektrisch im Erzeugerzweipol eine innere Feldstärke $\vec{E}_i$, die Ladungen trennt, also Löcher nach + und Elektronen nach − verschiebt und damit oben einen Überschuß positiver Träger (unten negativ) schafft, so daß die äußere Feldstärke $\vec{E}$ entsteht.

Diese innere Kraft als direkte Folge des Energieumsatzes nichtelektrisch → elektrisch

- ist die eigentliche Ursache der Spannung einer Spannungsquelle, die auch bei $i = 0$ vorhanden ist (z.B. Taschenlampenbatterie)
- kann – je nach Energieumsatzart – ganz verschiedener Ursache sein, z.B. elektrochemischer Natur (Batterie, Akku), Strahlungsenergie (Solarzelle), mechanische Energie (Induktionsgesetz, s. Abschn. 6.3.5).

Als Ergebnis der Ladungstrennung entsteht ein elektrisches Feld zwischen den Klemmen des Erzeugerzweipols, das über die Verbindungsleitungen auch am passiven Zweipol (z.B. Widerstand) liegt. Dort sinkt die potentielle Energie der Ladungsträger in Bewegungsrichtung (Bewegung in Kraftrichtung $\vec{F} = Q\vec{E}$ des Feldes): Umwandlung elektrischer Energie des Feldes über die Wechselwirkung Träger-Leiter (Stoßvorgänge) in Reibung (Wärme). Damit der Energievorrat des elektrischen Feldes im geschlossenen Kreis erhalten bleibt, muß der irreversible Energieumsatz in Wärme im passiven Zweipol durch ständige Energiezufuhr über die Quelle ausgeglichen werden. Das

Energieumsatzverhalten[11] hat direkte Entsprechungen in anderen energieumwandelnden Systemen:

- Beispielsweise erhöht ein Schlittenfahrer durch Nutzung einer Bergbahn seine potentielle Energie, um sie dann bei der Talfahrt in kinetische und Reibungsenergie umzusetzen.

- Auch der hydrodynamische Kreis entspricht diesem Bild: eine mechanisch angetriebene Wasserpumpe (Bild 1.5.3) erzeugt einen Flüssigkeitsstrom in einem geschlossenen Wasserkreislauf ($\rightarrow$ Strom), der an anderer Stelle etwa eine Turbine antreiben kann.

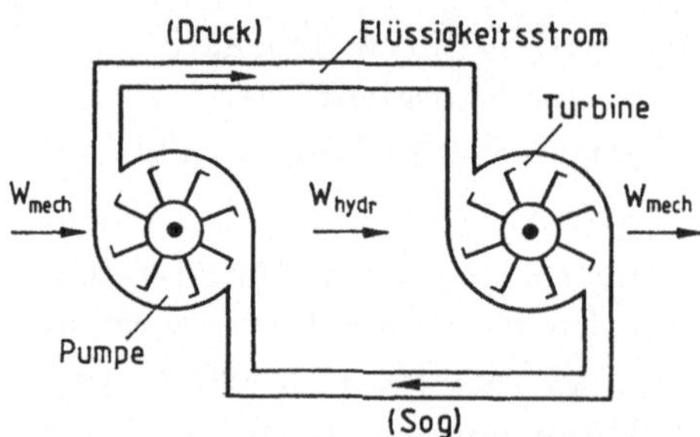

Bild 1.5.3
Flüssigkeitskreis

1.5.3 Wirkungsgrad

Bei jeder Energieumwandlung geht im Energiewandler ein Teil der Energie (Leistung) als *Verlustenergie* (Verlustleistung P_v) irreversibel als Wärme an die Umgebung verloren. Man versteht unter dem Wirkungsgrad (Bild 1.5.4)

$$\eta = P_n/P = P_n/(P_v + P_n) \; ^{12)} \tag{1.5.3}$$

das Verhältnis von abgegebener, d.h. in die gewünschte Energieform abgegebener Leistung P_n zur insgesamt aufgenommenen Leistung (P). Bei der Umwandlung elektrischer Leistung in nichtelektrische Leistung stellt dann P die zugeführte elektrische Leistung dar, P_n z.B. die Wärmeleistung eines Tauchsieders oder die akustische Leistung eines Lautsprechers. Bei der Umwandlung nichtelektrisch $\rightarrow$ elektrisch (z.B. Batterie) ist P die aufgenommene nichtelektrische Energie und $P_n = P_{el}$ die elektrisch verfügbare.

Während die Energietechnik aus Wirtschaftlichkeitsgründen nach möglichst hohem Wirkungsgrad strebt, sind die Wirkungsgrade von Einrichtungen der Informationstechnik sehr gering (und spielen durchweg keine Rolle). Dies hat später Konsequenzen für die Stromkreisauslegungen.

---

[11] der Ladungsträger im elektrischen Feld.

[12] Grundsätzlich kann der Wirkungsgrad auch für die Energie angegeben werden.

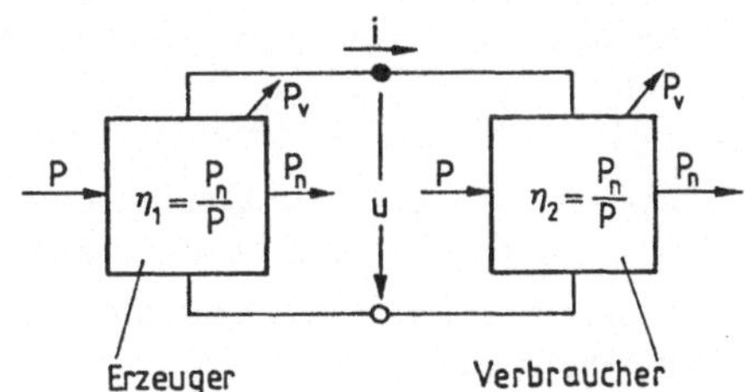

Bild 1.5.4
Wirkungsgrade im Grundstromkreis

Beispiel. Der Wirkungsgrad einer Autobatterie wurde mit 70 % angegeben ($U = 12\,\mathrm{V}$, Kapazität $Q = 44\,\mathrm{Ah}$). Für die Ladung wird daher die Energie $W = UQ/\eta = (12\,\mathrm{V} \cdot 44\,\mathrm{Ah})/0,7 = 755\,\mathrm{Wh}$ benötigt. Umgekehrt könnte durch diese Batterie eine Glühlampe ($12\,\mathrm{V}$, $5\,\mathrm{W}$, Leselampe) $155\,\mathrm{h}$ betrieben werden (Leistung über die gesamte Zeit als konstant angenommen).

Aufgaben 1.5.1, 1.5.2.

Lernorientierungen zu Abschnitt 1

Abschnitt 1.2

- Ladung: spezifische Grundgröße der Elektrotechnik. Materieeigenschaft. Ladung tritt nur gequantelt auf. Kleinste Einheit: Elementarladungen $q = 1,6 \cdot 10^{-19}\,\mathrm{As}$. Es gibt positive und negative Ladungen. Ladungseinheit $1\,\mathrm{Q} = 1\,\mathrm{As}$. Elektronen negative Ladung $e = -q$.
- Elektrische Ladungen üben gegenseitig Kraftwirkungen aus (gleichnamige abstoßend, ungleichnamige anziehend)
- Ladungsträger sind in Metallen Elektronen, in Halbleitern Elektronen und Defektelektronen, in Elektrolyten Ionen (positiv oder negativ). Ion: elektrisch geladenes Atom.
- Für Ladungen gilt der Erhaltungssatz ($Q = \mathrm{const.}$).
- Ladungen können transportiert (Stromfluß) und gespeichert werden (Erzeugung eines elektrischen Feldes).

Abschnitt 1.3

- *Elektrisches Feld*: energieerfüllter Raum mit der Eigenschaft, eine Kraftwirkung auf eine (ruhende) Ladung auszuüben
- Definition: $\vec{E} = \vec{F}/Q$
- *elektrisches Feld* entsteht durch Ladungstrennung (felderzeugender Charakter der Ladung)
- Veranschaulichung des elektrischen Feldes durch Feldlinien (von positiver Ladung ausgehend, auf negativen endend)
- *Potential* $\varphi = W_{\mathrm{pot}}/Q$: (skalare) Zustandsgröße des elektrischen Feldes (ebenso wie $\vec{E}$ eine vektorielle Zustandsgröße dieses Feldes ist). Größe eines Raumpunktes. Zusammenhang Feldstärke Potential s. Gl. (1.3.9)

- *elektrische Spannung u* = beschreibt Änderungen der potentiellen (elektrischen) Energie einer Ladung $+Q$ bei Bewegung zwischen zwei Punkten (Spannung = Potentialdifferenz zwischen diesen Punkten)

- *Spannung*: 2 Formen: Quellenspannung (Generator) = Erhöhung der potentiellen Energie der Ladung bezogen auf Q

  Spannungsabfall (Verbraucher) = Abnahme der potentiellen Energie der Ladung bezogen auf Q

- *Maschensatz*: Algebraische Summe aller Spannungen in einer Masche verschwindet: $\sum_{\nu} u_{\nu} = 0$ (2. Kirchhoffscher Satz).

Abschnitt 1.4

- *Elektrische Stromstärke i* = geordnete Ladungsträgerbewegung durch eine Antriebsursache (z.B. elektrisches Feld), Definition: $i = \mathrm{d}Q/\mathrm{d}t$ (Ladungsänderung pro Zeit)

- *Stromrichtung*: Bewegungsrichtung positiver Ladungsträger (im elektrischen Feld in Feldstärke- oder Spannungsrichtung „von + nach −"). (Beachte: Elektronen fließen durch ihre negative Ladung in Gegenrichtung).

- Durch Strom transportierte Ladungsmenge

$$Q = \int\limits_{t_1}^{t_2} i(t)\mathrm{d}t + Q(t_1) \quad \text{(abhängig von der Anfangsladung)}.$$

- Nach der Zeitfunktion unterscheidet man z.B. Gleich-, Wechsel-, Impulsstrom (Skizze)

- *Knotensatz*: Algebraische Summe aller Ströme, die in einem Knoten verschwindet: $\sum_{\mu} i_{\mu} = 0$ (1. Kirchhoffscher Satz)

- Stromdichte $S = \mathrm{d}I/\mathrm{d}A$ Gl. (1.4.4) resp. (1.4.6). Größe, die der Strom pro Querschnitt beschreibt. An Leitungsverdünnungen besonders hoch.

Abschnitt 1.5

- *Elektrische Arbeit* $W = \int\limits_{t_1}^{t_2} ui\,\mathrm{d}t$. Vorgang der Energieumwandlung, Einheit: 1 Ws

- *elektrische Leistung* $p = \mathrm{d}W/\mathrm{d}t$ (Energieumwandlungsgeschwindigkeit)

- im *Grundstromkreis* wandelt die Quelle (Batterie) nichtelektrische Energie in elektrische um, der Stromkreis überträgt sie zum Verbraucher, dort erneut Umwandlung in nichtelektrische Energie (z.B. mechanische Arbeit, Wärme o.a.)

- Energie kann in unterschiedlichen Formen auftreten.

Wiederholungsfragen zu Abschnitt 1

1. Wie lauten die 7 Basiseinheiten?
2. Was ist das sichere Kennzeichen eines jeden Stromes?
3. Stoßen sich Elektronen gegenseitig ab oder ziehen sie sich an?
4. Welche Ladungsträger treten beim Stromfluß im Metall auf?
5. Warum können Elektronen ein Metall nicht ohne weiteres verlassen?
6. Wie lautet der Zusammenhang zwischen Strom und Stromdichte, Stromdichte und Ladungsträgergeschwindigkeit?
7. Wie lautet der Satz von der Ladungserhaltung, wie der Knotensatz? Was ist ein Stromknoten? (Beispiele)
8. Ist die elektrische Stromstärke ein Skalar oder Vektor? Erklären Sie in diesem Zusammenhang die Stromrichtung! Was ist ein Gleichstrom?
9. Wie lautet die Definition der Feldstärke, des Potentials und der Spannung? Wie lauten die Zusammenhänge der Größen?
10. Können sich elektrische Feldlinien kreuzen? Wie drückt sich die Intensität der Feldstärke im Feldlinienbild aus?
11. An einem Plattensystem (Isolator als Zwischenraum) liege eine Gleichspannung u. Skizzieren Sie den Verlauf der Feldstärke und des Potentials! Wie lautet die Definition der Spannung 1 V?
12. Wie lauten die Kirchhoffschen Gesetze? (Anwendungsbeispiele)
    Jemand gibt die Spannung einer Batterie mit $3\,\mathrm{Nm/As}$ an. Hat er recht?
13. Skizzieren Sie einen Stromkreis (Batterie, Glühlämpchen, Schalter)?
14. Was läßt sich über die Stromstärke an verschiedenen Stellen eines unverzweigten (verzweigten) Stromkreises sagen?
16. Wie schnell bewegen sich Elektronen im stromdurchflossenen Draht?
17. Ist die Spannung ein Vektor oder Skalar, wodurch liegt der konventionelle Richtungssinn der Spannung fest?
18. Wie unterscheiden sich Spannung und Potential?
19. Wie lautet der Zusammenhang zwischen der Kraft auf eine Ladung und der elektrischen Feldstärke. Wie sind $\vec{E}$ und $\vec{F}$ bei positiver (negativer) Ladung zugeordnet?
20. Wie verlaufen Feldstärke und Potential längs eines linienhaften Leiters?
21. In welcher Beziehung besteht die Spannung und Feldstärke $\vec{E}$ in einem linienhaften Leiter?
22. Die Bewegungsgeschwindigkeit der Elektronen im Leiter ist außerordentlich klein. (Richtwert?) Wieso fließt dann durch einen Verbraucher im Stromkreis sofort nach dem Einschalten ein Strom?
    Wie lautet der Satz von der Ladungserhaltung, wie der Knotensatz? (Zusammenhang?) Beispiele!
23. Welche Richtung hat die Trägerbewegung in Erzeuger und Verbraucher elektrischer Energie?

24. Für welche Größen sind Richtungspfeile erforderlich? Welche Begründung gibt es dafür?

25. Welcher Zusammenhang besteht zwischen der Bezugspfeilrichtung und dem Vorzeichen einer skalaren physikalischen Größe? Was bedeuten in diesem Rahmen $i = +3\,\mathrm{A}$, $i = -5\,\mathrm{A}$, $u_{\mathrm{AB}} = -10\,\mathrm{V}$?

26. Was versteht man unter einem Erzeuger-, einem Verbraucherzählpfeilsystem? In welcher Beziehung steht die Leistung dazu?

2   Einfache Stromkreise und ihre Bauelemente. Netzwerkelemente

Nach Durcharbeit des Abschnittes beherrscht der Leser:
- die Modellierung technischer Schaltungen durch Netzwerke mit Netzwerkelementen
- Anwendung der Kirchhoffschen Gleichungen zur Analyse einfacher Netzwerke
- die u-i-Beziehungen der wichtigsten Netzwerkelemente: ideale Strom-Spannungsquelle, Widerstand, Kondensator, Spule, gesteuerte Quellen
- die physikalischen Ursachen für die u-i-Beziehungen der Netzwerkelemente
- die Stetigkeitsbedingungen der Energiespeicherelemente und ihre Ursache
- Eigenschaften der technischen Bauelemente, Widerstand, Kondensator, Spule.

Im Abschn. 1 haben wir die wichtigsten Grundbegriffe der Elektrotechnik, nämlich Strom, Spannung und Leistung kennengelernt, aber auch gesehen, daß es noch den etwas schwierigen Begriff des elektrischen Feldes und die magnetische Wirkung des Stromes gibt. Auch der geschlossene Stromkreis und das Prinzip des elektrischen Energietransportes wurden behandelt.

Im nächsten Schritt wollen wir dieses Grundmodell des elektrischen Energietransportes mit käuflichen Bauteilen der Elektrotechnik, den sog. *Bau-* oder *Schaltelementen*, nachbauen: einer Taschenlampenbatterie, einem Schalter S, einem Widerstand (R), einer Drahtspule, die wir lax Induktivität (L) nennen, einem Kondensator (C), der gerade noch vorhanden war und einer roten Leuchtdiode (LED, vgl. Bild 1.4.3), die bei Stromdurchfluß leuchtet. Alles sind *Zweipolelemente*. Nach einigem Probieren ist es gelungen, einen Stromkreis nach Bild 2.0.1 so aufzubauen, daß die Leuchtdiode bei Schließen des Schalters S langsam zu leuchten beginnt. Bei Abschalten verlischt die Diode nicht sofort, sondern erst allmählich. Entfernt man C und schließt L kurz, so erfolgt das Leuchten beim Einschalten praktisch sofort. Bleibt der Schalter eine Weile geschlossen, so kann man C und L wie beschrieben ohne Mühe außer Betrieb setzen, die Strahlung der Diode ändert sich nicht. Offenbar haben C und L etwas mit dem Einschalt-/Ausschaltvorgang zu tun.

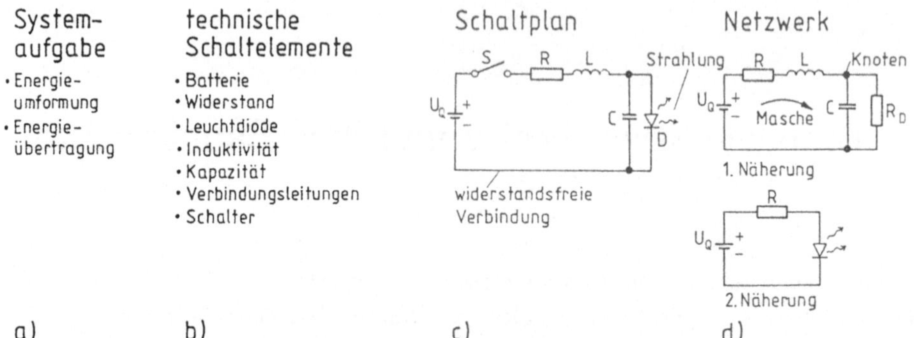

Bild 2.0.1 Systemaufgabe gelöst durch eine Schaltung mit Netzwerkmodell
a) Systemaufgabe, b) Technische Schaltelemente als Bestandteile einer Schaltung, c) Schaltplan, d) Netzwerkdarstellung mit linearen und nichtlinearen Netzwerkelementen

Die so aufgebaute Anordnung hat mehrere Merkmale: Sie

- erfüllt eine (primitive) Systemaufgabe: Umformung der elektrochemischen Energie der Batterie über einen Stromkreis in Lichtenergie (Bild 2.0.1a)

- besteht aus einzelnen Bauelementen, die zu einer *Schaltung* mit *Stromknoten* und *Maschen* zusammengefügt sind (Bild 2.0.1b, d)

- läßt sich verkürzt durch *einen Schaltplan* darstellen, wenn man den Bauelementen bestimmte *Schaltzeichen* zuordnet (Bild 2.0.1c).

Um das *typische* dieses offenbar nicht ganz durchsichtigen Verhaltens zu erkennen, greifen wir zur *Modellierung* der Anordnung. Dazu wird jedem Bauelement ein *Modell-* oder *Netzwerkelement* zugeordnet. Hierbei soll ein Netzelement das charakteristische Verhalten des betreffenden Zweipolelementes ausdrücken, frei von „technischen Sekundäreffekten" (z.B. der Tatsache, daß eine Spule einen Leitungswiderstand haben wird). Auf diese Weise geht die Schaltung in eine Zusammenschaltung von Netzwerkelementen, kurz ein elektrisches *Netzwerk*, über.

Ein Netzwerk ist ein modellhafte (mathematische) Abbildung einer Schaltung. Die in ihm auftretenden Ströme und Spannungen werden bestimmt durch die Strom-Spannungsbeziehungen (Klemmenbezeichnungen) seiner Netzwerkelemente und die Art ihrer Zusammenschaltung, die sog. *Topologie* oder *Netzwerkstruktur*. Stets gelten dabei die *Kirchhoffschen Sätze*: *Knoten-* und *Maschensatz* (Gl. (1.3.10), 1.4.9)).

Die Netzwerkdarstellung einer Schaltung beschränkt sich somit auf die Modellierung des *wesentlichen* Verhaltens und ist die Grundlage für die Berechnung der Schaltungseigenschaften, kurz der *Netzwerkanalyse*.

Technisch sind die Schaltungs- oder Bauelemente (z.B. Spannungsquelle [Batterie], Widerstand, Kondensator, Dioden, Transistoren u.a.) einer Schaltung meist durch metallische Leitungen verbunden. Das sind in der Regel Drähte, können aber ebenso Verbindungen einer Leiterplatte oder einer integrierten Schaltung sein.

Zur einfachen Darstellung der Bauelemente werden *Symbole* oder *Schaltzeichen* verwendet (Bild 2.0.2), ebenso für die *Netzwerkelemente* (die oft übereinstimmen). Die Leitungsverbindung wird stets durch Striche dargestellt wie ideale (widerstandslose) Verbindungen im Netzwerk. Der Widerstand einer realen Leitung wäre dann durch ein Widerstandssymbol zu erfassen.

Zwischen Schaltung und Netzwerk besteht ein grundsätzlicher Unterschied: In der *Schaltung* sind Ströme und Spannungen an beliebigen Stellen *meßbar* (Bild 2.0.3). Im zugehörigen *Netzwerk* dagegen können die entsprechenden Größen nur *berechnet* werden. Deshalb hat die *Analyse*, also die Berechnung, grundlegende Bedeutung.

> Die Netzwerkanalyse ist die Grundaufgabe der Netzwerktechnik. Ihre Grundlagen sind
> - möglichst wirklichkeitsnahe Modelle der Bauelemente
> - geeignete Analysemethoden, die sämtlich auf der Anwendung der beiden Kirchhoffschen Gleichungen und der Klemmenbeziehungen der Netzwerkelemente beruhen.

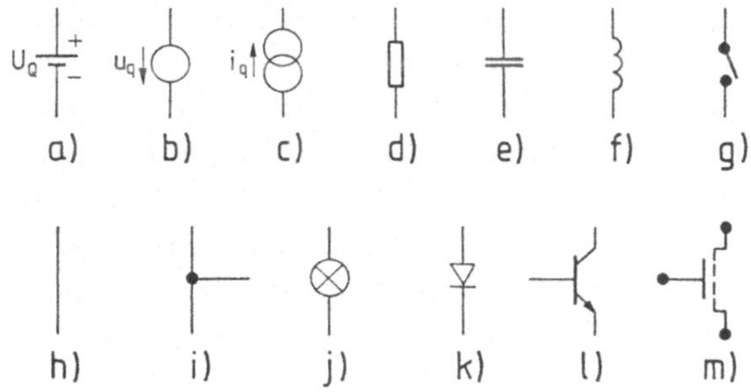

Bild 2.0.2 Beispiele von Schaltzeichen
      a) Gleichspannungsquelle, b) allgemeine Spannungsquelle
      c) allgemeine Stromquelle, d) ohmscher Widerstand
      e) Kondensator, f) Induktivität, g) Schalter, h) Verbindungsleitung (ideal),
      i) Verbindung zweier Leiter (Knoten), j) Glühlampe, k) Halbleiterdiode,
      l) Bipolartransistor, m) MOS-Feldeffekttransistor

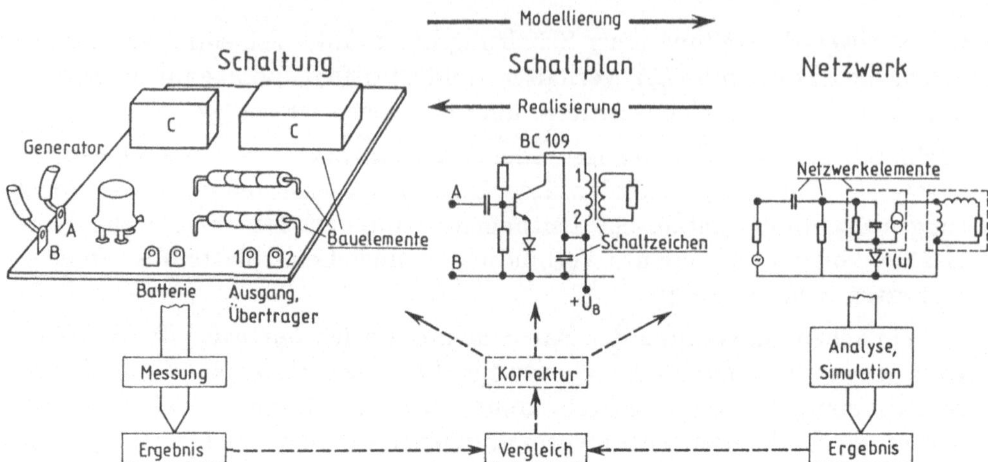

Bild 2.0.3 Vorgänge bei Realisierung einer elektrischen Schaltung

Der Vergleich der Analyseergebnisse mit der Messung gibt dann Aufschluß über die Qualität der Netzwerkmodellierung. Sind die Abweichungen zu groß, müssen die Modelle verbessert werden. Dabei wird das tatsächliche Verhalten eines Bauelementes oft durch mehrere Netzwerkmodelle „nachgebildet", also eine sog. Ersatzschaltung entwickelt. Beispielsweise ist eine gute *Ersatzschaltung* einer Batterie die Zusammensetzung einer „idealen Spannungsquelle" mit einem reihengeschalteten Widerstand.

Im Netzwerk Bild 2.0.1 wurde als erste Näherung die Diode D durch einen (linearen) Widerstand R_D ersetzt, sicher keine gute Modellierung. Eine bessere Näherung wäre die Verwendung eines Diodenmodells mit nichtlinearem Strom-Spannungsverhalten. Das erschwert die Analyse erheblich. Es ist somit abzuwägen zwischen Modellierungsgenauigkeit und Analyseaufwand. Gerade für solche Aufgaben wird der Rechner erfolgreich eingesetzt: Es gibt heute Programme, die nach Eingabe der Schaltungsstruktur und Netzwerkelemente die gewünschte Analyse automatisch durchführen, also die Schaltung *simulieren*. Bild 2.0.1d erklärt auch, daß für eine gröbere Analyse (2. Näherung) Kondensator und Spule „außer Betrieb" gesetzt werden können, um die grundsätzliche Funktion der Leuchtdiode zu gewährleisten.

2.1 Die Grundelemente elektrischer Stromkreise

In diesem Abschnitt werden die Strom-Spannungsbeziehungen der wichtigsten Netzwerkelemente elektrischer Stromkreise betrachtet. Das sind

- die *Quellen*, besser als *Strom-* oder *Spannungsquellen* bezeichnet
- die *Netzwerkgrundelemente* Widerstand (R), Kondensator (C) und Spule (L).

Wenn auch vorerst das Gleichstromverhalten vorherrscht und Kondensator und Induktivität nach Bild 2.0.1 offensichtlich erst bei *zeitveränderlichen Strömen/Spannungen* wirksam werden, wollen wir sie schon einführen.

> Da der Schwerpunkt dieser Einführung in die Elektrotechnik/ Elektronik auf der Vermittlung von *Grundkenntnissen* für Stromkreise liegt, genügt es, später erst nachzutragen, daß die Grundelmente R, C, L eigentlich sehr zweckmäßige Größen für das konzentrierte Wirken des elektrischen und magnetischen Feldes in Raumgebieten sind, die von diesen Bauelementen eingenommen werden (s. Abschn. 6.2, 6.3).

Außer den typischen Zweipolbauelementen des Bildes 2.0.1 gibt es noch viele wichtige Bauelemente mit mehr als $n - 2$ Polen, z.B. Transistoren ($n = 3$), Optokoppler ($n = 4$), Operationsverstärker ($n > 5$) und überhaupt integrierte Schaltungen mit $n \gg 1$ (z.B. bis $n = 256$ für Mikroprozessoren). Solche Mehrpole, zu denen auch die Doppelleitung, der Transformator, das Potentiometer u.a. gehören, sind bedeutsame Elemente, weil sie allgemein zwischen einer Quelle und dem „Verbraucher" eingeschaltet sind. Dies läßt sich mit Bild 1.5.1 problemlos nachvollziehen.

Die Halbleiterbauelemente werden als typische Bauelemente der Elektronik im Abschn. 7 behandelt.

2.1.1 Unabhängige Quellen

Unter einer *unabhängigen Quelle* versteht man einen *Zweipol* als *Wandlungsort nichtelektrischer in elektrische Energie* (mit möglichst geringen Umsatzverlusten). Je nach dem Klemmenverhalten gibt es *Spannungs-* oder *Stromquellen* (z.B. Batterie, Solarzelle, Gleichstromgenerator). *Unabhängig* heißt dabei, daß die erzeugte Quellengröße nicht vom umgebenden Netzwerk abhängt (s.u.).

2.1.1.1 Unabhängige Spannungsquelle

Ein Zweipol, der an seinen Klemmen eine Spannung, die sog. *Quellenspannung*

$$u(t) = u_{\mathrm{q}}(t) \tag{2.1.1}$$

liefert, die *nicht* vom durchfließenden Strom abhängt, heißt unabhängige oder *ideale Spannungsquelle*. Ist insbesondere u_{q} zeitkonstant, so spricht man von der idealen *Gleichspannungsquelle* (sonst z.B. von idealer Wechselspannungsquelle).

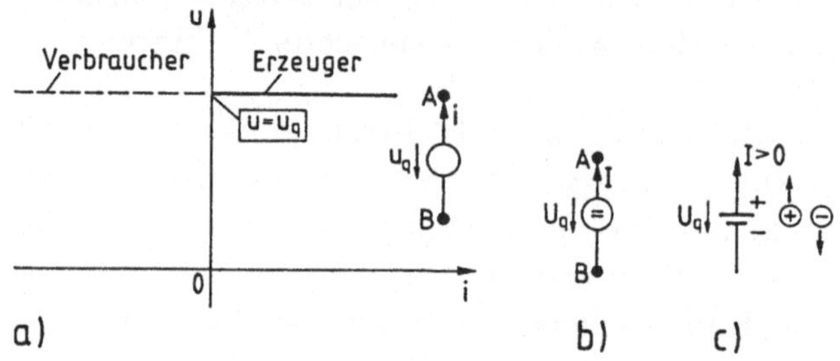

Bild 2.1.1 Unabhängige ideale Spannungsquelle
   a) Strom-Spannungskennlinie (Erzeugerzählpfeilrichtung) und allgemeines Schaltzeichen
   b) Schaltzeichen einer idealen Gleichspannungsquelle
   c) häufig verwendetes Schaltzeichen für eine Batterie

Bild 2.1.1 zeigt das *Strom-Spannungsverhalten* und typische Schaltzeichen. Für die Zuordnung von u- und i-Zählpfeilen wird üblicherwiese das Erzeugerzählpfeilsystem (Bild 1.5.2) verwendet.

Der große Vorteil dieser Ersatzschaltung ist, daß man bei Kenntnis der Quellenspannung u_{q} auf die Detailkenntnis der inneren Vorgänge in der Quelle (Umwandlungsvorgang, physikalisches Prinzip) völlig verzichten kann.

Die ideale Spannungsquelle wird durch die Quellenspannung $u_{\mathrm{q}} = u_{\mathrm{AB}}$ eindeutig beschrieben. Sie verhält sich für $u_{\mathrm{q}} = 0$ wie ein idealer Kurzschluß zwischen den Klemmen A, B. Durch eine ideale Spannungsquelle kann ein beliebiger Strom ohne Einfluß auf u_{q} fließen.

Zusammenschaltung idealer Spannungsquellen. Ideale Spannungsquellen dürfen

— *reihengeschaltet* und durch eine ideale Ersatzquelle

$$u_{\mathrm{q}} = \sum_{\nu=1}^{n} u_{\mathrm{q}\nu} \tag{2.1.2}$$

ersetzt werden, die sich nach dem Maschensatz aus den Einzelquellen ergibt (Bild 2.1.2a)

– *nicht parallelgeschaltet* werden, wenn sich ihre Quellenspannungen *unterscheiden* (Verletzung des Maschensatzes, damit unzulässig!). Nur bei gleichen Quellenspannungen ist eine Parallelschaltung zulässig (Bild 2.1.2b). Technische Spannungsquellen (mit Innenwiderstand) erlauben dagegen Parallelschaltungen, doch ist davon abzuraten, weil dauernd ein Strom fließt (s. Abschn. 3.1.1, Bild 3.1.5).

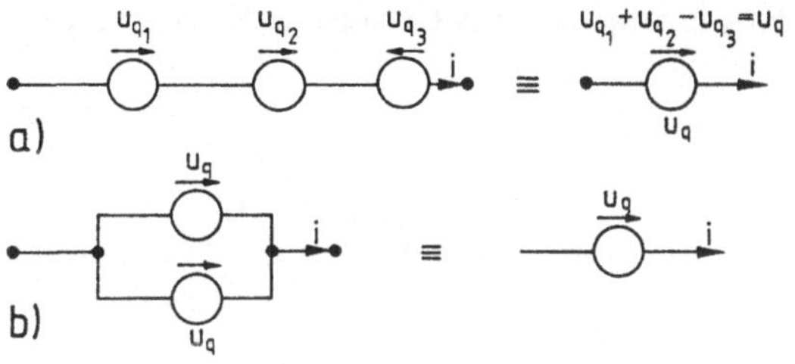

Bild 2.1.2
Zusammenschaltung idealer
Spannungsquellen
a) Reihenschaltung,
b) Parallelschaltung

Zusammengefaßt ist die ideale Spannungsquelle ein Netzwerkelement mit konstanter Quellenspannung u_q (bei Gleichspannung U_q) und dem sog. Innenwiderstand Null. Mehrere ideale Spannungsquellen erlauben Reihenschaltungen.

Technische Spannungsquelle. Ideale Spannungsquellen lassen sich technisch nur bedingt realisieren. So haben die verbreiteten *Konstantspannungsgeräte* zwar eine einstellbare Konstantspannung, die sich aber bei Strombelastung – je nach Gerätegüte – um einige % bis ‰ ändert. Später werden wir sehen, daß solche technische Spannungsquellen durch eine ideale Spannungsquelle mit „Innenwiderstand" modelliert werden können.

Beispiele technischer Spannungsquellen sind:

– Batterien (d.h. Primärelemente, 1,5 V Batterie oder Reihenschaltungen), Sekundärelemente (2 V-Akkumulatorzellen, Autobatterie $6 \cdot 2\,\text{V} = 12\,\text{V}$), Ni-Akku)

– Gleichspannungsquellen, z.B. Batterieladegerät $6 \ldots 24\,\text{V}$, Konstantspannungsgerät einstellbar $(0 \ldots 30\,\text{V})$, $(0 \ldots 300\,\text{V})$ u.a.

– Wechselspannungsquelle (Steckdose $u(t) = \hat{u} \sin \omega t$, $\omega = 2\pi f$, $f = 50\,\text{Hz}$, $\hat{u} = \sqrt{2} \cdot 220\,\text{V}$)

- Funktionsgeneratoren für typische Spannungsformen (Impulse, Dreieck, Sägezahn) variabler Höhe und Frequenz $(u_\mathrm{q}(t) \leq 10\,\mathrm{V})$
- Taktgeneratoren in Schaltkreisen (Spannungen im Voltbereich, Taktfrequenz bis 50 MHz, z.B. im Rechnerschaltkreis i486),
- Generatoren der Energietechnik
- Solargeneratoren, Fahrraddynamo u.v.a.m.

2.1.1.2 Unabhängige Stromquelle

Ein Zweipol, der an seinen Klemmen einen Strom (Quellenstrom)

$$i(t) = i_\mathrm{q}(t) \tag{2.1.3}$$

unabhängig von der anliegenden Spannung liefert, heißt *unabhängige* oder *ideale* Stromquelle, auch Konstantstromquelle.

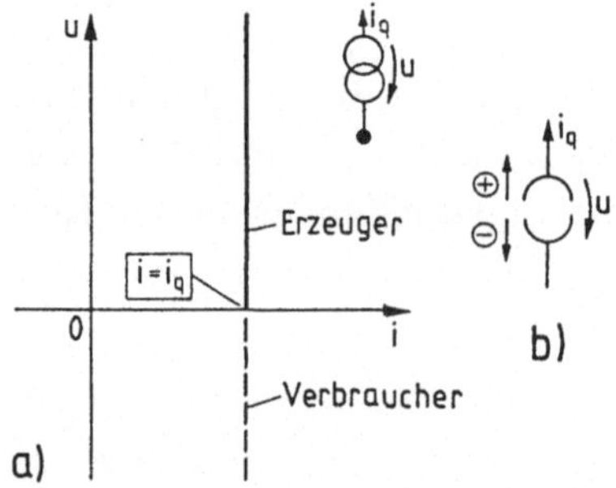

Bild 2.1.3
Unabhängige ideale Stromquelle
a) Strom-Spannungskennlinie
(Erzeugerzählpfeilrichtung) und
allgemeines Schaltzeichen
b) ebenfalls übliches Schaltzeichen

Bild 2.1.3 zeigt das Strom-Spannungsverhalten für den zeitunabhängigen Fall $i_\mathrm{q} = I_\mathrm{q}$. Im Erzeugerpfeilsystem wirkt die Quelle im Normalfall wie ein Erzeuger (doch ist bei gegenwirkender Spannung vom Netzwerk her auch Verbraucherbetrieb möglich).

Die ideale Stromquelle verhält sich für $i_\mathrm{q} = 0$ demnach wie ein stromloser Zustand zwischen den beiden Zweipolklemmen: Leitungsunterbrechung, unendlich hoher Widerstand.

Man merke: Unterbrechung des Stromes einer idealen Stromquelle (z.B. durch Schalter im Stromkreis) ist unzulässig, da im Widerspruch zum Knotensatz stehend. Der Schalter muß vielmehr als Umschalter ausgelegt werden, so daß immer ein Stromkreis geschlossen ist.

Zusammenschaltung idealer Stromquellen. Ideale Stromquellen dürfen

– parallelgeschaltet werden, wobei sich der Gesamtstrom der Ersatzquelle i_q nach dem Knotensatz ergibt (Bild 2.1.4a)

$$i_q = \sum_{\nu=1}^{m} i_{q\nu} \tag{2.1.4}$$

– *nicht reihengeschaltet* werden, wenn sich die Quellenströme unterscheiden (Widerspruch zum Knotensatz). Lediglich die Reihenschaltung *gleicher* idealer Stromquellen ist erlaubt. Bei der Reihenschaltung technischer Stromquellen müssen die Innenwiderstände beachtet werden.

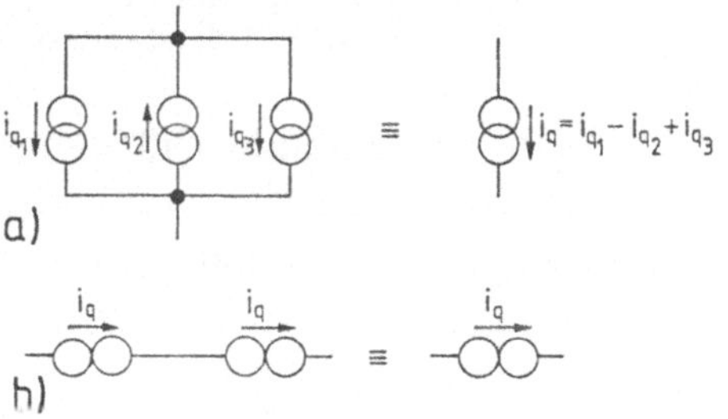

Bild 2.1.4
Zusammenschaltung idealer Stromquellen
a) Parallelschaltung,
b) Reihenschaltung

Technische Stromquellen, die direkt aus physikalischen Prinzipien hervorgehen, existieren in der Informationstechnik praktisch nicht. Sie lassen sich aber recht gut durch die ideale Spannungsquelle mit großem Reihenwiderstand = technische Spannungsquelle realisieren (z.B. Konstantspannungsgeräte im Strombegrenzungsmodus, vgl. auch Abschnitt 3.1.1). Stromquellen werden in der elektronischen Schaltungstechnik breit eingesetzt, in der Elektrotechnik (Leistungselektronik) dagegen praktisch nicht.

Aufgaben 2.1.1 – 2.1.3.

2.2   Widerstand. Resistiver Zweipol

Widerstandsbegriff. Eine fundamentale physikalische Eigenschaft, die mit dem Stromfluß (Konvektionsstrom) durch Festkörper, Flüssigkeit-, Gasoder Vakuumgebiete verbunden ist, war die *Energieabgabe* der Träger ($\rightarrow$ Erwärmung) an das Medium durch Wechselwirkung mit der Materie. In Leitern etwa werden Elektronen durch das anliegende elektrische Feld beschleunigt, erleiden Zusammenstöße mit schwingenden Gitteratomen und geben ihre aus dem Feld aufgenommene Energie ab: *der Leiter setzt dem Stromfluß einen Widerstand entgegen.*

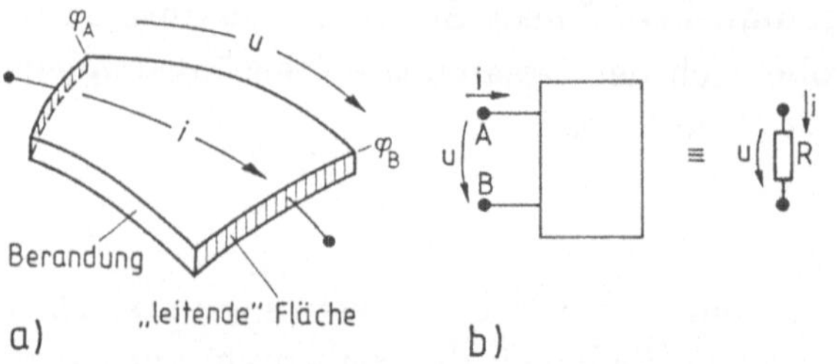

Bild 2.2.1 Widerstandsdefinition
a) Strom durch ein leitendes räumliches Gebilde mit zwei leitenden Stirnflächen (sog. Potentialflächen)
b) Gleichwertige Beschreibung durch einen passiven Zweipol (ohne Energiespeicherung) und Widerstandszuordnung, Verbraucherzählpfeilsystem

Faßt man ein stromdurchflossenes Gebilde (Bild 2.2.1a) mit kontaktierten „Endelektroden" (Potentiale φ_A, φ_B) als Zweipol mit der *Eigenschaft* „Widerstand" auf, so gilt für die u-i-Beziehung zwischen den Klemmen:

$$\text{Widerstand } R = \frac{u_{AB}}{i} \qquad [R] = \frac{[U]}{[I]} = \frac{V}{A} = \Omega \quad (\text{Ohm})^{1)} \qquad (2.2.1a)$$

$$\text{Widerstand. Definitionsgleichung}$$
$$\text{(NWE-Beziehung).}$$

Bisweilen verwendet man besser den *Leitwert G* als Reziprokwert des Widerstandes

$$G = \frac{i}{u} \qquad \frac{[I]}{[U]} = \frac{1}{\Omega} = S \quad (\text{Siemens}).^{2)} \qquad (2.2.1b)$$

Diese Eigenschaft des stromdurchflossenen Gebildes (Geometrie-, Materialeinfluß) wird später durch das *Strömungsfeld* begründet und insbesondere in Beziehung zu Feldstärke und Stromdichte gebracht (s. Abschn. 6.2.3). Dann finden wir für den Widerstandsbegriff auch eine allgemeine „Bemessungsgleichung".

Verallgemeinert: Die Widerstandsdefinition nach Gl. (2.2.1) geht davon aus, daß

---

[1] Georg Simon Ohm, deutscher Physiker 1789–1854.
[2] Werner von Siemens, deutscher Techniker und Erfinder 1816–1892.

– die Anordnung im Innern keine Strom- und Spannungsquellen besitzt (also die u-i-Beziehung durch den Nullpunkt geht) und

– keine elektrische oder magnetische Feldenergie gespeichert ist. (Diese Forderung wird uns später bei den Energiespeicherelementen C und L deutlich werden).

In diesem technisch durchweg erfüllten Fall sprechen wir auch von einem *resistiven Zweipol*. Wir führen ihn so als *Netzwerkelement* (NWE) durch Gl. (2.2.1) ein mit der entsprechenden Netzwerkelement-Beziehung.

2.2.1 Linearer Widerstand. Ohmsches Gesetz

Ein resistiver Zweipol heißt *linear* oder *ohmscher* Widerstand, wenn das

$$\text{Ohmsche Gesetz} \quad R = u/i = \text{const.} \tag{2.2.2}$$

gilt. Das trifft für Stoffe wie Metalle, Halbleiter (homogen dotiert) und z.T. Flüssigkeiten zu. Bild 2.2.2a) zeigt das Schaltzeichen des linearen Widerstandes sowie die u-i-Beziehung. Linear heißt, daß R z.B. nicht von der Spannung abhängt (Bild 2.2.2b).

Grenzfälle der Kennlinie $u = i \cdot R$ sind

– der *Kurzschluß* $R = 0$ ($u = 0$), d.h. bei beliebigem Stromfluß wirkt der „Widerstand" wie ein Leiter ohne Spannungsabfall

– der *Leerlauf* $R \to \infty$ ($i = 0$), d.h. bei beliebiger Spannung fließt kein Strom.

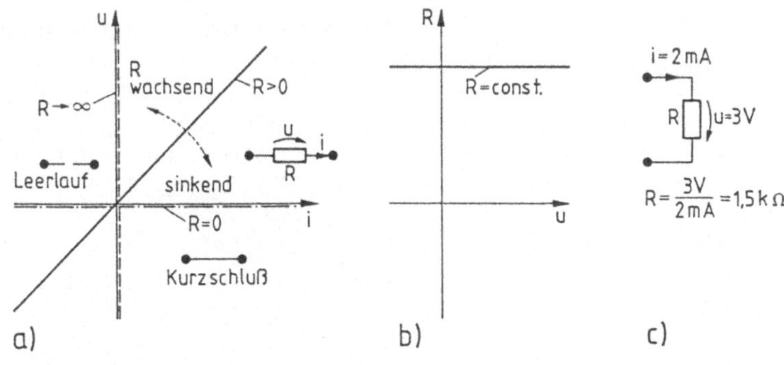

Bild 2.2.2 Linearer Widerstand
    a) u-i-Kennlinie, Verbraucherzählpfeilrichtung, Schaltzeichen
    b) Widerstandscharakteristik, hier $R = $ const.
    c) Beispiel des Strom-Spannungszusammenhanges am linearen Widerstand

Physikalisch ist der Widerstand Umsatzort zugeführter elektrischer Energie in Wärme (irreversibel): Widerstand als Verbraucher elektrischer Energie. Bei Verbraucherzählpfeilrichtung (Bild 1.5.2) galt stets

$$p = u \cdot i > 0 \,.$$

Man beachte: Der Widerstandsbegriff wird (leider) im doppelten Sinn verwendet:

– Für das *Bauelement* und Netzwerkelement „Widerstand" als *Objekt* (engl. resistor). Mehrere Bauelemente „Widerstand" unterscheiden sich z.B. durch die Bauform

– für die Eigenschaft „Widerstand" des Objektes (engl. resistance), also das u-i-Verhalten.

Bemessungsgleichung. Eine Beziehung, die die Größe eines Widerstandes in Abhängigkeit von Material und Geometrie angibt, heißt *Bemessungsgleichung*. Für das sog. homogene Strömungsfeld, wie es für einen *linienhaften Leiter* (Draht) zutrifft, gilt (Bild 2.2.3a)

$$\text{Bemessungsgleichung} \quad R = \varrho \cdot l/A \,. \tag{2.2.3}$$

Der Reziprokwert von ϱ heißt spezifische *Leitfähigkeit*

$$\kappa = 1/\varrho \,, \quad [\kappa] = \mathrm{S\,m/mm^2} \,, \quad [\varrho] = \Omega\mathrm{mm^2/m} = \Omega\mathrm{cm} \,.$$

Merke: Der Widerstand R eines linienhaften Leiters ist proportional seiner Länge l, dem spezifischen Widerstand ϱ und umgekehrt proportional dem Querschnitt A.

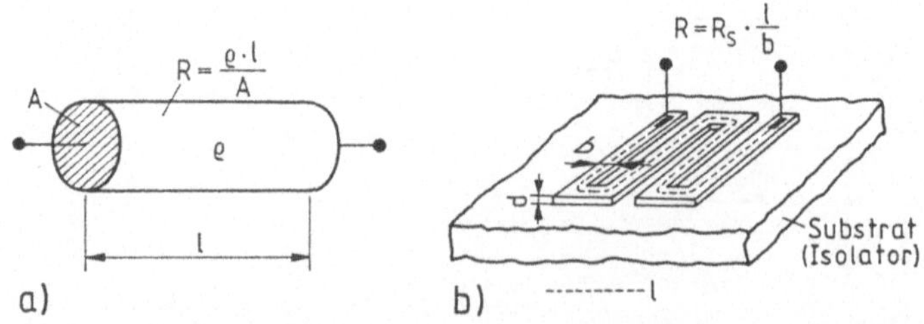

Bild 2.2.3 Widerstandsbemessungsgleichung
a) linienhafter Leiter (homogenes Strömungsfeld)
b) mäanderförmiger Schichtwiderstand auf isolierendem Träger (Substrat).
Die Länge l ergibt sich aus der mittleren Länge der Strombahnen

Die üblicherweise verwendeten Metalle haben relativ hohe spezifische Leitfähigkeit (Silber und Gold am höchsten, aus Preisgründen nur als Kontakt-
werkstoff und zur Oberflächenveredlung eingesetzt). Standardmetalle der
Elektrotechnik sind Kupfer- und Aluminiumleiter (Tafel 2.2.1).

Tafel 2.2.1 Eigenschaften einiger Leiter- und Halbleitermaterialien

Werkstoff	Spezifischer Widerstand ϱ in $\Omega\text{mm}^2/\text{m}$	Leitfähigkeit κ in Sm/mm^2	TK von R	
			α in $1/\text{K}$	β in $1/\text{K}^2$
Aluminium	0,027	35,5	$4,3 \cdot 10^{-3}$	$1,3 \cdot 10^{-6}$
Eisen	0,13	7,5	$6,5 \cdot 10^{-3}$	$6,0 \cdot 10^{-6}$
Gold	0,022	45	$3,8 \cdot 10^{-3}$	$0,5 \cdot 10^{-6}$
Kupfer	0,0178	56	$4,1 \cdot 10^{-3}$	$0,5 \cdot 10^{-6}$
Silber	0,016	62	$3,7 \cdot 10^{-3}$	$0,7 \cdot 10^{-6}$
Konstantan	0,5	2	$-4,0 \cdot 10^{-5}$	—
Kohle (Bürste)	40 bis 100	0,01 bis 0,025	$-2,2 \cdot 10^{-4}$	
Silizium	$2,3 \cdot 10^{9}$	$4,3 \cdot 10^{-10}$		
Germanium	$4,7 \cdot 10^{5}$	$2,1 \cdot 10^{-6}$		
Galliumarsenid	$>10^{12}$	$<10^{-12}$		

Eine besonders zweckmäßige Form des Widerstandsbegriffes wurde für
flächenhafte Widerstandsschichten bestimmter Dicke d eingeführt, wie sie
sehr verbreitet in Halbleiterschaltkreisen auftreten und dort sogar eine wichtige Entwurfsgröße sind, nämlich der

$$\boxed{\text{Flächen- oder Schichtwiderstand} \quad R_\text{S} = \varrho(d)/d\,.}$$

Dann gilt (Bild 2.2.3b)

$$R = \frac{\varrho(d)l}{db} = R_\text{S}\frac{l}{b}\,. \tag{2.2.4}$$

Der Schichtwiderstand R_S läßt sich auch als Widerstand eines Quadrates
($l = b$) ansehen, er wird häufig in $\Omega/\square$ angegeben (Ohm pro Fläche, obwohl
er die Dimension Ω hat!) und liegt für Schaltkreise typischerweise zwischen
$10\ldots500\,\Omega/\square$. Aus Platzgründen wird der „Widerstandsstreifen R" meist

mäanderförmig auf einem isolierenden Substrat angeordnet (Bild 2.2.3b). Der Widerstand einer Halbleiterschicht hängt vom Schichtwiderstand R_S und dem l/b-Verhältnis als Geometrieparameter ab.

Da in Halbleiterschaltkreisen nur wenige Schichtwiderstände jeweils über die ganze Chipfläche verfügbar sind, läuft eine Schaltungsbemessung dann auf eine „Geometrieeinstellung" hinaus (Teil des Schaltungsentwurfsvorganges, s. Abschnitt 7.6).

Das Ohmsche Gesetz nach Gl. (2.2.2) wird später für Feldgrößen formuliert (sog. Ohmsches Gesetz des Strömungsfeldes, Abschn. 6.2). Für das homogene Feld ($S = I/A$, $E = U/l$) ergibt sich daraus direkt die Bemessungsgleichung (2.2.4).

Leistungsumsatz. Die im ohmschen Widerstand R umgesetzte Leistung p ergibt sich mit dem Ohmschen Gesetz Gl. (2.2.3)

$$p = u \cdot i = i^2 R = u^2/R \geq 0 . \tag{2.2.5}$$

Sie wird ausschließlich in Wärme umgesetzt. Da stets $p > 0$ gilt, ist der ohmsche Widerstand *das* passive Bauelement schlechthin. Für diesen Leistungsumsatz (Nennleistung) muß ein Widerstand ausgelegt sein, um eine obere Betriebstemperatur nicht zu überschreiten.

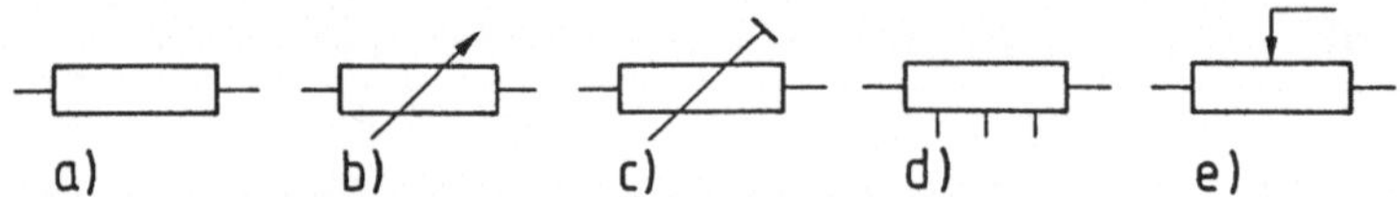

a)   b)   c)   d)   e)

Bild 2.2.4 Schaltzeichen ohmscher Widerstände a) allgemein, Festwiderstand, b) veränderbar (mit Drehknopf, z.B. Potentiometer), c) einstellbar (z.B. durch Schraubenzieher), d) mit Anzapfungen versehen, e) mit Schleifkontakt

Bauformen. Widerstände (als Bauelement) können als Festwerte, verstellbar (z.B. durch Drehknopf als Potentiometer mit Schleifkontakt einstellbar als Trimmer), als Anordnung mit fester Anzapfung u.a. ausgeführt werden. Das läßt sich bereits aus den grundsätzlichen *Schaltzeichen* erkennen (Bild 2.2.4). Aus Wirtschaftlichkeitsgründen werden nicht beliebige Widerstandswerte hergestellt, sondern nur solche nach genormten Zahlenbereichen, den sog. *IEC-Reihen* (E6, E12, E24, E48 (höhere selten)). Der E-Wert gibt die Zahl der Widerstandswerte an, die im Bereich $1 \ldots 10$ untergebracht werden können (Tafel 2.2.2). Es gilt $En = 10^{m/n}$ ($n = 6, 12$ usw., $m = 0, 1, 2 \ldots (n-1)$). Der Stufenfaktor beträgt somit $\sqrt[n]{10}$. Wird aus einer Reihe En jeder zweite Wert gestrichen, so ergibt sich die Reihe $En/2$. Durch diese Einteilung ist jede Normreihe voll überdeckt und jeder

Tafel 2.2.2 Nennwerte-Reihen nach DIN 41426

E6	1,0				1,5			
E12	1,0		1,2		1,5		1,8	
E24	1,0	1,1	1,2	1,3	1,5	1,6	1,8	2,0
E6	2,2				3,3			
E12	2,2		2,7		3,3		3,9	
E24	2,2	2,4	2,7	3,0	3,3	3,6	3,9	4,3
E6	4,7				6,8			
E12	4,7		5,6		6,8		8,2	
E24	4,7	5,1	5,6	6,2	6,8	7,5	8,2	9,1

Widerstand fällt in eine Toleranzgruppe. Die Darstellung der Widerstandswerte erfolgt entweder durch genormten Farbcode (Ringe, Striche, Punkte)
bei Widerständen kleinerer Belastung oder Zahlenaufdruck bei größeren Widerständen (Tafel 2.2.3).

Tafel 2.2.3 Farbcodierung von Widerstandswerten

Farbe	1. Ring	2. Ring	3. Ring	4. Ring
	Widerstandwert in Ω			Toleranz in %
	1. Ziffer	2. Ziffer	Multiplikator	
schwarz	0	0	10^0	—
braun	1	1	10^1	± 1
rot	2	2	10^2	± 2
orange	3	3	10^3	—
gelb	4	4	10^4	—
grün	5	5	10^5	$\pm 0,5$
blau	6	6	10^6	—
violett	7	7	10^7	—
grau	8	8		—
weiß	9	9		—
gold	—	—	10^{-1}	± 5
silber	—	—	10^{-2}	± 10
keine	—	—	—	± 20

Als typische *Bauformen* sind verfügbar (Bild 2.2.5):

- *Schichtwiderstände* (Bild 2.2.5a) aus massiver Keramik oder ein Glas-
  körper, auf denen eine dünne Metall- oder Kohleschicht wendelförmig
  aufgebracht ist. Metallschichtwiderstände sind besonders zuverlässig.

- *Drahtwiderstände* (Bild 2.2.5b) aus einem Keramikkörper, der eine Wicklung aus Widerstandsdraht trägt. Sie eignen sich besonders für höhere

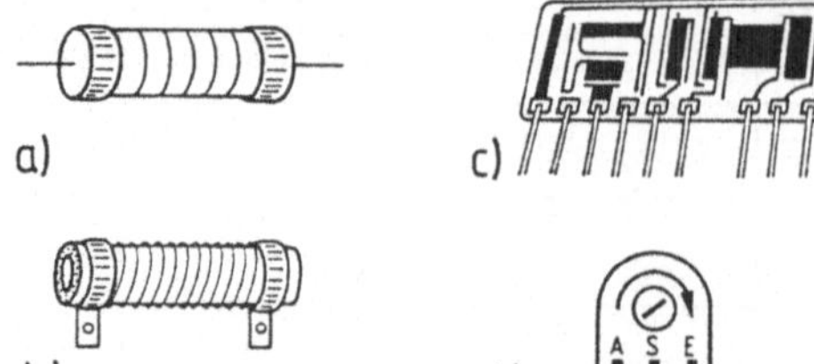

a)

b)

c)

d)

Bild 2.2.5
Beispiele von Widerstandsbauformen
a) Schichtwiderstand, b) Drahtwiderstand
c) Widerstandsmodul, d) Trimmer

Verlustleistung (bis 25 W und mehr). Sehr zweckmäßig sind *Mehrfachwiderstände*, die vier Widerstände in einem Keramikkörper enthalten (R-Werte: R, 2R, 4R, 8R, woraus sich durch Kombinieren 47 Widerstandswerte herstellen lassen $(0,5R\ldots 15R)$.

– *Widerstandsmodule* (Bild 2.2.5c), die mehrere Widerstände auf einem Keramikträger (oder ein ganzes Schichtnetzwerk) in Dünnschicht- oder Dickschichttechnik enthalten. Solche Module werden oft nach Anwendervorgabe hergestellt.

– *Verstellbare Widerstände* (Bild 2.2.5d) haben meist drei Anschlüsse: Anfang und Ende der Widerstandsschicht und einen Schleifer. Sie werden entweder als Spannungsteiler oder veränderbarer Widerstand betrieben und heißen *Potentiometer* (Drehknopf), *Trimmer* (zum Abgleich von Schaltungen, mit Schraubenzieher einstellbar) oder auch *Widerstandsgeber*. Dabei wird eine mechanische Größe (Weg, Drehwinkel) in einen proportionalen Widerstandswert umgesetzt.

Eine spezielle Bauform sind die surface mounted devices (SMD, Oberflächen-Montagebauelemente), die sich besonders für die automatische Montage auf Leiterplatten eignen.

Nach hohen Frequenzen treten beim Bauelement Widerstand, durchweg Eigeninduktivität und -kapazität auf (z.B. wichtig für extrem schnelle Schaltungen). Dann muß das reale Verhalten des Bauelementes durch eine Ersatzschaltung dargestellt werden, die neben R (Nutzfunktion) noch Kapazitäten und Induktivitäten als sog. parasitäre Schaltelemente enthält. Wir kommen darauf später zurück.

Aufgaben 2.2.1, 2.2.2.

2.2.2 Einfache Zusammenschaltungen von linearen Widerständen

Zusammenschalten von Widerständen. Da der Widerstandsbegriff Gl. (2.2.3) ganz allgemein gilt, lassen sich *mehrere zusammengeschaltete* Einzelwiderstände immer durch einen *Ersatzwiderstand* (= Ersatzzweipol) ersetzen. Er hat das gleiche Klemmenverhalten wie die ursprüngliche Schaltung. Die beiden Grundtypen der Zusammenschaltung sind *Reihen-* und *Parallelschaltung.*

Reihenschaltung (Serienschaltung). Hier fließt der gleiche Strom durch alle Widerstände und folglich addieren sich die Teilspannungen. Es gilt

$$R = \frac{u}{i} = \frac{u_1 + u_2 + \dots u_n}{i} = R_1 + R_2 + \dots R_n$$

oder

$$R = \sum_{\mu=1}^{n} R_\mu \qquad \text{Reihenschaltung.} \qquad (2.2.6)$$

Im unverzweigten Stromkreis (Reihenschaltung) ist der Gesamtwiderstand gleich der Summe der Teilwiderstände.

Drei Einzelwiderstände $R_1 = 4,7\,\text{k}\Omega$, $R_2 = 0,56\,\text{k}\Omega$, $R_3 = 47\,\Omega$ ergeben so den Gesamtwiderstand $R = (4,7 \cdot 10^3 + 560 + 47)\,\Omega = 5,307\,\text{k}\Omega$.

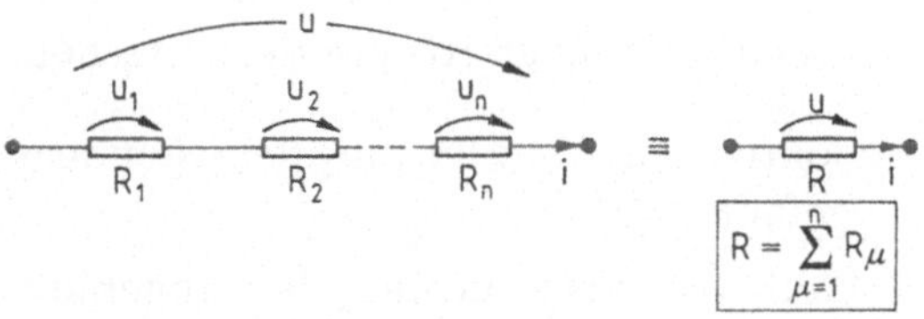

Bild 2.2.6
Reihenschaltung von n Widerständen

Parallelschaltung (Shuntschaltung). Hier liegt an allen Widerständen die gleiche Spannung und deshalb addieren sich die Teilströme zum Gesamtstrom (Bild 2.2.7). Daraus folgt mit $i_\mu = G_\mu u_\mu$ für die Gesamtanordnung

$$G = \sum_{\mu=1}^{n} G_\mu = \sum_{\mu=1}^{n} \frac{1}{R_\mu} = \frac{1}{R_1} + \frac{1}{R_2} + \dots + \frac{1}{R_n} \quad \text{Parallelschaltung.} \quad (2.2.7)$$

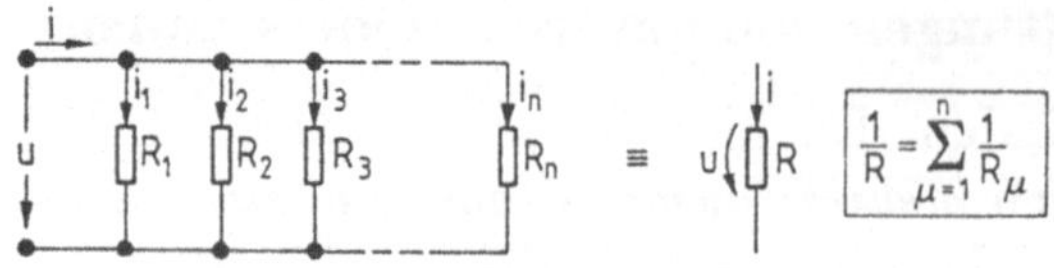

Bild 2.2.7
Parallelschaltung von
n Widerständen

> Im verzweigten Stromkreis (Parallelschaltung) ist der Gesamtleitwert gleich der Summe der Teilleitwerte oder der Ersatzwiderstand stets kleiner als der kleinste Teilwiderstand.

Schaltet man die obigen drei Widerstände parallel, so entsteht der Leitwert $G = (1/4700 + 1/560 + 1/47)\,1/\Omega = 2,327 \cdot 10^{-2}\,\mathrm{S};\ R = 42,964\,\Omega$. Beispielsweise beträgt der Ersatzwiderstand zweier parallelliegender Widerstände R_1, R_2 (dargestellt durch $R_1 \parallel R_2$)

$$R = R_1 \parallel R_2 = \frac{R_1 R_2}{R_1 + R_2} \tag{2.2.8}$$

oder von drei Widerständen

$$R_1 \parallel R_2 \parallel R_3 = R = \frac{R_1 R_2 R_3}{R_1 R_2 + R_2 R_3 + R_1 R_3}, \quad \begin{aligned} G &= G_1 + G_2 + G_3 \\ &= \frac{1}{R_1} + \frac{1}{R_2} + \frac{1}{R_3}. \end{aligned}$$

Der Vorteil der Leitwertschreibweise wird offenbar.

Hinweis. Komplexere Widerstandsnetzwerke lassen sich durch sinngemäße Anwendung obiger Regeln vereinfachen. Dabei

- sollten reihen- oder parallelliegende Widerstände schrittweise zusammengefaßt werden
- muß bei Verwendung der abgekürzten Schreibweise sorgfältig auf die Klammerverwendung geachtet werden.

Spannungs- und Stromteiler mit linearen Widerständen. In der Elektrotechnik wird in großem Umfang von der *Spannungs-* und *Stromverteilung* durch lineare (und nichtlineare) Widerstandsnetzwerke Gebrauch gemacht, z.B. zur Erzeugung von Teilspannungen (fest oder regelbar), zur Meßbereichserweiterung von Meßinstrumenten, in Elektronikschaltungen, AD-DA-Wandlern u.v.a.m. Einstellbare Spannungsteiler (mit Schleifkontakt) werden als *Potentiometer* bezeichnet.

Spannungsteilerregel. Werden zwei Widerstände $R_1 R_2$ vom gleichen Strom durchflossen (Bild 2.2.8a), so gilt mit $u_1 = R_1 i$, $u_2 = R_2 i$ und $u = u_1 + u_1 = (R_1 + R_2)i$ (Maschengleichung) die Spannungsteilerregel

$$\frac{u_2}{u_1} = \frac{R_2}{R_1}, \quad \frac{u_2}{u} = \frac{R_2}{R_1 + R_2} \qquad \text{Spannungsteilerregel} \qquad (2.2.9)$$

Am (unbelasteten) Spannungsteiler verhalten sich die Teilspannungen wie die Teilwiderstände resp. die Teilspannung zur Gesamtspannung wie der Teilwiderstand zum Gesamtwiderstand.

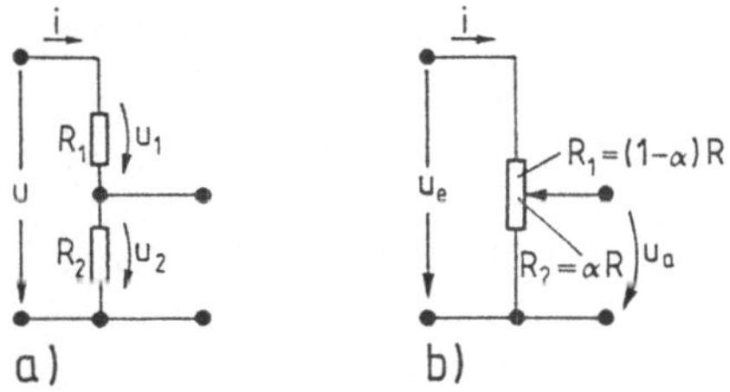

Bild 2.2.8
Unbelasteter Spannungsteiler
a) Festspannungsteiler
b) einstellbarer Spannungsteiler, Potentiometer

Ist der Spannungsteiler als Potentiometer ausgebildet (Bild 2.2.8b), wobei über einen Schleifkontakt der Widerstand $R\alpha$ ($0 \leq \alpha \leq 1$) abgegriffen wird (α sei ein Maß für einen Drehwinkel oder eine Wegstrecke), so gilt

$$u_\mathrm{a} = \frac{\alpha \cdot R}{\alpha R + (1 - \alpha)R} \cdot u_\mathrm{e} = \alpha u_\mathrm{e}.$$

In speziellen Fällen wird die Widerstandsschicht so ausgelegt, daß der Widerstand logarithmisch mit dem Drehwinkel steigt. Solche Potentiometer finden als Lautstärkeregler in Hörverstärkern Anwendung. Wegen der logarithmischen Hörcharakteristik des Menschen erscheint dann die Lautstärke bei gleichem Drehwinkel um den gleichen Betrag geändert.

Stromteilerregel. Werden Widerstände parallel geschaltet, so verzweigt sich der Strom: es erfolgt *Stromteilung* (Bild 2.2.7). Im Falle linearer Widerstände gilt im einfachsten Fall mit zwei Leitwerten $i_1 = G_1 u$, $i_2 = G_2 u$, $i = i_1 + i_2$ (Knotensatz) schließlich:

$$\frac{i_2}{i_1} = \frac{G_2}{G_1} = \frac{R_1}{R_2}\,; \quad \frac{i_2}{i} = \frac{G_2}{G_1 + G_2} = \frac{R_1}{R_1 + R_2} \quad \text{Stromteilerregel.} \quad (2.2.10)$$

Verzweigt ein Stromkreis zwischen zwei Knoten, so verhalten sich die Teilströme wie die zugehörigen Teilleitwerte.

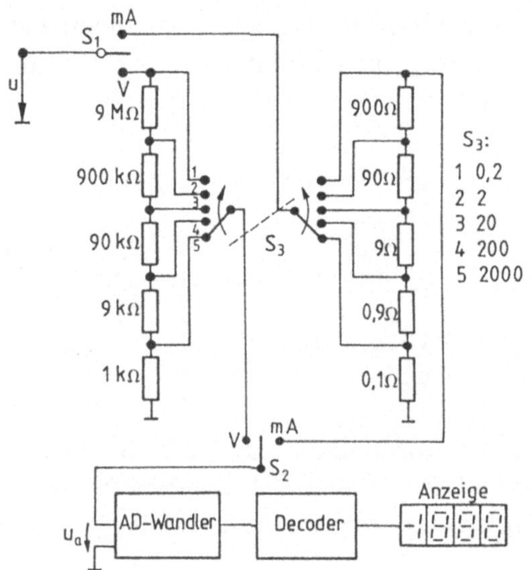

Bild 2.2.9
Vielfachmesser mit AD-Wandler
zur Strom-Spannungsmessung

Eine verbreitete Anwendung finden R-Teiler in sog. u-i-Messern zur Spannungs- und Strommessung. Bild 2.2.9 zeigt ein einfaches Digitalmultimeter. Liegt am AD-Wandlereingang eine Spannung u_a, so stellt sich am Wandlerausgang ein Meßwert im Binärcode ein, der nach Decodierung in der 7-Segment-Anzeige direkt angezeigt wird.

Soll eine Spannung gemessen werden, so liegen S_1, S_2 in Stellung „V" und damit u_a am linken Spannungsteiler ($R_{\text{ges}} = 10\,\text{M}\Omega$). Mit S_3 wird der Bereich ausgewählt (hier $10^{-4} u = u_a$). Ist dieser Wert $\geq 0,2\,\text{V}$, so muß S_3 in die nächste Stellung umgelegt werden. Zum Strommessen liegen S_1, S_2 in Stellung „mA", und der rechte Teiler wirkt als Widerstand ($0,1 \ldots 1000\,\Omega$) im Stromkreis (hier $0,1\,\Omega$), an den der Spannungsabfall $R \cdot i \sim i$ gemessen wird.

Aufgaben 2.2.3–2.2.5.

2.2.3 Nichtlineare resistive Zweipole

Sehr viele resistive Zweipole haben aufgrund ihrer physikalischen Gegebenheiten, d.h. des Stromleitungsprinzips einen *nichtlinearen* $u = f(i)$ – resp. $i = g(u)$ – Zusammenhang (durch den Nullpunkt). Dann gilt das Ohmsche Gesetz Gl. (2.2.2) nicht, weil der Quotient $u/i = f(i)$ selbst z.B. vom Strom oder der Spannung abhängt und keine Konstante mehr ist.

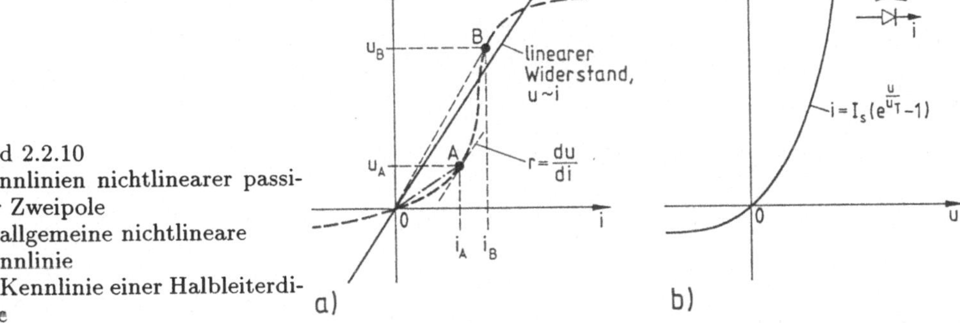

Bild 2.2.10
Kennlinien nichtlinearer passiver Zweipole
a) allgemeine nichtlineare Kennlinie
b) Kennlinie einer Halbleiterdiode

So ist im Bild 2.2.10a der Quotient u_A/i_A im Punkt A kleiner als u_B/i_B im Punkt B, er hängt also vom Strom ab.

Gerade in der Elektronik haben sehr viele Bauelemente nichtlineare resistive Eigenschaften, wie etwa Halbleiterdioden, Transistoren (bei tiefen Frequenzen), die Glimmlampe, stark temperaturabhängige Widerstände (sog. Thermistoren), Kaltleiter, Varistoren, ja selbst Glühlämpchen. Die Fülle der nichtlinearen u-i-Beziehungen von resistiven Zweipolen läßt sich generell unterteilen in

– Zweipole mit *eindeutiger* u-i- und i-u-Beziehung. Dabei gibt es zu *einer* Vorgabegröße (Ursache) stets nur eine Wirkung. Beispiele dafür sind die Halbleiterdiode (Bild 2.2.10b), der Varistor, der stark temperaturabhängige Widerstand, das Glühlämpchen (Bild 2.2.11a).

– Zweipole mit *mehrdeutiger* u-i- oder i-u-Beziehung. Hier gibt es zu einer Vorgabegröße u.U. (bereichsweise) mehrere Wirkungsgrößen. Man unterscheidet dabei:

Stromgesteuerte Zweipole, die eine eindeutige u-$(i$-$)$, aber mehrdeutige i-$(u$-$)$Beziehung haben (Bild 2.2.11b,c) mit einem typischen *S-förmigen Verlauf* der Kennlinie. Beispiele sind die Glimmlampe, aber auch Thyristor und Leuchtröhre gehören hierzu (Bild 2.2.11c).

Spannungsgesteuerte Zweipole mit eindeutiger i-$(u$-$)$, aber mehrdeutiger u-$(i$-$)$Beziehung mit typisch *N-förmigem Verlauf* der Kennlinie. Ein bekanntes Beispiel ist die Tunneldiode (Bild 2.2.11b). Erwähnt sei, daß mehrdeutige nichtlineare Zweipolkennlinien z.B. durch Zusammenschalten von nichtlinearen Zweipolen mit eindeutiger u-i-$(i$-u-$)$Beziehung und gesteuerten Quellen entstehen. Dieses Prinzip nutzen zahlreiche Grundanordnungen der Elektronik aus (z.B. Oszillator).

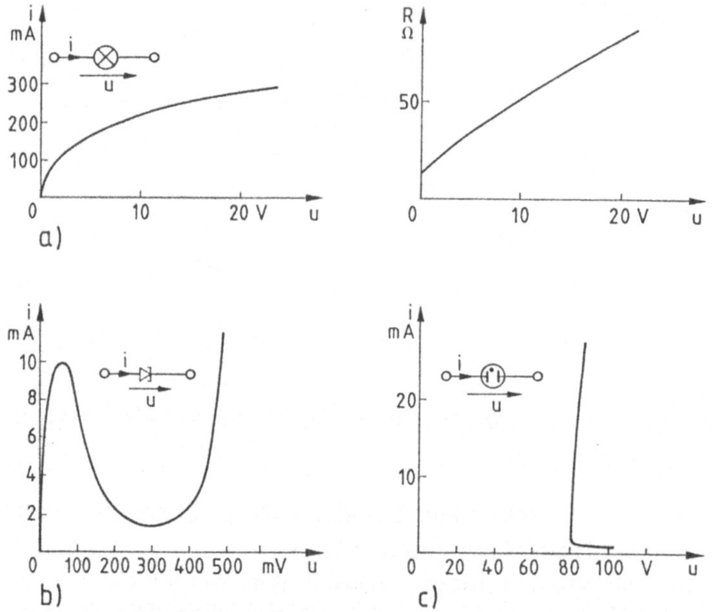

Bild 2.2.11 Kennlinien nichtlinearer Zweipole
      a) Glühlämpchen, Kennlinie und Widerstand
      b) Tunneldiode, c) Glimmlampe

Generell gilt: Enthält ein (ansonsten lineares) Netzwerk wenigstens ein nichtlineares Netzwerkelement, so heißt es *nichtlineares Netzwerk*.

Aus den angeführten Beispielen (z.B. der Kennlinie und dem Widerstandsverlauf der Glühlamp Bild 2.2.11a) wird deutlich, daß der bisher verwendete Widerstandsbegriff nicht mehr zutrifft. Nun werden derartige nichtlineare Bauelemente – vor allem in der Elektronik – oft in einem sog. *Arbeitspunkt*, d.h. einer bestimmten u-i-Einstellung betrieben und um diesen Punkt durch kleine u-i-Änderungen ausgesteuert (s. Abschn. 3.1.9). Dann ist in diesem Punkt das sog. *Kleinsignalverhalten* maßgebend. Dafür stellt der differentielle Widerstand eine geeignete Kenngröße dar.

Differentieller Widerstand (Leitwert). In einem gewählten Arbeitspunkt (Bild 2.2.10a) der u-i-Beziehung läßt sich ein differentieller oder Kleinsignalwiderstand (Tangente an die Kennlinie)

$$r = \left.\frac{\mathrm{d}u}{\mathrm{d}i}\right|_{\mathrm{Ap}} \neq R = \frac{u}{i} \qquad \begin{array}{l}\text{differentieller Widerstand}\\ \text{im Arbeitspunkt}\end{array} \qquad (2.2.11)$$

definieren. Er unterscheidet sich vom (linearen) Widerstand R bei nichtlinearen resistiven Zweipoelementen. Ganz analog gibt es einen *differentiellen Leitwert*

$$g = \left.\frac{\mathrm{d}i}{\mathrm{d}u}\right|_{\mathrm{Ap}} \neq G = \frac{i}{u} \qquad (2.2.12)$$

im gleichen Arbeitspunkt. Dabei gilt

$$r = 1/g \, . \qquad (2.2.13)$$

Einige nichtlineare resistive Zweipole sollen jetzt näher diskutiert werden: *Halbleiterdiode* (pn-Übergang). Nach dem physikalischen Wirkprinzip hängt der Strom vom Vorzeichen der anliegenden Spannung u ab, man unterscheidet dabei den *Durchlaßbereich* mit großem Strom und den *Sperrbereich* mit kleinem Strom. Die Kennlinie lautet

$$i = I_\mathrm{S}(\exp u/U_\mathrm{T} - 1) \quad \text{resp.} \quad u = U_\mathrm{T}\ln(i/I_\mathrm{S} + 1) \, . \qquad (2.2.14\mathrm{a})$$

Der Sättigungsstrom I_S liegt durch Halbleitermaterial, Diodenausführung und Temperatur fest zwischen $10^{-16}\ldots10^{-3}$ A (bei Leistungsdioden). In die Temperaturspannung

$$U_\mathrm{T} = kT/q = 25{,}9\,\mathrm{mV}|_{T=300\,\mathrm{K}} \, , \qquad (2.2.15)$$

geht die Temperatur T, die Boltzmann[3])-Konstante $k = 1{,}38 \cdot 10^{-23}$ Ws/K und die Elementarladung q ein. Sie beträgt bei Zimmertemperatur ($T = 300\,\mathrm{K}$) rd. 26 mV (verbreitet wird mit 25 mV bei $T = 293 = 20\,°\mathrm{C}$ gerechnet). Bild 2.2.10b zeigt die Kennlinie $i(u)$. Für das Durchlaß- und Sperrgebiet gelten die Kennliniennäherungen

---

[3])Ludwig Boltzmann, österreichischer Physiker 1844–1906.

$$
\begin{aligned}
&\text{Durchlaßfall:} \quad (u \gg 10U_\mathrm{T}) \qquad i \approx I_\mathrm{s} \exp u/U_\mathrm{T} \\
&\text{Sperrgebiet:} \quad\;\; (-u \gg 10U_\mathrm{T}) \quad i \approx -I_\mathrm{s}\,. \\
&\qquad\qquad \text{Kennliniennäherung der Halbleiterdiode.}
\end{aligned}
\tag{2.2.14b}
$$

Der differentielle Leitwert g ergibt sich aus Gl. (2.2.14a) zu

$$
\frac{1}{r} = g = \frac{\mathrm{d}i}{\mathrm{d}u} = \frac{\mathrm{d}}{\mathrm{d}u}\left[I_\mathrm{S}\exp\left(\frac{u}{U_\mathrm{T}} - 1\right)\right] = \frac{I_\mathrm{S}}{U_\mathrm{T}}\exp\frac{u}{U_\mathrm{T}} \approx \left.\frac{i}{U_\mathrm{T}}\right|_{\mathrm{Durchlaßfall}}
\tag{2.2.16}
$$

Er hängt – wie erwartet – vom Arbeitspunkt ab, generell sinkt der differentielle Widerstand mit steigendem Strom. Weitere Einzelheiten siehe Abschn. 7.1.

Spannungsabhängiger Widerstand. Varistor (VDR, voltage dependent resistor). Das ist ein Massewiderstand aus gesintertem Si-Karbid, der durch räumlich verteilte sog. Sperrschichteffekte eine Kennlinie der Form

$$
i = K u^\alpha \quad (\alpha > 1,\ \text{meist } 0,1\ldots 0,4)
\tag{2.2.17}
$$

besitzt. Er hat eine spiegelsymmetrische oder bilaterale Kennlinie, m.a.W. stimmen die Formen im ersten und dritten Quadranten überein: $i(u) = -i(u)$: Kennlinie unabhängig von der Vertauschung der Anschlüsse.

Varistoren werden z.B. als Schutzelemente für empfindliche Bauelemente eingesetzt, um sie vor Überspannung zu schützen (z.B. Parallelschaltung zu Spulen, als Begrenzerelemente, in Spannungsreglern u.a.).

Tunneldiode. Die Tunneldiode ist eine spezielle pn-Diode (s. Abschn. 7) mit einer *spannungsgesteuerten* u-i-Kennlinie (Bild 2.2.11b). Sie hat zwei steigende Gebiete und einen fallenden Bereich mit zwischenliegenden Extrema. Deshalb ist jedem Spannungswert ein Stromwert eindeutig zugeordnet, während es im fallenden Bereich zu jedem i-Wert drei Spannungswerte gibt und damit Mehrdeutigkeit vorliegt. In diesem Gebiet erkennt man sehr deutlich den Unterschied zwischen differentiellen und *Sekanten-* oder *Gleichstromwiderstand*:

- im fallenden Bereich ist der differentielle Widerstand stets *negativ*, der
- Sekantenwiderstand $R = u/i$ wohl nichtlinear, aber stets positiv! Deshalb ist die TD auch in diesem Gebiet stets ein „Leistungsverbraucher" mit $p = ui > 0$.

Fallende Kennlinienbereiche werden oft in der schnellen Impulstechnik (Gigabitlogik) und zur Mikrowellenerzeugung eingesetzt.

Glimmlampe. Den Grundtyp einer stromgesteuerten Kennlinie zeigt Bild 2.2.11c. Auch hier stellt sich ein fallender Bereich ein, nur vom „S-Typ" (das S läßt sich mit einiger Phantasie in der Kennlinie erkennen). Im Gegensatz zur Tunneldiode gibt es zu jedem Strom eine eindeutige Spannung, nicht umgekehrt.

Zusammenschaltung von nichtlinearen Widerständen. Sehr oft werden lineare und nichtlineare Widerstände zusammengeschaltet, z.B. Vorwiderstand einer Glühlampe, einer Diode, Parallelschalten einer Diode als Schutz vor Überspannungen u.a.m. Welche Ersatzwiderstände ergeben sich in solchen Fällen? Grundsätzlich gilt, daß die bisher kennengelernten Gesetze zur Widerstands- und Spannungs-/Stromteilung zunächst *nicht direkt* übernehmbar sind, weil z.B. der Widerstand eines Glühlämpchens – definiert als Quotient von Strom und Spannung – jetzt vom Strom abhängt und somit auch der Gesamtwiderstand. Auch das Verhältnis der beiden Teilspannungen wird stromabhängig.

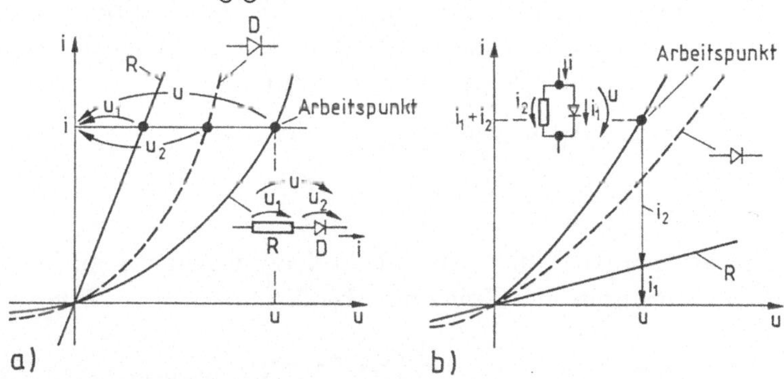

Bild 2.2.12 Zusammenschaltungen nichtlinearer Zweipole
     a) Reihenschaltung, Arbeitspunktermittlung durch Kennlinienüberlagerung (Spannungsaddition)
     b) Parallelschaltung, Arbeitspunktermittlung durch Kennlinienüberlagerung (Stromaddition)

Gültig sind stets die Kirchhoffschen Gleichungen. Man wendet sie in diesem Fall am besten graphisch an. Dazu wird die u-i-Beziehung aller Bauelemente in ein Diagramm eintragen und

– bei der Reihenschaltung die zum jeweiligen Strom gehörenden Spannungen addiert (Bild 2.2.12a) und

– bei der Parallelschaltung die zur jeweiligen Spannung gehörenden Ströme addiert (Bild 2.2.12b).

Beim *Kleinsignalverhalten* wird für nichtlineare Bauelemente z.B. durch Strom und Spannung der Arbeitspunkt eingestellt und damit der *Kleinsignalwiderstand* festgelegt. Dann gelten für Kleinsignalgrößen (Ströme, Spannungen) die Gesetze des linearen Stromkreises und damit auch die bisher kennengelernte Reihen-Parallel-Schaltungsbeziehung sowie die Strom-/Spannungsteilerregeln.

Im Bild 2.2.12a würde der Kleinsignalwiderstand im Arbeitspunkt also $r = R + r|_{\mathrm{Ap}}$ betragen.

Aufgabe 2.2.6.

2.2.4   Temperatureinfluß auf Widerstandszweipole

Meist hängt der dem Widerstandsbegriff zugrundeliegende Stromflußmechanismus von der Temperatur ab. So zeigt der Leitungsmechanismus von Leitern und Halbleitern eine z.T. starke Temperaturabhängigkeit des spezifischen Widerstandes $\varrho(T)$ (Bild 2.2.13). Als Temperatur wird dabei gleichwertig die absolute Temperatur T oder – mehr an das tägliche Leben angepaßt – die Celsius-Temperatur ϑ verwendet:

$$T = (273,2 + \vartheta/{}^{\circ}\mathrm{C})\,\mathrm{K} \qquad [T] = \mathrm{K} \quad \text{Kelvin}$$
$$\vartheta = (T/\mathrm{K} - 273,2)\,{}^{\circ}\mathrm{C}\,.$$

Für Temperaturdifferenzen ist die Kelvin-Angabe zu bevorzugen. Man vereinbart deshalb als *Temperaturkoeffizienten* oder *Temperaturbeiwert* $\alpha(T_0)$

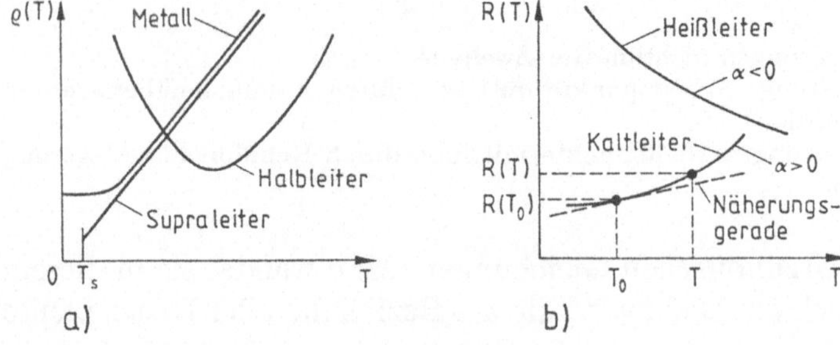

Bild 2.2.13 Temperatureinfluß auf den Widerstand
a) Spezifischer Widerstand $\varrho(T)$ des Metalls, Halbleiters und Supraleiters
b) Definition des Temperaturkoeffizienten

bzw. $\alpha(\vartheta_0)$ z.B. des Widerstandes R bei der Bezugstemperatur T_0 (ϑ_0)

$$\alpha(T_0) = \frac{1}{R}\left.\frac{\mathrm{d}R}{\mathrm{d}T}\right|_{T_0} \approx \frac{1}{R}\frac{\Delta R}{\Delta T} = \frac{1}{\varrho}\frac{\mathrm{d}\varrho}{\mathrm{d}T} \qquad [\alpha] = \frac{1}{\mathrm{K}}$$

resp.

$$\alpha(\vartheta_0) = \frac{1}{R}\left.\frac{\mathrm{d}R}{\mathrm{d}T}\right|_{\vartheta_0} \approx \frac{1}{R}\frac{\Delta R}{\Delta\vartheta}\,. \tag{2.2.18}$$

Der Temperaturbeiwert ist die relative (differentielle) Änderung des Widerstandes pro Temperaturänderung bei einer Bezugstemperatur T_0. Gleichwertig ergibt sich aus Gl. (2.2.18) über

$$\int\limits_{T_0}^{T} \alpha\mathrm{d}T = \int\limits_{R(T_0)}^{R} \frac{\mathrm{d}R}{R} = \ln\frac{R(T)}{R(T_0)}$$

und beiderseitiges Exponieren $[\exp(\ln y) \equiv y]$

$$R(T) = R(T_0)\exp\int\limits_{T_0}^{R}\alpha(T)\mathrm{d}T \tag{2.2.19}$$

und speziell für $\alpha = \mathrm{const.}$

$$R(T) = R(T_0)\exp\alpha(T - T_0)\,.$$

Für kleine Temperaturänderungen und/oder Temperaturbeiwerte α läßt sich über die Reihenentwicklung von $\exp y \approx 1 - x/1! + x^2/2!$ für $|y| \ll 1$ die übliche Form der Temperaturabhängigkeit angeben:

$$R(T) = R(T_0)\cdot[1 + \alpha(T_0)(T - T_0) + \beta(T_0)(T - T_0)^2]\,. \tag{2.2.20}$$

In vielen technischen Anwendungen reicht die Beschränkung auf den linearen Temperatureinfluß aus:

$$R(T) = R(T_0)\cdot[1 + \alpha(T_0)(T - T_0)]$$
$$R(\vartheta) = R(\vartheta_0)\cdot[1 + \alpha(\vartheta_0)(\vartheta - \vartheta_0)]\,. \tag{2.2.21}$$

In der Elektrotechnik/Elektronik wird als Bezugstemperatur ϑ_0 durchweg 20 °C gewählt, woraus die Angabe α_{20} stammt. Bild 2.2.13b zeigt den Verlauf von Gl. (2.2.21) und den tatsächlichen Verlauf $R(T)$. Tafel 2.2.1 enthält die Temperaturbeiwerte α und β üblicher Lehrmaterialien der Elektrotechnik.

Typische Temperatureinflüsse. Nach den Vorzeichen des Temperaturkoeffizienten α unterscheidet man (Bild 2.2.13):

Widerstände mit positivem TK. Sie leiten in kaltem Zustand wegen des geringen Widerstandes besser (R-Zunahme mit $T \uparrow$) und heißen deshalb generell *Kaltleiter* (Bild 2.2.14). Dazu gehören z.B. Metalle (z.B. $\alpha \approx 4\,\text{‰}\,\text{K}^{-1}$ für Cu, Al und $\alpha \approx 6\,\text{‰}\,\text{K}^{-1}$ Fe). Der Widerstand wächst mit der Temperatur, weil die Elektronen im Leiter durch die mit der Temperatur steigende Gitterschwingung stärker wechselwirken. Metallwiderstände haben einen TK von $50 \cdot 10^{-6}\,\text{K}^{-1}$, Kohlewiderstände (s.u.) zwischen $-10^{-4} \ldots -10^{-3}\,\text{K}^{-1}$. *Kaltleiter-* oder besser *PTC-Widerstände* (positive temperature cofficient) sind Bauelemente mit besonders großem α und deshalb nichtlinearer U-I-Kennlinie. Ihr Widerstand hängt gemäß

$$R = R_0 \exp \alpha(T - T_0)\,, \quad \alpha > 0 \tag{2.2.22}$$

exponentiell von der Temperatur ab (Bild 2.2.14). Die Temperaturbeiwerte reichen bis zu $70\,\%\,\text{K}^{-1}$. Sie werden mit bestimmten Titanat-Keramiken erreicht. Interessant ist, daß die Kennlinie $i(u)$ einen fallenden Bereich aufweist. Ein typischer Kaltleiter (mit nicht zu großem TK) ist das Glühlämpchen.

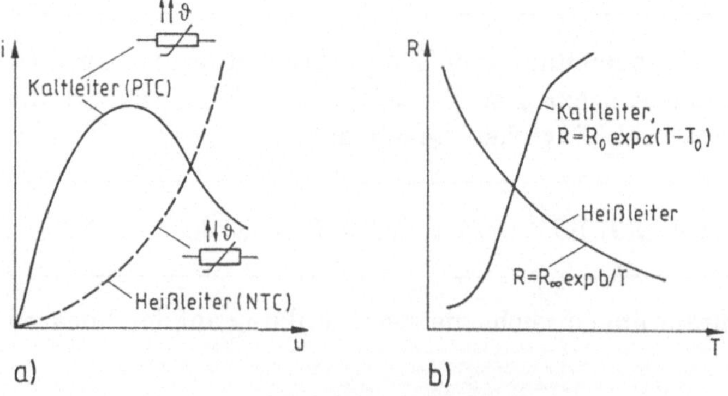

Bild 2.2.14 Temperaturabhängige Widerstände
a) Kennlinien der Heiß- und Kaltleiterwiderstände
b) Widerstandsverläufe über der Temperatur

Widerstände mit negativem TK leiten in heißem Zustand wegen des geringer werdenden Widerstandes besser (R-Abnahme mit $T \uparrow$, Bild 2.2.14) und werden *Heißleiter* genannt. Stofflich zählen dazu vor allem Halbleiter z.B. $\alpha \approx -15\,\%\,\mathrm{K}^{-1}$ für eigenleitendes Si bei Zimmertemperatur, $\alpha \approx -(0,1\ldots1)\,\%\,\mathrm{K}^{-1}$ für Kohlenstoff und Elektrolyte. Ursache des negativen TK ist die mit der Temperatur ansteigende Ladungsträgerdichte.

Heißleiter, besser *NTC-Widerstände* (negative temperature coefficient) sind Widerstände mit besonders großem α und daher nichtlinearer u-i-Kennlinie. Ihr Widerstand beträgt

$$R = R_\infty \exp b/T\,, \quad b > 0 \quad \text{mit } \alpha \approx -b/T^2\,. \tag{2.2.23}$$

Häufig bezeichnet man sie auch als Thermistoren (thermally sensitive resistors) oder temperaturabhängige Widerstände (Materialien: Titan-, Magnesium-Oxid). Auch hier hat die Kennlinie $u(i)$ einen fallenden Bereich (im Bild 2.2.14 nicht dargestellt).

Widerstände mit verschwindendem TK sind sog. *temperaturkonstante Leiter*. Durch spezielle Legierungen (z.B. Manganin $\alpha \approx 10^{-2}\,\%_0\,\mathrm{K}^{-1}$, Konstantan $\alpha \approx -1 \cdot 10^{-3}\,\%_0\,\mathrm{K}^{-1}$) kann der TK in gewissem Temperaturbereich zu Null gehalten werden. Derartige Widerstände dienen z.B. in der Meßtechnik zu Eichzwecken, als Vorwiderstände in Meßinstrumenten u.a. Erwähnt sei, daß z.B. eine solche Kompensation auch durch Reihenschaltung von Widerständen mit positivem und negativem TK möglich ist.

Supraleitung. Nähert sich die Temperatur dem absolutem Nullpunkt, so geht der Widerstand normaler Leiter gegen einen Restwiderstand. Bei einigen Materialien, den *Supraleitern*, springt er dagegen unterhalb einer *Sprungtemperatur* T_S auf einen unmeßbar kleinen Wert. Beispielwerte sind

Al	1,2 K	Niob (Nb)	9,2 K
Hg	4,2 K	NbSn	19 K
Pb	7,3 K	Nb_3Ge	23,3 K.

Hochtemperatur-Supraleiter: $> 100\,\mathrm{K}$ (keramische Verbindungen).

Die ab 1986/87 entdeckten Hochtemperatur-Supraleiter erfordern nicht mehr, wie bisher, flüssiges Helium (4,2 K) zur Kühlung, sondern nur noch Stickstoff (77 K). Nach hohen Temperaturen verschwindet die Supraleitung.

Anwendung findet Supraleitung zur Erzeugung extremer Stromdichten und hoher Magnetfelder, z.B. für die medizinische Tomographie, zur verlustfreien Energieübertragung, für verlustfreie Leitung zur Erhöhung der Arbeitsgeschwindigkeit in der Informationstechnik (Chipverbindungen), für Speicherprinzipien und extrem schnelle Signalverarbeitung.

Nutzung der Temperaturabhängigkeit. Die Temperaturabhängigkeit des Widerstandes ist, je nach Einsatzfall, entweder erwünscht oder unerwünscht. *Ausgenutzt* wird sie z.B. in Temperatursensoren zur Messung der Temperatur (Thermometer) und abgeleiteter Größen (z.B. Wärmestrahlung, Strömungsgeschwindigkeit, Leistungsmessung u.a.), ferner

- in Regel- und Schutzschaltungen zu Stabilisierungszwecken, zur Amplitudenbegrenzung, als Schutzelement für thermische Überlast
- zur Kompensation von Temperatureinflüssen, z.B. Arbeitspunktstabilisierung in Leistungsendstufen u.a.m..

Speziell NTC-Widerstände finden Anwendung als Temperaturfühler, zur Temperaturkompensation, zur Stromstoßunterdrückung z.B. bei einer Glühlampe sowie als heizbarer Widerstand (zur Effektivwertmessung).

PTC-Widerstände dienen als Temperaturfühler, als Überstromsicherung, als Heizer mit Thermostatwirkung (z.B. Kaffeemaschine, als Flüssigkeitsgeber u.a.m.).

In elektronischen Schaltungen hingegen sind temperaturbedingte Widerstandsänderungen meist unerwünscht, weil sich die elektrischen Übertragungseigenschaften ändern. Man

- grenzt deshalb die Temperaturerhöhung durch Leistungsreduktion, Kühlmaßnahmen und Temperaturregelschaltungen ein
- verwendet Arbeitspunkte, in denen Bauelemente keine TK's haben
- versucht den Einfluß durch Kompensation zu reduzieren: Zusammenschalten von Bauelementen mit positiven und negativen TK's und Versuch des Abgleichs (z.B. Metall-Kohleschicht-Widerstandskombination, Einbezug von Halbleiterbauelementen).

Erweiterter TK-Begriff. Vor allem bei nichtlinearen Bauelementen ist der TK des Widerstandes unzweckmäßig, dort wird besser der Strom oder die Spannung im Arbeitspunkt als Bezugsgröße verwendet. Deshalb gibt es z.B. für ein temperaturabhängiges Zweipolbauelement einen TK des Stromes und der Spannung. Beispielsweise kennt man bei der Halbleiterdiode den TK c_I des Stromes

$$c_I(u, T) = \frac{1}{i} \left.\frac{\mathrm{d}i}{\mathrm{d}T}\right|_{u=\mathrm{const.}} \qquad (2.2.24a)$$

und den der Spannung

$$c_U(i, T) = \frac{1}{u} \left.\frac{\mathrm{d}u}{\mathrm{d}T}\right|_{i=\mathrm{const.}} \qquad (2.2.24b)$$

Grundsätzlich gelten diese Ansätze auch für Mehrpolbauelemente, z.B. den Bipolartransistor. Dann müssen mehrere TK's definiert werden.

2.3 Kondensator. Kapazitiver Zweipol

2.3.1 Grundprinzip des Kondensators

Ein *Kondensator* besteht aus zwei gut leitenden Elektroden (z.B. Metall, Halbleiter), die durch ein *Dielektrikum* (Isolator, z.B. Luft, Glas, SiO_2, Keramik) getrennt sind und auf denen sich im geladenen Zustand die Ladungen $+Q$ und $-Q$ befinden (Bild 2.3.1). Diese Ladungen sind Ausgang und Ende elektrischer Feldlinien. Deshalb wird der dielektrische Raum insgesamt vom *elektrischen Feld* erfüllt:

> Dielektrikum = Sitz des elektrischen Feldes mit der Feldenergie W_{el}. Das elektrische Feld bedingt zwischen den Platten die Spannung u_{AB}. Ist das Feld homogen, so spricht man vom sog. *Plattenkondensator.*

> Der Kondensator ist das typische Bauelement für die Fähigkeit, die Energie des elektrischen Feldes und somit Ladung zu speichern. Er zählt deshalb zu den Grundelementen der Elektrotechnik und kann durch kein anderes ersetzt werden.

Bild 2.3.1a, b zeigt den Unterschied zwischen ungeladenen und geladenen Platten. Ohne Spannung hat jede Platte die Ladung $Q = 0$ (positive und negative Ladungen kompensieren sich stets). Mit Spannung (Bild 2.3.1b) hingegen trägt jede Platte eine Nettoladung $+Q$, $-Q$ als Ursache der Feldlinien, aber die *Gesamtladung* $Q_A + Q_B$ verschwindet

$$\sum Q = Q_A + Q_B = 0$$

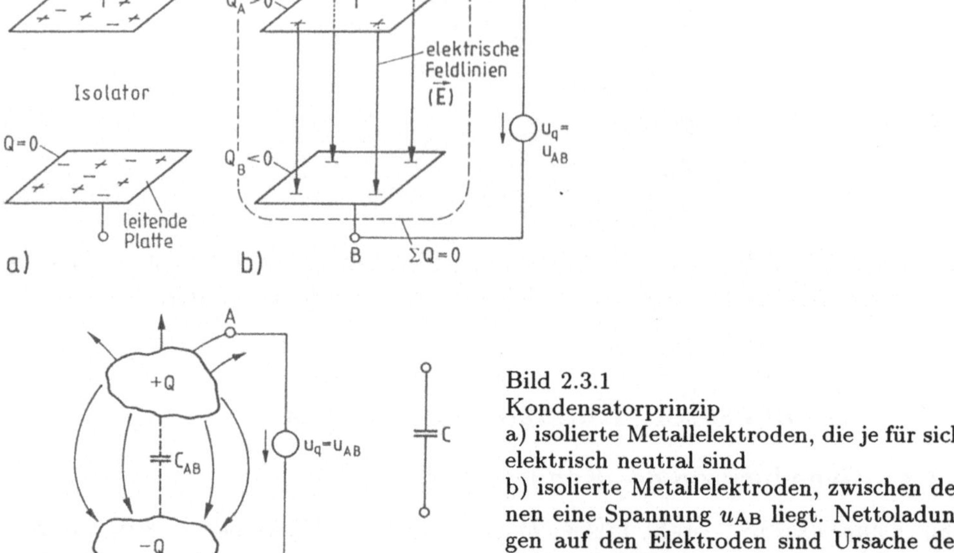

Bild 2.3.1
Kondensatorprinzip
a) isolierte Metallelektroden, die je für sich
elektrisch neutral sind
b) isolierte Metallelektroden, zwischen denen eine Spannung u_{AB} liegt. Nettoladun-
gen auf den Elektroden sind Ursache des
elektrischen Feldes
c) Kondensator, gebildet aus beliebig geformten Elektroden

(unmittelbare Folge der Ladungserhaltung Gl. (1.4.7)). Dies trifft auch zu,
wenn zwei allgemein geformte Elektroden mit Ladungen vorliegen (Bild
2.3.1c).

Kapazitätsdefinition. Zwischen den Ladungen Q_A, Q_B auf den Kondensatorplatten und der Spannung u_{AB} besteht ein direkter Zusammenhang $Q =
f(u)$ im zunächst angenommenen linearen Fall:

$$Q_{AB} = C_{AB} u_{AB} \rightarrow Q = C \cdot u, \quad [C] = 1\,\mathrm{As/V} = 1\,\mathrm{F}\ (1\ \text{Farad}) \quad (2.3.1)$$
$$\text{Definitionsgleichung der Kapazität.}$$

Das Verhältnis der Ladung auf den Kondensatorplatten und der Spannung zwischen ihnen heißt *Kapazität*. Sie kennzeichnet das Speichervermögen für Ladungen und bildet die Haupteigenschaft des *Bauelementes Kondensator* (Objekt, Schaltzeichen, Bild 2.3.1d).

Die Kapazität C charakterisiert die *einzige* Eigenschaft des zugeordneten
kapazitiven Netzwerkelementes (= kapazitiver Zweipol).

Ein Kondensator besitzt die Kapazität 1 F, wenn er bei einer Spannung $u = 1\,\mathrm{V}$ die Ladung 1 C speichert. Nach Bild 2.3.1 stellt Q die positive Ladung der positiven Bezugselektrode dar, von der also der Spannungspfeil ausgeht.

Die Einheit Farad ist sehr groß, für technische Anwendungen liegen Kapazitäten im Bereich $10^{-14} \ldots 10^{-2}\,\mathrm{F}$ (z.B. $\mu\mathrm{F} = 10^{-6}\,\mathrm{F}$, $\mathrm{nF} = 10^{-9}\,\mathrm{F}$, $\mathrm{pF} = 10^{-12}\,\mathrm{F}$).

Zur Größenvorstellung mögen dienen (s. auch Tafel 2.3.2):

- Kapazität zweier konzentrischer Metallkugeln in Luft, Radius 30 km, Abstand 10 cm: $C \approx 1\,\mathrm{F}$

- Kapazität der Erde gegen das Weltall: $C \approx 700\,\mu\mathrm{F}$

- Metallkugel ($r = 1\,\mathrm{cm}$) in Luft gegen ebene Elektroden (Abstand $> 1\,\mathrm{m}$) $\approx 1\,\mathrm{pF}$

- Doppelleitung (Drahtradius 1 mm, Drahtabstand 3 mm), $C \approx 50\,\mathrm{pF}$ je m Länge

- Fotoblitzkondensator: $C \approx 1000\,\mu\mathrm{F}$

- Speicherkondensator eines 64 MBit-Speichers: $C \approx 30\,\mathrm{fF}$.

Strom-Spannungsbeziehung. Verschiebungsstrom. Die Ladungsspeicherung als (Haupt)eigenschaft des Kondensators besagt noch nichts über sein Verhalten in einem Netzwerk. Dort interessieren die *Strom-Spannungsbeziehung* und damit gleichzeitig folgende Fragen:

- wie gelangt die Speicherladung auf die Kondensatorplatten

- welcher Strom fließt und vor allem

- wie verhält sich ein Dielektrikum bei Stromfluß (von dem wir ja wissen, daß es keine freien Ladungsträger besitzt)?

Im (idealen) Dielektrikum fehlen grundsätzlich freie Ladungsträger. Deshalb kann eine Änderung der Kondensatorladung (in Bild 2.3.2 vom Zustand a) und b) nur durch Zu- bzw. Abfluß von Ladungen über die Zuleitungen erfolgen, d.h. als *Konvektionsstrom* i_K mit der Definition (mit $u_\mathrm{C} = U_\mathrm{AB}$)

$$i_\mathrm{K} \qquad = \frac{\mathrm{d}Q}{\mathrm{d}t}\bigg|_\mathrm{Zul} = \frac{\mathrm{d}Q}{\mathrm{d}t} = \frac{\mathrm{d}(Cu_\mathrm{C})}{\mathrm{d}t}$$

transportierte Ladung in Zuleitung pro Zeiteinheit	Änderung der auf den Kondensatorplatten gespeicherten Ladung pro Zeiteinheit

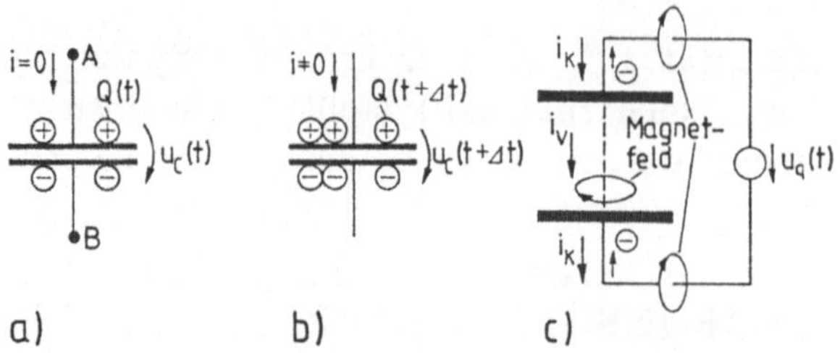

Bild 2.3.2 Kondensatorladung bei zeitveränderlicher Kondensatorspannung
a) Kondensator bei zeitlich konstanter Spannung $u_C(t) = U_{AB}$
b) Kondensator bei zeitveränderlicher Spannung
c) wie b), jedoch mit Stromkomponenten: Konvektionsstrom i_K (Ladungstransport) in den Zuleitungen, Verschiebungsstrom i_V im Isolator. Jeder Strom wird von einem Magnetfeld umgeben

oder ausgeführt

$$i \equiv i_K = \frac{\mathrm{d}(C u_C)}{\mathrm{d}t} = C\bigg|_{C=\text{const.}} \cdot \frac{\mathrm{d}u_C}{\mathrm{d}t} + u_C\bigg|_{u_C=\text{const.}} \cdot \frac{\mathrm{d}C}{\mathrm{d}t} . \quad (2.3.2)$$

Für die zeitlich konstante Kapazität C (wie vorliegend Bild 2.3.2, keine Plattenbewegung, $\mathrm{d}C/\mathrm{d}t = 0$) wird daraus

$$i = i_K = C\frac{\mathrm{d}u_C}{\mathrm{d}t} \quad \text{Strom-Spannungsbeziehung am idealen Kondensator (NWE-Beziehung).} \quad (2.3.3)$$

Dabei gilt für i, $u_C = u_q$ die Verbraucherzählpfeilrichtung. Man erkennt aus Gl. (2.3.3) sofort:

Ein Strom fließt über die Zuleitungen des Kondensators nur, solange sich dessen Klemmenspannung zeitlich ändert!

Folglich fließt bei zeitkonstanter Spannung (Gleichspannung) *kein* Strom. Schließlich muß sich die Stromrichtung bei *Ladungsabnahme* umkehren. Darauf beruht die Bedeutung des Kondensators für die Schaltungstechnik: er „trennt" Gleich- und Wechselstromkreise voneinander und kann deshalb für die Gleichspannung als „Leitungsunterbrechung" aufgefaßt werden. (Für die Energiebilanzen gilt dies jedoch nicht!).

Verschiebungsstrom. Die Strom-Spannungsbeziehung Gl. (2.3.3) besagt noch nichts über die Verhältnisse im Dielektrikum. Wie schon früher erwähnt, besitzt der Strom als Hauptkennzeichen ein ihn umgebendes Magnetfeld. Experimentell läßt sich die bereits von Maxwell aufgestellte Hypothese bestätigen, daß während des Ladungszuflusses und -abflusses (nur dann!) auch im Dielektrikum ein Magnetfeld existiert (Bild 2.3.2c). Es muß folglich von einem „Strom" durch das Dielektrikum herrühren, der nicht mit Ladungsträgertransport verbunden ist. Man nennt ihn dielektrischen Strom oder *Verschiebungsstrom* i_V. Er ist demnach im Dielektrikum die Fortsetzung des Konvektions-(Ladungsträger-)stromes in den Zuleitungen! So gilt wieder Stromkontinuität

$$
\begin{array}{l}
\text{Verschiebungsstrom} \\
\text{(Nichtleiter)}
\end{array}
\ i_V\Big|_{\text{Nichtleiter}} = \frac{dQ}{dt}\Big|_{\text{Platte}} = i_K
\begin{array}{l}
\text{Konvektionsstrom} \\
\text{(in Zuleitung).}
\end{array}
\qquad (2.3.4)
$$

Später wird aus diesem Verschiebestrom die Bemessungsgleichung des Kondensators hergeleitet (s. Abschn. 6.2.2.2).

2.3.2 Der lineare kapazitive Zweipol als Netzwerkelement

***u-i*-Beziehung. Gedächtniswirkung des kapazitiven Zweipolelementes.** Die Strom-Spannungsbeziehung Gl. (2.3.3) mit $u_C = u$

$$
i = C\,\frac{du}{dt}
$$

des Netzwerkelementes Kondensator – die sog. NWE-Beziehung – erlaubt die Bestimmung des Stromes bei vorgegebener Spannung. Ist umgekehrt der Strom vorgegeben und die Spannung gesucht, so folgt über

$$
du = \frac{1}{C}\,i\,dt \ \rightarrow\ \int_{u(t_0)}^{u(t)} du = \int_{t_0}^{t} \frac{i\,dt}{C}
$$

schließlich

$$
u(t) = u(t_0) + \frac{1}{C}\int_{t_0}^{i} i\,dt = u(t_0) + \frac{1}{C}\left[Q(t) - Q(t_0)\right] \qquad (2.3.5a)
$$

$$
\underset{\begin{array}{c}\text{Ergebnis der}\\\text{Vorgeschichte}\end{array}}{}\qquad \underset{\text{Gegenwart}}{}
$$

oder analog auch:

$$Q(t) = Q(t_0) + \int\limits_{t_0}^{t} i\,dt \qquad \text{Ladungs-Strombeziehung am Kondensator.} \qquad (2.3.5b)$$

Wir entnehmen drei wichtige Aussagen:

1. Die Kondensatorspannung u bzw. die Kondensatorladung Q zur Zeit t hängt stets von einer Anfangsspannung $u(t_0)$ bzw. der Anfangsladung $Q(t_0)$ ab. Sie ist Ergebnis der Vergangenheit von $t = -\infty$ bis t_0 und muß zur Bestimmung von $u(t)(Q(t))$ als sog. *Anfangswert* bekannt sein: *Speicherwirkung des Kondensators.*

2. Die Ladungsänderung ist gleich dem *Zeitintegral* des Stromes, also der Strom-Zeitfläche. Je rascher sich die Ladung ändert, um so höher ist die momentane Stromstärke. Wird ein auf die Spannung u geladener Kondensator plötzlich kurzgeschlossen (du/dt sehr groß), so fließt anfangs ein sehr großer Strom.

3. Auf ein drittes Merkmal, die *Stetigkeit* der Spannung (Ladung), kommen wir später zurück.

Typische Merkmale. Der Kondensator wirkt nur bei *zeitveränderlicher* Spannung. Deshalb ist er ein wichtiges Netzwerkelement der *Wechselstromtechnik*. Dennoch soll bereits hier sein typisches Verhalten diskutiert werden (Bild 2.3.3):

Verhalten bei linear zeitveränderlicher Spannung. Ändert sich die Kondensatorspannung zeitlinear, so fließt ein zeitlich konstanter Kondensatorstrom (Bild 2.3.3a). Seine Richtung hängt davon ab, ob die Spannung steigt (Ladungszufluß, Energieerhöhung) oder fällt (Richtungsumkehr): Ladungsabfluß, Energieabgabe.

Ein Kondensator kann als temporärer Energiespeicher dienen.

Temporär deshalb, weil sonst für $t \to \infty$ auch mit $|u| \to \infty$ die Spannung über alle Grenzen wachsen müßte, was physikalisch unmöglich ist. Eine Gleichkomponente der Spannung ($du/dt = 0$) erzeugt, wie bereits erwähnt, *keinen* Stromfluß.

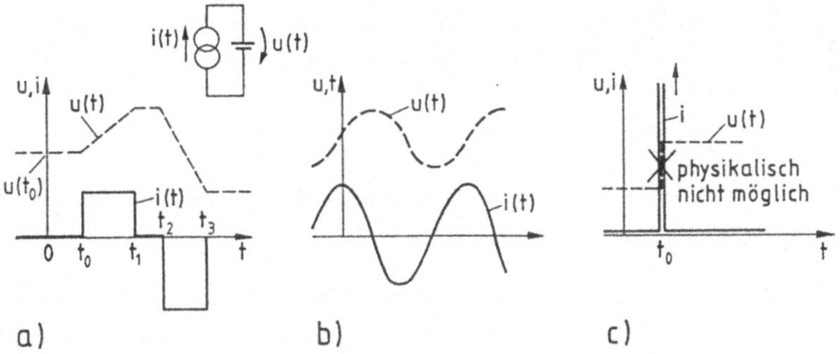

Bild 2.3.3 Strom-Spannungsverhalten des Kondensators
  a) Zusammenhang Strom-Spannung bei eingeprägtem Strom
  b) Wechselstrom am Kondensator mit überlagerter Gleichspannung
  c) Spannungssprung am Kondensator ist nicht möglich: Stetigkeit der Kondensatorspannung

Verhalten für Wechselspannung. Liegt am Kondensator eine Wechselspannung $u(t) = \hat{u}\cos(\omega t + \varphi_{\mathrm{u}})$ [s. Abschn. 4.1, Bild 2.3.3b], so fließt der Strom

$$i(t) = C\frac{\mathrm{d}u(t)}{\mathrm{d}t} = C\hat{u}\frac{\mathrm{d}}{\mathrm{d}t}[\cos(\omega t + \varphi_{\mathrm{u}})] = -\omega C\hat{u}\sin(\omega t + \varphi_{\mathrm{u}})$$
$$= \omega C\hat{u}\cos(\omega t + \varphi_{\mathrm{u}} + \pi/2) = \hat{\imath}\cos(\omega t + \varphi_{\mathrm{u}} + \pi/2)\,. \tag{2.3.6}$$

Man erkennt mehrere wichtige Punkte:

– die Stromamplitude $\hat{\imath}$ steigt proportional zu $\hat{u}$, wächst aber mit steigender Kreisfrequenz ω ($\rightarrow$ schnellere Spannungsänderung, höherer Strom!)

– der Zeitverlauf von $i(t)$ ist wieder cos-förmig, aber um $\pi/2$ verschoben (Wirkung der temporären Ladungsspeichereigenschaft des Kondensators)

– die Proportionalität zwischen $\hat{\imath}$ und $\hat{u}$ wird es später nahelegen, einen geeigneten „Widerstandsbegriff" – den *Scheinwiderstand* im *Wechselstromkreis* – einzuführen (s. Abschn. 4.2.2)

– mit $\omega \rightarrow 0$, d.h. Entartung der Wechselspannung zu einer Gleichspannung, verschwindet der Strom.

Das Zeitverhalten zwischen Strom und Spannung am Kondensator (Frequenzeinfluß) ist die Grundlage für unterschiedlichste Anwendungen des Kondensators in Netzwerken (z.B. frequenzabhängige Übertragungseigenschaften, Impulsformung, Ausgleichsvorgänge u.a.m.).

Stetigkeit der Kondensatorspannung. Da die Energie (s.u.) eine *stetige* Größe ist, die nie sprunghaft ändern kann, gilt dies auch für die Kondensatorspannung (resp. Ladung):

> Die Kondensatorladung Q bzw. die Kondensatorspannung u ist immer stetig. Sie besitzt nie Sprünge, darf aber Knickstellen aufweisen (Bild 2.3.3c)

$$u(-t_0) = u(+t_0) \quad \text{Stetigkeit der Kondensatorspannung.} \quad (2.3.7)$$

Anders gesprochen würde eine sprunghafte Spannungsänderung wegen $\mathrm{d}u/\mathrm{d}t \to \infty$ einen Strom $i \to \infty$ erfordern und damit wegen $p = ui$ eine (physikalisch nicht realisierbare) unendliche Leistung.

Dieses Stetigkeitsverhalten muß bei sog. Schaltvorgängen (Abschn. 5.1) beachtet werden. Deshalb behalten alle Kondensatorspannungen im ersten Moment *nach* Umlegen eines Schalters im Netzwerk noch den Wert, den sie vor dem Umschalten hatten.

Speicherwirkung des Kondensators. Die Speicherwirkung des Kondensators läßt sich folgendermaßen erklären:

α) *Anlegen einer Spannung, Aufladen.* Wird ein Kondensator an eine Gleichspannungsquelle $u_\mathrm{q} = u$ gelegt, so ist u resp. die elektrische Feldstärke E gegeben und folglich stellt sich die Ladung Q auf den Platten ein.

β) *Abtrennen der Spannung, Speichern.* Wird die Spannungsquelle entfernt, so bleibt die Ladung Q als *felderzeugende* Größe erhalten (konstant) und hält die Spannung u aufrecht. Wir kommen auf diese Vorgänge nochmals ausführlicher im Abschnitt 6.2 zurück.

Leistung und Energie. Die Leistung am (linearen) Kondensator beträgt mit $Q = C \cdot u$

$$p = ui = u\,\frac{\mathrm{d}Q}{\mathrm{d}t} = Cu\,\frac{\mathrm{d}u}{\mathrm{d}t} = C\,\frac{\mathrm{d}}{\mathrm{d}t}(u^2/2) \qquad (2.3.8)$$
$$\text{Leistung an den Kondensatorklemmen.}$$

Bei ansteigender Spannung wird $p > 0$, der Kondensator nimmt elektrische Leistung auf, und die elektrische Feldenergie (im Dielektrikum gespeichert) wächst (Bild 2.3.4a). Dies ist der Aufladevorgang. Bei sinkender Spannung $|u|$ wird $p < 0$, der Kondensator gibt elektrische Leistung ab und die elektrische Feldenergie sinkt.

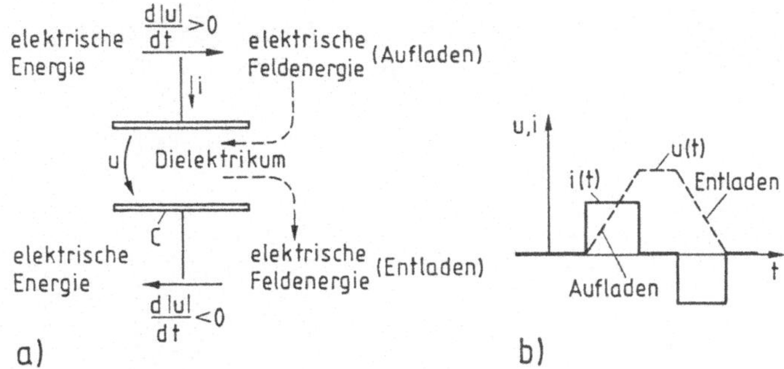

Bild 2.3.4 Energiewandlung im Kondensator
a) Wandlung elektrische Energie → elektrische Feldenergie
b) zu a) gehöriges u-i-Verhalten

Die Energie im Kondensator beträgt mit $\mathrm{d}W - p\,\mathrm{d}t - ui\,\mathrm{d}t - u\,\mathrm{d}Q = Cu\,\mathrm{d}u$ somit

$$W(Q) - W(Q_0) = \int_{Q_0}^{Q} u\,\mathrm{d}Q \to W(u) - W(u_0) = \int_{u_0}^{u} Cu\,\mathrm{d}u = \frac{C}{2}[u^2 - u_0^2].$$

Auch hier tritt die Anfangsenergie $W(Q_0)$ auf. Vom Ausgangswert Null an ($u_0 = 0$) beträgt die im Kondensator gespeicherte Energie

$$W = Cu^2/2 = Q^2/2C = Qu/2 > 0 \quad \text{im Kondensator ge-} \atop \text{speicherte Energie.} \qquad (2.3.9)$$

Aufgaben 2.3.1 – 2.3.3.

2.3.3 Zusammenschaltungen von linearen Kapazitäten

Wie Widerstände lassen sich auch Kondensatoren beliebig zusammenschalten. Für die *Reihenschaltung* z.B. zweier linearer Kondensatoren C_1, C_2 (Bild 2.3.5) gilt:

$$\frac{1}{C} = \frac{u}{Q} = \frac{u_1 + u_2}{Q} = \frac{1}{C_1} + \frac{1}{C_2} \quad \text{resp.} \quad C = \frac{C_1 C_2}{C_1 + C_2}.$$

An allen Kondensatorplatten liegen die gleichen Ladungen (Vorzeichen beachten), und die Teilspannungen addieren sich. Verallgemeinert gilt bei insgesamt n reihengeschalteten Kapazitäten

$$\frac{1}{C} = \sum_{\nu=1}^{n} \frac{1}{C_\nu} \qquad \text{Reihenschaltung.} \qquad (2.3.10a)$$

| Bei reihengeschalteten (linearen) Kapazitäten ist die Gesamtkapazität stets kleiner als die kleinste Teilkapazität.

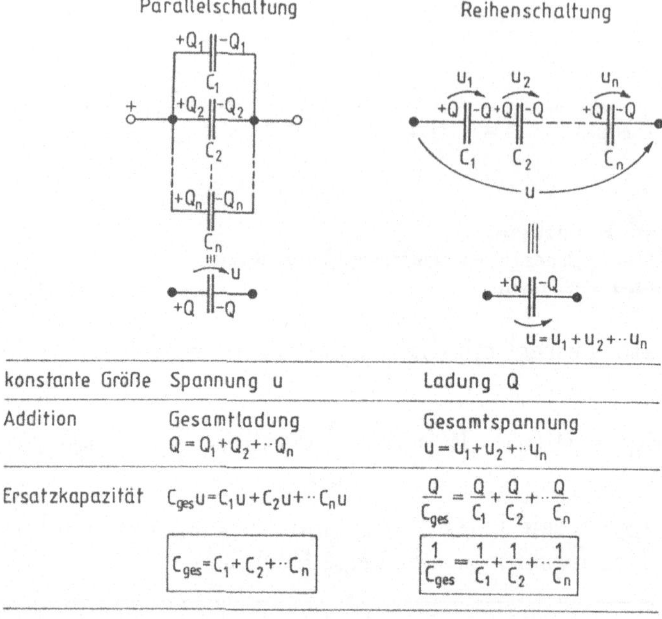

konstante Größe	Spannung u	Ladung Q
Addition	Gesamtladung $Q = Q_1 + Q_2 + \cdots Q_n$	Gesamtspannung $u = u_1 + u_2 + \cdots u_n$
Ersatzkapazität	$C_{ges}u = C_1 u + C_2 u + \cdots C_n u$	$\dfrac{Q}{C_{ges}} = \dfrac{Q}{C_1} + \dfrac{Q}{C_2} + \cdots \dfrac{Q}{C_n}$
	$\boxed{C_{ges} = C_1 + C_2 + \cdots C_n}$	$\boxed{\dfrac{1}{C_{ges}} = \dfrac{1}{C_1} + \dfrac{1}{C_2} + \cdots \dfrac{1}{C_n}}$

Bild 2.3.5 Ersatzkapazität bei Parallel- und Reihenschaltung von Kondensatoren

Voraussetzung für die Reihenschaltung ist, daß die jeweils zusammengeschlossenen Elektroden gleiche Ladung haben, also ihre Summe ($+Q - Q = 0$) verschwindet. Es darf somit an diesen Stellen keine Ladungszufuhr erfolgen, ferner muß die Anfangsladung verschwinden.

Parallelschaltung. Für die Parallelschaltung zweier Kapazitäten C_1, C_2 summieren sich die Teilladungen, deshalb gilt

$$C = Q/u = (Q_1 + Q_2)/u = C_1 + C_2,$$

oder verallgemeinert für m Kapazitäten

$$C = \sum_{n=1}^{m} C_n \qquad \text{Parallelschaltung.} \tag{2.3.10b}$$

| Die Ersatzkapazität ist stets größer als die größte Teilkapazität.

Spannungs- und Stromteilung mit linearen Kapazitäten. Wie bei linearen Widerständen lassen sich auch für Kapazitätsnetzwerke Spannungs- und Stromteilerregeln angeben.

Spannungsteilung. Werden zwei lineare Kapazitäten C_1, C_2 reihengeschaltet, so folgt mit $u_1 = Q/C_1$, $u_2 = Q/C_2$, $Q_1 = Q_2$ und $u = u_1 + u_2$ insgesamt

$$\frac{u_2}{u_1} = \frac{C_1}{C_2}, \quad \frac{u_2}{u} = \frac{C_1}{C_1 + C_2} \quad \text{Spannungsteilerregel} \qquad (2.3.11a)$$

oder verallgemeinert

$$\boxed{\frac{u_\nu}{u} = \frac{1/C_\nu}{\sum\limits_{\nu=1}^{n} 1/C_\nu} \quad \begin{array}{l}\text{Spannungsteilung durch lineare} \\ \text{Kapazitäten allgemein.}\end{array} \qquad (2.3.11b)}$$

Am größeren Kondensator fällt immer die kleinere Spannung ab ($Q =$ const.)!

Stromteilung. Bei der Parallelschaltung addieren sich die Teilladungen und damit die Teilströme, wobei $u = $ const. gilt. Man erhält mit $i_1 = C_1\, du/dt$, $i_2 = C_2\, du/dt$ und $i = i_1 + i_2$ insgesamt für das Teilstromverhältnis

$$\frac{i_2}{i_1} = \frac{C_2}{C_1}; \quad \frac{i_2}{i} = \frac{C_2}{C_1 + C_2} \quad \text{Stromteilerregel} \qquad (2.3.12a)$$

oder verallgemeinert

$$\boxed{\frac{i_\nu}{i} = \frac{C_\nu}{\sum\limits_{\nu=1}^{n} C_\nu} \quad \begin{array}{l}\text{Stromteilung durch lineare} \\ \text{Kapazitäten allgemein.}\end{array} \qquad (2.3.12b)}$$

Der Teilstrom verhält sich zum Gesamtstrom wie die Teilkapazität zur Gesamtkapazität (vgl. Stromteilung linearer Widerstand in Leitwertform).

Die Anwendung sowohl der Spannungs- wie auch Stromteilerregel setzt ideale Kondensatoren voraus, bei technischen Kondensatoren sind häufig parallelliegende Verlustleitwerte zu beachten, die die Analyse erschweren.

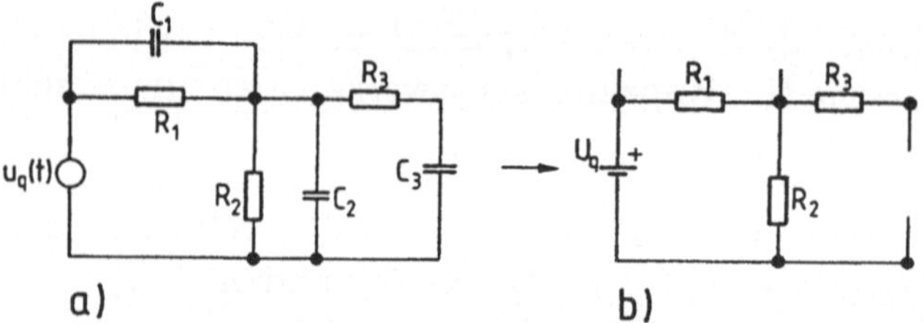

Bild 2.3.6 *RC*-Netzwerk bei zeitveränderlicher und zeitlich konstanter Spannung
a) zeitveränderliche Quellenspannung. Der von u_q erzeugte Spannungsabfall über den Widerständen wird von den Kapazitäten mitbestimmt
b) bei Gleichspannung hängen die Spannungsabfälle über den Widerständen nicht von den Kapazitäten ab

RC-Netzwerke bei Gleichspannung. In realen Kondensatoren mit Verlustleitwerten oder sog. *RC-Netzwerken* (Bild 2.3.6), in denen parallel zu den Kondensatoren noch Widerstände liegen, bestimmen sich die *stationären* Spannungsverteilungen ($\mathrm{d}u/\mathrm{d}t \rightarrow 0$) ausschließlich durch das lineare Widerstandsnetzwerk. Sind nämlich nach Anlegen der Gleichspannungen alle Ströme durch die Kondensatoren abgeklungen ($i_C = C\,\mathrm{d}u/\mathrm{d}t = 0$), so können Kondensatoren für die Spannungsbetrachtungen durch Leitungsunterbrechungen ersetzt werden.

Aufgaben 2.3.4, 2.3.5.

2.3.4   Kondensator als Bauelement

Der Kondensator besitzt als Bauelement eine bestimmte *Kapazität* und steht in ganz unterschiedlichen *Bau-* und *Konstruktionsformen* zur Verfügung. Seine Eigenschaft „Kapazität" (d.h. das kapazitive Zweipolelement) läßt sich weiter unterteilen in die lineare, nichtlineare und differentielle Kapazität u.a. (s. Abschn. 2.3.5).

Die *Bemessungsgleichung* der Kapazität C liegt nur durch die Leitergeometrie und die dielektrischen Eigenschaften des Feldraumes fest (s. Abschn. 6.2). Es gilt für den sog. Plattenkondensator (Bild 2.3.7, homogenes Feld Bild 2.3.1)

$$C = \varepsilon_r \varepsilon_0 \cdot A/d \qquad \text{Kapazität des Plattenkondensators} \qquad (2.3.13)$$
$$\text{Bemessungsgleichung.}$$

Die Kapazität wächst mit der Fläche A, der Dielektrizitätszahl ε_r (≥ 1) und sinkendem Plattenabstand d. Gl. (2.3.13) ist das Ergebnis von Feldbetrachtungen (s. Abschn. 6.2). Einige weitere typische Anordnungen enthält Bild 2.3.7.

Bezeichnung	Geometrie	Kapazität
Platten-kondensator		$C = \dfrac{\varepsilon_r\,\varepsilon_0\,A}{d}$
Zylinder-kondensator		$C = \dfrac{2\pi\varepsilon_r\varepsilon_0 l}{\ln(r_2/r_1)}$
Doppelkugel-kondensator		$C = 2\pi\varepsilon_r\varepsilon_0\, r\left[1 + \dfrac{r(a^2 - r^2)}{a(a^2 - ar - r^2)}\right]$
Doppel-leitung		$C = \dfrac{\pi\varepsilon_r\varepsilon_0 l}{\ln(d/r)}$

Bild 2.3.7 Aufbau und Bemessungsgleichung verschiedener Kapazitäten

Tafel 2.3.1 Übersicht typischer Kondensatorbau- und -ausführungsformen

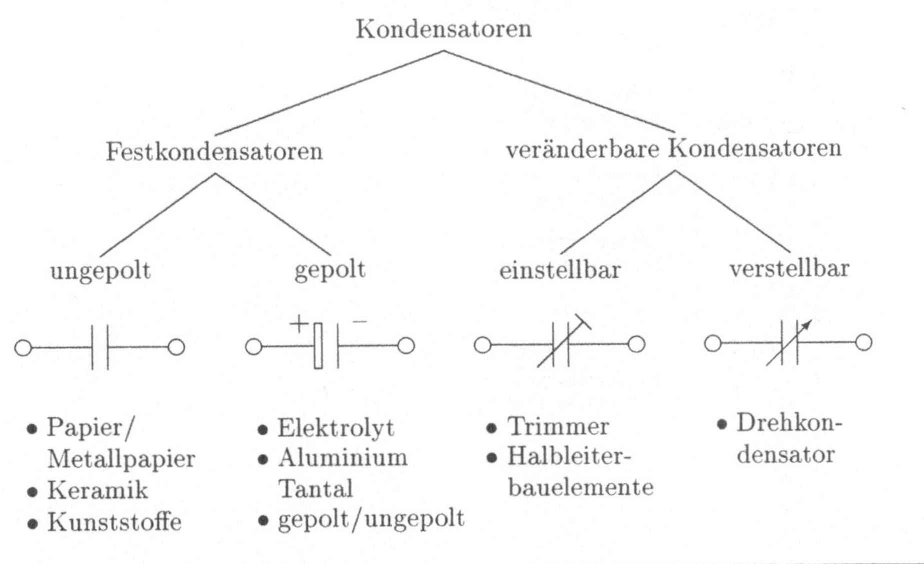

- Papier/ Metallpapier
- Keramik
- Kunststoffe

- Elektrolyt
- Aluminium Tantal
- gepolt/ungepolt

- Trimmer
- Halbleiter- bauelemente

- Drehkon- densator

Das Bauelement Kondensator. Tafel 2.3.1 zeigt typische Schaltzeichen des Bauelementes Kondensator. Letztere stehen in großer Breite mit unterschiedlichen Eigenschaften (Kapazitäten) zur Verfügung und reichen von einigen pF bis zu $10^5\,\mu$F in der Elektronik (Tafel 2.3.2). Ziel ist dabei, in geringem Volumen eine möglichst große Kapazität unterzubringen ($\rightarrow$ hohes ε, kleines d, großes A durch Mehrlagenanordnungen, Bild 2.3.8a). Die Kapazitätswerte sind nach den E-Reihen gestuft (s. Tafel 2.2.2). Damit liegen auch die Toleranzen fest.

Tafel 2.3.2 Einsatzbereiche von Kondensatoren

Kapazität	ungepolt	Elektrolytkondesatoren
F — 1		Speicherkondensator für Datenschutz, Energiespeicher
— 10^{-1}		
— 10^{-2}		Ladekondensator im Fotoblitz, Siebkondensator in Netzteilen, Schaltnetzteile, Kommunikations-
mF — 10^{-3}	Kondensatoren der	technik, Daten-, Regelungstechnik
— 10^{-4}	Leistungselektronik (Phasenschieber)	
— 10^{-5}	Entstörung	• Koppel-/Entkoppelkondensatoren in Transistorschaltungen
μF — 10^{-6}	Filter-,	KFZ-Technik
— 10^{-7}	Schwingkreise (NF)	
— 10^{-8}	Schwingkreise (HF)	
nF — 10^{-9}	Schaltnetzteile	
— 10^{-10}	• Parasitärkapazität in Schaltungen	
— 10^{-11}	• Kapazitäten in MOS-Schaltungen	
pF — 10^{-12}	$\vdots$	
— 10^{-13}		
— 10^{-14}	• Kapazität von DRAM-Speichern	
fF — 10^{-15}		

Die größte Gruppe bilden die Festkondensatoren. Dazu gehören (Tafel 2.3.3):

Tafel 2.3.3 Typische Eigenschaften von Kondensatoren

Bezeichnung	Dielektrikum	Merkmale
Papierkondensator	Spezialpapier	Universalkondensator, billig
Kunststoffolien-kondensator	Polyester-, Polystylrolfolie	sehr verlustarm, hohe Kapazitätskonstanz
Metallpapier-kondensatoren	Spezialpapier, metallbedampft	geringe Abmessungen, selbstheilend bei Durchschlägen
Keramik-kondensatoren	Keramik	verlustarm, bei hoher Frequenz hohe Kapazitätskonstanz
Elektrolyt-kondensator		
• Aluminium	Al_2O_3 zwischen Al-Folien und Elektrolyt	billige, große Kapazität, hoher Reststrom, Verpolungsgefahr
• Tantal	Ta_2O_5	sehr große Kapzität, geringe Verluste, höhere Herstellungskosten

Elektrolytkondensatoren aus Al-Elektroden (wickelförmig, $100\,\mu$m dick mit einer dünnen Aluminium- oder Tantaloxidschicht als Dielektrikum). Die Oberfläche wird durch Ätzen auf das $20\ldots100$ fache vergrößert (bei Ta gesintert). Man erreicht hohe Kapazitäten bei großen Spannungen, jedoch

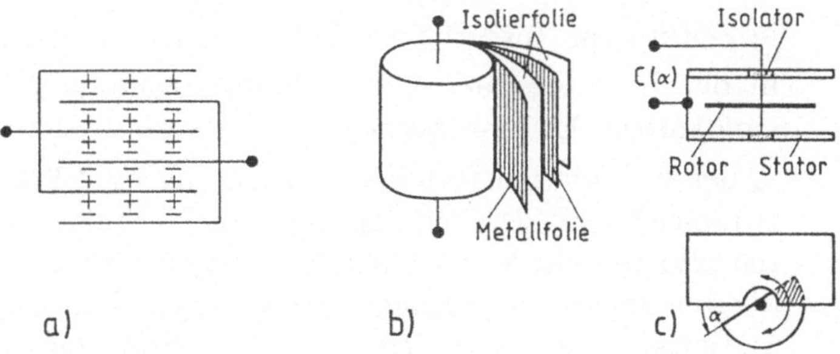

Bild 2.3.8 Typische Kondensatorformen
    a) Vielschichtkondensator b) Folienkondensator
    c) Drehkondensator

geringem Isolationswiderstand. Sie dürfen als gepolte Kondensatoren nur mit Spannung einer Polarität betrieben werden (sonst Zerstörung).

Folienkondensatoren (Kondensatorplatten: Metallfolien, meist Al, Dielektrikum: entweder Papier oder Kunststoff, oft metallisiert [MK-Kondensator, Metallschicht $0,02 \ldots 0,05\,\mu\mathrm{m}$], Bild 2.3.8b). Letztere sind selbstheilend: bei Durchschlag verdampft der Metallbelag an der Durchschlagstelle und der Kurzschluß ist beseitigt. Solche Kondensatoren haben relativ geringe Verluste, können aber nicht mit großen Kapazitätswerten hergestellt werden.

Keramikkondensatoren, deren Dielektrikum aus keramischer Masse (mit ε_r bis 50000 und mehr) besteht, z.B. als Platten- und Scheibenkondensatoren.

Einstellbare Kondensatoren (Trimmer, Drehkondensatoren, Kapazitätsdioden, s. Abschn. 7.1.5) stehen vor allem für kleinere Kapazitäten zu Abgleich- und Einstellzwecken zur Verfügung. Im Drehkondensator (Bild 2.3.8c) sind zwei Plattensysteme – Rotor und Stator – gegeneinander drehbar angeordnet, so daß die Fläche A vom Drehwinkel abhängt. Aus Preisgründen werden sie häufig durch elektronisch einstellbare Kapazitätsdioden ersetzt.

Die Auswahl der Kondensatoren hängt stark vom Einsatzzweck (Frequenzbereich, Spannung, Kosten u.a.) ab.

Einsatzfelder. Der Kondensator ist eines der wichtigsten Bauelemente der Elektrotechnik. Er überdeckt einen sehr großen Wertebereich. Typische Einsatzgebiete sind

– Trennung von Gleich- und Wechselstrom: Siebung und Glättung von pulsierender Gleichspannung in Netzteilen,Lautsprecherankopplung
– in Schwingkreisen und Filtern zur Abstimmung
– in Zeitkreisen (Integrierer-, Differenzierschaltungen)
– in der Leistungselektronik (Blindstromkompensation z.B. für Leuchtstofflampen, Entstörzwecke)
– in der Informationstechnik, z.B. Koppel- und Filterschaltungen, als Abstimmelement, als Grundkonzept der Technik geschalteter Kondensatoren (dynamische MOS-Technik, s. Abschn. 9.5.3), als Speicherelement für die dynamische Schaltungstechnik, als Grundelement dynamischer Informationsspeicher (s. Abschn. 9.8.1), als Sensorelement, als Grundelement für eine Reihe von Bauelementen (Ladungstransferstruktur, Bildaufnehmer) u.a.m.

Parasitäre Kapazitäten. Da grundsätzlich Leiteranordnungen, die nicht leitend miteinander verbunden sind, auch Kondensatoren darstellen, treten sehr verbreitet Kapazitäten unerwünscht als sog. *parasitäre Kapazitäten* auf. Beispiele dafür sind die Verbindungsleitungen auf Leiterplatten und Halbleiterchips, Kapazitäten in Schaltungsaufbauten, Bauelementen u.a. Man muß sie, je nach Größe, u.U. bei der Netzwerkmodellierung berücksichtigen. In jedem Fall begrenzen sie die Arbeitsgeschwindigkeit von Systemen.

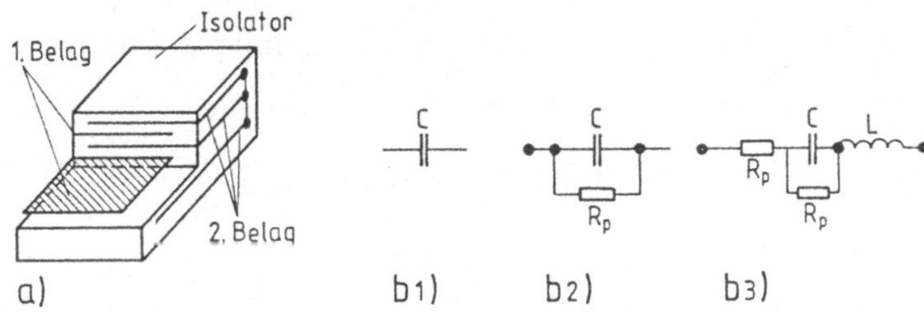

Bild 2.3.9 Kondensator
    a) Technische Ausführung eines Vielschichtkondensators (Seitenbeläge weggelassen)
    b) Ersatzschaltung mit verschiedenen Näherungsstufen,
    b1) idealer Kondensator,
    b2) Kondensator mit Verlusten bei tiefen Frequenzen
    b3) wie b2), jedoch für höhere Frequenzen

Ersatzschaltbild technischer Kondensatoren. Der Kondensator wird als Bauelement u.a. nur in erster Näherung durch das kapazitive Zweipolmodell beschrieben, bei genauerer Betrachtung treten neben der Nutzeigenschaft „Kapazität" noch auf (Bild 2.3.9):

- Verluste im Dielektrikum, die durch einen Parallelwiderstand R_p dargestellt werden (Bild 2.3.9b2)

- ein *Reihenwiderstand* R_r bedingt durch Zuleitungen und Plattenbelegungswiderstand

- eine sog. *Zuleitungsinduktivität* (Bild 2.3.9b3).

Für nicht zu hohe Frequenzen genügt die Erfassung von $R_p = 1/G_p$ und man definiert den *Verlustfaktor* $\tan\delta$

$$\tan\delta = \frac{1}{\omega C R_p} \qquad \text{Verlustfaltor eines Kondensators.} \qquad (2.3.14)$$

Er liegt typischerweise zwischen $10^{-2}\ldots 10^{-4}$. Dann bestimmen sich die Teilspannungen allein aus dem Widerstandsnetzwerk (vgl. Bild 2.3.6).

2.3.5   Nichtlineare kapazitive Zweipole

Die bisher angenommene Linearität $Q \sim u$ stellt eine erhebliche Vereinfachung dar. Im allgemeinen Fall ist die Q-u-Beziehung nichtlinear. Dann gilt

$$i = \frac{\mathrm{d}Q}{\mathrm{d}t} = \frac{\partial Q}{\partial u}\,\frac{\mathrm{d}u}{\mathrm{d}t} = c_\mathrm{d}\frac{\mathrm{d}u}{\mathrm{d}t} \tag{2.3.15a}$$

mit der *differentiellen Kapazität* (spannungsabhängig)

$$c_\mathrm{d} = \frac{\partial Q}{\partial u} \quad \text{differentielle Kapazität} \tag{2.3.15b}$$

im Arbeitspunkt. Umgekehrt folgt daraus mit $i\,\mathrm{d}t = c_\mathrm{d}(u)\,\mathrm{d}u$

$$Q(t) - Q(t_0) = \int\limits_{t_0}^{t} i\,\mathrm{d}t = \int\limits_{u(t_0)}^{u(t)} c_\mathrm{d}(u)\,\mathrm{d}u\,. \tag{2.3.16}$$

Ob diese Beziehung lösbar ist, hängt vom Verlauf $c_\mathrm{d}(u)$ ab. Im Kleinsignalfall (s. Abschn. 3.1.6) kann $c_\mathrm{d}(u)$ als Konstante angesetzt werden.

Nichtlineare Kapazitäten sind wichtige Netzwerkelemente für die Modellierung des dynamischen Verhaltens von Halbleiterbauelementen, z.B. Dioden, Transistoren, Varicaps u.a. So lassen sich modellieren (s. Abschn. 7.1.3)

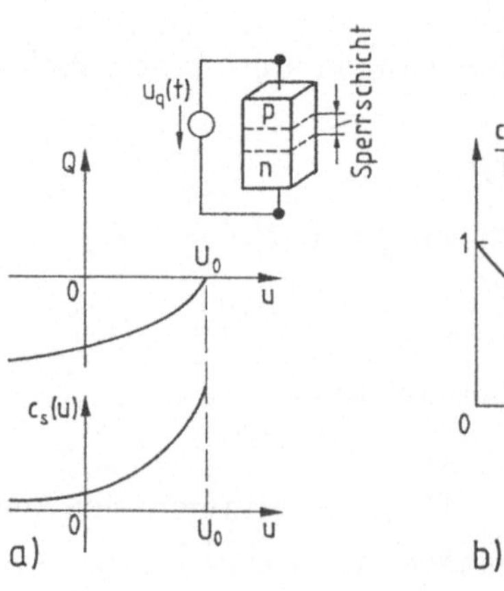

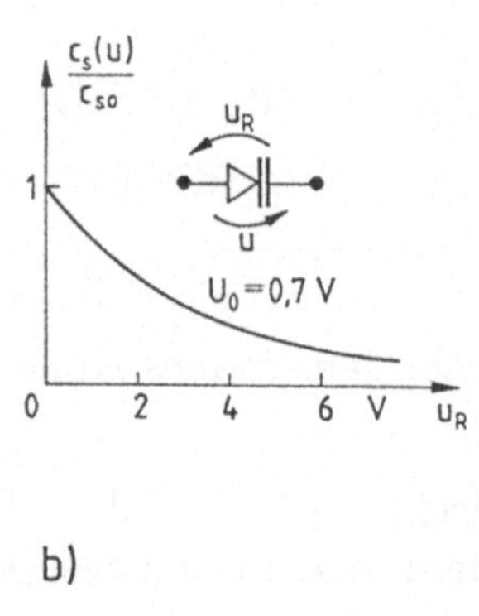

Bild 2.3.10
Nichtlineare Kapazität
a) Ladungs- und Kapazitätskennlinie über der Spannung $u = u_\mathrm{q}$
b) Kapazitätskennlinie einer Varactordiode

- die Sperrschichtkapazität des pn-Überganges durch

$$c_{\mathrm{s}} = c_{\mathrm{s}0}(1 - u/U_{\mathrm{D}})^{-m}$$

bei Betrieb in Sperrichtung ($u < 0$). $c_{\mathrm{s}0}$ und U_{D} ($\approx 0{,}8$ V) sind Festwerte und m ein Parameter zwischen 1/3 und 1/2 (Bild 2.3.10)

- die Diffusionskapazität des pn-Überganges in Flußpolung durch

$$c_{\mathrm{d}} = c_0 \exp U/U_{\mathrm{T}} \quad (U > 0,\ U_{\mathrm{T}},\ c_0 \text{ Festwert})$$

- die MOS-Kapazität mit einer nur implizit lösbaren C-u-Kennlinie.

Wir werden deshalb noch öfter nichtlinearen Kapazitäten begegnen. Schließlich sei erwähnt, daß die Kapazität auch von der Zeit abhängen kann (s. Gl. (2.3.2)). Auf diesen interessanten (und technisch genutzten) Aspekt wollen wir aber nicht näher eingehen.

2.4   Spule. Induktiver Zweipol

2.4.1   Grundprinzip der Spule

Der Zustand des Raumes (Kraftwirkung auf geladene Teilchen), der an ruhende Ladungen gebunden ist, wird durch das elektrische Feld charakterisiert. Es ist Sitz der elektrischen Feldenergie. Ganz analog kennzeichnet man den besonderen Raumzustand, der an *bewegte* Ladungen gebunden ist durch das *magnetische Feld*. Es ist Sitz *magnetischer Feldenergie*.

> Bewegte Ladungen bedeuten Stromfluß. Deshalb ist jeder stromdurchflossene Leiter von einem Magnetfeld umgeben (Bild 2.4.1a). Das Magnetfeld äußert sich als Kraftwirkung auf eine Magnetnadel (Probemagnet) oder einen (zweiten) stromdurchflossenen Leiter (bewegte Ladungen)selbst, d.h. dessen umgebendes Magnetfeld.

Ausführlicher beschreiben wir diese Vorgänge in Abschnitt 6.3. Hier genügt es zur Kenntnis zu nehmen, daß das magnetische Feld
- durch Feldlinien veranschaulicht und
- durch Feldgrößen beschrieben werden kann.

Im Bild 2.4.1a wurde das Magnetfeld eines stromdurchflossenen Leiters durch ausgewählte magnetische Feldlinien dargestellt. Wird der stromdurchflossene Draht zu einer *Spule* geformt (Bild 2.4.1b), so entsteht im Spuleninnern ein annähernd homogenes magnetisches Feld. Das Besondere gegenüber dem elektrischen Feld ist, daß die magnetischen Feldlinien in sich geschlossen sind (elektrische beginnen/enden auf Ladungen) und es offenbar keine magnetische Ladungen gibt.

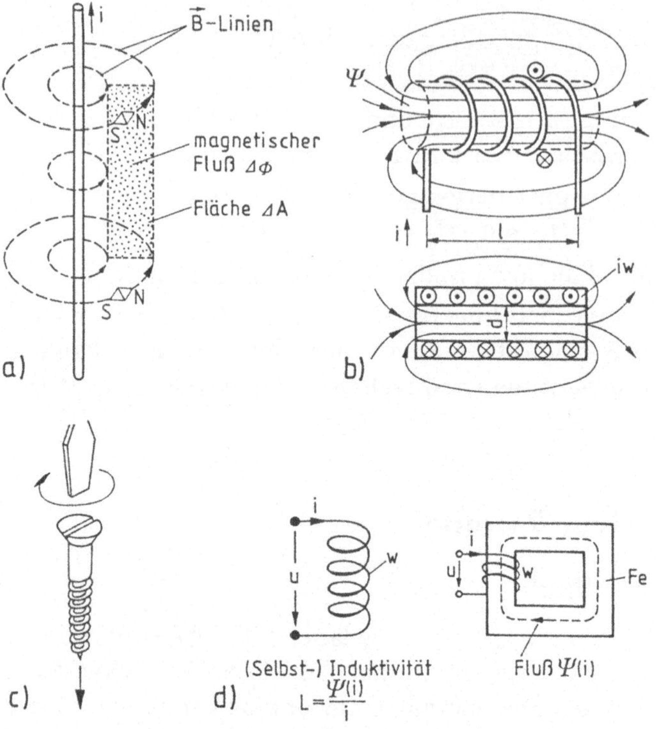

Bild 2.4.1 Magnetischer Fluß Φ
  a) Darstellung des magnetischen Feldes eines Stromes i durch ausgewählte Feldlinien
  b) magnetischer Fluß einer Spule
  c) Rechtsschraube
  d) Selbstinduktivität einer Spule und Spule mit Eisenkreis

Die Gesamtheit aller magnetischen Feldlinien über den Querschnitt im Spuleninnern heißt (verketteter) *magnetischer Fluß* $\Psi = w\,\Phi$, eine sog. integrale magnetische Feldgröße (ebenso wie der von ruhenden Ladungen *ausgehende Verschiebungsfluß* Ψ [4] eine solche ist, s. Abschn. 6.2 und 6.3).

Der magnetische Fluß Φ besitzt die Einheit

$$[\Phi] = 1\ \text{Vs} = 1\ \text{Wb} \quad (\text{Weber}^{5)})$$

Er hat – wie die magnetische Feldlinie – eine *Richtung* (Bild 2.4.1c) bezüglich der Stromflußrichtung:

---

[4] Daß hier der verkettete magnetische Fluß Φ resp. Ψ und Verschiebungsfluß Ψ das gleiche Symbol tragen, geht auf die historische Entwicklung der Elektrotechnik zurück. Beide Größen sind völlig wesensfremd.

[5] Wilhelm Weber, deutscher Physiker 1804–1901.

Die magnetischen Feldlinien umschließen den Strom im Rechtsschraubensinn (Rechtsschraubenregel). Stimmt der konventionelle Zählpfeil des Stromes mit der achsialen Bewegungsrichtung einer (rechtsgängigen) Schraube überein, so zeigt das magnetische Feld in Richtung der zugehörigen Drehbewegung.

Ursache des magnetischen Flusses Φ ist der Strom i. Beim Kondensator war die Spannung u an den Kondensatorplatten Ursache der Ladungen und somit des Verschiebungsflusses im Dielektrikum. Dort galt $Q = Cu$ im *linearen Fall*. Deshalb vermutet man auch hier eine analoge Beziehung, die zum Begriff *Induktivität* der Spule führt.

Ergänzt sei, daß ein Magnetfeld auch durch einen Verschiebungsstrom (im Nichtleiter, s. Bild 2.3.2) und/oder magnetisiertes Material, etwa einen Dauermagneten, erzeugt werden kann (s. Abschn. 6.3).

Selbstinduktion. Aus Bild 2.4.1b ergibt sich, daß in der Spule der magnetische Fluß durch die Windungszahl w gegenüber dem Fluß Φ, herrührend vom Strom i (Bild 2.4.1a), verstärkt wird. Man führt deshalb den Begriff „verketteter" Fluß $\Psi = w\Phi$ ein, wenn eine Spule mit mehreren Windungen vorliegt. Der verkettete magnetische Fluß Ψ hängt nach Bild 2.4.1b vom Strom i ab. Qualitativ steigt $\Psi(i)$ mit steigendem Strom (Intensität mit Magnetnadelauslenkung überprüfbar), und man kann fürs erste Proportionalität ansetzen oder

$$\Psi = Li\,, \quad [L] = \frac{1\,\mathrm{Vs}}{\mathrm{A}} = 1\,\mathrm{H} = \text{Henry}^{6)} \qquad (2.4.1)$$

$$\text{Definition der Selbstinduktität } L \text{ der Spule}$$

Grundsätzlich hat somit jeder stromdurchflossene Leiter eine Induktivität L.

Das Verhältnis des (verketteten) magnetischen Flusses Ψ, der eine stromdurchflossene Anordnung umgibt, und des erzeugenden Stromes i heißt *Selbstinduktivität* oder kurz *Induktivität*. Sie kennzeichnet das Speichervermögen für das magnetische Feld und ist die Haupteigenschaft des Bauelementes *Spule*, oft auch als Induktivität bezeichnet (Objekt, Schaltzeichen Bild 2.4.1d).

[6)]Joseph Henry, amerikanischer Physiker 1797-1878.

Die Induktivität L ist die einzige Eigenschaft des zugeordneten induktiven Netzwerkelementes = induktiver Zweipol.

Eine Spule besitzt die Induktivität 1 H, wenn ein Strom von $i = 1$ A einen magnetischen Fluß von 1 Vs erzeugt. Die Einheit Henry liegt im technischen Anwendungsbereich, der sich von μH (10^{-6} H) bis zu einigen H erstreckt.

Erhebliche praktische Bedeutung haben große Induktivitäten. Diese werden erreicht, wenn die magnetischen Feldlinien in einem „magnetisch gut leitenden Material" = Ferromagnetikum (z.B. Eisen) gebündelt und verstärkt werden. Das ferromagnetische Material bedingt die nichtlineare $\Psi(i)$-Charakteristik und ebenso die Induktivität $L(i)$.

u-i-Beziehung der Spule. Selbstinduktion. Fließt durch die Spule nach Bild 2.4.1d ein *zeitveränderlicher* Strom $i(t)$, so wird sich auch der magnetische Fluß zeitlich ändern. Dann kommt eine neue Gesetzmäßigkeit ins Spiel, das *Induktionsgesetz*[7] (s. Abschn. 6.3.5). Bringt man in das Magnetfeld, das von einer Spule 1 ausgeht (Bild 2.4.2a), eine zweite Spule (die als Stromkreis nicht mit der ersten in Beziehung steht) und schließt einen Spannungsmesser an, so stellt man immer dann eine Spannung (Induktionsspannung) fest, wenn sich $\Psi(t)$ zeitlich ändert. Es gilt (s. Gl. (6.3.22))

$$u_\mathrm{i} = -\frac{\mathrm{d}\Psi}{\mathrm{d}t} \quad \text{Induktionsgesetz.} \tag{2.4.2}$$

Längs einer geschlossenen Linie (Drahtschleife vorhanden oder gedacht!) entsteht durch ein zeitveränderliches Magnetfeld eine induzierte Spannung u_i (s. Abschn. 6.3.5). Dabei hängt die Richtung der induzierten Spannung von der Änderungstendenz und ihre Höhe von der Änderungsgeschwindigkeit des magnetischen Flusses ab.

Das Induktionsgesetz ist die Grundlage einer Fülle elektrotechnischer Phänomene und ihrer Ausnutzung in Bauelementen, Geräten und Einrichtungen, davon wird noch zu sprechen sein.

---

[7] Michael Faraday, englischer Physiker und Chemiker 1791-1867.

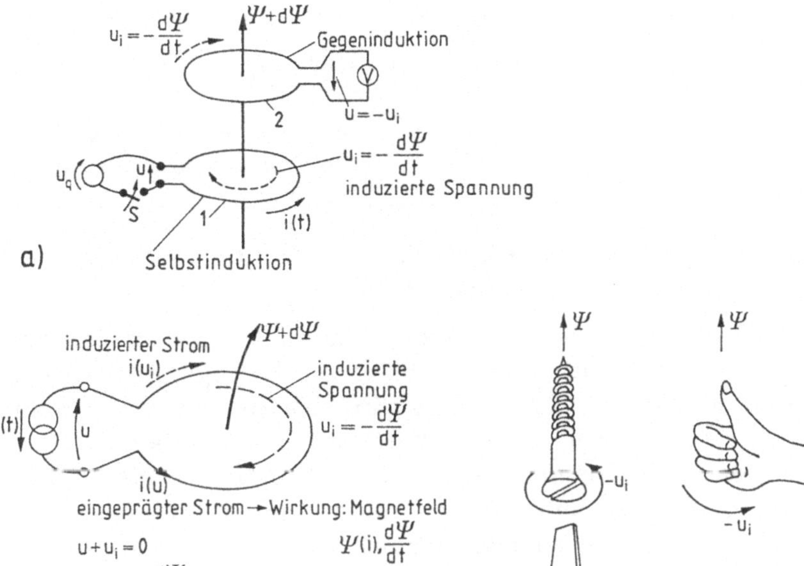

Bild 2.4.2 Induktionsgesetz

a) Änderung des magnetischen Flusses durch Stromänderung $i(t)$ erzeugt induzierte Spannungen in Spule 1 und 2. Beide sind über das Magnetfeld verkoppelt
b) Spannungsinduktion in einer Spule. Es gilt die Rechtsschraubenregel für die Zuordnung der positiven Zählrichtung von Fluß und $-u_i$

Wichtig bleibt die folgende Erkenntnis: der durch den Strom $i_1(t)$ erzeugte zeitveränderliche magnetische Fluß bewirkt

- in einer räumlich entfernt angebrachten *zweiten* Spule eine induzierte Spannung, man spricht hier von *Koppel-* oder *Gegeninduktion* (später versehen mit der Größe M). Dazu sind also zwei Spulen erforderlich: Anordnung mit 4 Polen ($\rightarrow$ Transformatorprinzip),

- in der *ersten Spule* selbst auch eine induzierte Spannung u_i, die an ihren Klemmen so wirkt, daß zusammen mit der angelegten Spannung $u_q = u$ der Maschensatz gilt: $u + u_i = 0$, d.h. $u = -u_i$.

Für die Zuordnung zwischen magnetischem Fluß Ψ und induzierter Spannung $-u_i$ gilt die Rechtsschraubenregel (Bild 2.4.2c).

Die Tatsache, daß nach dem Induktionsgesetz der durch Spule 1 fließende Strom $i(t)$ in dieser Spule selbst eine Spannung induziert, begründet die Strom-Spannungsbeziehung der Spule oder *Selbstinduktivität L*, also eines *induktiven Zweipols*. Aus Gl. (2.4.2) folgt

$$u = -u_\mathrm{i} = \frac{\mathrm{d}\,\Psi}{\mathrm{d}t} = \frac{\mathrm{d}\,\Psi(i)}{\mathrm{d}t} = \frac{\mathrm{d}[L(i)i]}{\mathrm{d}t} \qquad\qquad (2.4.3)$$

Allgemeine Strom-Spannungsbeziehung
der (nichtlinearen) Selbstinduktität.

Je nach der Abhängigkeit $L(i)$ lassen sich daraus verschiedene Induktivitätsgruppen angeben (s. Abschn. 2.4.5).

Der Vorgang der Selbstinduktion hinterläßt sicher Fragezeichen, wenn man vom folgenden technischen Ablauf zur Erzeugung des *Stromes* durch die Spule ausgeht (Bild 2.4.2a). Es wird eine Spannung $u_\mathrm{q} = u$ an die Spule gelegt (S geschlossen). Stromfluß $i(t)$ setzt ein und damit $\Psi(t)$, dabei entsteht an den Spulenklemmen $-u_\mathrm{i} = u$, d.h. anliegende und induzierte Spannung ergänzen sich zu Null und der Stromfluß hört auf (ansonsten müßte durch die widerstandslos angenommene Spule ein unendlich großer Strom fließen). Das Verhalten ist eine direkte Folge der sog. *Lenzschen Regel*. Danach muß die induzierte Spannung jeweils so gerichtet sein, daß sie durch ihren induzierten Strom (Bild 2.4.2b) der Stromänderung entgegenwirkt, also den ursprünglichen Stromwert zu erhalten sucht: der Ausgang war aber die stromlose Spule.

2.4.2 Der lineare induktive Zweipol als Netzwerkelement

u-i-Beziehung. Gedächtniswirkung des induktiven Zweipolelementes. Für die lineare Induktivität gilt $L \sim i$ und damit aus Gl. (2.4.3)

$$u = L\,\frac{\mathrm{d}i}{\mathrm{d}t} \quad \text{mit} \quad L = \frac{\Psi}{i} = \text{const.} \qquad\qquad (2.4.4)$$

Strom-Spannungsbeziehung der
idealen Spule (NWE-Beziehung).

Dabei trifft die Verbraucherzählpfeilrichtung zu (Bild 2.4.1d).

Hat eine Spulen- oder Leiteranordnung die Induktivität 1 H, so erzeugt eine Stromänderung von 1 A/s an ihren Klemmen die Spannung von 1 V.

Bei der linearen Induktivität ist die Spannung nach Gl. (2.4.4) der zeitlichen Stromänderung proportional, oder umgekehrt, der Strom proportional dem Zeitintegral über die anliegende Spannung u.

Legt man umgekehrt eine (technische) Spule an eine Gleichspannung, so fließt ein hoher Gleichstrom, der nur durch den ohmschen Widerstand der Spule begrenzt ist. Durch Stromüberlastung tritt dabei im Regelfall die Zerstörung der Spule ein!

> Auf diesem Verhalten beruht die Bedeutung der Spule für die Schaltungstechnik: Die Höhe der induzierten Spannung wächst mit der Änderungsgeschwindigkeit des Stromes, deshalb steigt der „Widerstand" einer Spule mit der Frequenz ($\rightarrow$ Stromänderung), sie wirkt als „Widerstand" im Wechselstromkreis für höhere Frequenzen.

Noch größere Bedeutung haben aber gekoppelte Spulen (s. Abschn. 2.4.6), wie wir sie bereits im Bild 2.4.2a eingeführt haben.

Aus Gl. (2.4.4) ergibt sich aufgelöst nach dem Strom (analog zu Gl. (2.3.5))

$$i(t) = i(t_0) + \frac{1}{L} \int\limits_{t_0}^{t} u(t')\,\mathrm{d}t' = i(t_0) + \frac{1}{L}\,[\,\Psi(t) - \Psi(t_0)\,] \tag{2.4.5}$$

$$\underbrace{i(t_0)}_{\substack{\text{Anfangs-}\\ \text{wert}}} \qquad \underbrace{\int\limits_{t_0}^{t}}_{\text{Gegenwart}}$$

oder auch

$$\Psi(t) = \Psi(t_0) + \int\limits_{t_0}^{t} u\,dt \qquad \begin{array}{l}\text{Fluß-Spannungsbeziehung} \\ \text{an der Induktivität.}\end{array} \tag{2.4.6}$$

Wir entnehmen wichtige Erkenntnisse:

1. Der Spulenstrom $i(t)$ bzw. der magnetische Fluß $\Psi(t)$ zur Zeit t hängt stets vom *Anfangswert* $i(t_0)$ bzw. $\Psi(t_0)$ ab. Er ist das Ergebnis der Vergangenheit von $t = -\infty$ bis t_0 und muß zur Bestimmung von $i(t)$, $[\Psi(t)]$ bekannt sein: Speicherwirkung der Spule für das Magnetfeld, *solange Strom fließt*(!).

2. Die Flußänderung ist gleich dem *Zeitintegral* der Spannung. Je rascher sich der Fluß ändert, desto höher wird die momentane Spannung. Unterbricht der Strom durch eine Spule plötzlich (Öffnen eines Schalters, Bild 2.4.2a, $\mathrm{d}i/\mathrm{d}t$ sehr groß), so entsteht eine sehr hohe ($\rightarrow \infty$) Spannung an den Spulenklemmen.

3. Auf die *Stetigkeit* des Stromes i kommen wir später zurück.

Typische Merkmale. Die Spule ist wegen ihrer Eigenschaft, nur für *zeitveränderliche Ströme* wirksam zu sein, ein wichtiges Netzwerkelement der Wechselstromtechnik. Dennoch wollen wir hier bereits einige Eigenschaften vermerken:

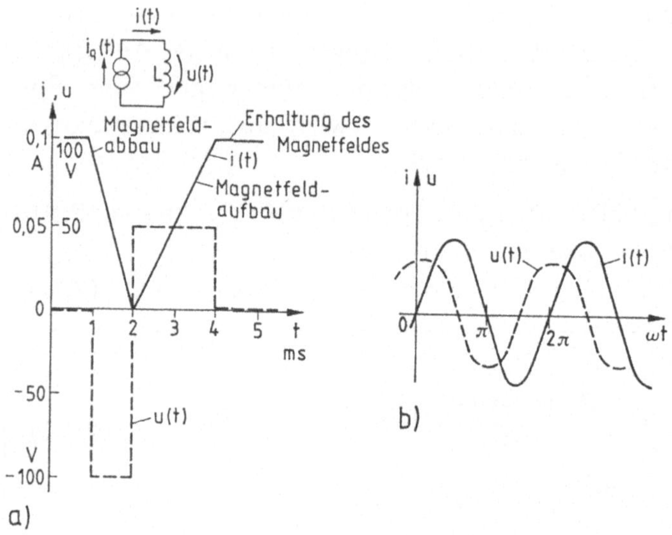

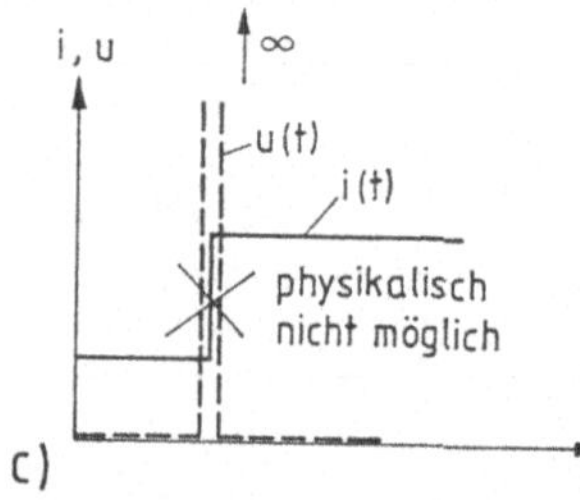

Bild 2.4.3
Strom-Spannungsverhalten der idealen Spule
a) Verhalten bei Einprägung eines zeitveränderlichen Stromes
b) Verhalten bei Einprägung eines sinusförmigen zeitveränderlichen Stromes
c) Stromsprung an der Spule ist nicht möglich: Stetigkeit des Spulenstromes

a) *Verhalten bei linear zeitveränderlichen Strom.* Ändert sich der Spulenstrom zeitlinear, so entsteht eine zeitlich konstante Spannung an den Spulenklemmen (Bild 2.4.3a). Ihre Richtung hängt davon ab, ob der Strom steigt ($\rightarrow$ Aufbau des Magnetfeldes, Energieerhöhung, Leistungsaufnahme) oder fällt ($\rightarrow$ Abbau des Magnetfeldes, Energieabgabe, Leistungsabnahme).

Die Spule wirkt als temporärer Energiespeicher nur, solange Strom fließt (Spule widerstandslos angenommen!). Deshalb kann sie für die Gleichstromschaltungsanalyse durch Kurzschluß resp. einen idealen Leiter ersetzt werden.

b) *Verhalten für Wechselstrom.* Ein Wechselstrom $i(t) = \hat{\imath}\sin\omega t$ verursacht an der Spule die Klemmenspannung (Bild 2.4.3b)

$$u = L\frac{\mathrm{d}i}{\mathrm{d}t} = L\hat{\imath}\frac{\mathrm{d}}{\mathrm{d}t}(\sin\omega t) = \omega L\hat{\imath}\cos\omega t = \hat{u}\sin(\omega t + \pi/2)\,. \qquad (2.4.7)$$

Wir beachten:

- bei frequenzunabhängiger Amplitude $\hat{\imath}$ steigt $\hat{u}$ frequenzproportional, außerdem eilt die Spannung u dem Strom i um den Winkel $\pi/2$ voraus
- die Proportionalität zwischen $\hat{\imath}$ und $\hat{u}$ wird später zur Erweiterung des Widerstandsbegriffes verwendet
- mit $\omega \to 0$, d.h. Entartung des Wechselstromes zum Gleichstrom, verschwindet die Spannung erwartungsgemäß.

Das Zeitverhalten zwischen Strom und Spannung an der Spule (Frequenzeinfluß) ist die Grundlage für unterschiedlichste Anwendungen in Netzwerken (z.B. frequenzabhängige Übertragungseigenschaften, Impulsformung, Ausgleichsvorgänge, Dämpfungswirkungen, Entstörungen u.a.m.).

c) *Stetigkeit des Spulenstromes.* Weil die Feldenergie eine stetige Größe ist, gilt dies auch zwangsläufig für den magnetischen Fluß resp. den Strom i durch die Spule:

> Der magnetische Fluß Ψ bzw. der Spulenstrom $i(t)$ ist immer stetig. Diese Größen besitzen nie Sprünge, dürfen aber Knickstellen aufweisen (Bild 2.4.3c).

Im anderen Fall würde $\mathrm{d}i/\mathrm{d}t \to \infty$ eine Spannung $u \to \infty$ erfordern und damit wegen $p = u \cdot i$ eine physikalisch nicht realisierbare unendliche Leistung. Daher gilt

$$i(-t_0) = i(t_0) \quad \text{Stetigkeit des Spulenstromes.} \qquad (2.4.8)$$

Die Stetigkeit des Spulenstromes ist bei Schaltvorgängen zu beachten. Dort behalten alle Spulenströme im ersten Moment nach Umlegen eines Schalters im Netzwerk noch den Wert, den sie vor dem Umschalten hatten.

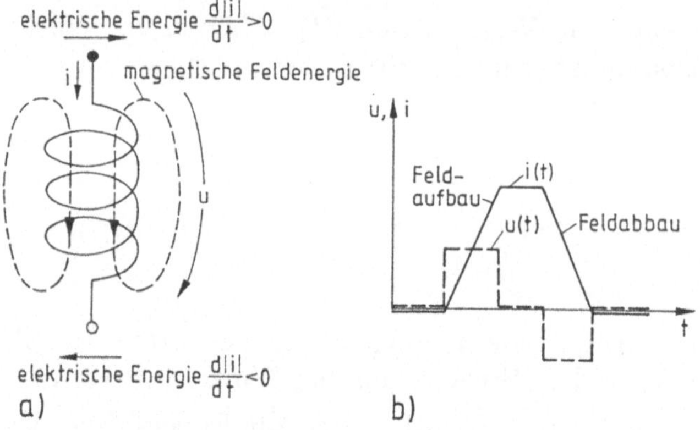

Bild 2.4.4 Energiewandlung in der Spule
a) Wandlung elektrische Energie magnetische Feldenergie
b) zu a) gehöriges u-i-Verhalten

Leistung und Energie. Die Leistung an der (linearen) Spule beträgt mit $u = L \cdot \mathrm{d}i/\mathrm{d}t$:

$$p = u \cdot i = i \cdot L \cdot \frac{\mathrm{d}i}{\mathrm{d}t} = L \cdot \frac{\mathrm{d}}{\mathrm{d}t}(i^2/2)\,. \qquad (2.4.9)$$

Bei ansteigendem Strom ist $p > 0$ und die Spule nimmt elektrische Leistung auf, die magnetische Feldenergie wächst (Bild 2.4.4). Umgekehrt wird bei sinkendem Strom $p < 0$: Leistungsabgabe und Absinken der magnetischen Feldenergie. Die in der Spule gespeicherte Energie beträgt mit $\mathrm{d}W = p\,\mathrm{d}t = ui\,\mathrm{d}t = i\,\mathrm{d}t$ somit

$$W(\Psi) - W(\Psi_0) = \int\limits_{\Psi_0}^{\Psi} i\,\mathrm{d}\Psi \;\rightarrow\; W(i) - W(i_0) = \int\limits_{i_0}^{i} Li'\,\mathrm{d}i' = \frac{L}{2}[i^2 - i_0^2]\,,$$

also vom Anfangswert $i_0 = 0$ aus

$$W = \frac{L}{2}i^2 = \frac{\Psi^2}{2L} = \frac{\Psi \cdot i}{2} > 0 \quad \begin{array}{l}\text{in der Spule}\\\text{gespeicherte Energie.}\end{array} \qquad (2.4.10)$$

Aufgaben 2.4.1, 2.4.2.

2.4.3 Zusammenschaltung von linearen Induktivitäten

Wie Widerstände und Kondensatoren lassen sich auch Spulen beliebig zusammenschalten. Für die *Reihenschaltung* zweier linearer Induktivitäten L_1, L_2 gilt

$$L = L_1 + L_2\,, \quad \text{allgemein}\quad L = \sum_n L_\mathrm{n} \qquad (2.4.11)$$

$$\text{Reihenschaltung nicht gekoppelter Induktivitäten}$$

unter der Annahme, daß sie magnetisch nicht verkoppelt sind. Die *Parallelschaltung* ergibt unter der gleichen Voraussetzung das Ergebnis

$$\frac{1}{L} = \sum_n \frac{1}{L_\mathrm{n}} \quad \begin{array}{l}\text{Parallelschaltung nicht}\\ \text{gekoppelter Spulen,}\end{array} \qquad (2.4.12)$$

speziell also für zwei Spulen L_1, L_2

$$L = \frac{L_1 L_2}{L_1 + L_2}\,.$$

Bei parallel geschalteten (linearen) Spulen ist die Gesamtinduktivität stets kleiner als die kleinste Teilinduktivität.

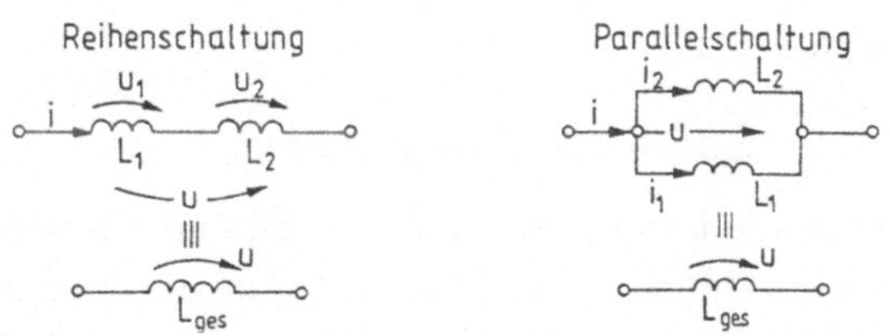

Bild 2.4.5
Ersatzinduktivität
bei Reihen- und Parallelschaltung zweier Spulen (ohne und mit magnetischer Kopplung M)

konstante Größe	magnetischer Fluß Ψ	Strom i
Addition	Gesamtspannung $u = u_1 + u_2$	Gesamtfluß $\Psi = \Psi_1 + \Psi_2$
Ersatzinduktivität $M = 0$	$L_{ges} = L_1 + L_2$	$L_{ges} = \dfrac{L_1 \cdot L_2}{L_1 + L_2}$
$M \neq 0$	$L_{ges} = L_1 + L_2 \pm 2M$	$L_{ges} = \dfrac{L_1 L_2 - M^2}{L_1 + L_2 \pm 2M}$

Die vorgenannten Beziehungen gelten für das *Bauelement* Spule (durch Einbezug der Verluste und Nichtlinearität) nur als *Anhaltswert*. Dort sind, je nach Betriebsart, die Ersatzgrößen über entsprechende Ersatzschaltungen zu bestimmen. Die Beziehungen für magnetisch verkoppelte Spulen lernen wir im Abschnitt 6.3 kennen.

Spannungs- und Stromteilung mit linearen Induktivitäten. Aus der Reihenschaltung zweier Induktivitäten mit $u_1 = L_1 \cdot \mathrm{d}i/\mathrm{d}t$, $u_2 = L_2 \cdot \mathrm{d}i/\mathrm{d}t$, $u = u_1 + u_2$ folgt direkt

$$\frac{u_2}{u_1} = \frac{L_2}{L_1}, \quad \frac{u_2}{u} = \frac{L_2}{L_1 + L_2} \qquad \text{Spannungsteilerregel} \qquad (2.4.13)$$

wieder unter der Annahme der Nichtverkopplung.

Sinngemäß entsteht bei der Parallelschaltung eine Stromteilung. Mit $i = i_1 + i_2$ sowie i_1, i_2 nach Gl. (2.4.5) und der Annahme verschwindender Anfangswerte folgt

$$\frac{i_2}{i_1} = \frac{L_1}{L_2}, \quad \frac{i_2}{i} = \frac{L_1}{L_1 + L_2} \qquad \text{Stromteilerregel.} \qquad (2.4.14)$$

Auch diese Beziehungen gelten für die Netzwerkelemente, sie müssen für das Bauelement Spule, je nach Betriebsbedingung, durch die Verlustwiderstände korrigiert werden.

Aufgabe 2.4.3.

2.4.4 Spule als Bauelement

Die Spule ist ein Bauelement, das eine bestimmte Eigenschaft – die *(Selbst)induktivität L* – besitzt, und das in ganz unterschiedlicher Bau- und Konstruktionsform verfügbar ist. Die Eigenschaft „Induktivität" – das induktive Zweipolelement – läßt sich unterteilen in lineare, nichtlineare und differentielle Induktivität ganz entsprechend zur Aufteilung des kapazitiven Zweipolelementes.

Die *Bemessungsgleichung* der Induktivität hängt von der Leiteranordnung, genauer der Verkettung zwischen Leiter und Magnetfeld und den magnetischen Eigenschaften des Feldraumes ab (s. Abschn. 6.3.4). Dabei ist es zweckmäßig, für diesen Raum den Begriff *magnetischer Widerstand R_m* einzuführen (s. Abschn. 6.3.3). Für die lineare Induktivität gilt dabei

$$L = w^2/R_\mathrm{m} = w^2 \cdot A_\mathrm{L} \qquad \text{Bemessungsgleichung der linearen Induktivität.} \qquad (2.4.15)$$

Im praktischen Gebrauch wird statt R_m der sog. *Induktivitätsfaktor* A_L angegeben (Größenordnung A_L: nH $\ldots \mu$H/Windung). A_L hängt von Geometrie und Material, also konstruktiven Größen ab. Beispielsweise gelten für

Ringspule mit Eisenkern:
$$A_\mathrm{L} = \frac{\mu A}{2\pi\rho}$$

lange Zylinderspule in Luft
$$A_\mathrm{L} \approx \frac{\mu_0 A}{l}$$

Spule mit Eisenkern und Luftspalt
$$A_\mathrm{L} \approx \frac{\mu_0 A}{l_\mathrm{L} + l_\mathrm{Fe}/\mu_\mathrm{r}}.$$

Die *Permeabilität* $\mu = \mu_\mathrm{r}\mu_0$ liegt durch die absolute Permeabilität (sog. magnetische Feldkonstante, Naturkonstante)

$$\mu_0 = 4\pi \cdot 10^{-7}\,\text{Vs/Am} \qquad (2.4.16)$$

und die relative Permeabilität des Materials fest. Für Vakuum gilt $\mu_\mathrm{r} \approx 1$ (Fehler $O(10^{-6})$) und für ferromagnetische Stoffe (Eisen) $\mu_\mathrm{r} \approx 10^2 \ldots 10^5$, allerdings abhängig von der Intensität des Magnetfeldes ($\rightarrow$ nichtlineare Induktivität, vgl. Abschn. 6.3).

Weil grundsätzlich jeder stromdurchflossene Leiter mit einem magnetischen Fluß verkettet ist, haben auch typische Leitergebilde bereits Induktivitäten. Tafel 2.4.1 enthält einige Beispiele.

Das Bauelement Spule Das Bauelement Spule = Induktivität läßt sich ganz unterschiedlich ausführen: als Festwert, einstellbar (veränderbar), vor allem aber ohne oder mit ferromagnetischem „Kreis". Dementsprechend unterscheiden sich die Schaltzeichen (Bild 2.4.6).

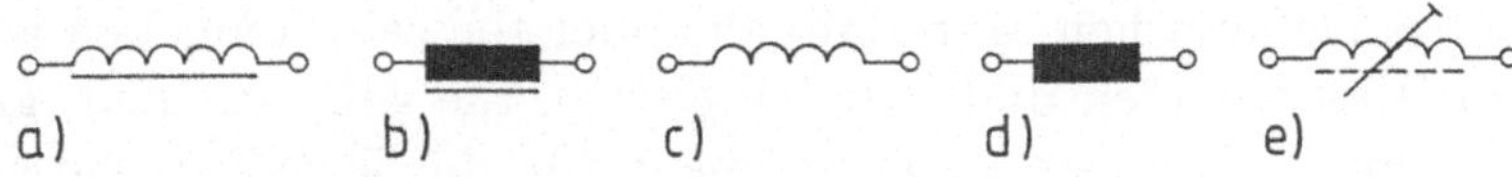

Bild 2.4.6 Schaltzeichen von Spulen
   a) Spule mit ferromagnetischem Kern (DIN), b) wie a) (IEC),
   c) Spule (allgemein, ebenso Luftspule),
   d) Spule ohne ferromagnetischen Kern (IEC),
   e) Spule mit einstellbarem Massekern

Tafel 2.4.1 Induktivitäten typischer Anordnungen

Ringspule mit Rechteckquerschnitt

$$L = \mu\omega^2 \frac{b}{2\pi} \ln \frac{r_\mathrm{a}}{r_\mathrm{i}}$$

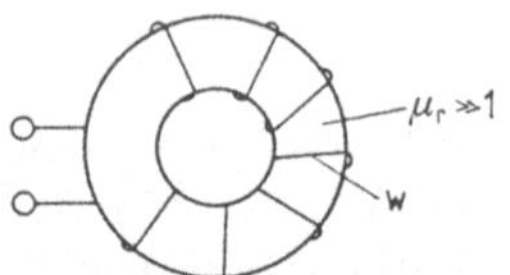

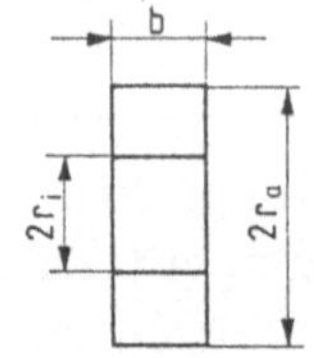

Ringspule mit Kreisquerschnitt

$$L = \mu\omega^2 \left(r - \sqrt{r^2 - \left(\frac{d}{2}\right)^2} \right)$$

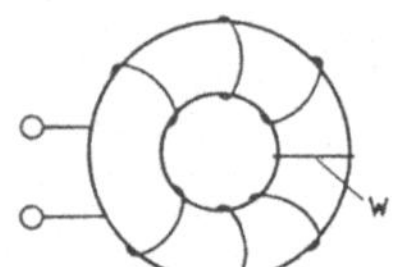

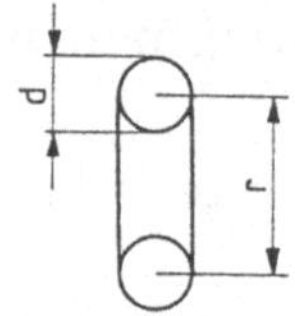

Zylinderspule (lang)

$$L = \mu\omega^2 \frac{\pi d^2}{4l}$$

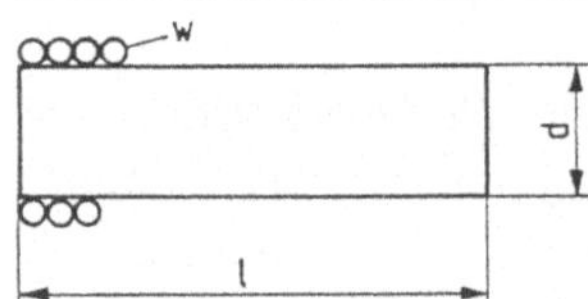

Paralleldrahtleitung

$$L = \frac{L}{l} = \frac{\mu_0}{\pi} \ln \frac{2b}{\sqrt{d_1 d_2}}$$

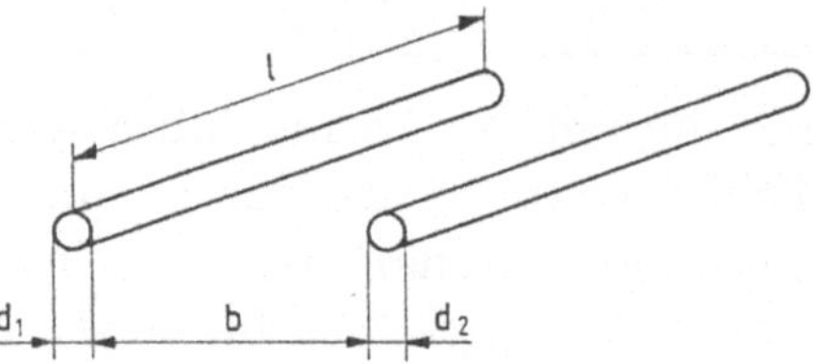

Innere Induktivität eines Leiters

$$L' = \frac{\mu}{8\pi}$$

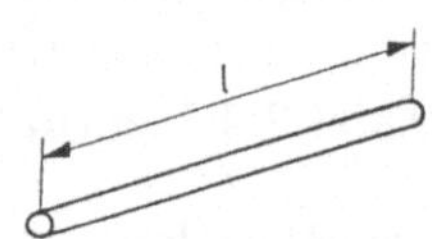

Spulen werden in den meisten Fällen durch Aufwickeln eines Drahtes auf einen Spulenkörper (meist runder Querschnitt) hergestellt, der von einem ferromagnetischen Material ganz oder teilweise umgeben ist. Im Gegensatz zu Widerständen und Kondensatoren, die genormt sind, gilt dies bei Spulen nicht. Man stellt sie vielmehr für die jeweilige Anwendung her (Tafel 2.4.2):

– *Energietechnik* für die sehr niedrige Netzfrequenz (große L-Werte erforderlich), durchweg Eisenkreis

Tafel 2.4.2 Spulenarten und ihre Anwendungen

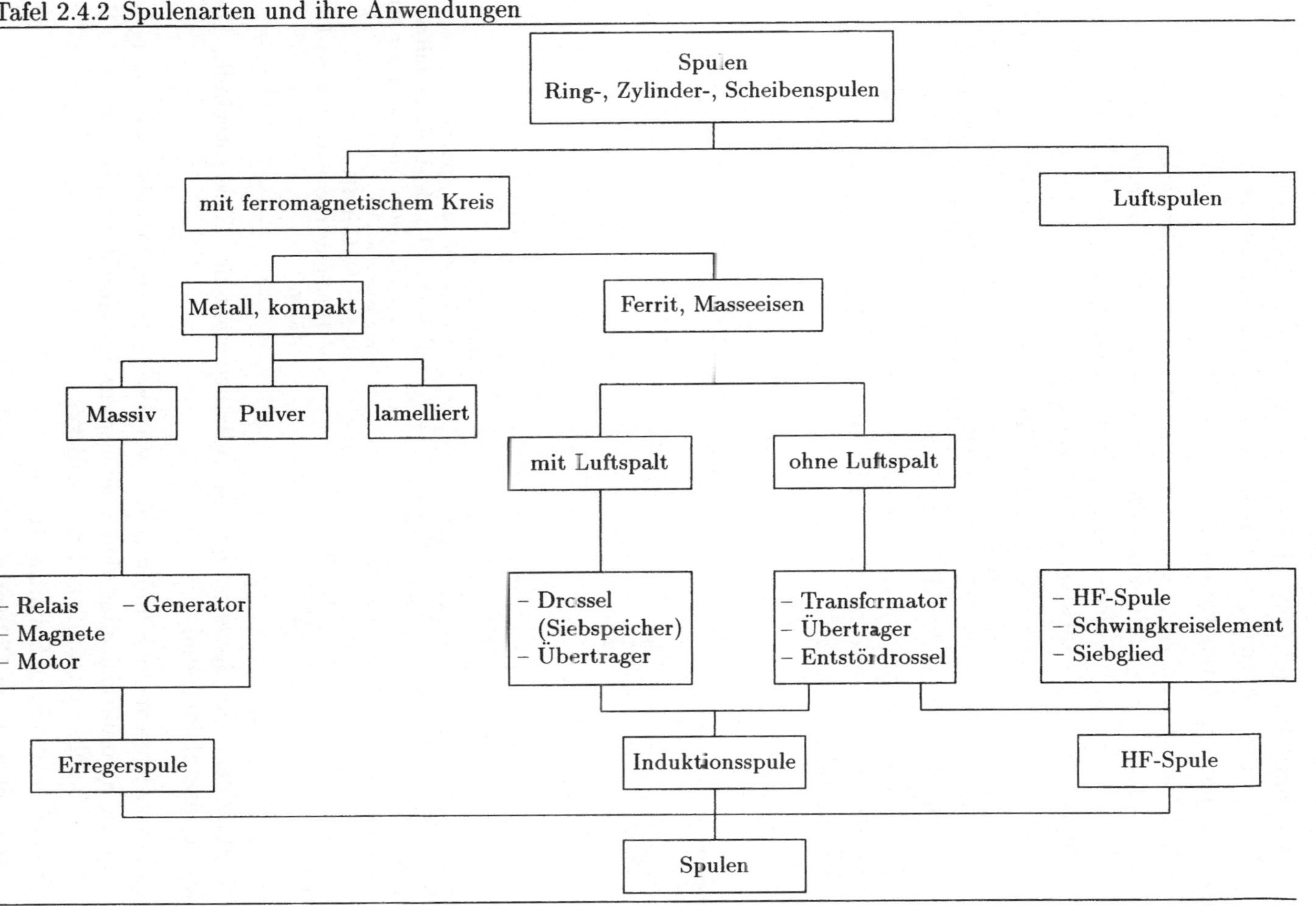

– *Elektronik* für mittlere, hohe und höchste Frequenzen (geringere L-Werte), meist Ferritkerne mit besonders kapazitätsarmer Wicklung.

Der magnetische Kreis kann dabei

– *nicht geschlossen* sein, also z.B. nur aus einem Zylinderkern bestehen, durch dessen Lage (Einschrauben) die Induktivität veränderbar gemacht wird (Bild 2.4.7). Solche Induktivitäten finden hauptsächlich für höhere Frequenzen ($f > 100\,\text{kHz}$) Anwendung.

– *geschlossen* sein (mit oder ohne Luftspalt). Zu dieser Gruppe gehören z.B. die Topf-, Ring- und Schalenkerne und die zahlreichen „Schnittformen" von Kernen (z.B. M-, EI-, EK-, UI-, EE-Kerne, Ring, Stab u.a.). Sie stellen bei weitem die Masse der eingesetzten Induktivitäten dar.

– für die HF- und Mikrowellentechnik genügen bereits spiralenförmige angeordnete dünne Leiterbahnen auf einem isolierenden Substrat (sog. Dünnschichtinduktivitäten).

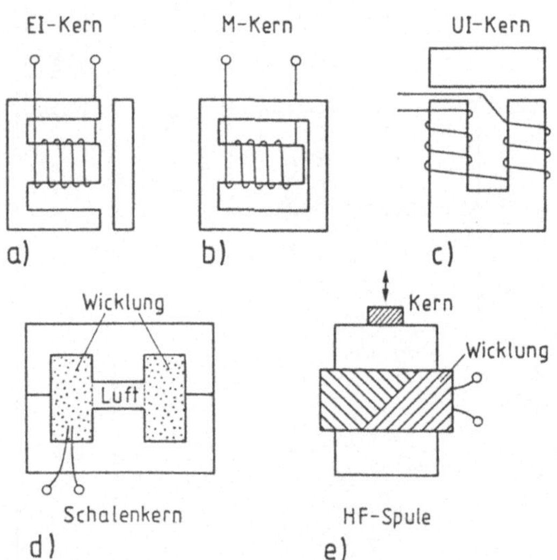

Bild 2.4.7
Bauformen von Spulen
a) bis c) EI-, M-, UI-Kern mit ferromagnetischem Material (M-Kern nur Eisenblech)
d) Schalenkern (Ferrit)
e) HF-Spule mit einstellbarem Ferritkern

Einsatzfelder. Die Spule ist ein Grundbauelement der Elektrotechnik. Die Haupteinsatzfelder sind

– „Drosselwirkung": Erhöhung des Widerstandes für Wechselspannung in einem Stromkreis, ohne den Gleichspannungsabfall zu vergrößern (z.B. Siebdrossel in Netzteilen, Entstörfilter)

– Speicherdrossel in Schaltnetzteilen

– Grundelement in Filtern und Schwingkreisen

– in der Leistungselektronik (Gleichrichterschaltung)

– in der Informationstechnik als Abstimm- und Siebelement, Mikrowellen-
bauteil u.a.m.

Weil sich mit mikroelektronischen Techniken Spulen nur für sehr kleine Werte realisieren lassen und überhaupt Volumen und Gewicht nicht mikroelek-
tronisch kompatibel sind, besteht die breite Tendenz, Spulen weitgehend zu
vermeiden und induktive Wirkungen durch elektronische Schaltungen (z.B.
RC-Schaltungen) zu ersetzen.

Ersatzschaltbild technischer Spulen. Die Spule als *Bauelement* wird durch
das induktive Zweipolelement nur in erster Näherung beschrieben, insbesondere ist die Annahme eines widerstandslosen Leiters wirklichkeitsfremd (Bild
2.4.8). Der Leiterwiderstand R_m verursacht die stets vorhandenen sog. *Wicklungsverluste*. Im Wechselstrombetrieb treten durch die ständige „Ummagnetisierung" des Eisenkernes noch die sog. *Kernverluste* auf. Sie werden
durch einen Widerstand R_{Fe} nachgebildet. Bei hohen Frequenzen schließlich
kommen noch „Wicklungskapazitäten" (z.B. zwischen den auf unterschiedlichen Spannungen befindlichen Wicklungen) hinzu, die das Ersatzschaltbild
weiter ergänzen. Für nicht zu hohe Frequenzen definiert man deshalb einen

$$\textit{Verlustfaktor} \quad d = \tan \delta = R/\omega L$$

der Spule (δ Verlustwinkel). Er liegt in der Größenordnung von $10^{-2} \ldots 10^{-1}$,
ist also deutlich niedriger als der von Kondensatoren.

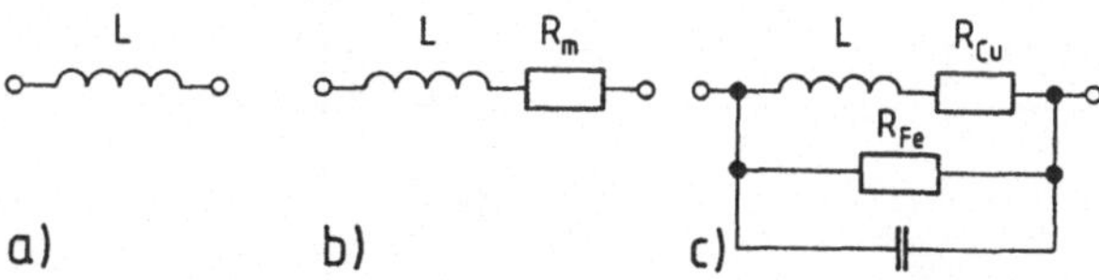

Bild 2.4.8 Spulenersatzschaltbilder
  a) ideale Spule (ohne Kern- und Wicklungsverluste)
  b) Spule mit Kernverlusten, erfaßt durch R_m
  c) Spule mit Kern- und Kupferverlusten
  (parasitäre Kapazität für hohe Frequenz)

2.4.5   Nichtlineare induktive Zweipole

Die bisher angenommene Linearität $\Psi \sim i$ ist eine erhebliche Vereinfachung, die insbesondere bei Spulen mit ferromagnetischem Kreis nicht gilt. Dann läßt sich, genau wie beim Kondensator, aus dem Fluß $\Psi(i)$ z.B. eine *differentielle (Selbst)induktivität*

$$l_\mathrm{d} = \mathrm{d}\Psi/\mathrm{d}i \tag{2.4.17}$$

im Arbeitspunkt herleiten.

Im Gegensatz zu nichtlinearen Kapazitäten, die häufig in Halbleiterbauelementen auftreten und damit in Netzwerken oft berücksichtigt werden müssen, haben nichtlineare Induktivitäten nicht die gleiche Bedeutung für die Elektronik und sollen deshalb nicht näher verfolgt werden. Bild 2.4.9 zeigt ein Beispiel eines Ψ-i-Verlaufes, wie er für eine Spule mit Eisenkern typisch ist, und den zugehörigen L-Verlauf.

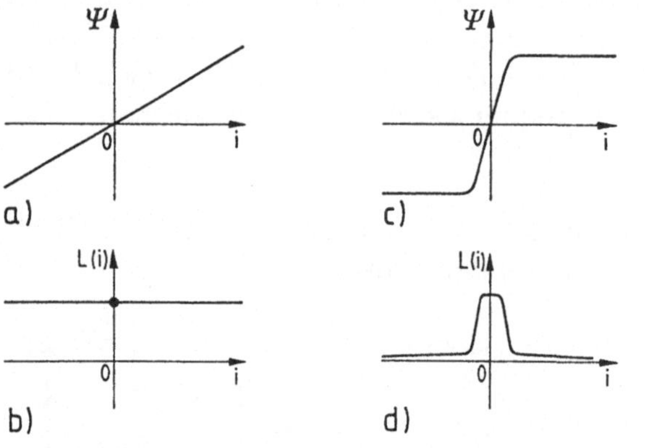

Bild 2.4.9
Nichtlineare Spule
a), b) Spule mit linearem magnetischen Kreis, Fluß (a) und Induktivität (b)
c), d) Spule mit nichtlinearem magnetischen Kreis, Fluß (c) und Induktivität (d)

2.4.6   Gegeninduktion. Magnetisch verkoppelte Spulen

Liegt im Magnetfeld einer Spule 1 (Bild 2.4.10) noch eine Spule 2, die elektrisch nicht mit der ersten verkoppelt ist, so hängt der magnetische Fluß $\Psi_2\,(i_1,\,i_2)$ in dieser Spule nicht nur von einem etwa von außen selbst eingeprägten Strom i_2 ab, sondern über das Magnetfeld auch von i_1. Umgekehrt wird der magnetische Fluß $\Psi_1\,(i_1,\,i_2)$ durch Spule 1 nicht nur vom Strom i_1 bestimmt, sondern auch durch einen ggf. durch Spule 2 fließenden Strom i_2. Insgesamt enthalten so die beiden induzierten Spannungen

$$u_1 = \frac{\mathrm{d}\Psi_1(i_1, i_2)}{\mathrm{d}t}\,, \quad u_2 = \frac{\mathrm{d}\Psi_2(i_1, i_2)}{\mathrm{d}t}$$

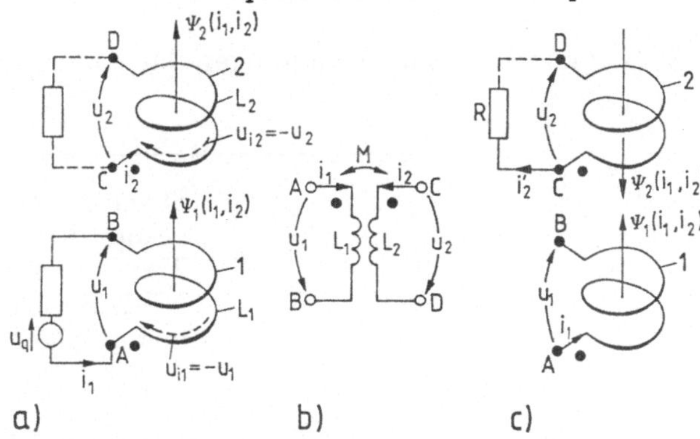

Bild 2.4.10 Magnetisch verkoppelte Spulen
   a) Anordnung zweier verkoppelter Spulen mit den Induktivitäten L_1, L_2
   b) Schaltsymbol zweier magnetisch gekoppelter Spulen
   c) Anordnung wie a), jedoch mit umgekehrter Stromrichtung i_2

jetzt auch die magnetische Wechselwirkung = Verkopplung beider Spulen. Für *lineare* Fluß-Stromzusammenhänge gelten

$$\Psi_1(i_1, i_2) = L_1 i_1 + M_{12} i_2 \qquad \text{Flußverkopplung}$$
$$\Psi_2(i_1, i_2) = M_{21} i_1 + L_2 i_2 \qquad \text{in zwei Spulen.} \tag{2.4.18}$$

Die Koeffizienten bedeuten

$$\text{Selbstinduktionen} \quad L_1 = \left.\frac{\Psi_1}{i_1}\right|_{i_2=0}, \quad L_2 = \left.\frac{\Psi_2}{i_2}\right|_{i_1=0}$$

$$\text{Gegeninduktionen} \quad M_{12} = \left.\frac{\Psi_1}{i_2}\right|_{i_1=0}, \quad M_{21} = \left.\frac{\Psi_2}{i_1}\right|_{i_2=0}.$$

Zwei magnetisch verkoppelte Spulen werden außer durch die (Selbst)induktivitäten L_1, L_2 der Einzelspulen noch durch die Gegeninduktivitäten M_{21}, M_{12} gekennzeichnet. Sie drücken die wechselseitige Verkopplung der elektrischen Kreise über das Magnetfeld aus.

Die Einheit von M ist wie die von L das Henry:

$$[M] = \text{Vs/A} = \text{H (Henry)}.$$

Die Strom-Spannungsbeziehungen der Anordnung Bild 2.4.10a lauten somit (Gl. (2.4.3))

$$
\begin{aligned}
u_1 &= L_1\frac{\mathrm{d}i_1}{\mathrm{d}t} + M_{12}\frac{\mathrm{d}i_2}{\mathrm{d}t} \\
u_2 &= M_{21}\frac{\mathrm{d}i_1}{\mathrm{d}t} + L_2\frac{\mathrm{d}i_2}{\mathrm{d}t}
\end{aligned}
\qquad
\begin{aligned}
&\text{Strom-Spannungsbeziehung} \\
&\text{gekoppelter linearer Spulen,} \\
&\text{Transformatorgleichungen,} \\
&\text{NWE-Beziehung zweier gekop-} \\
&\text{pelter Spulen.}
\end{aligned}
\qquad (2.4.19a)
$$

Sie werden auch als Transformatorgleichungen bezeichnet. Für lineare Anordnungen (und ebenso viele nichtlineare) gilt die sog. *Umkehrbarkeitsbedingung* (Reziprozität):

$$M_{21} = M_{12} = M\,. \qquad (2.4.19b)$$

Die Gegeninduktivität M läßt sich gemäß

$$M = k\sqrt{L_1 L_2} \quad \text{(Kopplungsfaktor } k,\ 0 \le k \le 1) \qquad (2.4.20)$$

auf die Induktivitäten L_1, L_2 und einen *Kopplungsfaktor* k zurückführen. k hängt insbesondere von der räumlichen Lage beider Spulen ab. Bei magnetischer Entkopplung gilt $k = 0$, bei voller Kopplung (beide Spulen von gleichem Fluß durchsetzt), $k = 1$.

Die beiden magnetisch gekoppelten Spulen nach Bild 2.4.10b sind, im Gegensatz zu allen bisher betrachteten Netzwerkelementen, ein *Vierpolelement*. Das führt u.a. zu einem u-i-Beziehungssystem nach Gl. (2.4.19), zu dessen Lösung zwei weitere Klemmenbedingungen erforderlich sind. Ist z.B. $i_2 = 0$ (und damit $\mathrm{d}i_2/\mathrm{d}t = 0$), so entsteht bei Anlegen der Spannung u_1 (Vorgabe durch anliegenden Generator $\mathrm{d}i_1/\mathrm{d}t$) auf der Ausgangsseite die Leerlaufspannung

$$u_2 = M\frac{\mathrm{d}i_1}{\mathrm{d}t} = \frac{M}{L_1}u_1 = k\sqrt{\frac{L_2}{L_1}}u_1 = \frac{w_2}{w_1}u_1\Bigg|_{k=1} \qquad (2.4.21)$$

Setzt man den Kopplungsfaktor $k = 1$ und geht davon aus (s. Gl. (2.4.15)), daß die Selbstinduktivität $L \sim w^2$, so wird die Eingangsspannung u_1 mit dem Windungszahlverhältnis w_2/w_1 auf die Ausgangsseite transformiert.

Gekoppelte Spulen lassen sich so zur Transformation von zeitveränderlichen Spannungen (und analog Strömen) verwenden: Transformatorprinzip.

Das Transformatorprinzip ist von fundamentaler Bedeutung für die Elektrotechnik/Elektronik, denn

- es erlaubt die problemlose Spannungswandlung (z.B. Netzspannung 230 V auf eine Kleinspannung von 12 V, Hochspannung 110 kV auf eine Netzspannung 230 V u.a.). Erst dadurch war eine wirtschaftliche Energieübertragung über große Strecken möglich,

- es „trennt" zwei elektrische Stromkreise *gleichstrommäßig* (oder galvanisch) → Sicherheitserhöhung, bequeme Einkopplung von Spannungen in einen Kreis,

- es erlaubt in der Informationstechnik im Prinzip des „Schaltnetzteiles" den Einsatz sehr volumensparender Transformatoren,

- es dient zur sog. *Anpassung* eines Verbrauchers an einen Generator bei möglichst gutem Wirkungsgrad (im Wechselstromkreis),

- es dient zur Realisierung von Zwei- und Vierpolen mit vorgegebenen Eigenschaften (mit allerdings abnehmender Bedeutung).

Die Strom-Spannungsbeziehungen Gl. (2.4.19) beziehen sich, wie dargestellt (Bild 2.4.10a), auf den Fall, daß die beiden Windungen – oder Wicklungen – *gleichen* Windungssinn haben und die Ströme bei A resp. C eintreten. Nur dann addieren sich die von jeder Spule erzeugten Flüsse (Flußrichtung durch Rechtehandregel bestimmbar). Wird dagegen die Stromrichtung i_2 (bei gleicher Spannung u_2) umgekehrt (Bild 2.4.10c) z.B. dadurch erzwungen, daß zwischen B, D ein Widerstand R liegt, so gilt anstelle von Gl. (2.4.19):

$$u_1 = L_1 \frac{\mathrm{d}i_1}{\mathrm{d}t} - M \frac{\mathrm{d}i_2'}{\mathrm{d}t}, \quad u_2 = M \frac{\mathrm{d}i_1}{\mathrm{d}t} - L \frac{\mathrm{d}i_2'}{\mathrm{d}t}, \tag{2.4.22}$$

weil sich jetzt die Teilflüsse subtrahieren (Windungssinn der Spule nicht verändert).

Oder vermerkt:

Flußaddition liegt (bei gleichem Wicklungssinn) vor, wenn die Ströme an beiden Spulenanfängen eintreten: Punkte an beiden Spulenanfängen Gl. (2.4.19). Bei Flußsubtraktion kehrt sich hingegen das Vorzeichen von i_2.

Aus Gl. (2.4.19) leitet man dann ohne Mühe die Beziehungen für zwei reihengeschaltete *gekoppelte* Induktivitäten L_1, L_2 her (Bild 2.4.11, vgl. auch

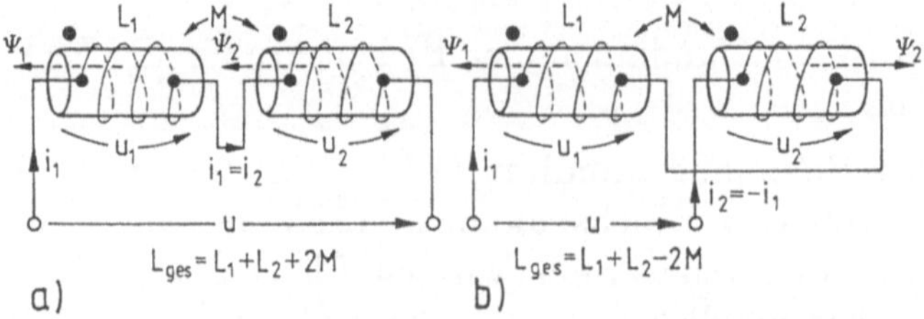

Bild 2.4.11 Zusammenschaltung von magnetisch gekoppelten Spulen
   a) Reihenschaltung (gleicher Wicklungssinn)
   b) Reihenschaltung (entgegengesetzter Wicklungssinn)

Bild 2.4.5). Bei Berechnung der Ersatzinduktivität gekoppelter Spulen geht daher die Gegeninduktivität M mit ein.

Aufgaben 2.4.4 – 2.4.6.

2.5   Mehrpolelemente

Neben zweipoligen Netzwerkelementen gibt es eine Reihe von Mehrpol- und Vierpolnetzwerkelementen, die für die Energie- und Informationsübertragung von prinzipieller Bedeutung sind. Dazu zählen z.B. Verbindungsleitungen (sog. Leitungsmodelle) zwischen Quelle und Empfänger, der Transformator, Differenzverstärker, Optokoppler, Operationsverstärker u.a.m. Sind zwei Pole durchgehend verbunden, so spricht man von *Dreipolelementen*. Dazu gehören beispielsweise Transistoren.

Mehrpolbauelemente mit einer Klemmenzahl ($n > 4$) sind z.B. Differenztransformatoren, Schaltkreise (dort kann n sogar sehr groß sein). Mehrpolnetzwerkelemente werden nicht nur typischen Bauelementen zugeordnet, sondern oft selbst auch als sog. *Makromodelle* verwendet. Sie dienen zur vereinfachten Darstellung größerer Komplexe eines Netzwerkes. (Beispiel: Makromodell eines Operationsverstärkers).

Grundsätzlich wird ein n-Mehrpolelement ($n \geq 2$) durch $n - 1$ Klemmenströme und ebenso viele, auf einen Referenzpol bezogene Spannungen beschrieben, weil die Kirchhoffschen Gleichungen noch die beiden restlichen Größen liefern.

Wie bei Zweipolen unterscheidet man zwischen *aktiven Mehrpolen mit unabhängigen Quellen* (die nicht weiter verfolgt werden sollen), *passiven Mehrpolen* (resistive, kapazitive, induktive) und zusätzlich solche mit sog. *gesteuerten* oder *abhängigen* Quellen. Gerade diese bilden die Grundlage der Modellierung nahezu aller *Verstärkerbauelemente* (Transistoren, Schaltungen damit).

2.5.1 Gesteuerte Quellen

Bei den unabhängigen Quellen (s. Abschn. 2.1.1) hing die Quellengröße (Quellenspannung, Quellenstrom) nicht von den umgebenden Netzwerkeigenschaften ab, vielmehr galten (Gln.(2.1.1), (2.1.3)) u_q =const. bzw. i_q =const.

> Im Gegensatz dazu hängt die Quellengröße (Strom, Spannung) bei *gesteuerten* oder *abhängigen Quellen* von einer oder mehreren Größen (Strom, Spannung) an anderen Netzwerkklemmen ab: *Steuergröße*.

Daraus ergeben sich sofort vier Möglichkeiten (Tafel 2.5.1), wenn man nur eine Steuergröße (Index st) zuläßt:

– spannungsgesteuerte Spannungsquelle $u_q = u_q(u_{st})$
– stromgesteuerte Spannungsquelle $u_q = u_q(i_{st})$
– spannungsgesteuerte Stromquelle $i_q = i_q(u_{st})$
– stromgesteuerte Stromquelle $i_q = i_q(i_{st})$.

Diese Grundtypen von gesteuerten Quellen lassen sich grundsätzlich nur durch einen Drei- oder Vierpol modellieren (wobei im ersten Fall jeweils eine Klemme der Quellen- und Steuerstrecke verbunden ist). Wir bezeichnen die Vierpolseite 1 als Steuereingang, die Seite 2 als Vierpolausgang oder Quellenseite.

Von einer *linear gesteuerten* Quelle spricht man, wenn die Steuergröße linear eingeht. Dann sind folgende Formen möglich:

$$
\begin{aligned}
u_q &= A_u u_{st} & &A_u \ \text{(Leerlauf-)Spannungsverstärkung} \\
u_q &= Z i_{st} & &Z \ \text{Transferwiderstand} \\
i_q &= S u_{st} & &S \ \text{Transferleitwert, Steilheit} \\
i_q &= A_i i_{st} & &A_i \ \text{(Kurzschluß-)Stromverstärkung.}
\end{aligned}
\qquad (2.5.1)
$$

Bild 2.5.1 zeigt das Beispiel einer spannungsgesteuerten Spannungsquelle. Sie kann ideal, aber nichtlinear sein (Bild 2.5.1a,b) oder nichtideal durch Hinzunahme des Innenwiderstandes einer realen (nichtlinearen) gesteuerten Quelle. Das gilt auch für den Linearfall (Bild 2.4.1c,d $u_q \sim u_e$). Die Spannungsverstärkung A_u ist dann konstant.

Die typischen Merkmale dieser Quellen sollen nachfolgend in Verbindung mit typischen Beispielen diskutiert werden.

Tafel 2.5.1 Ideale lineare gesteuerte Quellen

Typ	Steuergröße	Ersatzschaltung	Kennlinie	R_{st}	R_i	Steuerkennwert
Spannungs-quelle	spannungs-gesteuert u_{st}	$u_q = A_u u_{st}$		∞	0	Leerlaufspannungs-verstärkung A_u
	strom-gesteuert i_{st}	$u_q = Z \cdot i_{st}$		0	0	Transferwiderstand Z
Strom-quelle	spannungs-gesteuert u_{st}	$i_q = S \cdot u_{st}$		∞	∞	Steilheit, Transferleitwert S
	strom-gesteuert i_{st}	$i_q = A_i i_{st}$		0	∞	Kurzschlußstrom-verstärkung Stromübersetzung A_i

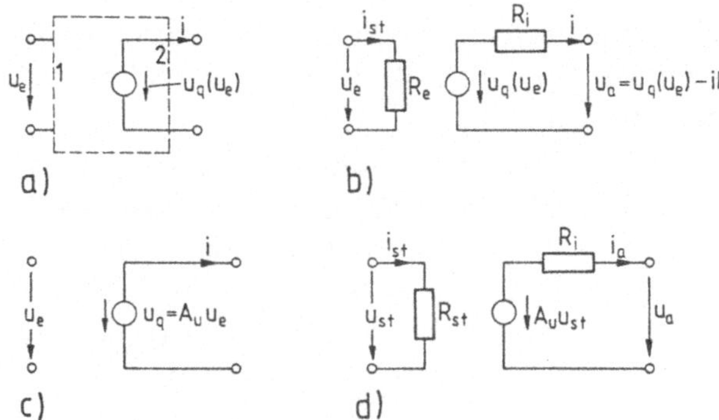

Bild 2.5.1 Spannungsgesteuerte Spannungsquelle
  a) ideale spannungsgesteuerte (nichtlineare) Spannungsquelle
  b) nichtideale spannungsgesteuerte (nichtlineare) Spannungsquelle
  c) ideale spannungsgesteuerte (lineare) Spannungsquelle
  d) allgemeine (lineare) spannungsgesteuerte Spannungsquelle

Spannungsgesteuerte Spannungsquellen. Bild 2.5.2 veranschaulicht für ein Vierpolelement den Zusammenhang zwischen Ausgangsspannung u_a (= Quellspannung u_q) und Steuerspannung $u_{st} = u_e$ (Eingangsspannung), später als sog. *Steuer-* oder *Transferkennlinie* bezeichnet (s. Abschn. 7.2.3). Dieser Zusammenhang kann linear oder nichtlinear sein (Bild 2.5.2a). Bereits eine geringe Eingangsspannung u_e genügt, u_m eine große Quellenspannung $u_q = u_a$ zu erzeugen. Die Ausgangskennlinie der Quelle ist die einer idealen Spannungsquelle (vgl. Bild 2.1.1), nur tritt die Steuerspannung als Parameter auf. Von der Seite 2 her wirkt die Anordnung wie ein aktiver Zweipol mit „einstellbarer" Quellenspannung. Wird der Quelle ausgangsseitig ein „Innenwiderstand" hinzugefügt (s. Bild 2.5.2c), so entsteht der

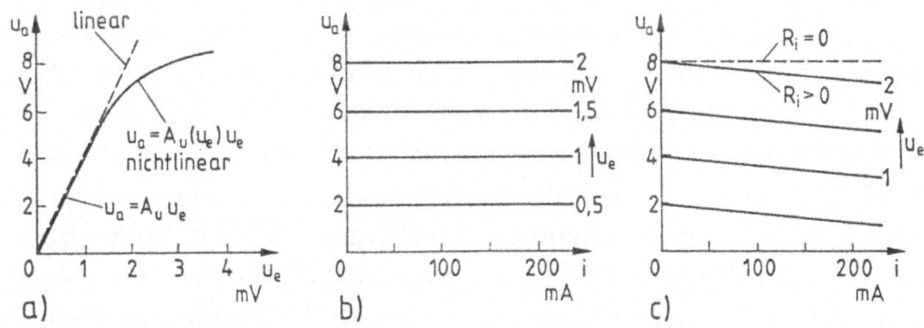

Bild 2.5.2 Kennlinienfeld der spannungsgesteuerten Spannungsquelle
  a) Steuerkennlinie: Quellenspannung u_a als Funktion der Steuerspannung u_e
  b) Strom-Spannungskennlinienfeld der gesteuerten Spannungsquelle. Steuerspannung u_e Parameter
  c) wie b) mit Innenwiderstand

Kennlinientyp einer gesteuerten Spannungsquelle mit Innenwiderstand. Wir kommen auf den Einfluß des Innenwiderstandes im Abschn. 3.1.1 ausführlicher zurück.

Häufig wünscht man, daß zum Steuern der Quelle keine Steuerleistung erforderlich ist. Das erfordert bei eingangsseitiger Spannungssteuerung *Leerlauf* ($i \rightarrow 0$, $R_{st} \rightarrow \infty$) und analog bei Stromsteuerung *Kurzschluß* ($u \rightarrow 0$, $R_{st} \rightarrow 0$). Damit ist die „Mindestersatzschaltung" der spannungsgesteuerten Spannungsquelle (Bild 2.5.1a resp. c) voll verständlich.

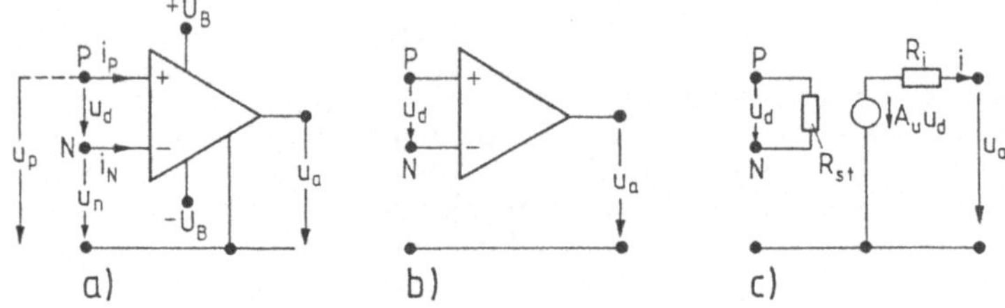

Bild 2.5.3 Operationsverstärker
        a) Schaltsymbol mit den typischen Anschlüssen
        b) wie a), jedoch auf die Signalgrößen beschränkt
        c) Ersatzschaltbild (Makromodell)

Ein typisches Beispiel für die spannungsgesteuerte Spannungsquelle ist der sog. Operationsverstärker (Bild 2.5.3a). Er hat (bezogen auf Masse) zwei Eingänge: den P- (oder +) und N- (oder -)Eingang, einen Ausgang u_a (nach Masse) und zwei Klemmen für die Versorgungsspannung $\pm U_B$, z.B. $\pm 15\,\text{V}$. Für den *idealen Operationsverstärker* hängt die Ausgangsspannung

$$u_a = A_u(u_P - u_N) = A_u u_d \qquad (2.5.2)$$

nur von der *Eingangsspannungsdifferenz* $u_P - u_N$ und der Differenzspannungsverstärkung A_u ab, die im Idealfall extrem groß ist ($A_u \rightarrow \infty$). Dann reicht bereits eine kleine Differenzspannung zur Vollaussteuerung aus. Wir kommen auf den Operationsverstärker im Abschn. 8.3 ausführlich zurück.

Bild 2.5.3c zeigt die entsprechende Ersatzschaltung des Operationsverstärkers (ergänzt durch Ausgangs- und Eingangswiderstände R_{st}, R_i), die fürs erste als ein *Makromodell* des Operationsverstärkers angesehen werden darf.

Wegen der endlichen Betriebsspannung U_B kann die Ausgangsspannung u_a höchstens $\pm U_B$ erreichen, m.a.W. muß die Steuerkennlinie allmählich Sättigungscharakter haben und dann $A_u(u_e)$ selbst von der Steuerspannung abhängig werden: nichtlineare Spannungsverstärkung. Hier zeigt sich, wie rasch ein Modell nicht mehr zutreffen kann.

Stromgesteuerte Spannungsquelle. Die eben betrachtete spannungsgesteuerte Spannungsquelle (Bild 2.5.1a) kann in den Strom als Steuergröße überführt werden, wenn am Eingang ein Widerstand $R_{st} = R_e$ angebracht wird. Dann erzeugt der Steuerstrom die Spannung $u_e = u_{st} = R_e i_{st}$ und es gilt:

$$u_a = A_u u_{st} = A_u R_e i_{st}\,. \tag{2.5.3}$$

Die Größe $A_u R_e = Z_m$ ist der bereits erwähnte Transferwiderstand.

Stromgesteuerte Stromquelle. Ein typisches Beispiel dieses Quellentyps stellt Ersatzschaltbild 2.5.4a dar, wie es den npn-Bipolartransistor in erster Näherung kennzeichnet. Dabei steuert der kleine Basisstrom i_B den relativ großen Kollektorstrom $i_C = i_C(u_{CE},\ i_B)$. In erster Näherung gilt

$$i_C = B_N i_B \equiv A_i i_B\,. \tag{2.5.4}$$

Der Steuerfaktor „Kurzschlußstromverstärkung" $A_i \equiv B_N$ ist relativ groß $(50 \ldots 500)$ und fürs erste konstant. Damit wird die Prinzipkennlinie sofort verständlich. Bei genauerer Betrachtung hängt B_N vom Kollektorstrom ab.

Für die Stromsteuerung ist es zunächst unerheblich, daß eingangsseitig die sog. *Emitterdiode* liegt mit nichtlinearer $i_B - u_{BE}$-Beziehung $i_B \approx I_{BO} \exp u_{BE}/U_T$. Deshalb kann die stromgesteuerte Stromquelle auch in eine spannungsgesteuerte Stromquelle überführt werden:

$$i_C = B_N i_B \approx B_N I_{BO} \exp u_{BE}/U_T\,. \tag{2.5.5}$$

Dieses Steuerverhalten ist stark nichtlinear. Das gleiche Bauelement arbeitet so – je nach Formulierung der gesteuerten Quelle – linear oder nichtlinear.

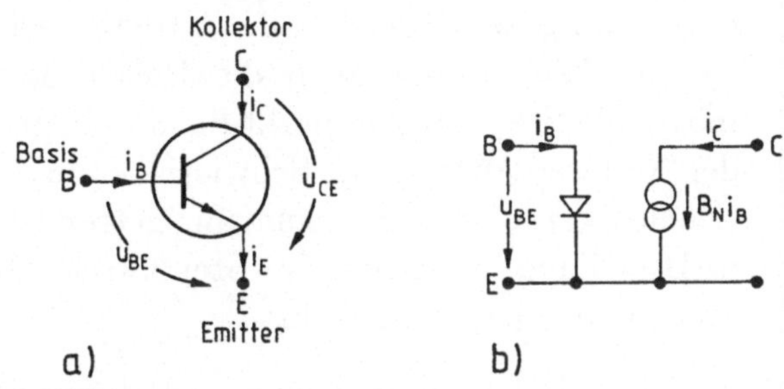

Bild 2.5.4 npn-Bipolartransistor
 a) Schaltzeichen mit vereinbarten Strom-Spannungsrichtungen
 b) stark vereinfachte Ersatzschaltung mit stromgesteuerter Stromquelle

Spannungsgesteuerte Stromquelle. Wurde der Bipolartransistor durch eine stark nichtlineare spannungsgesteuerte Stromquelle modelliert, so ist das typische Bauelement mit spannungsgesteuerter Stromquelle der MOSFET (s. Bild 2.5.5 und Abschn. 7.3). Er hat im Regelfall keinen Eingangsstrom (Gatestrom $i_G = 0$). Der Drainstrom i_D hängt nichtlinear von der Gate-Source-Spannung u_{GS} (und Bulk-Source-Spannung u_{BS} vernachlässigt) sowie der Drainspannung u_{DS} ab, also der Steuergröße u_{GS}. Es liegt das typische spannungsgesteuerte Stromquellenmodell vor. Beispielsweise gilt im Sättigungsbereich $i_D(u_{GS}, u_{DS})$

$$i_D = K(u_{GS} - U_{TH})^2 \equiv Su_{GS} \tag{2.5.6}$$

(K Konstante, U_{TH} Schwellspannung). Dann wäre der „Steuerfaktor" Steilheit S stark nichtlinear:

$$S = K(u_{GS} - U_{TH})^2 / u_{GS} \, .$$

Für Kleinsignalaussteuerung läßt sich jedoch die Steuerwirkung linearisieren.

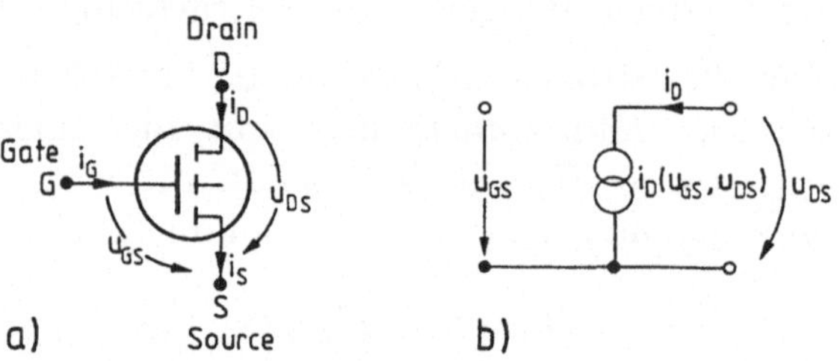

Bild 2.5.5
MOS-Feldeffekttransistor
a) Schaltzeichen mit vereinbarten Strom-Spannungsrichtungen
b) stark vereinfachte Ersatzschaltung mit (nichtlinearer) spannungsgesteuerter Stromquelle

Merkmal gesteuerter Quellen: Nichtumkehrbarkeit. Gesteuerte Quellen arbeiten stets *nichtumkehrbar*: die Steuergräße bestimmt die Ausgangsgröße, umgekehrt wirkt die Ausgangsgröße *nicht* auf die Steuergröße zurück. Wie immer auch die Belastung der gesteuerten Quellen sein möge, die Steuergröße merkt davon nichts (diese Vorstellung bereitet bei der Netzwerkanalyse oft Schwierigkeiten). Deshalb bringt eine gesteuerte Quelle zwei sonst wirkungsmäßig getrennte Stromkreise in *einer Richtung* in Beziehung. Vorgänge im Steuerkreis übertragen sich in den Quellenkreis, aber nicht umgekehrt.

Eine solche Quelle unterscheidet sich damit z.B. prinzipiell von gekoppelten Spulen, bei denen sich beide Stromkreise wechselseitig beeinflussen und die deshalb *umkehrbar* arbeiten (sog. reziprokes Element, s. Gl. (2.4.19a)).

Reale gesteuerte Quellen. Quellenumwandlung. Reale gesteuerte Quellen haben im Regelfall (Bild 2.5.1b, c)

– auf der Steuerseite einen endlichen Steuerwiderstand R_{st}, so daß Steuerstrom und -spannung eindeutig miteinander verknüpft sind
– auf der Quellenseite einen Innenwiderstand. Sie verhalten sich dann wie reale Strom- oder Spannungsquellen (s. Abschn. 3.1.1).

Dann kann

– eingangsseitig eine Spannungs- in eine Stromsteuerung überführt werden (und umgekehrt) sowie
– ausgangsseitig die Spannungsquelle in eine Stromquelle (und umgekehrt) umgewandelt werden.

Deshalb lassen sich aus *einem* Quellentyp alle übrigen drei herleiten.

So führt die Darstellung der allgemeinen spannungsgesteuerten Spannungsquelle (Bild 2.5.1d)

$$
\begin{aligned}
u_{st} &= R_{st}\, i_{st} && \text{Steuergleichung} \\
u_a &= A_u u_{st} - i_a R_i && \text{Ausgangsgleichung,} \quad u_q = A_u u_{st} \qquad (2.5.7) \\
&= A_u R_{st}\, i_{st} - i_a R_i
\end{aligned}
$$

z.B. auf die spannungsgesteuerte Stromquelle (Bild 2.5.6)

$$
i_a = i_q - u_a G_i \quad \text{mit} \quad i_q = \frac{u_q}{R_i} = \frac{A_u u_{st}}{R_i} \equiv S u_{st} \,.
$$

Daraus folgt zwischen den Steuerparametern

$$
A_u = S R_i. \qquad\qquad\qquad\qquad (2.5.8)
$$

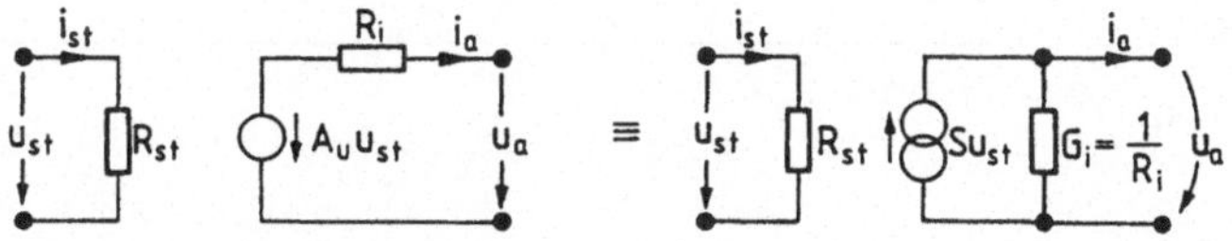

Bild 2.5.6 Allgemeine lineare spannungsgesteuerte Spannungsquelle und gleichwertige Stromquelle

Dies ist die sog. Barkhausen[8] -Beziehung (wobei originär anstelle A_u der sog. Durchgriff D verwendet wurde $A_u = 1/D$).

Die hier zusammengestellten Grundlagen aktiver Quellen werden wir später bei den Vierpolelementen erneut aufgreifen.

Aufgaben 2.5.1 – 2.5.3.

2.5.2   Passive Mehrpole

Grundsätzlich können die Haupteigenschaften, die den resistiven, kapazitiven und induktiven Grundzweipolen innewohnen, wie

– Umwandlung elektrischer in Wärmeenergie

– Speicherung elektrischer und magnetischer Energie,

auch in Mehrpolelementen auftreten. Beispielsweise wird ein Vierpol, der ohmsche Widerstände enthält (Spannungsteiler!), ebenfalls resistiv sein. Die Frage bleibt, wieviele notwendige Strom-Spannungs-Beziehungen für einen resistiven n-Pol erforderlich sind und wie sich die Ladungen und Induktionsflüsse in entsprechende Mehrpolbeziehungen einordnen.

Ein resistiver n-Pol wird insgesamt durch $n-1$ unabhängige u-i-Beziehungen, also $n-1$ unabhängige Gleichungen vollständig beschrieben. Für einen Dreipol ($n = 3$, Bild 2.5.7) bedeutet dies $3-1 = 2$ Gleichungen der Form

$$F_1(u_1, u_2, i_1, i_2) = 0, \quad F_2(u_1, u_2, i_1, i_2) = 0 \,. \tag{2.5.9}$$

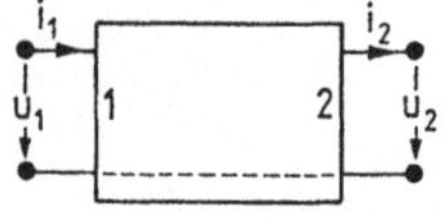

Bild 2.5.7
Resistiver Dreipol als Beispiel eines n-Poles

Sie können (Eindeutigkeit vorausgesetzt) z.B. in Formen wie

$$
\begin{aligned}
i_1 &= i_1(u_1, u_2), & i_2 &= i_2(u_1, u_2) \\
u_1 &= u_1(i_1, i_2), & u_2 &= u_2(i_1, i_2)
\end{aligned}
\tag{2.5.10a}
$$

oder

---

[8] Heinrich Barkhausen 1881 – 1956, Physiker, Gründer des ersten Schwachstrominstitutes an der TH Dresden (1911)

$$u_1 = u_1(i_1, u_2), \quad i_2 = i_2(i_1, u_2) \tag{2.5.10b}$$

angegeben werden, um einige typische zu nennen. Für *lineare* Zusammenhänge gehen daraus später die sog. *Vierpoldarstellungen* hervor. Graphisch lassen sich diese Formen durch *Kennlinienfelder* mit entsprechenden Parametern darstellen, z.B.

$$i_2 = i_2(u_1) \Big|_{u_2=\text{const.}} \quad \text{mit} \quad u_2 \text{ als Parameter}$$

und

$$i_2 = i_2(u_2) \Big|_{u_1=\text{const.}} \quad \text{mit} \quad u_1 \text{ als Parameter.}$$

Als typische Beispiele werden wir später die Transistorkennlinien kennenlernen.

Kapazitive Mehrpole. So wie der resistive n-Pol durch $n-1$ u-i-Beziehungen bestimmt war, treten an diese Stelle beim kapazitiven Mehrpol entsprechende Ladungs-Spannungs-Beziehungen, also z.B. beim spannungsgesteuerten Dreipol, dessen Ladungen Q_1, Q_2 auf den Seiten 1, 2 von den Spannungen u_1, u_2 abhängen:

$$Q_1 = Q_1(u_1, u_2), \quad Q_2 = Q_2(u_1, u_2).$$

Daraus folgen die Klemmenströme

$$\begin{aligned}
i_1 &= \frac{\mathrm{d}Q_1}{\mathrm{d}t} = c_{11}\frac{\mathrm{d}u_1}{\mathrm{d}t} + c_{12}\frac{\mathrm{d}u_2}{\mathrm{d}t} \\
i_2 &= \frac{\mathrm{d}Q_2}{\mathrm{d}t} = c_{21}\frac{\mathrm{d}u_1}{\mathrm{d}t} + c_{22}\frac{\mathrm{d}u_2}{\mathrm{d}t}
\end{aligned} \tag{2.5.11}$$

mit den differentiellen Kapazitäten

$$c_{\mathrm{ik}} = \frac{\partial Q_\mathrm{i}}{\partial u_\mathrm{k}} \Big|_{(u_1, u_2)}. \tag{2.5.12}$$

Dabei muß nicht zwangsläufig $c_{21} = c_{12}$ gelten, was auf sog. *reziproke Kapazitäten* hindeutet. Dieser Fall nichtreziproker Kapazitäten tritt bei „fortgeschrittener" Modellierung des MOS-Feldeffekttransistors auf.

Grundsätzlich lassen sich resistive und kapazitive Mehrpole überlagern (Linearität vorausgesetzt). Diese Methode wird beim Entwickeln von Ersatzschaltungen für Halbleiterbauelemente erfolgreich eingesetzt.

Nach den gleichen Kriterien können auch induktive Mehrpole konzipiert werden. Wir haben dies übrigens mit der Herleitung der Transformatorgleichungen (2.4.19a) bereits vollzogen.

Da Vierpole eine außerordentlich wichtige Netzwerkgruppe der Elektrotechnik sind, kommen wir darauf im Abschnitt 4.6 ausführlich zurück.

Lernorientierungen zu Abschnitt 2

Netzwerk: Modell einer realen Schaltung. Besteht aus Netzwerkelementen, die über Knoten und Maschen verbunden sind. Verkürzt darstellbar durch Schaltplan mit Schaltzeichen für Bauelemente.

Netzwerkelement: Modellanordnung für ein typisches Bauelement (Widerstand, Kondensator, Spule), gekennzeichnet durch typische u-i-Beziehungen.

Netzwerkanalyse: Methode(n) zur Bestimmung der Ströme und Spannung in den Zweigen eines Netzwerkes auf Grundlage der Kirchhoffschen Gleichungen oder abgekürzter Verfahren.

Zweipol: Netzwerkelement mit zwei Klemmen. Es gibt aktive und passive Zweipole.

Abschnitt 2.1

Ideale (unabhängige) Quellen

– Umsatzort nichtelektrischer in elektrische Energie

– 2 Formen: ideale Spannungsquelle u_q (Konstantspannungsquelle), ideale Stromquelle i_q (Konstantstromquelle), nicht ineinander überführbar. Kennlinie, Schaltsymbol Bild 2.1.1, 2.1.3.

  Ideale Spannungsquellen können reihengeschaltet, ideale Stromquellen parallelgeschaltet werden.

Abschnitt 2.2

Widerstand R:

– Umsatzort elektrische Energie $\rightarrow$ Wärme

– bei linearer i-u-Kennlinie (Ohmsches Gesetz, $R = u/i = $ const.) hängt Widerstand R nur von der Leitergeometrie und Material (spez. Widerstand ρ) ab

– bei nichtlinearer u-i-Kennlinie $\rightarrow$ nichtlinearer Widerstand, im Arbeitspunkt differentieller Widerstand

– es gibt das Bauelement Widerstand in verschiedenen Bauformen

– Widerstandszusammenschaltungen ergibt bei Reihenschaltung $R = \sum_\mu R_\mu$, bei Parallelschaltung $G = \sum_\mu G_\mu$ resp. $1/R = \sum_\mu 1/R_\mu$

– aus der Reihenschaltung ergibt sich die Spannungsteilerregel Gl. (2.2.9) (Beispiele)

– aus der Parallelschaltung ergibt sich die Stromteilerregel Gl. (2.2.10)

– Zusammenschaltung von nichtlinearen Widerständen zweckmäßig graphisch durch u-i-Kennlinien durchführen.

Abschnitt 2.3

Kondensator C:

– Anordnung aus zwei Elektroden, die durch ein Dielektrikum getrennt sind

– Umsatzort elektrische Energie (Klemmengröße) $\leftrightarrow$ elektrische Feldenergie im Nichtleiter und elektrischen Feld

– Haupteigenschaft: Ladungs-, Energiespeicherung (Anwendung z.B. Kurzspeicherung von Information)

– Kenngröße: Kapazität als Verhältnis von gespeicherter Ladung Q zur Ladespannung u: Q-u-Beziehung, u-i-Beziehung

– Kondensatorstrom proportional der Änderungsgeschwindigkeit der Kondensatorspannung $i \sim \mathrm{d}u/\mathrm{d}t$

– Kondensatorspannung kann sich nicht sprunghaft ändern ($\rightarrow$ Stetigkeit der Energie).

– Zusammenschaltung von Kondensatoren, Parallelschaltung $C = \sum_{\nu} C_{\nu}$, Reihenschaltung $1/C_{\nu} = \sum_{\nu} 1/C_{\nu}$

– Strom in den Zuleitungen (Leitungsstrom) setzt sich im Dielektrikum als Verschiebungsstrom fort. Kennzeichen: Magnetfeld

– nichtlineare Kondensatoren haben eine nichtlineare Q-u-Beziehung (z.B. bei Halbleiterbauelementen).

Abschnitt 2.4

Spule:

– spulenförmig aufgewickelte Leiter ohne oder mit ferromagnetischem Kreis (jeder elektrische Strom ist von einem Magnetfeld begleitet)

– Umsatzort elektrische Energie (Klemmengröße) $\leftrightarrow$ magnetische Feldenergie

– Haupteigenschaft: Speicherung magnetischer Energie (solange Stromfluß)

– Klemmengröße: Induktivität L als Verhältnis von magnetischem Fluß Ψ und Strom i: $L = \Psi/i$: ($\Psi - i$-Beziehung)

– u-i-Beziehung. Spulenspannung proportional der Stromänderungsgeschwindigkeit $u \sim \mathrm{d}i/\mathrm{d}t$ (Grundlage Induktionsgesetz)

– Spulenstrom kann sich nicht sprunghaft ändern (Stetigkeit der Energie)

– die Induktivität einer Spule hängt vom Quadrat ihrer Windungszahl und dem Induktivitätsfaktor A_{L} ab (Gl. (2.4.15))

– Zusammenschaltung von Spulen (ohne magnetische Kopplung), Reihenschaltung: $L = \sum_{\nu} L_{\nu}$, Parallelschaltung $1/L = \sum_{\nu} 1/L_{\nu}$

– nichtlineare Spulen haben eine nichtlineare Ψ-i- Beziehung (z.B. Spule mit Eisenkreis)

– zwei über das gemeinsame Magnetfeld verkoppelte Spulen werden gekennzeichnet durch die Induktivitäten L_1, L_2 der Einzelspule und die Gegeninduktivitäten M (Transformatorprinzip). Zugehörige u-i-Beziehungen Gl. (2.4.19) $\rightarrow$ Transformatorgleichungen.

Abschnitt 2.5

- In einer gesteuerten idealen Quelle (Strom-, Spannungsquelle) hängt die Quellengröße linear oder nichtlinear von einer Steuergröße (Strom, Spannung) ab. Es gibt somit vier Grundarten.
- gesteuerte ideale Quellen stellen ein Drei- resp. Vierpolnetzwerk dar
- gesteuerte Quellen bilden die Grundlage von Verstärkermodellen.

Wiederholungsfragen zu Abschnitt 2

Abschnitt 2.1

1. Skizzieren Sie die Kennlinie der idealen unabhängigen Strom- und Spannungsquelle (Ersatzschaltung)!
2. Welche Leistung gibt die Quelle jeweils bei Kurzschluß bzw. Leerlauf ab?
3. Was versteht man unter einem aktiven Zweipol (Beispiele)?
4. Was versteht man unter einem aktiven, einem passiven Zweipol?
5. Was versteht man unter den Begriffen Widerstand und Leitwert (Dimension?)?

Abschnitt 2.2

1. Stellen Sie die u-i-Kennlinie eines linearen und nichtlinearen Widerstandes dar. Wie lautet das Ohmsche Gesetz?
2. Wie lautet die Widerstandskennlinie im Verbraucher-, wie im Erzeugerpfeilsystem?
3. Erläutern Sie den Stromflußmechanismus durch einen Widerstand, an dem eine Spannung u liegt. Warum erwärmt er sich dabei?
4. Wie verläuft die i-u-Kennlinie einer Halbleiterdiode qualitativ? Was bedeutet hierbei der Begriff „differentieller Widerstand"?
5. Wie lautet die Strom- und Spannungsteilerregel? (Skizze). Welche Bedingung muß ein zusätzlicher Widerstand am Spannungsteilerabgriff erfüllen, damit die Spannungsteilerregel anwendbar ist?
6. Wie lauten die Regel für die Reihen- und Parallelschaltung von Widerständen? (Begründung)
7. Skizzieren Sie die i-u-Kennlinie eines Glühlämpchens qualitativ. Welche Maßstäbe müßten die Achsen für die Aufschrift 6V/3W tragen? Woraus erklärt sich die Kennliniennichtlinearität?

Abschnitt 2.3

1. Wie lauten Definition und Einheit der Kapazität?
2. Wie lauten die u-i-Beziehungen des Kondensators? Skizzieren Sie die Stromverläufe für folgende Verläufe der Kondensatorspannungen: Sinusspannung, Dreieckspannung.
3. Von welchen Größen hängt die Kapazität eines Plattenkondensators ab? Durch welche Maßnahme wird sie möglichst groß?

4. Wie groß ist die in einem Kondensator gespeicherte Energie?

5. Wie groß sind die Ersatzkapazitäten zweier gleicher Kondensatoren bei Reihen- bzw. Parallelschaltung? Wie verhalten sich in beiden Fällen die Spannungen und Ladungen?

6. Läßt sich mit einem Kondensator ein Spannungsteiler, ein Stromteiler aufbauen (z.B. vom Verhältnis 1:5)? Geben Sie ggf. die Schaltungen an.

7. Warum werden größere Kondensatoren immer mit kurzgeschlossenen Anschlußpolen transportiert?

8. Gibt es eine nichtlineare Kapazität, eine differentielle Kapazität?

9. Nennen Sie Beispiele einer Kapazität im μF-Bereich, im pF-Bereich.

Abschnitt 2.4

1. Was versteht man unter dem Begriff Selbstinduktion, was unter Induktivität? (Definition, Einheit).

2. Wie lautet die u-i-Beziehung einer linearen (nichtlinearen) Induktivität?

3. Was versteht man unter einer differentiellen Induktivität?

4. Wovon hängt die Induktivität einer Spule mit Eisenkern ab? Was geschieht bei Verdopplung der Wicklungszahl?

5. Wie verläuft die Spannung $u(t)$, wenn sich der Strom durch die Spule nach einer Sinusfunktion, nach einer Dreieckfunktion ändert?

6. Wie groß ist die in einer Spule gespeicherte Energie?

7. Geben Sie die Ersatzschaltung einer Spule mit Wicklungswiderstand an.

Abschnitt 2.5

1. Was versteht man unter einer gesteuerten Quelle? Welche Arten gibt es?

2. Skizzieren Sie die u-i-Kennlinie einer idealen ungesteuerten Spannungsquelle und einer spannungsgesteuerten idealen Spannungsquelle? Was versteht man hier unter dem Steuerfaktor? (Dimension, Bedeutung, Ersatzschaltung)

3. Wie wäre die Ersatzschaltung zu ändern, wenn die Spannungsquelle stromgesteuert werden soll?

4. Durch welche Netzwerkanordnung lassen sich gesteuerte Quellen nachbilden?

5. Wieso darf eine gesteuerte Quelle bei der Schaltungsanalyse nicht durch Kurzschluß (Spannungsquelle) bzw. Unterbrechung (Stromquelle) ersetzt werden, wie es für ungesteuerte Quellen (später, Zweipoltheorie) zulässig ist?

6. Gegeben ist ein Netzwerk mit n Klemmen ($n \geq 2$). Wieviele unabhängige u-i-Beziehungen lassen sich angeben? Prüfen Sie das Ergebnis für $n = 2, 3$. Entwerfen Sie einfache Widerstandsnetzwerke und prüfen Sie die u-i-Beziehungen nach.

3 Analyse elektrischer Netzwerke

Nach Durcharbeit des Abschnittes beherrscht der Leser

- die einfache Netzwerkanalyse auf Grundlage der Kirchhoffschen Gesetze
- Grundstromkreis, Leistungsbetrachtungen
- Vereinfachung der Netzwerkanalyse durch Anwendung der Zweipoltheorie (Kennlinie, Bestimmung der Ersatzgrößen, Ersatzschaltungen)
- Grundlage der analytischen, graphischen Analysemethoden für einfache nichtlineare Netzwerke, Kleinsignalkonzept, Arbeitspunktbegriff
- Zweigstromanalyse
- Maschenstromanalyse
- Knotenspannungsanalyse.

Beide Grundaufgaben der Elektrotechnik/Elektronik, nämlich

- die *Übertragung elektrischer Energie* über Leitungen, Transformatoren, Schalter zu einem Verbraucher z.B. einem Motor und
- die *Übertragung einer Information*, etwa aus dem Mikrofon, einem Telefon über Leitungen, Verstärker, Widerstände, Kondensatoren, Dioden usw. zum „Verbraucher", z.B. den Hörer des Gesprächsteilnehmers

lassen sich prinzipiell zurückführen auf *Netzwerke*, bestehend aus einer (oder mehreren) Quellen, geeignet zusammengeschalteten Bauelementen (Widerstände, Transistoren, Kondensatoren, Transformatoren usw.) und einem „Verbraucher". Das ist irgendein Element im Stromkreis, an dem man z.B. die auftretende Spannung wissen möchte. Grundsätzlich müssen in einem solchen Netzwerk die *Kirchhoffschen Gesetze* und die betreffenden Netzwerkelemente-Beziehungen erfüllt sein. Deshalb läßt sich jedes Netzwerk auf diese Weise berechnen, d.h. alle Ströme und Spannungen bestimmen. Das Verfahren heißt *Netzwerkanalyse*.

Im allereinfachsten Fall besteht ein Netzwerk aus einer Quelle – dem *aktiven Zweipol* – (etwa einer Batterie) und einem Lastelement, dem *passiven Zweipol*, vielleicht ein Glühlämpchen (vgl. Bild 1.5.1). Diese Zusammenschaltung beider Zweipole heißt *Grundstromkreis*. Auf ihn konzentrieren wir uns zunächst.

3.1 Zusammenspiel aktiver-passiver Zweipol. Grundstromkreis

Im einfachsten Fall besteht das Netzwerk aus dem Grundstromkreis mit aktivem und passivem Zweipol. Auf ihn lassen sich viele Problemstellungen, wie z.B. der Energietransfer Quelle – Verbraucher u a. zurückführen. Der aktive Zweipol enthält dabei wenigstens eine unabhängige Quelle, der passive nur die Grundelemente R, L, C und ggf. verkoppelten Spulen ($\rightarrow M$).

3.1.1 Reale unabhängige Quelle. Ersatzschaltungen des aktiven Zweipols

Bei der Behandlung der idealen unabhängigen Quellen (Abschn. 2.1) war bereits darauf verwiesen worden, daß reale Strom-Spannungsquellen stets einen *Innenwiderstand* haben. Dann gilt beispielsweise die Bedingung einer lastunabhängigen Klemmenspannung bei der Spannungsquelle nicht mehr. Deshalb werden eingeführt (Bild 3.1.1a):

– die *Spannungsquellen-Ersatzschaltung*, bestehend aus der unabhängigen Quellenspannung u_q und einem reihengeschalteten linearen Innenwiderstand R_i mit der u-i-Beziehung

$$u = u_\mathrm{q} - iR_\mathrm{i} \quad \text{bzw.} \quad i - (u_\mathrm{q} - u)/R_\mathrm{i} \qquad (3.1.1a)$$
$$\text{aktiver Zweipol, Spannungsquellendarstellung}$$

– die *Stromquellen-Ersatzschaltung* (Bild 3.1.1b), bestehend aus einem unabhängigen Quellenstrom i_q und parallelgeschaltetem Innenleitwert G_i mit der i-u-Beziehung

$$i = i_\mathrm{q} - uG_\mathrm{i} \quad \text{bzw.} \quad u = (i_\mathrm{q} - i)/G_\mathrm{i} \qquad (3.1.1b)$$
$$\text{aktiver Zweipol, Stromquellendarstellung.}$$

Bild 3.1.1
Ersatzschaltungen realer unabhängiger Quellen (= idealer Zweipol mit Innenwiderstand)
a) Spannungsquellenersatzschaltung
b) Stromquellenersatzschaltung

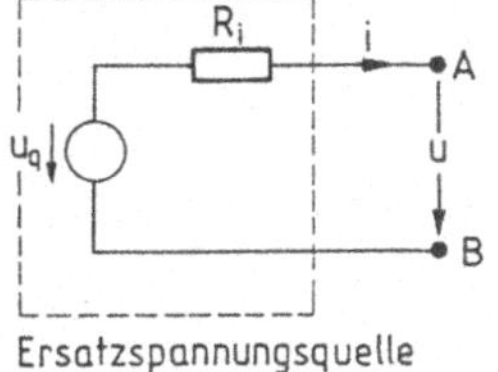

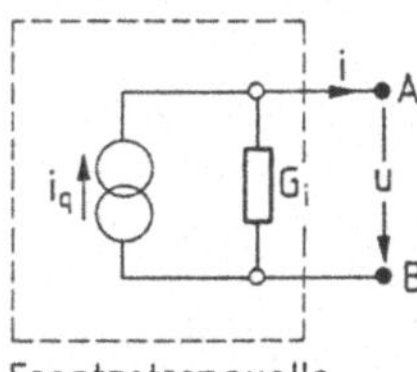

Gleichwertigkeit von Spannungsquellen- und Stromquellen-Ersatzschaltung.
Beide Ersatzschaltungen sind elektrisch *gleichwertig*, wenn folgende Bedingungen gelten:

– gleiche Innenwiderstände, d.h. $R_i = 1/G_i$

– Quotient von Quellenspannung u_q und Quellenstrom i_q gleich R_i: $\dfrac{u_q}{i_q} = R_i$.

> Ein aktiver Zweipol, bestehend aus unabhängiger Quelle und linearem Innenwiderstand, kann gleichwertig durch eine Spannungsquellen- oder Stromquellen-Ersatzschaltung nach Bild 3.1.1 dargestellt werden. (Diese Umwandlung gilt nicht für ideale Quellen!)

Weil dabei oft Ersatzschaltelemente auftreten, die der Vorstellung schlecht entsprechen, ist es anschaulicher, für Quellen mit

– *kleinem Innenwiderstand* $R_i \ll u/i$ die Spannungsquellen- und für solche mit

– *großem Innenwiderstand* $R_i \gg u/i$ die *Stromquellen-Ersatzschaltung* zu wählen.

Dann kommt die gewählte Ersatzschaltung dem Verhalten der jeweiligen idealen Quelle am nächsten (anschauliche Modellierung der Quelle).

Kennliniengleichungen. Die Kennliniengleichungen der Spannungs- und Stromquellen nach Gl. (3.1.1) wurden in Bild 3.1.2 eingetragen. Beide gleichwertige Ersatzschaltungen lassen sich durch eine Kennlinie darstellen. Darüber hinaus ist eine weitere Interpretation der Quellengrößen u_q, i_q möglich, z.B. in der Spannungsquellen-Ersatzschaltung :

– bei *Leerlauf*, d.h. $i = 0$ (stromlose Anschlüsse) wird an den Klemmen die *Leerlaufspannung* $u_l = u_q$ gleich der Quellenspannung gemessen

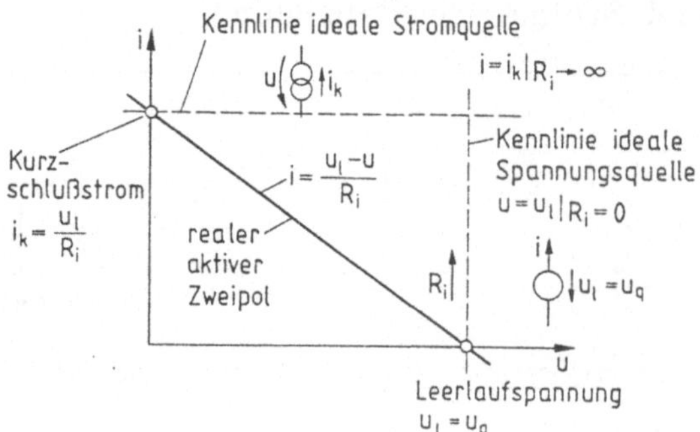

Bild 3.1.2
Strom-Spannungs-Kennlinie des realen aktiven Zweipols

– im Klemmenkurzschluß, d.h. $u = 0$, fließt der *Kurzschlußstrom*

$$i_\mathrm{k} = u_\mathrm{q}/R_\mathrm{i} = u_\mathrm{l}/R_\mathrm{i} = i_\mathrm{q} \qquad\qquad (3.1.2)$$

gleich dem Quellenstrom i_q!

Auf die Stromquellen-Ersatzschaltung trifft das gleiche zu.

> Deshalb gilt: Jeder aktive (lineare) Zweipol läßt sich gleichwertig durch eine Spannungsquellen- oder Stromquellen-Ersatzschaltung beschreiben. Von seinen Kenngrößen Quellenspannung u_q = Leerlaufspannung u_l, Quellenstrom i_q = Kurzschlußstrom i_k, Innenwiderstand R_i müssen zwei bekannt sein. Die dritte folgt aus $u_\mathrm{q} = i_\mathrm{q} R_\mathrm{i}$.

Bestimmung der Zweipolparameter. Wir erhalten die Kenngrößen des aktiven Zweipols:

a) experimentell durch *Messung* aus

– dem *Leerlaufversuch* ($i = 0$): Spannungsmessung mit Spannungsmesser unendlich hohen Widerstandes ($R \to \infty$). Gemessen wird die *Leerlaufspannung* $u_\mathrm{l} = u_\mathrm{q}$,

– dem *Kurzschlußversuch* ($u = u_\mathrm{AB} = 0$): Strommessung mit einem Strommeßinstrument vom Widerstand $R_\mathrm{a} = 0$: Kurzschlußstrom $i_\mathrm{k} = i_\mathrm{q}$,

b) rechnerisch aus (s. Bild 3.1.3)

– der *Leerlaufspannung* $u_\mathrm{l} = u_\mathrm{q}$ an den Klemmen des leerlaufenden Zweipoles,

– dem *Kurzschlußstrom* $i_\mathrm{k} = i_\mathrm{q}$ durch die Klemmen des kurzgeschlossenen Zweipols

– dem *Innenwiderstand*, entweder aus $R_\mathrm{i} = u_\mathrm{l}/i_\mathrm{k}$ oder direkter Berechnung $R_\mathrm{i} = R_\mathrm{AB}$, indem unabhängige Strom- und Spannungsquellen außer Betrieb gesetzt werden (Spannungsquellen kurzschließen, Stromquellen Leitungsunterbrechung).

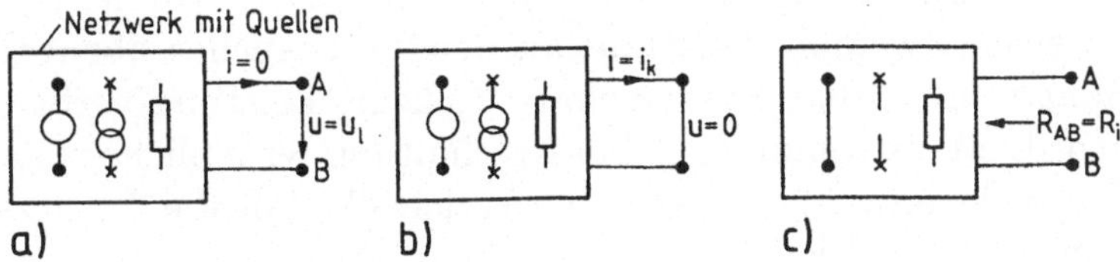

Bild 3.1.3 Ermittlung der Zweipolparameter
   a) Bestimmung der Leerlaufspannung u_l
   b) Bestimmung des Kurzschlußstromes i_k
   c) Bestimmung des Innenwiderstandes

Verallgemeinerung. Äquivalente Zweipole. Nach dem vorangegangenen kann jeder beliebige aktive Zweipol mit idealen Quellen und linearem Widerstand bezüglich seines Klemmenverhaltens durch eine Spannungsquellen- und Stromquellen-Ersatzschaltung nach Bild 3.1.1 ersetzt werden. Dieser auf *Helmholtz* [1], *Mayer*, *Thevenin* und *Norton* [2] zurückgehende Satz erlaubt häufig beträchtliche Vereinfachungen bei der Netzwerkanalyse.

Zweipole, die hinsichtlich ihrer Klemmenspannung und des Klemmenstromes gleiche Werte liefern, heißen *gleichwertige* oder *äquivalente Zweipole*. Dabei können die inneren Schaltungen (Zahl der Quellen, Schaltung, Grundbauelemente) sehr unterschiedlich sein (auch die umgesetzten Leistungen!). Trotzdem sind die Zweipole bezüglich der Klemmen A, B gleichwertig! Bild 3.1.4 zeigt ein Beispiel. Obwohl alle Schaltungen die gleichen Zwei-

Ersatz-spannungsquelle	Ersatz-stromquelle	Spannungsteiler	Doppelquelle
$10\,\Omega$; $i=0$; $3\,V$; $3\,V$; $P=0$	$i_k=0{,}3\,A$; $10\,\Omega$; $u_l=3\,V$; $P=0{,}9\,W$	$20\,\Omega$; $6\,V$; $20\,\Omega$; $3\,V$; $P=0{,}9\,W$	$20\,\Omega$; $20\,\Omega$; $4\,V$; $2\,V$; $3\,V$; $P=0{,}1\,W$
$10\,\Omega$; $3\,V$; i_k; $i_k=0{,}3\,A$; $P=0{,}9\,W$	$i_k=0{,}3\,A$; $10\,\Omega$; $i_k=0{,}3\,A$; $P=0$	$20\,\Omega$; $6\,V$; $20\,\Omega$; $i_k=0{,}3\,A$; $P=1{,}8\,W$	$20\,\Omega$; $20\,\Omega$; $4\,V$; $2\,V$; $i_k=0{,}3\,A$; $P=1\,W$

Bild 3.1.4 Elektrisch gleichwertige Schaltungen eines aktiven Zweipoles
$(u_l = 3\,\text{V},\ i_k = 0{,}3\,\text{A},\ R_i = 10\,\Omega)$

polkenngrößen besitzen, weichen sie im Innern sehr voneinander ab. Teilweise wird beträchtliche Leistung umgesetzt, ohne wegen des fehlenden passiven Zweipols Leistung an den Verbraucher abzugeben! Während die Spannungsquellen-Ersatzschaltung keine Leistung verbraucht, setzt die zugeordnete Stromquellen-Ersatzschaltung erhebliche Leistung um. Dieses Beispiel verdeutlicht sehr eindrucksvoll, daß die Ersatzschaltung wirklich nur ein Modell ist.

---

[1] Hermann von Helmholtz, deutscher Physiker und Physiologe 1821-1894.
[2] Der Satz wurde unabhängig von Helmholtz und Mayer und im englischsprachigen Schrifttum von Thevenin und Norton angegeben.

Beispiel: An eine ideale Spannungsquelle ($u_\mathrm{q} = 10\,\mathrm{V}$) ist eine Reihenschaltung der Widerstände $R_1 = 1\,\mathrm{k\Omega}$ und $R_2 = 2\,\mathrm{k\Omega}$ angeschlossen. Parallel zu R_2 liege die Reihenschaltung von $R_3 = 3\,\mathrm{k\Omega}$ und $R_4 = 2\,\mathrm{k\Omega}$. Welche Spannung u_4 fällt über R_4 ab? (Schaltskizze). Wir betrachten R_4 zunächst als passiven Zweipol. Dann beträgt die Leerlaufspannung u_2 des aktiven Zweipols (u_q, $R_1 \ldots R_3$) $u_2 = u_\mathrm{q}\, R_2/(R_1 + R_2) = 6{,}66\,\mathrm{V}$, der Innenwiderstand $R_\mathrm{i} = R_3 + R_1 \parallel R_2 = (3 + 0{,}66)\,\mathrm{k\Omega}$ und schließlich die Spannung über R_4 (Zusammenschalten von aktivem und passivem Zweipol $u_4 = R_4(R_4 + R_\mathrm{i})\, u_\mathrm{l} = 2{,}35\,\mathrm{V}$).

Technische Spannungsquellen. Als Anwendungsbeispiel zum vorherigen betrachten wird das Verhalten einer technischen Spannungsquelle, z.B. einer Batterie ($u_\mathrm{q} = 1{,}5\,\mathrm{V}$, $R_\mathrm{i} = 1{,}5\,\Omega$), wie sie als Monozelle häufig verwendet wird. Durch den Innenwiderstand sinkt die Klemmenspannung mit wachsendem Laststrom ab, was mit der Erfahrung übereinstimmt (Scheinwerfer am Auto werden dunkler, wenn man z.B. die Heckscheibenheizung zuschaltet). Sind mehrere dieser Spannungsquellen *reihengeschaltet*, so addieren sich die Leerlaufspannungen und Innenwiderstände nach dem Maschensatz

$$u_{\mathrm{l\,ges}} = \sum_n u_{\mathrm{ln}}; \quad R_{\mathrm{i\,ges}} = \sum_n R_{\mathrm{in}}\,. \tag{3.1.3}$$

Schaltet man z.B. zwei Batterien (Spannungen u_{q1}, u_{q2}) antiseriell in Reihe (Verbindung gleichartiger Pole, Bild 3.1.5a) und an einen Widerstand R_a,

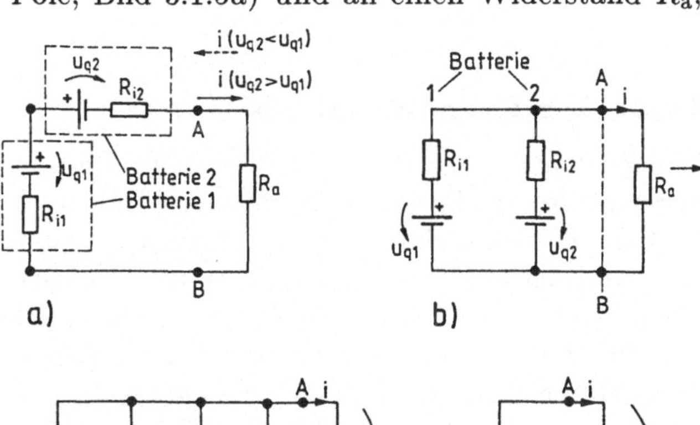

Bild 3.1.5
Zusammenschaltung
technischer Spannungsquellen
a) Antiserieschaltung
(antiserielle Reihenschaltung)
b) Parallelschaltung (Strom-
quellen-Parallelschaltung)
c) gleichwertige Spannungsquellenersatzschaltung zu b)

so fließt der Strom $i = (u_{q1} - u_{q2})/(R_a + R_{i1} + R_{i2})$. Die Stromrichtung hängt von der größeren Spannung ab: diese wirkt als aktiver Zweipol, die kleinere als „Verbraucher" mit einer sog. „Gegenspannung". Für $u_{q2} > u_{q1}$ wird Batterie 1 geladen.

Auch eine *Parallelschaltung* zweier Batterien (Bild 3.1.5b) ist möglich, jedoch nur, wenn jede einen Innenwiderstand besitzt (vgl. Abschn. 2.1.1.1). Die Berechung der Ersatzgrößen u_l, i_k, R_i ergibt sich durch schrittweise Umwandlung der Spannungsquellen in Stromquellen, Zusammenfassung zu einer Quelle und Rückwandlung in eine Spannungsquelle (Bild 3.1.5c). Man erhält (Nachweis):

$$i_k = i_{k1} + i_{k2} = \frac{u_{q1}}{R_{i1}} + \frac{u_{q2}}{R_{i2}}, \quad R_i = R_{i1} \parallel R_{i2}$$

$$u_2 = R_i i_k = \frac{u_{q1} R_{i2} + u_{q2} R_{i1}}{R_{i1} + R_{i2}}$$

$$(3.1.4)$$

Es ergibt sich bei gleichen Quellen ($u_l = u_{q1} = u_{q2}$, $R_i \to R_i/2$) die doppelte Stromverfügbarkeit, allerdings ist die Parallelschaltung bei verschiedenen Leerlaufspannungen bedenklich. Die Quelle mit der größeren Leerlaufspannung treibt ständig einen Strom durch die schwächere Quelle ($\to$ Aufladen), ohne daß im Außenkreis Strom fließt! Geradezu verheerend wird die Situation, wenn beide Batterien versehentlich „verpolt" zusammengeschaltet werden, $+$ an $-$ und umgekehrt: dann fließt der Kurzschlußstrom $i \approx (u_{q1} + u_{q2})/(R_{i1} + R_{i2})$!

Aufgaben 3.1.1, 3.1.2.

3.1.2   Der Grundstromkreis

Die Zusammenschaltung eines aktiven und passiven Zweipols über widerstandsfrei gedachte Verbindungen bildet den *Grundstromkreis* (Bild 3.1.6a). Er veranschaulicht den Energietransport von einer Quelle (Energie, Information) zum Verbraucher und ist somit die Grundschaltung, auf die sich viele Aufgaben der Elektrotechnik/ Elektronik zurückführen lassen. Im Bild erkennt man zunächst die Zweckmäßigkeit des Verbraucher-/ Erzeugerpfeilsystems: Das *Verbrauchersystem* (VPS) wird für den passiven Zweipol gewählt. Dann bedeutet (Bild 1.5.2)

$$p = u_2 i_2 > 0 \quad \text{Leistung}aufnahme$$

$$p < 0 \qquad\qquad \text{Leistung}abgabe.$$

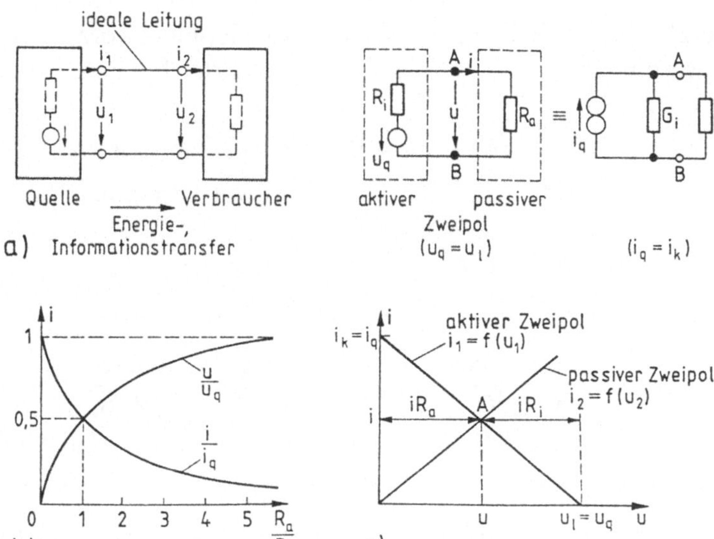

Bild 3.1.6 Grundstromkreis
a) Zusammenspiel Quelle - Verbraucher im Grundstromkreis. Zweipolersatzschaltung
b) Strom- und Spannungsverlauf (bezogen) im Grundstromkreis über dem (bezogenen) Lastwiderstand R_a/R_i
c) Kennlinie des aktiven und passiven Zweipols im Grundstromkreis

Das *Erzeugerpfeilsystem* (EPS) hingegen ist für die Quelle vorteilhaft, hier
bedeuten

$$p = u_1 i_1 > 0 \qquad \text{Leistungs}abgabe$$
$$p < 0 \qquad \text{Leistungs}aufnahme.$$

Beim *Zusammen*schalten beider Zweipole über verlustfreie Verbindungsleitungen gilt dann

$$
\begin{aligned}
i_1 &= i_2 = i \\
u_1 &= u_2 = u \ (= u_{AB}).
\end{aligned}
\qquad \text{Arbeitspunkt} \qquad (3.1.5)
$$

Diese Bedingung heißt *Arbeitspunkt*. Dabei fließt der Strom augenscheinlich
im Stromkreis in einer Umlaufrichtung (würde man die Quelle durch das
VPS kennzeichnen, so wären beim Quellenstrom negative Vorzeichen die
Folge).

Setzt man beide Zweipole als lineare Elemente voraus, so ergeben sich beim Zusammenschalten die beiden Maschengleichungen:

$$\text{M1:}\quad u + iRi - u_\text{q} = 0 \qquad \text{aktiver Zweipol}$$
$$\text{M2:}\quad iR_\text{a} - u = 0 \qquad\quad \text{passiver Zweipol.}$$

Daraus folgen die Klemmengrößen u, i:

$$i = \frac{u_\text{q}}{R_\text{i} + R_\text{a}} = \frac{u_\text{q}}{R_\text{ges}}, \quad u = iR_\text{a} = \frac{u_\text{q}R_\text{a}}{R_\text{i} + R_\text{a}} \tag{3.1.6}$$

Strom-Spannungsbeziehungen im Grundstromkreis.

Man erkennt im Ergebnis sofort die Spannungs- und Stromteilerregel, da $i_\text{q} = u_\text{q}/R_\text{i}$. Abhängig vom Lastwiderstand R_a schwankt der Strom zwischen einem

- *Maximalwert* $i = i_\text{max} = i_\text{k} = i_\text{q}$ bei *Kurzschluß* $R_\text{a} = 0$ und
- dem *Kleinstwert* $i = 0$ bei *Leerlauf* $R_\text{a} \to \infty$. Dabei stellt sich die Leerlaufspannung u_l an den Klemmen ein.

Strom und Spannung zeigen gegenläufiges Verhalten (Bild 3.1.6b). Trägt man die Kennlinie des aktiven und passiven Zweipols in ein gemeinsames i-u-Diagramm ein (Bild 3.1.6c), so sind die Bedingungen des *Arbeitspunktes* Gl. (3.1.6) nur im *Schnittpunkt* beider Kennlinien erfüllt.

Der gerade für elektronische Schaltungsprobleme wichtige *Arbeitspunkt* läßt sich somit ermitteln

- bei *linearen* Zweipolen entweder analytisch (Gl. (3.1.6)) oder graphisch als Schnittpunkt der Kennlinien von aktivem und passivem Zweipol
- bei *nichtlinearen* Zweipolen graphisch (sehr anschaulich!) oder meist nur numerisch.

Aus dem Diagramm gehen hervor:

- die Spannungsaufteilung auf R_a und R_i
- der Einfluß des Innenwiderstandes
- Änderungen z.B. der Quellenspannung (s.u.)
- und die sog. Anpassung $R_\text{a} = R_\text{i}$.

Leistungsumsatz. Anpassung. Im Grundstromkreis treten drei typische Leistungen auf:

– die im *Verbraucher* umgesetzte Leistung $p_\mathrm{a} = i^2 R_\mathrm{a} = u^2/R_\mathrm{a}$

– die *insgesamt* in den Kreis eingebrachte (erzeugte) elektrische Leistung $p = u_\mathrm{q} i = i^2 (R_\mathrm{i} + R_\mathrm{a})$

– die Verlustleistung p_i im Innenwiderstand $p_\mathrm{i} = R_\mathrm{i} i^2$.

Der Energieerhaltungssatz erfordert zudem $p = p_\mathrm{i} + p_\mathrm{a}$.

Für den *Leistungsumsatz* sind zwei Größen interessant:

– der *Wirkungsgrad* (s. Gl. (1.5.3))

$$\eta = p_\mathrm{a}/p = R_\mathrm{a}/(R_\mathrm{i} + R_\mathrm{a}) \tag{3.1.7}$$

als Verhältnis der im Verbraucher umgesetzten Leistung p_a zu der insgesamt aufgewendeten elektrischen Leistung p und

– die im Verbraucher *absolut* auftretende Leistung

$$p_\mathrm{a} = i^2 R_\mathrm{a} = \frac{R_\mathrm{a}}{(R_\mathrm{i} + R_\mathrm{a})^2} u_\mathrm{l} = \frac{R_\mathrm{a}}{(R_\mathrm{i} + R_\mathrm{a})^2} u_\mathrm{q} . \tag{3.1.8}$$

Bei konstanter Quellenspannung u_q hat die Funktion $p_\mathrm{a}(R_\mathrm{a})$ ein *Maximum* für

$$R_\mathrm{a} = R_\mathrm{i} \quad \text{Leistungsanpassung.} \tag{3.1.9a}$$

Dazu gehören der *Arbeitspunkt*

$$u = u_\mathrm{l}/2; \quad i = i_\mathrm{k}/2 \tag{3.1.9b}$$

und ein Wirkungsgrad $\eta = 1/2$ mit der maximalen Verbraucherleistung

$$p_{\mathrm{a}/\max} = \frac{u_\mathrm{l}^2}{4R_\mathrm{i}} = \frac{u_\mathrm{l}^2}{4R_\mathrm{a}} . \tag{3.1.10}$$

Bei Anpassung $R_\mathrm{a} = R_\mathrm{i}$ beträgt der Wirkungsgrad im Grundstromkreis $\eta = 1/2$ und dem Verbraucher wird maximale Leistung zugeführt. Bild 3.1.7 zeigt die Situation.

Nicht immer kann $R_\mathrm{a} = R_\mathrm{i}$ gewählt werden, man spricht dann von *Fehlanpassung* und unterscheidet:

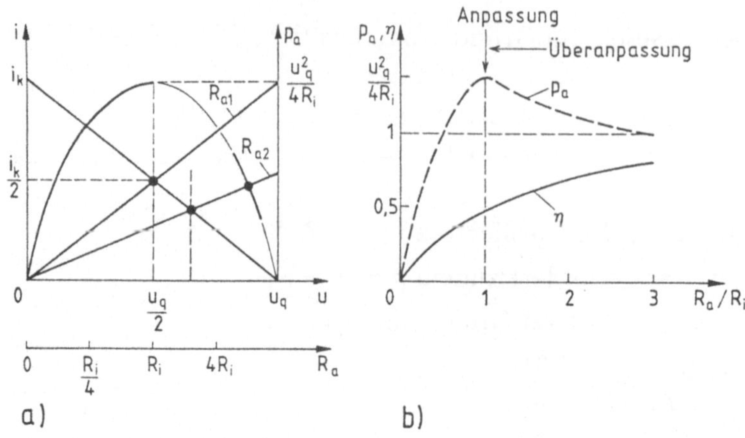

Bild 3.1.7 Leistungsumsatz und Anpassung im Grundstromkreis
a) Leistungsumsatz p_a im passiven Zweipol
b) Leistungsumsatz und Wirkungsgrad η in Abhängigkeit vom Lastwiderstand

$$
\begin{array}{lll}
\text{Unteranpassung} & R_a < R_i & \\
\text{Anpassung} & R_a = R_i & (3.1.11) \\
\text{Überanpassung} & R_a > R_i\,. &
\end{array}
$$

Eine zweite Anpaßart, nämlich nach dem sog. *Wellenwiderstand*, ist für die *Elektronik* dann interessant, wenn ein Verbraucher über eine (lange) Leitung bei schnellen zeitveränderlichen Signalen angeschlossen ist und bestimmte Bedingungen an die Übertragungsqualität gestellt werden (s. Abschn. 10.4.1).

Für die Leistungsübertragung sind zwei Gesichtspunkte maßgebend:

- die *Informationstechnik* arbeitet mit sehr geringen Quellenleistungen (Beispiel: ein Signalgenerator mit $u_l = 2\,\text{V}$, $R_i = 50\,\Omega$ hat die Kurzschlußleistung von $p = u_l i_k = u_l^2/R_i = 0{,}08\,\text{W}$). Dann kommt es darauf an, den *Absolutwert* der im Verbraucher umgesetzten Leistung möglichst hoch zu wählen, also *Anpassung $R_a = R_i$* einzustellen.

- Für die *Energietechnik* hingegen steht wegen der sehr großen zu übertragenden Leistungen (kW...MW!) der *Wirkungsgrad* aus wirtschaftlichen Gründen im Vordergrund. Da die dort verwendeten Generatoren durchweg eine feste Quellenspannung liefern (z.B. $u_l = u_q = \text{const.}$, etwa $u_q = 230\,\text{V}$), erfordert hoher Wirkungsgrad $\eta \lessgtr 1$ zwangsläufig

$$R_i \ll R_a\,.$$

Dann bleibt die (unwirtschaftliche) Verlustleistung p_i in der Quelle klein. Es wäre zudem höchst unpraktikabel, wenn z.B. die Spannung an der Steckdose lastabhängig dauernd sehr stark schwanken würde und mindestens 50 % der erzeugten Leistung als reine Verlustleistung verlorengehen.

Grundsätzlich gelten diese Überlegungen auch für den Grundstromkreis mit *nichtlinearen* Zweipolen, wenn die Lösungen auch z.T. graphisch erfolgen müssen.

Beispiel: Zwei Taschenlampenbatterien ($u_q = 1{,}5\,\text{V}$, $R_i = 1{,}5\,\Omega$) sind reihengeschaltet und betreiben ein Glühlämpchen ($2{,}5\,\text{V}$, $p = 0{,}3\,\text{W}$). Wir suchen den Leistungswirkungsgrad (Verhältnis von Leistung am Lämpchen zur gesamten aufgewendeten Leistung). Die Glühlampe hat den Widerstand $R = u^2/p = (2{,}5\,\text{V})^2/0{,}3\,\text{W} = 20{,}8\,\Omega$. Der Leistungswirkungsgrad beträgt $\eta = p/p_q = iu/iu_q = R/(R + R_i) = 20{,}8/(20{,}8 + 3) = 0{,}87$. Würde man bei gleicher Lichtleistung ($p = 0{,}3\,\text{W}$) eine Lampe z.B. für 9 V verwenden (6 Batterien reihengeschaltet, $n = 6$, mit $u_l = 9\,\text{V}$, $R_i = 6 \times 1{,}5\,\Omega = 9\,\Omega$), so müßte als Bestimmungsgleichung für die Leistung gelten:

$$p = Ri^2 = \frac{(u_q n)^2}{(R + nR_i)^2}R\,.$$

Die Lösung führt auf $(R + nR_i)^2 = R(nu_q)^2/p$ als Bestimmungsgleichung für R. Man erhält die beiden Lösungen (Nachweis) $R = 250\,\Omega$, der zweite Wert $R \leq 1\,\Omega$ würde Kurzschluß der Batterie bedeuten und kommt nicht in Betracht. Der Wirkungsgrad verbessert sich auf 96 % .

Aufgaben 3.1.3, 3.1.4.

3.1.3 Nichtlineare Zweipole im Grundstromkreis

Enthält der Grundstromkreis wenigstens ein nichtlineares NWE (Quelle und/oder Verbraucher), so liegt ein *nichtlinearer* Grundstromkreis vor. Der Fall tritt häufiger auf als man zunächst annimmt:

- so hängt beispielsweise der Innenwiderstand einer Trockenbatterie und des Akkumulators vom Strom ab

- viele Bauelemente (z.B. Glühlämpchen, Heiß-/Kaltleiter, Dioden, Transistoren, Solarzellen) haben nichtlineare Kennlinien, also praktisch alle wichtigen Bauelemente der Elektronik (vgl. Abschn. 2.2.3).

Es bleibt in solchen Fällen zu fragen, wie die Analyse des Grundstromkreises zu erfolgen hat. Die grundsätzliche Vorgehensweise besteht aus zwei Schritten:

1. *Aufbereitung der Schaltung*, d.h.

– Wahl der Netzwerkmodelle der Bauelemente und ihrer Klemmenbeschreibungen (analytisch, graphisch)

– Versuch, die Schaltung in einen linearen Teil und möglichst wenige *bestimmend* nichtlineare Elemente zu trennen

– Ersatz des linearen Netzwerkes durch eine Ersatzschaltung (Strom-Spannungsquellenform oder nur passives Element)

– Darstellung des nichtlinearen Zweipols (analytisch, graphisch (Kennlinien), stückweise lineare Approximation, numerische Form oder Kombination mehrerer Formen).

2. *Lösung des Strom-Spannungsverhaltens*, z.B. analytisch, numerisch oder graphisch. Die Lösung zielt zunächst auf die Bestimmung des *Arbeitspunktes* der Schaltung. Vor allem bei elektronischen Schaltungen interessiert oft zusätzlich noch, wie sich die Schaltung bei *Aussteuerung* um den Arbeitspunkt, also mehr oder weniger großen Änderungen der Ströme/Spannungen verhält. Ein wichtiger Fall ist dabei die sog. *Kleinsignalaussteuerung.*

Der einzuschlagende Lösungsweg hängt stark davon ab, in welcher Form das u-i-Verhalten des nichtlinearen Netzwerkelementes vorliegt. Dies werde am Beispiel der sehr häufig vorkommenden *Halbleiterdiode* (s. Abschn. 7.1) veranschaulicht. Ihr u-i-Verhalten kann unter bestimmten Bedingungen in der Form (s. Gl. (2.2.14a))

$$i = I_{\mathrm{S}}(\exp u/mU_{\mathrm{T}} - 1) \tag{3.1.12}$$

geschrieben werden. Die Größen I_{S} (sog. Sättigungsstrom $10^{-14} \ldots 10^{-12}\,\mathrm{A}$) und mU_{T} (Temperaturspannung $U_{\mathrm{T}} \approx 25\,\mathrm{mV}$, $m \approx 1 \ldots 2$) lassen sich entweder aus physikalischen Modellen berechnen oder an der Diode experimentell (Kurve, Menge von Meßpunkten) bestimmen.

Folgende Darstellungsformen des u-i-Verhaltens sind möglich:

– die *analytische Form* entsprechend Gl. (3.1.12) (sofern eine solche für das betreffende NWE existiert)

– die *Darstellung als Kurve* (entweder die graphische Darstellung der analytischen Form oder eine experimentell bestimmte Form). Sie kann auch aus einer Reihe von Meßpunkten hervorgehen, die durch eine Ausgleichskurve verbunden wurde. Ebenso ist es möglich, eine analytische Form mit freien Parametern an Meßergebnisse anzupassen (sog. Kurvenfitting).

– (Stückweise) *Kennlinienapproximation* durch „Ersatzfunktionen", z.B. Polynome $i \sim u^2$ für Dioden und bestimmte Transistorkennlinien, Exponentialfunktionen, tanh-Funktionen für Kennlinien mit ausgeprägtem Sättigungsverhalten. Besonders vorteilhaft ist dabei die sog. *stückweise lineare Näherung* oder *Knickkennliniennäherung*. Hier wird die nichtlineare Kennlinie durch Geradenstücke ($\rightarrow$ lineare Widerstände!) und unabhängige Quellen ersetzt.

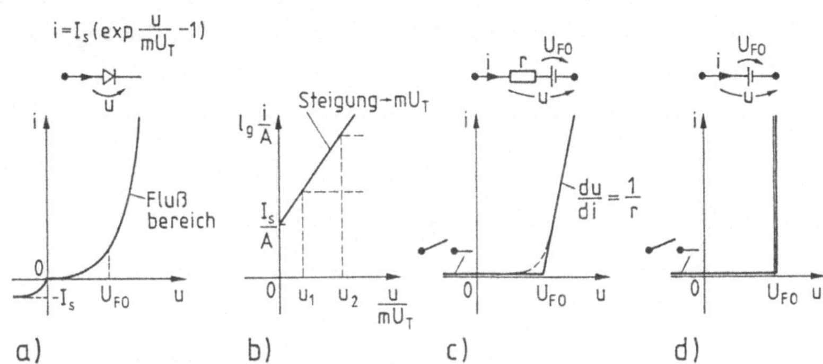

Bild 3.1.8 pn-Diodenkennlinie und ihre Näherungen
  a) Kennlinie (Modelldiode), lineare Maßstäbe
  b) Flußbereich wie a), aber einfach-logarithmische Darstellung
  c) Knickkennlinie (mit Längswiderstand)
  d) Knickkennlinie (ohne Längswiderstand)

Bild 3.1.8 zeigt dieses Vorgehen für die Halbleiterdiode mit der Kennlinie Gl. (3.1.12). Ihre Bestimmungsstücke I_S und mU_T könnten z.B. ermittelt werden, wenn man Meßpunkte in halblogarithmischer Darstellung aufträgt, weil sich dann – durch die Exponentialform bedingt – eine Gerade ergibt. Da logarithmische Darstellungen nur für dimensionslose Größen möglich sind, normiert man Gl. (3.1.12) zweckmäßig auf die Stromeinheit (A), logarithmiert beiderseits und erhält (für die Einschränkung $u/mU_T \gg 1$, d.h. für Spannungen $u \gtrsim 50\,\mathrm{mV}$) mit $\lg(e^x) = x \lg e = x \cdot 0,434)$

$$\lg \frac{i}{A} = \lg\left[\frac{I_S}{A} \exp \frac{u}{mU_T}\right] = \lg \frac{I_S}{A} + \frac{u}{mU_T} \lg e\,.$$

Dies ist in halblogarithmischer Darstellung eine Gerade durch den Schnittpunkt mit der Ordinate I_S/A, deren Anstieg $\frac{\mathrm{d}}{\mathrm{d}u}(\lg \frac{i}{A}) = 0,434/mU_T$ aus einer Zweipunktdarstellung ($i_1 \rightarrow u_1$, $i_2 \rightarrow u_2$) bestimmt werden kann oder umgestellt

$$mU_\mathrm{T} = \frac{u_1 - u_2}{\lg i_1/A - \lg i_2/A}\,\lg e\,. \qquad (3.1.13)$$

Für nicht zu hohe Ansprüche genügt auch eine *Geradennäherung* (stückweise lineare Näherung) als vereinfachte Diodenkennlinie (Bild 3.1.8c). Fürs erste kann man annehmen, daß Stromfluß durch die Diode erst erfolgt, wenn im Flußbereich ($u > 0$) eine *Mindestspannung* U_FO, die sog. *Schleusenspannung* erreicht ist:

$$\boxed{\begin{array}{lll} u \geq U_\mathrm{FO}\colon i > 0 & \text{Flußspannung an der Diode, Diode leitet} & \\[2mm] u < U_\mathrm{FO}\colon i = 0 & \text{Diode sperrt, kein Stromfluß.} & (3.1.14) \end{array}}$$

Die Schleusenspannung U_FO hat danach die Bedeutung eines (unabhängigen) Quellenwertes, *ohne* daß sie etwa Energie in den Kreis speisen würde ($\rightarrow$ hypothetisches Netzwerkelement). Eine endliche Steigung läßt sich für $u > U_\mathrm{FO}$ erreichen, wenn der Quelle zusätzlich ein Widerstand R oder dynamischer Widerstand r ($\rightarrow\ \mathrm{d}i/\mathrm{d}u = 1/r$) reihengeschaltet wird.

Eine gröbere Näherung würde auf R verzichten ($R \rightarrow 0$, Bild 3.1.8d) und im Idealfall müßte auch $U_\mathrm{FO} \rightarrow 0$ gehen. Man spricht hier von *Knickkennlinien*.

In den folgenden Abschnitten sollen diese Betrachtungen erweitert werden.

3.1.4 Graphische Behandlung des nichtlinearen Grundstromkreises

Vielfach lassen sich größere Netzwerke auf den Grundstromkreis zurückführen und die typische Nichtlinearität entweder im aktiven und/oder passiven Zweipol zusammenfassen. Dann bietet sich die Anwendung eines graphischen Verfahrens an, vor allem, wenn die u-i-Kennlinie des nichtlinearen Elementes vorliegt. Man faßt den linearen Netzwerkteil zu einer einfachen Ersatzschaltung zusammen (aktiver oder passiver Zweipol), der mit dem nichtlinearen Element (unter Beachtung der Kirchhoffschen Gesetze und u-i-Elementbeziehungen) zusammenwirkt. Damit lautet die

Lösungsstrategie: graphische Arbeitspunktermittlung

1. Man fasse den linearen Netzwerkteil zusammen und beschreibe ihn durch die Ersatzgrößen eines aktiven Zweipols (Stromquellen- oder Spannungsquellen-Ersatzschaltung), einen Mehrpol durch einen aktiven Mehrpol.

2. Man trage die Kennlinien der nichtlinearen und linearen Zweipole in ein u-i-Diagramm. Die Achsenabschnitte $u_l = u_q$ ($i = 0$) und $i_k = i_q$ ($u = 0$) sind Leerlaufspannung und Kurzschlußstrom des aktiven Zweipols.

3. Die Kennlinien der nichtlinearen passiven und aktiven Zweipole schneiden sich wenigstens in einem Punkt, dem *Arbeitspunkt A:* graphische Lösung der Strom-Spannungsrelation. Treten mehrere Arbeitspunkte auf, so muß ihre Stabilität untersucht werden.

Wir wollen zunächst annehmen, daß der *aktive Zweipol linear* und nur der passive nichtlinear sein soll. Bild 3.1.9 zeigt eine entsprechende Schaltung. Zunächst wird der lineare Netzwerkteil zu einer Spannungsquellen-

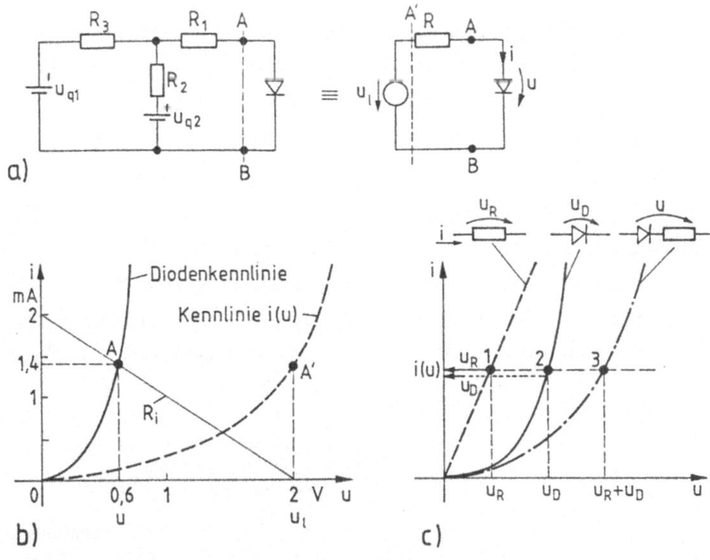

Bild 3.1.9 Graphische Behandlung eines nichtlinearen Netzwerkes
  a) Schaltung und Aufteilung in linearen aktiven Zweipol und nichtlinearen passiven Zweipol
  b) Arbeitspunktermittlung als Schnittpunkt der Kennlinien von aktivem und passivem Zweipol
  c) Reihenschaltung von linearem und nichtlinearem passiven Zweipol

Ersatzschaltung zusammengefaßt und die Leerlaufspannung wie ein Innenwiderstand bestimmt:

$$u_l = u_{q2} + iR_2 = u_{q2} + \frac{(u_{q1} - u_{q2})}{R_2 + R_3}R_2 = 2\,\text{V}$$

$$R_i = R_1 + (R_2 \parallel R_3) = 0{,}25\,\text{k}\Omega \parallel 3\,\text{k}\Omega) = 1\,\text{k}\Omega\,.$$

Die Diodenkennlinie sei graphisch gegeben (Bild 3.1.9b). Man erhält den Arbeitspunkt zu $i_A = 1{,}4\,\text{mA}$, $u_A = 0{,}6\,\text{V}$.

Die Lösung kann auch anders erhalten werden: wir denken uns den aktiven Zweipol (Bild 3.1.9a) nur aus einer Quellenspannung $u_q = 2\,\text{V}$ bestehend, und fassen R_i als Reihenwiderstand zur Diode auf. Diese Reihenschaltung hat eine neue Kenninie, die sog. *gescherte Diodenkennlinie.* Man erhält sie durch Addition der Spannungsabfälle u_D und u_R bei jedem Strom (Punkte 1, 2 und 3 in Bild 3.1.9c). Diese gescherte Diodenkennlinie wurde im Bild 3.1.9b eingetragen. Der Arbeitspunkt A' ergibt sich als Schnittpunkt mit der Geraden $u_q = u_2 = \text{const}$. Mit einem solchen graphischen Verfahren lassen sich dann auch leicht Änderungen, z.B. der Quellenspannung oder des Innenwiderstandes, übersehen.

Stabilität des Arbeitspunktes. Hat der passive nichtlineare Zweipol einen fallenden Kennlinienbereich, so können mehrere Arbeitspunkte auftreten, und es steht die Frage nach dem jeweils gültigen Wert.

Bild 3.1.10 zeigt eine Schaltung mit einem PTC-Widerstand als Lastelement. Je nach der Spannungsquelle (u_q, R_i) ergeben sich entweder drei oder ein Arbeitspunkt. Wäre $R_i = 0$ (ideale Spannungsquelle), so würde sich bei Variation von u_q stets nur ein Arbeitspunkt einstellen. Er ist stabil, wie dies bisher vom Zusammenspiel aktiver-passiver Zweipol bekannt ist. Mit wachsendem R_i (und entsprechender Spannung $R_i < 1/R$) gibt es jedoch bald eine Situation mit drei Schnittpunkten $A_1 \dots A_3$, davon ist A_2 instabil.

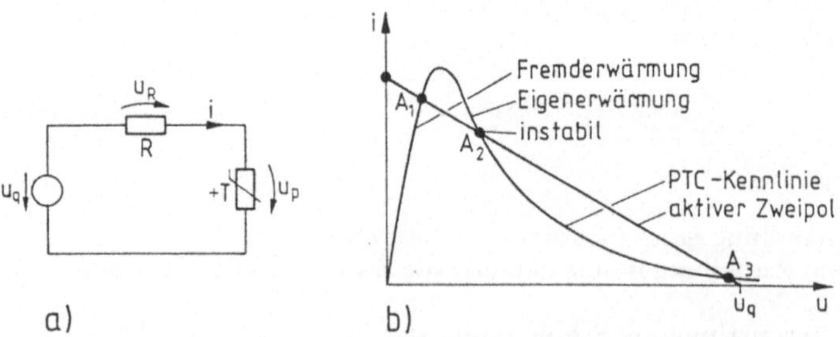

Bild 3.1.10 Kaltleiter (PTC-Widerstand) als Last eines aktiven Zweipols
     a) Schaltung, b) Kennlinien des aktiven und passiven Zweipols

Der Arbeitspunkt A_1 liegt im Bereich der Fremderwärmung des Kaltleiters: geringe Spannung, großer Strom, geringe eigene Verlustleistung. Steigt die Kaltleitertemperatur, so wird schließlich das Strommaximum überschritten, weil die Eigenerwärmung zunimmt (Anwachsen der Verlustleistung) und der Strom zu sinken beginnt. Er kommt erst im Arbeitspunkt A_3 zur Ruhe (A_3 stabil). Der Arbeitspunkt A_2 ist somit instabil. Er kann durchfahren, aber nicht eingestellt werden (jedenfalls nicht mit dieser Arbeitsgeraden).

Derartige Arbeitspunkte im fallenden Kennlinienbereich spielen für die Schwingungserzeugung mit elektronischen Schaltungen eine Rolle. Dieser Problemkreis (und auch die Formulierung von Kriterien über die Stabilität des Arbeitspunktes) überschreitet aber den Rahmen dieser Einführung.

Nichtlinearer aktiver Zweipol. Aktive nichtlineare Zweipole treten in der Praxis häufig auf: der Innenwiderstand einer jeden 1,5 V Trockenbatterie hängt vom Strom ab (Bild 3.1.11a), eine Solarzelle kann näherungsweise als Parallelschaltung einer unabhängigen Stromquelle und einer Halbleiterdiode modelliert werden (Bild 3.1.11b), eine Reihenschaltung von Spannungsquelle

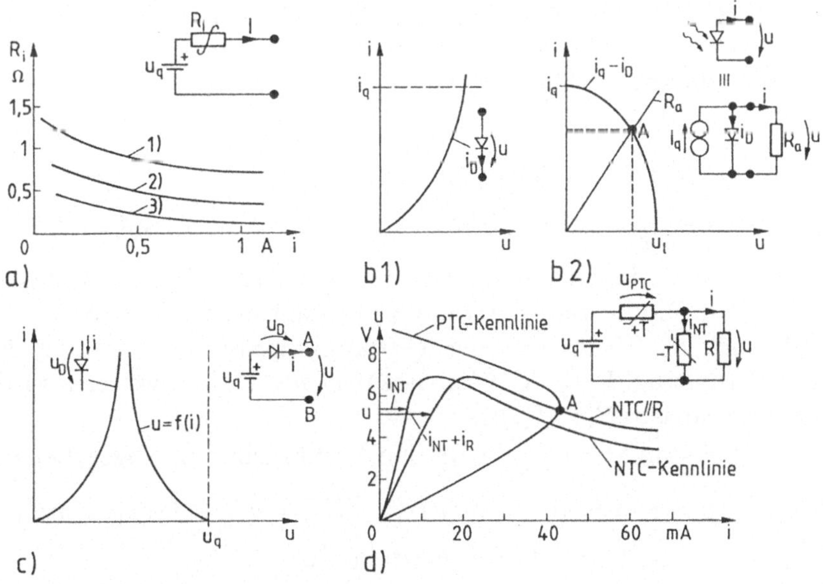

Bild 3.1.11 Beispiele nichtlinearer aktiver Zweipole
a) verschiedene Batterien, 1) Kohle-Zink-Element, 2) Alkali-Mangan-Element, 3) NC-Element, aufladbar
b) Solarzelle, 1) ideale Stromquelle, Diodenkennlinie, 2) Differenz von idealer Stromquelle und Diodenkennlinie, Zweipolersatzschaltung
c) ideale Spannungsquelle mit flußgepolter Diode als Innenelement
d) Schaltungskombination aus Kalt- und Heißleiter

und Halbleiterdiode (Bild 3.1.11c) ist leicht möglich und ebenso eine Zusammenschaltung von Spannungsquellen, Kalt- und Heißleiter sind zur Entmagnetisierung von Farbbildröhren breit im Einsatz (Bild 3.1.11d). Auch in solchen Fällen gilt die bisher eingeschlagene Lösungsmethodik: Man zeichnet beide Kennlinien in ein Diagramm und bestimmt den Schnittpunkt.

Schwierigkeiten bereitet dabei häufig die Gewinnung der aktiven Zweipolkennlinie selbst. Dies werde an zwei Beispielen gezeigt: Liegt die Reihenschaltung einer idealen Spannungsquelle und einer Halbleiterdiode (Bild 3.1.11c) z.B. mit der Kennliniengleichung (3.1.12) vor, so ergibt sich die aktive Zweipolkennlinie aus

$$u_\mathrm{l} = u_\mathrm{q} - u_\mathrm{D} = u_\mathrm{q} - mU_\mathrm{T}\ln[i/I_\mathrm{S} + 1].$$

Es muß stromabhängig jeweils die Diodenspannung u_D von u_q subtrahiert werden, wie es der Maschensatz verlangt. Im i-u-Diagramm wird dann von der Parallelen u_q =const. die Diodenkennlinie „abgezogen". Die Kennlinie des passiven Zweipols ist wie üblich einzutragen.

Die Kennlinie einer *Solarzelle* ergibt sich aus einer Konstantstromquelle i_q (die direkt der einfallenden Sonnenstrahlung proportional ist) und einer parallelliegenden Diode mit dem Diodenstrom $i_\mathrm{D}(u)$. Der Klemmenstrom (EZP) ist die Differenz beider Größen

$$i = i_\mathrm{q} - i_\mathrm{D}(u).$$

So entsteht die Kennlinie (Bild 3.1.11b)

$$i = i_\mathrm{q} - I_\mathrm{S}(\exp u/mU_\mathrm{T} - 1) \approx i_\mathrm{q} - I_\mathrm{S}\exp u/mU_\mathrm{T} \tag{3.1.15}$$

des aktiven nichtlinearen Zweipols mit ausgeprägt nichtlinearem „Innenleitwert". Die Leerlaufspannung u_l beträgt etwa 0,7 V. An diesem Beispiel soll auch die Bedingung der *Leistungsanpassung* untersucht werden, weil die Bedingung $R_\mathrm{i} = R_\mathrm{a}$ (Anpasssung) nicht ohne weiteres in dieser Form anwendbar ist $(R_\mathrm{i} = f(i)!)$.

Im Arbeitspunkt hängt die an den Verbraucher R_a abgegebene Leistung

$$p = u \cdot i = u(i_\mathrm{q} - i_\mathrm{D}(u)) = i^2 R_\mathrm{a} = u(i_\mathrm{q} - I_\mathrm{S}\exp u/mU_\mathrm{T})$$
$$\text{mit} \quad i = i_\mathrm{q} - I_\mathrm{S}\exp u/mU_\mathrm{T} \tag{3.1.16}$$

vom Lastwiderstand ab. Dabei werde in der *Diodenkennlinie* der Sättigungsstromeinfluß $(\exp x - 1 \approx \exp x)$ vernachlässigt, da die Diode im Flußbereich arbeitet. Die Leistung $p = p(u)$ wird maximal für

$$\frac{\mathrm{d}p(u)}{\mathrm{d}u} = 0 : \rightarrow \frac{i_\mathrm{q}}{I_\mathrm{S}} = \left(1 + \frac{u_\mathrm{m}}{mU_\mathrm{T}}\right)\exp\frac{u_\mathrm{m}}{mU_\mathrm{T}}, \tag{3.1.17}$$

also bei der Spannung u_{m}, zu der der Strom $i_{\mathrm{m}} = i_{\mathrm{q}} - i_{\mathrm{D}}(u_{\mathrm{m}})$ gehört (Punkt $P(i_{\mathrm{m}}, u_{\mathrm{m}})$). Die maximal an den Verbraucher abgegebene Leistung beträgt

$$p_{\mathrm{m}} = u_{\mathrm{m}} i_{\mathrm{m}} = i_{\mathrm{q}} \frac{u_{\mathrm{m}}^2}{u_{\mathrm{m}} + m U_{\mathrm{T}}} \tag{3.1.18}$$

Sie drückt sich als Rechteckfläche im i-u-Diagramm aus, die jetzt am größten ist. Dazu gehört der (optimale) Verbraucherwiderstand

$$R_{\mathrm{a}}\Big|_{\mathrm{opt}} = \frac{u_{\mathrm{m}}}{i_{\mathrm{m}}} = \frac{u_{\mathrm{m}} + m U_{\mathrm{T}}}{i_{\mathrm{q}}} \approx \frac{u_{\mathrm{m}}}{i_{\mathrm{q}}} \tag{3.1.19}$$

da $i_{\mathrm{m}} = i_{\mathrm{q}} \dfrac{u_{\mathrm{m}}}{m U_{\mathrm{T}} + u_{\mathrm{m}}}$ aus Gl. (3.1.17) folgt.

Wie groß ist der Innenwiderstand in diesem Falle?

Die Beziehung $R_{\mathrm{i}} = u_{\mathrm{l}}/i_{\mathrm{k}}$ ist wegen der starken Nichtlinearität sicher *nicht* zulässig (obwohl sich die Leerlaufspannung berechnen läßt). Wir untersuchen deshalb den differentiellen Innenwiderstand $r = \mathrm{d}u/\mathrm{d}i$ oder seinen Reziprokwert, den Innenleitwert $g = \mathrm{d}i/\mathrm{d}u|_{\mathrm{m}}$ im Punkt maximaler Leistungsabgabe (das ist die Tangente im Punkt P). Aus dem Strom $i = i_{\mathrm{q}} - I_{\mathrm{S}} \exp u/m U_{\mathrm{T}}$ ergibt sich die Ableitung

$$\begin{aligned}
\frac{\mathrm{d}i}{\mathrm{d}u}\Big|_P &= -\frac{I_{\mathrm{S}}}{m U_{\mathrm{T}}} \exp \frac{u}{m U_{\mathrm{T}}} \rightarrow \frac{\mathrm{d}i}{\mathrm{d}u}\Big|_P \\
&= -\frac{I_{\mathrm{S}}}{m U_{\mathrm{T}}} \exp \frac{u_{\mathrm{m}}}{m U_{\mathrm{T}}} = \frac{-i_{\mathrm{q}}}{m U_{\mathrm{T}} + u_{\mathrm{m}}}.
\end{aligned} \tag{3.1.20}$$

Abgesehen vom Vorzeichen (das sich durch die EZP ergibt) gilt auch hier die Anpaßbedingung, wenn für den nichtlinearen Zweipol der differentielle Widerstand (Leitwert) verwendet wird: Anpassung

$$\boxed{ R_{\mathrm{a}} = r_{\mathrm{i}} = \mathrm{d}u/\mathrm{d}i|_P \, . \qquad\qquad (3.1.21) }$$

Der Unterschied besteht aber in der Größe der abgeführten Leistung selbst. Während beim linearen Grundstromkreis bei Anpassung nur 25 % der sog. Kurzschlußleistung $i_{\mathrm{k}} u_{\mathrm{l}}$ im Anpaßfall an den Verbraucher gelangt (Wirkungsgrad 50 %), ist dies bei der Solarzelle durch die Kenniniennichtlinearität deutlich mehr, nämlich das Verhältnis der Fläche bei Anpassung zur Gesamtfläche $i_{\mathrm{k}} u_{\mathrm{L}}$. Dieses Verhältnis heißt *Füllfaktor*

$$FF = (i_{\mathrm{m}} u_{\mathrm{m}})/i_{\mathrm{q}} u_{\mathrm{l}}.$$

Er liegt für reale Solarzellen bei über 80 %. Als Richtwert mögen folgende Anhaltspunkte gelten (Werte bei voller Sonneneinstrahlung): Quellenstromdichte i_q/A (A Solarfläche) $\approx (30\ldots 40)\,\mathrm{mA/cm^2}$, $u_l \approx 0{,}6\,\mathrm{V}$, $m \approx 1\ldots 2$, $U_T = 25\,\mathrm{mV}$, Fläche A pro Zelle einige $\mathrm{cm^2}$ (näheres Abschn. 7.5.4).

Als weiteres Beispiel möge eine Schaltungskombination aus Spannungsquelle, Kalt- und Heißleiter (mit Parallelwiderstand) betrachtet werden, wie sie als Entmagnetisierungsschaltung im Farbfernseher vorkommt (Bild 3.1.11d). Unmittelbar nach dem Einschalten haben Kalt- und Heißleiter noch ihre Ausgangswiderstände, und es fließt ein hoher Strom hauptsächlich durch den Parallelwiderstand R der Entmagnetisierungsspule. Mit Erwärmung der beiden temperaturabhängigen Widerstände sinkt der Strom generell und zusätzlich verlagert er sich von der Entmagnetisierungsspule in den Heißleiter.

Die hier interessierende Kennlinie des passiven (nichtlinearen) Zweipols ergibt sich durch Stromaddition: zu jeder Spannung werden die Ströme i_R und i_{NT} bestimmt, ihre Summe gibt die neue Kennlinie. Die Kennlinie des aktiven nichtlinearen Zweipols entsteht durch Abzug des Spannungsabfalles über dem PTC-Widerstand für einen gegebenen Strom von der Quellenspannung u_q. Der Schnittpunkt beider Kennlinien ist der Arbeitspunkt.

Aufgaben 3.1.5, 3.1.6.

3.1.5 Analytische und numerische Lösungsverfahren

Die (immer mögliche!) Anwendung der Kirchhoffschen Gleichungen auf ein nichtlineares Netzwerk führt zu einem nichtlinearen Gleichungssystem. Nur in Ausnahmefällen (stark abhängig von der Form der Nichtlinearität, z.B. mitunter bei quadratischen Kennlinien) ist eine analytische Lösung möglich. Im Regelfall sucht man vielmehr entweder

– Näherungsverfahren (z.B. Kleinsignalnäherung, stückweise lineare Näherung, Reihenentwicklungen, Ersatzfunktionen) einzusetzen

– oder eine numerische Lösung durchzuführen.

Am Beispiel einer einfachen Diodenschaltung (Bild 3.1.12) möge das grundsätzliche Vorgehen erläutert werden. Ausgang sind

– die Netzwerkgleichung $u_q = iR + u$

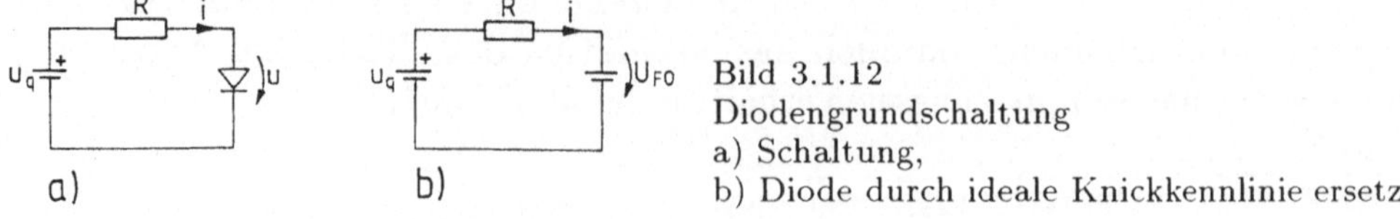

Bild 3.1.12
Diodengrundschaltung
a) Schaltung,
b) Diode durch ideale Knickkennlinie ersetzt

– die u-i-Beziehung des nichtlinearen Elementes (Gl. (3.1.12))

$$i = I_S(\exp u/U_T - 1) \quad (m = 1).$$

Daraus lassen sich die gleichwertigen Formen bilden (Nachweis!)

$$F_a(u) = u + I_S R(\exp u/U_T - 1) - u_q = 0 \tag{3.1.22a}$$

$$F_a(i) = i - I_S\left[\exp\frac{u_q - iR_i}{U_T} - 1\right] = 0 \tag{3.1.22b}$$

$$F_b(u) = -u + U_T \ln\left(\frac{u_q - u}{RI_S} + 1\right) = 0 \tag{3.1.22c}$$

$$F_b(i) = i + \frac{U_T}{R} \ln\left(\frac{i}{I_S} + 1\right) - \frac{u_q}{R} = 0\,. \tag{3.1.22d}$$

Die gleiche Problemstellung führt somit, je nach der Umformung, zu unterschiedlichen Gleichungen des Typs $F(y) = 0$, denen nicht anzusehen ist, ob das gleiche Iterationsverfahren jeweils konvergiert.

Die numerische Lösung erfordert eine *Normierung*, etwa auf einen Normierungsstrom I_N/mA oder eine Normierungsspannung U_N/V. Dabei ist auf den verarbeitbaren günstigen Zahlenbereich zu achten.

Sind beispielsweise durch die Schaltung $u_q = 10\,\text{V}$, $R = 1\,\text{k}\Omega$, $I_S = 10^{-14}\,\text{A}$, $U_T = 25\,\text{mV}$) gegeben, so würde eine Normierung auf $i_N = I/\text{mA}$ z.B. für Gl. (3.1.22d) lauten:

$$F_b(i_N) = \text{mA}\,i_N + \frac{U_T}{R} \ln\left[\frac{i_N}{I_S}\,\text{mA} + 1\right] - \frac{u_q}{R} = 0$$

bzw.

$$i_N + \frac{U_T}{R\,\text{mA}} \ln\left[\frac{i_N}{I_S}\,\text{mA} + 1\right] - \frac{u_q}{R\,\text{mA}} = 0$$

mit

$$b_1 = \frac{U_T}{R\,\text{mA}} = \frac{25\,\text{mV}}{1\,\text{k}\Omega\,\text{mA}} = 2{,}5 \cdot 10^{-2}, \quad b_2 = \frac{\text{mA}}{I_S} = 10^{11},$$

$$b_3 = \frac{u_q}{R\,\text{mA}} = \frac{10\,\text{V}}{1\,\text{k}\Omega\,\text{mA}} = 10\,.$$

Die Lösung der Gleichung z.B. mit einem Fixpunkt-Verfahren (Startwert $i = 1\,\text{mA}$) führt auf $i = 9{,}311\,\text{mA}$, $u = 0{,}688\,\text{V}$ nach wenigen Schritten, wobei der Anfangswert sinnvollerweise zwischen 0 und $u_q/R\,\text{mA}$ liegen sollte (Ströme größer als der Kurzschlußstrom $i_q = i_k$ sind nicht möglich). Der Aufwand läßt sich beträchtlich senken, wenn die Diodenkennlinie stückweise durch eine Gerade angenähert wird, wie im Bild 3.1.8c,d bereits angedeutet.

Stückweise lineare Näherung der Diodenkennlinie. Nach Bild 3.1.8c,d und
Gl. (3.1.14) kann die Diodenkennlinie durch eine stückweise lineare Knickkennlinie genähert werden. Im Flußbereich fällt für $i > 0$ stets die Schleusenspannung $U_{FO}(\approx 0{,}7\,\text{V})$ ab. Dann gilt für die Schaltung nach Bild 3.1.12b
mit $u_q = iR + u$:

$$u_q \geq U_{FO}: \quad u = U_{FO}, \quad i = \frac{u_q - U_{FO}}{R} \quad \begin{array}{l}\text{Flußspannung an der Diode,}\\ \text{Diode leitend}\end{array}$$

$$u_q < U_{FO}: \quad i = 0, \quad u = u_q \qquad \text{Diode sperrt.}$$

Damit läßt sich eine recht brauchbare Arbeitspunktabschätzung durchführen: Man bestimmt die Diodenflußspannung U_{FO} zunächst für einen Kreis-
strom $i \approx 0{,}1\,i_{max}$ (wobei i_{max} der maximal im Kreis auftretende Strom ist,
z.B. der Kurzschlußstrom der Quelle) und berechnet damit i. Im Beispiel
gilt mit $i_{max} = u_q/R = 10\,\text{V}/1\,\text{k}\Omega = 10\,\text{mA}$:

$$U_{FO} = U_T \ln \frac{0{,}1 u_q}{R I_S + 1} = U_T \ln(10^{11} + 1) = 633\,\text{mV}\,, \quad I_S = 10^{-14}\,\text{A}$$

und für den Strom

$$i = \frac{u_q - u_{FO}}{R} = \frac{10\,\text{V} - 0{,}633\,\text{V}}{1\,\text{k}\Omega} = 9{,}367\ \text{mA}.$$

Dies ist ein sehr guter Näherungswert. Das Verfahren kann weiter vereinfacht
werden, wenn von Anfang an mit einem Festwert $U_{FO} \approx 0{,}7\,\text{V}$ gerechnet wird
($\rightarrow i = 9{,}3\,\text{mA}$).

3.1.6   Grundstromkreis im Kleinsignalbetrieb

Gerade elektronische Schaltungen enthalten meist nichtlineare Bauelemente, z.B. Halbleiterbauelemente. Sie dienen hauptsächlich zur Verarbeitung
zweier Signalgruppen: der *Digitalsignale* mit relativ großen Durchsteuerun-
gen, wobei die nichtlinearen Elemente in erster Näherung als *Schalter* arbeiten und für *analoge Signale*, wo es auf *proportionale* Signale ankommt und
damit *lineare* Netzwerkeigenschaften gefordert sind. Lineare Netzwerkeigenschaften setzen aber *kleine Aussteuerung* um einen gewählten Arbeitspunkt
voraus.

Die Linearisierung einer nichtlinearen Schaltung um einen gewählten Arbeitspunkt durch die Beschränkung auf kleine Aussteuerung heißt *Kleinsignalanalyse*. Die Bedingung kleiner Aussteuerung ist dabei bezüglich
der Verzerrungen (Nichtlinearität) zu sehen.

Das Grundprinzip der Kleinsignalanalyse läßt sich am einfachsten am Grundstromkreis z.B. mit nichtlinearem passiven Zweipolelement – etwa einer Halbleiterdiode – übersehen (Bild 3.1.13). Die Schaltung werde von einer Spannungsquelle $u_q = U_Q + \Delta u_q(t)$ bestehend aus einer Gleichspannung U_Q und einer überlagerten Änderung, z.B. einer Signalspannung (Wechselspannung u.a.) versorgt. Die Gleichspannung U_Q bestimmt im Zusammenwirken zwischen aktiven und passiven Zweipol den Arbeitspunkt A (U_A, I_A), der nach den bisher diskutierten Methoden ermittelt werden kann.

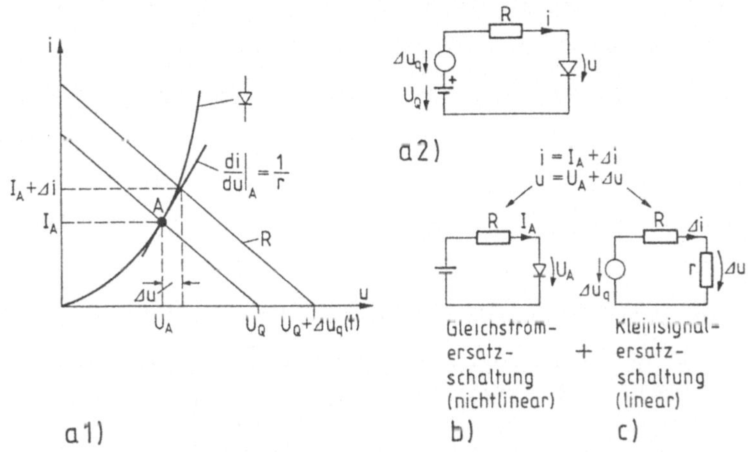

Bild 3.1.13 Nichtlineare Schaltung bei Kleinsignalaussteuerung
  a) Schaltung und Kennlinie, Linearisierung im Arbeitspunkt A.
  Gleichwert $U_Q = U_q$
  b) Gleichstromersatzschaltung zur Arbeitspunktbestimmung
  c) Kleinsignalersatzschaltung im Arbeitspunkt

Signalaussteuerung $\Delta u_q(t)$ bedeutet dann Parallelverschiebung der Kennlinie des aktiven Zweipols, so daß im Stromkreis eine Stromänderung $\Delta i(t) = i(t) - I_A$ entsteht und damit auch eine Spannungsänderung $\Delta u(t) = u(t) - U_A$ am passiven Zweipol. Wie hängen Δu und Δi von Δu_q ab? Die Lösung soll auf zwei Wegen bestimmt werden:

1. Wir setzen $u = U_A + \Delta u$ in die Kennlinie und bestimmen $i(u)$ für $u \ll U_A$. So folgt aus (Gl. (3.1.12))

$$i = I_S(\exp u/U_T - 1)$$

durch Einsetzen und Entwickeln

$$i = I_\mathrm{A} + \Delta i = I_\mathrm{S}\left[\exp\frac{U_\mathrm{A} + \Delta u}{U_\mathrm{T}} - 1\right] = I_\mathrm{S}\left[\exp\frac{U_\mathrm{A}}{U_\mathrm{T}} \cdot \left(\exp\frac{\Delta u}{U_\mathrm{T}} - 1\right)\right]$$

$$\approx I_\mathrm{S}\left[\left(1 + \frac{\Delta u}{U_\mathrm{T}}\right)\exp\frac{U_\mathrm{A}}{U_\mathrm{T}} - 1\right] = I_\mathrm{S}\left[\exp\frac{U_\mathrm{A}}{U_\mathrm{T}} - 1\right] + \frac{\Delta u}{U_\mathrm{T}}I_\mathrm{S}\exp\frac{U_\mathrm{A}}{U_\mathrm{T}}$$

$$= I_\mathrm{A} + u/U_\mathrm{T}[I_\mathrm{A} - I_\mathrm{S}]\,. \tag{3.1.23}$$

Dabei wurde von der *Kleinsignalbedingung*

$$\Delta u/U_\mathrm{T} \ll 1 \quad (\text{d.h.} \quad \exp\varepsilon_{|\varepsilon\ll 1} \approx 1 + \varepsilon)$$

Gebrauch gemacht. Der Strom besteht damit aus dem Gleichstrom I_A im Arbeitspunkt und einer Kleinsignalstromänderung

$$\Delta i \approx (I_\mathrm{A}/U_\mathrm{T})\Delta u = g(U_\mathrm{A})\Delta u\,. \tag{3.1.24}$$

Die Größe $g(U_\mathrm{A})$ heißt *Kleinsignalleitwert* der Diode im Arbeitspunkt.

2. Das gleiche Ergebnis läßt sich durch eine allgemeine Taylor-Entwicklung der Diodenkennlinie $i(u)$ um den Arbeitspunkt I_A, U_A gewinnen:

$$i(u) = i(U_\mathrm{A}) + \frac{\mathrm{d}i}{\mathrm{d}u}\bigg|_{U_\mathrm{A}} (u - U_\mathrm{A}) + \frac{1}{2}\frac{\mathrm{d}^2 i}{\mathrm{d}u^2}\bigg|_{U_\mathrm{A}} (u - U_\mathrm{A})^2 +$$

$$= I_\mathrm{A} + \Delta i \approx i(U_\mathrm{A}) + \frac{\mathrm{d}i}{\mathrm{d}u}\bigg|_{U_\mathrm{A}} \cdot \Delta u + \dots\,. \tag{3.1.25}$$

Werden höhere Ableitungen durch die *Kleinsignalforderung*

$$\frac{\mathrm{d}i}{\mathrm{d}u}\bigg|_{U_\mathrm{A}} \gg \frac{1}{2}\frac{\mathrm{d}^2 i}{\mathrm{d}u^2}\bigg|_{U_\mathrm{A}} \Delta u \tag{3.1.26}$$

vernachlässigt, so entsteht daraus mit dem differentiellen Leitwert g (resp. differentiellen Widerstand r)

$$\frac{\mathrm{d}i}{\mathrm{d}u}\bigg|_{U_\mathrm{A}} = g(U_\mathrm{A}) = \frac{1}{r(U_\mathrm{A})} \tag{3.1.27}$$

der lineare Zusammenhang

$$\Delta i = i(u) - i(U_\mathrm{A}) = g(U_\mathrm{A})\Delta u\,. \tag{3.1.28}$$

Im Kleinsignalbetrieb wird die nichtlineare $i(u)$-Kennlinie durch eine Tangente $\mathrm{d}i/\mathrm{d}u|_{U_\mathrm{A}}$ im Arbeitspunkt $I(U_\mathrm{A})$ angenähert und an dieser ausgesteuert. Dadurch verhält sich das Element wie ein lineares Schaltelement. Deshalb fließt z.B. bei sinusförmiger Aussteuerung um den Arbeitspunkt wiederum ein sinusförmiger Strom (gleicher Frequenz). Der Kleinsignalleitwert ist für die Aussteuerung konstant, hängt aber u.a. vom Arbeitspunkt ab.

Die Kleinsignalforderung Gl. (3.1.26) wird direkt von der Nichtlinearität der Kennlinie bestimmt. Im Falle der Halbleiterdioden beträgt sie mit $\mathrm{d}i/\mathrm{d}u_\mathrm{A} \approx I_\mathrm{A}/U_\mathrm{T}$, $\mathrm{d}^2 i/\mathrm{d}u^2 \approx I_\mathrm{A}/U_\mathrm{T}^2$:

$$\frac{I_\mathrm{A}}{U_\mathrm{T}} \gg \frac{1}{2}\frac{I_\mathrm{A}}{U_\mathrm{T}^2}\Delta u \rightarrow \Delta u \ll 2U_\mathrm{T} \approx 50\,\mathrm{mV}\,.$$

Dies bedeutet z.B. eine Beschränkung auf $\Delta u \approx 5\,\mathrm{mV}$. Für eine quadratische Kennlinie ($i = cu^2$) würde sich ($\mathrm{d}i/\mathrm{d}u = 2cu$, $\mathrm{d}i^2/\mathrm{d}u^2 = 2c\,u \ll 2U_\mathrm{A}$) ergeben, jetzt also der Arbeitspunkt maßgebend sein.

Die Kleinsignalbedingung gilt offenbar um so besser, je geringer die Aussteuerung und je schwächer die Nichtlinearität ($\rightarrow$ geringere Krümmung) einer Kennlinie ist.

Der große Vorteil der Kleinsignalaussteuerung wird jetzt deutlich: Für Kleinsignalsteuerung wirkt das nichtlineare Netzwerk so, als ob ihm im Arbeitspunkt ein lineares Netzwerk – bestehend aus Kleinsignalquelle und differentiellen Netzwerkelementen – am Ort der nichtlinearen Elemente „aufgesetzt" = überlagert ist. Damit zerfällt *die Analyse nichtlinearer Netzwerke* in drei Teile:

- Bestimmung des Arbeitspunktes, wobei die Nichtlinearitäten voll berücksichtigt werden müssen
- Bestimmung der differentiellen oder Kleinsignalelemente der nichtlinearen Elemente im jeweiligen Arbeitspunkt
- Analyse eines jetzt *linearen*, mit Kleinsignalaussteuerung betriebenen Netzwerkes. Dabei gelten alle Regeln linearer Netzwerke.

Angewendet auf Bild 3.1.13 würde man zunächst den Arbeitspunkt I_A, U_A z.B. nach Abschnitt 3.1.5 zu bestimmen haben. Wir wollen mit Bild 3.1.9 die

Werte $I_A = 1{,}4\,\text{mA}$, $U_A = 0{,}6\,\text{V}$ übernehmen. Für die Kleinsignalschaltung gelten dann z.B. als Strom Δi und Spannung Δu an der Diode

$$\Delta i = \frac{\Delta u_q}{R_i + r}; \quad \Delta u = \frac{r\,\Delta u_q}{R_i + r}$$

$$\text{mit} \quad r = \frac{dU}{dI}\bigg|_{\text{AP}} \approx \frac{U_T}{I} \equiv \frac{U_T}{I_A} = \frac{25\,\text{mV}}{1{,}4\,\text{mA}} = 17{,}85\,\Omega,$$

wobei der Kleinsignalleitwert der Diode von Gl. (2.2.16) benutzt wurde. Das Spannungsteilerverhältnis beträgt ($R_i = 1\,\text{k}\Omega$)

$$\frac{\Delta u}{\Delta u_q} = \frac{17{,}85\,\Omega}{1\,\text{k}\Omega + 17{,}85\,\Omega} = 1{,}75 \cdot 10^{-2}\,.$$

Wir fragen nach der Kleinsignalspannung Δu_q, für welche die Betrachtung noch zulässig ist. Im Fall der Halbleiterdioden sollte $\Delta u < 5\,\text{mV}$ sein und damit $\Delta u_q \leq \Delta u/1{,}75 \cdot 10^{-2} = 285\,\text{mV}$, also rd. 15 % der Gleichspannung $U_Q = 2\,V$. Ist beispielsweise $\Delta u_q = 0{,}1\,\text{V}$ als Signalspannung vorgegeben, so wird die Kleinsignalbedingung für die Schaltung hinreichend erfüllt. Daß dabei im jeweiligen nichtlinearen Element der *zugehörige* Arbeitspunkt anzusetzen ist, dürfte augenscheinlich sein.

Das Konzept der Kleinsignalsteuerung bestätigt rückwirkend die bisherige Vorgehensweise, bei den Netzwerkelementen auch das differentielle Signalverhalten (einschließlich differentieller Kapazitäten und Induktivitäten) mit zu betrachten. Wir haben die Ergebnisse in Tafel 3.1.1 zusammengestellt. Damit ist eine Erweiterung der Kleinsignalanalyse für allgemeine Netzwerke möglich.

Analyse nichtlinearer Schaltungen im Kleinsignalbetrieb. Das bisher kennengelernte Kleinsignalverhalten des Grundstromkreises mit nichtlinearen Netzwerkelementen läßt sich auf eine allgemeine Schaltung ausdehnen. Setzt man nämlich in den Kirchhoffschen Gleichungen sowie den Zweigbeziehungen

$$\sum_\nu u_\nu = 0\,, \quad \sum_\mu i_\mu = 0 \quad \text{Zweigbeziehungen } u_\nu = f(i_\nu) \qquad (3.1.29)$$

Ströme und Spannungen

$$i_\mu = I_{A\mu} + \Delta i_\mu\,, \quad u_\nu = U_{A\nu} + \Delta u_\nu \qquad (3.1.30)$$

Tafel 3.1.1 Nichtlineare Zweipolelemente zerlegt in Gleichstrom- und Kleinsignalanteil

Zweipolelement	Allgemeine Ersatzschaltung	Gleichstrom-ersatzschaltung im Arbeitspunkt	Kleinsignalersatz-schaltung im Arbeitspunkt
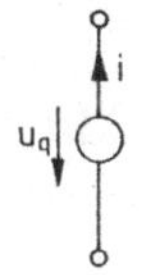 ideale Spannungsquelle	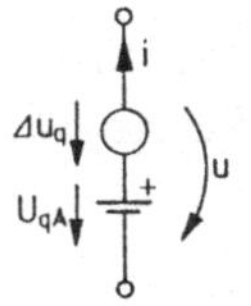 $u = U_{qA} + \Delta u_q$	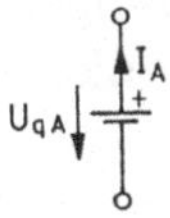	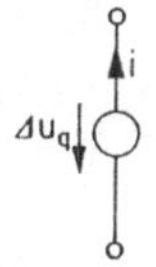
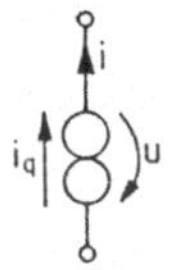 ideale Stromquelle	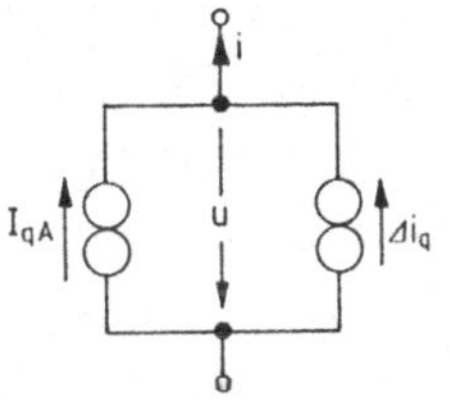 $i = I_{qA} + \Delta i_q$	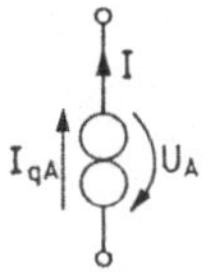	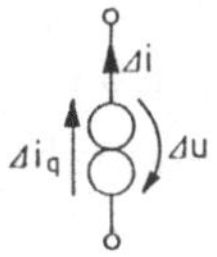
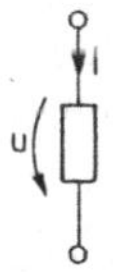 $u = u(i)$ resistiver Zweipol	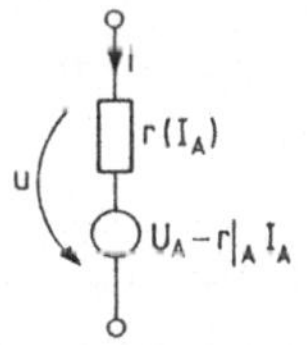 $u = U_A - r\|_A \cdot \Delta i$	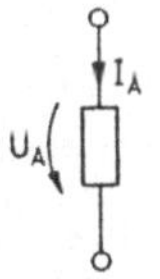 $U_A = U_A(I_A)$	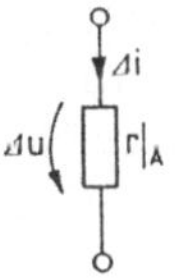 $\Delta u = r\|_A \cdot \Delta i$
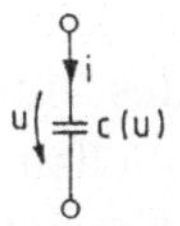 $u = c\,\frac{du}{dt}$	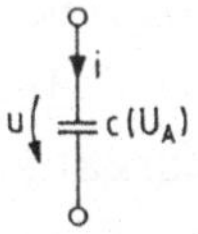 $u = c(U_A) \cdot \frac{du}{dt}$	 $I_A = 0$	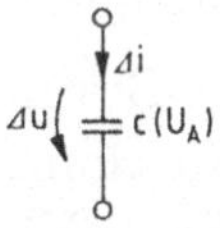 $\Delta i = c(U_A) \cdot \frac{d\Delta u}{dt}$
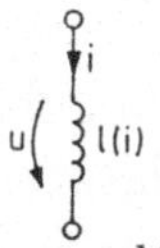 $u = l\,\frac{di}{dt}$	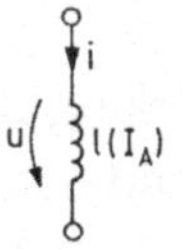 $u = l(I_A) \cdot \frac{di}{dt}$	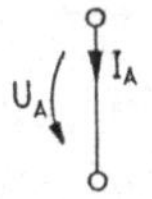 $U_A = 0$	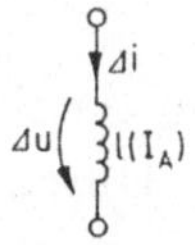 $\Delta u = l(I_A) \cdot \frac{d\Delta i}{dt}$

bestehend jeweils aus einer Gleichgröße ($I_{\mathrm{A}\mu}$, $U_{\mathrm{A}\nu}$) im Arbeitspunkt und einem Kleinsignalanteil Δi_μ, Δu_ν an, so gilt

$$\sum_\mu I_{\mathrm{A}\mu} + \sum_\mu \Delta i_\mu = 0; \quad \sum_\nu U_{\mathrm{A}\nu} + \sum_\nu \Delta u_\nu = 0 \qquad (3.1.31)$$

Zweigbeziehungen $\quad (U_{\mathrm{A}} + \Delta u_\nu = f(I_{\mathrm{A}} + \Delta i_\nu))$. $\qquad (3.1.32)$

Für die *Kleinsignalbedingung* müssen dann je die Lösung des Gleichungssystems für den Arbeitspunkt und die Kleinsignalaussteuerung erfüllt sein. Dies führt auf folgende

Lösungsstrategie: Kleinsignalanalyse

1. Bestimmung des Arbeitspunktes

a) Angabe der Gleichstromersatzschaltung des Netzwerkes. Sie enthält nur resistive (lineare und nichtlineare) Elemente. (Kurzschluß aller Kleinsignal-Spannungsquellen und Induktivitäten, Leitungsunterbrechung aller Kleinsignal-Stromquellen und Kapazitäten).

b) Arbeitspunktbestimmung $U_{\mathrm{A}}(I_{\mathrm{A}})$ durch Lösung des zu a) gehörigen nichtlinearen Gleichungssystems (Vorgabe: Quelle U_{q}, I_{q})

$$\sum_\mu I_{\mathrm{A}\mu} = 0\,, \quad \sum_\nu U_{\mathrm{A}\nu} = 0\,, \quad \text{Zweigbeziehungen } U_{\mathrm{A}\nu}f(I_{\mathrm{A}\nu}),$$

das auch durch sog. verkürzte Verfahren (Maschenstrom-, Knotenspannungsanalyse) gewonnen werden kann.

2. Kleinsignalanalyse im Arbeitspunkt

a) Angabe der Kleinsignalersatzschaltung des Netzwerkes. Sie enthält alle linearen NWE und anstelle der nichtlinearen NWE die differentiellen NWE im jeweiligen Arbeitspunkt. Gleichspannungsquellen werden kurzgeschlossen, Gleichstromquellen unterbrochen.

b) Bestimmung des Kleinsignalverhaltens durch Lösung des linearen Gleichungssystems im Arbeitspunkt (Vorgabe: Kleinsignalquellen Δi_{q}, Δu_{q}), Kleinsignalelemente nach Tafel 3.1.1, ggf. gesteuerte Kleinsignalquellen. Zur Analyse dienen

$$\sum_\mu \Delta i_\mu = 0, \quad \sum_\nu \Delta u_\nu = 0, \quad \Delta u_\nu - , \Delta i_\nu\text{-Beziehungen.}$$

Zur Analyse sind alle für lineare Netzwerke gültigen Methoden zulässig.

3. Durch *Überlagerung* der Arbeitspunkt- und Kleinsignalgrößen ergeben sich schließlich die resultierende Ströme und Spannungen nach Gl. (3.1.30):

$$i_\mu = I_{\mathrm{A}\mu} + \Delta i_\mu, \quad u_\nu = U_{\mathrm{A}\nu} + \Delta u_\nu.$$

Ausdrücklich sei darauf hingewiesen, daß diese Überlagerung, die der Kleinsignalanalyse zugrunde liegt, mit wachsender Aussteuerung (Δi, Δu) verletzt wird. Dann sind – wie am Beispiel der Diodenkennlinie zu erkennen – i und u *nicht* mehr proportional, und es treten *Verzerrungen* auf.

Beispiel: An einer gesperrt betriebenen Halbleiterdiode (Kennlinie nach Gl. (3.1.23)), $I_S = 10^{-12}$ A liege eine Gleichspannung ($u_q = 10$ V) in Reihe zu einer Wechselspannung mit der Amplitude $\Delta u = 0{,}1$ V (Maximalwert), der Innenwiderstand der Spannungsquelle betrage $R_i = 1\,\text{k}\Omega$. Wir wollen die Wechselspannungsamplitude an der Diode bestimmen. Nach Gl. (3.1.23) stellt sich der Kleinsignalleitwert $dI/dU = I_S/U_T \exp u/U_T$ ein, für $u \approx -10$ V ($U_T = 25\,\text{mV}$) praktisch null. Deshalb arbeitet der Wechselspannungsgenerator im Leerlauf und die Diodenwechselspannung beträgt $\Delta u = 0{,}1$ V.

3.2 Zweipoltheorie

Sehr vorteilhaft läßt sich das Modell des Grundstromkreises auf ein umfangreicheres lineares Netzwerk anwenden, wenn Spannung und Strom *nur in einem Zweigelement* gesucht sind. Das soll beispielsweise in Bild 3.2.1a der Strom durch den Widerstand R_3 sein. Wir fassen ihn als passiven Zweipol eines Grundstromkreises auf und zeichnen die Schaltung um (Bild 3.2.1b). Dann muß der restliche Schaltungteil der aktive Zweipol sein, beide sind an den Knoten A, B zusammengeschaltet. So liegt der Grundstromkreis vor. Da die (zunächst als unzugänglich) angenommenen Knoten und Maschen

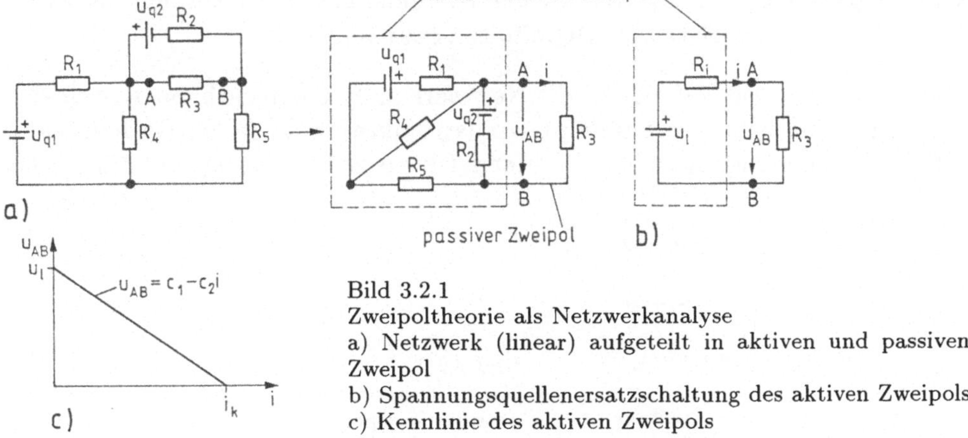

Bild 3.2.1
Zweipoltheorie als Netzwerkanalyse
a) Netzwerk (linear) aufgeteilt in aktiven und passiven Zweipol
b) Spannungsquellenersatzschaltung des aktiven Zweipols
c) Kennlinie des aktiven Zweipols

des aktiven Zweipols durch lineare Gleichungssysteme beschrieben werden, muß auch der Klemmenstrom i linear von u_{AB} abhängen (Bild 3.2.1c):

$$u_{AB} = c_1 - c_2 i.$$

Deshalb schwankt die Spannung u_{AB} grundsätzlich zwischen

Leerlaufspannung: $u_{AB} = u_l = c_{1|I=0}$ und
Kurzschluß: $u_{AB} = 0$ für den Kurzschlußstrom:

$$i_k = i|_{u_{AB}=0} = c_1/c_2 \tag{3.2.1}$$

mit

$$u_l/i_k = c_1/c_1 \cdot c_2 \equiv c_2 = R_i.$$

Damit ist auf einfache Weise gezeigt, daß der gesamte lineare (aktive) Netzwerkteil bezüglich seines Verhaltens an den Klemmen A, B durch eine einfache Zweipolersatzschaltung ersetzt werden kann, deren Ersatzgrößen nach den bekannten Methoden (Abschn. 3.1.1) festliegen!

Mißt man diese Größen, so braucht der innere Aufbau des beliebig komplizierten aktiven Netzwerkteiles nicht bekannt sein. Gleiche Überlegungen gelten auch für die gleichwertige Stromquellenersatzschaltung.

Die Aufteilung eines beliebig komplizierten linearen Netzwerkes in passiven und aktiven Zweipol, ihr Zusammenwirken durch das Modell des Grundstromkreises und die Bestimmung der Ersatzparameter (Zweipolkenngrößen u_l, i_k, R_i, R_a) beider Zweipole bilden zusammen die *Zweipoltheorie* (auch Satz von Helmholtz genannt).

Die Zweipoltheorie vereinfacht die Netzwerkanalyse ganz erheblich, weil sich viele Problemstellungen auf den Grundstromkreis reduzieren. Deshalb kann z.B. auch eine Signalquelle, die einen (linear arbeitenden) Verstärker (=

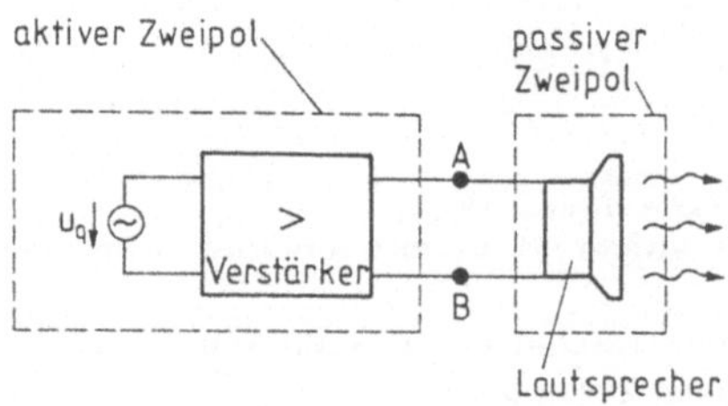

Bild 3.2.2
Verstärkeranordnung aufgefaßt als aktiver und passiver Zweipol

Vierpol mit gesteuerter Quelle, Bild 3.2.2) mit Lastwiderstand (z.B. Lautsprecher) speist, bezüglich des Klemmenverhaltens am passiven Zweipol (Lautsprecher) problemlos durch den Grundstromkreis beschrieben werden!

Mit den Kenntnissen des aktiven und passiven Zweipols ergibt sich dann die

Lösungsmethodik: Zweipoltheorie

1. Auftrennen des (linearen) Netzwerkes am Ort der gesuchten Größe in aktiven und passiven Ersatzzweipol

2. Bestimmung der Zweipolkennwerte des passiven (R_a) und aktiven Zweipols $(u_\mathrm{l} = u_\mathrm{q},\ i_\mathrm{k} = i_\mathrm{q},\ R_\mathrm{i\,ers})$

3. Zusammenschluß von aktiven und passiven Zweipol (Grundstromkreis) und Bestimmung von i und u_AB.

Das Verfahren läßt sich auch dann noch anwenden, wenn der passive Zweipol *nichtlinear* ist (vgl. Abschn. 3.1.3), jedoch nicht, wenn der aktive Zweipol eine wirksame Nichtlinearität enthält (dann würde z.B. seine Leerlaufspannung stromabhängig werden!). Im Falle des nichtlinearen passiven Zweipols bleibt aber offen, ob eine geschlossene Lösung erzielbar ist. Die Zweipoltheorie gilt auch, wenn der aktive Zweipol gesteuerte Quellen enthält.

Aufgaben 3.2.1 – 3.2.4.

Beispiel: Wir wollen den Energieanschluß im Haushalt (Steckdose) als aktiven Zweipol betrachten. Es möge (aus Vereinfachung) ein Gleichstromnetz angenommen werden mit $u_\mathrm{q} = u_\mathrm{l} = 230\,\mathrm{V}$, $R_\mathrm{i} = 0{,}1\,\Omega$. Diese Spannungsquellen-Ersatzschaltung entspricht unserer Vorstellung von der Konstanz der Netzspannung weitgehend unabhängig vom Verbraucher (es ist stets $R_\mathrm{i} \ll R_\mathrm{a}$ aus Gründen des Wirkungsgrades). Eine Stromquellen-Ersatzschaltung würde auf den Quellenstrom $i_\mathrm{q} = i_\mathrm{k} = u_\mathrm{l}/R_\mathrm{i} = 2300\,\mathrm{A}(!)$ führen, was nicht nur unanschaulich ist, sondern auch technisch nicht durchgeführt werden kann (Kosten, Leitungsmaterial, Spannung an der Dose jetzt stark lastabhängig).

3.3   Überlagerungssatz

Eine allgemeines, für lineare physikalische Systeme zutreffendes Prinzip besagt: Hängen in einem physikalischen System Ursache und Wirkung linear voneinander ab, so ergibt sich die Gesamtwirkung eines Vorganges durch Addition (Überlagerung) aller Teilwirkungen, die von jeweiligen Teilursachen ausgehen. Oder: Das physikalische System ist linear, wenn der Überlagerungssatz gilt und umgekehrt.

Dieser, auf Helmholtz zurückgehende Satz führt oft zur einfachen Analyse von linearen Netzwerken mit mehreren (unabhängigen) Quellen, wenn sich diese nicht zusammenfassen lassen. Man setzt dann die erste Quelle „in Betrieb" (alle übrigen außer Betrieb), berechnet z.B. einen gewünschten Teilstrom ($\rightarrow i_1$), setzt anschließend die zweite Quelle „in Betrieb" (alle übrigen außer Betrieb), berechnet den Teilstrom i_2 usw. Der Gesamtstrom ergibt sich durch (vorzeichenbehaftete) Addition aller Teilgrößen. Dieses Vorgehen führt zur

Lösungsmethodik: Überlagerungssatz

1. Man setze alle unabhängigen Quellen Q_ν (außer der ersten Q_1) außer Betrieb (Spannungsquellen durch Kurzschluß ersetzen, Stromquellen auftrennen) und bestimme die gesuchte Zweiggröße, z.B. einen Zweigstrom i_1 herrührend von Q_1 (nach einem möglichst einfachen Verfahren, z.B. Spannungs-/ Stromteilerregel o.a.).

2. Man verfahre der Reihe nach analog mit allen Quellen, berechne also i_2, herrührend von Q_2 usw., bis alle Teilwirkungen bekannt sind.

3. Man addiere alle Teilwirkungen $i_1 \ldots i_n$ vorzeichenbehaftet zur Gesamtwirkung.

Bild 3.3.1 zeigt ein Beispiel. Zur Berechnung des Stromes i_4 werde zunächst u_{q2} kurzgeschlossen und i_{q3} abgetrennt. Das ergibt Schaltung Bild 3.3.1b zur Berechnung von $i_{4/1} = f(u_{q1})$. Die nächste Teilwirkung $i_{4/2} = f(u_{q2})$ (Bild 3.3.1c) ergibt sich durch Kurzschluß von u_{q1} und Abtrennen von i_{q3} und der letzte Teilstrom $i_{4/3} = f(i_{q3})$ (Bild 3.3.1d) durch Kurzschluß beider Spannungsquellen u_{q1}, u_{q2}.

Es muß nochmals an die Beschränkung des Überlagerungsprinzips auf ausschließlich lineare Zusamenhänge erinnert werden. Deshalb lassen sich Leistungsberechnungen nicht mit dem Überlagerungssatz durchführen: Wird ein Widerstand von zwei Teilströmen $i_1 + i_2$ durchflossen, so beträgt die

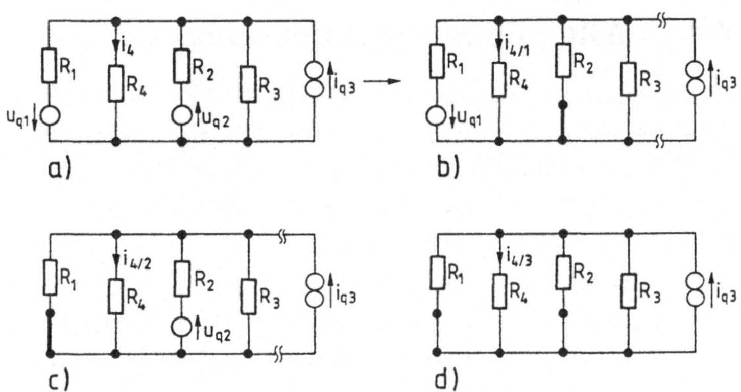

Bild 3.3.1 Anwendung des Überlagerungssatzes
   a) Netzwerk, b) nur Quelle u_{q1} wirkend ($\to i_{4/1}$),
   c) nur u_{q2} wirkend ($\to i_{4/2}$), d) nur i_{q3} wirkend ($\to i_{4/3}$)

umgesetzte Leistung $p = (i_1 + i_2)^2/R$ und *nicht* $p = (i_1^2 + i_2^2)/R = p_1 + p_2$, wie zunächst naheliegen würde.

Beispiel: An einen Widerstand R werden n gleiche Batterien (u_q, R_i) parallelgeschaltet. Wir wollen die Spannung über R mit dem Überlagerungssatz berechnen.

Liegt nur eine Batterie u_q an, so ergibt sich die Spannung über R über die Spannungsteilerregel $u_1 = R'/(Ri + R')u_q$. Der Widerstand R' setzt sich aus dem Lastwiderstand R zusammen, dem die $(n-1)$ Innenwiderstände der restlichen $n-1$ Batterie parallelgeschaltet sind. Ihre Quellenspannungen werden nach dem Überlagerungsprinzip für die Berechnung kurzgeschlossen: $R' = R \parallel R_i/(n-1)$. Die Spannungsabfälle, herrührend von den restlichen Spannungsquellen, ergeben sich analog und somit die Gesamtspannung

$$u = \sum_n u_n = \frac{nR'}{R_i + R'}u_q = \frac{nu_q}{n + R_i/R}\ .$$

Sie bleibt für $R_i = 0$ unabhängig von n (Parallelschaltung idealer Spannungsquellen), kann aber auch ($R_i \neq 0$) interpretiert werden als Absenkung des Innenwiderstandes ($R_i \to R_i/n$).

Aufgabe 3.3.1.

3.4   Allgemeine Netzwerkanalyse

Für größere Netzwerke reichen die bisher kennengelernten Methoden zur Analyse nicht aus, wenn sie auch für die praktische Arbeit sehr nützlich sind. Solche Netzwerke erfordern vielmehr eine *systematische* Anwendung der Kirchhoffschen Gleichungen und Netzwerkelement-Beziehungen. Dabei habe das Netzwerk (Bild 3.4.1a):

– *k-Knoten*. Ein Knoten ist ein Verbindungspunkt zwischen zwei oder mehr Zweipolelementen. Aus praktischen Gründen spricht man durchweg von Knoten nur, wenn eine *Stromverzweigung* (Verbindung von mehr als zwei Zweipolen) auftritt.

– *z-Zweige*. Ein Zweig ist ein zwischen zwei Knoten liegender Zweipol.

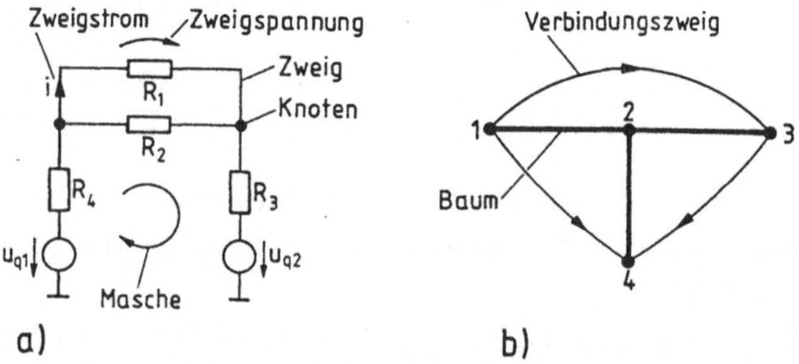

Zweigstrom Zweigspannung Zweig R_1 R_2 Knoten R_4 R_3 u_{q1} u_{q2} Masche Verbindungszweig 1 2 3 Baum 4 a) b)

Bild 3.4.1
Bezeichnungen im Netzwerk
a) Netzwerk, Bestimmungs-
stücke b) Graph eines Netzwerkes

Da die anliegenden unabhängigen Quellen vorgegeben sind und ebenso die u-i-Beziehungen der Zweige ($\rightarrow$ NWE), müssen z unbekannte Zweigspannungen und z unbekannte Zweigströme bestimmt werden. Dazu sind verfügbar:

$k - 1$ unabhängige Knotengleichungen

$m = z - (k - 1)$ unabhängige Maschengleichungen

z u-i-Zweigbeziehungen.

Man erhält so $2z$ Gleichungen. Werden daraus z.B. die z-Zweigspannungen mittels der jeweiligen u-i-Relationen entfernt, so verbleiben

$k - 1$ unabhängige Knotengleichungen,

$m = z - (k - 1)$ unabhängige Maschengleichungen,

also insgesamt nur noch z *Gleichungen* für die z *Unbekannten*. Dieses *reduzierte* Beschreibungssystem und seine Lösung heißt *Zweigstromanalyse*, wenn die Zweigströme gesucht sind (sonst Zweigspannungsspannungsanalyse).

Bei großen Netzwerken, wie sie etwa beim Entwurf einer integrierten Schaltung auftreten, können dabei bis zu 10 000 Gleichungen entstehen, die nur computergestützt lösbar sind. Man strebt deshalb stets an, das zu lösende Gleichungssystem so klein als möglich zu halten. Dazu wurden viele Methoden entwickelt. Doch schon die Anwendung bereits bekannter Prinzipien (Strom-Spannungsteilerregeln, Ersatzschaltungen, Zusammenfassung von Schaltungsteilen, Überlagerungssatz, Netzwerkumwandlung) erlaubt häufig beträchtliche Vereinfachungen. Außer der Zweigstromanalyse sind zwei weitere Verfahren sehr verbreitet:

- die sog. *Knotenspannungsanalyse*. Hier sind nur $z - m = k - 1$ Knotengleichungen zu lösen;

- die sog. *Maschenstromanalyse*. Sie erfordert nur die Lösung der $m = z - (k - 1)$ Maschengleichungen.

Beide Methoden sind deutlich einfacher als das reduzierte Gleichungssystem. Die größte Vereinfachung führt schließlich auf den Grundstromkreis und darauf aufbauend – die *Zweipoltheorie*.

Noch nicht ersichtlich ist der Weg, der zu den m *unabhängigen Maschen* führt:

> Eine Masche heißt unabhängig, wenn bei einem Maschenumlauf wenigstens ein Zweig neu einbezogen wird, der in vorherigen Maschen nicht enthalten war. Nur dann kann die neue Maschengleichung nicht aus den vorherigen hergeleitet werden.

Wie vollziehen wir dies systematisch? Unter den zahlreichen Verfahren hat sich die sog. *Methode des vollständigen Baumes* bewährt: wir verbinden der Reihe nach *alle k* Knoten des Netzwerkes mit Linien (Graphen) so, daß nur *ein* direkter (oder indirekter) Weg möglich ist, also *keine* (geschlossene) *Masche* entsteht:

> *Vollständiger Baum*: Linienzug, der alle Knoten miteinander verbindet, ohne geschlossen zu sein. Hat das Netzwerk k Knoten, so besitzt der vollständige Baum $k - 1$ Zweige (Baumzweige).
> Die übrigen $m = z - (k - 1)$ Zweige, die nicht zum vollständigen Baum gehören, heißen *unabhängige Zweige* oder *Verbindungszweige* (Bild 3.4.1b).

> Werden die unabhängigen Zweige der Reihe nach über den vollständigen Baum zu einer Masche ergänzt, so entsteht das System unabhängiger Maschengleichungen des Netzwerkes.

Jede unabhängige Masche enthält nur einen Verbindungs-, aber beliebig viele Baumzweige.

Für ein Netzwerk mit k Knoten existieren u.a. $n = k^{(k-2)}$ vollständige Bäume und damit Möglichkeiten, Systeme unabhängiger Maschengleichungen zu bilden.

Bild 3.4.2 zeigt ein Beispiel mit $z = 6$ Zweigen und $k = 4$ Knoten. Dabei sind Knoten (z.B. 4), zwischen denen keine Spannung abfällt, zu *einem* Knoten zusammengefaßt. Weiterhin ersieht man, daß die unabhängige Stromquelle keinen Zweig darstellt.(Die Schaltung Quelle i_{q1} und R_1 läßt sich in eine Spannungsquelle (1 Zweig) umwandeln.) Bild 3.4.2b zeigt einen vollständigen Baum, ebenso die entsprechend der Netzwerkstruktur ergänzten unabhängigen Zweige. Es ergeben sich drei unabhängige Maschen. Eine vierte Masche M_4 wäre nicht unabhängig, da sie aus den Elementen von $M_1 \ldots M_3$ gebildet werden kann (Bild 3.4.2c). Im Bild 3.4.2d wurde ein anderer vollständiger Baum gewählt. Damit ergeben sich die unabhängigen Maschen M_1, M_2 und M_4 (Bild 3.4.2e).

Unabhängig vom gewählten Lösungsverfahren (s.o.) sind *vorbereitend bei jeder Netzwerkanalyse* folgende Schritte durchzuführen:

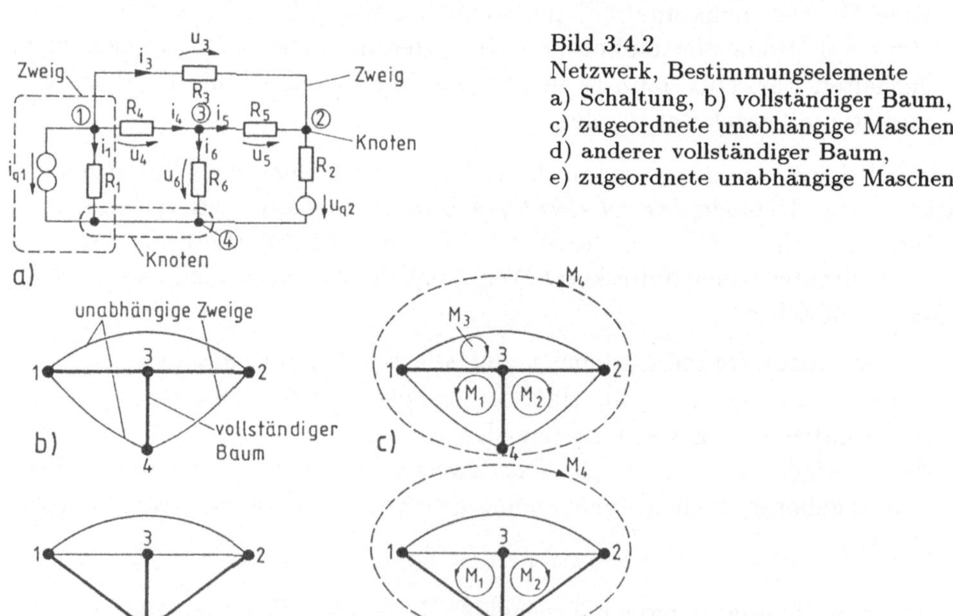

Bild 3.4.2
Netzwerk, Bestimmungselemente
a) Schaltung, b) vollständiger Baum,
c) zugeordnete unabhängige Maschen,
d) anderer vollständiger Baum,
e) zugeordnete unabhängige Maschen

1. *Modellbildung:* Überführung der Schaltung mit (technischen) Bauelemeneten in ein Netzwerk mit Netzwerkelementen (Modellbildung).

2. *Netzwerkvorbereitung.* Vorbereitung des Netzwerkes zur Analyse (Bemessung der Netzwerkelemente, Bezeichnung der Knoten und Maschen, Zählpfeile, Ersatz von Schaltungsteilen, Anwendung einfacher Hilfsverfahren u.a.).

3. *Lösungsverfahren:* Wahl eines zweckmäßigen Lösungsverfahrens abhängig von der Problemstellung (z.B. nur ein Zweigstrom oder mehrere), dem Schaltungsumfang (für mehr als 4 Gleichungen sollten Computerverfahren eingesetzt werden) und vor allem von nichtlinearen Netzwerkelementen.

4. *Netzwerkgleichungen.* Aufstellung der Netzwerkgleichungen. Überprüfung, ob die Zahl der Unbekannten mit der Zahl unabhängiger Gleichungen übereinstimmt.

5. *Lösung.* Lösung der Netzwerkgleichungen.

6. *Diskussion.* Überprüfung der Lösung durch zweckmäßige Vereinfachungen in der Ausgangsschaltung, ggf. Rückeinsetzen, Diskussion, Näherungen.

3.4.1 Zweigstromanalyse

Bei der Zweigstromanalyse (oder analog der Zweigspannungsanalyse) werden die *Zweigströme* eines linearen (nichtlinearen) Netzwerkes durch direkte Anwendung und Lösung der Kirchhoffschen Gleichungen ermittelt. Dazu gehört die

Lösungsmethodik: Zweigstromanalyse

1. Bemessung der NWE, Knotennumerierung, Festlegung der positiven Zählrichtung für alle z Zweigströme.

2. Auswahl der $k - 1$ unabhängigen Knoten und $m = z - (k - 1)$ unabhängigen Maschen sowie Kennzeichnung der gewählten Maschenumlaufrichtungen durch Ringpfeil in beliebig gewählter Umlaufrichtung.

3. Aufstellung der $k - 1$ Knotengleichungen $\sum_{\mu} i_{\mu} = 0$ (Ströme mit

Zählpfeil zum Knoten hin positiv, vom Knoten weg negativ) und $m = z - (k - 1)$ Maschengleichungen $\sum_{\nu} u_{\nu} = 0$ (Spannungen in Umlaufrich-

tung positiv ansetzen). Eliminierung der unbekannten Spannungen in den Zweigen durch die u-i-Beziehung der NWE durch Zweigströme.

4. Überprüfung, ob die Zahl der unbekannten Ströme mit der Zweigzahl z übereinstimmt.

5. Auflösung des Systems von z Gleichungen.

6. Ergebnis prüfen, Diskussion.

Die Aufgabe zerfällt also in *drei Abschnitte:*

Anwendung der Kirchhoffschen Sätze (1...3), Lösung des Gleichungssystems (Schritt 5) sowie Kontrolle und Diskussion. Sofern es sich um lineare Gleichungssysteme handelt, stehen verschiedene mathematische Verfahren bereit (z.B. Matrizenrechnung, Cramersche Regel, Eliminationsverfahren, Gaußscher Algorithmus). Hier sei auf die mathematische Fachliteratur verwiesen. Für größere Netzwerke (und nichtlineare überhaupt) ist Rechnerunterstützung unerläßlich. Kleinere Netzwerke mit wenigen Gleichungen können manuell gelöst werden.

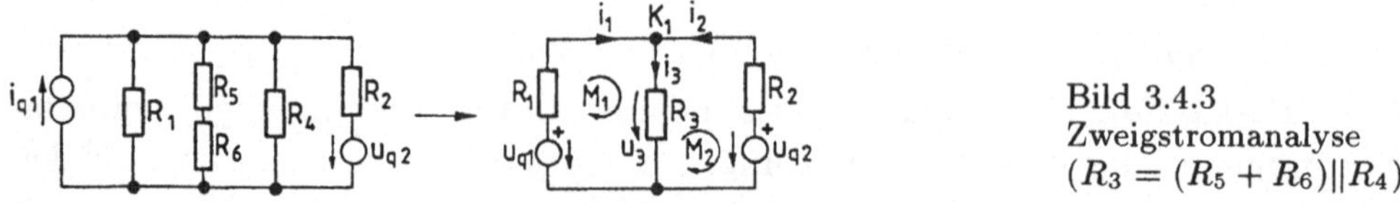

Bild 3.4.3
Zweigstromanalyse
$(R_3 = (R_5 + R_6) \| R_4)$

Beispiel: Bild 3.4.3 zeigt ein Beispiel. Die Spannung u_3 sei gesucht. Eingetragen sind die gewählten Zählpfeile, Knoten, Maschen und deren Umlaufrichtung. Die Richtung i_3 liegt durch $u_3 = i_3 R_3$ fest. Da $i_3(u_3)$ gesucht ist, sind die Maschen so gelegt, daß i_3 in das Gleichungssystem stark eingebunden wird. Man erhält als Gleichungen:

$$K_1: \quad i_1 \quad + i_2 \quad - i_3 \quad = 0 \tag{1}$$

$$M_1: \quad R_1 i_1 \qquad + R_3 i_3 = u_{q1} \tag{2}$$

$$M_2: \qquad R_2 i_2 + R_3 i_3 = u_{q2}. \tag{3}$$

Zur Lösung von i_3 sind i_1 und i_2 zu eliminieren, z.B. durch Auflösen von Gl. (2) und (3) nach i_1 und i_2 und Einsetzen in Gl. (1). Das Ergebnis lautet $(R = 1/G)$

$$i_3 = \frac{u_{q1} G_1 + u_{q2} G_2}{1 + R_3 (G_1 + G_2)}. \tag{4}$$

Eine Probe ist z.B. durch folgende Überlegung möglich: würde die Richtung von u_{q2} vertauscht ($u_{q2} \rightarrow -u_{q2}$), so könnte der Strom i_3 verschwinden, wenn beide Kurzschlußströme der Quellen u_{q1}, u_{q2} entgegengesetzt sind: $u_{q1}/R_1 = u_{q2}/R_2$. Andererseits müssen für $R_3 \rightarrow 0$ die

beiden Kurzschlußströme auftreten. Selbstredend wurde in der Schaltung
$(R_5 + R_6)\|R_4 = R_3$ ersetzt, um das zu behandelnde Gleichungssystem so
einfach als möglich zu gestalten.

Ganz offensichtlich führt dieses System bei Einbezug von Speicherelementen (Kondensator, Induktivität, Gegeninduktivität) auf sog. *Integro-
Differentialgleichungen:* Integro-Differentialgleichungen sind Gleichungen,
in denen sowohl Integrale wie auch Differentiale der gesuchten Größe auftreten.

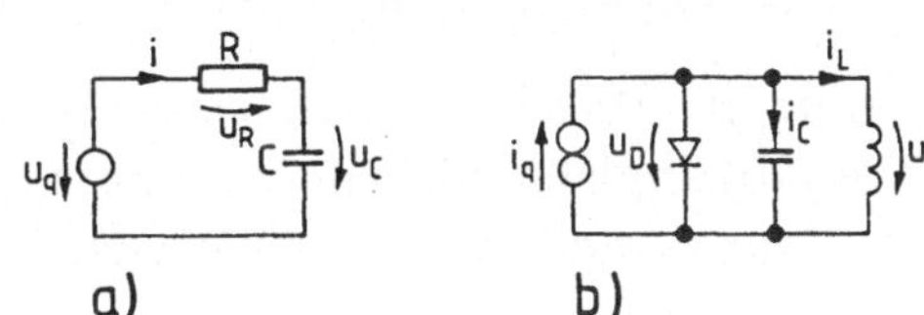

Bild 3.4.4
Netzwerk mit Energiespeichern

a)   b)

Bild 3.4.4 zeigt zwei Beispiele. Im Bild 3.4.4a werde der Strom i gesucht.
Man erhält aus der Maschengleichung und den NWE-Beziehungen $u_C =
(1/C) \int i \, \mathrm{d}t$ sofort

$$u_q = u_R + u_C = iR + (1/C) \int i \, \mathrm{d}t \, .$$

Im Falle Bild 3.4.4b ergibt sich aus der Knotengleichung und den u-i-
Beziehungen der NWE:

$$i_D + i_C + i_L = i_q; \quad u = U_T \ln(i_D/i_S + 1)$$

$$i_C \equiv C\,\mathrm{d}u/\mathrm{d}t; \qquad i_L = (1/L) \int u \, \mathrm{d}t$$

$$I_S(\exp \frac{u}{U_T} - 1) + C\frac{\mathrm{d}u}{\mathrm{d}t} + \frac{1}{L} \int u \, \mathrm{d}t = i_q \, .$$

Dies ist eine nichtlineare Integro-Differentialgleichung. Sie geht durch Differenzieren über in

$$C\frac{\mathrm{d}^2u}{\mathrm{d}t^2} + \frac{I_S}{U_T}\Big(\exp \frac{u}{U_T}\Big)\frac{\mathrm{d}u}{\mathrm{d}t} + \frac{1}{L}u = \frac{\mathrm{d}i_q}{\mathrm{d}t} \, . \tag{3.4.1}$$

Das ist eine nichtlineare inhomogene Differentialgleichung zweiter Ordnung
(mit stark nichtlinearer Dämpfung). Sie benötigt zur Lösung zwei Anfangs-
werte der Energiespeicher C und L: $u_C(t_0)$, $i_L(t_0)$ resp $i(t_0)$ und $i\mathrm{d}/\mathrm{d}t|_{t_0}$.
Die (nur numerisch mögliche) Lösung dieser Gleichung überschreitet die hier
gebotene Zielsetzung.

Aufgabe 3.4.1.

3.4.2 Maschenstromanalyse

Die Zahl der aufzustellenden Gleichungen ließe sich gegenüber der Zweigstromanalyse deutlich senken, wenn beispielsweise auf die Knotengleichungen ganz verzichtet würde. Genau das bezweckt die *Maschenstromanalyse* (auch als Maschen- oder Umlaufanalyse bezeichnet). Typisch für dieses Verfahren ist, daß in jeder unabhängigen Masche ein *Ring-* oder *Maschenstrom* i_m (Rechengröße!) eingeführt wird, der nur in dieser Masche fließt und somit die Knotengleichung automatisch erfüllt:

> Für die Maschenstromanalyse reicht die Aufstellung der $m = z - (k - 1)$ unabhängigen Maschengleichungen mit einzuführenden *Maschen-* oder *Ringströmen* aus. Die Knotengleichungen entfallen.

Die Maschenströme sind deshalb mit den Strömen in den unabhängigen Zweigen eines Netzwerkes (s. Bild 3.4.2) identisch. Die (physikalisch meßbaren) Zweigströme in den Zweigen des vollständigen Baumes hingegen müssen jeweils durch die vorzeichenbehaftete Summe der Maschenströme ausgedrückt werden.

Das Verfahren werde an einem einfachen Beispiel erläutert (Bild 3.4.5). In die Schaltung, die nur Spannungsquellen enthält - ($k = 2$, $z = 3$, $m = 3 - (2 - 1) = 2$) sind eingetragen:

- die Zweigströme i_1, i_2, i_3 (meßbar)
- die neu einzubringenden Maschenströme i_{m1}, i_{m2} (Rechengröße).

Letztere fließen in den Maschen, gebildet aus unabhängigen Zweigen und Zweigen des vollständigen Baumes (Bild 3.4.5b). Die beiden zugehörigen

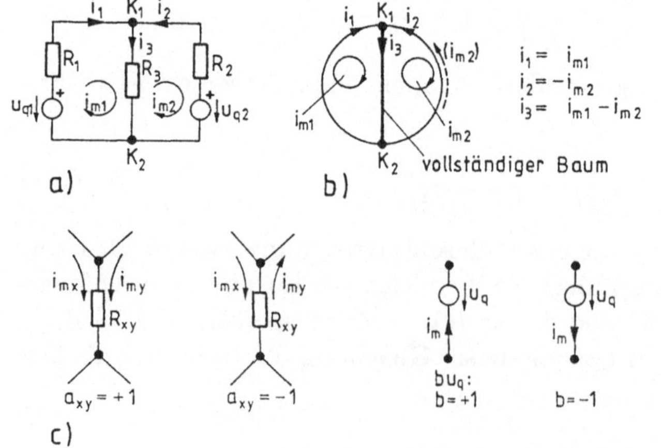

Bild 3.4.5
Maschenstromanalyse
a) Schaltung, b) Graph,
c) Einzelheiten

Maschengleichungen lauten (formuliert mit den eingeführten Maschenströmen):

$$M_1: \quad i_{\mathrm{m}1}R_1 \quad + R_3 i_{\mathrm{m}1} \underset{(+)}{-} R_3 i_{\mathrm{m}2} \qquad\qquad -u_{\mathrm{q}1} = 0$$

$$(R_1 + R_{12})i_{\mathrm{m}1} \underset{(+)}{-} R_3 i_{\mathrm{m}2} \qquad\qquad = u_{\mathrm{q}1}$$

$$M_2: \quad (-)\, i_{\mathrm{m}2}R_2 \qquad\qquad + R_3 \big(\underset{(-)}{+}\, i_{\mathrm{m}2} \underset{(+)}{-} i_{\mathrm{m}1} \big) \underset{(-)}{+} u_{\mathrm{q}2} = 0$$

$$\underset{(+)}{-}\, R_3 i_{\mathrm{m}1} \underset{(-)}{+} (R_2 + R_{12})i_{\mathrm{m}2} \qquad\qquad = -\, \underset{(+)}{u_{\mathrm{q}2}}.$$

$$(3.4.2)$$

Dabei wurde die Widerstandsbezeichnung $R_3 = R_{12}$ (Knoten 1, 2) gewählt, um das Verfahren später systematischer darstellen zu können.

Würde beispielsweise die Umlaufrichtung des Stromes $i_{\mathrm{m}2}$ vertauscht (im Bild gestrichelt angedeutet), so wäre Vorzeichenumkehr (Klammerwerte) die Folge (R_{12} wird jetzt von beiden Maschenströme in gleicher Richtung durchflossen). Wir bringen dies in einem *Vorzeichenkoeffizienten* $a_{12} \to a_{12}R_{12}$ zum Ausdruck. Gleiche Maschenstromrichtung durch $R_{12}: a_{12} = +1$, sonst $a_{12} = -1$ (Bild 3.4.5c).

Systematisch geordnet entsteht (rechts) dann folgendes Schema:

Masche (Nr.)	Maschenstrom $i_{\mathrm{m}1}$	$i_{\mathrm{m}2}$	
1	$(R_1 + R_{12})i_{\mathrm{m}1}$	$+ a_{12}R_{12}i_{\mathrm{m}2}$	$= b_1 u_{\mathrm{q}1}$
2	$a_{21}R_{12}i_{\mathrm{m}1}$	$+ (R_2 + R_{12})i_{\mathrm{m}2}$	$= b_2 u_{\mathrm{q}2}$ (3.4.3)

oder umgeschrieben

Maschenstrom

$$
\begin{array}{c}
\text{Masche} \\[2pt]
\begin{array}{cc}
1 & 2
\end{array}
\end{array}
$$

$$
\begin{array}{c}
2 \\[12pt] 1
\end{array}
\begin{bmatrix} R_1 + R_{12} & a_{12}R_{12} \\ a_{21}R_{21} & R_2 + R_{12} \end{bmatrix}
\cdot
\begin{bmatrix} i_{\mathrm{m}1} \\ i_{\mathrm{m}2} \end{bmatrix}
=
\begin{bmatrix} b_1 u_{\mathrm{q}1} \\ b_2 u_{\mathrm{q}2} \end{bmatrix}
$$

bzw. in *Matrixschreibweise* verallgemeinert

$$\begin{bmatrix} R_{11} & a_{12}R_{12} & \cdots & a_{1m}R_{1m} \\ a_{21}R_{21} & R_{22} & \cdots & a_{2m}R_{2m} \\ \vdots & & \ddots & \vdots \\ a_{m1}R_{m1} & & \cdots & R_{mm} \end{bmatrix} \cdot \begin{bmatrix} i_{m1} \\ \vdots \\ i_{mm} \end{bmatrix} = \begin{bmatrix} u_{q1} \\ \vdots \\ u_{qm} \end{bmatrix}$$

$$
\begin{array}{ccc}
[R] & \cdot \quad [i_m] & = \quad [u_q]\,. \\
\text{Maschen-} & \text{Vektor der} & \text{Vektor der} \\
\text{impedanzmatrix} & \text{Maschenströme} & \text{Spannungsquellen}
\end{array}
\qquad (3.4.4)
$$

Die Matrix des Gleichungssystems (3.4.4) heißt *Maschenimpedanzmatrix*.
Ihre Struktur läßt einige Regeln erkennen.

Jede Zeile der Matrix beschreibt die Schaltungstruktur einer Masche (Bild 3.4.5c):.

a) Hauptdiagonalelement = Ringwiderstand. Jedes Hauptdiagonalelement wird aus der Summe aller Widerstände dieser Masche (sog. *Ring-*, *Maschen-* oder *Umlaufwiderstand*) gebildet. Er ist stets positiv.

b) *Nebendiagonalelemente* = $a_{xy}\cdot$ *Koppelwiderstände*. Summe der Widerstände der Masche, die vom zugehörigen Maschenstrom (der zugeordneten Spalte) durchflossen wird. Beispiel: R_{12} ist der Widerstand in Masche 1 durchflossen vom Maschenstrom i_{m2}.

c) Das Vorzeichen (a_{xy}) ergibt sich aus der Richtung des betreffenden Maschenstromes i_{my} bezogen auf die Richtung des Maschenstromes i_{mx} durch das Hauptdiagonalelement (Maschen-Nr.). Stimmen beide Richtungen überein, so gilt $a_{xy} = +1$, sonst -1.

d) Die Matrix ist symmetrisch zur Hauptdiagonale, deshalb ergeben sich Elemente unter der Hauptdiagonalen durch Spiegelung (Rechenkontrolle). Jedoch gilt dies nur für Netzwerke ohne gesteuerte Quellen.

e) Auf der rechten Gleichungsseite stehen jeweils die Summe der Quellenspannung in der jeweiligen Masche. Stimmt der Richtungssinn einer Spannung u_{qmm} mit dem Maschenumlaufsinn i_{mm} des Maschenstromes überein, so ist $b_m = -1$ (sonst $+1$).

Das Maschenstromverfahren kann so sehr systematisch angewendet werden. Es verlangt aber

– die Bestimmung unabhängiger Maschen ($\rightarrow$ Baumbestimmung)

– daß *Spannungsquellen* vorliegen. Reale Stromquellen müssen vorher in reale Spannungsquellen umgeformt werden,

– aus den Maschenströmen noch die Berechnung der tatsächlichen *Zweigströme*. In Bild 3.4.5b sind die entsprechenden Beziehungen angeschrieben. Werden nur wenige Zweigströme gesucht,so ist es zweckmäßig, die unabhängige Masche so zu legen, daß der gesuchte Zweigstrom gleichzeitig den eingeführten Maschenstrom bildet.

Beispiel: Gegeben ist die Schaltung nach Bild 3.4.6. Der Strom i_7 werde nach dem Maschenstromverfahren durch systematisches Aufstellen der Maschenimpedanzmatrix gesucht.

Die Schaltung hat $k = 4$ Knoten und $z = 7$ Zweige, benötigt also $m = z - (k - 1) = 7 - 3 = 4$ unabhängige Maschen und damit auch Maschenströme. Wir legen zunächst einen vollständigen Baum fest (Verbindung der Knoten $1 \ldots 4$ ohne Schleifenbildung, Bild 3.4.6b). Dabei wird der Zweig 7 nicht eingeschlossen, so daß dort später nur ein Maschenstrom durchfließt. Im nächsten Schritt ergänzen wir im vollständigen Baum die vier Verbindungszweige. Damit ist der Graph der ursprünglichen Schaltung gegeben. Anschließend werden die vier Maschenströme $i_{m1} \ldots i_{m4}$ eingeführt. In jedem Verbindungszweig fließt nur ein Maschenstrom (Kern des Maschenstromverfahrens). Dann kann das Schema aufgestellt werden

$$
\begin{array}{l}
\text{Masche} \qquad \text{Maschenstrom} \\[4pt]
\qquad i_{m1} \qquad\quad i_{m2} \qquad\quad i_{m3} \qquad\qquad i_{m4}
\end{array}
$$

$$
\begin{array}{c}
1 \\ 2 \\ 3 \\ 4
\end{array}
\begin{bmatrix}
R_1 + R_3 + R_5 & R_3 + R_5 & -(R_3 + R_5) & R_5 \\
R_3 + R_5 & R_2 + R_5 + R_3 & -(R_3 + R_5) & R_5 \\
-(R_3 + R_5) & -(R_3 + R_5) & R_5 + R_4 + R_6 + R_3 & -(R_5 + R_6) \\
R_5 & R_5 & -(R_5 + R_6) & R_5 + R_6 + R_7
\end{bmatrix}
\cdot
\begin{bmatrix}
i_{m1} \\ i_{m2} \\ i_{m3} \\ i_{m4}
\end{bmatrix}
=
\begin{bmatrix}
-u_{q1} \\ 0 \\ 0 \\ -u_{q7}
\end{bmatrix}
$$

$$\tag{3.4.5}$$

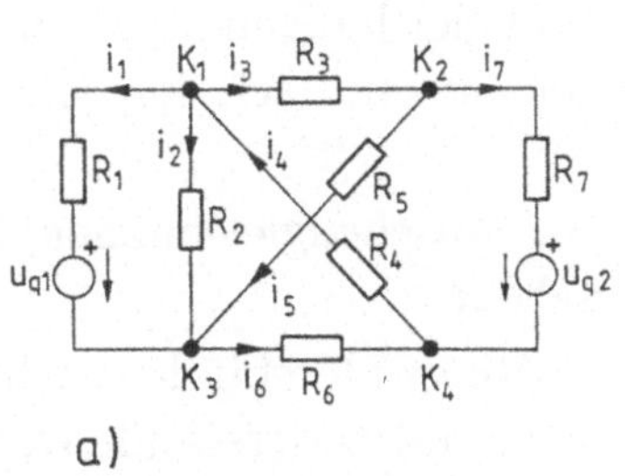

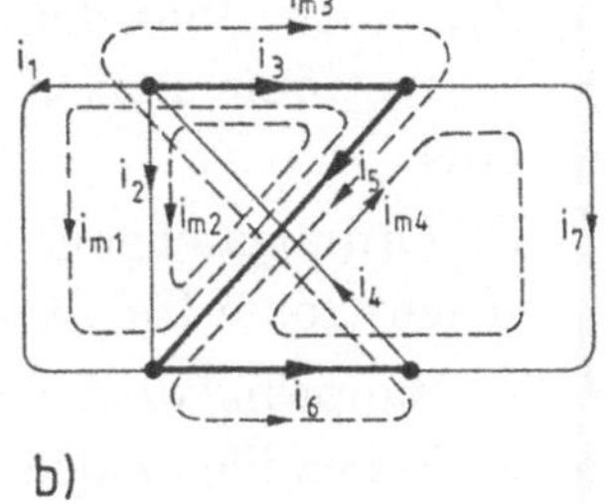

Bild 3.4.6 Netzwerk, Beispiel Maschenstromanalyse
    a) Schaltung, b) Graph Baumzweige,
    Verbindungszweig, — Maschenstrom

Die bereits diskutierten Matrixeigenschaften gehen deutlich hervor, z.B. in Spalte 1:

- Das Hauptdiagonalelement ist gleich dem Ringwiderstand $R_1 + R_3 + R_5$ der Masche 1,

- der Koppelwiderstand R_{12} zwischen Maschenstrom i_{m2} und i_{m1} ist die Widerstandssumme $(R_3 + R_5)$, die von beiden Strömen durchflossen wird. Beide haben gleiche Richtung $(a_{12} = +1)$, der Koppelwiderstand R_{13} beträgt ebenfalls $(R_3 + R_5)$, doch wegen $a_{13} = -1$ (Richtung i_{m1}, i_{m3} entgegengesetzt) mit Minus zu versehen.

- Der Koppelwiderstand R_{14} lautet $+R_5$, weil i_{m1} und i_{m4} durch R_5 gemeinsam in gleicher Richtung fließen.

- Die Quellenspannung in Masche 1 ist u_{q1} in Richtung von i_{m1} wirkend, daher $b_1 = -1$.

- Symmetrieeigenschaften bezüglich der Hauptdiagonalen.

- Der gesuchte Zweigstrom i_7 stimmt mit i_{m4} überein.

Die Lösung dieser Gleichung sei hier nicht weiter verfolgt.

Zum systematischen Anwenden der Maschenstromanalyse empfiehlt sich deshalb folgende *Lösungsstrategie* für ein (lineares) Netzwerk mit z Zweigen und k Knoten und (zunächst) nur unabhängigen Spannungsquellen:

Lösungsmethodik: Maschenstromanalyse

1. Vorbereiten des Netzwerkes durch
a) Bestimmung der $m = z - (k - 1)$ unabhängigen Maschen (vollständiger Baum-, Verbindungszweige. Baum so aufstellen, daß die gesuchten Zweigströme möglichst nicht in ihm auftreten).

b) Einführung der m Maschenströme (Umlaufrichtung beliebig).

2a) Aufstellung der m Maschengleichungen. Spannungsabfälle durch Maschenströme ausdrücken. Gleichungen nach den Maschenströmen ordnen oder

b) Ordungsschema für die m Maschengleichungen (Zeilen) und m Maschenströme (Spalten) aufstellen:

- Hauptdiagonalelemente = Ringwiderstände der betreffenden Masche

- Nebendiagonalelemente = Koppelwiderstände R_{xy}. R_{xy} positiv $(a_{xy} = +1)$, negativ $(a_{xy} = -1)$, wenn Maschenströme i_{mx}, i_{my} den Widerstand in gleicher (entgegengesetzter) Richtung durchfließen

- Symmetrie der Matrix zur Hauptdiagonalen beachten $(R_{xy} = R_{yx})$

– Eintrag aller unabhängiger Spannungsquellen rechts.

3. Man stelle die gesuchten Zweigströme i_z durch die Maschenströme i_m dar (Knotenbeziehungen!).

4. Auflösung des linearen Gleichungssystems Pkt. 2 nach den Maschenströmen, die gemäß Pkt. 3 erforderlich sind.

Punkt 3 entfällt, wenn der Maschenstrom gleich dem gesuchten Zweigstrom gewählt werden kann.

Ergänzungen. Das Maschenstromverfahren bedarf einiger ergänzender Bemerkungen:

a) Unabhängige Stromquellen lassen sich nur einbeziehen, wenn sie vor der Analyse in reale Spannungsquellen überführt werden, ggf. mit Hilfsleitwerten, die später wieder entfernt werden.

b) Gesteuerte Quellen werden in maschenstromgesteuerte Spannungsquellen überführt und zunächst bei Aufstellung der Gleichungen wie unabhängige Spannungsquellen behandelt. Anschließend bringt man die maschenstromabhängigen Teile auf die linke Gleichungsseite.

c) Das Maschenstromverfahren führt bei den NWE C, L, M auf Integro-Differentialgleichungen, ist aber grundsätzlich anwendbar.

d) Das Maschenstromverfahren ist auch auf Netzwerke mit nichtlinearen Elementen anwendbar.

Für diesbezügliche Probleme sei auf die Spezialliteratur verwiesen. Die *Wertung* des Maschenstromverfahrens erfolgt am Ende des folgenden Abschnittes.

Aufgaben 3.4.2, 3.4.3.

3.4.3 Knotenspannungsanalyse

Die Maschenstromanalyse beruhte auf der Eliminierung ($\rightarrow$ Selbsterfüllung) der unabhängigen Knotengleichungen durch Einführung von *Maschenströmen* als Rechengröße. Dadurch waren statt der z Kirchhoffschen Gleichungen nur noch m $= z - (k - 1)$ Maschengleichungen zu bestimmen. Ganz analog lassen sich aus den z Kirchhoffschen Gleichungen eines Netzwerkes

– die m unabhängigen Maschengleichungen eliminieren, wenn man sog. (unbekannte) *Knotenspannungen* als Spannungen zwischen einem Netzwerkknoten und einem frei wählbaren Bezugsknoten als Hilfsgröße (Rechengröße) einführt

– dann nur noch $k - 1$ unabhängige Gleichungen für diese $(k - 1)$ Knotenspannungen aufstellen und lösen

– schließlich die meßbaren Zweigspannungen in den Netzwerkzweigen durch
die Knotenspannungen ausdrücken. Bezeichnet man die Knotenspannung
zwischen Knoten K und Bezugspunkt 0 mit u_{k0}, so beträgt die *Zweig-spannung* u_{k1k2} zwischen Knoten K_1 und K_2

$$u_{k1k2} = u_{k10} - u_{k20}. \tag{3.4.6}$$

Sie ist die Differenz der entsprechenden Knotenspannungen.

Damit sind auch die Zweigströme berechenbar. Das so beschriebene Verfahren heißt *Knotenspannungsanalyse* oder kurz *Knotenanalyse*.

> Bei der Knotenspannungsanalyse müssen nur die (unabhängigen, d.h.
> $k-1$) Knotengleichungen für die Knotenspannungen aufgestellt werden.
> Die Maschengleichungen (und damit das Aufsuchen unabhängiger Gleichungen) entfallen (Selbsterfüllung der Gleichungen).

Bild 3.4.7 zeigt die Unterschiede zwischen Knoten- und Zweigspannungen.
Zum besseren Verständnis werde zunächst ein einfaches Beispiel (Bild 3.4.8)
mit zwei *Stromquellen* i_{q1}, i_{q2} betrachtet. Die Schaltung hat $k = 3$ Knoten.
Als Bezugsknoten (0) werde K_3 gewählt. Da gibt es $k - 1 = 2$ unabhängige Knotenspannungen u_{10}, u_{20}. Die Zweigspannung u_{12} beträgt nach dem
Maschensatz

$$u_{12} + u_{20} - u_{10} = 0 \rightarrow u_{12} = u_{10} - u_{20}. \tag{3.4.7}$$

Der eigentliche Teil der Aufgabe ist die Aufstellung der $k - 1$ Knotengleichungen und das Ersetzen der Zweigströme durch die Knotenspannungen
u_{10}, u_{20}:

$$\begin{aligned}
\text{K}_1: \quad & i_{q1} = i_1 + i_3 & &\rightarrow G_1 u_{10} + G_3 u_{12} & &= i_{q1} \\
& G_1 u_{10} + G_3(u_{10} - u_{20}) = i_{q1} & &\rightarrow (G_1 + G_3)u_{10} + G_3 u_{20} = i_{q1} \\
\text{K}_2: \quad & -i_{q2} = i_2 - i_3 & &\rightarrow G_2 u_{20} - G_3 u_{12} & &= -i_{q2} \\
& G_2 u_{20} - G_3(u_{10} - u_{20}) = -i_{q2} & &\rightarrow G_3 u_{10} + (G_1 + G_3)u_{20} = -i_{q2}.
\end{aligned}$$

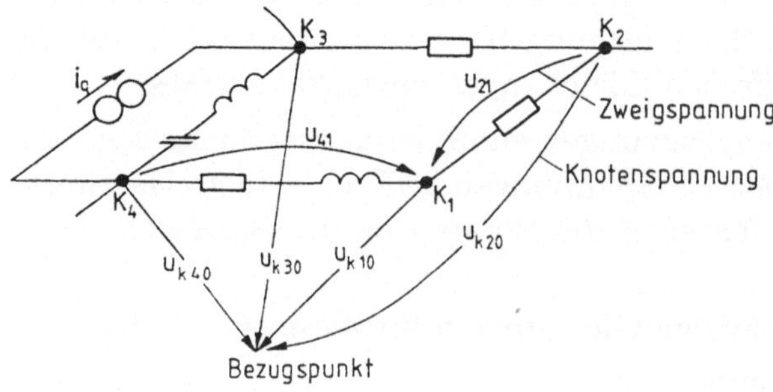

Bild 3.4.7
Knotenspannungsmethode

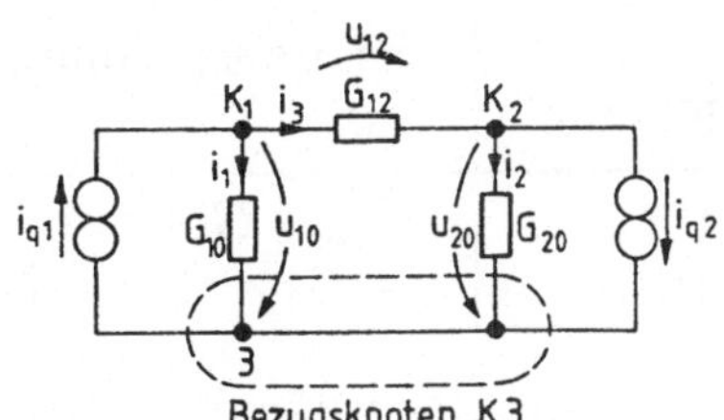

Bild 3.4.8
Knotenspannungsverfahren, Beispiel

Zusammengefaßt und geordnet wird daraus:

| Knoten-Nr | Knotenspannung | | | |
	u_{10}	u_{20}		i_{q}
K_1:	$(G_1 + G_3)u_{10}$	$- G_3 u_{20}$	$=$	$i_{\mathrm{q}1}$
K_2:	$- G_3 u_{10}$	$(G_2 + G_3)u_{20}$	$=$	$-i_{\mathrm{q}2}$.

$$(3.4.8)$$

Dies ist das gesuchte Gleichungssystem für die Knotenspannungen u_{10}, u_{20}. Würde z.B.

– i_3 interessieren, so müßte aus den beiden Lösungen u_{10}, u_{20} gebildet werden:

$$i_3 = G_3(u_{10} - u_{20})$$

i_1 interessieren, so brauchte man nur u_{10} zu kennen:

$$i_1 = G_1 u_{10}.$$

Das Verfahren läßt schon jetzt einige *Vorteile* erkennen:

– Eine Zeile bildet jeweils die Knotengleichung des betreffenden Knotens, „sie beschreibt also die Umgehung des Knotens".

– Bei der zum jeweiligen Knoten gehörenden Knotenspannung steht die Summe aller am Knoten angeschlossenen Leitwerte (bei K_1: $G_1 + G_3$, bei K_2: $G_2 + G_3$).

– Der Verbindungsleitwert zwischen Knoten 1, 2 ($\rightarrow G_3$) hat ein negatives Vorzeichen unabhängig von der Wahl von i_3 (wenn jedoch stets $i = G \cdot u$ gilt).

– Rechts treten die Stromquellen auf, deren Vorzeichen sich je nach Flußrichtung bezüglich des Knotens ergibt.

Durch systematisches Ordnen (Reihenfolge der Knotengleichungen übereinstimmend mit der Reihenfolge der Knotenspannungen) folgt

Knoten	Knotenspannung			Einströmung	
	u_{10}	u_{20}			
1	$G_{10} + G_{12}$	$- G_{12}$	$=$	i_{q1}	
2	$- G_{12}$	$G_{20} + G_{12}$	$=$	$-i_{q2}$.	(3.4.9)

oder mit Übergang zur Matrixform

$$\begin{bmatrix} G_{11} & -G_{12} \\ -G_{12} & G_{22} \end{bmatrix} \cdot \begin{bmatrix} u_{10} \\ u_{20} \end{bmatrix} \begin{bmatrix} i_{q1} \\ -i_{q2} \end{bmatrix} . \qquad (3.4.10)$$

Die Matrix $[G]$ heißt *Knotenadmittanz-(Knotenleitwert)*-Matrix

$$\boxed{\text{Knotenadmittanzmatrix} \cdot \text{Vektor der Knotenspannungen} = \text{Vektor der Einströmungen} \cdot \qquad (3.4.11)}$$

Aus der Knotenadmittanzmatrix lassen sich einige *Regeln* erkennen. Jede Zeile der Matrix beschreibt die Schaltungsstruktur eines Knotens:

a) *Hauptdiagonalelement* = Knotenleitwert = Summe aller an diesen Knoten angeschlossenen Leitwerte. Es ist stets *positiv* !

b) Nebendiagonalelemente = (-1): *Koppelleitwert* $G_{\mu m}$ zwischen dem betrachteten Knoten (Zeilennummer) und dem jeweiligen Nachbarknoten, gegeben durch die Spaltennummer (z.B. zwischen 1. Zeile und 2. Spalte - G_{12}, der Leitwert zwischen Knoten 1, 2). Es tritt *stets* ein Minuszeichen auf. Knotenverbindungen, die nicht vorhanden sind, erhalten folglich den Eintrag 0.

c) Alle Nebendiagnonalelemente haben negatives Vorzeichen.

d) Die Summe der Elemente einer Zeile gibt stets den Leitwert zwischen dem betrachteten Knoten (Zeile) und dem Bezugsknoten. Sie verschwindet, wenn der Knoten keinen Leitwert zum Bezugspunkt hat (Rechenkontrolle).

e) Die Matrix ist symmetrisch zur Hauptdiagonalen. Deshalb können die Elemente unter der Hauptdiagonalen durch Spiegelung gewonnen werden, und es muß auch die Summe aller Leitwerte einer Spalte den Leitwert zwischen dem jeweiligen Knoten (Spaltennummer) und Bezugspunkt ergeben.

f) Die rechte Seite bilden die Quellenströme. Zufluß zum Knoten ergibt positives, Abfluß negatives Vorzeichen.

> Mit diesen Regeln für das Aufstellen der Knotenmatrix läßt sich das Knotenspannungs-Gleichungssystem direkt, also ohne Umwege über Zweige, Knoten oder Maschengleichungen gewinnen!

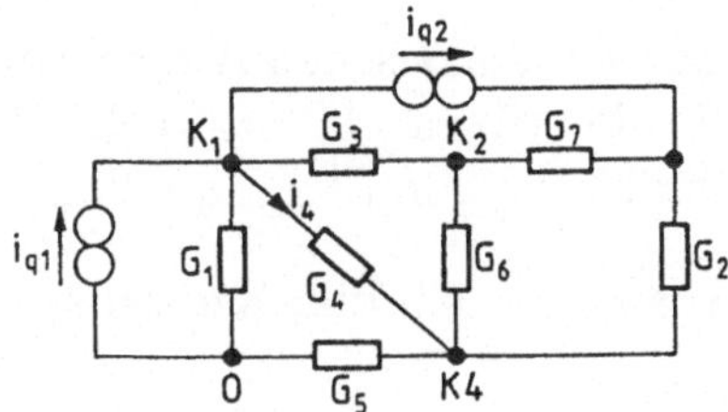

Bild 3.4.9
Beispiel Knotenspannungsanalyse

Beispiel: Gegeben sei die Schaltung Bild 3.4.9. Gesucht ist der Strom i_4, der zunächst willkürlich eingetragen werde. Wir wählen als Bezugsknoten 0 (s.u.). Anschließend kann die Matrix aufgestellt werden. Die Symmetrie erlaubt, nach Anschreiben einer Zeile sofort die entsprechenden Spalten anzugeben. Man erhält:

Knoten $\qquad$ Knotenspannung

$$
\begin{array}{c}
1 \\
2 \\
3 \\
4
\end{array}
\begin{bmatrix}
G_1 + G_3 + G_4 & -G_3 & 0 & -G_4 \\
-G_3 & G_3 + G_6 + G_7 & -G_7 & -G_6 \\
0 & -G_7 & G_7 + G_2 & -G_2 \\
-G_4 & -G_6 & -G_2 & G_4 + G_5 + G_6 + G_2
\end{bmatrix}
\cdot
\begin{bmatrix}
u_{10} \\
u_{20} \\
u_{30} \\
u_{40}
\end{bmatrix}
=
\begin{bmatrix}
i_{q1} \\
0 \\
i_{q2} \\
0
\end{bmatrix}
$$

$$(3.4.12)$$

Am Knoten 1 wirkt der Knotenleitwert $G_1 + G_3 + G_4$ (Summe aller angeschlossenen Leitwerte), zwischen Knoten $1 \leftrightarrow 2 \to -G_3$, zwischen $1 \leftrightarrow 4 \to -G_4$. Zu Knoten 3 gibt es keine Verbindung (Eintrag 0). Dies wird in die erste Spalte übertragen. Am Knoten 2 wirkt der Knotenleitwert $G_3 + G_6 + G_7$, die Koppelleitwerte nach Knoten 3 und 4 sind $-G_7$, $-G_6$. Die Kopplung nach Knoten 1 ($-G_3$) ist bereits berücksichtigt. So sind Zeile und Spalte 2 bekannt. Für die restlichen Knoten verfährt man entsprechend. Da lediglich die Knoten 1 und 4 Verbindung zum Bezugspunkt haben, verschwinden die Zeilen-(Spalten-)summen 2 und 3 und 1 z.B. ergibt G_1. Die Einströmungen (rechts) an den Knoten 1 und 3 ergeben sich direkt aus der Schaltung.

Um schließlich den gesuchten Zweigstrom i_4

$$ i_4 = G_4(u_{10} - u_{40}) $$

zu erhalten, muß das Gleichungssystem nach u_{10}, u_{40} gelöst werden. Deshalb wäre es günstiger gewesen, die Knoten 1 oder 4 als Bezug zu wählen, weil dann i_4 nur noch von einer Knotenspannung (u_{40} oder u_{10}) abhängen würde. Man erkennt schon an dieser Stelle die deutlichen *Vorteile* des Knotenspannungsverfahrens z.B. gegenüber dem Maschenstromverfahren.

Zur systematischen Anwendung der Knotenspannungsanalyse empfiehlt sich für das (lineare) Netzwerk mit z Zweigen und k Knoten mit (zunächst) nur unabhängigen Stromquellen eine

Lösungsmethodik: Knotenspannungsanalyse

1. Vorbereiten des Netzwerkes durch

a) *Wahl des Bezugsknotens*, Benennung der $k - 1$ Knoten. Bei Bezugsknotenwahl auf gesuchte Zweiggrößen achten,

b) Einführung der $k - 1$ Knotenspannungen.

2a) Aufstellung der $k - 1$ Knotengleichungen. Zweigströme durch Knotenspannungen über NWE-Beziehungen ausdrücken. Gleichungen nach Knotenspannungen ordnen *oder*

b) Ordnungsschema für die $k - 1$ Knotengleichungen (Zeilen) und $k - 1$ Knotenspannungen (Spalten) aufstellen:

Hauptdiagonalelement $\widehat{=}$ Knotenleitwert (Summe aller am betreffenden Knoten angeschlossenen Leitwerte),

Nebendiagonalelement $\widehat{=} (-1) \cdot$ Koppelleitwert G_{xy} zwischen dem betreffenden Knoten (Zeilennummer) und den Nachbarknoten (Spalte). Fehlende Knotenverbindungen erhalten Eintrag 0.

- Symmetrie der Matrix zur Hauptdiagonalen beachten,
- Eintrag aller unabhängigen Stromquellen am betreffenden Knoten (Zeilen) rechts (Zufluß +, Abfluß −).

3. Man stelle die gesuchte Zweiggröße (Strom, Spannung) durch die Knotenspannungen dar.

4. Auflösung des linearen Gleichungssystems nach Pkt. 2 nach den Knotenspannungen, die gemäß Pkt. 3 erforderlich sind.

Ergänzungen. Das Knotenspannungsverfahren bedarf einiger Ergänzungen, um möglichst breit anwendbar zu sein.

a) Reale unabhängige Spannungsquellen werden in reale Stromquellen überführt. Liegt eine ideale Spannungsquelle vor, so wird ein Innenwiderstand R_i ergänzt, der in der endgültigen Lösung wieder gegen Null geht.

b) *Gesteuerte Stromquellen* überführt man in spannungsgesteuerte Stromquellen, betrachtet sie zunächst als unabhängig, stellt die Knotenspannungsgleichungen auf und bringt sie später auf die linke Gleichungsseite (s. Beispiele).

c) Das Knotenspannungsverfahren ist grundsätzlich für Netzwerke mit Speicherelementen $(C,\ L,\ M)$ anwendbar, es führt auf Integro-Differentialgleichungen.

d) Das Knotenspannungsverfahren eignet sich grundsätzlich für nichtlineare NWE.

Vergleich Maschenstrom-Knotenspannungsanalyse. Gegenüber dem Zweigstromverfahren sind beide Methoden deutlich effizienter. Müssen dort z Gleichungen gelöst werden, so sind es hier entweder nur $k - 1$ oder $z - (k - 1)$ Gleichungen. Die Knotenspannungsanalyse ist vorteilhafter, wenn die Knotenzahl

$$k < 1 + z/2 \tag{3.4.13}$$

beträgt, also ein Netzwerk mit vielen Zweigen, aber deutlich weniger Knoten vorliegt. Wird nämlich in einem Netzwerk mit k Knoten jeder mit jedem anderen durch einen Zweig verbunden, so gibt es insgesamt

$$z = (k/2)(k - 1) \tag{3.4.14}$$

Verbindungen (z.B. $k = 4\ z = 6$, $k = 5\ z = 10$): jeder neu hinzutretende Knoten ergibt k weitere Zweige. Die Ungleichung (3.4.13) führt dann ab $k = 5\ (z = 10)$ zu weniger Gleichungen beim Knotenspannungsverfahren. Für die Knotenspannungsanalyse sprechen noch weitere Gesichtspunkte:

- Wegfall der Suche unabhängiger Maschen

- Bezugspunkt oft als Massepunkt einer Schaltung wirkend, weil daran viele Bauelemente angeschlossen sind

- numerische Vorteile bei der Lösung nichtlinearer Gleichungen, da viele Bauelemente der Elektronik eine nichtlineare Funktion vom Typ $i = f(u)$ haben. Sie bewirken eine leichtere Handhabe in Stromknoten.

Beispiel: Gesteuerte Quellen. Gegeben sei die (weit verbreitete) Transistorschaltung nach Bild 3.4.10. Die Transistorersatzschaltung enthält eine stromgesteuerte Stromquelle. Gesucht ist der Ausgangsstrom i_2. Zusätzlich wirke noch eine Rückwirkung G_F.

Die Vorbereitung der Schaltung für die Knotenspannungsanalyse ($k = 3$) erfordert

- die Wahl des Bezugsknotens (K_3, weil dort viele Elemente angeschlossen sind und dieser Punkt ohnehin „Masse" darstellt,

- die Wandlung der beiden Spannungs- in Stromquellen

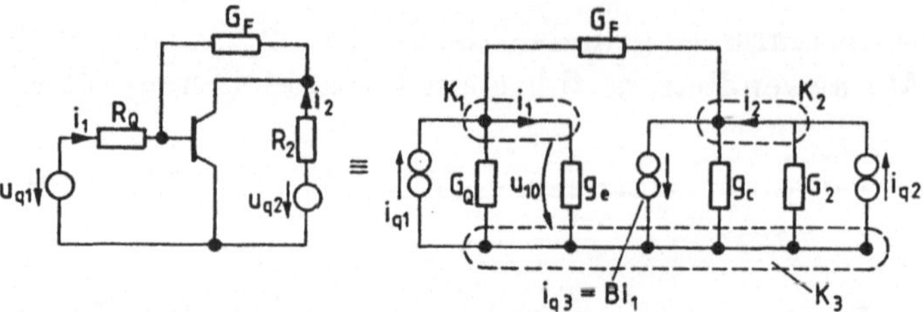

Bild 3.4.10 Beispiel Knotenspannungsanalyse

sowie die Überführung der stromgesteuerten Stromquelle in eine spannungsgesteuerte. Knotenspannungen sind u_{10} und u_{20}. Man erhält das folgende
Gleichungsschema:

$$
\begin{array}{ccc}
 & u_{10} & u_{20} \\
\hline
K_1 & (G_Q + g_e + G_F)u_{10} & -G_F u_{20} & = i_{q1} \\
K_2 & -G_F u_{10} & (G_F + g_c + G_L)u_{20} & = i_{q2} - B \cdot i_1 .
\end{array}
$$

Da der Steuerstrom i_1 der Quelle durch $i_1 = g_e u_{10}$ ausgedrückt werden kann,
gilt schließlich

$$
\begin{bmatrix} G_Q + g_e + G_F & -G_F \\ -G_F + g_e B & G_F + g_c + G_L \end{bmatrix} \cdot \begin{bmatrix} u_{10} \\ u_{20} \end{bmatrix} = \begin{bmatrix} i_{q1} \\ i_{q2} \end{bmatrix} . \tag{3.4.15}
$$

Damit lassen sich u_{10}, u_{20} berechnen. Der Ausgangsstrom i_2 beträgt nach
dem Knotensatz

$$
i_2 = i_{q2} - G_L u_{20} . \tag{3.4.16}
$$

Man benötigt also u_{20}. Die Lösung kann ohne Probleme ermittelt werden.

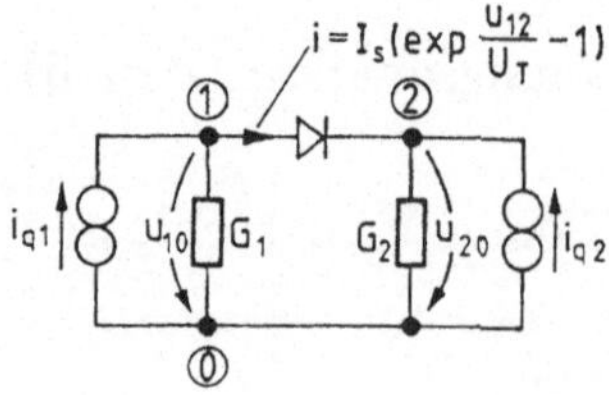

Bild 3.4.11
Diodenschaltung

Bild 3.4.11 zeigt eine nichtlineare Schaltung. Nach Einführung der Knotenspannungen u_{10}, u_{20} ergeben sich folgende Beziehungen:

$$G_1 u_{10} + I_S \exp\left[\frac{u_{10} - u_{20}}{u_T} - 1\right] = i_{q1}$$

$$-I_S \exp\left[\frac{u_{10} - u_{20}}{u_T} - 1\right] + G_2 u_{20} = i_{q2}\,.$$

$$(3.4.17)$$

Dieses Gleichungssystem kann nicht mehr in Matrixform geschrieben werden, auch ist die „Knotenverkopplung" jetzt stromrichtungsabhängig. Erhalten bleibt aber der grundsätzliche Weg zur Aufstellung der Knotenspannungsgleichungen, wenn sie auch jetzt numerisch gelöst werden müssen.

Aufgaben 3.4.4 – 3.4.6.

Lernorientierungen zu Abschnitt 3

Abschnitt 3.1

- Eine Ersatzschaltung hat bezüglich ihrer Klemmen (u-i-Relation) das gleiche Verhalten wie die zugehörige reale Schaltung

- jeder aktive Zweipol bestehend aus idealen Quellen und linearen Widerständen kann bezüglich seines Klemmenverhaltens durch eine Spannungs- oder Stromquellenersatzschaltung ersetzt werden. Parameter: Leerlaufspannung, Kurzschlußstrom, Innenwiderstand (Bestimmungsmethoden), Kennliniendarstellung.

- Kleinsignalanalyse: näherungsweise Analyse eines nichtlinearen Netzwerkes durch Linearisierungen bei kleiner Aussteuerung um einen Arbeitspunkt. Setzt Arbeitspunktbestimmung voraus und Bestimmung der Kleinsignalelemente nichtlinearer Netzwerkelemente.

Abschnitt 3.2

- Bei Zusammenschaltung des aktiven und passiven Zweipols zum Grundstromkreis stellen sich die Strom-/Spannungswerte des Arbeitspunktes ein (Lösung analytisch, graphisch)

- Bei Anpassung $R_a = R_i$ wird dem Verbraucher maximale Leistung zugeführt, 50 % verbleiben im aktiven Zweipol. Anpassung ist nur in der Informationstechnik üblich, in der Energietechnik nicht (Begründung)

- Netzwerke mit einem nichtlinearen Element werden zweckmäßig auf eine Zweipolersatzschaltung mit nichtlinearem Außenwiderstand zurückgeführt.

Abschnitt 3.3

- In linearen Netzwerken mit mehreren unabhängigen Quellen treibt jede Quelle (unabhängig von den anderen) Teilströme und Spannungen durch das Netzwerk. Voraussetzung: lineares Netzwerk.

Abschnitt 3.4

– Notwendige Schritte vor jeder Netzwerkanalyse: Modellelemente (Modellierung), Wahl der Lösungsmethode, Netzwerkaufbereitung, Aufstellen der NW-Gleichung, Lösung, Diskussion

– Netzwerk mit Energiespeicherelementen führen grundsätzlich auf Differentialgleichungen. Grad (Ordnung) = Zahl der (unabhängigen) Energiespeicher. Lineare NWE → lineare DGl, erforderlich n Anfangsbedingungen

– Zweigstromanalyse: z Gleichungen, davon $(k-1)$ Knoten, $z-(k-1)$ Maschengleichungen. Lösungsstrategie

– Auswahl der unabhängigen Knoten und Maschen

  • $k-1$: unproblematisch (Zusammenfassen von Knoten auf gleichem Potential zu einem)
  • $m = z - (k-1)$ verschiedene Methoden, z.B. vollständiger Baum

– Maschenstromanalyse: Einführung von Maschenströmen, Wegfall der Knotengleichungen, $m = z - (k-1)$ Maschengleichungen. Lösungsstrategie: Maschenstromgleichungen lösen

– Knotenspannungsanalyse: Einführung von Knotenspannungen (Bezugspunkt beliebig, zweckmäßig „Nullknoten"), Wegfall der Maschengleichungen, $z - m = k - 1$ Knotengleichungen zu lösen.

Wiederholungsfragen zu Abschnitt 3

Abschnitt 3.1

1. Welche Größen kennzeichnen den aktiven Zweipol? (u-i-Verhalten, Kennlinie, Parameter)?

2. Was ist ein Konstantstrom-, was eine Konstantspannungsquelle? Sind beide überführbar?

3. Was bedeuten Erzeuger- und Verbraucherpfeilrichtung? Geben Sie die Kennlinie des aktiven Zweipols in beiden Formen an (Beispielfälle).

4. Wie lautet im Grundstromkreis (Spannungsquellenersatzschaltung) die Verbraucherleistung, die maximal mögliche Verbraucherleistung und der Wirkungsgrad bei einem linearen, bei nichtlinearem Verbraucher?

5. Geben Sie die Ersatzschaltung einer realen Spannungs- und Stromquelle an (Kennlinie, analytische Formen). Wie würde die Stromquellen-Ersatzschaltung einer Autobatterie ($U_\mathrm{q} = 12\,\mathrm{V}$, $R_\mathrm{i} = 100\,\mathrm{m\Omega}$) lauten?

6. Diskutieren Sie das Verhalten dieses Stromkreises, wenn der Reihe nach die Standbeleuchtung ($12\,\mathrm{V}$, $10\,\mathrm{W}$) und die Scheinwerfer ($12\,\mathrm{V}$, $110\,\mathrm{W}$) zugeschaltet werden. Ist in einem solchen Fall die Glühlampenaufschrift $12\,\mathrm{V}$, $55\,\mathrm{W}$ sinnvoll?

7. Zwei technische Spannungsquellen (Leerlaufspannung, Innenwiderstände gegeben) werden zusammengeschaltet. Diskutieren Sie Möglichkeiten sowie die Vor- und Nachteile. Warum werden die Einzelzellen ($2\,\mathrm{V}$) in der Autobatterie reihen- und nicht parallelgeschaltet?

8. Wie verhält sich eine Ersatzschaltung bezüglich ihrer Klemmen (u-i-Verhalten) im Vergleich zur realen Schaltung?

9. Nennen Sie Beispiele für nichtlineare Zweipole!

10. Was versteht man unter einer stückweisen linearen Approximation einer Kennlinie?

11. Wie lauten die Kleinsignalbeschreibungen nichtlinearer Widerstände, Kondensatoren und gesteuerter Quellen?

12. Welche Lösungsstrategie ist zur Kleinsignalanalyse einer Schaltung durchzuführen (Hauptschritte)?

13. Wie lautet der Kleinsignalwiderstand eines Widerstandes mit der Kennlinie $u = ci^3$ (Skizze, Verlauf über i)?

Abschnitt 3.2

1. Wie wendet man die Zweipoltheorie (was umfaßt sie?) zur Berechnung z.B. eines Zweigstromes in einem Netzwerk an?

2. Geben Sie eine einfache Schaltung vor (z.B. eine Spannungsquelle, $3\ldots4$ Widerstände). Wählen Sie einen Widerstand als passiven Zweipol. Wie ist zur Anwendung der Zweipoltheorie weiter vorzugehen?

3. Ersetzen Sie einen einstellbaren Spannungsteiler (Potentiometer, Drehwinkel α, Spannnungsquelle) durch einen aktiven Zweipol (Schaltung?). Welche Ersatzgrößen hat er? Tragen Sie diese über α auf (Diskussion).

4. Was versteht man unter Leerlauf und Kurzschluß einer Quelle? Sind sie technisch durchführbar?

5. Ein lineares Netzwerk enthalte eine gesteuerte Quelle. Unter welchen Umständen darf die Zweipoltheorie angewendet werden?

6. Wie verlaufen die Kennlinien (Skizze) zweier Dioden bei Reihenschaltung (Möglichkeiten), bei Parallelschaltung (Möglichkeiten)?

7. Skizzieren Sie die Kennlinie einer Spannungsquelle mit reihengeschalteter Diode (2 Möglichkeiten) aufgefaßt als aktiver Zweipol. Wie verläuft die Kennlinie bei linearem Innenwiderstand?

8. Wie läßt sich bei einer nichtlinearen Quelle der Arbeitspunkt für Leistungsanpassung aus der u-i-Kennlinie bestimmen?

Abschnitt 3.3

1. Wie lautet der Überlagerungssatz, wie ist er anzuwenden (einfache Beispielschaltung)? Welche Voraussetzung muß das Netzwerk erfüllen?

Abschnitt 3.4

1. Was ist zur Durchführung einer Netzwerkanalyse der Reihe nach grundsätzlich zu tun?

2. Was versteht man unter folgenden Begriffen: Zweig, Knoten, Knotensatz, Masche, Maschensatz, Maschenstrom, Knotenspannung?

3. Geben Sie wenigstens drei typische Netzwerkanalyseverfahren an (Zahl und Art der zu lösenden Gleichungen, Anwendbarkeit auf nichtlinearen Netzwerke).

4. Welche Aussage gilt für die Stromstärke zweier reihengeschalteter nichtlinearer Netzwerkelemente (Begründung), welche für die Spannungen?

5. Wie lautet der Maschensatz (verbal, Formel, Beispiel)?

6. Zwischen zwei „Außenknoten" eines Netzwerkes liegen a) vier Widerstände in Reihe, b) drei Spannungsquellen (verschieden) parallel. Wieviel Zweige enthält das Netzwerk jeweils (Diskussion)? c) Diskutieren Sie den Fall b) für reale/ideale Spannungsquellen.

7. Wie lauten die Lösungsstrategien zur Netzwerkanalyse
   - mit den vollständigen Kirschhoffschen Gleichungen
   - für das Maschenstrom- und Knotenspannungsverfahren?

8. Nehmen Sie eine einfache Schaltung an (2 Quellen, $3\ldots 4$ Widerstände, $k \approx 2\ldots 3$). Greifen Sie einen Zweigstrom heraus und bestimmen Sie diesen
   - mit dem Maschenstromverfahren
   - mit der Knotenspanungsanalyse
   - mit der Zweipoltheorie.

   Welches Verfahren ist am günstigsten (Begründung)?

9. Wie lautet die Zweiggleichung einer linearen Stromquelle?

10. Was versteht man unter „Bezugspotential" und Potential eines Knotens im Netzwerk? Darf in einem Stromkreis das Bezugspotential $\varphi = 0$ an der positiven Klemme der Quelle liegen? Kann man für eine Schaltung zwei Bezugspotentiale wählen (Begründung?).

11. Skizzieren Sie ein einfaches Netzwerk (z.B. $k = 2\ldots 3$, $z \approx 5\ldots 6$). Wie lassen sich die unabhängigen Maschengleichungen finden?

12. Wieviele Knotenspannungen können in einem Netzwerk (k Knoten) eingeführt werden?

13. Wie werden behandelt
    - lineare Stromquellen beim Maschenstromverfahren
    - lineare Spannungsquellen beim Knotenspannungsverfahren?

14. Was bedeuten die Begriffe Ringwiderstand, Knotenleitwert? (Wo treten sie in Frage 8 auf?)

15. Geben Sie ein einfaches lineares Netzwerk (z.B. Transistorersatzschaltung) vor mit einer gesteuerten Quelle und stellen Sie die Gleichungen für die Maschenstrom- und Knotenspannungsanalyse auf!

16. Ein npn-Transistor ($B_N = 50$) wird im Arbeitspunkt $I_C = 10\,\text{mA}$, $U_{CE} = 10$ V, $U_{BE} = 0,7\,\text{V}$ betrieben. Welche Verlustleistung nimmt er auf?

4 Netzwerke bei sinusförmiger und zeitveränderlicher Erregung. Wechselstromschaltungen

Nach Durcharbeit des Abschnittes beherrscht der Leser

- die Strom-Spannungsbeziehungen der Netzwerkelemente bei sinusförmiger Erregung
- die Aufstellung der Netzwerkdifferentialgleichung für lineare Netzwerke und ihre stationäre Lösung mit einem Ansatzverfahren
- die Vorteile der Anwendung der Transformation in den Frequenzbereich zur Lösung von Wechselstromaufgaben (sog. komplexe Wechselstrommethode)
- den Frequenzgang als wichtigen Zusammenhang zwischen Ursachen- und Wirkungsgröße in einem Netzwerk
- Darstellungshilfe für Größen im Wechselstromnetzwerk (Zeigerbilder, Ortskurve, Frequenzgang, Bodediagramm)
- Leistungsbegriffe
- wichtige Schaltungen (Vierpole, Filter, Resonanzphänomene, Brückenprinzip)
- Ausdehnung der Wechselstromanalyse auf allgemeinere periodische Erregerfunktionen, Grundkonzept der Fourierreihe

  Darstellung der Fourierkoeffizienten als Spektraldiagramm, Anwendung auf Netzwerke
- Konzept der Fouriertransformation und seine Anwendung zur Bestimmung des Zeitverhaltens einer Netzwerkgröße bei bekanntem Frequenzverhalten.

Wechselgrößen. Liegt am Netzwerk (NW) eine unabhängige *Wechselgröße*, so ändern sich zwangsläufig alle Ströme und Spannungen im Netzwerk. Dann kommen neben den ohmschen Widerständen noch Kapazitäten, Induktivitäten und Gegeninduktivitäten ins Spiel, da ihre u-i-Beziehungen nur zeitliche Strom-Spannungsänderungen beinhalten. Der Betrieb solcher Netzwerke mit Wechselgrößen ist von fundamentaler Bedeutung für die Elektrotechnik und Informationstechnik: große Energien lassen sich effizient nur mit Wechselgrößen übertragen und Signale sind grundsätzlich zeitverändliche Größen. Was ist überhaupt eine Wechselgröße?

Unter Wechselgrößen versteht man Ströme und Spannungen (sowie abgeleitete Größen), deren augenblickliche oder momentane Werte $u(t), i(t)$ sich in Betrag und Richtung zeitlich ständig ändern (ständig ändernde Vorzeichen und damit auch der Richtung). Nach einer bestimmten Zeit wiederholt sich der Verlauf periodisch.

Periodizität: Wiederholung bestimmter Amplitudenverläufe in konstanten Zeitintervallen T (Periodizitätsdauer T: $f(t) = f(t + T)$.)

Bild 4.0.1 zeigt einige typische Formen, etwa die Impulsform, Dreieckform u.a. Ihnen allen ist gemeinsam, daß sie durch *Sinusfunktionen* ($\rightarrow$ Fourier-Analyse, Abschn. 4.7) „aufgebaut" werden können. Deshalb kommt der Sinusfunktion in der Elektrotechnik/Elektronik fundamentale Bedeutung zu.

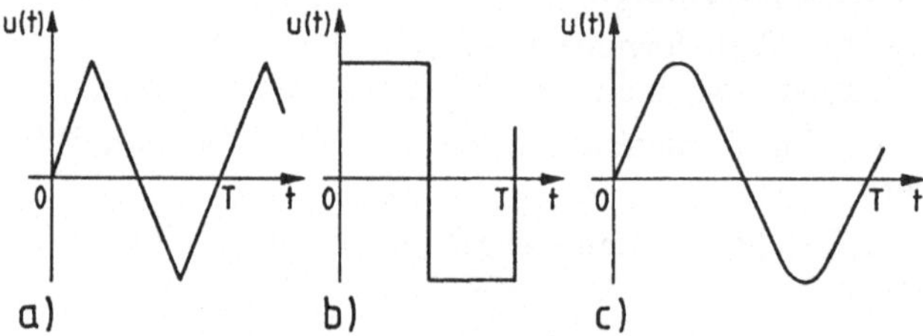

Bild 4.0.1 Formen von Wechselgrößen
      a) Dreieckform (Impulstechnik)
      b) Impulsform (Informationstechnik, Impulstechnik)
      c) Sinusform (Informations-, Elektrotechnik, Leistungselektronik)

Wechselgrößen schwanken zeitlich. Ihr gemeinsames Merkmal ist, daß ein *linearer Mittelwert*, gebildet über den Zeitraum der Periodendauer, *verschwindet*.

Sinusförmige Wechselgröße. Unter einer sinusförmigen Wechselgröße versteht man eine Größe (i, u), deren augenblicklicher Wert (Augenblicks-, Momentanwert) periodisch sinus- oder cosinusförmig von der Zeit abhängt.

Man spricht schlechthin auch von *Wechselspannung* oder *Wechselstrom* (im engeren Sinn). Da sich die Sinus- und Cosinus-Funktion wegen $\sin \alpha = \cos(\alpha - \pi/2)$ durch eine Phasenverschiebung von $\pi/2$ unterscheidet, wird in den Begriff „sinusförmig" üblicherweise auch die Cosinus-Funktion einbezogen.

Bedeutung sinusförmiger Wechselgrößen. Sinusförmige Wechselgrößen haben gegenüber anderen Zeitfunktionen besondere *Vorzüge:*

- Sie sind leicht zu erzeugen (z.B. durch rotierende elektrische Generatoren [Prinzip: rotierende Leiterschleife im homogenen Magnetfeld] vgl. Abschn. 6.3.5), zu verarbeiten, zu übertragen (Transformator) und zu nutzen (elektrischer Motor). Sie bilden die Grundlage der elektrischen Energietechnik.

- Sie entstehen als „Eigenschwingung", wenn ein schwingungsfähiges Gebilde (Resonanzkreis aus Kondensator und Induktivität) angeregt wird. Dies ist das Grundprinzip des sog. *Oszillators*, dem grundlegenden Prinzip zur Erzeugung von Sinusspannungen nahezu beliebiger Frequenz für die Informationstechnik.

- Sie sind mathematisch leicht analysierbar und zugleich die *Aufbaufunktion* für jede andere periodische Funktion. Eine solche kann stets durch eine Summe von Sinusgrößen der Frequenzen n/T nach einer Fourier-Reihe dargestellt werden: „Sinusgröße als Aufbaufunktion". Das ist von grundsätzlicher Bedeutung für die Netzwerkanalyse und ihrer Anwendung besonders in Informations-, Meß-, Steuertechnik und Leistungselektronik (z.B. Thyristorsteuerung).

- Sinusspannungen und Ströme ändern sich *stetig*, d.h. ohne Spitzen und Sprünge. Auch das erleichtert die Netzwerkanalyse beträchtlich.

- Eine Sinus-/Cosinus-Form wird durch die (linearen) Netzwerkelemente R, L, C, M *nicht* verändert. Auch gibt die Summe von Sinusfunktionen einer Frequenz wieder eine Sinusfunktion der gleichen Frequenz. Diese Eigenschaften erlauben eine sehr effiziente Lösung von linearen Netzwerkanalyseaufgaben.

Das Verhalten von Netzwerken bei Betrieb mit sinusförmigen Quellen ist aus den genannten Gründen technisch so bedeutungsvoll geworden, daß sich in Jahrzehnten eine „Technik der Wechselstromschaltungen" entwickelt hat. Grundsätzlich würden nämlich für die Analyse solcher Schaltungen die bisher kennengelernten Knoten- und Maschengleichungen sowie die Zweigbeziehungen der NWE ausreichen. Aus praktischen Gründen wurden jedoch eine Reihe spezieller, effizienter Methoden gerade für Wechselstromschaltungen entwickelt. Die wichtigsten werden nachfolgend erläutert und auf grundlegende Schaltungen der Wechselstromtechnik angewendet. Später werden wir sehen, daß die Bedeutung dieser Methoden deutlich über die Wechselstromtechnik hinausreicht.

Zeitveränderliche Größen. Wechselgrößen sind zwar ein sehr wichtiger Teilbereich, doch nicht die einzig vorkommenden zeitveränderlichen Größen.

Wird nämlich plötzlich eine Gleichspannung an ein Netzwerk mit Energiespeicherelementen geschaltet, so läuft ein sog. *Einschaltvorgang* ab. Ströme und Spannungen können sich erst allmählich (wegen des Trägheitscharakters der Energie) an den neuen Zustand „anpassen". Dabei treten *zeitveränderliche Vorgänge* auf. Sie sind *nichtperiodisch*, weil ein einmaliger Änderungsvorgang vorliegt. Einschalt- und Ausschaltvorgänge in Netzwerken haben ebenfalls grundsätzliche Bedeutung in der Energie- und Informationstechnik: Ständig finden Umschaltvorgänge in Energiesystemen statt (Zu-/ Abschalten von Verbrauchern, Unterbrechungen, Blitzschläge), Unterbrechung eines Gleichstromes zur Erzeugung hoher Spannungen (Zündung in Kraftfahrzeugen), digitale Darstellung von Signalen und ihre elektrische Verarbeitung in Rechnern u.v.a.m.

Auch für solche Problemstellungen wurden leistungsfähige Methoden entwickelt, von denen einige in direktem Zusammenhang zum Verhalten eines Netzwerkes bei Sinussteuerung stehen (und damit nicht ständig Neues gelernt werden muß!).

4.1 Periodische Zeitfunktionen

Wie bereits geschildert, hat die Sinusfunktion für die Elektrotechnik größte Bedeutung. Wir stellen deshalb ihre wichtigsten Eigenschaften zusammen.

4.1.1 Sinusförmige Zeitfunktion

Kann die Zeitabhängigkeit eines Vorganges $x(t)$ durch eine Sinusfunktion beschrieben werden, deren Argument eine lineare Funktion der Zeit ist, so heißt die schwingende Größe *Sinusgröße*

$$x(t) = \hat{x} \sin(\alpha + \varphi_0) \; = \hat{x} \sin(\omega t + \varphi_0)$$
$$u(t) = \hat{u} \sin(\omega t + \varphi_\mathrm{u}) \qquad\qquad (4.1.1)$$

$$\text{Momentanwert einer Sinusfunktion.}$$

Dabei ist $x(t)$ der *Momentan-* oder *Augenblickswert*, $\hat{x}(\hat{u})$ die *Amplitude* (Scheitel- oder Spitzenwert), ω die Kreisfrequenz und φ_u der *Nullphasenwinkel.*

Eine Sinusgröße ist stets durch die drei Bestimmungsstücke: Amplitude, Kreisfrequenz und Nullphasenwinkel eindeutig gekennzeichnet.

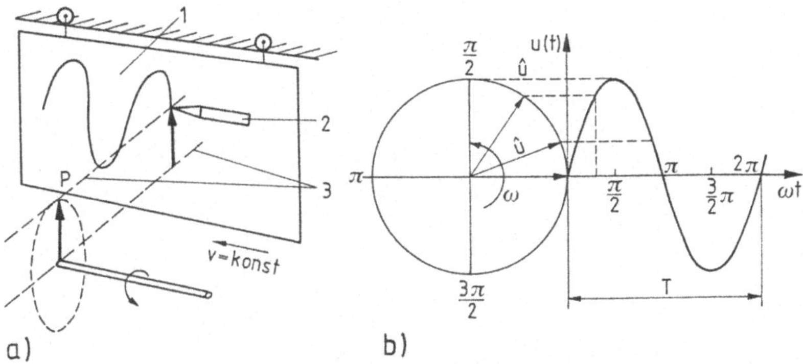

Bild 4.1.1 Liniendiagramm
a) Modell zur Erzeugung des Liniendiagramms, 1 Projektionsfläche, 2 Zeichenstift, 3 Projektionsstrahlen b) Konstruktion des Liniendiagramms mit einem rotierenden Zeiger

Die Darstellung einer sinusförmigen Wechselgröße ergibt sich z.B. aus der Projektion eines Punktes P (Bild 4.1.1a), der auf einem Kreis mit dem Radius x mit konstanter Winkelgeschwindigkeit ω im mathematisch positiven Sinn (Gegenuhrzeigersinn) rotiert und dessen Projektionsfläche mit konstanter Geschwindigkeit bewegt wird. Die Projektionspunkte liegen auf einer Linie, dem Bild der Zeitfunktion. Eine solche Darstellung heißt *Liniendiagramm*. Genau dies zeigt ein *Oszilloskop* an (Bild 4.1.1b). Bei langsamer Änderung der Größe ist auch ein schreibendes Meßgerät (Plotter) geeignet.

Bild 4.1.2a zeigt den Verlauf der Spannung über einer normierten Zeit ωt (Winkel) und zwar für die Fälle $\varphi_u = 0$ und $\varphi_u \neq 0$. Die Kurven erreichen zu verschiedenen Zeitpunkten ihre Scheitelwerte und Nulldurchgänge, sie sind zueinander *phasenverschoben*. So liegt der Nulldurchgang der Sinusfunktion bei $\varphi_u > 0$ (wegen $\omega t_0 + \varphi_u = 0$) *links* von $t = 0$, bei $\varphi_u < 0$ rechts von $t = 0$.

Die Angabe der Phasenverschiebung erfordert die Angabe einer *Bezugsphase* (Bild 4.1.2a):
positiver (negativer) Phasenwinkel oder Voreilung (Nacheilung) bedeutet Verschiebung der Sinusfunktion in negativer (positiver) Richtung der Zeitachse.

Liegt z.B. an einem NWE die Spannung

$$u(t) = \hat{u}\ \sin(\omega t + \varphi_u)$$

und fließt der Strom

$$i(t) = \hat{\imath}\sin(\omega t + \varphi_i)$$

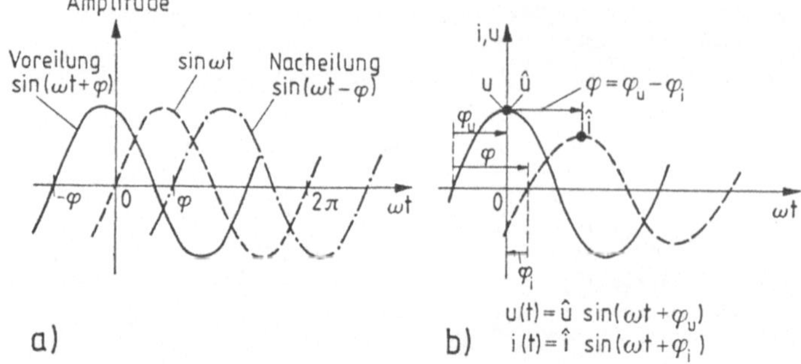

Bild 4.1.2 Sinusgrößen, Bestimmungsstücke
      a) Vor- und Nacheilung zweier Größen
      b) Vor- und Nacheilung zwischen u und i

mit den Nullphasenwinkeln φ_u, φ_i der Spannung und des Stromes, so ergibt sich u.a. eine *Phasenverschiebung*

$$\varphi = \varphi_u - \varphi_i \tag{4.1.2}$$

zwischen Spannung $u(t)$ und Strom $i(t)$. Sie hängt, wie wir noch sehen werden, von den Energiespeicherelementen C, L, M ab. Wir merken:

Es eilt für $\varphi > 0$ die Spannung dem Strom voraus, für $\varphi < 0$ die Spannung dem Strom nach.

Periodendauer, Frequenz, Kreisfrequenz. Da sich die Sinusfunktion nach der *Periodendauer* T wiederholt, gilt

$$\sin(\omega t + \varphi_u) \equiv \sin[\omega(t + T) + \varphi_u] = \sin(\omega t + \varphi_u + \underbrace{\omega T}_{2\pi})$$

oder

$$\omega T = 2\pi \quad \text{Periodizitätsbedingung.} \tag{4.1.3}$$

Die Größe ω heißt *Kreisfrequenz* (s.u.). Die *Frequenz* f

$$f = 1/T \quad [f] = \text{s}^{-1} = \text{Hz (Hertz)}$$

gibt die Anzahl der Perioden pro Zeiteinheit an. Sie ist gleich dem Kehrwert der Periodendauer.

Die Kreisfrequenz ω unterscheidet sich nur um den Faktor 2π von f und erlaubt eine einfache Schreibweise der Zeitfunktion. Sie wird in s^{-1} angegeben (nicht in Hz!).

Tafel 4.1.1 Typische Frequenzbereiche der Elektrotechnik und ihre Verwendung

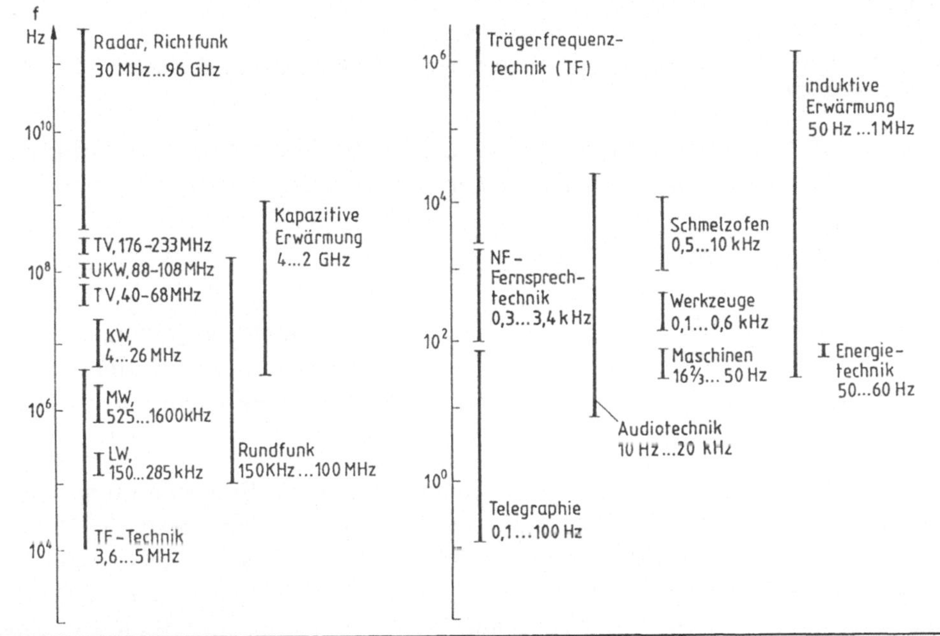

Einige charakteristische Frequenzbereiche und Anwendungen der Wechselstromschaltungen wurden in Tafel 4.1.1 zusammengestellt. Typisch sind die Netzfrequenz 50 Hz (USA 60 Hz), Taktfrequenz einer Armbanduhr 4 MHz, Bahnstromversorgung 50/3 Hz = 16 2/3 Hz, Kammerton a 800 Hz, Taktfrequenz eines PC $\approx$ 20 ... 60 MHz, Frequenz des UKW-Rundfunks $\approx$ 100 MHz, Fernsehen 200 ... 800 MHz.

Der Netzfrequenz f = 50 Hz entspricht die Periodendauer T = 1/50 s = 20 ms und $\omega = 2\pi \cdot 50\,\mathrm{s}^{-1} = 314\,\mathrm{s}^{-1}$.

Im Grenzfall $\omega \to 0$ ergibt sich aus einer Wechselspannung $u(t) = \hat{u}\cos(\omega t + \varphi_\mathrm{u})$ die *Gleichspannung*: Dies wird später bei der Netzwerkanalyse benutzt.

Änderungsgeschwindigkeit einer sinusförmigen Größe. Die Änderungsgeschwindigkeit $\mathrm{d}x/\mathrm{d}t$ einer sinusförmigen Größe $x(t) = \hat{x} \cdot \sin\omega t$ tritt z.B. in den NWE C, L, M auf. Sie ist die Tangente (Bild 4.1.3) des Zeitverlaufes

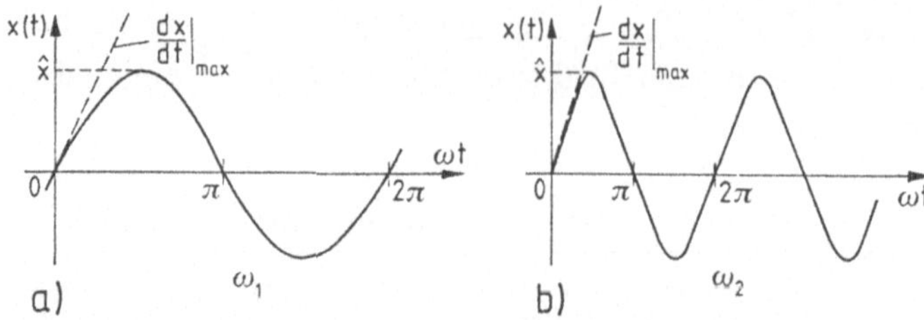

Bild 4.1.3 Liniendiagramm $x(t) = f(t)$ einer Sinusschwingung für verschiedene Kreisfrequenzen ω_1, ω_2

$x(t)$. Die Änderungsgeschwindigkeit wird im Nulldurchgang der Funktion, z.B. der Sinusfunktion $x(t) = \hat{x}\sin\omega t$ maximal:

$$\left.\frac{\mathrm{d}x}{\mathrm{d}t}\right|_{\mathrm{max}} = \omega\hat{x}\cos(\omega t)|_{t=0} = \omega\hat{x}. \tag{4.1.4}$$

Daher gilt für jede Sinusgröße: Die maximale Änderungsgeschwindigkeit ergibt sich als Produkt von Kreisfrequenz und Amplitude der Größe. Mit steigender Kreisfrequenz wächst die Änderungsgeschwindigkeit (Bild 4.1.3b).

Beispiel: Wir wollen die Momentanwerte $u(t)$ einer Sinusspannung nach Gl. (4.1.3) ($\hat{u} = \sqrt{2}\,\mathrm{V}$, $\varphi_\mathrm{u} = 0$, $f = 50\,\mathrm{Hz}$) für die Zeitpunkte 5, 10, 15, 20 ms bestimmen. Ausgang ist die Bestimmung des Drehwinkels ωt für die verschiedenen Zeitpunkte, z.B. für $t = 5\,\mathrm{ms}$ $\omega t = 2\pi 50{\cdot}1/\mathrm{s}{\cdot}5\,\mathrm{ms} = \pi/2 \triangleq 90°$ usw. Anschließend wird $\sin\omega t$ zu jedem Punkt bestimmt und die Kurve dargestellt.

Beispiel: Ein cosinusförmig zeitveränderlicher Strom (Phase φ_i) habe bei $t = 0$ den Wert $i(0) = 3\,\mathrm{mA}$, es sei $\hat{\imath} = 9\,\mathrm{mA}$ und der zeitliche Abstand zweier Spitzenwerte betrage $t' = 1{,}2\,\mu\mathrm{s}$. Zeigen Sie, daß dazu die Zeitfunktion $i(t) = 9\,\mathrm{mA}\,\cos(5{,}23 \cdot 10^6 t/\mathrm{s} - 70{,}5°)$ gehört.
Aufgabe 4.1.1.

4.1.2 Mittelwerte periodischer Größen

Zur Beschreibung der Wirkung von Wechselgrößen werden häufig verschiedene *Mittelwerte* benötigt. So läßt sich beispielsweise eine Wechselspannung im Zeitverlauf mit dem Oszilloskop problemlos darstellen, ein Zeigerinstrument (Spannungsmesser) zeigt dagegen bei gleicher Wechselgröße *keinen* Ausschlag (nur Zeigerzittern um den Nullpunk). Es kann durch seine Trägheit nur einen Mittelwert anzeigen. Man unterscheidet für periodische Größen:

1. Arithmetischer Mittelwert, Gleichwert. Er ist durch

$$\bar{u} = \frac{1}{T} \int\limits_{t_0}^{t_0+T} u(t)\,\mathrm{d}t \quad \text{Gleichwert, Definition} \tag{4.1.5}$$

definiert, stellt also eine *lineare Mittelbildung* über eine (oder auch mehrere) Periodendauer dar (Methode des Flächenintegrals, Bild 4.1.4a). Man bestimmt die von der Funktionskurve $u(t)$ innerhalb T eingeschlossene Fläche und dividiere durch T. Benutzt wurde die lineare Mittelwertbildung schon öfters: z.B. bei der Ladung $Q = \int i\,\mathrm{d}t$, der Kondensatorspannung $u_C = 1/C \int i\,\mathrm{d}t$ und dem Spulenstrom (wenn auch nicht auf eine Zeit bezogen).

Näherungsweise ergibt sich der Gleichwert auch durch

$$\bar{u} = (1/n) \sum_{\nu=1}^{n} u_\nu. \tag{4.1.6}$$

Man unterteilt dazu die gegebene Funktion über eine Periode in n-Abschnitte und errechnet den Gleichwert, indem die Summe aller Momentanwerte unter Berücksichtigung des Vorzeichens durch die Zahl der Summanden dividiert wird.

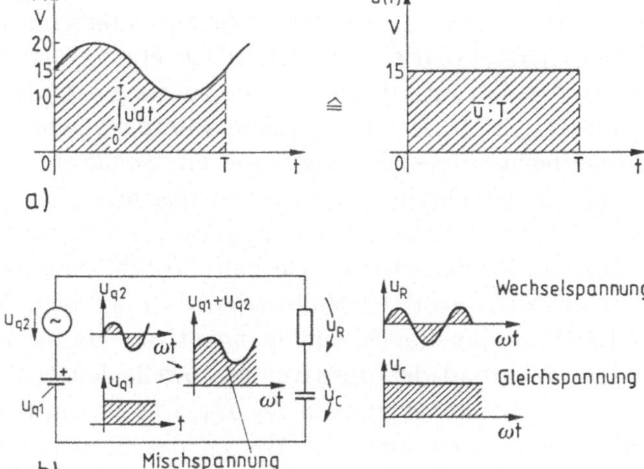

Bild 4.1.4
Linearer Mittelwert
a) lineare Mittelwertbildung,
b) Mischspannung

Direkt gebildet wird der Gleichwert durch ein *Drehimpulsinstrument*. Sein Zeigerausschlag α ist proportional der Gleichstromstärke I und damit proportional i:

$$\alpha \sim I = \overline{i}\,. \tag{4.1.7}$$

Der Gleichwert dient gleichzeitig zur Definition der *Wechselgröße*: Eine Wechselgröße liegt vor, wenn ihr Gleichwert verschwindet.

Deshalb müssen Wechselgrößen nicht zwingend sinusförmig sein. Verschwindet der Gleichwert einer zeitveränderlichen Größe nicht, so liegt eine sog. *Mischgröße* vor. Sie kann stets in Gleich- und Wechselanteil zerlegt werden. Bild 4.1.4b zeigt eine Mischspannung, die sich durch eine RC-Schaltung in die Gleichkomponente (Gleichwert) über dem Kondensator und die Wechselspannung über R zerlegen läßt. (Warum?) Der Mittelwert der Wechselspannung verschwindet definitionsgemäß.

2. Gleichrichtwert. Darunter versteht man den *arithmetischen Mittelwert* des *Betrages* einer periodischen Größe, z.B. der Spannung $u(t)$:

$$\overline{|u|} = \frac{1}{T} \int\limits_{t_0}^{t_0+T} |u|\,\mathrm{d}t \qquad \text{Gleichrichtwert} \atop \text{Definition.} \tag{4.1.8}$$

Der Name stammt von der *Gleichrichtung* einer Wechselgröße, bei der er auftritt (Bild 4.1.5). Eine Gleichrichterschaltung formt eine Spannung *wechselnder* Polarität in eine solche *einer* Polarität um, indem die negative Halbwelle unterdrückt wird. Ausgang ist die sog. *Einweggleichrichtung* (Bild 4.1.5a-c), bestehend aus Spannungsquelle, Diode und Lastwiderstand. Vereinfacht möge die Diode wie ein Schalter S wirken: S ist geschlossen, wenn an der Diode eine positive Spannung liegt ($\rightarrow$ Durchlaßrichtung), S ist offen bei negativer Spannung. So steuert die Polarität der Wechselspannung den Diodenschalter. Deshalb besteht die Spannung am Lastwiderstand nur aus den positiven Halbwellen. Bei der sog. *Zweiweggleichrichtung* (Bild 4.1.5d) werden die fehlenden negativen Halbwellen betragsmäßig mit addiert. Während der positiven Halbwelle leiten die Dioden D_2, D_3 (D_1, D_4 sperren), bei der negativen D_1, D_4. Der Strom hat durch R stets die gleiche Richtung. So entsteht der Betrag der Sinushalbwellen. Die Mittelwertbildung (Fläche Mittelwert) über diese Halbwellen ergibt $\overline{|u|}$. Man erhält z.B.

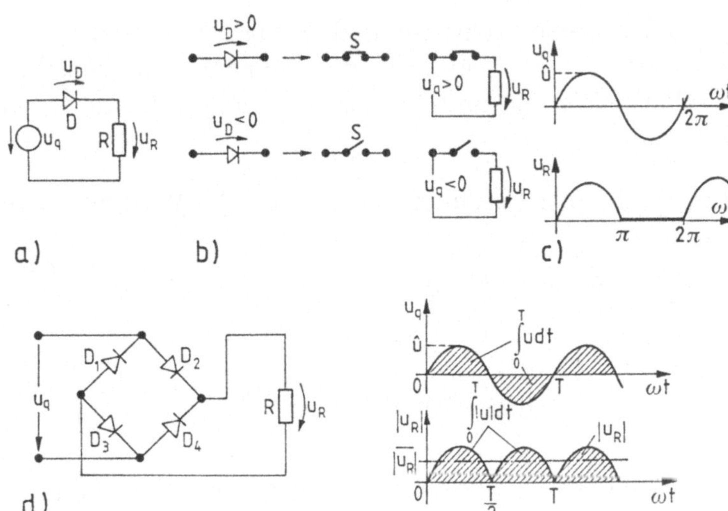

Bild 4.1.5 Gleichrichterschaltung, Gleichrichtwert
    a) Einweggleichrichtung, Schaltung
    b) Schalter als Diodenmodell im Fluß- und Sperrzustand ($u_q > 0$, $u_q < 0$)
    c) Spannungsverlauf u_q, u_R. Gleichrichtwert
    d) Zweiweggleichrichtung, Gleichrichtwert, Spannungsverlauf

für die Sinusspannung

$$\overline{|u|} = \frac{\hat{u}}{T} \int_0^T |\sin \omega t|\, \mathrm{d}t = \frac{\hat{u}}{T} \cdot \left[\int_0^{T/2} |\sin \omega t|\, \mathrm{d}t - \int_{T/2}^T |\sin \omega t|\, \mathrm{d}t \right]$$

$$= \frac{2\hat{u}}{T} \cos \omega t \,\Big|_0^{T/2} = 2\frac{2\hat{u}}{\omega T} = \frac{2\hat{u}}{\pi}. \tag{4.1.9}$$

Der Gleichrichtwert kennzeichnet also die gleichgerichtete Wechselgröße. Zwei verschiedene Wechselspannungen haben dann denselben Gleichwert 0, aber verschiedene Gleichrichtwerte!

3. Effektivwert. Der *quadratische Mittelwert* oder *Effektivwert U* einer periodischen Spannung $u(t)$ beträgt definitionsgemäß

$$U = \sqrt{\frac{1}{T} \int_{t_0}^{t_0+T} u^2(t)\, \mathrm{d}t} \quad \text{Effektivwert, Definition.} \tag{4.1.10}$$

Er hat große praktische Bedeutung als derjenige Mittelwert einer Wechselgröße (z.B. Spannung), die in einem ohmschen Widerstand die gleiche Wärmeleistung umsetzt wie eine entsprechende Gleichgröße (z.B. Spannung).

Innerhalb einer Periodendauer T wird die Wärmeenergie

$$\Delta W = \int\limits_{W(0)}^{W(0+T)} \mathrm{d}W = \int\limits_{0}^{T} p(t)\,\mathrm{d}t = \int\limits_{0}^{T} ui\,\mathrm{d}t = \int\limits_{0}^{T} \frac{u^2(t)}{R}\,\mathrm{d}t \equiv \frac{U^2}{R}T$$

$$\text{d.h.} \quad U^2 = \frac{1}{T} \int\limits_{0}^{T} u^2(t)\,\mathrm{d}t$$

umgesetzt. Für eine Sinusgröße folgt damit (Strom analog)

$$U^2 = \frac{1}{T} \int\limits_{0}^{T} \hat{u}^2 \sin^2 \omega t\,\mathrm{d}t = \frac{\hat{u}^2}{T} \cdot \frac{T}{2}, \quad \text{d.h. } U = \frac{\hat{u}}{\sqrt{2}}. \tag{4.1.11}$$

Bild 4.1.6 zeigt die einzelnen Schritte, die der Effektivwertdefinition unterliegen.

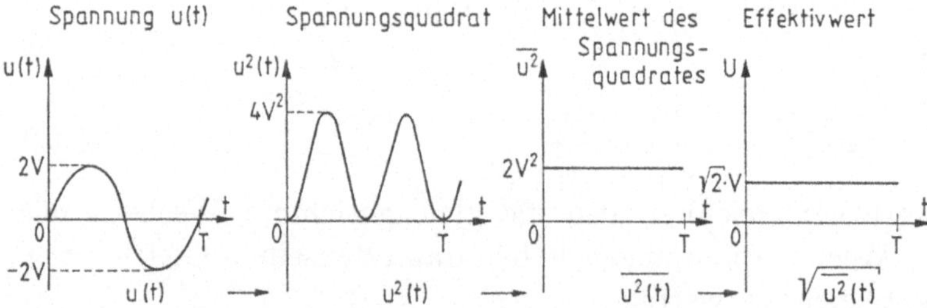

Bild 4.1.6 Erklärung des Effektivwertes

Wechselspannung/-ströme werden üblicherweise in Effektivwerten (nicht Scheitelwerten) angegeben und durch große Symbole ausgedrückt. Die Angabe „220 V/50 Hz" an einem Gerät bedeutet U = 220 V (Effektivwert), Spitzenwert $\hat{u} = \sqrt{2}\,U = 311\,\text{V}$, $f = 50\,\text{Hz}$, $T = 1/50\,\text{s} = 20\,\text{ms}$. Gelegentlich wird zur Effektivwert-Kennzeichnung statt U auch U_{eff} verwendet.

Nicht immer kann der Effektivwert nach Gl. (4.1.10) analytisch ermittelt werden, oft muß man ihn durch numerische Integration aus dem Zeitverlauf

$u(t)$ gewinnen. Man unterteilt dazu die Funktion $u(t)$ in n-fache Intervalle innerhalb einer Periode und bildet

$$U = \sqrt{\frac{1}{n} \sum_{\nu=1}^{n} u_\nu^2}. \qquad (4.1.12)$$

Dazu ist jeder Momentanwert zu quadrieren und der Mittelwert zu bilden, indem die Summe aller Quadratwerte durch die Zahl der Summanden dividiert wird.

Der Effektivwert hat vor allem für den Leistungsumsatz im Wechselstromkreis grundsätzliche Bedeutung (s. Abschn. 4.5). Tafel 4.1.2 enthält einige typische Zeitverläufe und deren Mittelwerte.

Beispiel: Die Bestimmung des Effektivwertes kann auch durch Nutzung von einzelnen Stützwerten einer Kurve nach Gl. (4.1.12) erfolgen. Führt man dies für die Sinuskurve z.B. mit 36 Werten im 10° Abstand über eine Periode durch (ausführen), so wird

$$U^2 = 1/n \sum_{1}^{n} u_n^2 = 1/36 \cdot 17{,}999\,\hat{u}^2 \approx \hat{u}^2/2\,.$$

Mittelwerte und ihre Messung. Spannungen und Ströme werden in Wechselstromschaltungen nach verschiedenen Methoden bestimmt:

- bei *Drehspulinstrumenten* ist der Ausschlag $\alpha \sim I$. Sie zeigen den Gleichwert an. Eine Wechselspannung wird durch Vorschalten eines Gleichrichters in einen Gleichwert umgeformt und die Skala in Effektivwerten geeicht. Sie gilt deshalb nur für die Sinusform! Durch die mechanische Trägheit zeigen derartige Instrumente direkt $\overline{|u|}$ an.
- Eine Reihe von Meßprinzipien (Dreheisenmeßwerte, elektrostatischer Meßwert, Thermoumformer) führen auf einen quadratischen Zusammenhang zwischen Strom und Ausschlag α: direkte Effektivwertanzeige.

  Digitalvoltmeter verarbeiten meist den linearen Mittelwert bzw. den Gleichrichtwert, sind aber im Effektivwert geeicht. Anspruchsvollere Verfahren tasten die Spannung impulsförmig ab und bilden den Effektivwert nach Gl. (4.1.12) durch Berechnung mit einem eingebauten Mikrorechner.
- Das Oszilloskop stellt den Momentanverlauf $u(t)$ dar. Auf diese Weise kann der Spitzenwert gewonnen werden.

Tafel 4.1.2 Mittelwerte typischer Spannungsverläufe

Momentanwert $f(t)$	Effektivwert	arithmetischer Mittelwert	Gleichrichtwert
	$\dfrac{\hat{u}}{\sqrt{2}}$	0	$\dfrac{2\hat{u}}{\pi}$
	$\sqrt{\dfrac{3}{2}}\cdot\hat{u}$	$\hat{u}$	$\hat{u}$
	$\dfrac{\hat{u}}{2}$	$\dfrac{\hat{u}}{\pi}$	$\dfrac{\hat{u}}{\pi}$
	$\dfrac{\hat{u}}{\sqrt{2}}$	$\dfrac{2\hat{u}}{\pi}$	$\dfrac{2\hat{u}}{\pi}$
	$\sqrt{\dfrac{t_{\mathrm{p}}}{T}}\,\hat{u}$	$\dfrac{t_{\mathrm{p}}}{T}\cdot\hat{u}$	$\dfrac{t_{\mathrm{p}}}{T}\cdot\hat{u}$
	$\dfrac{\hat{u}}{\sqrt{3}}$	0	$\dfrac{\hat{u}}{2}$

– Digitaloszillographen tasten die Momentanwerte der Spannung zu äquidistanten Zeitpunkten ab, wandeln sie mit einem AD-Wandler in Digitalwerte um und speichern sie ab. Daraus können durch Rechnerauswertung beliebige Mittelwerte oder auch durch Interpolation Zwischenwerte zur Darstellung einer kontinuierlichen Kurve auf dem Bildschirm gewonnen werden.

Beispiel: An eine Netzspannung (230 V, 50 Hz) ist ein Heizofen mit einer Wärmeleistung $\overline{p} = 2\,\text{kW}$ angeschlossen. Welcher Strom fließt in den Zuleitungen (Effektiv-, Spitzenwert)? Aus der Leistung $\overline{p} = IU$ folgt $I = \overline{p}/U = 2\,\text{kW}/230\,\text{V} = 8{,}69\,\text{A}\,(\hat{\imath} = \sqrt{2}\,I = 12{,}3\,\text{A})$.

Aufgabe 4.1.2.

4.1.3 Addition (Subtraktion) zweier Sinusspannungen gleicher Frequenz

Oft sind zwei Sinusgrößen gleicher Frequenz, aber verschiedener Amplituden- und Phasenlage zu addieren oder subtrahieren, beispielsweise dann, wenn zwei Spannungsquellen in Reihe (oder gegeneinander) arbeiten (Bild 4.1.7a). Die Addition (Subtraktion) zweier Sinusgrößen gleicher Frequenz, aber veränderter Amplitude und Phase, gibt wieder eine Sinusgröße gleicher Frequenz, aber veränderter Amplitude und Phase.

Dies möge für die beiden Spannungen

$$u_1 = \hat{u}_1 \sin(\omega t + \varphi_1), \quad u_2 = \hat{u}_2 \sin(\omega t + \varphi_2)$$

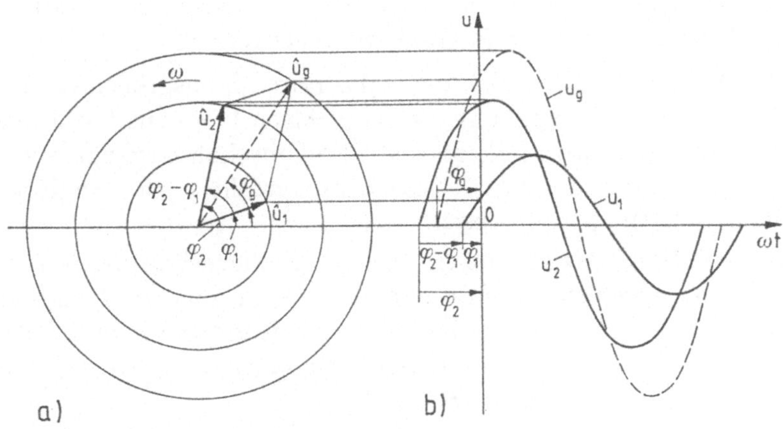

Bild 4.1.7 Addition zweier Sinusspannungen u_1, u_2 im
  a) Zeigerdiagramm, b) Liniendiagramm

gezeigt werden. Die Gesamtspannung

$$u_{\mathrm{g}} = \hat{u}_{\mathrm{g}} \sin(\omega t + \varphi_{\mathrm{g}}) \tag{4.1.13}$$

hat die neue Amplituden $\hat{u}_{\mathrm{g}}$ und Phase φ_{g}. Man erhält sie durch Anwendung der Additionstheoreme zu

$$\hat{u}_{\mathrm{g}} = \sqrt{\hat{u}_1^2 + \hat{u}_2^2 + 2\hat{u}_1\hat{u}_2 \cos(\varphi_1 - \varphi_2)} \tag{4.1.14a}$$

$$\varphi_{\mathrm{g}} = \arctan\frac{\hat{u}_1 \sin \varphi_1 + \hat{u}_2 \sin \varphi_2}{\hat{u}_1 \cos \varphi_1 + \hat{u}_2 \cos \varphi_2}. \tag{4.1.14b}$$

Bei der Subtraktion $u_1(t) - u_2(t)$ ist $\hat{u}_2$ durch $-\hat{u}_2$ zu ersetzen. Zur Herleitung zerlegt man $\sin(\omega t + \varphi)$ für die drei Größen u_1, u_2, u_{g} jeweils nach dem Additionstheorem und führt einen Koeffizientenvergleich der Glieder von $\cos \omega t$ und $\sin \omega t$ durch.

Beispielsweise ergeben zwei Spannungen $u_1 = 10\,\mathrm{V} \cdot \sin \omega t$, $u_2 = 20\,\mathrm{V} \cdot \sin(\omega t + 60°)$ die Gesamtspannung

$$\hat{u}_{\mathrm{g}} = \sqrt{(10\,V)^2 + (20\,V)^2 + 2 \cdot 10\,V \cdot 20\,V \cdot \cos 60°} = 26{,}5\,V$$

$$\tan \varphi_{\mathrm{g}} = \frac{20\,V \sin 60°}{10\,V + 20\,V \cos 60°} = 0{,}866 \rightarrow \varphi_{\mathrm{g}} \approx 41°\,.$$

Diese Addition und Subtraktion lassen sich auch graphisch durchführen: im Liniendiagramm (Bild 4.1.7a) durch Addition/Subtraktion der Momentanwerte zu jedem Zeitpunkt oder später im sog. Zeigerdiagramm durch Addition/Subtraktion der Zeiger der Spannungen (s. Abschn. 4.4.1).

Die Tatsache, daß die Addition/Subtraktion von Sinusgrößen (Spannung, Strom) gleicher Frequenz wieder eine Sinusgröße ergibt, erlaubt einige *Schlußfolgerungen* für Wechselstromnetzwerke:

a) In einem linearen Netzwerk, das durch Sinusgrößen erregt ist, entstehen stets wieder Sinusspannungen der gleichen Frequenz (vorausgesetzt, daß der sog. stationäre Zustand erreicht, also Umschaltvorgänge abgeklungen sind). Darauf beruht ein relativ einfaches Verfahren zur Analyse von Wechselstromschaltungen (s. Abschn. 4.2.2).

b) Addition/Subtraktion tritt bei der Reihenschaltung R, L, C auf, wenn sie z.B. vom gleichen Strom durchflossen sind oder an der gleichen Spannung liegen. Fließt etwa durch die Reihenschaltung von R und L der Strom $i(t) = \hat{\imath} \sin \omega t$, so addieren sich die Teilspannungen $u_{\mathrm{R}} = iR$, $u_{\mathrm{L}} = L \cdot \mathrm{d}i/\mathrm{d}t$ zu

$$\begin{aligned}
u_{\mathrm{g}} = u_{\mathrm{R}} + u_{\mathrm{L}} &= iR + L\,\mathrm{d}i/\mathrm{d}t \\
&= \hat{\imath}\,[R \sin \omega t + \omega L \cos \omega t] \\
&= \hat{\imath}\,[R \sin \omega t + \omega L \sin(\omega t + \pi/2)]\,.
\end{aligned} \tag{4.1.15}$$

Mit Gl. (4.1.14a) wird die Amplitude der Gesamtspannung

$$\hat{u}_{\mathrm{g}} = \hat{\imath}\sqrt{R^2 + (\omega L)^2}\,, \quad \tan\varphi_{\mathrm{g}} = \omega L/R\,.$$

Gerade dieses Beispiel zeigt, daß im Wechselstromkreis die Berechnung schon sehr einfacher Schaltungen mit den Kirchhoffschen Gesetzen (für Momentanwerte) offensichtlich schwieriger zu handhaben ist und möglichst einfache Analyseverfahren höchst wünschenswert sind.

4.2 Verhalten der Grundelemente und einfacher Zusammenschaltungen bei Sinusgrößen im Zeitbereich

4.2.1 Grundelemente

Zur Analyse von Wechselstromnetzwerken ist es erforderlich, zunächst das Wechselstromverhalten der Grundelemente R, L, C zu untersuchen. Daraus lassen sich wichtige Erkenntnisse für die spätere Netzwerkanalyse gewinnen.

Liegt an einem NWE eine Spannung $u(t)$ als Ursache (z.B. aus einer angeschlossenen Spannungsquelle), so stellt sich der Strom $i(t)$ als Wirkung ein und umgekehrt. Der u-i-Zusammenhang ist durch das betreffende NWE gegeben:

$$
\begin{array}{lll}
R: & i = \dfrac{u}{R} & \text{Proportionalität} \\[2ex]
C: & i = C\,\dfrac{\mathrm{d}u}{\mathrm{d}t} & \text{Differentialbeziehung} \\[2ex]
L: & i = \dfrac{1}{L}\displaystyle\int u\,\mathrm{d}t & \text{Integralbeziehung.}
\end{array}
\qquad (4.2.1)
$$

Tafel 4.2.1 enthält die Ergebnisse. Ausgang sind jeweils die Ursache, die Wirkung und ein Ansatz $i = \hat{\imath}\sin(\omega t + \varphi_{\mathrm{i}})$ dafür. Durch Amplituden- und Phasenvergleich ergeben sich $\hat{\imath}$ und φ_{i}.

Widerstand: Am ohmschen Widerstand haben Strom und Spannung gleiche Phasenlänge. Der Quotient $\hat{u}/\hat{\imath}$ ist gleich dem Widerstand R.

Tafel 4.2.1 Strom-Spannungsbeziehungen der Grundelemente R, L, C bei sinusförmiger Erregung

Netzwerkelemente	$i = u/R$	$i = C\,\dfrac{du}{dt}$	$i = \dfrac{1}{L}\int u\,dt$
u-i-Relation	$i = \dfrac{u}{R}$	$i = C\,\dfrac{du}{dt}$	$i = \dfrac{1}{L}\int u\,dt$
Ursache: Erregergröße $x(t)$		$u(t) = \hat{u}\sin(\omega t + \varphi_{\mathrm{u}})$ *anliegende Spannung*	
Wirkung: Ansatz		$i(t) = \hat{\imath}\sin(\omega t + \varphi_{\mathrm{i}})$ *Strom durch Netzwerkelement*	
Vergleich: Amplitude Phase	$i = \hat{u}/r = R$ $\varphi_{\mathrm{i}} = \varphi_{\mathrm{u}}$	$i = \omega C\hat{u}$ $\varphi_{\mathrm{i}} = \varphi_{\mathrm{u}} + \dfrac{\pi}{2}$	$i = \hat{u}/\omega L$ $\varphi_{\mathrm{i}} = \varphi_{\mathrm{u}} - \dfrac{\pi}{2}$
Zeitverlauf (Liniendiagramm)	u,i gleiche Phase	i eilt $\dfrac{\pi}{2}$ vor	i eilt $\dfrac{\pi}{2}$ nach
Scheinwiderstand Z	$Z = \dfrac{\hat{u}}{\hat{\imath}} = R$	$Z = \dfrac{\hat{u}}{\hat{\imath}} = \dfrac{1}{\omega C}$	$Z = \dfrac{\hat{u}}{\hat{\imath}} = \omega L$
Phase $\varphi_{\mathrm{z}} = \varphi_{\mathrm{u}} - \varphi_{\mathrm{i}}$	$\varphi_{\mathrm{z}} = 0$	$\varphi_{\mathrm{z}} = -\dfrac{\pi}{2}$	$\varphi_{\mathrm{z}} = +\dfrac{\pi}{2}$

Kondensator: Der Stromansatz $i = \hat{\imath}\sin(\omega t + \varphi_\mathrm{i})$ führt auf

$$i = \hat{\imath}\sin(\omega t + \varphi_\mathrm{i}) = C\frac{\mathrm{d}u}{\mathrm{d}t} = C\frac{\mathrm{d}}{\mathrm{d}t}(\hat{u}\sin(\omega t + \varphi_\mathrm{u}))$$

$$= \omega C\hat{u}\cos(\omega t + \varphi_\mathrm{u}) = \omega C\hat{u}\sin(\omega t + \varphi_\mathrm{u} + \pi/2)\,.$$

Da die Ausgangsspannung eine Sinusfunktion war, muß auch das Ergebnis in diese Form überführt werden $(\cos\alpha = \sin(\alpha + \pi/2))$.

Beim Kondensator eilt die Spannung gegenüber dem Strom um $\pi/2$ nach:

$$\varphi_\mathrm{u} = \varphi_\mathrm{i} - \pi/2 \qquad\qquad (4.2.2\mathrm{a})$$

und für die Amplitudenmaxima (Scheitelwert) gilt

$$\hat{u} = \hat{\imath}/\omega C\,. \qquad\qquad (4.2.2\mathrm{b})$$

Hervorgehoben werden soll nochmals das unterschiedliche Zeitverhalten von Kondensatorspannung und -strom:

$$\text{bei } t = 0 \text{ ist } u(0) = 0,\ \text{aber } \mathrm{d}u/\mathrm{d}t = +\max \rightarrow i = +\hat{\imath}$$

$$\text{bei } t = T/4 \text{ ist } u(T/4) = +\hat{u},\ \text{aber } \mathrm{d}u/\mathrm{d}t = 0 \rightarrow i = 0$$

$$\text{bei } t = T/2 \text{ ist } u(T/2) = 0,\ \text{aber } \mathrm{d}u/\mathrm{d}t = -\max \rightarrow i = -\hat{\imath}$$

$$\text{bei } t = 3T/4 \text{ ist } u(3T/4) = -\hat{u},\ \text{aber } \mathrm{d}u/\mathrm{d}t = 0 \rightarrow i = 0\,.$$

Die Amplitude des Kondensatorstromes

$$\hat{\imath} = C\left.\frac{\mathrm{d}u}{\mathrm{d}t}\right|_{\max} = \omega C\hat{u}$$

liegt durch die maximale Änderungsgeschwindigkeit der Spannung fest. Die Zeitverläufe $u(t)$, $i(t)$ werden nur am Oszillographen sichtbar. Aus einer Strom-/Spannungsmessung mit Zeigerinstrumenten (vgl. Bild 4.2.1) geht die Phasenverschiebung *nicht* hervor.

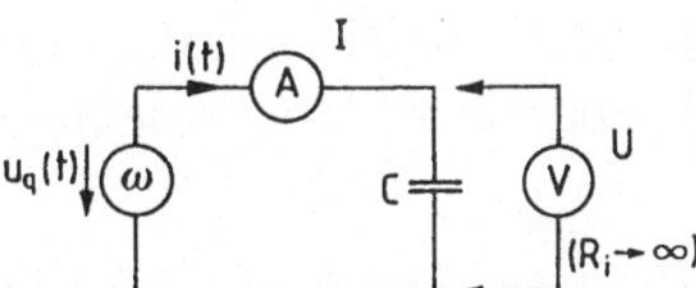

Bild 4.2.1
Messung des Scheinwiderstandes eines Kondensators

Spule: Ganz entsprechend verfährt man bei der Spule (s. Tafel 4.2.1). Die Ergebnisse lauten (Nachweis)

$$\hat{u} = \hat{\imath}\omega L \quad\text{und}\quad \varphi_\mathrm{u} = \varphi_\mathrm{i} + \pi/2\,. \qquad\qquad (4.2.2\mathrm{c})$$

Bei der Spule eilt die Spannung u dem Strom um $\pi/2$ voraus.

Eine genauere Diskussion des u-i-Verhaltens ist analog zum Kondensator durchführbar, sie sei dem Leser überlassen.

Scheinwiderstand. Scheinleitwert. Das Verhalten der Grundelemente läßt es zweckmäßig erscheinen, die Begriffe

Scheinwiderstand $\qquad Z = \hat{u}/\hat{\imath} = U/I,\quad$ Definitionsgleichung

$$[Z] = \mathrm{V}/\mathrm{A} = \Omega \tag{4.2.3a}$$

Scheinleitwert $\qquad Y = \hat{u}/\hat{\imath} = I/U$

Phasenwinkel zwischen Spannung und Strom

$$\varphi_z = \varphi_u - \varphi_i, \quad \varphi_y = -\varphi_z\,. \tag{4.2.3b}$$

einzuführen. Der Scheinwiderstand hat wohl die Dimension eines Widerstandes, aber insbesondere bei L, C keine physikalische Bedeutung: die zu dividierenden Scheitelwerte $\hat{u}/\hat{\imath}$ treten durch die Phasenverschiebung φ_z zu *verschiedenen* Zeitpunkten auf. Deshalb ist Z eine Größe, vereinbart mit dem Ziel, für Wechselgrößen den Widerstandsbegriff *formal* einführen zu können. Der Scheinwiderstand heißt deshalb auch *Wechselstromwiderstand*. Der *Scheinleitwert* Y ist der Reziprokwert des Scheinwiderstandes.

Da der Scheinwiderstand als Verhältnis der Scheitelwerte von Strom und Spannung (für Sinusaussteuerung) definiert ist und so auch durch die Effektivwerte ausgedrückt werden kann, lassen sich beide Größen (mit Effektivwertmessern) messen (Bild 4.2.1).

Stets beachte man aber: Z ist eine Vereinbarungsgröße für Amplituden, die die Phasenbeziehung von Strom und Spannung nicht einschließt!

Beispiel: Die Meßgeräte in der Schaltung Bild 4.2.1 zeigen bei $U_q = 24\,\mathrm{V}$, $f = 50\,\mathrm{Hz}$ an: $I = 10\,\mathrm{mA}$, $U = 24\,\mathrm{V}$. Kann daraus erkannt werden, welche Kapazität der Kondensator hat? Beide Meßwerte geben den Wechselstromwiderstand $Z = U/I = 2{,}4\,\mathrm{k\Omega}$ an, jedoch nicht seinen Phasenwinkel. Deshalb kann er ein Kondensator: $C = 1/\omega Z = 1{,}33\,\mu\mathrm{F}$ oder eine Induktivität $L = Z/\omega = 7{,}64\,\mathrm{H}$ sein (Kenntnis des Bauelementes somit erforderlich, da getrennte u-,i-Messung keine Phasenbeziehung liefert).

Frequenzabhängigkeit des Scheinwiderstandes. Während der Widerstand R *frequenzunabhängig* ist, hängt der Scheinwiderstand der Spule und des Kondensators von der Frequenz ab.

Bei der *Spule* mit der Induktivität L steigt Z frequenzproportional (Bild 4.2.2a), für $\omega \to 0$ wirkt die ideale Spule wie ein Kurzschluß. Technische Spulen haben noch den (ohmschen) Wicklungswiderstand (vgl. Bild 2.4.8). Deshalb dürfen Induktivitäten (Transformatoren) nie mit Gleichspannung betrieben werden, weil Überlastungsgefahr besteht. Für $\omega \to \infty$ wächst Z über alle Grenzen. Hält man U konstant, so sinkt I, „der Strom wird gedrosselt" (deshalb wird die Induktivität oft auch als Drosselspule bezeichnet). Für $\omega \to \infty$ wirkt die Induktivität wie eine Leitungsunterbrechung.

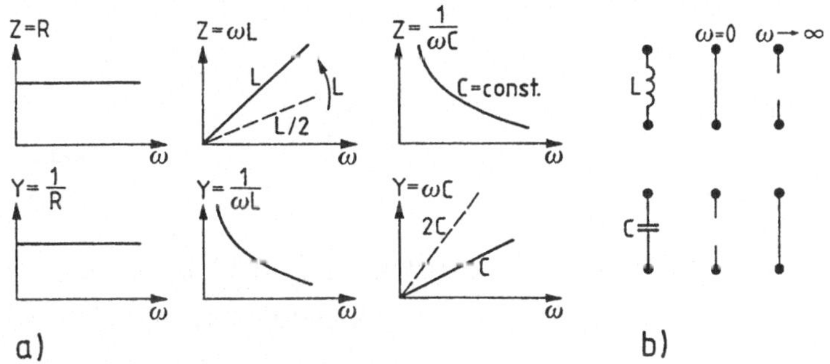

Bild 4.2.2 Scheinwiderstand der Grundschaltelemente
      a) Frequenzabhängigkeit des Scheinwiderstandes Z bzw. Scheinleitwertes Y
      b) Ersatzschaltungen der Energiespeicherelemente L, C für $\omega \to 0$ und $\omega \to \infty$

Für die *Kapazitäten* sinkt Z mit steigender Frequenz, sie wirkt also für $\omega \to 0$ als Leitungsunterbrechung und $\omega \to \infty$ als „kapazitiver Kurzschluß". Man schließt deshalb oft spannungsführende Punkte „kapazitiv kurz", wenn sie für Wechselspannung „geerdet" sein sollen.

Technische Kondensatoren haben noch einen Verlustwiderstand (vgl. Bild 2.3.9), der aber häufig vernachlässigt werden kann.

Der *Scheinleitwert* zeigt jeweils das reziproke Frequenzverhalten. Bemerkenswert ist der Phasenwinkel φ_z von $+90°$ bzw. $-90°$ bei Induktivität und Kapazität (ideale Elemente). Man nennt sie deshalb – im Gegensatz zum ohmschen Widerstand ($\to$ Wirkwiderstand) – auch *Blindwiderstände*, weil in ihnen keine Wirkleistung umgesetzt wird (s. Abschn. 5).

4.2.2 Zusammenschaltung von Grundelementen

Das eben praktizierte *Ansatzverfahren* zur Lösung des Strom-Spannungsverhaltens der Grundelemente läßt sich prinzipiell auch auf komplizierte Schaltungen anwenden. Es läuft darauf hinaus, mit den Kirchhoffschen Gleichungen und Beziehungen der NWE ein *Gleichungssystem* aufzustellen und dieses durch einen (sinusförmigen) Ansatz für die gesuchte Größe zu lösen, d.h. ihre beiden Unbekannten (Amplitude, Phase) durch Vergleich zu bestimmen. Im Falle eines *RLC*-Netzwerkes entsteht dabei ein System von linearen Differentialgleichungen, dessen Grad direkt von der Zahl der (unabhängigen) Energiespeicherelemente abhängt. Dies soll ein Beispiel verdeutlichen (Bild 4.2.3).

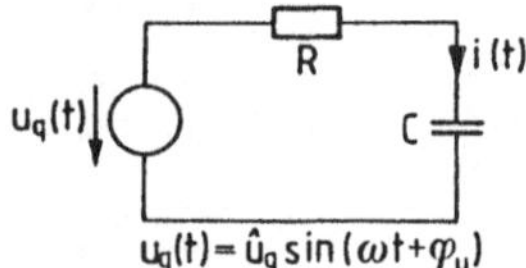

Bild 4.2.3
Schaltung zur Netzwerkanalyse

An einer Reihenschaltung von R und C liege eine Sinusspannung $u_\mathrm{q}(t) = \hat{u}_\mathrm{q}\sin(\omega t + \varphi_\mathrm{u})$, gesucht sei der Strom $i(t)$, für den ein Ansatz

$$i(t) = \hat{\imath}\sin(\omega t + \varphi_\mathrm{i})$$

mit zunächst unbekanntem Spitzenwert $\hat{\imath}$ und Phase φ_i gemacht wird. (Die Frequenz ω liegt durch die Erregung fest). Der Maschensatz und die NWE-Beziehungen führen auf

$$u_\mathrm{R} + u_\mathrm{C} = u_\mathrm{q}, \qquad iR + \frac{1}{C}\int i\,\mathrm{d}t = u_\mathrm{q}. \tag{4.2.4}$$

Diese ist eine sog. Integralgleichung für den gesuchten Strom. Durch beiderseitiges Differenzieren würde daraus eine Differentialgleichung 1. Ordnung entstehen. Sicher schreckt eine solche Gleichung ab, in unserem Fall jedoch unbegründet. Wir kennen die allgemeine Lösung (Sinusstrom), sie muß lediglich dem Problem „angepaßt" werden. Wir setzen zur Lösung $i(t)$ ein, ebenso $u_\mathrm{q}(t)$ und erhalten zunächst

$$\hat{\imath}R\sin(\omega t + \varphi_\mathrm{i}) - (\hat{\imath}/\omega C)\cos(\omega t + \varphi_\mathrm{i}) = \hat{u}_\mathrm{q}\sin(\omega t + \varphi_\mathrm{u})$$

$$\hat{\imath}R\sin(\omega t + \varphi_\mathrm{i}) + (\hat{\imath}/\omega C)\sin(\omega t + \varphi_\mathrm{i} - \pi/2) = \hat{u}_\mathrm{q}\sin(\omega t + \varphi_\mathrm{u}).$$

Links steht die Summe zweier Sinusfunktionen verschiedener Amplituden und Phasen ($\rightarrow$ s. Gl. (4.1.14)), rechts nur eine Sinusfunktion. Ein Vergleich verlangt eine zusammengefaßte linke Seite. Die Amplitude beträgt

$$\hat{u}_\mathrm{q} = \sqrt{(\hat{\imath}R)^2 + (\frac{\hat{\imath}}{\omega C})^2 + 2(\frac{\hat{\imath}^2 R}{\omega C})\cos(\varphi_\mathrm{i} - \varphi_\mathrm{i} + \pi/2)} \qquad (4.2.5\mathrm{a})$$

$$\tan\varphi_\mathrm{u} = \frac{\hat{\imath}R\sin\varphi_\mathrm{i} + (\hat{\imath}/\omega C)\sin(\varphi_\mathrm{i} - \pi/2)}{(\hat{\imath}R)\cos\varphi_\mathrm{i} + (\hat{\imath}/\omega C)\cos(\varphi_\mathrm{i} - \pi/2)} \qquad (4.2.5\mathrm{b})$$

oder zusammengefaßt

$$\hat{u}_\mathrm{q} = \hat{\imath}\sqrt{R^2 + (1/\omega C)^2} = \hat{\imath}Z \qquad (4.2.6)$$

$$\varphi_\mathrm{u} = \varphi_\mathrm{i} + \varphi_\mathrm{z}\,.$$

Bei Reihenschaltung von Widerstand und Kondensator addieren sich beide Komponenten *nicht* arithmetisch, auch hängt der Scheinwiderstand jetzt nicht mehr allein vom Kondensator ab. Deshalb wird es zweckmäßig sein, für den Kondensator ($\rightarrow$ Spule) noch einen besonderen Widerstand, den sog. Blindwiderstand, einzuführen.

Das vorgeführte Lösungsverfahren (Aufstellen der Netzwerkgleichung, Lösungsansatz) führt zwar grundsätzlich zum Ziel, es wird aber bei größeren Netzwerken schnell aufwendig. Es genügt deshalb, hier seinen prinzipiellen Ablauf nochmals (zum späteren Vergleich) festzuhalten, weil sogleich ein effizienteres Verfahren folgt. Es gilt also die

Lösungsmethodik: Stationär sinusförmig gespeistes Netzwerk im Zeitbereich

1. Aufstellen der Netzwerkgleichung durch Anwenden der Kirchhoffschen Gleichungen und NWE-Beziehungen oder abgekürzte Verfahren für die Momentanwerte (im Zeitbereich). Dabei entsteht eine Integro-Differentialgleichung.

2. Bestimmung der stationären Lösung durch einen Lösungsansatz (harmonische Funktion) für die gesuchte Unbekannte. Einsetzen des Ansatzes in die Netzwerkgleichung, Bestimmung der unbekannten Amplitude und Phase so, daß die Netzwerkgleichung erfüllt ist.

Beispiel: An der Reihenschaltung von R und L liege eine Spannung ($U_\mathrm{R} = 5\,\mathrm{V}$, $U_\mathrm{L} = 3{,}5\,\mathrm{V}$, $I = 0{,}15\,\mathrm{A}$, $\varphi_\mathrm{i} = 0$). Kann daraus auf den Phasenwinkel φ_u und die Gesamtspannung geschlossen werden?

Lösung: Ja, die sinngemäße Abwandlung von Gl. (4.2.4) (führen Sie dies zur Übung durch!) liefert $\tan\varphi_\mathrm{u} = U_\mathrm{L}/U_\mathrm{R} = +0{,}7$, $\varphi = +35°$, $U = \sqrt{U_\mathrm{R}^2 + U_\mathrm{L}^2} = 6{,}1\,\mathrm{V}$. Weiterhin folgen $R = U_\mathrm{R}/I = 33{,}3\,\Omega$, $\omega L = U_\mathrm{L}/I = 23{,}3\,\Omega$, $Z = \sqrt{R^2 + (\omega L)^2} = 40{,}67\,\Omega$.

Aufgaben 4.2.1, 4.2.2.

4.3   Netzwerkanalyse im Frequenzbereich. Transformation in die komplexe Ebene

Die Analyse *linearer* Wechselstromnetzwerke mit den eben kennengelernten, stets wiederkehrenden Schritten: Aufstellen der Netzwerk-Differentialgleichung, Lösungsansatz, Ausführung der Integration/Differentiation, Koeffizienten- und Winkelvergleich läßt sich *erheblich* vereinfachen, wenn eine sog. (*Funktional-*) *Transformation* vom *Zeit-* in den *Frequenzbereich* (und zurück) verwendet wird. Dieses Verfahren heißt auch *symbolische* oder *komplexe Wechselstromanalyse* oder *Analyse im Frequenzbereich*. Ihr liegt die Tatsache zugrunde, daß eine harmonische Funktion in der Gaußschen Zahlenebene durch *komplexe zeitveränderliche Größen, sog. Zeiger*, dargestellt werden kann.

> Die gleichwertige Analyse eines Netzwerkes im *Frequenzbereich* (mit der Frequenz als der typischen Größe) und *Zeitbereich* (mit der Zeit als charakteristische Größe) ist das Fundament der Berechnung sinusförmiger Vorgänge in *linearen* Netzwerken. Dieses Verfahren eignet sich nur für Sinusgrößen.

Dabei muß beachtet werden:

Vorgänge im Zeitbereich sind immer physikalische Realität, während zugeordnete Größen in der Gaußschen Ebene nur mathematisch formale Bedeutung haben. Deshalb muß ein dort gewonnenes Ergebnis stets in den Zeitbereich zurücktransformiert werden!

Dieses Transformationsverfahren bietet so gewichtige Vorteile, wie

- Übergang einer Differentialgleichung in eine algebraische Gleichung

- Erweiterbarkeit des Widerstands-/Leitwertbegriffes auf allgemeine Zweipole

- Verwendung der Lösung später auch für die Behandlung von aperiodischen Vorgängen (z.B. Schaltvorgänge, allgemeinere Signale u.a.) in Netzwerken,

daß es seit langem das *Standardverfahren* zur Analyse von Wechselstrom-netzwerken ist. Typisch für eine solche Funktionstransformation aus dem Zeit- in den Frequenzbereich sind drei Grundschritte (Bild 4.3.1):

a) Transformation des zu lösendenden Problems – Netzwerkdifferential-gleichung bei sinusförmiger Erregung – vom Zeit- in den Frequenzbe-reich

b) Lösung im Frequenzbereich

c) Rücktransformation der Lösung aus dem Frequenz- in den Zeitbereich.

Man mag zunächst vermuten, daß eine derartige Transformation zusätzliche Probleme schafft. Mit den richtigen Hilfsmitteln (hier die Gaußsche Ebene), wird sich diese Befürchtung rasch als unbegründet erweisen. Beispielsweise läßt sich die Division zweier Zahlen $y = a/b$ durch Nutzung von Logarithmen

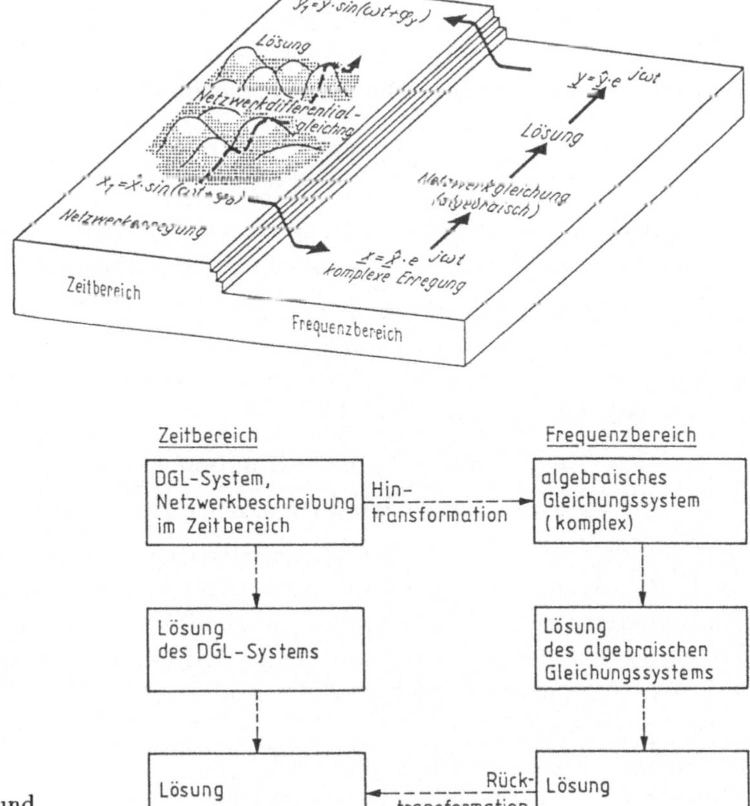

Bild 4.3.1
Netzwerk im Zeit- und Frequenzbereich

($\rightarrow$ Hintransformation) auf eine einfache Subtraktion (in der transformierten Ebene) überführen: $\lg y = \lg a - \lg b$. Zum Ergebnis $y = 10^{\lg y} = 10^{\lg a - \lg b}$ gelangt man durch Rücktransformation.

Gerade in der Elektrotechnik sind Transformationen weit verbreitet und werden sehr effizient eingesetzt, wie die Stichworte: Laplace-, Z-, Fourier-, Hilbert-Transformation (u.a.) belegen mögen (vgl. z.B. Abschn. 5.2).

Grundlage der Netzwerkanalyse im Frequenzbereich sind Darstellungsformen und Rechenregeln für komplexe Größen, die kurz zusammengestellt werden.

4.3.1   Eigenschaften komplexer Größen, Rechenoperationen

Komplexe Größen. Eine komplexe (physikalische) Größe besteht aus einer komplexen Zahl und einer Einheit. Sie wird durch *Unterstreichen* des jeweiligen Symbols gekennzeichnet, z.B. $\underline{u}, \underline{Z}, \underline{i}, \underline{Y}$.

Komplexe Größen lassen sich in der *Gaußschen Ebene*[1] darstellen. Das ist ein rechtwinkliges Koordinatensystem mit der Abzisse als reelle und Ordinate als imaginäre Größe. Die Einheit der imaginären Zahlen ist j, definiert durch[2]

$$j^2 = -1 \quad \text{bzw.} \quad j = +\sqrt{-1} \,.$$

Für den Umgang mit komplexen Größen gelten einige Grundregeln. So hat die komplexe Zahl $\underline{z}$ drei *gleichwertige Darstellungsformen* (Tafel 4.3.1).

1. Die *kartesische Form* (sog. R-Form)

$$
\begin{aligned}
\underline{z} &= \operatorname{Re}(\underline{z}) + j\operatorname{Im}(\underline{z}) = x + jy \\
x &= \operatorname{Re}(\underline{z}) \quad \text{Realteil (reelle Komponente von } \underline{z}) \\
y &= \operatorname{Im}(\underline{z}) \quad \text{Imaginärteil (imaginäre Komponente von } \underline{z}).
\end{aligned}
\tag{4.3.1}
$$

In der Gaußschen oder $\underline{z}$-Ebene wird $\underline{z}$ durch einen Punkt oder eine Verbindungsgerade vom Ursprung zu diesem Punkt dargestellt. Das vor dem Imaginärteil stehende j bedeutet geometrisch eine Drehung von $+90°$, deshalb ist trotz des Plus-Zeichens keine skalare Addition möglich:

---

[1] Gauß, C.F., deutscher Mathematiker 1777–1855.
[2] Die imaginäre Einheit wird in der Elektrotechnik mit j bezeichnet, in der Mathematik mit i (damit wären Verwechselungen mit dem Strom möglich).

Tafel 4.3.1 Eigenschaften komplexer Zahlen

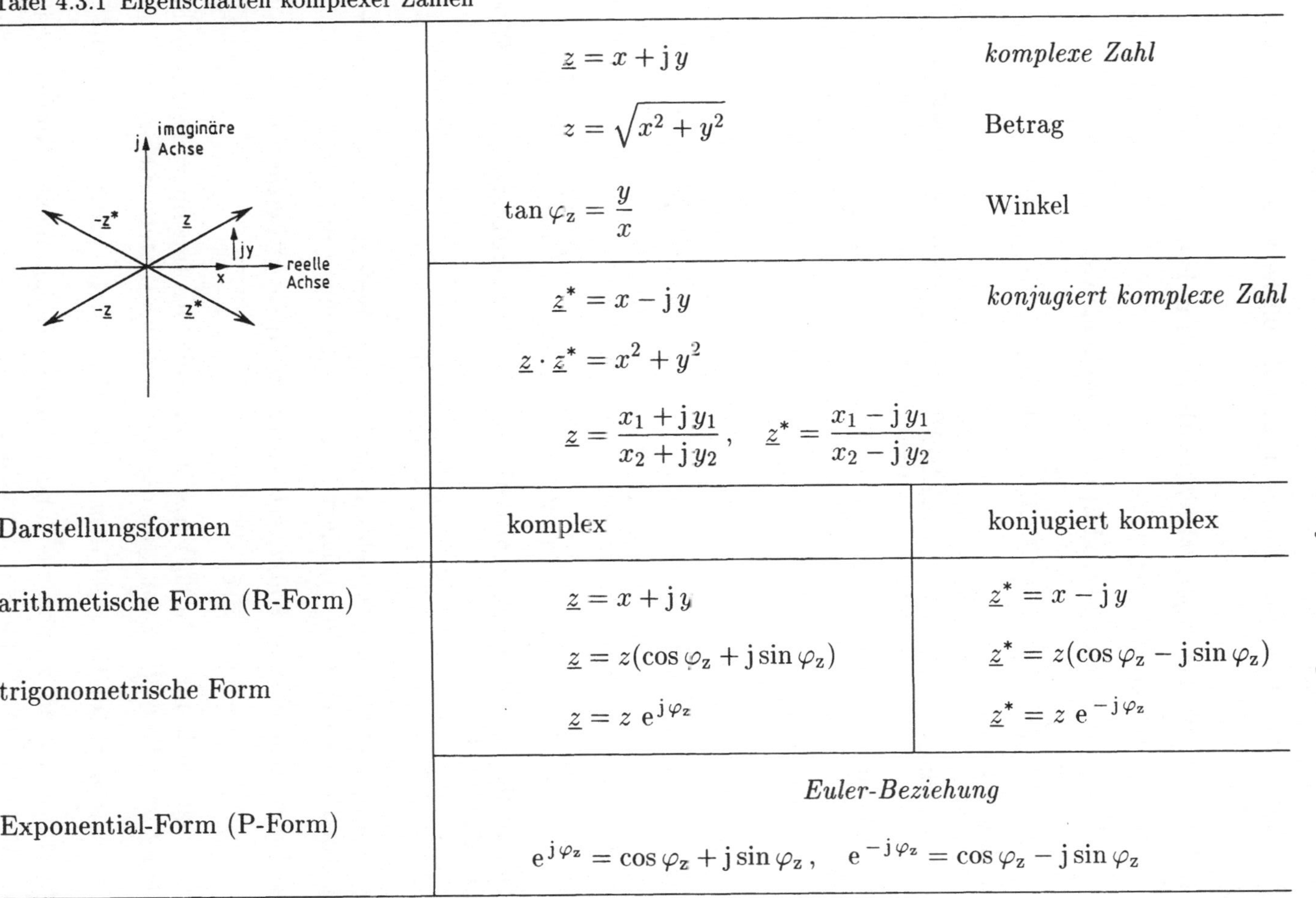

	$\underline{z} = x + \mathrm{j}\,y$	*komplexe Zahl*
	$z = \sqrt{x^2 + y^2}$	Betrag
	$\tan \varphi_{\mathrm{z}} = \dfrac{y}{x}$	Winkel
	$\underline{z}^* = x - \mathrm{j}\,y$	*konjugiert komplexe Zahl*
	$\underline{z} \cdot \underline{z}^* = x^2 + y^2$	
	$\underline{z} = \dfrac{x_1 + \mathrm{j}\,y_1}{x_2 + \mathrm{j}\,y_2}, \quad \underline{z}^* = \dfrac{x_1 - \mathrm{j}\,y_1}{x_2 - \mathrm{j}\,y_2}$	

Darstellungsformen	komplex	konjugiert komplex
arithmetische Form (R-Form)	$\underline{z} = x + \mathrm{j}\,y$	$\underline{z}^* = x - \mathrm{j}\,y$
trigonometrische Form	$\underline{z} = z(\cos \varphi_{\mathrm{z}} + \mathrm{j}\sin \varphi_{\mathrm{z}})$	$\underline{z}^* = z(\cos \varphi_{\mathrm{z}} - \mathrm{j}\sin \varphi_{\mathrm{z}})$
	$\underline{z} = z\,\mathrm{e}^{\mathrm{j}\varphi_{\mathrm{z}}}$	$\underline{z}^* = z\,\mathrm{e}^{-\mathrm{j}\varphi_{\mathrm{z}}}$
Exponential-Form (P-Form)	*Euler-Beziehung*	

$$\mathrm{e}^{\mathrm{j}\varphi_{\mathrm{z}}} = \cos \varphi_{\mathrm{z}} + \mathrm{j}\sin \varphi_{\mathrm{z}}, \quad \mathrm{e}^{-\mathrm{j}\varphi_{\mathrm{z}}} = \cos \varphi_{\mathrm{z}} - \mathrm{j}\sin \varphi_{\mathrm{z}}$$

Glieder ohne und mit j dürfen nicht auf übliche Weise addiert (subtrahiert) werden.

2. Die gleichwertige *Exponentialform* (Polarform, P-Form)

$$\underline{z} = |\underline{z}| \exp \mathrm{j}\,\varphi_z = |\underline{z}|\,\triangleleft\varphi_z \qquad (4.3.2)$$

besteht aus dem *Betrag* (Modul) oder *Amplitude* von $\underline{z}$

$$z = \sqrt{x^2 + y^2} = \sqrt{(\mathrm{Re}(\underline{z}))^2 + (\mathrm{Im}(\underline{z}))^2}$$

und dem Phasenwinkel φ_z

$$\tan \varphi_z = \frac{y}{x} = \frac{\mathrm{Im}(\underline{z})}{\mathrm{Re}(\underline{z})} = \frac{\text{Imaginärteil } (\underline{z}) \text{ (vorzeichenbehaftet)}}{\text{Realteil } (\underline{z}) \text{ (vorzeichenbehaftet)}}\,.$$

Diese Form eignet sich besonders zur Multiplikation (Division). Die Schreibweise $z\triangleleft\varphi_z$ (sprich Versor φ_z) erlaubt die Schreibweise des Winkels in Normalschrift.

3. Die *trigonometrische* Form

$$\underline{z} = |\underline{z}|(\cos \varphi_z + \mathrm{j}\sin \varphi_z) \equiv x + \mathrm{j}\,y \quad \text{mit} \qquad (4.3.3)$$

$$\cos \varphi_z = \frac{\mathrm{Re}(\underline{z})}{|\underline{z}|} = \mathrm{Re}(\mathrm{e}^{\mathrm{j}\,\varphi_z}); \quad \sin \varphi_z = \frac{\mathrm{Im}(\underline{z})}{|\underline{z}|} = \mathrm{Im}(\mathrm{e}^{\mathrm{j}\,\varphi_z})\,.$$

Sie folgt über die Euler-Beziehung

$$\exp \mathrm{j}\,\varphi_z = \cos \varphi_z + \mathrm{j}\sin \varphi_z \ \text{mit} \ |\exp \mathrm{j}\,\varphi_z| = \sqrt{\cos^2 \varphi_z + \sin^2 \varphi_z} = 1\,.$$

Der Zeiger $\underline{z} = z \exp \mathrm{j}\,\varphi_z$ vom Betrag 1 heißt *Einheitszeiger* mit der Phase φ_z. Dabei gelten:

$$\mathrm{j} = \mathrm{e}^{\mathrm{j}\,\pi/2}, \quad 1/\mathrm{j} = \mathrm{e}^{-\mathrm{j}\,\pi/2}, \quad \mathrm{j}^3 = -\mathrm{j}\,.$$

Multiplikation einer komplexen Größe $\underline{z}$ mit j bedeutet Drehung um $+\pi/2$ (mathematisch positiv), Division durch j Drehung um $-\pi/2$.

4. Die zu $\underline{z}$ gehörende *konjugierte komplexe* Größe $\underline{z}^*$ beträgt

$$\underline{z}^* = x - \mathrm{j}\,y = |\underline{z}|\,\mathrm{e}^{-\mathrm{j}\,\varphi_z}\,. \qquad (4.3.4)$$

Sie ergibt sich aus $\underline{z}$ durch Vorzeichenumkehr des Imaginärteilers (das bedeutet eine *Spiegelung* von $\underline{z}$ an der reellen Achse). Stets gilt

$$\underline{z}\,\underline{z}^* = |\underline{z}|^2 = z^2 = x^2 + y^2\,. \qquad (4.3.5)$$

Multiplikation zweier zueinander konjugiert komplexer Größen ergibt stets das Betragsquadrat der Größe.

Rechenregeln für komplexe Größen. Grundsätzlich folgt aus der Definition komplexer Größen:

> 1. Zwei komplexe Größen sind gleich, wenn ihre Real- und Imaginärteile bzw. Beträge und Phasen übereinstimmen. Deshalb beinhaltet eine komplexe Gleichung stets zwei reelle Gleichungen!

2. Komplexe Größen erfüllen formal die Rechenregeln der Addition, Subtraktion, Multiplikation und Division *mit der Zusatzbedingung* $j^2 = -1$.

3. *Addition* (*Subtraktion*) führt auf

$$\underline{z}_1 \underset{(-)}{+} \underline{z}_2 = x_1 \underset{(-)}{+} x_2 + j(y_1 \underset{(-)}{+} y_2) \quad \text{mit}$$

$$\left| \underline{z}_1 \underset{(-)}{+} \underline{z}_2 \right| = \sqrt{z_1^2 + z_2^2 \underset{(-)}{+} 2 z_1 z_2 \cos(\varphi_1 - \varphi_2)} \tag{4.3.6}$$

$$\tan \varphi = \frac{z_1 \sin \varphi_1 + z_2 \sin \varphi_2}{z_1 \cos \varphi_1 + z_2 \cos \varphi_2}.$$

4. *Multiplikation, Division.* Bei der Multiplikation von $\underline{z}_1 = z_1 \exp j \, \varphi_1$, $\underline{z}_2 = z_2 \exp j \, \varphi_2$ wird

$$\underline{z} = \underline{z}_1 \cdot \underline{z}_2 = z_1 z_2 \exp j(\varphi_1 + \varphi_2) \tag{4.3.7}$$

bei der Division entsprechend

$$\underline{z} = \underline{z}_1 / \underline{z}_2 = z_1 / z_2 \exp j(\varphi_1 - \varphi_2). \tag{4.3.8}$$

Die Multiplikation in der Komponentenschreibweise ist umständlicher

$$\underline{z} = \underline{z}_1 \cdot \underline{z}_2 = (x_1 + j \, y_1) \cdot (x_2 + j \, y_2) = x_1 x_2 - y_1 y_2 + j(x_1 y_2 + x_2 y_1).$$

Division: Hier ist der Nenner zunächst reell zu machen, wozu mit der konjugiert komplexen Größe $\underline{z}_2^*$ erweitert wird

$$\underline{z} = \frac{\underline{z}_1}{\underline{z}_2} = \frac{x_1 + j \, y_1}{x_2 + j \, y_2} = \frac{\underline{z}_1 \underline{z}_2^*}{\underline{z}_2 \underline{z}_2^*} = \frac{\underline{z}_1 \underline{z}_2^*}{z_2^2}$$

$$= \frac{x_1 x_2 + y_1 y_2 + j(x_2 y_1 - x_1 y_2)}{x_2^2 + y_2^2}.$$

> Multiplikation und Division führen wieder auf eine komplexe Größe.

Die Auswertung der verschiedenen Formen wird heute durch Taschenrechner erleichtert, die eine direkte Umrechnung der P- ↔ R-Form durch Tastendruck erlauben.

Beispiel: Festigen Sie Ihre Kenntnisse im Umgang mit komplexen Zahlen durch folgende Aufgaben:

– Umwandlung von $10 - j \, 12$ und $-30 + j \, 58$ in Polarform ($15{,}6 \sphericalangle -50{,}2°$; $65{,}3 \sphericalangle 117°$)

Tafel 4.3.2 Rechenoperationen mit komplexen Zahlen

Addition/Subtraktion		Beispiel
$\underline{z}_1 \pm \underline{z}_2 = (x_1 \pm x_2) + \mathrm{j}(y_1 \pm y_2)$ Getrennte Berechnung von Real- und Imaginärteil		$\underline{z}_1 = 3 - \mathrm{j}\,5$ $\underline{z}_2 = -2 + \mathrm{j}\,2$ $\underline{z}_1 + \underline{z}_2 = 1 - \mathrm{j}\,3$

Multiplikation/Division		Beispiel
$\underline{z}_1\underline{z}_2 = z_1 z_2(\cos(\varphi_1 + \varphi_2) + \mathrm{j}\sin(\varphi_1 + \varphi_2))$ $\qquad = z_1 z_2 \exp\mathrm{j}(\varphi_1 + \varphi_2)$ $z_1 z_2 = \sqrt{(x_1 x_2 - y_1 y_2)^2 + (x_1 y_2 + y_1 x_2)^2}$ $\tan(\varphi_1 + \varphi_2) = \dfrac{y_1 x_2 + x_1 y_2}{x_1 x_2 - y_1 y_2}$ $\dfrac{\underline{z}_1}{\underline{z}_2} = \dfrac{z_1}{z_2}(\cos(\varphi_1 - \varphi_2) + \mathrm{j}\sin(\varphi_1 - \varphi_2))$ $\qquad = z_1 z_2 \exp\mathrm{j}(\varphi_1 - \varphi_2)$ $\dfrac{\underline{z}_1}{\underline{z}_2} = \sqrt{\dfrac{x_1^2 + y_1^2}{x_2^2 + y_2^2}}$ $\tan(\varphi_1 - \varphi_2) = \dfrac{y_1 x_2 + x_1 y_2}{x_1 x_2 + y_1 y_2}$		$\underline{z}_1 = 3 - \mathrm{j}\,5$ $\underline{z}_2 = -2 + \mathrm{j}\,2$ $\dfrac{z_1}{z_2} = \sqrt{\dfrac{9 + 25}{4 + 4}} = 2{,}062$ $\tan(\varphi_1 - \varphi_2) = \dfrac{-5\cdot 2 + 3\cdot 2}{-3\cdot 2 - 5\cdot 2}$ $\varphi_1 - \varphi_2 = -14{,}0^\circ + 180^\circ$ $\dfrac{\underline{z}_1}{\underline{z}_2} = 2{,}062 \exp\mathrm{j}\,166^\circ$

Potenzieren/Radizieren		Beispiel
$\underline{z}^n = z^n(\cos n\varphi + \mathrm{j}\sin n\varphi)$ $\qquad = z^n \exp\mathrm{j}\,n\varphi$ $\sqrt[n]{\underline{z}} = \sqrt[n]{z}\left(\cos\dfrac{\varphi + 2\pi\cdot k}{n} + \mathrm{j}\sin\dfrac{\varphi + 2\pi\cdot k}{n}\right)$ $\qquad k = 0, 1, 2, \ldots (n-1)$ $\qquad = \sqrt[n]{z}\exp\mathrm{j}\left(\dfrac{\varphi + 2\pi\cdot k}{n}\right)$		$\underline{z} = \sqrt[2]{9}$ $z = 3$ $k = 0$ $\underline{z}_0 = \sqrt[2]{9}(\cos\varphi + \mathrm{j}\sin\varphi) \rightarrow \varphi_0 = 0$ $k = 1$

– wandeln Sie $13{,}5 \exp j\, 0{,}86$ in P- und R-Form ($13{,}5 \sphericalangle 49{,}3°$; $8{,}81 + j\, 10{,}2$)
– konjugiert komplexer Wert von $\underline{z} = -2 + j\, 6 \rightarrow (-2 - j\, 6)$
– beide Wurzeln von $1 + j\, 1$? ($1{,}19 \sphericalangle 22{,}5°$; $1{,}19 \sphericalangle 202{,}5°$).

4.3.2 Zeigerdarstellung von Spannung und Strom

Zeigerdarstellung. Eine harmonische Zeitfunktion $a(t)$, z.B. der Momentanwert einer Spannung $u(t)$, läßt sich nach dem vorherigen Abschnitt stets als Real- oder Imaginärteil einer *komplexen zeitabhängigen Größe* $\underline{a}(t)$ darstellen, z.B.

$$
\begin{aligned}
a(t) = \hat{a}\cos \Psi_a(t) &= \hat{a}\cos(\omega t + \varphi_a) \\
&= \operatorname{Re}(\underline{a}(t)) = \operatorname{Re}(\hat{a}\exp j\, \Psi_a(t))
\end{aligned}
\tag{4.3.9}
$$

resp.

$$
a(t) = \operatorname{Im}(\underline{a}(t)) = \hat{a}\sin(\omega t + \varphi_a)\,.
$$

Die komplexe Größe $\underline{a}(t)$ heißt *Zeiger*. Er ist in allen Punkten ein genaues Abbild der harmonischen Funktion. Seine Zeitabhängigkeit steckt in $\Psi_a(t)$. Der Zeiger

$$
\begin{aligned}
\underline{a}(t) = \hat{a}\exp j\, \Psi_a(t) &= \hat{a}\exp j(\omega t + \varphi_a) \\
&= \hat{a}\cos(\omega t + \varphi_a) + j\,\hat{a}\sin(\omega t + \varphi_a)
\end{aligned}
\tag{4.3.10}
$$

rotiert in der komplexen Ebene mit der Kreisfrequenz ω in mathematisch positivem Sinn und wird deswegen als *rotierender Zeiger* bezeichnet (Bild 4.3.2). Der Real- bzw. Imaginärteil von $\underline{a}(t)$ sind Projektionen des rotierenden Zeigers auf die reelle bzw. imaginäre Achse zur Zeit t gemäß Gl. (4.3.9). Der rotierende Zeiger zum Zeitpunkt $t = 0$

$$
\underline{a}(0) = \underline{\hat{a}} = \hat{a}\exp j\, \varphi_a \quad \text{ruhender Zeiger}
\tag{4.3.11}
$$

heißt *ruhender Zeiger*. Dabei gilt mit Gl. (4.3.10)

$$
\underline{a}(t) = \underline{a}(0)\exp j\, \omega t = \underline{\hat{a}}\exp j\, \omega t = \hat{a}\exp j(\omega t + \varphi_a)\,.
\tag{4.3.12}
$$

Transformation Zeit $\leftrightarrow$ Frequenzbereich. Ordnet man der *Zeitfunktion* $a(t) = \hat{a}\cos(\omega t + \varphi_a)$ eine *komplexe* Funktion ($\rightarrow$ rotierender Zeiger) im *Frequenzbereich* zu über

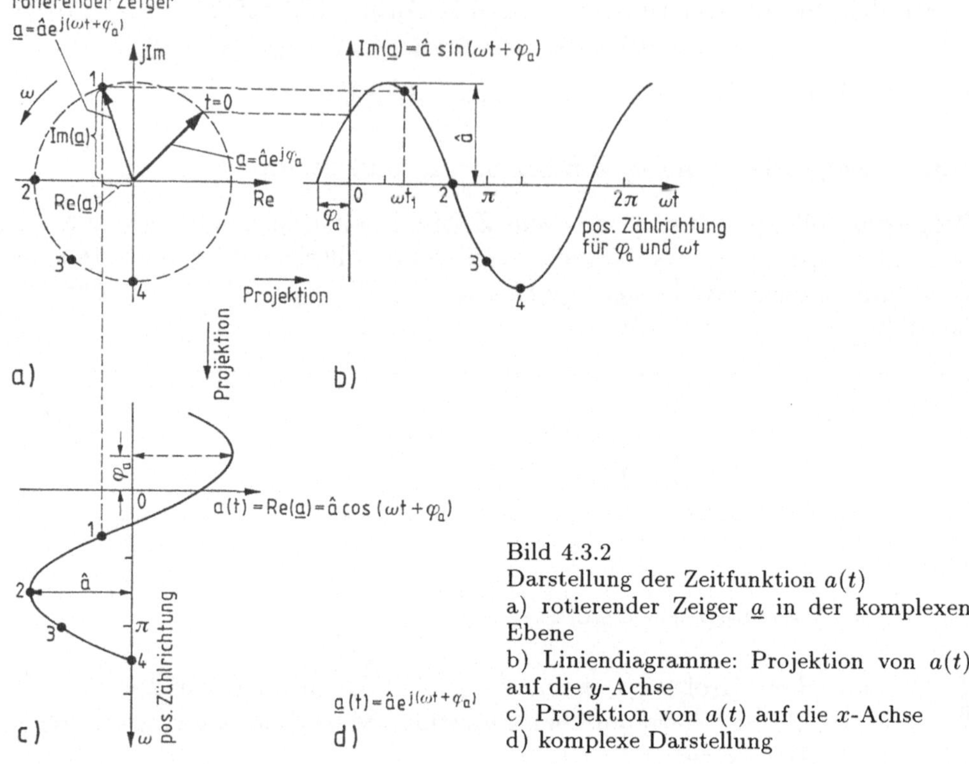

Bild 4.3.2
Darstellung der Zeitfunktion $a(t)$
a) rotierender Zeiger $\underline{a}$ in der komplexen Ebene
b) Liniendiagramme: Projektion von $a(t)$ auf die y-Achse
c) Projektion von $a(t)$ auf die x-Achse
d) komplexe Darstellung

$$a(t) = \hat{a}\cos(\omega t + \varphi_a) = \mathrm{Re}(\underline{a}(t)) \rightarrow \underline{a}(t) = \hat{a}\exp j(\omega t + \varphi_a) \qquad (4.3.13)$$
$$\text{Hintransformation Zeit-} \rightarrow \text{Frequenzbereich,}$$

so spricht man von einer *(Hin-)Transformation* der Funktion $a(t)$ aus dem Zeit- in den *Frequenzbereich* (oder die sog. komplexe Ebene). Dabei wird zu $a(t)$ der Term $j\,\hat{a}\sin(\omega t + \varphi_a)$ *hinzuaddiert*. Umgekehrt verlangt die *Rücktransformation* aus dem Frequenz- in den Zeitbereich, daß von der komplexen Größe

$$\underline{a}(t) = \hat{a}\exp j(\omega t + \varphi_a) \rightarrow a(t) = \mathrm{Re}(\underline{a}(t)) = \hat{a}\cos(\omega t + \varphi_a) \qquad (4.3.14)$$
$$\text{Rücktransformation Frequenz-} \rightarrow \text{in den Zeitbereich}$$

der *Realteil* zu bilden ist.

Wegen der grundsätzlichen Bedeutung werden diese Transformationen für eine Spannung $u(t)$ kommentiert:

1. Ausgang $u(t)$ im *Zeitbereich:* $u(t) = \hat{u}\cos(\omega t + \varphi_u) = \mathrm{Re}(\underline{u}(t))$.

Merkmal. (Reeller) Momentanwert, Amplitude $\hat{u}$. Physikalische Größe, direkt meßbar (wie bisher).

2. Darstellung im *Frequenzbereich*

$$
\begin{array}{lll}
\underline{u}(t) & = \quad \hat{u}\exp\mathrm{j}(\omega t + \varphi_u) & = \quad \hat{u}\ \exp\mathrm{j}\varphi_u\exp\mathrm{j}\,\omega t \\
\text{komplexer} & \text{rotierender Zeiger} & \text{Amplitude} \\
\text{Momentanwert} & & \text{(reell)} \\[2mm]
& & = \quad \underline{\hat{u}} \quad\cdot\quad \exp\mathrm{j}\,\omega t \\
& \text{ruhender\quad Zeiger} & \text{rotierender} \\
& \text{(komplexe Amplitude)} & \text{Einheitszeiger.}
\end{array}
$$
$$(4.3.15a)$$

Dabei treten auf

– der *rotierende Zeiger* (auch komplexer Momentanwert genannt)
$$\underline{u}(t) = \underline{\hat{u}}\exp\mathrm{j}\,\omega t \qquad\qquad (4.3.15b)$$
– der ruhende Zeiger (auch als komplexer Scheitelwert bezeichnet)
$$\underline{\hat{u}} = \hat{u}\exp\mathrm{j}\,\varphi_u \qquad\qquad (4.3.15c)$$
(beschrieben durch Amplitude und Nullphasenwinkel).

Merkmal. Komplexer Momentanwert $\underline{u}(t)$ mit komplexer Amplitude $\underline{\hat{u}}$ (bestehend aus Amplitude und Nullphasenwinkel).

❚ Der komplexe Momentanwert ist eine reine Rechengröße!

Ein wesentlicher Vorteil des rotierenden Zeigers wird bei Bildung seiner zeitlichen Ableitung und des Zeitintegrals deutlich.

Komplexe Amplitude, komplexer Effektivwert. Es ist für die Netzwerkbeschreibung durchaus üblich, anstelle der komplexen Amplitude $\underline{\hat{u}}$ (Gl. (4.3.15c)), den sog. *komplexen Effektivwert* U[3)]

$$\underline{U} = U\exp\mathrm{j}\,\varphi_u \quad\text{mit}\quad \underline{\hat{u}} = \sqrt{2}\underline{U},\ \text{d.h.}\ \hat{u} = \sqrt{2}\,U\,, \qquad (4.3.16)$$

[3)]Dieser Ausdruck ist leicht mißdeutbar. Es ist nicht der Effektivwert einer komplexen Größe, sondern die komplexe Amplitude $\underline{\hat{u}}$ dividiert durch $\sqrt{2}$.

analog Strom

$$\underline{I} = I \exp \mathrm{j}\, \varphi_\mathrm{i} \quad \text{mit} \quad \hat{\underline{i}} = \sqrt{2}\underline{I}, \ \text{d.h.} \ \hat{i} = \sqrt{2}\, I$$

zu verwenden.

Für die vereinfachte Durchführung von Wechselstromrechnungen kommen verbreitet zur Anwendung

- Benutzung der komplexen Amplitude (z.B. $\underline{U}, \underline{I}$)
- Verzicht auf Angabe der Zeitabhängigkeit (d.h. Betrachtung der Vorgänge zum Zeitpunkt $t = 0$). Dann ergeben sich die komplexen Effektivwerte nach Gl. (4.3.15c).

4.3.3   Differentiation und Integration rotierender Zeiger

Deutliche Vorteile bringt der eingeführte rotierende Zeiger bei Differentiation und Integration, wie sie bei der Netzwerkanalyse mit Energiespeichern typischerweise auftreten.

Differentiation: Es folgt mit $\mathrm{j} = \exp \mathrm{j}\, \pi/2$

$$\frac{\mathrm{d}\underline{a}}{\mathrm{d}t} = \frac{\mathrm{d}}{\mathrm{d}t}(\hat{\underline{a}} \exp \mathrm{j}\, \omega t) = \hat{\underline{a}} \frac{\mathrm{d}}{\mathrm{d}t}(\exp \mathrm{j}\, \omega t) = \mathrm{j}\, \omega \hat{\underline{a}} \exp \mathrm{j}\, \omega t$$
$$= \omega \underline{a} \exp \mathrm{j}\, \pi/2 = \mathrm{j}\, \omega \underline{a}(t)$$

oder

$$\frac{\mathrm{d}\underline{a}}{\mathrm{d}t} = \mathrm{j}\, \omega \underline{a}(t)\,. \tag{4.3.17}$$

Die zeitliche Differentiation von $\underline{a}$ geht über in eine Multiplikation mit $\mathrm{j}\,\omega$, also eine „Drehstreckung" um $+\pi/2$ (Zeigerlänge mit ω multipliziert, Winkel um $+\pi/2$ voreilend (Bild 4.3.3).

Sinngemäß lautet die n-te Ableitung

$$\frac{\mathrm{d}^n(\underline{a})}{\mathrm{d}t^n} = (\mathrm{j}\, \omega)^n \underline{a}(t)\,. \tag{4.3.18}$$

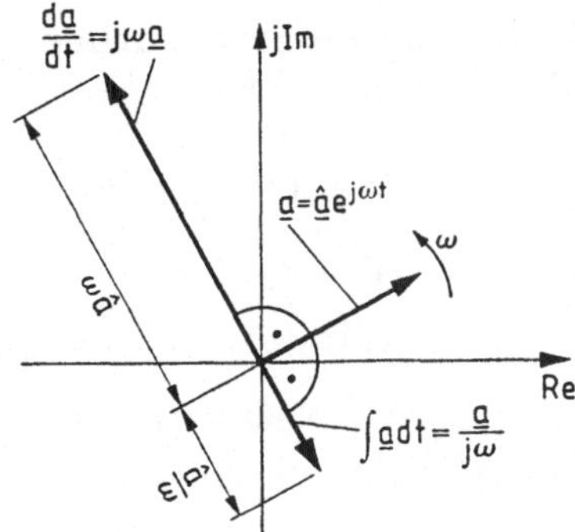

Bild 4.3.3
Differential und Integral des Zeigers $\underline{a}(t)$

Integration: Hier folgt aus

$$\int \underline{a}(t)\,dt = \hat{\underline{a}} \int \exp j\,\omega t\,dt = \frac{\underline{a}}{j\,\omega} = \frac{\hat{\underline{a}}}{j\,\omega}\,\exp j(\varphi - \pi/2)$$

$$\int \underline{a}(t)\,dt = \frac{\underline{a}(t)}{j\,\omega}\,. \tag{4.3.19}$$

Die Integration von $\underline{a}(t)$ geht über in eine Division durch $j\omega$! Die Überführung der Differentiation und Integration im Zeitbereich in eine Multiplikation bzw. Division mit $j\omega$ im Frequenzbereich ist der eigentliche Vorteil der Transformation Zeit-$\leftrightarrow$ Frequenzbereich: damit gehen die bei der Netzwerkanalyse entstehenden Integro-Differentialgleichungen in algebraische Gleichungen über! So ist der erste der beiden erwähnten Vorteile durch die Transformation erreicht.

Der zweite, nämlich die Einführung eines allgemeinen Widerstandsbegriffes, ergibt sich jetzt fast von selbst (s.u.).

Beispiel: Zunächst werde das Verfahren am Beispiel der Reihenschaltung von R und C erläutert, an der die Spannung

$$u_{\mathrm{q}}(t) = \hat{u}_{\mathrm{q}} \sin(\omega t + \varphi_{\mathrm{u}}) \tag{4.3.20}$$

liegt.

a) Hintransformation in den Frequenzbereich. Die Netzwerkgleichung ergab im Zeitbereich Gl. (4.2.4). Man führt jetzt nach den eben vorgeführten Schritten die Transformation in den Frequenzbereich mittels

$$u(t) = \hat{u}_{\mathrm{q}} \sin(\omega t + \varphi_{\mathrm{u}}) = \mathrm{Im}(\underline{u}_{\mathrm{q}}(t)) \rightarrow$$

$$\underline{u}_{\mathrm{q}}(t) = \hat{u}_{\mathrm{q}} \exp j(\omega t + \varphi_{\mathrm{u}}) \tag{4.3.21}$$

entsprechend Gl. (4.3.13) durch.

b) Lösung im Frequenzbereich. Für den gesuchten Strom i wird ein *Ansatz* als komplexer Momentanwert $\underline{i}(t)$ getroffen:

$$\underline{i}R + 1/C \int \underline{i}\,\mathrm{d}t = \hat{u}_\mathrm{q}\exp\mathrm{j}(\omega t + \varphi_\mathrm{u})$$

$$\underline{i}R + (1/\mathrm{j}\,\omega C)\underline{i} = \hat{u}_\mathrm{q}\exp\mathrm{j}(\omega t + \varphi_\mathrm{u}) \qquad (4.3.22)$$

$$\underline{i}(R + 1/\mathrm{j}\,\omega C) = \hat{u}_\mathrm{q}\exp\mathrm{j}(\omega t + \varphi_\mathrm{u})\,.$$

Dies ist die Netzwerkgleichung, transformiert in den Frequenzbereich. Mit der Abkürzung (s.u.)

$$\underline{Z} = R + \frac{1}{\mathrm{j}\,\omega C} \quad \text{mit} \quad |\underline{Z}| = \sqrt{R^2 + \left(\frac{1}{\omega C}\right)^2}\,;$$

$$\tan\varphi_\mathrm{z} = \frac{\mathrm{Im}(\underline{Z})}{\mathrm{Re}(\underline{Z})} = -\frac{1}{\omega RC} \qquad (4.3.23)$$

folgt als Lösung des Stromes

$$\underline{i} = \frac{\underline{u}_\mathrm{q}}{\underline{Z}} \rightarrow \hat{i}\,\mathrm{e}^{\mathrm{j}\omega t}\,\mathrm{e}^{\mathrm{j}\varphi_\mathrm{i}} = \frac{\hat{u}_\mathrm{q}\,\mathrm{e}^{\mathrm{j}\omega t}\,\mathrm{e}^{\mathrm{j}\varphi_\mathrm{u}}}{\underline{Z}} = \frac{\hat{u}_\mathrm{q}\,\mathrm{e}^{\mathrm{j}\omega t}\,\mathrm{e}^{\mathrm{j}\varphi_\mathrm{u}}\,\mathrm{e}^{-\mathrm{j}\varphi_\mathrm{z}}}{|\underline{Z}|}\,, \quad (4.3.24\mathrm{a})$$

da $\underline{Z} = Z\exp\mathrm{j}\,\varphi_\mathrm{z}$. Diese Lösung Gl. (4.3.24a) im Frequenzbereich lautet umgeschrieben

$$\underline{i} = \hat{i}\,\mathrm{e}^{\mathrm{j}(\omega t + \varphi_\mathrm{i})} = \hat{\underline{i}}\,\mathrm{e}^{\mathrm{j}\omega t} = \frac{\hat{u}_\mathrm{q}\,\mathrm{e}^{\mathrm{j}(\omega t + \varphi_\mathrm{u})}}{Z\,\mathrm{e}^{\mathrm{j}\varphi_\mathrm{z}}} = \frac{\hat{\underline{u}}_\mathrm{q}\,\mathrm{e}^{\mathrm{j}\omega t}}{\underline{Z}} = \frac{\underline{u}_\mathrm{q}}{\underline{Z}}\,. \quad (4.3.24\mathrm{b})$$

Sie kann gleichwertig angegeben werden

– durch *rotierende* Zeiger

$$\underline{i} = \underline{u}_\mathrm{q}/\underline{Z} \qquad (4.3.25\mathrm{a})$$

– durch ruhende Zeiger (indem auf beiden Seiten die Faktoren $\exp\mathrm{j}\,\omega t$ herausgekürzt werden)

$$\hat{\underline{i}} = \hat{\underline{u}}_\mathrm{q}/\underline{Z} \qquad (4.3.25\mathrm{b})$$

– durch komplexe Effektivwerte ($\underline{I} = \hat{\underline{i}}/\sqrt{2}$, $\underline{U}_\mathrm{q} = \hat{\underline{u}}_\mathrm{q}/\sqrt{2}$)

$$\underline{I} = \underline{U}_\mathrm{q}/\underline{Z}\,. \qquad (4.3.25\mathrm{c})$$

In allen Formen sind beide Bestimmungsstücke der Lösung, der Betrag $\hat{\imath}$ des Stromes

$$\hat{\imath} = \hat{u}_\mathrm{q}/Z \quad \varphi_\mathrm{i} = \varphi_\mathrm{u} - \varphi_\mathrm{z} \tag{4.3.26}$$

und seine Phase φ_i enthalten.

Man erkennt in Gl. (4.3.22), übereinstimmend mit Gl. (4.3.19), daß die zeitliche Integration in eine Division durch $\mathrm{j}\,\omega$ übergeht und so die Lösung aus einer einfachen algebraischen Gleichung gewonnen werden kann.

c) Rücktransformation. Im letzten Schritt muß die Lösung $\underline{i}(t)$ Gl. (4.3.24b) aus dem Frequenz- in den Zeitbereich rücktransformiert werden.

Ausgang ist in jedem Falle der *rotierende Zeiger* im Frequenzbereich, also Gl. (4.3.25a).

Da im Schritt a) eine Sinusfunktion transformiert, also von $\mathrm{Im}(\underline{u}_\mathrm{q})$ ausgegangen wurde, muß die „gleiche Transformationszuordnung" beibehalten werden. Also ist gesucht:

$$i(t) = \mathrm{Im}(\underline{i}(t)) - \hat{\imath}\sin(\omega t + \varphi_\mathrm{i}).$$

Dabei sind $\hat{\imath}$ und φ_i durch Gl. (4.3.26) gegeben und die Aufgabe ist gelöst. Das Verfahren mag noch etwas unförmig aussehen, es wird aber noch weiter vereinfacht werden. So stellt sich beispielsweise die Frage, ob die u-i-Beziehung des Kondensators $u_\mathrm{C} = (1/C)\int i\,\mathrm{d}t$, die in $\underline{u} = \underline{i}/\mathrm{j}\,\omega C$ übergeht, (wobei $1/\omega C$ offenbar die Dimension eines Widerstandes hat!) nicht einfacher gewonnen werden kann, indem auf die Aufstellung der Netzwerkdifferentialgleichung verzichtet wird. Dazu sind die *Netzwerkelemente einzeln in den Frequenzbereich* zu transformieren. Genau dieses bezweckt der Begriff „komplexer Widerstand/Leitwert" eines Zweipoles. Das vereinfacht die Wechselstromanalyse weiter. Nicht zufällig stimmt die im Beispiel eingeführte Abkürzung Z (Gl. (4.3.23)) mit dem Scheinwiderstand Z (Gl. (4.2.6)) des gleichen Beispiels überein, wie er im Verlauf der Lösung im Zeitbereich auftritt.

Aufgaben 4.3.1, 4.3.2.

4.3.4 Komplexer Widerstand und Leitwert. Widerstands-, Leitwertoperator

In einem linearen RLC-Netzwerk werde ein beliebiger Zweipolkomplex betrachtet, z.B. eine Reihenschaltung von R und C wie eben. Wird er vom (eingeprägten) Strom $i(t)$ durchflossen, so entsteht an ihm die Klemmenspannung $u(t)$ (Bild 4.3.4). Transformiert man dieses Netzwerk in den Frequenzbereich, so gehören zum Zweipolkomplex die Ströme $\underline{i}(t) = \hat{\underline{i}}\exp j\omega t$ und die Spannung $\underline{u}(t) = \hat{\underline{u}}\exp j\omega t$, also der Quotient

$$\underline{Z} = \frac{\underline{u}(t)}{\underline{i}(t)} = \frac{\hat{\underline{u}}\exp j\omega t}{\hat{\underline{i}}\exp j\omega t} = \frac{\hat{u}\exp j\varphi_u}{\hat{i}\exp j\varphi_i} = \frac{\underline{U}}{\underline{I}} = Z\exp j\varphi_z$$

mit Scheinwiderstand (Betrag Z, Phasenwinkel φ_z)

$$Z = \hat{u}/\hat{i} = U/I\,; \qquad \varphi_z = \varphi_u - \varphi_i \qquad\qquad (4.3.27)$$
$$\text{Definitionsgleichung komplexer}$$
$$\text{Widerstand } \underline{Z}\,,\ \text{Widerstandsoperator}$$
$$\text{Einheit } [Z] = (U)/(I) = \text{V/A} = \Omega\,.$$

Der Widerstandsoperator $\underline{Z}$ ist eine sehr nützliche Hilfsgröße (reine Rechengröße) gebunden an den Frequenzbereich. Er hat die gleiche Dimension wie der physikalische Begriff Widerstand, inhaltlich aber *keine Beziehung* zu ihm.

R: Element für irreversiblen Umsatz elektrische $\to$ Wärmeenergie im Stromkreis, definiert als Quotient u/i bei *beliebigen Zeitfunktionen*.

$\underline{Z}$: Rechengröße definiert nur im Frequenzbereich als Quotient der komplexen Spannung und des komplexen Stromes (transformierte harmonische Größen!).

Der Widerstandsoperator $\underline{Z}$ hat stets zwei *Bestimmungsstücke*, entweder (Bild 4.3.4b)

– den *Betrag* (Quotient der Effektivwerte bzw. Maximalwerte von Spannung und Strom) oder *Scheinwiderstand Z* und *Phasenwinkel φ_z oder*

– den Real- und Imaginärteil, den *Wirkwiderstand* (Resistanz) R_r und *Blindwiderstand X_r* (Reaktanz) (Tafel 4.3.3):

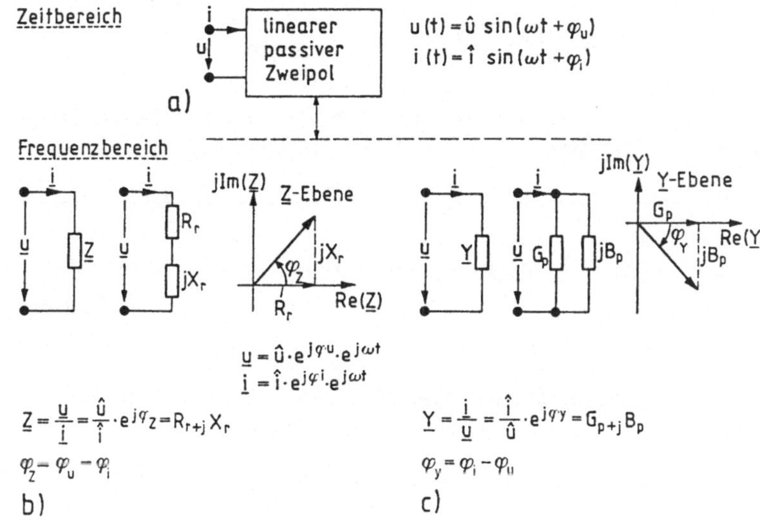

Bild 4.3.4 Komplexer Widerstand, komplexer Leitwert
   a) passiver linearer Zweipol im Zeitbereich
   b) Definition des komplexen Widerstandes $\underline{Z}$ mit Zerlegung in Wirk-, Blind-
   und Scheinwiderstand $(R_r, j\,X_r, Z)$
   c) Definition des komplexen Leitwertes $\underline{Y}$ mit Zerlegung in Wirk-, Blind- und
   Scheinleitwert $(G_p, j\,B_p, Y)$

$$Z = R_r + j\,X_r = Z(\cos\varphi_z + j\sin\varphi_z) = Z\exp j\,\varphi_z$$
$$R_r = Z\cos\varphi_z = (U/I)\cos\varphi_z, \quad X_r = Z\sin\varphi_z = (U/I)\sin\varphi_z\,.$$

(4.3.28a)

Der Blindwiderstand hat ein Vorzeichen (abhängig vom Phasenwinkel zwischen Spannung und Strom). Weiterhin gilt

Tafel 4.3.3 Komplexer Widerstand/Leitwert und seine Bestandteile

$\underline{Z} = R_r + j\,X_r$		$\underline{Y} = G_p + j\,B_p$	
$\underline{Z}$	komplexer Widerstand Impedanz Widerstandsoperator	$\underline{Y}$	komplexer Leitwert Admittanz Leitwertoperator
Z	Scheinwiderstand Wechselstromwiderstand	Y	Scheinleitwert Wechselstromleitwert
R_r	Wirkwiderstand Resistanz	G_p	Wirkleitwert Konduktanz
X_r	Blindwiderstand Reaktanz	B_p	Blindleitwert Suszeptanz

$$Z = \sqrt{R_{\mathrm{r}}^2 + X_{\mathrm{r}}^2}\,; \quad \varphi_{\mathrm{z}} = \arctan X_{\mathrm{r}}/R_{\mathrm{r}}\,. \tag{4.3.28b}$$

Analog zum Widerstandsoperator läßt sich ein Leitwertoperator (komplexer Leitwert, Admittanz) $\underline{Y}$ als Reziprokwert von $\underline{Z}$ definieren:

$$\underline{Y} = 1/\underline{Z} = Y \exp \mathrm{j}\,\varphi_{\mathrm{y}} \quad \text{mit} \quad Y = 1/Z\,; \quad \varphi_{\mathrm{y}} = -\varphi_{\mathrm{z}} \tag{4.3.29a}$$

$$\text{Leitwertoperator.}$$

Y heißt *Scheinleitwert*. Der Realteil von $\underline{Y}$ ist der *Wirkleitwert* G_{p} (Konduktanz), der Imaginärteil B_{p} der *Blindleitwert* (Suszeptanz):

$$
\begin{aligned}
\underline{Y} &= G_{\mathrm{p}} + \mathrm{j}\,B_{\mathrm{p}} = Y(\cos \varphi_{\mathrm{y}} + \mathrm{j} \sin \varphi_{\mathrm{y}}) \\
G_{\mathrm{p}} &= \mathrm{Re}(\underline{Y}) = Y \cos \varphi_{\mathrm{y}} \\
B_{\mathrm{p}} &= \mathrm{Im}(\underline{Y}) = Y \sin \varphi_{\mathrm{y}} = -Y \sin \varphi_{\mathrm{z}}\,.
\end{aligned}
\tag{4.3.29b}
$$

Der Blindleitwert hat ein Vorzeichen (abhängig vom Phasenwinkel zwischen Strom und Spannung). Weiterhin gilt

$$Y = \sqrt{G_{\mathrm{p}}^2 + B_{\mathrm{p}}^2}\,, \quad \varphi_{\mathrm{y}} = \arctan B_{\mathrm{p}}/G_{\mathrm{p}} = -\varphi_{\mathrm{z}}\,. \tag{4.3.29c}$$

Die Vorzeichen von Blindleitwert und Blindwiderstand ein- und desselben Blindschaltelementes unterscheiden sich stets.

Beispiel: Widerstandsoperator eines Kondensators $C = 0{,}1\,\mu\mathrm{F}$ bei $f = 50\,\mathrm{Hz}$

$$\underline{Z} = \frac{1}{\mathrm{j}\,\omega C} = \frac{1}{\mathrm{j}\,2\pi 50\,\mathrm{s}^{-1} \cdot 0{,}1 \cdot 10^{-6}\,\mathrm{F}} = -\mathrm{j}\,32\,\mathrm{k}\Omega = 32\,\mathrm{k}\Omega\,\mathrm{e}^{-\mathrm{j}\,\pi/2}\,.$$

Beispiel: An einem Zweipol wurde bei einer Spannung $U = 230\,\mathrm{V}$ ($50\,\mathrm{Hz}$, $\varphi_{\mathrm{u}} = \pi/4$) ein Strom $I = 1{,}2\,\mathrm{A}$ ($\varphi_{\mathrm{i}} = 2/3\pi$) gemessen. Wie groß ist der Widerstandsoperator, wie lauten seine Elemente?

Lösung. Es gilt $\underline{Z} = Z \exp \mathrm{j}(\varphi_{\mathrm{u}} - \varphi_{\mathrm{i}})$, $Z = U/I = \sqrt{2}\hat{u}/\sqrt{2}\hat{\imath} = 230\,\mathrm{V}/\,1{,}2\,\mathrm{A}$ $= 191{,}6\,\Omega$, $\varphi_{\mathrm{z}} = \varphi_{\mathrm{u}} - \varphi_{\mathrm{i}} = -5/12\pi$, $\underline{Z} = 191{,}6\,\Omega \exp -\mathrm{j}\,1{,}31$. Daraus ergibt sich $R_{\mathrm{r}} = Z \cos \varphi_{\mathrm{z}} = 49{,}58\,\Omega$, $X_{\mathrm{r}} = Z \sin \varphi_{\mathrm{z}} = -185{,}1\,\Omega$, d.h. $\underline{Z} = (49{,}6 - \mathrm{j}\,185{,}1)\,\Omega$. Für die Lösung der Aufgabe ist es gleichgültig, ob Strom und Spannung beide in Sinus- oder Cos-Form vorliegen (aber nicht gemischt).

Ersatzschaltung. Bild 4.3.4b,c enthält die zu Gl. (4.3.28), (4.3.29) gehörenden Ersatzschaltungen. Man unterscheidet:

a) das Strom-Spannungsverhalten des allgemeinen passiven Zweipols im *Zeitbereich* (Liniendiagramm für $u(t)$, $i(t)$). Bestimmungsstücke des passiven Zweipols sind

- der Scheinwiderstand Z (Scheinleitwert Y) (Amplitudenverhältnis der Scheitelwerte)
- die Phasenwinkel $\varphi_z = \varphi_u - \varphi_i = -\varphi_y$. Z und φ_z können gemessen werden.

b) Das Strom-Spannungsverhalten des gleichen Zweipols im *Frequenzbereich* ausgedrückt durch die *Rechengröße* Widerstandsoperator $\underline{Z}$ (nicht meßbar) (Leitwertoperator $\underline{Y}$)

- direkt als „komplexer Widerstand" $\underline{Z}$ (Schaltsymbol) oder
- aufgeteilt in reihengeschaltete Komponenten R_r, X_r (Gl. (4.3.28) bzw. parallelgeschaltete Komponenten G_p, B_p (Gl. (4.3.29)) oder
- als Darstellung in der komplexen Ebene $\underline{Z}$ ($\underline{Y}$) (Bild 4.3.4).

Gleichwertigkeit des Widerstands- und Leitwertoperators. Reihen-Parallelumwandlung. Da jeder

- Widerstandsoperator durch die Reihenschaltung eines Wirk- und Blindwiderstandes (Ersatzgrößen) und
- Leitwertoperator durch die Parallelschaltung eines Wirk- und Blindleitwertes (Ersatzgrößen)

darstellbar ist und beide gleichwertig sind ($\underline{Z} = 1/\underline{Y}$), lassen sich die Ersatzgrößen der Reihenschaltung in eine Parallelschaltung umrechnen und umgekehrt (Tafel 4.3.4). Die Ergebnisse entstehen durch konjugiert komplexe Multiplikation des Nenners. Dabei dreht das Vorzeichen beim Übergang vom Blindleitwert zum Blindwiderstand und umgekehrt.

> In Worten: Eine Reihenschaltung von Wirk- und Blindwiderstand läßt sich stets in die gleichwertige Parallelschaltung von Wirk- und Blindleitwert umwandeln, wenn man die Elemente der Reihenschaltung durch das Betragsquadrat des gesamten Scheinwiderstandes dividiert und das Vorzeichen des Imaginärteiles vertauscht (Umwandlung Parallel- Reihenschaltung analog).

Gleichwertig heißt dabei, daß am Zweipol gleiche Strom-Spannungsverhältnisse herrschen. Bei Zweipolen mit Blindkomponenten gilt diese Gleichwertigkeit nur für eine Frequenz.

Tafel 4.3.4 Gleichwertige Reihen- und Parallelschaltung der Komponenten eines Widerstands-Leitwertoperators

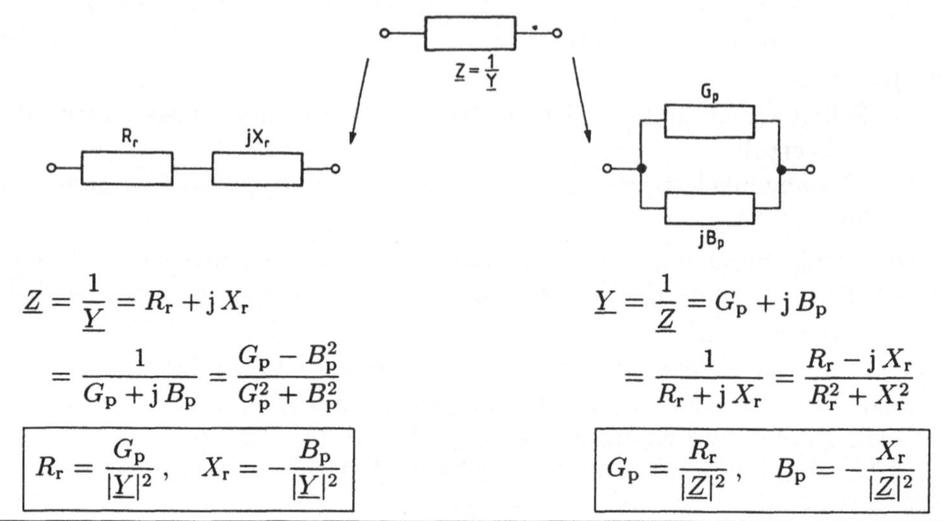

$$\underline{Z} = \frac{1}{\underline{Y}} = R_\mathrm{r} + \mathrm{j}\,X_\mathrm{r}$$

$$= \frac{1}{G_\mathrm{p} + \mathrm{j}\,B_\mathrm{p}} = \frac{G_\mathrm{p} - B_\mathrm{p}^2}{G_\mathrm{p}^2 + B_\mathrm{p}^2}$$

$$\boxed{R_\mathrm{r} = \frac{G_\mathrm{p}}{|\underline{Y}|^2}, \quad X_\mathrm{r} = -\frac{B_\mathrm{p}}{|\underline{Y}|^2}}$$

$$\underline{Y} = \frac{1}{\underline{Z}} = G_\mathrm{p} + \mathrm{j}\,B_\mathrm{p}$$

$$= \frac{1}{R_\mathrm{r} + \mathrm{j}\,X_\mathrm{r}} = \frac{R_\mathrm{r} - \mathrm{j}\,X_\mathrm{r}}{R_\mathrm{r}^2 + X_\mathrm{r}^2}$$

$$\boxed{G_\mathrm{p} = \frac{R_\mathrm{r}}{|\underline{Z}|^2}, \quad B_\mathrm{p} = -\frac{X_\mathrm{r}}{|\underline{Z}|^2}}$$

Ergebnis. Das Strom-Spannungsverhalten des allgemeinen linearen passiven Zweipols findet bei Sinuserregung im Zeitbereich ein vollständiges Abbild im Frequenzbereich durch den Begriff Widerstands-Leitwertoperator. Damit kann das (lineare) Netzwerk gleichwertig im Frequenzbereich dargestellt werden, wenn für die Netzwerkelemente die zugeordneten Widerstands-/Leitwertoperatoren bekannt sind. Sie werden nachfolgend zusammengestellt.

Beispiel: Gegeben ist ein komplexer Leitwert $\underline{Y} = 10\,\mathrm{mS}\ \exp \mathrm{j}\,60°$. Welche Ersatzschaltung (Reihenschaltung) gehört dazu?

Lösung. Wir setzen $\underline{Z} = 1/\underline{Y} = 1/10\,\mathrm{mS}\ \exp - \mathrm{j}\,60° = 100\,\Omega\,\exp - \mathrm{j}\,60° = R_\mathrm{r} + \mathrm{j}\,X_\mathrm{r}$; $\quad R_\mathrm{r} = Z\cos(-60°) = 50\,\Omega, \quad \mathrm{j}\,X_\mathrm{r} = Z\sin(-60°) = -\mathrm{j}\,86{,}6\,\Omega$. Wegen $X_\mathrm{r} < 0$ liegt kapazitiver Blindwiderstand vor.

4.3.5 Widerstands-/Leitwertoperatoren der Grundelemente *RLC*

Wendet man die bisher benutzte Transformation in den Frequenzbereich auf die Grundelemente R, L, C an, so folgt (für die komplexen Größen $\underline{i}, \underline{u}$)

$$\underline{u} = R\underline{i}; \quad \underline{i} = C\,\frac{\mathrm{d}\underline{u}}{\mathrm{d}t}; \quad \underline{u} = L\,\frac{\mathrm{d}\underline{i}}{\mathrm{d}t}$$

oder bei Ausführung der Differentiation (s. Gl. (4.3.17)) schließlich

$$\underline{u} = R\underline{i}; \quad \underline{i} = \mathrm{j}\,\omega C\underline{u}; \quad \underline{u} = \mathrm{j}\,\omega L\underline{i}. \tag{4.3.30}$$

An die Stelle der Differentialbeziehungen treten einfache algebraische Ausdrücke. Mit der Definition des Widerstandsoperators $\underline{Z}$ (vgl. Gl. (4.3.28)) wird dann

$$
\boxed{
\begin{aligned}
&\underline{Z} = R; \quad \underline{Z} = 1/\mathrm{j}\,\omega C = 1/\omega C\,\exp{-\mathrm{j}\,\pi/2}; \quad \underline{Z} = \omega L\,\exp{\mathrm{j}\,\pi/2} \\
&\underline{Z} = Z\,\exp{\mathrm{j}\,\varphi_\mathrm{z}} \quad \text{Widerstandsoperatoren der Grundelemente}
\end{aligned}
}
\tag{4.3.31}
$$

(für die Leitwertoperatoren gilt stets $\underline{Y} = 1/\underline{Z}$).

Man erkennt bereits den früher (s. Gl. (4.2.3)) eingeführten Scheinwiderstand Z und den Phasenwinkel φ_z zwischen u und i. Auch fällt auf, daß der Kondensator einen *negativen* Blindwiderstand hat (ebenso wie zur Induktivität ein negativer Blindleitwert gehört). In Tafel 4.3.5 wurden die entsprechenden Beziehungen zusammengestellt.

Am ohmschen Widerstand (Wirkleitwert) sind Strom und Spannung stets in Phase, beim Kondensator eilt i wegen $\varphi_\mathrm{z} = \varphi_\mathrm{u} - \varphi_\mathrm{i} = -\pi/2$ um $\pi/2$ vor, bei der Induktivität eilt u wegen $\varphi_\mathrm{z} = +\pi/2$ um $\pi/2$ vor. Damit ist auch der Begriff *Blindwiderstand* (Gl. (4.3.28), Leitwert) noch besser präzisierbar. Er umfaßt:

- die Anwendbarkeit nur bei sinusförmigen Strömen/Spannungen und linearen Schaltelementen
- einen Phasenwinkel zwischen Strom und Spannung von $\pm 90°$ (abhängig vom Schaltelement)
- eine Frequenzabhängigkeit ($\sim \omega, \sim 1/\omega$)
- verschwindende Wirkleistung (kein Leistungsumsatz in Wärme, s. Abschn. 4.5))
- eine lineare u-i-Beziehung (bei fester Frequenz).

Die Widerstandsoperatoren der Grundelemente erlauben eine vollständige Überführung von Netzwerken in den Frequenzbereich. Man ersetzt die NWE durch ihre entsprechenden Widerstands-(Leitwert-)operatoren und führt komplexe Ströme und Spannungen im Frequenzbereich ein. So entsteht durch Anwendung der Kirchhoffschen Gleichungen und Widerstandsoperatoren ein System algebraischer Gleichungen. Das Aufstellen der Differentialgleichung entfällt.

Tafel 4.3.5 Widerstands- und Leitwertoperatoren der Grundelemente R, C, L

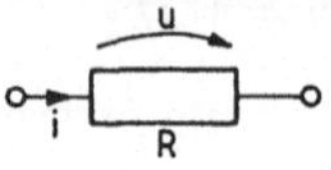

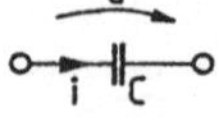

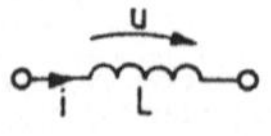

	R	C	L
Strom-Spannungsbeziehung			
Zeitbereich	$u = iR$	$u = \dfrac{1}{C}\displaystyle\int i\,\mathrm{d}t$	$u = L\dfrac{\mathrm{d}i}{\mathrm{d}t}$
Frequenzbereich	$\underline{u} = \underline{i}R$	$\underline{u} = \dfrac{\underline{i}}{\mathrm{j}\omega C}$	$\underline{u} = \mathrm{j}\omega L\underline{i}$
für komplexe Effektivwerte	$\underline{U} = \underline{I}R$	$\underline{U} = \dfrac{\underline{I}}{\mathrm{j}\omega C}$	$\underline{U} = \mathrm{j}\omega L\underline{I}$
Widerstandsoperator $\underline{Z} = \dfrac{\underline{u}}{\underline{i}} = \dfrac{\underline{U}}{\underline{I}}$	$\underline{Z} = R$	$\underline{Z} = \dfrac{1}{\mathrm{j}\omega C}$	$\underline{Z} = \mathrm{j}\omega L$
Scheinwiderstand $\underline{Z}$ Z	$Z = R$	$Z = \dfrac{1}{\omega C}$	$Z = \omega L$
Phase φ_z	$\varphi_\mathrm{z} = 0$	$\varphi_\mathrm{z} = -\dfrac{\pi}{2}$	$\varphi_\mathrm{z} = +\dfrac{\pi}{2}$
Wirkwiderstand R_r Blindwiderstand X_r	$R_\mathrm{r} = R$ 0	$R_\mathrm{r} = 0$ $X_\mathrm{r} = -\dfrac{1}{\omega C}$	$R_\mathrm{r} = 0$ $X_\mathrm{r} = \omega L$
U, I-Zeigerbild	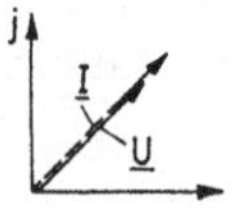	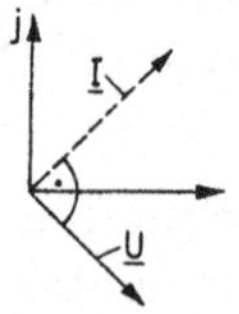	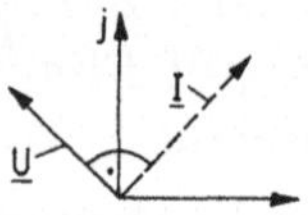
Zeigerbild $\underline{Z}$-Ebene ($\underline{Y}$-Ebene)			
Leitwertoperator $\underline{Y} = \dfrac{\underline{i}}{\underline{u}} = \dfrac{\underline{I}}{\underline{U}}$	$\underline{Y} = \dfrac{1}{R}$	$\underline{Y} = \mathrm{j}\omega C$	$\underline{Y} = \dfrac{1}{\mathrm{j}\omega L}$
Scheinleitwert Y	$Y = \dfrac{1}{R}$	$Y = \omega C$	$Y = \dfrac{1}{\omega L}$
Phase φ_y	$\varphi_\mathrm{y} = 0$	$\varphi_\mathrm{y} = +\dfrac{\pi}{2}$	$\varphi_\mathrm{y} = -\dfrac{\pi}{2}$
Wirkleitwert G_p	$G_\mathrm{p} = \dfrac{1}{R}$	$G_\mathrm{p} \to 0$	$G_\mathrm{p} \to 0$
Blindleitwert B_p	$B_\mathrm{p} = 0$	$B_\mathrm{p} = \omega C$	$B_\mathrm{p} = -\dfrac{1}{\omega L}$

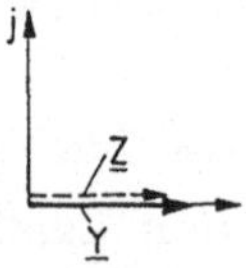

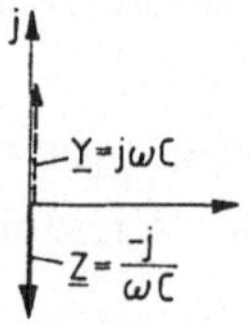

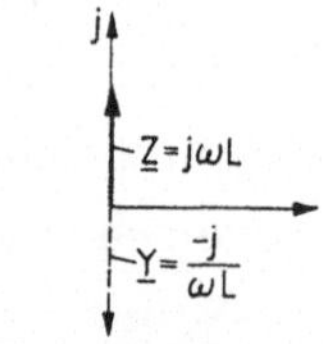

Anwendungen des Widerstands-/Leitwertoperators. Die Einführung des Widerstands- und Leitwertoperators erlaubt einige wichtige Erweiterungen für das Zusammenschalten von Netzwerkelementen:

Widerstandsoperator einer Reihenschaltung passiver Zweipole. Werden mehrere passive Zweipole mit den Widerstandsoperatoren $\underline{Z}_i$ vom gleichen Strom $\underline{i}$ durchflossen, so führt die Gesamtspannung $\underline{u}_\text{ges}$ auf die Beziehung (vgl. Gl. (2.2.6))

$$\underline{Z} = \sum_n \underline{Z}_n = \sum_n R_n + \mathrm{j}\sum_n X_n = R + \mathrm{j}\,X \quad \text{Reihenschaltung.} \quad (4.3.32)$$

Bei der Reihenschaltung von Widerstandsoperatoren setzt sich der gesamte Operator $\underline{Z}$ aus der Summe der Einzeloperatoren $\underline{Z}_n$ zusammen.

Für zwei Operatoren $\underline{Z}_1, \underline{Z}_2$ folgt daraus

$$\underline{Z} = (R_1 + R_2) + \mathrm{j}(X_1 + X_2) \tag{4.3.33}$$

$$\text{mit} \quad Z = \sqrt{(R_1 + R_2)^2 + (X_1 + X_2)^2}$$

$$\tan \varphi_z = (X_1 + X_2)/(R_1 + R_2).$$

In Tafel 4.3.6 wurden einige Beispiele zusammengestellt. Für die RLC-Reihenschaltung (Bild 4.3.5) gilt beispielsweise

$$\underline{Z} = R + \mathrm{j}\omega L + 1/\mathrm{j}\,\omega C = R + \mathrm{j}(\omega L - 1/\omega C) = Z\,\mathrm{e}^{\mathrm{j}\varphi} = R_\mathrm{r} + \mathrm{j}\,X_\mathrm{r}$$

$$\text{mit} \quad R_\mathrm{r} = R, X_\mathrm{r} = (\omega L - 1/\omega C) \tag{4.3.34}$$

$$\text{und} \quad Z = \sqrt{R^2 + (\omega L - 1/\omega C)^2}\,; \quad \tan \varphi_z = (\omega L - 1/\omega C)/R.$$

Deutlich unterschieden wurde zwischen der Schaltungsdarstellung im Zeit- und Frequenzbereich.

Widerstandsoperator einer Parallelschaltung passiver Zweipole. In diesem Falle addieren sich die Leitwertoperatoren, vgl. Gl. (2.2.7)

$$\underline{Y} = \sum_n \underline{Y}_n = \sum_n G_n + \mathrm{j}\sum_n B_n = G_\mathrm{p} + \mathrm{j}\,B_\mathrm{p} = \frac{1}{\underline{Z}} = \sum_n \frac{1}{\underline{Z}_n} \quad (4.3.35)$$

$$\text{Parallelschaltung.}$$

Tafel 4.3.6 Reihen- und Parallelschaltung der Grundbauelemente im Wechselstromkreis

Schaltung	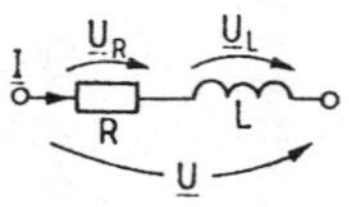	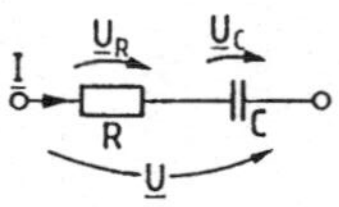	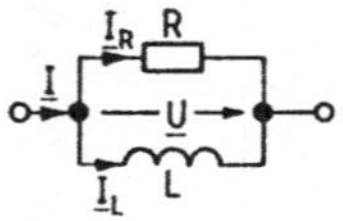	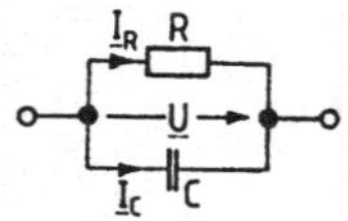
Zeiger-diagramm	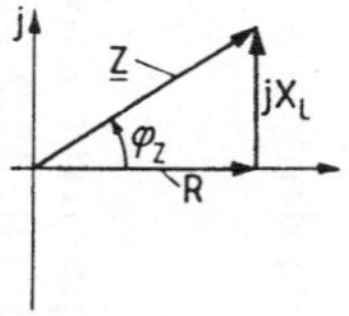	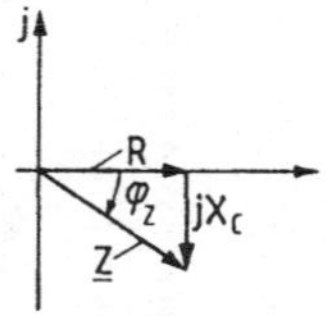	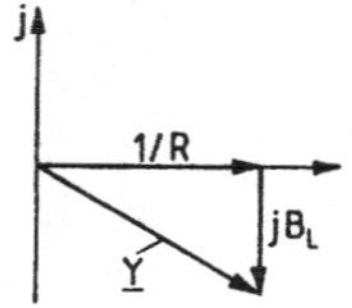	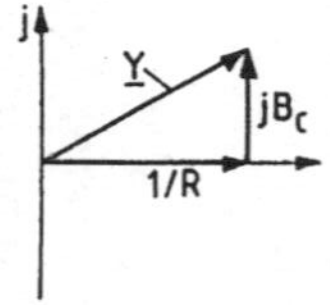
Komplexer Widerstand/ Leitwert	$\underline{U} = \underline{I}(R + j\omega L)$	$\underline{U} = \underline{I}\left(R - \dfrac{j}{\omega C}\right)$	$\underline{I} = \underline{U}\left(\dfrac{1}{R} - \dfrac{j}{\omega L}\right)$	$\underline{I} = \underline{U}\left(\dfrac{1}{R} + j\omega C\right)$
	$\underline{Z} = \dfrac{U}{\underline{I}} = R + j\omega L$	$\underline{Z} = R - \dfrac{j}{\omega C}$	$\underline{Y} = \dfrac{\underline{I}}{\underline{U}} = \dfrac{1}{R} - \dfrac{j}{\omega L}$	$\underline{Y} = \dfrac{1}{R} + j\omega C$
	$Z = \sqrt{R^2 + (\omega L)^2}$	$Z = \sqrt{R^2 + \left(\dfrac{1}{\omega C}\right)^2}$	$Y = \sqrt{\left(\dfrac{1}{R}\right)^2 + \left(\dfrac{1}{\omega L}\right)^2}$	$Y = \sqrt{\left(\dfrac{1}{R}\right)^2 + (\omega C)^2}$
	$\varphi_z = \arctan\left(\dfrac{\omega L}{R}\right)$	$\varphi_z = \arctan\left(-\dfrac{1}{\omega C R}\right)$	$\varphi_y = \arctan\left(-\dfrac{R}{\omega L}\right)$	$\varphi_y = \arctan(\omega C R)$

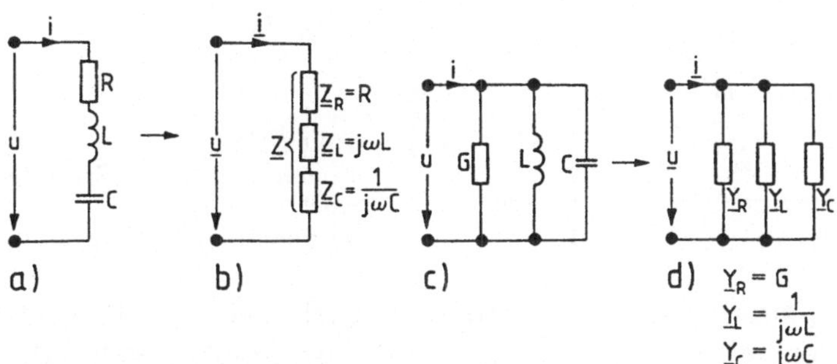

Bild 4.3.5 Komplexer Widerstand $\underline{Z}$ und komplexer Leitwert $\underline{Y}$
      a) Schaltung (Zeitbereich), b) wie a) im Frequenzbereich, c) Schaltung (Zeit-
      bereich), d) wie e) im Frequenzbereich

Bei Parallelschaltung von Leitwertoperatoren ergibt sich der gesamte Operator $\underline{Y}$ aus der Summe der Einzeloperatoren. In Tafel 4.3.6 sind zwei Beispiele enthalten.

Beispiel: Für die Parallelschaltung der Elemente R, L, C (Bild 4.3.5) ergibt sich

$$\underline{Y} = 1/R + j\omega C + 1/j\omega L = 1/R + j(\omega C - 1/\omega L)$$

$$= Y \exp j\,\varphi_y = G_\mathrm{p} + j\,B_\mathrm{p} \tag{4.3.36}$$

$$\text{mit}\quad G_\mathrm{p} = \mathrm{Re}(\underline{Y}) = 1/R; \quad B_\mathrm{p} = \mathrm{Im}(\underline{Y}) - \omega C \quad 1/\omega L.$$

Selbstverständlich kann das Ergebnis z.B. der Parallelschaltung zweier komplexer Widerstände $\underline{Z}_1, \underline{Z}_2$ auch in der Form geschrieben werden, wie sie vom Gleichstromnetzwerk her bekannt ist (s. Gl. (2.2.8)):

$$\underline{Y} = 1/\underline{Z} = 1/\underline{Z}_1 + 1/\underline{Z}_2 \quad \text{bzw.} \quad \underline{Z} = (\underline{Z}_1 \cdot \underline{Z}_2)/(\underline{Z}_1 + \underline{Z}_2). \tag{4.3.37}$$

Die rechte Form ist dabei wegen der komplexen Größen schwieriger auszuwerten.

Beispiel: Eine Reihenschaltung von R und L liegt an einer idealen Spannungsquelle $\underline{u}_\mathrm{q}$. Der Strom I_1 durch die Reihenschaltung werde gemessen. Parallel zu L wird jetzt ein Widerstand R_2 geschaltet und I wieder gemessen ($\to \underline{I}_2$). Welche Bedingung muß R_2 erfüllen, damit $I_1 = I_2$, sich also im Strom(betrag) die Schaltungsänderung nicht bemerkbar macht?

Lösung. Es gilt im ersten Fall $\underline{I}_1 = \underline{U}_q/(R + j\omega L)$, im zweiten $\underline{I}_2 = \underline{U}_q/(R + j\omega L \,\|\, R_2)$. Betragsgleichheit der Nenner führt auf die Bedingung (Nachweis!) $2RR_2 = (\omega L)^2$. Diese Schaltung ist als sog. Wechselstromparadoxon bekannt.

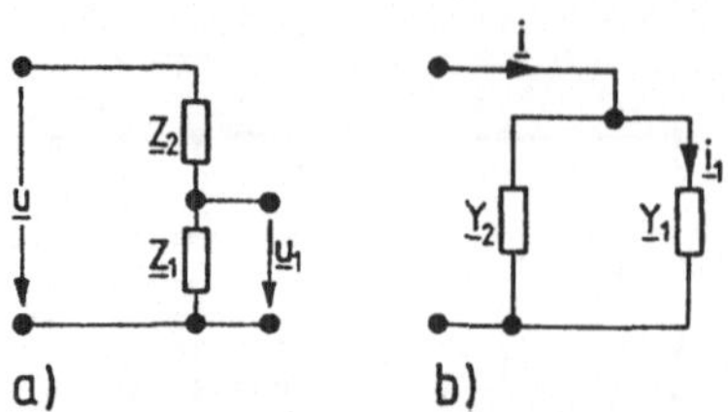

a) b)

Bild 4.3.6
Spannungsteiler-, Stromteilerregel im Frequenzbereich
a) Spannungsteilerregel, b) Stromteilerregel

Spannungsteiler-, Stromteilerregel. Die bereits vom Gleichstromnetzwerk her bekannten Spannungs- und Stromteilerregeln Gl. (2.2.9) ff. gelten sinngemäß auch im Frequenzbereich in der Operatordarstellung (Bild 4.3.6) z.B.

$$\frac{\underline{u}_1}{\underline{u}} = \frac{\underline{Z}_1}{\underline{Z}_1 + \underline{Z}_2} \quad \text{oder} \quad \frac{\underline{i}_1}{\underline{i}} = \frac{\underline{Y}_1}{\underline{Y}_1 + \underline{Y}_2} = \frac{\underline{Z}_2}{\underline{Z}_1 + \underline{Z}_2}. \tag{4.3.38}$$

Beispiel: RC-Tiefpaß-Schaltung. Für die Schaltung nach Bild 4.3.7 soll die Spannungsteilerregel angewendet werden. Die Schaltung ist in Bild 4.3.7a zunächst im Zeitbereich dargestellt. Wir übergehen diesen Teil (bewußt) und zeichnen die Schaltung im Frequenzbereich, also

- mit den komplexen Spannungen $\underline{u}_e$, $\underline{u}_a$ (bzw. den komplexen Effektivwerten $\underline{U}_e = \underline{u}_e/\sqrt{2}$, $\underline{U}_a = \underline{u}_a/\sqrt{2}$,
- den Widerstandsoperatoren $\underline{Z}_R = R$, $\underline{Z}_C = 1/\mathrm{j}\,\omega C$ und erhalten (Bild 4.3.7b)

$$\frac{\underline{U}_a}{\underline{U}_e} = \frac{\underline{Z}_C}{\underline{Z}_R + \underline{Z}_C} = \frac{1/\mathrm{j}\,\omega C}{R + 1/\mathrm{j}\,\omega C}$$

$$= \frac{1}{1 + \mathrm{j}\,\omega RC} = \frac{U_a}{U_e} \cdot \frac{\exp \mathrm{j}\,\varphi_a}{\exp \mathrm{j}\,\varphi_e}. \tag{4.3.39}$$

Der Vergleich führt (mit $RC = \tau$) auf

$$\frac{U_a}{U_e} \exp \mathrm{j}(\varphi_a - \varphi_e) = \frac{1}{1 + \mathrm{j}\,\omega\tau} \cdot \frac{1 - \mathrm{j}\,\omega\tau}{1 - \mathrm{j}\,\omega\tau}$$

$$= \frac{1 - \mathrm{j}\,\omega\tau}{1 + (\omega\tau)^2} = \frac{\exp \mathrm{j}\,\varphi_t}{\sqrt{1 + (\omega\tau)^2}} \tag{4.3.40a}$$

- den Betrag des Teilverhältnisses (Bild 4.3.7c)

$$\frac{U_a}{U_e} = \frac{1}{\sqrt{1 + (\omega\tau)^2}} \tag{4.3.40b}$$

- die Phasendifferenz

$$\varphi_a - \varphi_e = \varphi_t; \quad \text{mit} \quad \tan \varphi_t = -\omega\tau/1. \tag{4.3.40c}$$

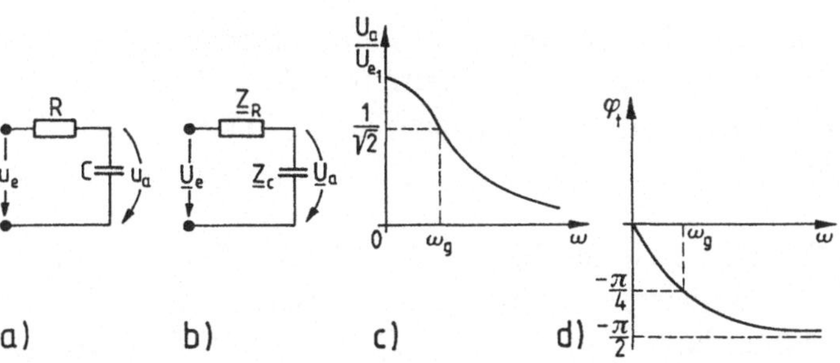

Bild 4.3.7 *RC*-Tiefpaß
  a) Schaltung im Zeitbereich
  b) Schaltung im Frequenzbereich ($\underline{Z}_R = R$, $\underline{Z}_C = 1/\mathrm{j}\omega C$)
  c) Betrag des Spannungsteilerverhältnisses über der Frequenz
  d) Phasenwinkel über der Frequenz

Amplitudenverhältnis und Phasendifferenz hängen von der Frequenz ab: Für $\omega \to 0$ (Gleichspannung) wirkt der Kondensator wie eine Leitungsunterbrechung, und es ist $U_a = U_e$ zu erwarten. Mit wachsender Frequenz sinkt die Spannung, um für $\omega \to \infty$ (Kondensator durch Kurzschluß ersetzt) gegen Null zu gehen. Tiefe Frequenzen passieren so den Spannungsteiler: Tiefpaßverhalten.

Bei der Frequenz

$$\omega_g = 1/\tau = 1/RC \qquad\qquad (4.3.41\text{a})$$

gilt

$$U_a/U_e(\omega_g) = 1/\sqrt{2} \approx 0{,}7 \qquad\qquad (4.3.41\text{b})$$

und gleichzeitig

$$\tan \varphi_t|_{\omega_g} = -1, \quad \text{d.h.} \quad \varphi_t = -45°\,. \qquad\qquad (4.3.41\text{c})$$

Man nennt ω_g die *Grenzfrequenz* des Tiefpasses, definiert (gleichwertig) aus der Amplitudenbeziehung und/oder der Phasenbeziehung Gl. (4.3.40)(daher stammt der Name 45°-Frequenz).

Der *Phasengang* $\varphi_t(\omega)$ zwischen Ausgangs- und Eingangsspannung hat für $\omega \ll \omega_g$ etwa den Wert Null und erreicht für $\omega \gg \omega_g$ den Grenzwert $-\pi/2$.

Im Vergleich zur Lösung der gleichen Aufgabe im Zeitbereich (vgl. Bild 4.2.3) wird der Vorteil der Analyse im Frequenzbereich deutlich: dort führten die Kirchhoffschen Sätze auf eine Netzwerk-Differentialgleichung, es mußte zunächst der Strom mit einem Ansatzverfahren bestimmt werden und anschließend damit der Spannungsabfall über C. Die Kenntnis des Stromes erübrigt sich im Frequenzbereich, da er sich im Teilerverhältnis heraushebt.

Beispiel: In einen RC-Tiefpaß (erster Ordnung) werde zu C ein Widerstand R_2 parallelgeschaltet. Wie groß ist die Grenzfrequenz? Aus der Spannungsteilung folgt $\underline{U}_C/\underline{U} = \underline{Z}_1/(R + \underline{Z}_1)$ mit $\underline{Z}_1 = R_2 \parallel 1/\mathrm{j}\,\omega C$. Die Durchrechnung ergibt $\underline{U}_C/\underline{U} = R_2/(R + R_2) \cdot 1/(1 + \mathrm{j}\,\omega C R')$ mit $R' = R \parallel R_2$. Daraus ergibt sich die Grenzfrequenz $\omega_g = 1/R'C$, sie ändert sich also gegenüber dem Fall $R_2 \to \infty$.

Beispiel: An einer ausgangsseitig leerlaufenden Leitung (2 parallele Drähte, Luft, Länge $l = 1\,\mathrm{km}$) liege über einen Vorwiderstand $R = 100\,\mathrm{k\Omega}$ eine Sinusspannung ($U = 100\,\mathrm{V}, f = 50\,\mathrm{Hz}$). Welcher Strom (Effektivwert) fließt in die Schaltung, welche Spannung wird am Leitungsende gemessen? Man fasse die Leitung (Durchmesser $2r = 4\,\mathrm{mm}$, Abstand $a = 5\,\mathrm{cm}$) als konzentriertes Schaltelement auf.

Lösung. Die Leitung hat die Kapazität $C = \pi \varepsilon l\, 1/\ln(a/r) = 7{,}11\,\mathrm{nF}$ (s. Bild 2.3.7). Es liegt ein RC-Tiefpaß vor mit der Teilspannung (= Ausgangsspannung der Leitung)

$$\frac{\underline{U}_C}{\underline{U}} = \frac{1}{1 + \mathrm{j}\,\omega C R}, \quad \text{Betrag} \quad \frac{U_C}{U} = 0{,}976,$$

$$\text{Strom (Betrag)} \quad I = \frac{U}{Z} = \frac{U}{\sqrt{R^2 + (1/\omega C)^2}} = 217\,\mathrm{mA}.$$

Aufgaben 4.3.3 – 4.3.6.

4.3.6   Zusammenfassung: Netzwerkanalyse im Frequenzbereich

Die *bisher* kennengelernte Vorgehensweise der Transformation einer Netzwerkaufgabe: Formulierung im Zeitbereich $\to$ Transformation in den Frequenzbereich $\to$ Lösung $\to$ Rücktransformation in den Zeitbereich (Bild 4.3.1) läßt sich nach der Einführung des Widerstands-, Leitwertoperator-Begriffes *entscheidend* vereinfachen, weil das Aufstellen der Netzwerk-Differentialgleichungen entfällt. Wir fassen die durchzuführenden Schritte zusammen zu einer

Lösungsmethodik: Netzwerkanalyse im Frequenzbereich,

bestehend aus drei Hauptschritten:

1. *Transformation des Netzwerkes aus dem Zeit- in den Frequenzbereich* durch

– Einführen komplexer Ströme, Spannungen und Quellengrößen

$$i \to \underline{i} = \hat{i}\,\exp\mathrm{j}\,\varphi_\mathrm{i}\,,\; u \to \underline{u} = \hat{u}\,\exp\mathrm{j}\,\varphi_\mathrm{u}$$

$$i_\mathrm{q} \to \underline{i}_\mathrm{q} \qquad\qquad u_\mathrm{q} \to \underline{u}_\mathrm{q}$$

– Ersatz der NWE R, L, C, M durch die Widerstands-/Leitwertoperatoren

$$R \to R\,,\quad L \to \mathrm{j}\,\omega L\,,\quad C \to 1/\mathrm{j}\,\omega C\,,\quad M \to \mathrm{j}\,\omega M\,.$$

Dabei empfiehlt sich, das Netzwerk nochmals mit den Größen des Frequenzbereiches zu skizzieren (Bild 4.3.8). Bei einiger Fertigkeit kann man darauf verzichten und die transformierten Größen direkt in das Netzwerk eintragen.

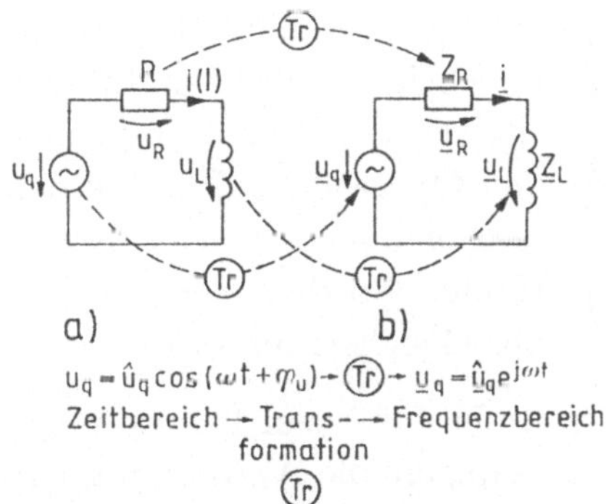

Bild 4.3.8
Transformation (Tr) einer Schaltung vom Zeit-
in den Frequenzbereich

2. *Lösung für die gesuchte Größe/n im Frequenzbereich.* Zur Bestimmung der gesuchten Größe/n sind an Verfahren verfügbar:

a) Knoten- und Maschensatz für die komplexen Ströme/Spannungen

$$\sum_n \underline{i}_\mathrm{n} = 0\,,\quad \sum_\nu \underline{u}_\nu = 0\,,$$

die *Zweigbeziehungen* der NWE (Widerstands-, Leitwertoperator)

$$\underline{u}_\nu = \underline{Z}_\nu \underline{i}_\nu \quad (\text{dabei } \underline{Z} = R\,,\; \underline{Z}_\mathrm{C} = 1/\mathrm{j}\,\omega C\,,\; \underline{Z}_\mathrm{L} = \mathrm{j}\,\omega L \text{ usw.})\,.$$

b) Alle aus a) *abgeleiteten Verfahren*, z.B. Knotenspannungs-, Maschenstromanalyse, Zweipoltheorie, Vierpole usw. und damit alle Methoden, die bereits bei der Analyse resistiver (linearer) Schaltungen behandelt wurden!

Mit a) und/oder b) werden die gesuchten Größe/n ermittelt. Da sie grundsätzlich aus Betrag und Phase bestehen, muß die Lösung in P-Form angegeben werden.

Rücktransformation aus dem Frequenz- in den Zeitbereich, z.B. in der Form

$$i(t) = \hat{\imath}\cos(\omega t + \varphi_\mathrm{i})\,, \quad u(t) = \hat{u}\cos(\omega t + \varphi_\mathrm{u})$$

$\hat{\imath}\,, \varphi_\mathrm{i}$ (resp. $\hat{u}\,, \varphi_\mathrm{u}$) sind die Ergebnisse am Ende von Schritt 2. Die Kreisfrequenz ω ist vorgegeben.

Die angesetzte Lösungsfunktion (Cosinusfunktion) liegt durch die Strom-/ Spannungsquellen des Netzwerkes fest (hier Cosinusform, bei Sinusform ist Sinusansatz zu wählen).

Man erkennt den großen Vorteil, der sich durch die Einführung des Widerstandsoperators ergibt:

Das ganze Netzwerk wird in den Frequenzbereich transformiert und unterscheidet sich formal nicht mehr von einem gleichartig aufgebauten resistiven Netzwerk (abgesehen von komplexen Strömen, Spannungen und den Operatoren $\underline{Z}$ sowie den Rechenregeln für komplexe Größen)! Deshalb können alle vom linearen Gleichstromkreis bekannten Analysemethoden auf den Wechselstromkreis sinngemäß übertragen werden. Selbst der Gleichstromfall ist mit $\omega \to 0$ enthalten.

In Tafel 4.3.7 wurden die typischen Verfahren des Gleichstromkreises und die sinngemäße Anwendung auf den Wechselstromkreis zusammengestellt.

Beispiel: Gegeben sei ein Reihenschwingkreis (Bild 4.3.9), an dem die Spannung $u_\mathrm{q}(t) = \hat{u}_\mathrm{q}\cos(\omega t + \varphi_\mathrm{u})$ liegt ($\varphi_\mathrm{u}\,, u_\mathrm{q}\,, \omega$ gegeben). Gesucht ist der Strom $i(t)$. Der Reihe nach sind folgende Schritte zu durchlaufen:

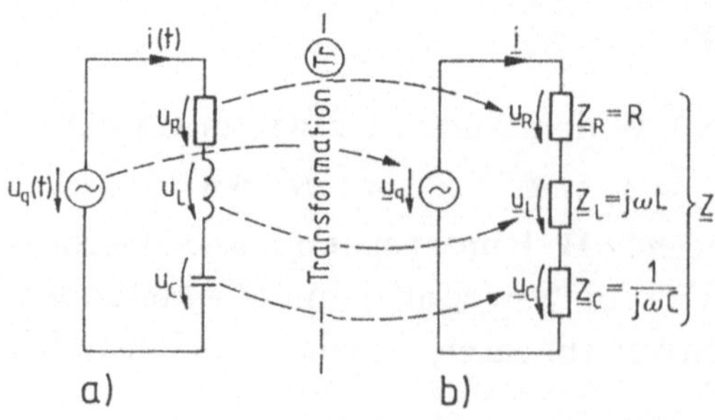

Bild 4.3.9
Beispiel Transformation
Zeit-Frequenzbereich

Tafel 4.3.7 Netzwerkanalyseverfahren im Zeitbereich (allgemein) sowie Frequenzbereich und Gleichstromfall

Zeitbereich	Frequenzbereich (Wechselstromfall)	Gleichstromfall
	Kirchhoffsche Gleichungen	
Maschensatz $\sum_\nu u_\nu(t) = 0$	$\sum_\nu \underline{u}_\nu(t) = 0$ bzw. $\sum_\nu \underline{U}_\nu = 0$	$\sum_\nu U_\nu = 0$
Knotensatz $\sum_\mu i_\mu(t) = 0$	$\sum_\mu \underline{i}_\mu(t) = 0$ bzw. $\sum_\mu \underline{I}_\mu = 0$	$\sum_\mu I_\mu = 0$
$u = iR,$ $i = C\dfrac{du}{dt},$ $u = L\dfrac{di}{dt},$	*Netzwerkelementebeziehungen* $\underline{u} = \underline{i}R,\, \underline{i} = \mathrm{j}\omega C\underline{u} = \underline{u}/\underline{Z}_\mathrm{c}$ $\underline{u} = \mathrm{j}\omega L\underline{i} = \underline{Z}_\mathrm{L}\underline{i}$ bzw. $\underline{U} = \underline{I}R,\, \underline{I} = \mathrm{j}\omega C\underline{U},\, \underline{U} = \mathrm{j}\omega L\underline{I}$	$U = IR$
Analyse nur über Netzwerkdifferentialgleichung	*Netzwerkanalyseverfahren* Maschenstrom [1] Zweigstromanalyse [1] Maschenstromanalyse [1] Knotenspannungsanalyse [1] Zweipoltheorie [1] (aktiver, passiver Zweipol-, Spannungs-Stromquellenersatzschaltung)	... [2] ... [2] ... [2] ... [2]
	Reihenschaltung $\underline{Z} = \sum_\mu \underline{Z}_\mu$ Parallelschaltung $\underline{Y} = \sum_\mu \underline{Y}_\mu$ Spannungsteilerregel $\dfrac{\underline{U}_1}{\underline{U}} = \dfrac{\underline{Z}_1}{\underline{Z}_1 + \underline{Z}_2}$ Stromteilerregel $\dfrac{\underline{I}_1}{\underline{I}} = \dfrac{\underline{Y}_1}{\underline{Y}_1 + \underline{Y}_2}$	$R = \sum_\mu R_\mu$ $G = \sum_\mu G_\mu$ $\dfrac{U_1}{U} = \dfrac{R_1}{R_1 + R_2}$ $\dfrac{I_1}{I} = \dfrac{G_1}{G_1 + G_2}$

[1] Gleichstromverfahren für Netzwerke unter Nutzung der Widerstands-(Leitwert-)
Operatoren und komplexer Amplituden.

[2] Gleichstromanalyseverfahren unter Nutzung des Widerstandsbegriffes

1. *Transformation in den Frequenzbereich.* Zunächst wird die Schaltung in den Frequenzbereich transformiert (Bild 4.3.9b), indem komplexe Ströme/ Spannungen eingeführt und an die Schaltelemente die zugehörigen Widerstandsoperatoren geschrieben werden.

2. *Lösung im Frequenzbereich.* Der Strom $\underline{i}$ ergibt sich aus $\underline{u}_q$ entweder über den Maschensatz und die Widerstandsoperatoren $\underline{Z}_R, \underline{Z}_L, \underline{Z}_C$

$$\underline{u}_q = \underline{u}_R + \underline{u}_L + \underline{u}_C = \underline{i} \cdot \underline{Z}_R + \underline{i} \cdot \underline{Z}_L + \underline{i} \cdot \underline{Z}_C = \underline{i} \cdot \underline{Z}$$

oder mit dem zusammengefaßten Widerstandsoperator $\underline{Z}$ zu

$$\underline{i} = \frac{\underline{u}_q}{\underline{Z}} = \frac{\underline{u}_q}{R + \mathrm{j}(\omega L - 1/\omega C)} \equiv \frac{u_q\,\mathrm{e}^{\,\mathrm{j}\,\varphi_u}}{Z\,\exp \mathrm{j}\,\varphi_z} \equiv i\exp \mathrm{j}\,\varphi_i \,. \qquad (4.3.42)$$

Zur Bestimmung der Stromamplitude i und Phase φ_i muß das Ergebnis in die P-Form überführt werden:

$$Z = |\underline{Z}| = \sqrt{R^2 + (\omega L - 1/\omega C)^2} \qquad (4.3.43)$$

$$\tan \varphi_z = \frac{\mathrm{Im}(\underline{Z})}{\mathrm{Re}(\underline{Z})} = \frac{\omega L - 1/\omega C}{R} \,.$$

Mit

$$i = u_q/Z \quad \text{bzw.} \quad \hat{\imath} = \hat{u}_q/Z \,; \quad \varphi_i = \varphi_u - \varphi_z \qquad (4.3.44)$$

steht die Lösung der Stromamplitude und des Phasenwinkels bereit.

3. *Rücktransformation.* Da eine cos-förmige Spannung vorgegeben war, beträgt der Strom

$$i(t) = \mathrm{Re}\,(\underline{i}\,\mathrm{e}^{\,\mathrm{j}\omega t}) = \hat{\imath}\cos(\omega t + \varphi_i) \,.$$

Das Beispiel läßt die schon erwähnten Vorteile der Transformation in den Frequenzbereich erkennen:

a) Die Analyse muß nicht im Zeitbereich mit dem Aufstellen der Kirchhoffschen Gleichungen usw. begonnen werden, sondern startet unter Nutzung des Widerstands-/Leitwertoperators *direkt* im Frequenzbereich.

b) Sie nutzt alle Regeln, die vom Gleichstromkreis her bekannt sind.

c) Das Ergebnis im Frequenzbereich erfordert (zumindest dann, wenn eine Rücktransformation in den Zeitbereich erfolgen soll) eine Angabe in der P-Form (Betrag, Phase).

d) Der Rücktransformationsschritt 3 ist problemlos möglich.

Deshalb beschränkt sich die praktische Netzwerkanalyse häufig auf die Punkte 1 und 2: Transformation des Netzwerkes in den Frequenzbereich und Lösung für die gesuchte Größe. *Dies ist der Kern der Wechselstromanalyse von linearen Netzwerken.*

Wir gehen noch auf zwei wichtige Anwendungsbeispiele ein: die Ersatzschaltung aktiver Zweipole und den Umgang mit gesteuerten Quellen.

Aktiver/passiver Zweipol im Wechselstromkreis. Der Grundgedanke der Zweipoltheorie (Abschn. 3.2), ein Netzwerk aufzuteilen in einen *aktiven Teil* (mit allen Quellen) und einem passiven Teil für die gesuchte Größe gilt grundsätzlich auch für Wechselstromnetzwerke. Im Frequenzbereich treten dann lediglich die komplexe Leerlaufspannung $\underline{u}_\text{l}$, der komplexe Kurzschlußstrom $\underline{i}_\text{k}$ und der Innenwiderstandsoperator $\underline{Z}_\text{i}$ ($\underline{Y}_\text{i}$) als Ersatzgrößen des aktiven Zweipols auf (Bild 4.3.10).

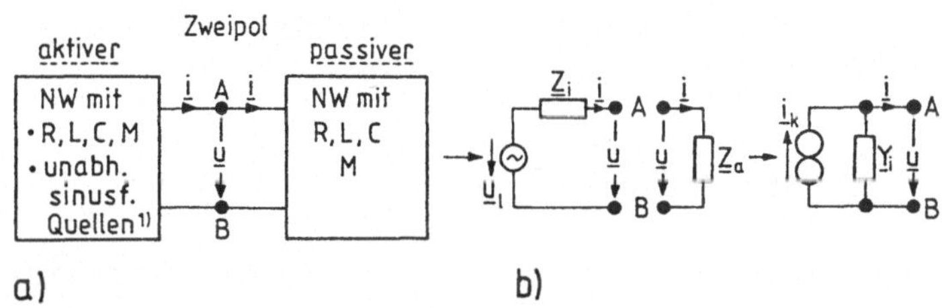

Bild 4.3.10 Aktiver - passiver Zweipol im Frequenzbereich
a) Aufteilung eines Netzwerkes in aktiven und passiven Zweipol
b) gleichwertige Zweipolersatzschaltungen in Spannungs- und Stromquellenform

Er kann wieder in Strom- und Spannungsquellen-Ersatzschaltung angegeben werden. Seine Klemmenbeziehungen lauten (VPZ) (vgl. Gl. (3.1.1))

$$\underline{u} = \underline{u}_\text{l} - \underline{i}\,\underline{Z}_\text{i} \quad \text{resp.} \quad \underline{i} = \underline{i}_\text{k} - \underline{u}\,\underline{Y}_\text{i}\,. \tag{4.3.45}$$

Beim Zusammenschalten mit dem passiven Zweipol $\underline{Z}_\text{a}$ liegt dann der Grundstromkreis vor (s. Gl. (3.1.6)):

$$
\begin{aligned}
\underline{u} &= \underline{u}_\text{l}\frac{\underline{Z}_\text{a}}{\underline{Z}_\text{a} + \underline{Z}_\text{i}}; &\qquad \underline{i} &= \underline{i}_\text{k}\frac{\underline{Y}_\text{a}}{\underline{Y}_\text{a} + \underline{Y}_\text{i}} \\
\underline{u} &= \underline{Z}_\text{a}\underline{i} &\qquad \underline{u}_\text{l} &= \underline{i}_\text{k}\underline{Z}_\text{i}\,.
\end{aligned}
\tag{4.3.46}
$$

Die Anwendung des Grundstromkreises auch für Wechselstromprobleme vereinfacht viele Übertragungsprobleme erheblich.

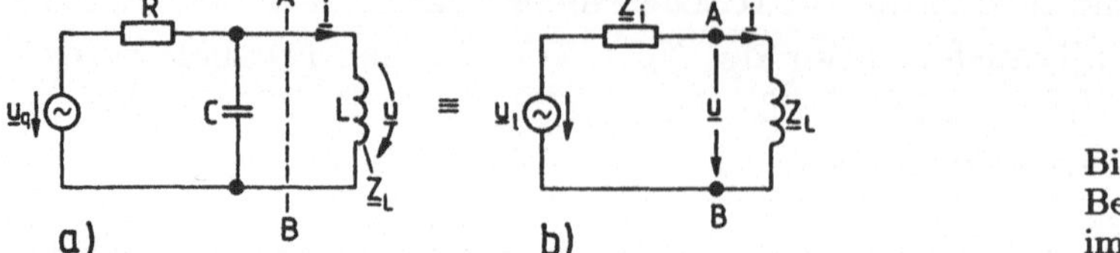

Bild 4.3.11
Beispiel Zweipoltheorie
im Frequenzbereich

Beispiel: Für die gegebene Schaltung (Bild 4.3.11) soll der Strom $\underline{i}$ durch die Induktivität L mit der Zweipoltheorie bestimmt werden. Wir transformieren die Schaltung in den Frequenzbereich, betrachten $L(\to \underline{Z}_{\mathrm{L}} = \mathrm{j}\omega L)$ als passiven Zweipol und den Rest als aktiven. Seine Leerlaufspannung $\underline{u}_{\mathrm{l}}$ ergibt sich über die Spannungsteilerregel zu

$$\underline{u}_{\mathrm{l}} = \underline{u}_{\mathrm{q}} \frac{\underline{Z}_{\mathrm{C}}}{\underline{Z}_{\mathrm{C}} + \underline{Z}_{\mathrm{R}}}, \tag{4.3.47a}$$

der komplexe Innenwiderstand beträgt (Spannungsquelle $\underline{u}_{\mathrm{q}}$ durch Kurzschluß ersetzen)

$$\underline{Z}_{\mathrm{i}} = \underline{Z}_{\mathrm{C}} \parallel \underline{Z}_{\mathrm{R}} = \frac{\underline{Z}_{\mathrm{C}}\underline{Z}_{\mathrm{R}}}{\underline{Z}_{\mathrm{C}} + \underline{Z}_{\mathrm{R}}}. \tag{4.3.47b}$$

Nach dem Zusammenschalten fließt der komplexe Strom $\underline{i}$

$$\underline{i} = \frac{\underline{u}_{\mathrm{l}}}{\underline{Z}_{\mathrm{i}} + \underline{Z}_{\mathrm{a}}} = \frac{\underline{u}_{\mathrm{q}} \cdot \underline{Z}_{\mathrm{C}}}{(\underline{Z}_{\mathrm{C}} + \underline{Z}_{\mathrm{R}})\left[\dfrac{\underline{Z}_{\mathrm{C}} \cdot \underline{Z}_{\mathrm{R}}}{\underline{Z}_{\mathrm{C}} + \underline{Z}_{\mathrm{R}}} + \underline{Z}_{\mathrm{a}}\right]} = \frac{\underline{u}_{\mathrm{q}}}{\underline{Z}_{\mathrm{R}} + \underline{Z}_{\mathrm{a}} + \dfrac{\underline{Z}_{\mathrm{a}} \cdot \underline{Z}_{\mathrm{R}}}{\underline{Z}_{\mathrm{C}}}}$$

$$= \frac{\underline{u}_{\mathrm{q}}}{R[1 + \mathrm{j}\omega L \cdot \mathrm{j}\omega C] + \mathrm{j}\omega L} = \frac{\underline{u}_{\mathrm{q}}}{R[1 - \omega^2 LC] + \mathrm{j}\omega L}. \tag{4.3.48}$$

Im Prinzip ist die Aufgabe damit gelöst, denn es muß der Strom nur noch in die P-Form überführt und ggf. rücktransformiert werden.

Ersatzschaltung mit gesteuerten Quellen. Die Steuerfaktoren der gesteuerten Quellen (s. Abschn. 2.5.1) sind bei Verstärkern und Transistoren häufig selbst komplex. Das bedeutet zwischen der Steuergröße und der gesteuerten Größe am Ausgang eine frequenzabhängige Phasenverschiebung. So ist beispielsweise die Stromverstärkung eines Bipolartransistors komplex (s. Abschn. 7.2.4).

> Auch gesteuerte Quellen lassen sich – sofern ein lineares Netzwerk vorliegt – problemlos in das Konzept der Netzwerktransformation einbeziehen.

Dies möge durch zwei Beispiele erläutert werden.

a) Verstärker. Ein Verstärker mit spannungsgesteuerter Spannungsquelle möge im Frequenzbereich durch

$$\underline{u}_q = \underline{A}_u \underline{u}_{st} \tag{4.3.49}$$

($\underline{A}_u$ komplexe Spannungsverstärkung) dargestellt werden, im übrigen gelte die Ersatzschaltung nach Bild 4.3.12a. Er sei mit einem Lastwiderstand $\underline{Z}_L$ abgeschlossen und werde von einer unabhängigen Quelle u_q (mit $\underline{Z}_q$ als Widerstandsoperator) gesteuert. Wir betrachten den Schaltungsteil links als aktiven Zweipol mit gesteuerter Quelle. Dann ergibt sich als Spannung am Lastwiderstand $\underline{Z}_L$:

$$\frac{\underline{u}_a}{\underline{u}_l} = \frac{\underline{Z}_L}{\underline{Z}_i + \underline{Z}_L}. \tag{4.3.50}$$

Die Steuerspannung am Vierpoleingang beträgt

$$\underline{u}_{st} = \underline{u}_a \cdot \frac{\underline{Z}_e}{\underline{Z}_q + \underline{Z}_e} \cdot$$

Das ergibt zusammengefaßt

$$\underline{u}_a = \frac{\underline{Z}_L}{\underline{Z}_L + \underline{Z}_i}\underline{u}_l = \frac{\underline{Z}_L \underline{A}_u}{\underline{Z}_i + \underline{Z}_L}\underline{u}_{st} = \frac{\underline{Z}_L}{\underline{Z}_i + \underline{Z}_L} \cdot \frac{\underline{A}_u \cdot \underline{Z}_e}{\underline{Z}_q + \underline{Z}_e}\underline{u}_q \cdot \tag{4.3.51}$$

Die Ausgangsspannung $\underline{u}_a$ hängt von der komplexen Spannungsverstärkung $\underline{A}_u$, dem Eingangsspannungs- und dem Ausgangsteiler-Teilerverhältnis ab. Die Leerlaufspannung des aktiven Zweipols ist der eingerahmte Teil.

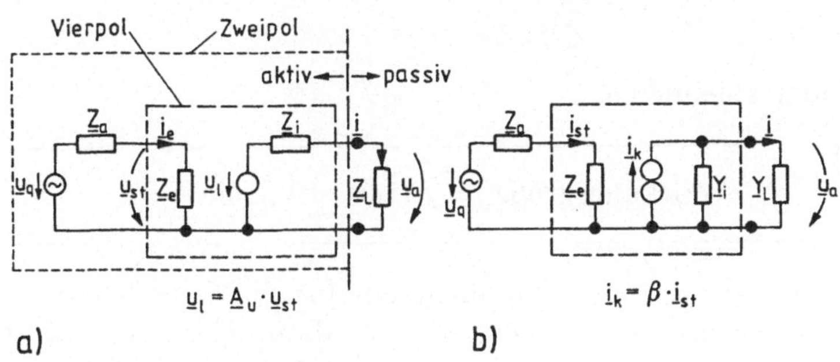

Bild 4.3.12 Verstärkergrundschaltung
  a) Spannungsquellenmodell, b) Stromquellenmodell

b) Stromverstärker. Der Bipolartransistor wird oft durch eine stromgesteuerte Stromquelle mit der komplexen Stromverstärkung $\underline{\beta}$ repräsentiert. Um beispielsweise die Spannung am Lastwiderstand einer solchen Stufe zu bestimmen, die aus einer unabhängigen Spannungsquelle gesteuert wird (Bild 4.3.12b), eignet sich ausgangsseitig am besten die Stromquellenersatzschaltung des aktiven Zweipols mit dem Kurzschlußstrom $\underline{i}_k = \underline{\beta}\underline{i}_{st}$. Die Ausgangsspannung beträgt

$$\underline{u}_a = \underline{Z}_L\underline{i} = \underline{Z}_L\frac{\underline{Y}_L}{\underline{Y}_L + \underline{Y}_i}\underline{i}_k = \frac{\underline{\beta}}{\underline{Y}_L + \underline{Y}_i}\underline{i}_{st}\,. \tag{4.3.52}$$

Der Steuerstrom i_{st} eingangsseitig berechnet sich aus dem Eingangskreis zu

$$\underline{i}_{st} = \frac{\underline{u}_q}{\underline{Z}_q + \underline{Z}_e}\,,$$

so daß damit die Spannungsverstärkung $\underline{u}_a/\underline{u}_q$ der Stufe grundsätzlich bestimmt ist.

Auf derartige Beispiele werden wir noch öfter stoßen. Sie zeigen, wie vorteilhaft die Netzwerkanalyse im Frequenzbereich ist.

Aufgabe 4.3.7.

4.3.7   Frequenzgang $\underline{F}(\mathrm{j}\omega)$

Im Ergebnis einer Netzwerkanalyse im Frequenzbereich erhält man immer einen (linearen) Zusammenhang zwischen der Ursache für die Zweigstromspannungen in einem Netzwerk, nämlich den unabhängigen Quellen und den sich einstellenden Wirkungen, z.B. einem Zweigstrom. Ein solcher Zusammenhang könnte z.B. von der Form

$$\underline{i}(\mathrm{j}\,\omega) = \frac{\underline{u}_q(\mathrm{j}\,\omega)}{\underline{Z}(\mathrm{j}\,\omega)}$$

oder allgemeiner

$$\boxed{\text{Wirkungsgröße} = \underline{F}(\mathrm{j}\,\omega)\cdot\text{Ursache}} \tag{4.3.53}$$

sein. Dies gilt offenbar nicht nur für die Grundelemente, sondern auch für komplexere Schaltungen, nur ist dann $\underline{F}(\mathrm{j}\,\omega)$ entsprechend komplizierter. Dabei tritt ω stets in Verbindung mit $\mathrm{j}(\rightarrow \mathrm{j}\,\omega)$ auf, wie sich verallgemeinert zeigen läßt.

Die komplexe Größe $\underline{F}(\mathrm{j}\,\omega)$ heißt *Netzwerkfunktion* oder auch (komplexer) *Frequenzgang*. Sie bestimmt das Ursache – Wirkungsverhalten eines Netzwerkes eindeutig. Beispiele solcher Netzwerkfunktionen haben wir schon mehrfach durchgeführt, ohne sie jedoch so zu nennen.

Je nach dem gewählten Ursache-Wirkungs-Verhältnis kann der Frequenzgang eine Impedanzfunktion $\underline{Z}(\mathrm{j}\,\omega)$, eine Admittanzfunktion $\underline{Y}(\mathrm{j}\,\omega)$, ein komplexes Spannungs- oder Stromübersetzungsverhältnis sein. Beispielsweise sind die Spannungs- und Stromteilerregeln solche Beziehungen.

Der Frequenzgang $\underline{F}(\mathrm{j}\,\omega)$ läßt sich stets in Real- und Imaginärteil oder Betrag und Phase zerlegen:

$$\underline{F}(\mathrm{j}\,\omega) = \mathrm{Re}\,\underline{F}(\mathrm{j}\,\omega) + \mathrm{j}\,\mathrm{Im}\,\underline{F}(\mathrm{j}\,\omega) = F\exp\mathrm{j}\,\varphi_\mathrm{f}$$

mit

$$F = |\underline{F}(\mathrm{j}\,\omega)| = \sqrt{[\mathrm{Re}\,\underline{F}(\mathrm{j}\,\omega)]^2 + [\mathrm{Im}\,\underline{F}(\mathrm{j}\,\omega)]^2} \qquad (4.3.54)$$

$$\tan\varphi_\mathrm{f} = \frac{\mathrm{Im}\,\underline{F}(\mathrm{j}\,\omega)}{\mathrm{Re}\,\underline{F}(\mathrm{j}\,\omega)}\,.$$

$F(\omega)$ heißt *Amplitudengang*, die Phase $\varphi_\mathrm{f}(\omega)$ *Phasengang*.

Der Frequenzgang ist eine sehr zweckmäßige Größe, um z.B. den Frequenzeinfluß innerhalb eines Frequenzbereiches (z.B. von $\omega - 0\ldots\infty$) darzustellen. Solche Problemstellungen treten bei Verstärkern, elektronischen Schaltungen, in der Regel- und Meßtechnik, also generell der Informationstechnik auf.

Neben der Darstellung des Frequenzganges nach Real- und Imaginärteil sind weiterhin üblich

– die Darstellung des *Amplituden-* $(F(\omega))$ und *Phasenganges* $\varphi_\mathrm{f}(\omega)$ über der Frequenz und

– die Darstellung als *Ortskurve* $\underline{F}(\mathrm{j}\,\omega)$ in der komplexen Ebene.

Wir kommen auf beide Formen in Abschnitt 4.4 zurück.

Die Bedeutung des Frequenzganges $\underline{F}(\mathrm{j}\,\omega)$ geht über eine bloße Verknüpfungsfunktion zwischen Erregung und Wirkung hinaus:

– Es gibt keine spezielle Vorschrift zur Bestimmung von $\underline{F}$. Der einfachste Weg ist offenbar der beste.

– $\underline{F}$ ist meßbar: Man benutzt dazu einen Sinusgenerator als Erregungsursache am Netzwerkeingang (z.B. Spannung am Zweipol) und mißt die Wirkung – den Zweipolstrom nach Betrag und Phase.

– Bei Kenntnis des Frequenzganges $\underline{F}(\mathrm{j}\,\omega)$ läßt sich später auch für andere Erregungsfunktionen (z.B. Impulsspannung) die Wirkungsfunktion, etwa der Zeitverlauf des Stromes am Netzwerkausgang, ermitteln.

Beispiel eines solchen Frequenzganges ist etwa die Spannungsteilung am RC-Tiefpaß (Bild 4.3.7).

4.4   Darstellung von Netzwerkeigenschaften. Netzwerke bei veränderlicher Frequenz

Das Verhalten von Netzwerken im Wechselstrombetrieb läßt sich durch verschiedene Hilfsmittel anschaulich erklären. Dazu zählen die *Zeigerdarstellung*, der *Frequenzgang* und die *Ortskurven*. Obwohl sich diese Verfahren prinzipiell auch zur quantitativen Auswertung eignen, werden sie meist nur zur qualitativen Bewertung verwendet. Die folgenden Abschnitte beziehen sich ausschließlich auf Netzwerke, die in den Frequenzbereich transformiert worden sind. Auch eine weitere bisherige Einschränkung soll jetzt fallen: die konstante Frequenz. Gerade in der Elektronik ist die Frequenz in großem Bereich (theoretisch von $0 \leq f \leq \infty$) variabel.

4.4.1   Zeigerdarstellung, Zeigerbild

Die komplexen Ströme $\underline{i}$, Spannungen $\underline{u}$ und Widerstands-(Leitwert-) operatoren $\underline{Z}, \underline{Y}$ eines Netzwerkes lassen sich grundsätzlich als *Zeiger* in der komplexen Ebene (Bild 4.4.1) darstellen. Das bezieht sich auf die *Grundelemente* R, L, C ($\rightarrow \underline{Z}_{\mathrm{R}}, \underline{Z}_{\mathrm{L}}, \underline{Z}_{\mathrm{C}}$) und ihre Zusammenschaltungen:

Reihenschaltung: Addition der Zeiger der Widerstandsoperatoren $\underline{Z}_{\mathrm{r}}$

Parallelschaltung: Addition der Zeiger der Leitwertoperatoren $\underline{Y}_{\mathrm{r}}$.

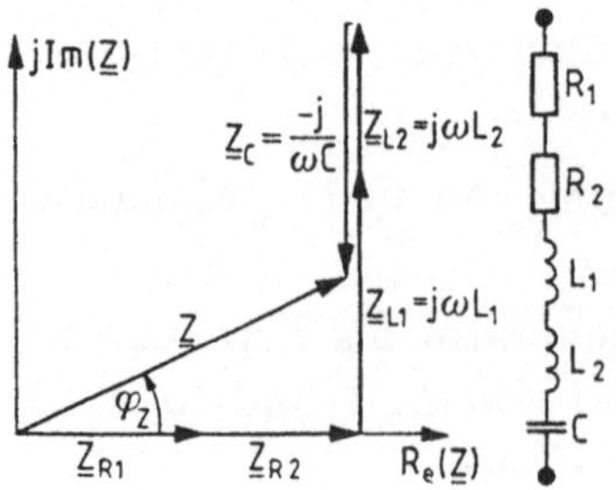

Bild 4.4.1
Zeigerbild (Widerstandsebene)

Bei Reihen-Parallelschaltungen muß ein Wechsel zwischen der Widerstands- und Leitwertoperator-Ebene erfolgen, was eine *Inversion* (s.u.) erfordert.

Man beginnt bei der *Konstruktion eines Zeigerbildes* zweckmäßig mit dem Operator $\underline{Z}_R = R$, der in die reelle Achse, der sog. $\underline{Z}$-Ebene gelegt wird (Bild 4.4.1). Induktive Operatoren werden dazu senkrecht in Richtung der positiven imaginären Achse angetragen, kapazitive in Richtung der negativen. Der Gesamtoperator $\underline{Z}$ ergibt sich durch Addition aller Teilzeiger. Sein Betrag und Winkel kann direkt aus der $\underline{Z}$-Ebene entnommen werden. Wählt man einen Maßstab, z.B. $10\,\Omega/\mathrm{cm}$, für die Zeigerlänge, so ergibt sich das Ergebnis quantitativ.

Für die Darstellung von *Strom-* und *Spannungszeigerbildern* werden die komplexen $\underline{u}$- und $\underline{i}$-Ebenen zweckmäßig überlagert, also beide Größenarten in eine komplexe Ebene eingetragen. Da es häufig nur auf die *Relativlage* von $\underline{u}$ und $\underline{i}$ ankommt, kann sogar noch auf die Achsendarstellung der komplexen Ebene verzichtet werden.

Für die Netzwerkgrundelemente

$$\underline{u} = R\,\underline{i}, \quad \underline{u} = \mathrm{j}\omega L\,\underline{i}, \quad \underline{u} = \underline{i}/\mathrm{j}\omega C$$

sind die Konstruktionen leicht nachzuvollziehen (Bild 4.4.2): man gibt die Erregerursache, z.B. den Strom $\underline{i}$ vor, legt ihn in die reelle Achse und trägt die Wirkung — hier die Spannung $\underline{u}$ — entsprechend der Elementbeziehung zum Strom an. Daraus folgt sinngemäß für die Zusammenschaltung mehrerer Elemente:

- bei der *Reihenschaltung* von Widerstandsoperatoren wird vom gemeinsamen Strom $\underline{i}$ ausgegangen und die Teilspannungen entsprechend der $\underline{Z}$-Operatoren addiert

- bei der *Parallelschaltung* von Leitwertoperatoren wird von der gemeinsamen Spannung $\underline{u}$ (Ursache) ausgegangen und die Ströme entsprechend der $\underline{Y}$-Operatoren addiert

- bei einer Reihen-Parallelschaltung wird von derjenigen Größe $\underline{u}, \underline{i}$ ausgegangen, die mehreren Elementen *gemeinsam* ist.

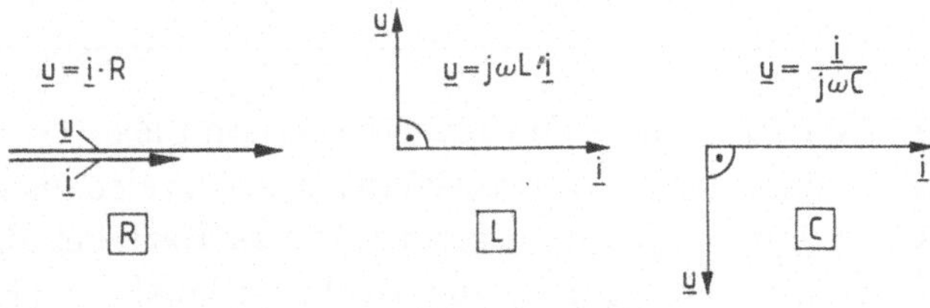

Bild 4.4.2 Zeigerbilder von Spannung und Strom der Grundschaltelemente *R, L, C*

Der Aufbau eines Zeigerbildes beginnt also vom „Schaltungsinneren" – der gesuchten Größe her – in Richtung auf die Erregung hin, nie umgekehrt.

Es sei das Zeigerdiagramm der Ströme und Spannungen für die Schaltungen Bild 4.4.3a gesucht. Wir beginnen mit der Annahme eines Stromzeigers $\underline{i}$ in der reellen Achse. Die Spannung $\underline{u}_C$ eilt dem Kondensatorstrom $\underline{i}$ zeitlich nach, der Spannungsabfall $\underline{u}_R$ ist in Phase mit $\underline{i}$. Beide addieren sich zur Spannung $\underline{u}$. Der Phasenwinkel zwischen $\underline{u}$ und $\underline{i}$ ist gleich der Phase φ_z des Widerstandsoperators $\underline{Z}$ der Reihenschaltung.

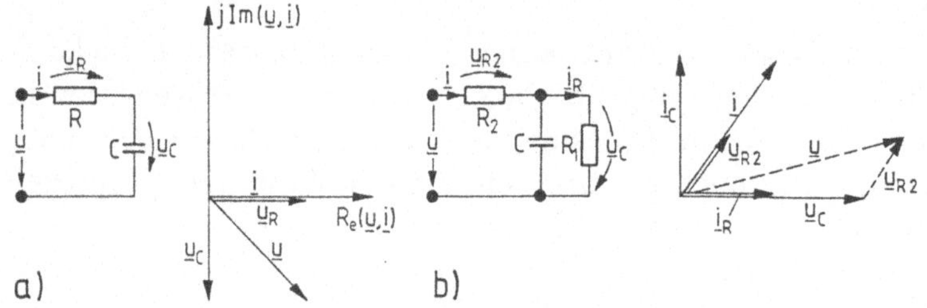

Bild 4.4.3 Zeigerbilder von Strom und Spannung
a) *RC*-Schaltung, b) *RC*-Schaltung mit Zusatzwiderstand R_1

Würde beispielsweise noch ein Widerstand R_1 parallelgeschaltet (Bild 4.4.3b), so beginnt das Zeigerbild mit Annahme der Spannung $\underline{u}_C$ (in der reellen Achse). Dazu in Phase ist der Strom $\underline{i}_R$, um 90° eilt $\underline{i}_C$ vor. Die Addition der Ströme (Knoten!) ergibt $\underline{i}$ und damit die Richtung des Spannungsabfalles $\underline{u}_{R2}$. Die Summe von $\underline{u}_C$ und $\underline{u}_R$ liefert $\underline{u}_C$ und mit $\underline{u}_R$ schließlich $\underline{u}$.

Inversion eines Zeigers. Die Konstruktion von Zeigerbildern erfordert häufig die Reziprokwertbildung oder *Inversion* (Spiegelung) eines Zeigers. So gehört zum Widerstandsoperator $\underline{Z}$ der Leitwertoperator $\underline{Y} = 1/\underline{Z}$:

$$\underline{Y} = \frac{1}{\underline{Z}} = \frac{1}{Z \exp \mathrm{j}\,\varphi_z} = \frac{1}{Z} \exp - \mathrm{j}\,\varphi_z = Y \exp \mathrm{j}\,\varphi_y \quad \text{Inversion.} \quad (4.4.1)$$

Wir erkennen: Die invertierte komplexe Größe liegt spiegelbildlich zur reellen Achse (Vertauschung des Vorzeichens des Phasenwinkels), ihr Betrag ist gleich dem Kehrwert des Betrages der Ausgangsgröße. Das Ergebnis heißt Spiegelung am Inversionskreis (Einheitskreis von Radius 1). Bei der Inversion einer physikalischen Größe ändert sich ihre Dimension.

Mathematisch bedeutet Inversion, daß ein Punkt einer gegebenen $\underline{z}$ -Ebene ($\underline{z} = x + \mathrm{j}\,y$) in einen zugeordneten Punkt $\underline{w} = u + \mathrm{j}\,v$ einer $\underline{z}$-Ebene über eine vereinbarte Abbildungsfunktion (hier $\underline{z} = 1/\underline{w}$) konform abgebildet wird.

Der Betrag Y der invertierten Größe ergibt sich entweder rechnerisch oder graphisch durch Spiegelung am Einheitskreis: (Radius 1). Dabei ist folgendermaßen zu verfahren (Bild 4.4.4):

1. Man zeichne einen sog. *Inversionskreis* um den Nullpunkt der $\underline{z}$-Ebene. Kommt es nur auf eine qualitative Bewertung an, so kann der Radius beliebig sein.

2. Erfüllung der Betragsbedingung:

Liegt $\underline{Z}$ *außerhalb* des Inversionskreises, so werden von $\underline{Z}$ aus Tangenten an den Kreis gelegt. Die Verbindung beider Berührungspunkte mit dem Kreis ergibt den Schnittpunkt $\underline{Y}$ auf dem $\underline{Z}$-Zeiger (Bild 4.4.4a).

Liegt $\underline{Z}$ *innerhalb* des Inversionskreises, so wird auf $\underline{Z}$ eine Senkrechte errichtet. Dabei ergeben sich die Schnittpunkte P_1, P_2 mit dem Inversionskreis. Anschließend legt man Tangenten in P_1, P_2 an und erhält einen Schnittpunkt $\underline{Y}$ mit der Verlängerung von $\underline{Z}$ (Bild 4.4.4b).

3. Die Winkelbedingung wird durch Spiegelung von $\underline{Y}^*$ an der reellen Achse ($\rightarrow \underline{Y}$) erfüllt.

Die Schritte 2 und 3 können vertauscht werden.

Merke: Bei der Inversion wird der kürzeste Zeiger zum längsten und umgekehrt.

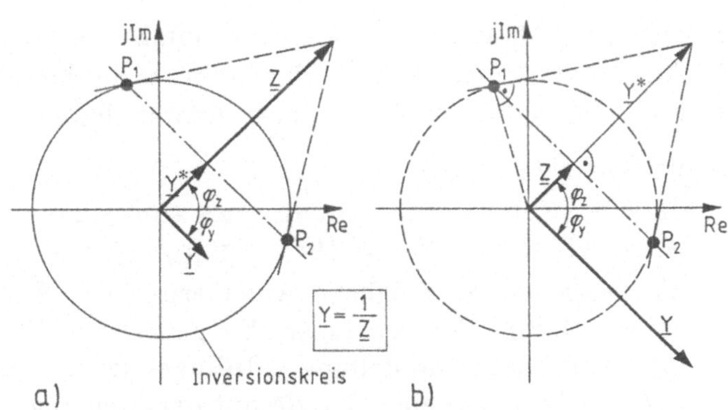

Bild 4.4.4 Inversion eines Zeigers $\underline{Z}$ am Inversionskreis
    a) $\underline{Z}$ liegt außerhalb des Inversionskreises
    b) $\underline{Z}$ liegt innerhalb des Inversionskreises

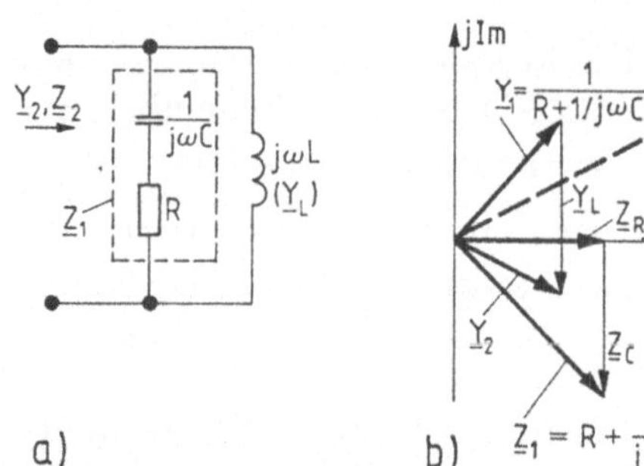

Bild 4.4.5
Zeigerbild einer Reihen-/Parallelschaltung von Grundelementen
a) Schaltung, b) Konstruktion des Widerstands- und Leitwertoperators der Schaltung

Beispiel: Für die Schaltung Bild 4.4.5 soll der Widerstandsoperator $\underline{Z}$ bestimmt werden (ω, R, C, L gegeben). Man verfährt wie folgt:

1. Bestimmung des Zeigers $\underline{Z}_1 = R + 1/\mathrm{j}\,\omega C$ in der $\underline{Z}$ -Ebene.

2. Bildung von $\underline{Y}_1 = 1/\underline{Z}_1$ durch Inversion (auf Winkel $\varphi_z = -\varphi_y$ achten).

3. Zeiger $\underline{Y}_2 = \underline{Y}_1 + 1/\mathrm{j}\,\omega L$ in der $\underline{Y}$-Ebene ermitteln.

4. Zeiger $\underline{Z} = 1/\underline{Y}_2$ durch erneute Inversion bestimmen.

Aufgaben 4.4.1, 4.4.2.

4.4.2 Amplitude und Phase des Frequenzganges

In der Elektronik interessiert häufig das Spannungs- oder Stromübersetzungsverhalten von Verstärkern und Übertragungsgliedern über der Frequenz nach Betrag (leicht meßbar) und Phase, also der *Amplituden-* und *Phasengang* von $\underline{F}(\mathrm{j}\,\omega)$. Die Frequenz überstreicht oft mehrere Größenordnungen. Zweckmäßig ist deshalb die Wahl *logarithmischer* Darstellungsmaßstäbe. Diese Form geht auf *Bode* zurück und heißt *Bode-Diagramm*.

> Das Bode-Diagramm (Bodeplot) umfaßt die graphische Darstellung des Amplituden- und Phasenverlaufs über ω des Frequenzganges, ist also eine besondere Form der Komponentendarstellung.

Seine Vorteile sind:

– die übersichtliche Darstellung eines großen Frequenzbereiches (beispielsweise gehört zu $\omega_2/\omega_1 = 10^3 \rightarrow \lg(\omega_2/\omega_1) = 3$)

– die bereichsweise mögliche Annäherung des Amplituden- und Phasenganges durch *Geradenstücke*. So gehört zu $F = (\omega/\omega_0)^n$ in doppelt logarithmischer Darstellung (Ordinate $\lg F$, Abszisse $\lg(\omega/\omega_0)$) wegen $\lg F = n \lg(\omega/\omega_0)$ eine Gerade mit der Steigung n

– die Multiplikation (Division) von Frequenzgängen führt auf eine Addition (Subtraktion) der logarithmischen Größen (z.B. $F = F_1 \cdot F_2 \rightarrow \lg F = \lg F_1 + \lg F_2$).

Grundsätzlich können nur dimensionslose (positive) Größen logarithmiert werden. Deshalb müssen physikalische Größen durch *Normierung* dimensionslos gemacht werden. Wir dividieren sie am einfachsten durch die Einheit. Als Verhältnisse physikalischer Größen kommen Leistungen und Ströme (Spannungen) in Frage. Logarithmierte Größenverhältnisse werden – mit einem Gewichtsfaktor 10 versehen – üblicherweise in dB (Dezibel) angegeben:

$$a_\mathrm{p} = 10 \lg P_2/P_1 \, \mathrm{dB}, \quad a_\mathrm{u} = 20 \lg U_2/U_1 \, \mathrm{dB}. \tag{4.4.2}$$

Der Faktor 10 ist Gewichtsfaktor, 20 ergibt sich durch $P \sim u^2$ bei Messung am gleichen Widerstand R. Der Zusatz „dB" drückt die Bildungsvorschrift aus. Typische Wertepaare sind z.B. das Spannungsverhältnis (Tafel 4.4.1).

Tafel 4.4.1 Typische Spannungsverhältnisse und entsprechender Wert im logarithmischen Maß nach Gl. (4.4.2)

$\dfrac{U_2}{U_1}$	10^{-2}	10^{-1}	$10^{-1/2}$	$\dfrac{1}{2}$	$\dfrac{1}{\sqrt{2}}$	1	$\sqrt{2}$	2	$10^{1/2}$	10^1	10^2
a_u/dB	-40	-20	-10	-6	-3	0	3	6	10	20	40

Der Amplituden- und Phasengang wird am besten durch zwei Beispiele erläutert, den RC-Spannungsteiler (Tiefpaß erster Ordnung) und einen Schwingkreis.

Im Falle des RC-Spannungsteilers betrug das Spannungsverhältnis (s. Bild 4.3.7)

$$\underline{F}(\mathrm{j}\,\omega) = \frac{\underline{u}_\mathrm{a}}{\underline{u}_\mathrm{e}} = \frac{1/\mathrm{j}\,\omega C}{R + 1/\mathrm{j}\,\omega C} = \frac{1}{1 + \mathrm{j}\,\omega CR}$$

$$= F \exp \mathrm{j}\,\varphi_\mathrm{f} = \frac{U_\mathrm{a}}{U_\mathrm{e}} \exp \mathrm{j}(\varphi_\mathrm{a} - \varphi_\mathrm{e}) \tag{4.4.3}$$

mit

$$F = \frac{U_\mathrm{a}}{U_\mathrm{e}} = \frac{1}{\sqrt{1 + (\omega RC)^2}} \quad \text{und} \quad \varphi_\mathrm{f} = -\arctan \omega CR.$$

Die Verläufe von F und φ_f im linearen Maßstab wurden bereits im Bild 4.3.7c dargestellt. Der steile Abfall von F setzt bei der *Grenzfrequenz* ein. Das ist üblicherweise diejenige Frequenz ω_g, bei der der Amplitudengang F auf den $1/\sqrt{2}$−fachen Maximalwert abgefallen ist. Es gilt

$$\frac{F(\omega_\mathrm{g})}{F(0)} = \frac{1}{\sqrt{2}} = \frac{U_\mathrm{a}(\omega_\mathrm{g})}{U_\mathrm{e}} \tag{4.4.4}$$

mit der Grenzfrequenz

$$\omega_g = 1/RC = 1/\tau \quad (\tau \ \text{Zeitkonstante}). \tag{4.4.5}$$

Sie ist dem RC-Produkt umgekehrt proportional und wird entweder in s^{-1} oder Hz ($f_g = \omega_g/2\pi$) angegeben. Bei der Grenzfrequenz gelten

- ein Phasenwinkel $\varphi_f = -\pi/4$ (zwischen $0 \ldots -\pi/2$) und
- Wirkwiderstand $R = $ Blindwiderstand $1/\omega C$ (gleicher Spannungsabfall (Betrag) über R und C).

Die Schaltung kennen wir als Tiefpaß. Oberhalb von ω_g sinkt F stark ab (Dämpfungs-, Sperrbereich). Deshalb trennt die Grenzfrequenz auch den *Durchlaß-* vom *Sperrbereich.* Schließlich kann die dimensionslose Variable

$$\omega RC = \omega/\omega_g = \Omega \tag{4.4.6}$$

auch durch eine sog. *normierte Frequenz* Ω zur Schreibvereinfachung ausgedrückt werden.

Darstellung im Bode-Diagramm. Die lineare Darstellung (Bild 4.3.7c) sagt vor allem für sehr kleine und große Ω kaum etwas aus. Hier bringt die doppelt-logarithmische Darstellung (Bild 4.4.6) Vorteile:

$$\lg F = \lg 1 - \lg \sqrt{1 + \Omega^2} = -\lg \sqrt{1 + \Omega^2}$$

oder gleichwertig bei Angabe von F in dB

$$\begin{aligned}
&\text{Amplitudengang } F = -20 \lg \sqrt{1 + \Omega^2} \text{ dB} \\
&\text{Phasengang} \quad\quad \varphi_f = -\arctan \Omega\,.
\end{aligned} \tag{4.4.7a}$$

Für den *Amplitudengang F* gelten als *Näherungen* für

- $\Omega \ll 1$: $F/\text{dB} \approx 0$ (Spannungsverhältnis $u_a/u_e = 1$), d.h. *Gerade* bei $0\,\text{dB}$
- $\Omega \gg 1$: $F/\text{dB} \approx -20 \lg \sqrt{\Omega^2} = -20 \lg \Omega$, abfallende Gerade. Ihre Steigung beträgt

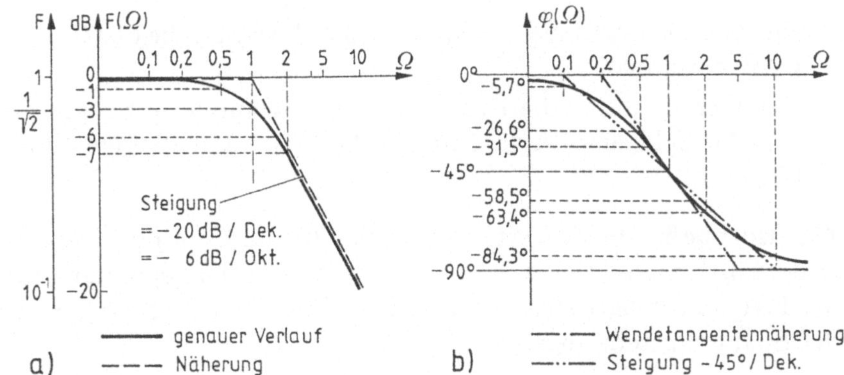

Bild 4.4.6 Übertragungsverhalten eines RC-Tiefpasses 1. Ordnung (Schaltung, Bild 4.3.7),
Frequenz $F(\Omega)$, (Ω)
a) Bodediagramm, (logarithmischer) Amplitudengang im logarithmischen Frequenzmaßstab
b) Phasengang im logarithmischen Frequenzmaßstab

- bei *Frequenzverzehnfachung* (von Ω auf $10\,\Omega$), also Änderung um eine Dekade
$$F(10\,\Omega) - F(\Omega) \approx -20[\lg 10\,\Omega - \lg\,\Omega]\,\mathrm{dB} = -20\,\mathrm{dB/Dek.}$$
- bei *Frequenzverdopplung* (von Ω auf $2\,\Omega$), also Änderung um eine Oktave
$$F(2\,\Omega) - F(\Omega) \approx -20[\lg 2\,\Omega - \lg\,\Omega]\,\mathrm{dB} \approx -6\,\mathrm{dB/Okt.}$$

Im Bereich $\Omega \gg 1$ wird der Amplitudengang F des RC-Tiefpasses durch eine Gerade (Asymptote) mit einem Gefälle von $-20\,\mathrm{dB/Dek.}$ resp. $-6\,\mathrm{dB/Okt.}$ dargestellt. Sie schneidet bei $\Omega = 1$ die Gerade $F = 0\,\mathrm{dB}$. Der aktuelle Amplitudengang beträgt bei $\Omega = 1$

$$F = -20\lg\sqrt{2}\,\mathrm{dB} = -3\,\mathrm{dB}. \tag{4.4.7b}$$

Deshalb heißt $\Omega = 1$ resp. ω_g (Gl. (4.4.5)) auch 3 dB- oder *Knickfrequenz*.

Phasengang. Es wird der Phasenwinkel φ_f (Gl. (4.4.7)) im linearen Maßstab über der logarithmischen Frequenzskala aufgetragen (Bild 4.4.6b). Auch jetzt kann der genaue Verlauf durch Geraden angenähert werden. In den Bereichen $\Omega \ll 1$ oder $\Omega \gg 1$ sind dies $\varphi_\mathrm{f} = 0$ bzw. $\varphi_\mathrm{f} = -\pi/2$. Im Zwischengebiet werden zwei Näherungen verwendet:

– eine Gerade durch die Punkte $\Omega = 0{,}1$, 1 und 10, die das Gesamtverhalten recht gut anpaßt

– eine Gerade durch die Punkte $\Omega = 0{,}2$, 1 und 5, wobei die Steigung mit dem tatsächlichen Verlauf im Punkt $\Omega = 1$ gut übereinstimmt (Wendetangente).

RC-Hochpaß. Durch Vertauschen von R und C in der Tiefpaß-Schaltung (Bild 4.3.7) entsteht eine Schaltung, deren Ausgangsspannung mit wachsender Frequenz steigt: *Hochpaßcharakter.* Der Frequenzgang $\underline{F}$ ergibt sich mit der Spannungsteilerregel:

$$\underline{F} = \frac{\underline{u}_a}{\underline{u}_e} = \frac{R}{R + 1/\mathrm{j}\,\omega C} = \frac{1}{1 + 1/\mathrm{j}\,\omega RC} = \frac{1}{1 - \mathrm{j}/\Omega} \qquad (4.4.8)$$

$$\text{mit} \quad \Omega = \omega/\omega_g \quad \omega_g = 1/RC\,.$$

Bild 4.4.7 zeigt Amplituden- und Phasengang in der Bode-Form mit der Grenzfrequenz bei ω_g ($\Omega = 1$). Die beiden diskutierten Schaltungen sind nicht die einzigen Frequenzgänge erster Ordnung, vielmehr gibt es nach Bild 4.4.8 insgesamt vier typische Verläufe.

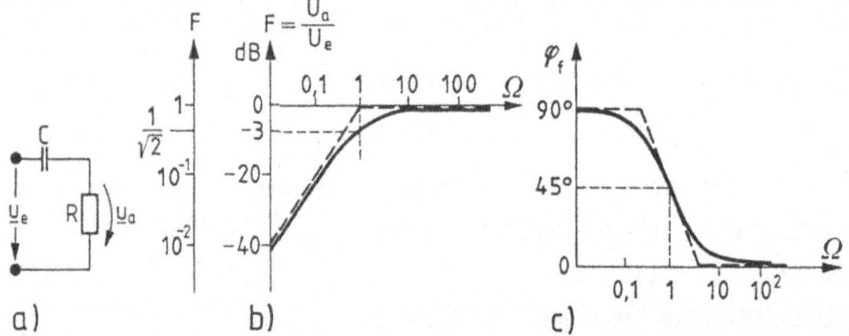

Bild 4.4.7 Übertragungsverhalten (Frequenzgang) eines RC-Hochpasses 1. Ordnung
a) Schaltung, b) Bodediagramm, (logarithmischer) Amplitudengang im logarithmischen Frequenzmaßstab
c) Phasengang im logarithmischen Frequenzmaßstab

Beispiel: Bild 4.4.9 zeigt eine Kettenschaltung aus zwei Übertragungsgliedern (Hochpaß, $\underline{F}_1$, Tiefpaß $\underline{F}_2$), die durch einen Trennverstärker (idealer Verstärker mit Spannungsverstärkung 1, $Z_e \to \infty$, $Z_a \to 0$) entkoppelt sind. Der gesamte Übertragungsfaktor beträgt

$$\underline{F} = \frac{\underline{u}_4}{\underline{u}_1} = \frac{\underline{u}_2}{\underline{u}_1} \cdot \frac{\underline{u}_3}{\underline{u}_2} \cdot \frac{\underline{u}_4}{\underline{u}_3} = \underline{F}_1 \cdot 1 \cdot \underline{F}_2\,.$$

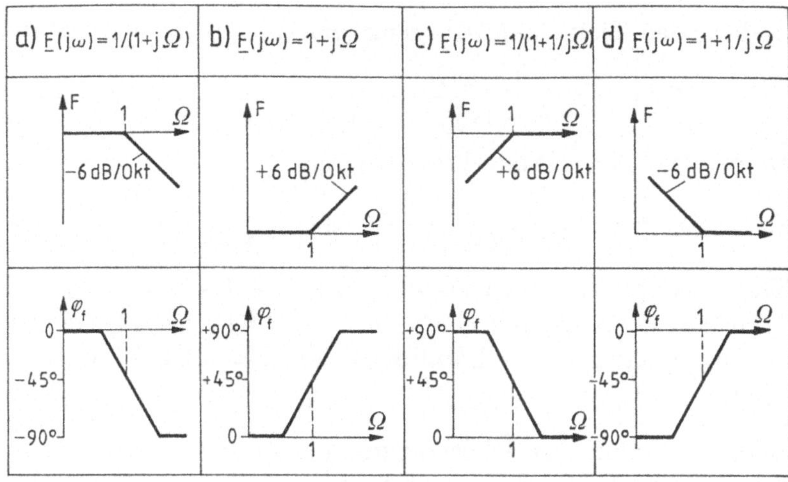

Bild 4.4.8 Übertragungsverhalten (Bodedarstellung) von typischen RC-/LC-Netzwerken
1. Ordnung

Die Frequenzgänge selbst lauten ($RC = 0{,}1\,\mu\mathrm{F} \cdot 10\,\mathrm{k\Omega} = 10^{-3}\,\mathrm{s}$) für den Hochpaß:

$$\underline{F}_1(\mathrm{j}\,\omega) = \frac{R_1}{R_1 + 1/\mathrm{j}\,\omega C} = \frac{1}{1 + 1/\mathrm{j}\,\omega R_1 C} = \frac{1}{1 + 1/\mathrm{j}\,\omega \cdot 10^{-3}\,\mathrm{s}}$$

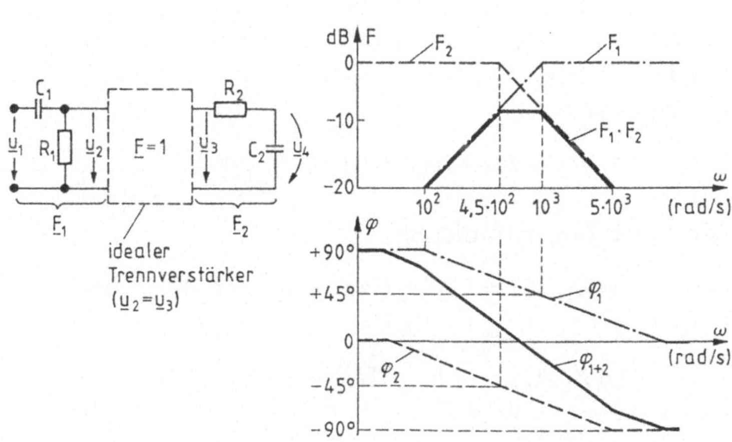

Bild 4.4.9 Verstärker mit Hochpaß ($\underline{F}_1$) und Tiefpaß ($\underline{F}_2$)
a) Schaltung, b) Amplitude und Phasengang. Es entsteht eine Schaltung mit Bandpaßverhalten

und für den Tiefpaß am Ausgang ($R_2C_2 = 10\,\text{k}\Omega \cdot 0{,}22\,\mu\text{F} = 2{,}2 \cdot 10^{-3}\,\text{s}$):

$$\underline{F}_2(\mathrm{j}\,\omega) = \frac{1/\mathrm{j}\,\omega C}{R + 1/\mathrm{j}\,\omega C} = \frac{1}{1 + \mathrm{j}\,\omega RC} \cdot \frac{1}{1 + \mathrm{j}\,\omega \cdot 2{,}2 \cdot 10^{-3}} \cdot$$

Damit wird der gesamte Frequenzgang

$$\underline{F} = \underline{F}_1\underline{F}_2 = \frac{1}{(1 + 1/\mathrm{j}\,\omega 10^{-3}\,\text{s})} \cdot \frac{1}{(1 + \mathrm{j}\,\omega \cdot 2{,}2 \cdot 10^{-3}\,\text{s})} \cdot$$

Trägt man die einzelnen Verläufe über ω auf, so treten die Grenzfrequenzen $1/10^{-3} = 10^3\,\text{rad/s}$ und $1/2{,}2 \cdot 10^{-3}\,\text{s} = 4{,}54 \cdot 10^2\,\text{rad/s}$ deutlich hervor. Die Schaltung hat also eine Bandbreite von $f_\mathrm{u} = 4{,}53 \cdot 10^2\,\text{rad/s}/2\pi = 72\,\text{Hz}$ bis $159\,\text{Hz}$.

Bode-Diagramm für Übertragungsglieder 2. Ordnung. Der Frequenzgang eines Übertragungsgliedes mit frequenzabhängigen Eigenschaften wird ausgeprägter, wenn es mehr als einen Energiespeicher enthält. Die „Ordnung" einer solchen Schaltung liegt direkt durch die Zahl der unabhängigen (d.h. nicht weiter zusammenfaßbaren) Energiespeicher fest, wie die eben betrachtete Schaltung zeigt. Auf weitere Beispiele gehen wir in Abschnitt 4.6.1 ein.

Aufgaben 4.4.3, 4.4.4.

4.4.3   Scheinwiderstandsdiagramm

Die doppelt logarithmische Darstellung des Frequenzganges eignet sich auch zur übersichtlichen Darstellung der Scheinwiderstände $Z_\mathrm{L} = 2\pi f L$ und $Z_\mathrm{C} = 1/2\pi f C$ von Kondensator und Spule. Da nur dimensionslose Größen darstellbar sind, werden alle Größen auf die Einheit (Ω, Hz, H, F) normiert. Es ergibt sich

$$Z_\mathrm{L}/\Omega = (2\pi f/\text{Hz})L/\text{H}\,; \quad Z_\mathrm{C}/\Omega = \frac{1}{(2\pi f/\text{Hz}) \cdot C/\text{F}}$$

oder nach Logarithmieren

$$\begin{aligned}
\lg(Z_\mathrm{L}/\Omega) &= \lg(f/\text{Hz}) + \lg(2\pi L/\text{H}) \quad \text{und} \\
y &= x + n \\
\lg(Z_\mathrm{L}/\Omega) &= -\lg(f/\text{Hz}) - \lg(2\pi C/\text{F}) \\
y &= -x - n\,.
\end{aligned}$$

Das sind in doppeltlogarithmischer Darstellung steigende (fallende) Geraden mit der Steigung $+1(-1)$, die sich bei Änderung von $L(C)$ parallel verschieben. Beide Verläufe lassen sich im *Scheinwiderstandsdiagramm* (sog.

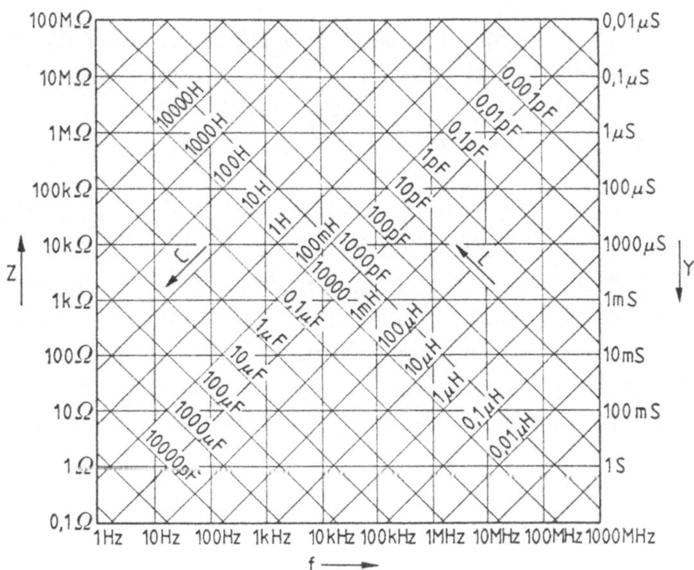

Bild 4.4.10 Scheinwiderstands-, Leitwertdiagramm

HF-Tapete) zusammenfassen (Bild 4.4.10). Zur Erhöhung der Ablesegenau-
igkeit wird häufig noch eine Dekade stärker aufgelöst angegeben. Das Diagramm kann wegen $Y_C = C$, $Y_L = 1/\omega L$ auch als *Scheinleitwertdiagramm*
verwendet werden (rechter Maßstab).

Beispiel: Man lese aus dem Scheinwiderstandsdiagramm Bild 4.4.10 den
Scheinwiderstand des Kondensators $C = 0{,}35\,\mu$F ab ($f = 18\,$kHz) und
vergleiche mit der Rechnung. Ablesung ergibt (grob) einen Wert um etwa
$X_C = 30 \ldots 35\,\Omega$ (Vorzeichen aus Kenntnis des Z-Charakters!); Rechnung
liefert $X_C = -25{,}26\,\Omega$. Derartige Diagramme dienen also nur zur Orientierung!

4.4.4   Ortskurven

Unter einer Ortskurve versteht man die Darstellung der Funktion $\underline{F}(j\omega)$
eines Netzwerkes in der komplexen Ebene mit einer Variablen (meist
Kreisfrequenz ω, aber auch Widerstand, Kapazität, Induktivität) als Parameter. Dabei ist eine normierte Darstellung zweckmäßig. Die Ortskurve
vereint so Betrag und Phase der Funktion $\underline{F}(j\omega)$ in einem Bild.

Bei der Ortskurvendarstellung haben reelle und imaginäre Achsen stets gleichen Maßstab (sonst wären die Winkel der Zeiger falsch).

Die Ortskurve der Größe $\underline{F}(j\omega)$ kann je nach Aufgabenstellung ein Widerstandsoperator, ein Strom- oder Spannungsverhältnis sein. Einfache Anordnungen führen auf zwei Grundtypen von Ortskurven: die *Gerade* und den *Kreis* oder *Kreisabschnitt*.

Bild 4.4.11 zeigt die Ortskurve des Widerstandsoperators $\underline{Z} = R + j\omega L$ einmal bei veränderlicher Frequenz (Bild a), zum anderen bei veränderlichem Wirkwiderstand. Da im ersten Fall R nicht variiert, ändert sich nur der Imaginärteil, und der Zeiger $\underline{Z}$ bewegt sich auf einer Geraden parallel zur imaginären Achse. Diese Gerade ist somit die $\underline{Z}$-Ortskurve mit typischen Parameterwerten. Bleibt dagegen ω fest und wird R verändert (Bild b), so entsteht als Ortskurve eine Gerade parallel zur reellen Achse.

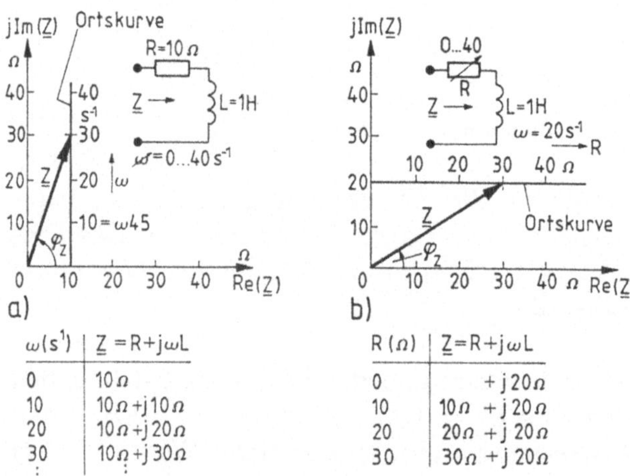

$\omega(s^{-1})$	$\underline{Z} = R+j\omega L$
0	$10\,\Omega$
10	$10\,\Omega + j10\,\Omega$
20	$10\,\Omega + j20\,\Omega$
30	$10\,\Omega + j30\,\Omega$

$R\,(\Omega)$	$\underline{Z} = R+j\omega L$
0	$+j20\,\Omega$
10	$10\,\Omega + j20\,\Omega$
20	$20\,\Omega + j20\,\Omega$
30	$30\,\Omega + j20\,\Omega$

Bild 4.4.11 Ortskurve des komplexen Widerstandes $\underline{Z}$
      a) bei variabler Kreisfrequenz
      b) bei veränderlichem Wirkwiderstand R

Wird zu der gegebenen $\underline{Z}$-Ortskurve z.B. die *Leitwertortskurve*

$$\underline{Y} = 1/\underline{Z} = 1/(R + j\omega L)$$

gewünscht, so muß jeder Zeiger $\underline{Z}$ punktweise, d.h. für jeden Parameterwert „invertiert" werden. Diese punktweise Inversion von $\underline{Z}$ kann jedoch für bestimmte Ortskurventypen auch nach sog. *Inversionsregeln* erfolgen. Die drei wichtigsten lauten:

- die Ortskurve einer Geraden durch den Nullpunkt gibt bei der Inversion wieder eine Gerade durch den Nullpunkt
- die Ortskurve einer Geraden nicht durch den Nullpunkt gibt einen Kreis durch den Nullpunkt
- die Ortskurve eines allgemeinen Kreises gibt wieder einen allgemeinen Kreis.

Zu beachten ist, daß bei der Inversion ein Vorzeichenwechsel des Phasenwinkels auftritt:

$$\underline{Y} = Y \exp \mathrm{j}\, \varphi_\mathrm{y} = 1/\underline{Z} = 1/(Z \exp \mathrm{j}\, \varphi_\mathrm{z}) = (1/Z) \exp - \mathrm{j}\, \varphi_\mathrm{z} \,.$$

Deshalb verlagert sich eine Ortskurve z.B. aus dem 1. Quadranten bei der Inversion in den 4. Quadranten und umgekehrt.

Im Bild 4.4.12 wurden die Leitwertortskurven zu Bild 4.4.11 nach dieser Methode ermittelt. So genügt es, im Bild a zunächst für $\omega = 0$ den größten Leitwert $\underline{Y} = G = 1/R = 1/10\,\Omega$ festzulegen, der den Durchmesser des Halbkreises bestimmt (kleinster Zeiger wird bei der Inversion zum größten), andererseits wäre für $\omega \to \infty$ ($\underline{Z} \to +\mathrm{j}\infty$) bei der Inversion der Nullpunkt zu erwarten. Durch ihn muß der Kreis verlaufen. Zwischenwerte, wie z.B. die Grenzfrequenz ω_{45} ($R = \mathrm{j}\,X_\mathrm{L}$), sind leicht einzutragen. Nach den gleichen Überlegungen wird Bild b konstruiert.

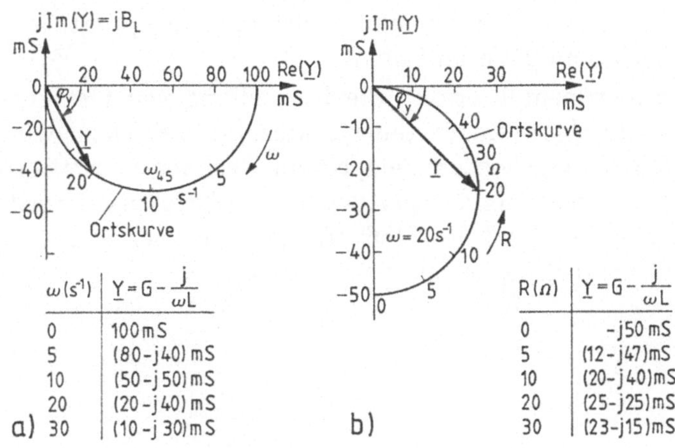

ω (s⁻¹)	$\underline{Y}=G-\dfrac{\mathrm{j}}{\omega L}$
0	100 mS
5	(80 − j40) mS
10	(50 − j50) mS
20	(20 − j40) mS
30	(10 − j30) mS

a)

R (Ω)	$\underline{Y}=G-\dfrac{\mathrm{j}}{\omega L}$
0	− j50 mS
5	(12 − j47) mS
10	(20 − j40) mS
20	(25 − j25) mS
30	(23 − j15) mS

b)

Bild 4.4.12 Ortskurve des komplexen Leitwertes $\underline{Y}$,
   a) bei variabler Kreisfrequenz b) bei variablem Wirkleitwert G

Auch die Ortskurve des Frequenzganges $\underline{F}(\mathrm{j}\,\omega) = \underline{u}_\mathrm{a}/\underline{u}_\mathrm{e}$ des bereits betrachteten RC-Tiefpasses (s. Bild 4.4.6)

$$\underline{F} = \frac{\underline{u}_\mathrm{a}}{\underline{u}_\mathrm{e}} = \frac{1/\mathrm{j}\,\omega C}{(1/\mathrm{j}\,\omega C) + R} = \frac{1}{1 + \mathrm{j}\,\omega RC} = \frac{1}{1 + \mathrm{j}\,\Omega}$$

($\Omega = \omega RC = \omega/\omega_\mathrm{g}$) läßt sich leicht konstruieren (Bild 4.4.13). Wir beginnen mit der Darstellung der Ortskurve $1 + \mathrm{j}\,\Omega$ (Gerade parallel zur imaginären Achse), die bei der Inversion in einen Halbkreis im 4. Quadranten übergeht.

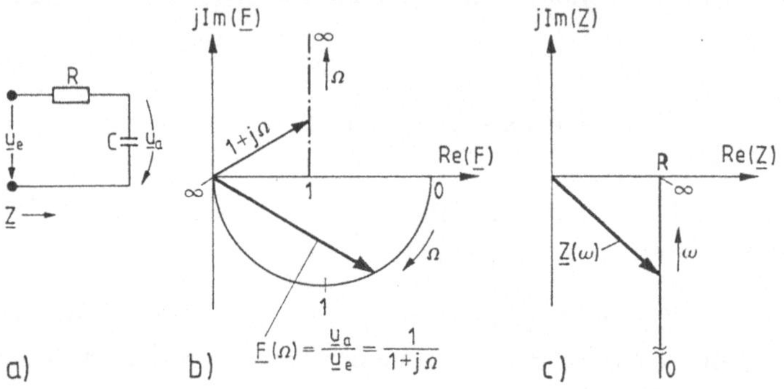

Bild 4.4.13 RC-Tiefpaß
  a) Schaltung, b) Ortskurve des Frequenzganges $\underline{F}(\Omega)$ als Funktion der normierten Frequenz Ω
  c) Ortskurve des komplexen Widerstandes $\underline{Z}$ als Funktion der Kreisfrequenz

Ortskurvendarstellungen gelten nicht nur für Widerstands-/Leitwertoperatoren, sondern auch für Spannungen und Ströme. Wird beispielsweise in eine Impedanz $\underline{Z}$ ein konstanter Strom $\underline{i}$ eingeprägt, so entspricht der $\underline{Z}$-Verlauf auch dem $\underline{u}$-Verlauf usw.

Experimentell erfolgt die Darstellung von Ortskurven heute typischerweise durch rechnergesteuerte Meßsysteme. Dazu wird an das Netzwerk eine Quelle angelegt mit einer vom Rechner schrittweise geänderten Frequenz. Die gemessenen Ausgangswerte ($\rightarrow$ Ortskurve) werden zunächst gespeichert, nach Abschluß des Meßvorganges bearbeitet und auf einem Bildschirm als Ortskurve dargestellt.

4.5 Leistung und Energie im Wechselstromkreis

Im Gleichstromkreis wurde im ohmschen Widerstand (gleichgültig ob linear oder nichtlinear) stets die gleiche Leistung $P = I \cdot U$ in Wärme umgesetzt.

Im Wechselstromkreis ändern sich Strom und Spannung ständig, außerdem kommen Energiespeicherelemente (L, C, M) ins Spiel. Wir erwarten deshalb komplizierte Vorgänge und stellen zunächst das Verhalten der *Grundelemente* voran.

4.5.1 Leistungsbegriffe

Ausgang aller Leistungsbetrachtung ist das Produkt

$$p(t) = u(t) \cdot i(t) \qquad \begin{array}{l} \text{Momentanleistung} \\ [p] = \text{W (Watt)} \end{array} \qquad (4.5.1)$$

der *momentanen* Strom-Spannungswerte am Zweipol, die sog. *Momentanleistung* $p(t)$. Im Bild 4.5.1 sind typische Zweipole dargestellt.

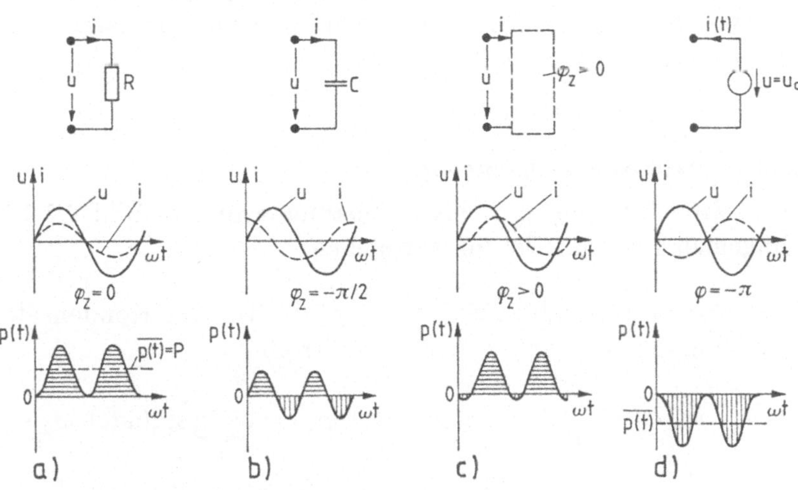

Bild 4.5.1 Leistungsumsatz in Grundzweipolen $(\varphi_z = \varphi_u - \varphi_i)$
   a) ohmscher Widerstand, b) Kondensator
   c) allgemeiner Zweipol, d) Spannungsquelle

Widerstand R. Liegt am Widerstand R die Spannung

$$u(t) = \hat{u}\sin(\omega t + \varphi_\mathrm{u})$$

(wir setzen vereinfachend $\varphi_\mathrm{u} = 0$), so folgt als Strom $i(t) = u(t)/R$ und damit als momentane Leistung

$$p(t) = u(t)i(t) = \frac{u^2(t)}{R} = \frac{\hat{u}^2}{R}\cdot\sin^2\omega t$$

$$= \frac{\hat{u}\hat{\imath}}{2}\cdot(1-\cos 2\omega t) = P(1-\cos 2\omega t) = p_\mathrm{W}(t)\,. \qquad (4.5.2a)$$

Bild 4.5.1a zeigt diesen Verlauf. Die Momentanleistung $p(t)$ schwankt (mit der doppelten Frequenz) um einen *Mittelwert* – die *Wirkleistung* –

$$\boxed{P = \overline{p(t)} = \frac{1}{T}\int\limits_0^T p(t)\,\mathrm{d}t = \frac{1}{T}\int\limits_0^T \frac{\hat{u}^2}{2R}(1-\cos 2\omega t)\,\mathrm{d}t = \frac{\hat{u}\hat{\imath}}{2} = \frac{\hat{u}^2}{2R} = \frac{U^2}{R}.\ (4.5.3)}$$

$$\text{Wirkleistung}$$

Sie lag bereits früher der Definition des Effektivwertes (s. Gl. (4.1.10), hier U) zugrunde. Deshalb gelten für die Effektivwerte die gleichen Beziehungen wie beim Gleichstrom.

Die Wirkleistung P wird im Mittel ständig im Widerstand umgesetzt. Die Größe (s. Gl. (4.5.2a))

$$p_\mathrm{W}(t) = P(1-\cos 2\omega t) \qquad (4.5.2b)$$

heißt *Wirkleistungsschwingung.*

Im aktiven Zweipol (z.B. ideale Spannungsquelle, Bild 4.5.1d) wird dann sinngemäß ständig Leistung abgegeben.

Kondensator C (Induktivität L), ($\varphi_\mathrm{u} = 0$). Am Kondensator C hat die Spannung $u(t) = \hat{u}\sin(\omega t + \varphi_\mathrm{u})$ den Strom

$$i(t) = C\frac{\mathrm{d}u}{\mathrm{d}t} = \omega C\hat{u}\cos(\omega t + \varphi_\mathrm{u}) = \underbrace{\omega C\hat{u}}_{\hat{\imath}}\sin(\omega t + \varphi_\mathrm{u} + \pi/2)$$

zur Folge. Der *Momentanwert* der Leistung $p(t)$ beträgt

$$p(t) = u(t)i(t) = \hat{u}\hat{\imath}\sin(\omega t + \varphi_\mathrm{u})\sin(\omega t + \varphi_\mathrm{u} + \pi/2)$$

$$= (\hat{u}\hat{\imath}/2)\cdot\sin 2(\omega t + \varphi_\mathrm{u})\,. \qquad (4.5.4)$$

Die mittlere Leistung (d.h. die Wirkleistung nach Gl. (4.5.3))

$$\overline{p(t)} = 1/T \int\limits_{0}^{T} p(t)\,\mathrm{d}t = 0$$

verschwindet. Bild 4.5.1b zeigt die Verläufe für $\varphi_\mathrm{u} = 0$. Die momentane Leistung $p(t)$ ändert das Vorzeichen periodisch. So fließt ständig Leistung in den Kondensator und wieder aus ihm heraus: *Energiependelung durch ständiges Auf-/Entladen* (vgl. auch Bild 2.3.4). In einer Viertelperiode wird die Energie $C \cdot u^2/2$ gespeichert, in der nächsten wieder abgegeben usw.

Man bezeichnet die zugehörige Leistung als *Blindleistung*

$$Q = -\hat{u}\hat{\imath}/2 = IU = \hat{\imath}^2 X_\mathrm{C} \quad \text{Blindleistung} \qquad (4.5.5)$$

$$[Q] = \text{var} \quad (\text{Volt Ampere reactive})$$

Sie pendelt mit doppelter Frequenz. Beim Kondensator ist $Q = Q_\mathrm{C}$ negativ (der Blindwiderstand betrug $X_\mathrm{C} = -1/\omega C$!).

> Die Einheit der Blindleistung ist an sich das Watt. Um sie von der Wirkleistung unterscheiden zu können, wird die Einheit var (Einheitenzeichen var) gewählt.

Bei der *Induktivität* L treffen im Prinzip die gleichen Verhältnisse wie bei der Kapazität zu, nur ist die Blindleistung

$$Q = \hat{u}\hat{\imath}/2 = IU = \hat{\imath}^2 X_\mathrm{L} \qquad (4.5.6)$$

positiv. Auch hier wird keine Wirkleistung verbraucht. In Tafel 4.5.1 wurden die Eigenschaften der Grundelemente zusammengestellt.

> Man merke: Nur in Wirkwiderständen (R) wird Wirkleistung umgesetzt, Blindleistung nur in der Induktivität ($Q_\mathrm{L} > 0$) und Kapazität ($Q_\mathrm{C} < 0$) (Name Blindschaltelement!). Positive und negative Blindleistung lassen sich kompensieren: *Resonanzeffekt.*

Tafel 4.5.1 Leistung in den Grundelementen

	allgemeiner Zweipol	R	L	C
Z φ_Z	Z, φ_Z	$R, 0$	$\omega L, +\dfrac{\pi}{2}$	$\dfrac{1}{\omega C}, -\dfrac{\pi}{2}$
Wirkleistung P Blindleistung Q	$UI\cos\varphi_Z$ $UI\sin\varphi_Z$	UI 0	0 UI	0 $-UI$
Scheinleistung S	$UI = \dfrac{U^2}{Z}$	$UI = \dfrac{U^2}{R} = I^2 R$	$UI = \dfrac{U^2}{\omega L}$	$UI = \omega C$

Allgemeiner Zweipol. Die Momentanleistung des allgemeinen Zweipols, an dem $u(t)$ und $i(t)$ in Verbraucherpfeilrichtung anliegen (Bild 4.5.1c), besagt zunächst

$$p > 0 \qquad \text{Verbrauch elektrischer Energie}$$
$$p < 0 \qquad \text{Erzeugung elektrischer Energie.}$$

Die Momentleistung ergibt sich mit Gl. (4.5.1) zu

$$p(t) = \hat{u}\hat{\imath}/2[\underbrace{\cos(\varphi_u - \varphi_i)}_{\substack{\text{zeitlich} \\ \text{konstant}}} - \underbrace{\cos(2\omega t + \varphi_u + \varphi_i)}_{\text{mit } 2\omega \text{ schwankend,}}] \qquad (4.5.7)$$

Momentanleistung am Zweipol, allgemein.

Insgesamt schwankt der Momentanwert der Leistung um den Mittelwert

$$\overline{p(t)} = P = \frac{1}{T} \int\limits_{t_0}^{t_0+T} P(t)\,\mathrm{d}t = \cos(\varphi_u - \varphi_i) \quad \text{Wirkleistung.} \quad (4.5.8)$$

Er heißt *Wirkleistung*.

Die im Zweipol umgesetzte Wirkleistung ist gleich dem Produkt der Effektivwerte von Strom und Spannung und dem sog. Leistungsfaktor $\cos\varphi_z$. Im Blindwiderstand ($\varphi_z = \pm\pi/2$) wird keine Wirkleistung umgesetzt.

Scheinleistung. In Gl. (4.5.7) schwingt der zweite Leistungsanteil mit der doppelten Frequenz. Die Amplitude $\hat{u}\hat{\imath}/2 = UI$ dieser Schwingung heißt *Scheinleistung*

$$S = UI = \hat{u}\hat{\imath}/2 \quad \text{Scheinleistung} \quad [S] = \text{VA}. \tag{4.5.9}$$

Die Scheinleistung $S = UI$ ist als Produkt der Effektivwerte von Strom und Spannung am Zweipol stets positiv.

Damit eine Verwechselung mit der Wirkleistung (Einheit 1 W) ausgeschlossen ist, führt die Scheinleistung die Einheit 1 VA (Volt-Ampere).

Blindleistung. Es liegt nahe, die Momentanleistung Gl. (4.5.7)

$$p(t) = \hat{u}\hat{\imath}/2[\cos\varphi - \cos(2\omega t + \varphi_\mathrm{u})]$$
$$\equiv \hat{u}\hat{\imath}/2[\cos\varphi - \cos\varphi \cdot \cos 2(\omega t + \varphi_\mathrm{u}) - \sin\varphi \cdot \sin 2(\omega t + \varphi_\mathrm{u})]$$
$$\text{mit} \quad 2\omega t + \varphi_\mathrm{u} + \varphi_\mathrm{i} = 2(\omega t + \varphi_\mathrm{u}) - \varphi$$

durch Zerlegung von $\cos(2\omega t - \varphi) = \cos\varphi \cos 2(\omega t + \varphi_\mathrm{u}) + \sin\varphi \sin 2(\omega t + \varphi_\mathrm{u})$ in drei Anteile aufzuteilen:

- die Wirkleistung $P = \hat{u}\hat{\imath}/2 \cos\varphi = UI \cos\varphi$
- den schwingenden Teil der Wirkleistung $P \cos 2(\omega t + \varphi_\mathrm{u})$
- die schwingende Blindleistung $-Q \sin 2(\omega t + \varphi_\mathrm{u})$

$$p(t) = \underbrace{\underset{\substack{\text{eigentliche} \\ \text{Wirkleistung}}}{P} - \underset{\substack{\text{schwingende} \\ \text{Leistung}}}{P \cos 2(\omega t + \varphi_\mathrm{u})}}_{\text{Wirkleistungsschwingung.}} - \underset{\substack{\text{Blindleistungs-} \\ \text{schwingung}}}{Q \sin 2(\omega t + \varphi_\mathrm{u})} \tag{4.5.10}$$

Der erste und zweite Anteil in Gl. (4.5.10) stellt die Leistung im ohmschen Widerstand dar, deren Mittelwert in Wärme umgesetzt wird. Der dritte Teil – die Blindleistung – pendelt dauernd zwischen Quelle und Blindwiderstand hin und her.

Dabei ist die *Blindleistung* durch

$$Q = \hat{u}\hat{\imath}/2 \sin\varphi = UI \sin\varphi = S \sin\varphi \tag{4.5.11}$$
$$[Q] = \text{var}$$
$$\text{Blindleistung allgemein}$$

definiert. Für eine Induktivität ($\varphi = \pi/2$) wird die Blindleistung positiv, für die Kapazität ($\varphi = -\pi/2$) negativ. Im Bild 4.5.2 wurden die einzelnen Leistungsanteile dargestellt. Die momentane Wirkleistung $p_W(t)$ bleibt stets positiv. Die Blindleistungsschwingung $p_B(t)$ pendelt ständig.

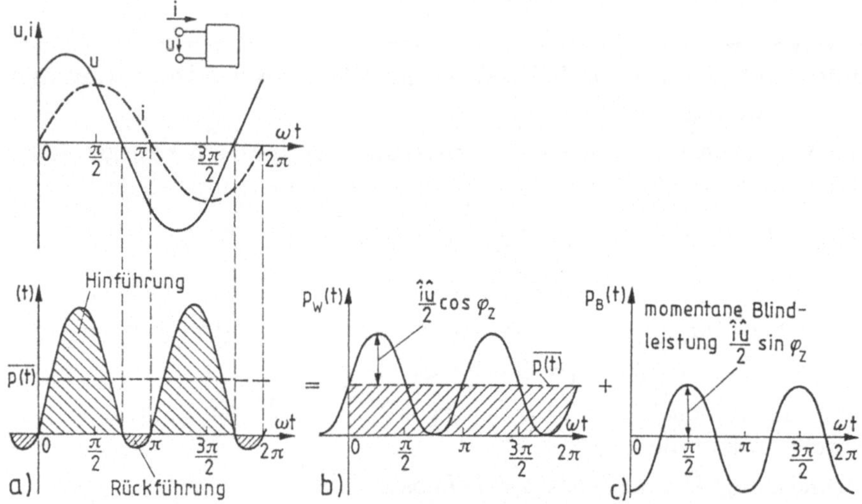

Bild 4.5.2 Leistungsumsatz am Zweipol
a) allgemeiner Zweipol, b) Wirkleistungsschwingung,
c) Blindleistungsschwingung

Zusammengefaßt. Im linearen Wechselstromzweipol treten auf:

$$\begin{array}{lll}
\text{Scheinleistung} & S = U \cdot I & [S] = \text{VA} \\
\text{Wirkleistung} & P = UI \cos\varphi & [P] = \text{W} \\
\text{Blindleistung} & Q = UI \sin\varphi & [Q] = \text{var} \\
\text{kapazitiv} & Q_C < 0 \quad \text{induktiv } Q_L > 0.
\end{array}$$

In Tafel 4.5.1 wurden diese Größen für die Grundelemente zusammengestellt. Weiterhin gelten

$$P^2 + Q^2 = (S \cos\varphi)^2 + (S \sin\varphi)^2 = S^2 \qquad (4.5.12)$$

$$S = \sqrt{P^2 + Q^2}; \quad \tan\varphi = Q/P.$$

Das Verhältnis Wirk- zu Scheinleistung heißt *Leistungsfaktor* $\cos\varphi = P/S$. Anschaulich kann die momentane Leistung $p(t)$ eines Zweipoles gemäß Bild 4.5.3 zerlegt werden (wobei Q vorzeichenbehaftet ist).

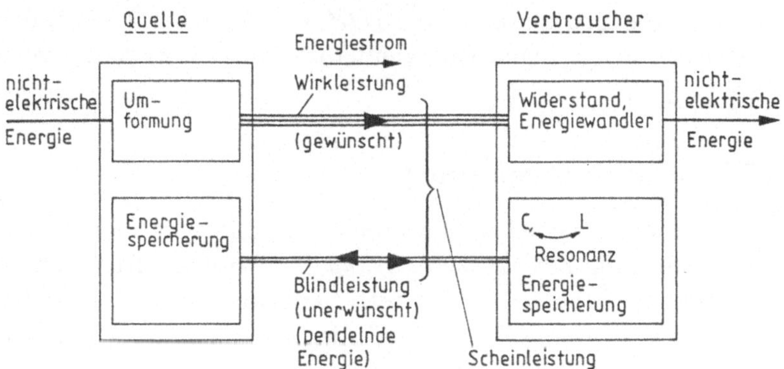

Bild 4.5.3 Energieströmung zwischen Quelle und Verbraucher

Schlußfolgerungen. Vor allem aus Sicht der Wirtschaftlichkeit ist man bestrebt, das Pendeln der Blindleistung zwischen aktivem und passivem Zweipol im Grundstromkreis zu vermeiden (Bild 4.5.3). Sie bedingt einen Strom, der in den Verbindungsleitungen zusätzliche Verluste verursacht. Dies ist für die Übertragung großer Energien wichtig. Da viele „Verbraucher" (z.B. Motoren, Transformatoren, Leuchtstoffröhren, Fernsehgeräte) einen mehr oder weniger starken induktiven Phasenwinkel aufweisen, versucht man durch Zuschalten von Kondensatoren (Resonanzeffekt) den Blindstrom zum Erzeuger zu vermeiden. Angestrebt wird deswegen ein Leistungsfaktor $\cos\varphi = P/S \sim 1 (\rightarrow Q \approx 0)$. Diese Tatsache zwingt auch zum Überdenken der für den Gleichstromkreis bereits formulierten Anpaßbedingung.

Beispiel: Ein Rechner am Netz ($U = 230\,\text{V}$, $f = 50\,\text{Hz}$) habe einen Leistungsfaktor $\cos\varphi = 0{,}9$ (induktiv, $\varphi > 0$), er benötigt einen Strom $I = 0{,}3\,\text{A}$. Man bestimme die Wirk-, Blind- und Scheinleistung. Welche Ersatzschaltung gehört dazu? Lohnt sich eine Blindleistungskompensation, wie wäre sie durchzuführen?

Es betrage die Scheinleistung $S = UI = 230\,\text{V}{\cdot}0{,}3\,\text{A} = 69\,\text{VA}$ die Wirkleistung $P = S\cos\varphi = 62\,\text{W}$ und die Blindleistung $Q = \sqrt{S^2 - P^2} = 30\,\text{var}$.

Die Ersatzschaltung besteht aus der Reihenschaltung $R_{\mathrm{r}} = Z\cos\varphi = 690\,\Omega$ ($Z = U/I = 766\,\Omega$) und $X_{\mathrm{r}} = Z\sin\varphi = Z\sqrt{1 - \cos^2\varphi} = 333\,\Omega = \omega L_{\mathrm{r}}$, $L_{\mathrm{r}} = X_{\mathrm{r}}/\omega = 1{,}06\,\text{H}$ ($\rightarrow P = I^2 R_{\mathrm{r}}$, $Q = I^2\omega L$).

Zur Blindleistungskompensation müßte der Reihenschaltung $R_r + j\,\omega L_r$ eine Kapazität parallelgeschaltet werden und zwar so groß, daß der gesamte Imaginärteil der Admittanz verschwindet: $\mathrm{Im}\,[j\,\omega C + 1/(R_r + j\,\omega L_r)] = 0$. Dies führt auf die Bedingung $C = L/(R^2 + (\omega L)^2) = 1{,}8\,\mu\mathrm{F}$. Dieser Aufwand ist angesichts der geringen Energiebilanzverbesserung kaum vertretbar.

Aufgabe 4.5.1.

4.5.2 Leistungsanpassung

Genau wie im Gleichstromgrundstromkreis wird vor allem in der Informationstechnik *Leistungsanpassung* (s. Abschn. 3.1.2) angestrebt. Da im Wechselstromkreis sowohl im aktiven als auch passiven Zweipol Blindschaltelemente auftreten können, muß die bisherige Anpaßbedingung Gl. (3.1.9) überdacht werden.

Wirkleistungsanpassung. Bild 4.5.4 zeigt die Spannungsquellen-Ersatzschaltung des Grundstromkreises mit komplexen Innen- und Außenwiderständen. Die im passiven Zweipol umgesetzte *Wirkleistung* beträgt

$$P = \frac{u_q^2 R_a}{(R_i + R_a)^2 + (X_i + X_a)^2}\,. \tag{4.5.13}$$

Sie hängt jetzt zusätzlich von den Blindwiderständen X_i, X_a des Gesamtkreises ab. Die Wirkleistung wird maximal, wenn zwei Bedingungen *gleichzeitig* erfüllt sind:

Blindwiderstandskompensation (Resonanz)

$$X_i + X_a = 0, \ \text{d.h.} \ X_i = -X_a\,, \tag{4.5.14a}$$

ein induktiver passiver Zweipol ($X_a > 0$) verlangt einen kapazitiven Quellenwiderstand

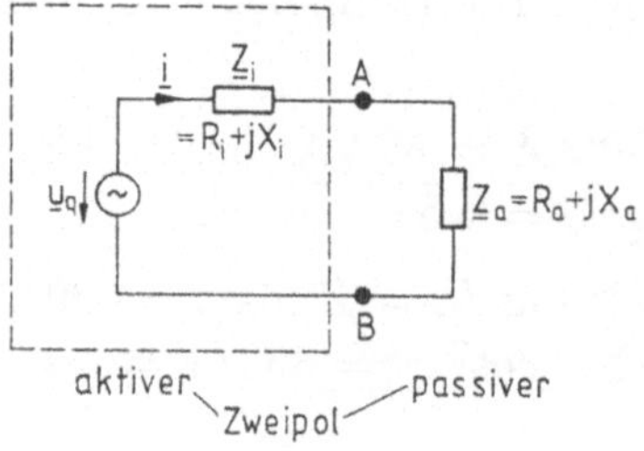

Bild 4.5.4
Grundstromkreis im Frequenzbereich dargestellt durch aktiven und passiven Zweipol

– *Widerstandsanpassung* (bei Resonanzabstimmung)

$$R_i = R_a \qquad\qquad (4.5.14b)$$

oder zusammengefaßt

$$R_i + j\,X_i = \underline{Z}_i = \underline{Z}_a^* = R_a - j\,X_a \qquad (4.5.15a)$$

$$\text{konjugiert komplexe Anpassung}$$
$$\text{für maximale Wirkleistungsabgabe.}$$

In diesem Fall wird dem Zweipol die Wirkleistung

$$P_{\max} = \frac{U_q^2}{4R_i} = \frac{U_q^2}{4\mathrm{Re}\,(\underline{Z}_i)} = \frac{I_q^2}{4\mathrm{Re}\,(\underline{Y}_i)} \qquad (4.5.15b)$$

zugeführt. Trifft nur eine der beiden Bedingungen Gl. (4.5.14) zu, so liegt keine maximale Wirkleistungsabgabe vor.

Scheinleistungsanpassung. Die Wirkleistungsanpassung kann stets nur für eine Frequenz eingestellt werden ($\to$ Resonanzbedingung!). In der Informationstechnik wünscht man aber oft Leistungsanpassung über einen größeren Frequenzbereich. In solchen Fällen wird *Scheinleistungsanpassung*

$$\underline{Z}_a = \underline{Z}_i \quad \text{bzw.} \qquad\qquad (4.5.16a)$$
$$R_a = R_i \quad \text{und} \quad X_a = X_i \qquad\qquad (4.5.16b)$$

angestrebt. Dabei erreicht die Scheinleistung

$$S = UI = \frac{U_q^2|\underline{Z}_a|}{(R_i + R_a)^2 + (X_i + X_a)^2} \qquad (4.5.17)$$

den Maximalwert

$$S|_{\max} = \frac{U_q^2}{4Z_i} \qquad\qquad (4.5.18)$$

und die Wirkleistung beträgt

$$P = S\frac{R_i}{Z_i^2} = \frac{U_q^2 R_a}{4Z_a^2}\,. \qquad\qquad (4.5.19)$$

Beide Anpaßarten unterscheiden sich in der Wahl der Blindwiderstände (oben Resonanz, hier Übereinstimmung). Am Rande sei erwähnt, daß diese Bemessung die Anpassung nach dem sog. Wellenwiderstand ist.

Beispiel: Wirkleistungsanpassung eines passiven Zweipols (R_2C-Parallelschaltung) an die Impedanz $\underline{Z} = R + j\,\omega L$ einer Spannungsquelle. Ist die Quelle gegeben, so muß bei Wirkleistungsanpassung nach Gl. (4.5.16) gelten. $\underline{Z}_i = \underline{Z}_a^*$:

$$ R + j\,\omega L = \left(\frac{1}{R_2 + 1/j\,\omega C} \right)^* = \frac{R_2(1 + j\,\omega C R_2)}{1 + (\omega C R_2)^2} . $$

Der Vergleich liefert

$$ R_2 = \frac{R^2 + (\omega L)^2}{R} \; ; \quad C = \frac{L}{R^2 + (\omega L)^2} . $$

Aufgabe 4.5.2.

4.6   Typische Wechselstromschaltungen

Wechselstromschaltungen, bestehend aus unabhängigen harmonischen Quellen, den Grundelementen R, L, C, M und ggf. gesteuerten Quellen werden außerordentlich vielfältig in der Energie- und Informationstechnik, Meß- und Regelungstechnik, Elektronik u.a. mit ganz unterschiedlichen Aufgabenstellungen verwendet. Oft läßt sich das Problem auf die Grundschaltung nach Bild 4.6.1 zurückführen: eine Quelle oder der Sender arbeitet auf ein Netzwerk, das als *Vierpol* aufgefaßt werden kann. An seinem Ausgang liegt als passiver Zweipol der *„Empfänger"*. Wir nehmen als Quelle eine harmonische Größe an und werden später sehen, daß die Ergebnisse weitgehend auch auf andere Signalformen übertragen werden können.

Je nach der Aufgabenstellung überträgt diese Grundanordnung einen Energie- oder Informationsfluß von der Eingangsseite 1 (Größen u_q, i_1, u_1) zur Ausgangsseite 2 (Größen i_2, u_2).

Das Zusammenspiel zwischen Quelle und Empfänger hängt entscheidend von den Wechselstromeigenschaften des „Übertragungsvierpols" ab, er kann beispielsweise

– eine *Filter-* oder *Siebwirkung* ausführen, also die elektrische Energie in bestimmten Frequenzbereichen gut, in anderen weniger gut übertragen (Netzfilter, Problemstellungen der Nachrichtentechnik)

- eine Ausgangsgröße unter bestimmten Bedingungen zum Verschwinden bringen, um daraus Schaltelemente ermitteln zu können (*Wechselstrombrücke*)

- Sender und Empfänger z.B. nach Leistungsgesichtspunkten (oder Spannungen) „anpassen" (Kompensations-, Transformator, Transformationsschaltungen) etwa von einer Netzspannung 230 V auf die Spannung eines Glühlämpchens (3 V)

- parasitäre Elemente kompensieren, um z.B. ein Spannungsübersetzungsverhältnis *frequenzunabhängig* zu machen

- ein Signal *verstärken,* also fällt auch die große Gruppe der Verstärker in diese Kategorie

- eine längere *Verbindungsleitung* zwischen Quelle und Empfänger darstellen, deren Modell wir noch kennenlernen werden

- eine Ersatzschaltung des Zusammenschaltung von PC und Drucker sein

- und im einfachsten Fall auch nur aus zwei durchgehenden Leitungsverbindungen bestehen, so daß sich der *Grundstromkreis* ergibt.

Aus diesen Beispielen wird die Bedeutung des *Vierpols* als Übertragungsstruktur des Bildes 4.6.1 deutlich, aber auch typischer Eigenschaften, z.B. Filterwirkung. Deshalb stellen wir den Vierpol an den Anfang aller Betrachtungen.

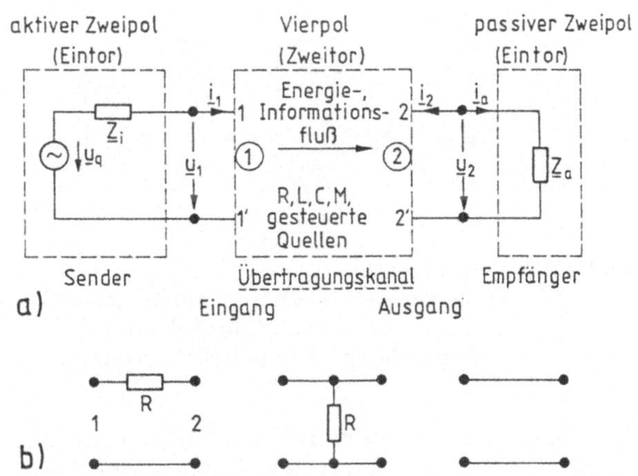

Bild 4.6.1 Elektrisches Übertragungssystem bestehend aus aktivem Zweipol, Übertragungsvierpol und passivem Zweipol
a) Anordnung
b) einfache Beispiele des Übertragungsvierpols

4.6.1   Lineare Vierpole

Ein Netzwerk mit vier Anschlüssen heißt Vierpol. Er liegt nach Bild 4.6.1 durchweg zwischen Sender und Empfänger, ist also im weitesten Sinne ein Übertragungssystem mit ganz verschiedenen Aufgaben und Schaltungsauslegungen: Verbindungsleitung, Trafo, Filter, Anpaßnetzwerk, Verstärker, Transistor, Brücke u.a.

Bild 4.6.2 zeigt einige Beispiele. Wegen dieses breiten Eigenschaftspektrums hat der Vierpol für die gesamte Informations- und Energietechnik grundlegende Bedeutung.

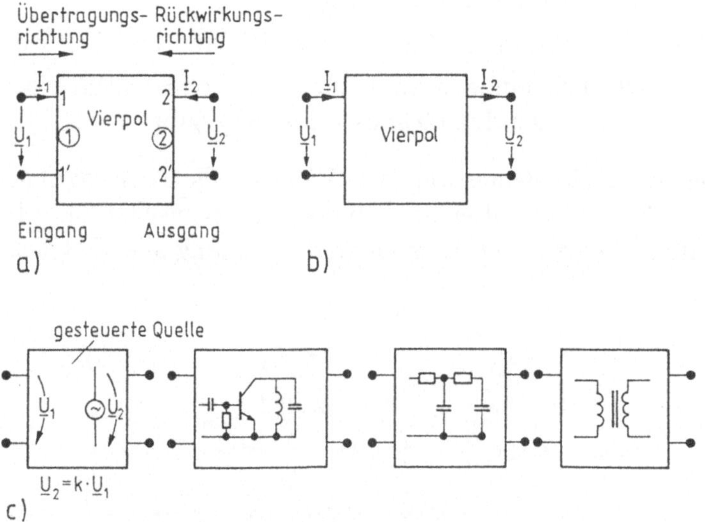

Bild 4.6.2 Vierpolbegriff
a) allgemeiner Vierpol, symmetrisches Zählpfeilsystem
b) unsymmetrisches Zählpfeilsystem
c) Beispiele von Vierpolschaltungen und -bauelementen

Die Eingangsklemmen 1-1′ sind im Normalfall mit der Quelle (mit Innenwiderstand $\underline{Z}_i$), die Ausgangsklemmen 2-2′ mit dem Verbraucher ($\underline{Z}_2 = \underline{Z}_a$) abgeschlossen. Diese Klemmenpaare bezeichnet man auch als *Tore* (Vierpol = Zweitor). Der Vierpol wird symbolisch durch einen Kasten dargestellt und durch zwei Strom-Spannungsbeziehungen an seinen Klemmen beschrieben, die sog. *Vierpolgleichungen* (s.u.).

Damit wird der Vorteil der Vierpoleinführung offenbar: ein beliebig aufgebautes Netzwerk (im Kasten) läßt sich von den Vierpolklemmen her stets durch zwei Gleichungen beschreiben. Dieses Modell vereinfacht die Netzwerkanalyse ganz erheblich.

Mit einfachen Formen von Vierpolen haben wir schon öfters gearbeitet: Beispielsweise kann ein Spannungsteiler ohne weiteres als Vierpol aufgefaßt werden.

Wir stellen zunächst die wichtigsten allgemeinen Gesetzmäßigkeiten von Vierpolen zusammen. Sie bilden die Grundlage für später zu betrachtende speziellere Wechselstromschaltungen.

4.6.1.1 Vierpolgleichungen, Vierpolbeschreibungen

Wir setzen zunächst voraus, daß die Ströme am Vierpolausgang 2-2' (Bild 4.6.1) paarweise gleich sind (das wird durch den angeschlossenen passiven Zweipol stets erzwungen). Dann sind auch die Ströme am Vierpoleingang 1-1' nach dem Knotensatz paarweise gleich. Ferner soll der Vierpol nur *lineare* Netzwerkelemente enthalten. Da harmonische Ströme/Spannungen vorausgesetzt werden, läßt sich auch das im Vierpol (physikalisch) enthaltene Netzwerk in den Frequenzbereich transformieren, so daß als Klemmenströme/-spannungen des Vierpols ebenfalls *transformierte Größen* (entweder rotierende komplexe Zeiger $\underline{u}$, $\underline{i}$ oder ruhende) auftreten. Wir wählen hier komplexe Effektivwerte. Dies wurde im Bild 4.6.1a bereits berücksichtigt.

Während ein Zweipol durch *eine* Strom-Spannungsbeziehung beschrieben wird (z.B. $\underline{U}$ gegeben, $\underline{I}$ durch $\underline{Z}$ bestimmt), müssen beim Vierpol von den Klemmengrößen $\underline{U}_1$, $\underline{U}_2$, $\underline{I}_1$, $\underline{I}_2$ *zwei* vorgegeben sein, um die restlichen beiden zu bestimmen oder:

Ein Vierpol wird durch zwei Gleichungen für zwei Unbekannte mit insgesamt vier (komplexen) Koeffizienten, den Vierpolparametern $\underline{Z}_{ik}$ z.B. der Art

$$\begin{aligned}
\underline{U}_1 &= \underline{Z}_{11}\underline{I}_1 + \underline{Z}_{12}\underline{I}_2 \\
\underline{U}_2 &= \underline{Z}_{21}\underline{I}_1 + \underline{Z}_{22}\underline{I}_2
\end{aligned}$$

(4.6.1a)

vollständig beschrieben. Die Kurzform in Matrixdarstellung lautet

$$\begin{bmatrix} \underline{U}_1 \\ \underline{U}_2 \end{bmatrix} = [\underline{Z}] \cdot \begin{bmatrix} \underline{I}_1 \\ \underline{I}_2 \end{bmatrix} \qquad [\underline{U}] = [\underline{Z}] \cdot [\underline{I}]$$

(4.6.1b)

mit der Impedanzmatrix

$$[\underline{Z}] = \begin{bmatrix} \underline{Z}_{11} & \underline{Z}_{12} \\ \underline{Z}_{21} & \underline{Z}_{22} \end{bmatrix}.$$

Die Parameter $\underline{Z}$ haben die Maßeinheit des Widerstandes, heißen *Impedanz-* oder verbreitet auch *Widerstandsparameter*. Die Impedanzmatrix selbst verknüpft den Vektor $[\underline{I}]$ der Ströme mit dem der Spannungen $[\underline{U}]$. Die Erläuterung der Vierpolparameter $\underline{Z}_{ik}$ erfolgt später (s.u.).

Die Wahl der abhängigen und unabhängigen Größen in Gl. (4.6.1) erfolgte mehr oder weniger willkürlich, denn es wären auch andere Zuordnungen denkbar (es gibt insgesamt 6 Darstellungsformen). Sehr verbreitet ist die sog. *Admittanz-* oder *Leitwertform*:

$$\begin{aligned}
\underline{I}_1 &= \underline{Y}_{11}\underline{U}_1 + \underline{Y}_{12}\underline{U}_2 \\
\underline{I}_2 &= \underline{Y}_{21}\underline{U}_1 + \underline{Y}_{22}\underline{U}_2
\end{aligned}$$

(4.6.2a)

bzw.

$$\begin{bmatrix} \underline{I}_1 \\ \underline{I}_2 \end{bmatrix} = \begin{bmatrix} \underline{Y}_{11} & \underline{Y}_{12} \\ \underline{Y}_{21} & \underline{Y}_{22} \end{bmatrix} \cdot \begin{bmatrix} \underline{U}_1 \\ \underline{U}_2 \end{bmatrix}$$

(4.6.2b)

mit der Admittanzmatrix

$$[\underline{Y}] = \begin{bmatrix} \underline{Y}_{11} & \underline{Y}_{12} \\ \underline{Y}_{21} & \underline{Y}_{22} \end{bmatrix} \quad \text{und der Kurzform} \quad [\underline{I}] = [\underline{Y}] \cdot [\underline{U}].$$

Weitere, gleichartige Vierpolbeschreibungen sind die *Hybridform* (Reihen-Parallel-Form)

$$\begin{aligned}
\underline{U}_1 &= \underline{H}_{11}\underline{I}_1 + \underline{H}_{12}\underline{U}_2 \\
\underline{I}_2 &= \underline{H}_{21}\underline{I}_1 + \underline{H}_{22}\underline{U}_2 ,
\end{aligned}$$

(4.6.3)

die *Kettenform*

$$\begin{aligned}
\underline{U}_1 &= \underline{A}_{11}\underline{U}_2 + \underline{A}_{12}(-\underline{I}_2) \\
\underline{I}_1 &= \underline{A}_{21}\underline{U}_2 + \underline{A}_{22}(-\underline{I}_2) .
\end{aligned}$$

(4.6.4)

Dabei ist im negativen Vorzeichen berücksichtigt, daß bei der Kettenschaltung von Vierpolen (für die diese Matrixform entwickelt wurde) der Ausgangsstrom $\underline{I}_2$ tatsächlich aus dem Vierpol herausfließt (Bild 4.6.2b). (In den folgenden Koeffizientenumrechnungen ist dieses Vorzeichen berücksichtigt).

Hinzuweisen ist bei den Vierpolbeschreibungen auf die festgelegte Richtung des Ausgangsstromes $\underline{I}_2$: er kann entweder *symmetrisch* zu $\underline{I}_1$ gewählt werden (Verbraucherpfeilrichtung) oder *unsymmetrisch* (Kettenpfeilrichtung, Erzeugerpfeilrichtung, Bild 4.6.2b) gesetzt sein (Ersatz von $\underline{I}_2$ durch $-\underline{I}_2$). Die letzte Form ist für die Kettenschaltung von Vierpolen günstig.

Wir wählen hier das symmetrische Zählpfeilsystem (bei ggf. notwendigem Wechsel wird darauf hingewiesen).

Vierpolparameterumrechnung. Da alle bisherigen Vierpoldarstellungen Gl. (4.6.1)–(4.6.4) den gleichen Vierpol beschreiben, müssen sich aus einem Parametersatz alle übrigen herleiten lassen. Derartige Umwandlungen sind z.B. bei Vierpolzusammenschaltungen erforderlich. Hinzu kommt, daß sich manche Vierpolparameter (etwa die Leitwertparameter), recht gut messen lassen, andere nicht. Schließlich kann es auch vorkommen, daß manche Parameterdarstellungen für bestimmte Schaltungen nicht definierbar sind. Beispielsweise ergeben sich für die oft verwendeten Leitwert- und Hybridparameter die Beziehungen:

$$\begin{bmatrix} \underline{H}_{11} & \underline{H}_{12} \\ \underline{H}_{21} & \underline{H}_{22} \end{bmatrix} = \frac{1}{\underline{Y}_{11}} \begin{bmatrix} 1 & -\underline{Y}_{12} \\ \underline{Y}_{21} & \Delta\underline{Y} \end{bmatrix} \tag{4.6.5}$$

$$\Delta\underline{Y} = \underline{Y}_{11}\underline{Y}_{22} - \underline{Y}_{21}\underline{Y}_{12} .$$

Tafel 4.6.1 enthält eine Zusammenstellung der Umrechungsbeziehungen.

Bestimmung der Vierpolparameter. Die vier Vierpolparameter einer Vierpoldarstellungsart können auf ganz unterschiedliche Weise bestimmt werden:

a) durch Messung und

b) durch Berechung unter definierten Abschlußbedingungen (wechselstrommäßig Leerlauf ($\underline{I} = 0$), Kurzschluß $\underline{U} = 0$), definierter Abschluß mit einer Impedanz). Die Abschlußbedingungen stehen in direktem Zusammenhang mit dem jeweiligen Parameter (Tafel 4.6.2). Beispielsweise ergeben

Tafel 4.6.1 Umrechnung von Vierpolparametern (symmetrische Zählpfeile)

Gegeben → Gesucht ↓	$\begin{aligned}\underline{U}_1 &= \underline{Z}_{11}\underline{I}_1 + \underline{Z}_{12}\underline{I}_2\\ \underline{U}_2 &= \underline{Z}_{21}\underline{I}_1 + \underline{Z}_{22}\underline{I}_2\\ \det\underline{Z} &= \underline{Z}_{11}\underline{Z}_{22} - \underline{Z}_{12}\underline{Z}_{21}\end{aligned}$		$\begin{aligned}\underline{I}_1 &= \underline{Y}_{11}\underline{U}_1 + \underline{Y}_{12}\underline{U}_2\\ \underline{I}_2 &= \underline{Y}_{21}\underline{U}_1 + \underline{Y}_{22}\underline{U}_2\\ \det\underline{Y} &= \underline{Y}_{11}\underline{Y}_{22} - \underline{Y}_{12}\underline{Y}_{21}\end{aligned}$		$\begin{aligned}\underline{U}_1 &= \underline{H}_{11}\underline{I}_1 + \underline{H}_{12}\underline{U}_2\\ \underline{I}_2 &= \underline{H}_{21}\underline{I}_1 + \underline{H}_{22}\underline{U}_2\\ \det\underline{H} &= \underline{H}_{11}\underline{H}_{22} - \underline{H}_{12}\underline{H}_{21}\end{aligned}$		$\begin{aligned}\underline{U}_1 &= \underline{A}_{11}\underline{U}_2 + \underline{A}_{12}(-\underline{I}_2)\\ \underline{I}_1 &= \underline{A}_{21}\underline{U}_2 + \underline{A}_{22}(-\underline{I}_2)\\ \det\underline{A} &= \underline{A}_{11}\underline{A}_{22} - \underline{A}_{12}\underline{A}_{21}\end{aligned}$	
	$\underline{Z}$		$\underline{Y}$		$\underline{H}$		$\underline{A}$	
$\underline{Z}$	$\underline{Z}_{11}$	$\underline{Z}_{12}$	$\dfrac{\underline{Y}_{22}}{\det\underline{Y}}$	$\dfrac{-\underline{Y}_{12}}{\det\underline{Y}}$	$\dfrac{\det\underline{H}}{\underline{H}_{22}}$	$\dfrac{\underline{H}_{12}}{\underline{H}_{22}}$	$\dfrac{\underline{A}_{11}}{\underline{A}_{21}}$	$\dfrac{\det\underline{A}}{\underline{A}_{21}}$
	$\underline{Z}_{21}$	$\underline{Z}_{22}$	$\dfrac{-\underline{Y}_{21}}{\det\underline{Y}}$	$\dfrac{+\underline{Y}_{11}}{\det\underline{Y}}$	$\dfrac{-\underline{H}_{21}}{\underline{H}_{22}}$	$\dfrac{1}{\underline{H}_{22}}$	$\dfrac{1}{\underline{A}_{21}}$	$\dfrac{\underline{A}_{22}}{\underline{A}_{21}}$
$\underline{Y}$	$\dfrac{\underline{Z}_{22}}{\det\underline{Z}}$	$\dfrac{-\underline{Z}_{12}}{\det\underline{Z}}$	$\underline{Y}_{11}$	$\underline{Y}_{12}$	$\dfrac{1}{\underline{H}_{11}}$	$\dfrac{-\underline{H}_{12}}{\underline{H}_{11}}$	$\dfrac{\underline{A}_{22}}{\underline{A}_{12}}$	$\dfrac{-\det\underline{A}}{\underline{A}_{12}}$
	$\dfrac{-\underline{Z}_{21}}{\det\underline{Z}}$	$\dfrac{\underline{Z}_{11}}{\det\underline{Z}}$	$\underline{Y}_{21}$	$\underline{Y}_{22}$	$\dfrac{\underline{H}_{21}}{\underline{H}_{11}}$	$\dfrac{\det\underline{H}_{11}}{\underline{H}_{12}}$	$\dfrac{-1}{\underline{A}_{12}}$	$\dfrac{\underline{A}_{11}}{\underline{A}_{12}}$
$\underline{H}$	$\dfrac{\det\underline{Z}}{\underline{Z}_{22}}$	$\dfrac{\underline{Z}_{12}}{\underline{Z}_{22}}$	$\dfrac{1}{\underline{Y}_{11}}$	$\dfrac{-\underline{Y}_{12}}{\underline{Y}_{11}}$	$\underline{H}_{11}$	$\underline{H}_{12}$	$\dfrac{\underline{A}_{12}}{\underline{A}_{22}}$	$\dfrac{\det\underline{A}}{\underline{A}_{22}}$
	$\dfrac{-\underline{Z}_{21}}{\underline{Z}_{22}}$	$\dfrac{1}{\underline{Z}_{22}}$	$\dfrac{\underline{Y}_{21}}{\underline{Y}_{11}}$	$\dfrac{\det\underline{Y}}{\underline{Y}_{11}}$	$\underline{H}_{21}$	$\underline{H}_{22}$	$\dfrac{-1}{\underline{A}_{22}}$	$\dfrac{\underline{A}_{21}}{\underline{A}_{22}}$
$\underline{A}$	$\dfrac{\underline{Z}_{11}}{\underline{Z}_{21}}$	$\dfrac{\det\underline{Z}}{\underline{Z}_{21}}$	$\dfrac{-\underline{Y}_{22}}{\underline{Y}_{21}}$	$\dfrac{-1}{\underline{Y}_{21}}$	$\dfrac{-\det\underline{H}}{\underline{H}_{21}}$	$\dfrac{-\underline{H}_{11}}{\underline{H}_{21}}$	$\underline{A}_{11}$	$\underline{A}_{12}$
	$\dfrac{1}{\underline{Z}_{21}}$	$\dfrac{\underline{Z}_{22}}{\underline{Z}_{21}}$	$\dfrac{-\det\underline{Y}}{\underline{Y}_{21}}$	$\dfrac{-\underline{Y}_{11}}{\underline{Y}_{21}}$	$\dfrac{-\underline{H}_{22}}{\underline{H}_{21}}$	$\dfrac{-1}{\underline{H}_{21}}$	$\underline{A}_{21}$	$\underline{A}_{22}$

sich die einzelnen *Leitwertparameter* bei *ausgangsseitigem* (*Wechselstrom-*) *Kurzschluß* ($\underline{U}_2 = 0$) zu

$$\underline{Y}_{11} = \frac{\underline{I}_1}{\underline{U}_1} \Bigg|_{\underline{U}_2=0} \qquad \text{Eingangskurzschlußleitwert}$$

$$\underline{Y}_{21} = \frac{\underline{I}_2}{\underline{U}_1} \Bigg|_{\underline{U}_2=0} \qquad \text{Vorwärtskurzschluß-Übertragungsleitwert}$$

Analog gilt bei Kurzschluß am Eingang $\underline{U}_1 = 0$:

$$\underline{Y}_{12} = \frac{\underline{I}_1}{\underline{U}_2} \Bigg|_{\underline{U}_1=0} \qquad \text{Rückwärtskurzschlußleitwert}$$

$$\underline{Y}_{22} = \frac{\underline{I}_2}{\underline{U}_2} \Bigg|_{\underline{U}_1=0} \qquad \text{Ausgangskurzschlußleitwert.}$$

Rückwärts und vorwärts beziehen sich auf die Betriebsrichtungen nach Bild 4.6.2a.

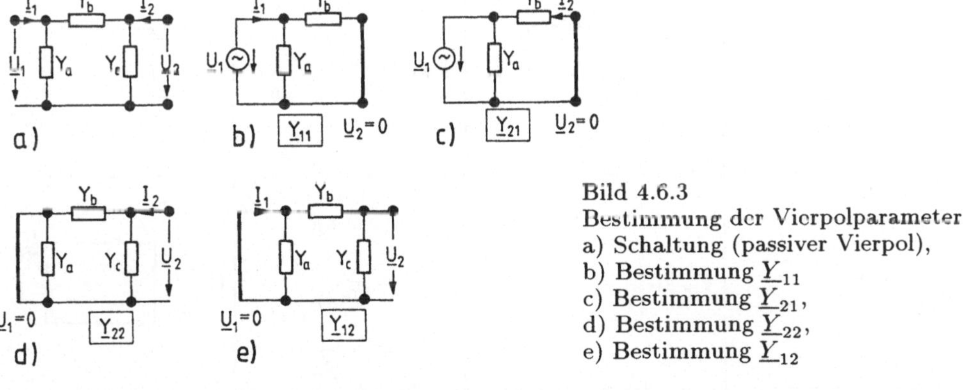

Bild 4.6.3
Bestimmung der Vierpolparameter
a) Schaltung (passiver Vierpol),
b) Bestimmung $\underline{Y}_{11}$
c) Bestimmung $\underline{Y}_{21}$,
d) Bestimmung $\underline{Y}_{22}$,
e) Bestimmung $\underline{Y}_{12}$

Um beispielsweise für die Schaltung Bild 4.6.3 die Leitwertparameter zu bestimmen, wird zunächst ausgangsseitig *Kurzschluß* ($\underline{U}_2 = 0$) eingestellt. Man erhält

$$\underline{Y}_{11} = \frac{\underline{I}_1}{\underline{U}_1} \Bigg|_{\underline{U}_2=0} = Y_\mathrm{a} + Y_\mathrm{b}$$

(angelegt wird die Spannung $\underline{U}_1$, bestimmt der Strom $\underline{I}_1$ bei $\underline{U}_2 = 0$)

$$\underline{Y}_{21} = \frac{\underline{I}_2}{\underline{U}_1} \Bigg|_{\underline{U}_2=0} = -Y_\mathrm{b}$$

Tafel 4.6.2 Definition wichtiger Vierpolparameter einschließlich der Meßschaltungen

Eingangsleerlaufwiderstand $$\underline{Z}_{11} = \left.\frac{\underline{U}_1}{\underline{I}_1}\right|_{\underline{I}_2=0}$$	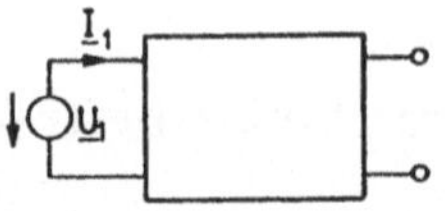	Eingangskurzschlußleitwert $$\underline{Y}_{11} = \left.\frac{\underline{I}_1}{\underline{U}_1}\right|_{\underline{U}_2=0} = \frac{1}{\underline{H}_{11}}$$	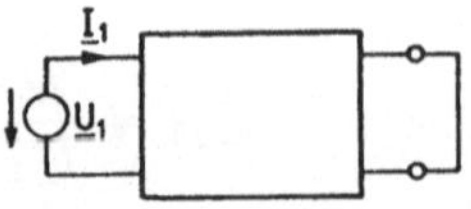
Ausgangsleerlaufwiderstand $$\underline{Z}_{22} = \left.\frac{\underline{U}_2}{\underline{I}_2}\right|_{\underline{I}_1=0} = \frac{1}{\underline{H}_{22}}$$	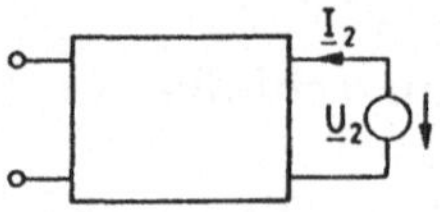	Ausgangskurzschlußleitwert $$\underline{Y}_{22} = \left.\frac{\underline{I}_2}{\underline{U}_2}\right|_{\underline{U}_1=0}$$	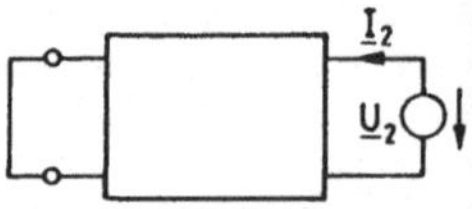
Leerlaufübertragungswiderstand $$\underline{Z}_{21} = \left.\frac{\underline{U}_2}{\underline{I}_1}\right|_{\underline{I}_2=0}$$	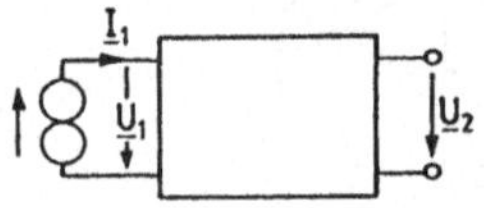	Kurzschlußübertragungsleitwert $$\underline{Y}_{21} = \left.\frac{\underline{I}_2}{\underline{U}_1}\right|_{\underline{U}_2=0}$$	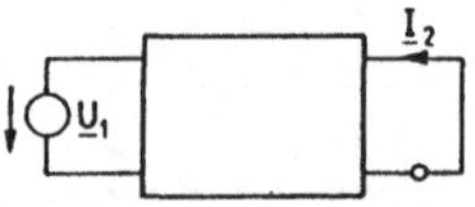
Leerlaufspannungsübertragung $$\frac{1}{\underline{A}_{11}} = \left.\frac{\underline{U}_2}{\underline{U}_1}\right|_{\underline{I}_2=0}$$	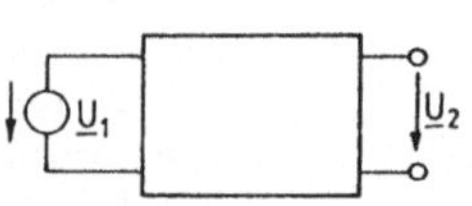	Kurzschlußstromübertragung $$\underline{H}_{21} = \left.\frac{\underline{I}_2}{\underline{I}_1}\right|_{\underline{U}_2=0} = -\frac{1}{\underline{A}_{22}}$$	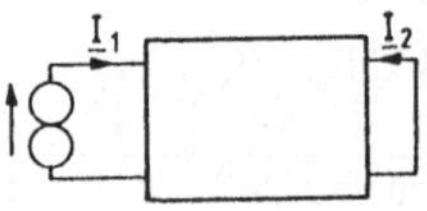
Leerlaufrückwirkungswiderstand $$\underline{Z}_{12} = \left.\frac{\underline{U}_1}{\underline{I}_2}\right|_{\underline{I}_1=0}$$	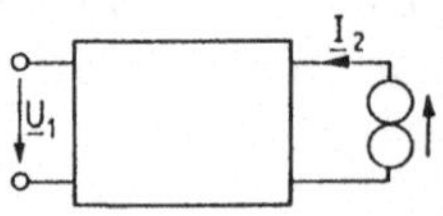	Kurzschlußrückwirkungsleitwert $$\underline{Y}_{12} = \left.\frac{\underline{I}_1}{\underline{U}_2}\right|_{\underline{U}_1=0}$$	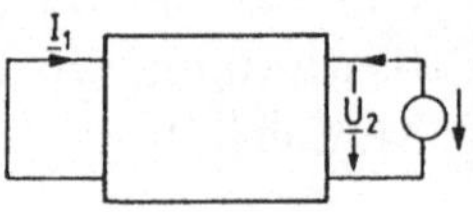
Leerlaufspannungsrückwirkung $$\underline{H}_{12} = \left.\frac{\underline{U}_1}{\underline{U}_2}\right|_{\underline{I}_1=0}$$	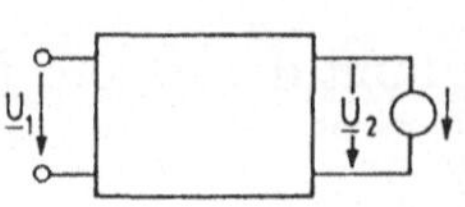	Kurzschlußstromrückwirkung $$\frac{\underline{Y}_{12}}{\underline{Y}_{22}} = \left.\frac{\underline{I}_1}{\underline{I}_2}\right|_{\underline{U}_1=0}$$	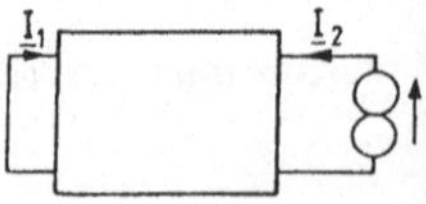

(hier liegt die Spannung $\underline{U}_1$ am Eingang und verursacht einen Strom $\underline{I}' = \underline{U}_1 Y_\mathrm{b}$ durch Y_b mit $\underline{I}' = -\underline{I}_2$). Analog ergeben sich

$$\underline{Y}_{22} = \left.\frac{\underline{I}_2}{\underline{U}_2}\right|_{\underline{U}_1=0} = Y_\mathrm{b} + Y_\mathrm{c}$$

$$\underline{Y}_{12} = \left.\frac{\underline{I}_1}{\underline{U}_2}\right|_{\underline{U}_1=0} = -Y_\mathrm{b}\,.$$

Interessiert beispielsweise der Parameter $\underline{Z}_{11}$, so kann er entweder über die Parameterbeziehungen (Tafel 4.6.1) bestimmt werden oder direkt aus der Definition (Tafel 4.6.2)

$$\underline{Z}_{11} = \left.\frac{\underline{U}_1}{\underline{I}_1}\right|_{\underline{I}_2} = Z_\mathrm{a} \parallel (Z_\mathrm{b} + Z_\mathrm{c})$$

bei Leerlauf am Ausgang ($\underline{I}_2 = 0$). Jetzt erzeugt ein eingeprägter Strom $\underline{I}_1$ die Spannung $\underline{U}_1$.

Vierpolarten. Der allgemeine Vierpol wird durch vier Vierpolparameter vollständig bestimmt. Für spezielle Bedingungen reichen auch weniger Parameter aus:

Umkehrbarer Vierpol. Enthält ein Netzwerk nur *passive Netzwerkelemente* (R, L, C, M), so gilt die *Umkehrbarkeitsbedingung*: Vertauschen Ursache und Wirkung ihren Ort, dann ergibt sich bei gleicher Ursache die gleiche Wirkung (Kirchhoffscher Umkehrsatz).

Für die Leitwertdarstellung (Bild 4.6.3) beispielsweise fließt dann im Eingangskreis der Strom $\underline{I}_1$, herrührend von einer Testspannung $\underline{U}_2$, der gleich dem Strom $\underline{I}_2$ ist, wenn die gleiche Spannung $\underline{U}_2 \equiv \underline{U}_1$ an der Seite 1 liegt. Daraus folgt bei symmetrischem Zählpfeilsystem

$$\underline{Y}_{12} = \underline{Y}_{21}\,. \tag{4.6.6a}$$

Gleichwertig gilt für die anderen Parameter

$$\underline{Z}_{12} = \underline{Z}_{21}\,, \quad \underline{H}_{12} = \underline{H}_{21}\,, \quad \det\underline{A} = 1\,. \tag{4.6.6b}$$

Ein umkehrbarer Vierpol wird durch drei Vierpolparameter vollständig beschrieben.

Gerade diese Bedingung unterscheidet den *passiven* vom *aktiven* Vierpol (mit mindestens einer gesteuerten Quelle).

Symmetrie. Ein Vierpol heißt symmetrisch, wenn die Eingangskurzschlußadmittanzen auf beiden Seiten übereinstimmen:

$$\underline{Y}_{11} = \underline{Y}_{22}\,. \tag{4.6.7a}$$

Dies ist gleichbedeutend mit

$$\underline{Z}_{11} = \underline{Z}_{22}\,,\ \det\underline{H} = 1\,,\ \underline{A}_{11} = -\underline{A}_{22} \tag{4.6.7b}$$

Ein Vierpol kann gleichzeitig symmetrisch und umkehrbar sein. Dann reichen zwei Vierpolparameter eines Satzes zur Beschreibung aus.

Tafel 4.6.3 Gesteuerte Quellen. Vierpolersatzschaltungen, Kettenmatrizen (s. Tafel 4.6.1), (die C-Parameter in Zeile d wurden hier nicht näher definiert)

		A-Matrix	Bemerkungen
a) Stromgesteuerte Spannungsquelle *IUQ*	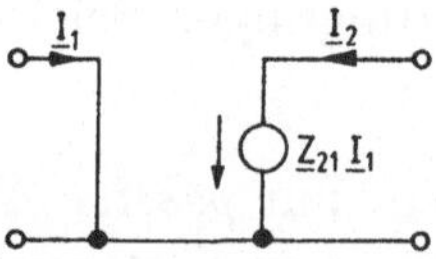	$[\underline{A}] = \begin{bmatrix} 0 & 0 \\ \underline{A}_{21} & 0 \end{bmatrix}$ $\underline{A}_{21} = \dfrac{1}{\underline{Z}_{21}}$	$[\underline{Z}] = \begin{bmatrix} 0 & 0 \\ \underline{Z}_{21} & 0 \end{bmatrix}$ ($\underline{Y}$ existiert nicht)
b) Spannungsgesteuerte Stromquelle *UIQ*	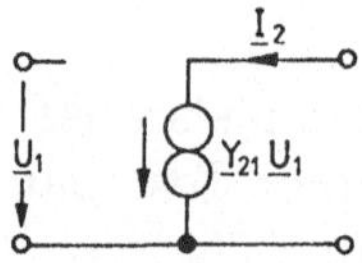	$[\underline{A}] = \begin{bmatrix} 0 & \underline{A}_{12} \\ 0 & 0 \end{bmatrix}$ $\underline{A}_{12} = -\dfrac{1}{\underline{Y}_{21}}$	$[\underline{Y}] = \begin{bmatrix} 0 & 0 \\ \underline{Y}_{21} & 0 \end{bmatrix}$ ($\underline{Z}$ existiert nicht)
c) Stromgesteuerte Stromquelle *IIQ*	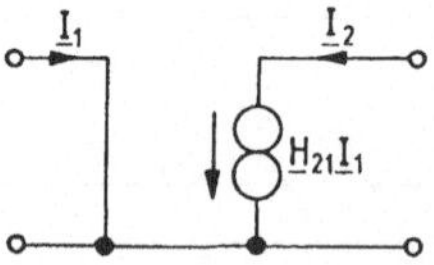	$[\underline{A}] = \begin{bmatrix} 0 & 0 \\ 0 & \underline{A}_{22} \end{bmatrix}$ $\underline{A}_{22} = \dfrac{-1}{\underline{H}_{21}}$	$[\underline{H}] = \begin{bmatrix} 0 & 0 \\ \underline{H}_{21} & 0 \end{bmatrix}$ ($\underline{Z}$ und $\underline{Y}$ existieren nicht)
d) Spannungsgesteuerte Spannungsquelle *UUQ*	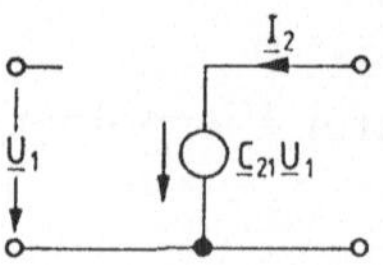	$[\underline{A}] = \begin{bmatrix} \underline{A}_{11} & 0 \\ 0 & 0 \end{bmatrix}$ $\underline{A}_{11} = \dfrac{1}{\underline{C}_{21}}$	$[\underline{C}] = \begin{bmatrix} 0 & 0 \\ \underline{C}_{21} & 0 \end{bmatrix}$ ($\underline{Z}$ und $\underline{Y}$ existieren nicht)

Unilateraler Vierpol. Vierpole mit gesteuerten Quellen. Eine spezielle Vierpolart sind die gesteuerten Quellen (leistungslose Steuerung). Wir haben solche Quellen bereits früher kennengelernt (s. Bild 2.5.1). In systematischer Zusammenstellung enthalten diese Vierpole (Tafel 4.6.3)

- nur eine gesteuerte Quelle am Vierpolausgang und

- sind mit ihrem Steuerzweig *nicht* notwendigerweise einseitig mit den Ausgangsklemmen verbunden.

Die Kettenmatrix-Darstellung ist durch den Steuerparameter jeweils definiert, nicht aber in jedem Falle auch andere Matrizen. Gesteuerte Quellen haben gleichzeitig die Eigenschaft, nur in *einer* Betriebsrichtung (vorwärts) zu übertragen. Vierpole, für die gleichwertig gilt:

$$\underline{Y}_{12} = \underline{H}_{12} = \underline{Z}_{12} = 0 \tag{4.6.8}$$

heißen *unilateral*. Diese Eigenschaft ist für den *Verstärkervierpol* sowie Transistoren typisch. Die in Tafel 4.6.3 zusammengestellten vier Grundtypen gesteuerter Quellen bilden das netzwerktechnische Konzept der meisten Verstärkeranordnungen der Elektronik. Auf das physikalische Konzept gesteuerter Quellen hatten wir bereits verwiesen (s. Bild 2.5.1 ff.).

Beispiel: Für einen Vierpol mit den Impedanzen $\underline{Z}_1$ im Längszweig und $\underline{Z}_2$ parallel zu den Ausgangsklemmen bestimme man die $\underline{Z}$-Parameter.

Lösung. $\underline{Z}_{11} = \underline{Z}_1 + \underline{Z}_2$, $\underline{Z}_{12} = \underline{Z}_{21} = \underline{Z}_{22} = \underline{Z}_2$.

4.6.1.2 Vierpolersatzschaltungen

Jedes Vierpol-Beschreibungssystem nach Gl. (4.6.1 – 4.6.4) läßt sich durch eine (formale) Vierpolersatzschaltung mit nur vier Elementen ersetzen. Sie zeigt zwar völlig gleiches Klemmenverhalten wie der ursprüngliche gegebene Vierpol, stimmt aber mit seinem physikalischen Inhalt i.a. nicht überein. Die Bedeutung solcher Vierpolersatzschaltungen besteht vor allem

- in der leichten Modellierbarkeit und Meßbarkeit der Ersatzelemente

- der Veranschaulichung des Übertragungsvorganges durch eine gewisse Anpassung der Ersatzschaltungswahl an das physikalische Problem.

Grundsätzlich kann jeder allgemeine Vierpol durch eine Ersatzschaltung mit zwei (Bild 4.6.4) oder nur einer gesteuerten Quelle dargestellt werden. Wegen der Bedeutung beschränken wir uns hier nur auf die Leitwert- und Hybriddarstellungen. So läßt sich in der Leitwertform Gl. (4.6.2) der Eingangsstrom $\underline{I}_1 = \underline{Y}_{11}\underline{U}_1 + \underline{Y}_{12}\underline{U}_2$ darstellen durch einen Teilstrom $\underline{Y}_{11}\underline{U}_1$, der vom Eingangskurzschlußleitwert $\underline{Y}_{11}$ herrührt, und einen Teilstrom $\underline{Y}_{12}\underline{U}_2$ als Folge

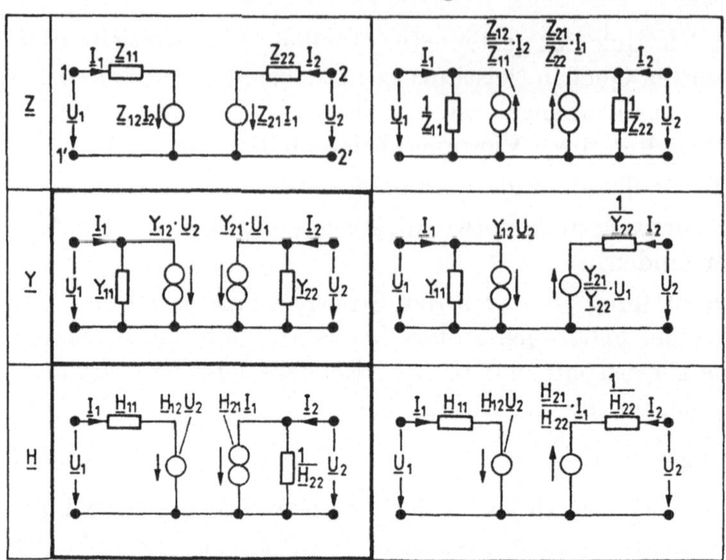

Bild 4.6.4 Vierpolersatzschaltung mit zwei gesteuerten Quellen (gesteuerte Strom- und Spannungsquellen aller Typen treten auf). Die üblicherweise verwendeten Ersatzschaltungen sind umrahmt.

einer durch die Spannung $\underline{U}_2$ spannungsgesteuerten Stromquelle. Der analoge Fall gilt für $\underline{I}_2$. Damit ist die Ersatzschaltung verständlich. Da sich eine reale Stromquelle stets in eine reale Spannungsquelle umwandeln läßt, kann auf der Ausgangsseite auch eine entsprechende Umwandlung durchgeführt werden (rechter Bildteil).

Die Hybridschaltung besteht eingangsseitig wegen

$$\underline{U}_1 = \underline{H}_{11}\underline{I}_1 + \underline{H}_{12}\underline{U}_2$$

aus der Reihenschaltung der Impedanz ($\underline{H}_{11}$) und der Spannung ($\underline{H}_{12}\underline{U}_2$), die als Quelle vom Ausgang her gesteuert wird. Ausgangsseitig stellt

$$\underline{I}_2 = \underline{H}_{21}\underline{I}_1 + \underline{H}_{22}\underline{U}_2$$

eine Stromverzweigung in einen Teilstrom durch den Leitwert $\underline{H}_{22}$ dar und einen Teilstrom $\underline{H}_{21}\underline{I}_1$, herrührend von einer Stromquelle, die der Eingangsstrom $\underline{I}_1$ steuert. Für sich gesehen läßt sich die Stromquelle nach den Gesetzen der Zweipoltheorie wieder in eine stromgesteuerte Spannungsquelle in Reihe zum Widerstand $1/\underline{H}_{22}$ umformen (rechter Bildteil).

Soll die Ersatzschaltung nur mit einer Steuerquelle auskommen, so muß eine gesteuerte Quelle – z.B. $\underline{Y}_{12}\underline{U}_2$ in der Leitwertform – inhaltlich durch einen

Strom über einen Querleitwert $-\underline{Y}_{12}$ ersetzt werden, über den ein Teilstrom zum Knoten K (Bild 4.6.5a) fließt. Für diesen Knoten gilt

$$K: \underline{I}_1 = (\underline{Y}_{11} + \underline{Y}_{12})\underline{U}_1 + (-\underline{Y}_{12})(\underline{U}_1 - \underline{U}_2)$$
$$= \underline{Y}_{11}\underline{U}_1 + \underline{Y}_{12}\underline{U}_2 .$$

Eine analoge Betrachtung gilt für den Ausgangsknoten. Diese Form ist als π-*Ersatzschaltung* vor allem beim Transistor sehr verbreitet.

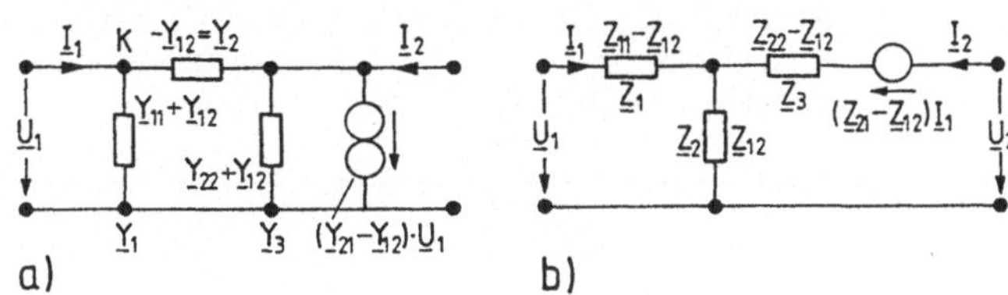

Bild 4.6.5 Vierpolersatzschaltung mit einer gesteuerten Quelle
  a) mit spannungsgesteuerter Stromquelle
  b) mit stromgesteuerter Spannungsquelle
  Beim umkehrbaren Vierpol gilt $\underline{Y}_{12} = \underline{Y}_{21}$ bzw. $\underline{Z}_{12} = \underline{Z}_{21}$ und die gesteuerten Quellen entfallen (Auftrennen der Stromquelle, Kurzschluß der Spannungsquelle)

Umkehrbarer Vierpol. Hier entfällt in der π-Ersatzschaltung (Bild 4.6.5a) die ausgangsseitige Quelle wegen $\underline{Y}_{21} = \underline{Y}_{12}$. Die Elemente der Ersatzschaltung lauten

$$\underline{Y}_1 = \underline{Y}_{11} + \underline{Y}_{12} , \ \underline{Y}_2 = -\underline{Y}_{12} , \ \underline{Y}_3 = \underline{Y}_{22} + \underline{Y}_{12} . \qquad (4.6.9)$$

Sie sind im Regelfall realisierbar.

Ganz analog ergeben sich für die *Widerstands*darstellung die *T-Ersatzschaltung* des Vierpols (Bild 4.6.5b). Selbstverständlich können die Parameter der T-Form auch durch Leitwertelemente ausgedrückt werden und umgekehrt.

4.6.1.3 Vierpol in der Schaltung

Die bisher betrachteten Eigenschaften (Parameter, Ersatzschaltung) hängen nur vom Vierpol selbst ab, nicht der Beschaltung durch Eingangs- und Ausgangskreise. Im Betrieb liegt aber eingangsseitig eine Spannungs- oder Stromquelle (ev. mit Innenwiderstand) an und ausgangsseitig ein Zweipol der Impedanz $\underline{Z}_a$. Dann gelten zusätzlich außer den Vierpolgleichungen noch die äußeren Beschaltungsgleichungen (Bild 4.6.6a):

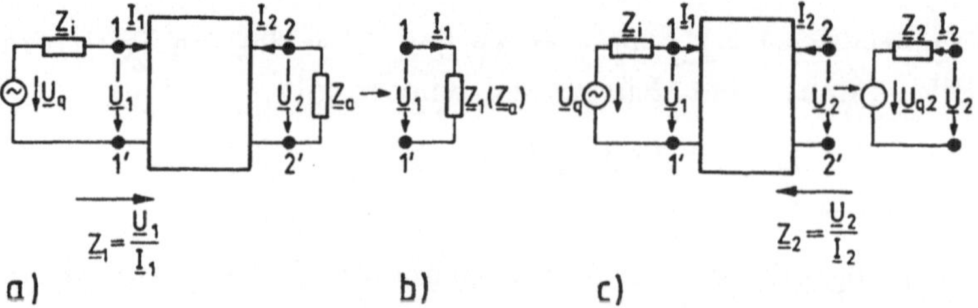

Bild 4.6.6 Vierpolbetriebsgrößen
a) Schaltung, b) Eingangsimpedanz $\underline{Z}_1$ bei ausgangsseitigem Abschluß mit $\underline{Z}_a$
c) Ausgangsimpedanz $\underline{Z}_2$ bei eingangsseitigem Abschluß $\underline{Z}_i$, Bestimmung der
Ersatzquelle des beschalteten Vierpols

$$\begin{aligned}
\underline{U}_1 &= \underline{U}_q - \underline{I}_1\underline{Z}_i \\
\underline{U}_2 &= -\underline{Z}_a\underline{I}_2 .
\end{aligned} \qquad (4.6.10)$$

Dies kann so interpretiert werden, daß der Vierpol auf der Seite 1 eine
Eingangsimpedanz $\underline{Z}_1$ hat, die von der Lastimpedanz $\underline{Z}_a$ abhängt (Bild
4.6.6b). Umgekehrt stellt sich die Vierpolanordnung zwischen den Klemmen
2-2' als aktiver Zweipol bestehend aus einer Ersatzquelle mit Innenwiderstand $\underline{Z}_2$ dar (Bild 4.6.6c). In beiden Fällen hängt das Vierpolverhalten von
der *Beschaltung* ab. Beschaltungsabhängige Größen werden als *Vierpolbe-
triebsparameter* bezeichnet. Dabei ist zwischen Vorwärtsbetrieb (Richtung
$1 \rightarrow 2$) und dem weniger wichtigen Rückwärtsbetrieb zu unterscheiden. Für
die Übertragungseigenschaften in Richtung $1 \rightarrow 2$ können fünf Vierpolbe-
triebsparameter vereinbart werden:

Eingangswiderstand	$\underline{Z}_1 = \dfrac{U_1}{I_1}$		Spannungsübersetzung vorwärts	$\underline{A}_{\mathrm{uf}} = \dfrac{U_2}{\underline{U}_1}$
Übertragungsleitwert vorwärts	$\underline{Y}_{\mathrm{üf}} = \dfrac{I_2}{\underline{U}_1}$		Stromübersetzung vorwärts	$\underline{A}_{\mathrm{if}} = \dfrac{I_2}{\underline{I}_1}$
Übertragungswiderstand vorwärts	$\underline{Z}_{\mathrm{üf}} = \dfrac{U_2}{\underline{I}_1} .$			

Dabei gelten die Zusammenhänge

$$\underline{A}_{\mathrm{uf}} = \underline{Y}_1\underline{Z}_{\mathrm{üf}} ; \quad \underline{A}_{\mathrm{if}} = \underline{Z}_1\underline{Y}_{\mathrm{üf}} . \qquad (4.6.11)$$

So beträgt die *Eingangsimpedanz* $\underline{Z}_1$ des Vierpols bei Abschluß auf der Seite 2 mit $\underline{Z}_a = -\underline{U}_2/\underline{I}_2$ (symmetrisches Zählpfeilsystem, -!)

$$\underline{Z}_1 = \left.\frac{\underline{U}_1}{\underline{I}_1}\right|_{\underline{Z}_a} = \underline{Z}_{11} - \frac{\underline{Z}_{12}\underline{Z}_{21}}{\underline{Z}_{22} + \underline{Z}_a} \, . \tag{4.6.12}$$

Abhängig von $\underline{Z}_a$ schwankt die Impedanz $\underline{Z}_1$ zwischen Leerlaufimpedanz $\underline{Z}_{11} = \underline{Z}_{11}$ ($\underline{Z}_a \to \infty$) und *Kurzschlußimpedanz*

$$\left.\underline{Z}_1\right|_{\underline{Z}_a=0} = \underline{Z}_{1k} = \underline{Z}_{11} - \frac{\underline{Z}_{12}\underline{Z}_{21}}{\underline{Z}_{22}} = \frac{\det \underline{Z}}{\underline{Z}_{22}} = \frac{1}{\underline{Y}_{11}} \, . \tag{4.6.13}$$

Ganz analog ergibt sich die *Ausgangsimpedanz* (Bild 4.6.6c, Abschluß des Einganges 1 mit $\underline{Z}_i$, Messung von Seite 2 aus bei Kurzschluß der Spannungsquelle)

$$\underline{Z}_2 = \left.\frac{\underline{U}_2}{\underline{I}_2}\right|_{\underline{Z}_i} = \underline{Z}_{22} - \frac{\underline{Z}_{12}\underline{Z}_{21}}{\underline{Z}_{11} + \underline{Z}_i} \tag{4.6.14}$$

mit den Grenzen *Leerlauf* ($\underline{Z}_i \to \infty$) und *Kurzschluß* ($\underline{Z}_i \to 0$)

$$\left.\underline{Z}_2\right|_{\underline{Z}_i\to\infty} = \underline{Z}_{22} = \underline{Z}_{22}; \; \left.\underline{Z}_2\right|_{\underline{Z}_i=0} = \underline{Z}_{2k} = \underline{Z}_{22} - \frac{\underline{Z}_{12}\underline{Z}_{21}}{\underline{Z}_{11}} = \frac{\det\underline{Z}}{\underline{Z}_{11}} \, . \tag{4.6.15}$$

Dabei verhalten sich die Leerlaufimpedanzen beider Seiten wie die Kurzschlußimpedanzen:

$$\frac{\underline{Z}_{1k}}{\underline{Z}_{2k}} = \frac{\underline{Z}_{11}}{\underline{Z}_{21}} = \frac{\underline{Z}_{11}}{\underline{Z}_{22}} \, . \tag{4.6.16}$$

In Tafel 4.6.4 wurden die Ersatzgrößen zusammengefaßt, ebenfalls die Übertragungsgrößen $\underline{Z}_{\text{üf}}, \underline{Y}_{\text{üf}}, \underline{A}_{\text{uf}}, \underline{A}_{\text{if}}$.

Die Ausgangsersatzspannung des Vierpoles mit Quelle (Spannung, Strom) am Eingang läßt sich als Leerlaufspannung oder Kurzschlußstrom nach den Regeln der Zweipoltheorie bestimmen. Liegt beispielsweise eingangsseitig eine Stromquelle $\underline{I}_q$ (Innenleitwert $\underline{Y}_i$), so ergibt sich der Ersatzausgangskurzschlußstrom $\underline{I}_{q2}$ (bei $\underline{U}_2 = 0$) aus den Gleichungen

$$\underline{I}_1 = \underline{I}_q - \underline{Y}_i\underline{U}_1 = \underline{Y}_{11}\underline{U}_1 + \underline{Y}_{12}\underline{U}_2$$

$$-\underline{I}_{q2} = \underline{I}_2 = \underline{Y}_{21}\underline{U}_1 + \underline{Y}_{22}\underline{U}_2 \, .$$

Wir eliminieren $\underline{U}_1$ und erhalten

$$\underline{I}_{q2} = -\frac{\underline{Y}_{21}\underline{I}_q}{\underline{Y}_{11} + \underline{Y}_i} \, . \tag{4.6.17}$$

Tafel 4.6.4 Kenngrößen des beschalteten Vierpols ($\underline{Z}_i$, $\underline{Z}_a$)

	$[\underline{Z}]$	$[\underline{Y}]$	$[\underline{H}]$	$[\underline{A}]$
$\underline{Z}_1$	$\dfrac{\underline{Z}_{11} + \underline{Y}_a \det \underline{Z}}{1 + \underline{Z}_{22}\underline{Y}_a}$	$\dfrac{\underline{Y}_{22} + \underline{Y}_a}{\det \underline{Y} + \underline{Y}_{11}\underline{Y}_a}$	$\dfrac{\det \underline{H} + \underline{H}_{11}\underline{Y}_a}{\underline{H}_{22} + \underline{Y}_a}$	$\dfrac{\underline{A}_{11} + \underline{A}_{12}\cdot\underline{Y}_a}{\underline{A}_{21} + \underline{A}_{22}\cdot\underline{Y}_a}$
$\underline{Z}_2$	$\dfrac{\det \underline{Z} + \underline{Z}_i\underline{Z}_{11}}{\underline{Z}_{11} + \underline{Z}_i}$	$\left[\dfrac{\det \underline{Y} + \underline{Y}_i\underline{Y}_{22}}{\underline{Y}_{11} + \underline{Y}_1}\right]^{-1}$	$\dfrac{\underline{H}_{11} + \underline{Z}_i}{\det \underline{H} + \underline{Z}_i\underline{H}_{22}}$	$\dfrac{\underline{A}_{22}\underline{Z}_i + \underline{A}_{12}}{\underline{A}_{21}\underline{Z}_i + \underline{A}_{11}}$
$\underline{Y}_{\text{üf}}$	$\dfrac{-\underline{Z}_{21}\underline{Y}_a}{\underline{Z}_{11} + \underline{Y}_a \det \underline{Z}}$	$\dfrac{\underline{Y}_{21}\underline{Y}_a}{\underline{Y}_{22} + \underline{Y}_a}$	$\dfrac{\underline{H}_{21}\underline{Y}_a}{\det \underline{H} + \underline{H}_{11}\underline{Y}_a}$	$\dfrac{-\underline{Y}_a}{\underline{A}_{11} + \underline{A}_{12}\underline{Y}_a}$
$\underline{Z}_{\text{üf}}$	$\dfrac{\underline{Z}_{21}}{1 + \underline{Z}_{22}\underline{Y}_a}$	$\dfrac{-\underline{Y}_{21}}{\det \underline{Y} + \underline{Y}_{11}\underline{Y}_a}$	$\dfrac{-\underline{H}_{21}}{\underline{H}_{22} + \underline{Y}_a}$	$\dfrac{1}{\underline{A}_{21} + \underline{A}_{22}\cdot\underline{Y}_a}$
$\underline{A}_{\text{uf}}$	$\dfrac{\underline{Z}_{21}}{\underline{Z}_{11} + \underline{Y}_a \det \underline{Z}}$	$\dfrac{-\underline{Y}_{21}}{\underline{Y}_{22} + \underline{Y}_a}$	$\dfrac{-\underline{H}_{21}}{\det \underline{H} + \underline{H}_{11}\underline{Y}_a}$	$\dfrac{1}{\underline{A}_{11} + \underline{A}_{12}\cdot\underline{Y}_a}$
$\underline{A}_{\text{if}}$	$\dfrac{-\underline{Z}_{21}\underline{Y}_a}{1 + \underline{Z}_{22}\underline{Y}_a}$	$\dfrac{\underline{Y}_{21}\underline{Y}_a}{\det \underline{Y} + \underline{Y}_{11}\underline{Y}_a}$	$\dfrac{\underline{H}_{21}\underline{Y}_a}{\underline{H}_{22} + \underline{Y}_a}$	$\dfrac{-\underline{Y}_a}{\underline{A}_{21} + \underline{A}_{22}\cdot\underline{Y}_a}$

Tafel 4.6.5 Ersatzquellenspannung $\underline{U}_{q2}$ bzw. Ersatzquellenstrom $\underline{I}_{q2}$ am Vierpolausgang, wenn eingangsseitig ein aktiver Zweipol ($\underline{U}_q$, $\underline{I}_q$, $\underline{Z}_i$) liegt

$\underline{U}_{q2}$	$\underline{I}_{q2}$
$\underline{U}_{q2} = \dfrac{\underline{Z}_{21}\underline{U}_q}{\underline{Z}_{11} + \underline{Z}_i} = \dfrac{\underline{U}_q}{\underline{A}_{21}\underline{Z}_i + \underline{A}_{11}}$	$\underline{I}_{q2} = \dfrac{-\underline{Y}_{21}\underline{I}_q}{\underline{Y}_{11} + \underline{Y}_i} = \dfrac{-\underline{H}_{21}\underline{U}_q}{\underline{H}_{11} + \underline{Z}_i}$

Ganz entsprechend lassen sich die anderen Ergebnisse (Tafel 4.6.5) herleiten. Die restlichen Vierpolbetriebsgrößen vorwärts wurden bereits in Tafel 4.6.4 mit zusammengestellt.

Zusammengefaßt ist so möglich, den Vierpol als ein „Transformationsnetzwerk" zu verstehen, mit dem z.B. die Ausgangsbelastung $\underline{Z}_a$ auf eine Ersatzbelastung im Eingangskreis (Grundstromkreis) zurückgeführt werden kann.

Aufgaben 4.6.1 – 4.6.3.

4.6.1.4 Vierpolzusammenschaltungen

Vierpolzusammenschaltungen treten häufig auf, z.B. als Kettenschaltung mehrerer Vierpole in einem Übertragungsweg. Auch andere Formen, wie die Parallel-Reihen- und gemischte Reihen-/ Parallelschaltung sind besonders für rückgekoppelte Systeme (Oszillatorschaltungen, Gegenkopplung) typisch. Schließlich erfordert eine effiziente Schaltungsanalyse ebenfalls die Kenntnis der Zusammenschaltungsregeln. So lassen sich beispielsweise Verstärkerstufen durch Zusammenschaltungen von Elementarvierpolen aufbauen.

Die Zusammenschaltung zweier Vierpole erfolgt durch Parallel- oder Reihenschaltung ihrer Tore oder Kettenschaltung. Insgesamt gibt es fünf Möglichkeiten (Bild 4.6.7):

Schaltung	Vierpolgleichungen	Vierpolparameter
Parallel-Parallel-S.	Leitwertform	Y-Parameter
Reihen-Reihen-S.	Widerstandsform	Z-Parameter
Reihen-Parallel-S.	Reihen-Parallelform	H-Parameter
Parallel-Reihen-S.	Parallel-Reihenform	C-Parameter
Kettenschaltung	Kettenform	A-Parameter .

Die unterschiedlichen Zusammenschaltungsarten erfordern die zugehörigen Vierpolparameter, um die Vorteile der einfachen Berechnung zu nutzen. Dabei ist zu beachten, daß die Eingangs-/ Ausgangskreise durch die Zusammenschaltung nicht gestört werden, d.h. die durchgehenden Linien in Bild 4.6.7 erhalten bleiben. An einigen Beispielen werde das Verfahren erläutert.

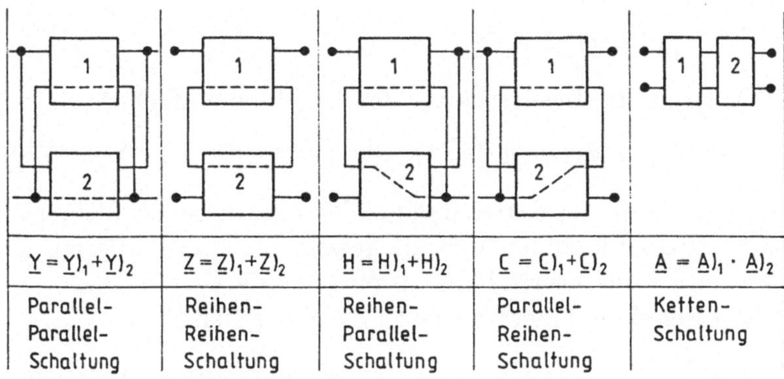

Bild 4.6.7 Arten der Vierpolzusammenschaltung

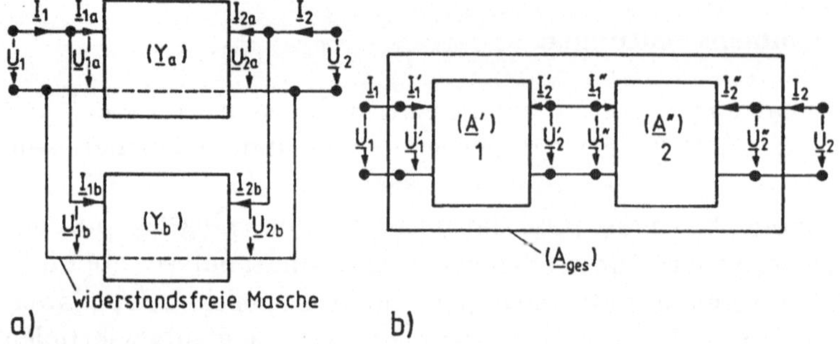

Bild 4.6.8 Vierpolzusammenschaltung
  a) Parallel-Parallelschaltung, b) Kettenschaltung

Parallelschaltung. So, wie sich zwei Zweipole parallelschalten lassen und dabei der Gesamtstrom die Summe der Teilströme ist (wobei die Spannung jeweils übereinstimmt), gilt dies auch für die Parallelschaltung zweier Vierpole (Index a, b) (Bild 4.6.8):

$$\underline{I}_1 = \underline{I}_{1a} + \underline{I}_{1b}\,; \qquad \underline{I}_2 = \underline{I}_{2a} + \underline{I}_{2b}$$
$$\underline{U}_{1a} = \underline{U}_{1b} = \underline{U}_1\,; \quad \underline{U}_{2a} = \underline{U}_{2b} = \underline{U}_2\,.$$

Mit den Vierpolgleichungen

$$\underline{I}_1 = \underline{Y}_{11}\underline{U}_1 + \underline{Y}_{12}\underline{U}_2\,; \quad \underline{I}_2 = \underline{Y}_{21}\underline{U}_1 + \underline{Y}_{22}\underline{U}_2$$

und dem entsprechenden Ansatz für Vierpol b folgt

$$\underline{Y}_{11} = \underline{Y}_{11a} + \underline{Y}_{11b}\,, \quad \underline{Y}_{12} = \underline{Y}_{12a} + \underline{Y}_{12b}$$
$$\underline{Y}_{21} = \underline{Y}_{21a} + \underline{Y}_{21b}\,, \quad \underline{Y}_{22} = \underline{Y}_{22a} + \underline{Y}_{22b}$$

$$(4.6.18)$$

oder zusammenfassend

$$[\underline{Y}] = [\underline{Y}_a] + [\underline{Y}_b]\,.$$

In Matrixschreibweise lautet das Ergebnis einfacher:

$$[\underline{I}] = [\underline{I}_a] + [\underline{I}_b] = [\underline{Y}_a][\underline{U}_a] + [\underline{Y}_b][\underline{U}_b] = [\underline{Y}_a + \underline{Y}_b][\underline{U}]\,.$$

Voraussetzung ist dabei, daß bei der Zusammenschaltung die Ströme der zusammengeschlossenen Vierpole jeweils paarweise übereinstimmen. Dies trifft zu, wenn jeder Vierpol eine durchgehende Verbindung hat (sonst Zwischenschaltung eines Übertragers 1 : 1 erforderlich).

Die Leitwertmatrix zweier parallelgeschalteter Vierpole ergibt sich durch Addition der Leitwertmatrizen der Einzelvierpole.

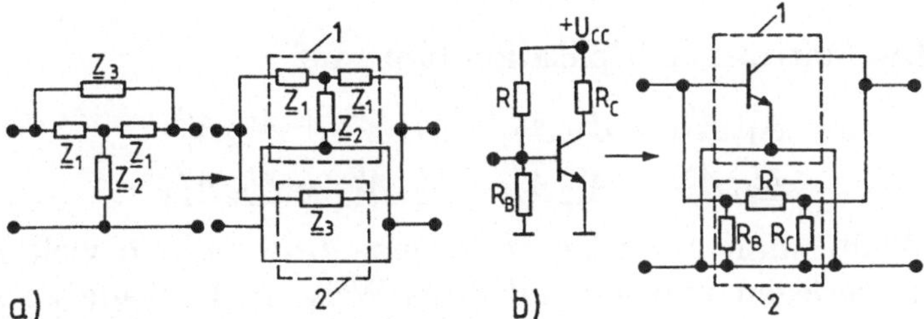

Bild 4.6.9 Beispiele von Vierpolzusammenschaltungen
  a) Brücken-T-Vierpol als Parallel-Parallelschaltung
  b) Transistorstufe als Vierpol-Parallel-Parallelschaltung

Bild 4.6.9 zeigt zwei Anwendungsbeispiele für die Parallelschaltung von Vierpolen.

Weitere Zusammenschaltungen. Auf gleiche Weise läßt sich zeigen, daß bei den übrigen Vierpolzusammenschaltungen (s. Bild 4.6.7) die jeweiligen Vierpolmatrizen der Einzelvierpole zur Matrix des Gesamtvierpoles addiert werden müssen.

Ein weiteres Beispiel zeigt Bild 4.6.10.

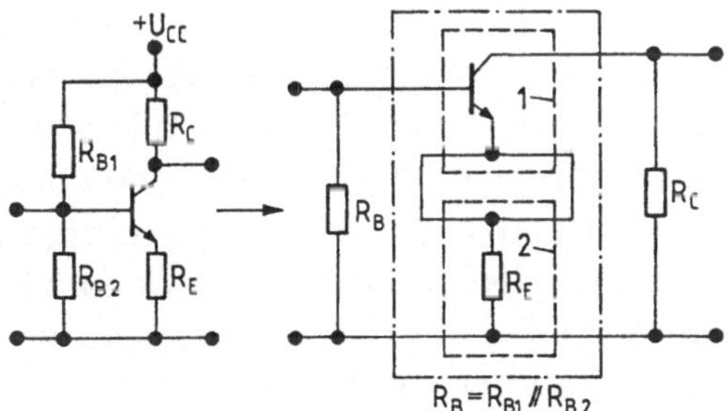

Bild 4.6.10
Transistorstufe dargestellt durch Reihenschaltung zweier Vierpole 1 und 2

Kettenschaltung. Werden zwei Vierpole in Kette geschaltet, so sind die Ausgangsgrößen des ersten Vierpoles gleichzeitig Eingangsgrößen des zweiten (Bild 4.6.8b). Haben Vierpole die Matrizen

$$\begin{bmatrix} \underline{U}_1 \\ \underline{I}_1 \end{bmatrix} = [\underline{A}'] \begin{bmatrix} \underline{U}_2' \\ -\underline{I}_2' \end{bmatrix} \; ; \quad \begin{bmatrix} \underline{U}_1' \\ \underline{I}_1' \end{bmatrix} = [\underline{A}''] \begin{bmatrix} \underline{U}_2 \\ -\underline{I}_2 \end{bmatrix} ,$$

so gilt wegen $\underline{U}_2' = \underline{U}_1'$, $-\underline{I}_2' = \underline{I}_1'$ schließlich für die Gesamtschaltung

$$\begin{bmatrix} \underline{U}_1 \\ \underline{I}_1 \end{bmatrix} = [\underline{A}_{\text{ges}}] \begin{bmatrix} \underline{U}_2 \\ -\underline{I}_2 \end{bmatrix} \quad \text{mit} \quad [\underline{A}_{\text{ges}}] = [\underline{A}'][\underline{A}''] . \tag{4.6.19a}$$

Die Matrizenmultiplikation führt auf

$$\begin{array}{ll} \underline{A}'_{11}\underline{A}''_{11} + \underline{A}'_{12}\underline{A}''_{21} & \underline{A}'_{11}\underline{A}''_{12} + \underline{A}'_{12}\underline{A}''_{22} \\ \underline{A}'_{21}\underline{A}''_{11} + \underline{A}'_{22}\underline{A}''_{21} & \underline{A}'_{21}\underline{A}''_{12} + \underline{A}'_{22}\underline{A}''_{22} \,. \end{array} \qquad (4.6.19\text{b})$$

Wollte man versuchen, etwa eine *Leitung* in n viele gleiche „Teilvierpole" zu zerlegen und alle auf diese Weise in Kaskade zu schalten, so wäre die Matrixoperation $[A]^n$ durchzuführen. Sie wird am einfachsten, wenn man eine neue Parameterform, die „Wellenparameter" einführt (wir gehen hierauf nicht ein).

Kettenschaltungen sind daher nur bei wenigen Vierpolen sinnvoll oder nur dann, wenn die Vierpole keine Nebendiagonal-Koeffizienten A_{12}, A_{21} haben (vereinfacht ausgedrückt keine Quer- und Längswiderstände). Dies ist z.B. beim idealen Trafo der Fall.

Aufgaben 4.6.4, 4.6.5.

4.6.2 Resonanzkreis

Ein elektrischer Schwingkreis ist eine Zusammenschaltung (Reihen-, Parallelschaltung) von wenigstens einer Induktivität und einem Kondensator. Wird er durch ein- oder mehrmalige Energiezufuhr angeregt, so findet ein ständiger Austausch zwischen magnetischer und elektrischer Feldenergie statt. Erfolgt die Anregung mit seiner Eigenfrequenz, dann treten große Amplituden von Strom oder Spannung auf: *Resonanzerscheinung.*

Im täglichen Leben gibt es vielfältige Resonanzvorgänge, denn sie sind typisch für schwingungsfähige Systeme (z.B. Felder-Masse-Systeme, Klappern am Auto bei bestimmten Motordrehzahlen, Verbot, Brücken im Gleichschritt zu überschreiten u.a.m.).

Resonanzerscheinungen haben für die Elektrotechnik/Elektronik größte Bedeutung. Sie sind meist erwünscht, aber z.T. auch unerwünscht (s.u.).[3]

Schwingkreise treten in zwei Grundformen auf, dem *Reihen-* und *Parallelschwingkreis.* Wir betrachten zunächst den *Widerstands-* bzw. *Leitwertoperator* (Bild 4.6.11a)

Reihenschwingkreis	Parallelschwingkreis
Maschensatz	Knotensatz
$\underline{U}_\mathrm{q} = \underline{U}_\mathrm{R} + \underline{U}_\mathrm{L} + \underline{U}_\mathrm{C}$	$\underline{I}_\mathrm{q} = \underline{I}_\mathrm{R} + \underline{I}_\mathrm{L} + \underline{I}_\mathrm{C}\,.$

---

[3] So können beispielsweise durch Einfügen eines Schwingkreises in eine elektronische Schaltung frequenzabhängige Übertragungseigenschaften realisiert werden ($\rightarrow$ Filterwirkung). Auch die Erzeugung einer Sinusschwingung im sog. *Oszillator* nutzt direkt die Resonanz.

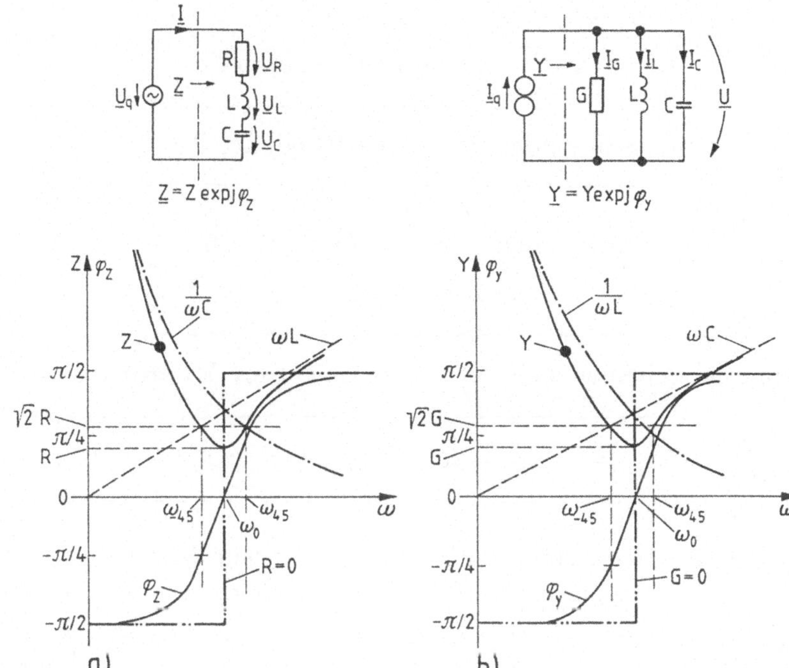

Bild 4.6.11 Resonanzkreis
  a) Reihenresonanzkreis. Schaltung. Scheinwiderstand $\underline{Z}$ und Phasenwinkel φ_z
  als Funktion der Kreisfrequenz
  b) Parallelresonanzkreis. Schaltung. Scheinleitwert $\underline{Y}$ und Phasenwinkel φ_y
  als Funktion der Kreisform

Daraus ergeben sich mit $\underline{Z} = \underline{U}_q/\underline{I}$ bzw. $\underline{Y} = \underline{U}/\underline{I}_q$

$$
\begin{array}{ll}
\textit{Widerstandsoperator} & \textit{Leitwertoperator} \\[2mm]
\underline{Z} = R + \mathrm{j}\left(\omega L - \dfrac{1}{\omega C}\right) & \underline{Y} = G + \mathrm{j}\left(\omega C - \dfrac{1}{\omega L}\right) \\[4mm]
\underline{Z} = \sqrt{R^2 + \left(\omega L - \dfrac{1}{\omega C}\right)^2} & \underline{Y} = \sqrt{G^2 + \left(\omega C - \dfrac{1}{\omega L}\right)^2} \\[4mm]
\tan\varphi_z = \dfrac{\omega L - 1/\omega C}{R} & \tan\varphi_y = \dfrac{\omega C - 1/\omega L}{G}\,.
\end{array}
\tag{4.6.20}
$$

Je nach der Frequenz ω ist der Imaginärteil entweder positiv oder negativ.
Bei der *Resonanzfrequenz*

$$\omega_0 = 1/\sqrt{LC} \quad \text{Thomsonsche Formel}^{4)} \qquad\qquad (4.6.21)$$

verschwinden in beiden Fällen die Imaginärteile:

$$\operatorname{Im}(\underline{Z}(\omega_0)) = 0 \qquad \operatorname{Im}(\underline{Y}(\omega_0)) = 0 \qquad\qquad (4.6.22)$$
$$\omega_0 L = 1/\omega_0 C$$

und der Scheinwiderstand Z (Scheinleitwert Y) erhält seinen *Minimalwert*

$$Z|_{\min} = Z(\omega_0) = R, \quad Y|_{\min} = Y(\omega_0) = G = 1/R. \qquad\qquad (4.6.23)$$

Bei Resonanz stellt der Schwingkreis einen Wirkwiderstand/Wirkleitwert dar. Das typische Merkmal des Schwingkreises ist somit sein stark frequenzabhängiger Scheinwiderstand Z (Scheinleitwert Y, Bild 4.6.11). Die Phase springt im Resonanzfall bei idealem Schwingkreis von $-\pi/2$ auf $+\pi/2$.

Das Verhalten des Reihenkreises wird für tiefe Frequenzen $\omega \ll \omega_0$ durch die Kapazität, für $\omega \gg \omega_0$ durch die Induktivität bestimmt. Beim Parallelkreis ist es gerade umgekehrt.

Neben der Resonanzfrequenz ist die *Güte* oder *Resonanzschärfe*

$$\varrho = \frac{\text{Betrag der induktiven oder kapazitiven Komponente bei } \omega_0}{\text{Wirkkomponente}}$$

ein zweites wichtiges Merkmal des Resonanzkreises. Man erhält

$$\varrho = \frac{\omega_0 L}{R} = \frac{1}{R}\sqrt{\frac{L}{C}} \quad \text{bzw.} \quad = \frac{\omega_0 C}{G} = \frac{1}{G}\sqrt{\frac{C}{L}} \gg 1. \qquad\qquad (4.6.24)$$

Die Kreisgüte steigt mit abnehmender Wirkkomponente.

Ein drittes Merkmal schließlich ist die *Bandbreite b*

$$b_\omega = \omega_{+45} - \omega_{-45} = \omega_0/\varrho. \qquad\qquad (4.6.25)$$

[4)]Sir William Thomson, englischer Physiker 1824-1907.

Sie ergibt sich aus den sog. $\pm 45°$-Frequenzen (Bild 4.6.11). Das sind die Frequenzen, bei denen der Phasenwinkel $\varphi_z = \pm 45°$ beträgt (beim Reihen-, Parallelkreis analog). Dort sind zwangsläufig Real- und Imaginärteil von $\underline{Z}$ betragsmäßig gleich oder es gilt $Z(\omega_{\pm 45}) = \sqrt{2}R$. Man erhält für den Reihenkreis

$$\omega_{\pm 45}^2 - (R/L)\omega_{\pm 45} - 1/LC = 0$$

$$\omega_{\pm 45} = \omega_0 \left[\sqrt{1 + 1/4\varrho^2} \pm 1/2\right] \approx \omega_0[1 \pm 1/2\varrho]. \qquad (4.6.26)$$

Damit ergibt sich Gl. (4.6.25) sofort.

Die frequenzabhängigen Eigenschaften und damit der *Resonanzeffekt* ($\rightarrow$ Amplitudenüberhöhung) kommen in beiden Fällen erst in *Verbindung mit der einspeisenden Quelle* zur Geltung. Liegt etwa der Reihenschwingkreis (Parallelkreis) an konstanter Spannung (konstantem Strom), so fließt bei

$$\underline{U}_q = \text{const.}: \qquad\qquad \underline{I}_q = \text{const.}$$

$$I|_{\text{max}} = U_q/Z_{\text{min}\,|\omega_0} = U_q/R \,\big|_{\omega_0}\,; \quad U|_{\text{max}} = Z(\omega_0)I_q \sim Z(\omega_0)$$

$$\textit{Spannungsresonanz} \qquad\qquad \textit{Stromresonanz} \ .$$

Die *Spannungsresonanz* beim Reihenkreis (bei $\underline{U}_q = \text{const.}$) erklärt sich folgendermaßen: Bei Resonanz fließt maximaler Strom. Dann betragen die Teilspannungen $\underline{U}_L, \underline{U}_C$

$$\frac{\underline{U}_L}{\underline{U}_q}\bigg|_{\omega_0} = \frac{\mathrm{j}\,\omega L}{\underline{Z}}\bigg|_{\omega_0} = \frac{\mathrm{j}\,\omega_0 L}{R} = \mathrm{j}\,\frac{1}{R}\sqrt{\frac{L}{C}} = \mathrm{j}\,\varrho \qquad (4.6.27)$$

$$\frac{\underline{U}_C}{\underline{U}_q}\bigg|_{\omega_0} = \frac{1/\mathrm{j}\,\omega C}{\underline{Z}}\bigg|_{\omega_0} = \frac{1}{\mathrm{j}\,\omega_0 C R} = \frac{1}{\mathrm{j}\,R}\sqrt{\frac{L}{C}} = -\mathrm{j}\,\varrho \ .$$

Die Beziehungen ergeben sich direkt aus der Spannungsteilerregel.

Die mit Gl. (4.6.24) eingeführte *Resonanzüberhöhung* (Güte) drückt aus, daß

- die Teilspannungen U_L, U_C bei Resonanz ϱ mal größer sind als die anliegende Spannung U_q

- und beide eine Phasenverschiebung von $180°$ haben. So führt z.B. $U_q = 10\,\text{V}$ bei $\varrho = 300$ auf $U_C = U_L = 3\,\text{kV}$!

> Bei Spannungsresonanz entstehen im Reihenresonanzkreis an den Schaltelementen L und C hohe Spannungen.

Die Resonanzüberhöhung ϱ bestimmt direkt die „Schlankheit" der $Z(\omega)$-Kurve: je größer die Güte, desto schlanker (selektiver!) wird der $Z(\omega)$-Verlauf, desto ausgeprägter also das Strommaximum. Deshalb gibt man

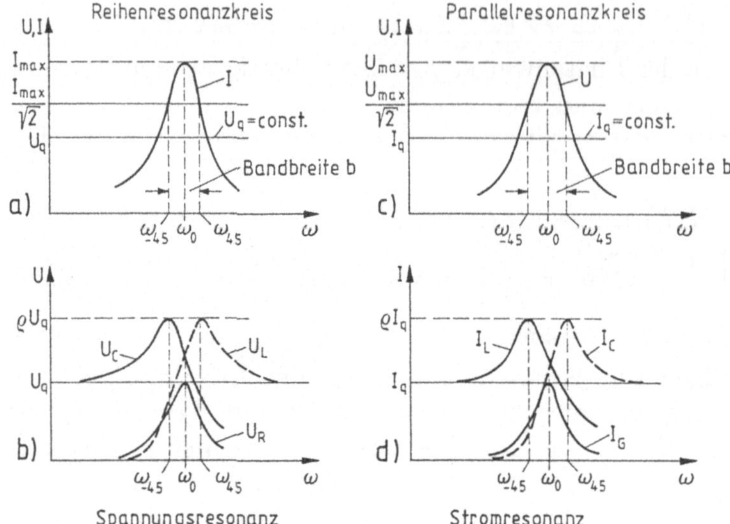

Bild 4.6.12 Resonanzvorgänge
  a) Reihenresonanzkreis nach Bild 4.6.11a. Frequenzabhängigkeit des Stromes (Effektivwert)
  b) Frequenzabhängigkeit der effektiven Teilspannungen (Effektivwerte), Prinzip der Spannungsresonanz
  c) Parallelresonanzkreis nach Bild 4.6.11b. Frequenzabhängigkeit der Spannungen (Effektivwert)
  d) Frequenzabhängigkeit der Teilströme (Effektivwerte). Prinzip der Stromresonanz

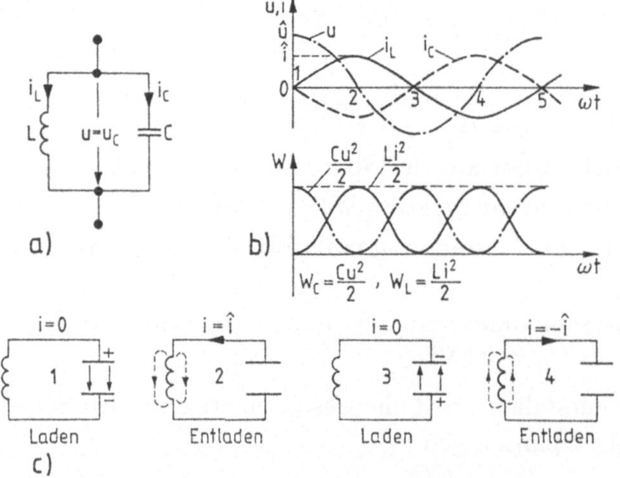

Bild 4.6.13 Resonanzkreis, Energieverhältnisse
  a) Schaltung, b) Zeitverläufe der Ströme, Spannungen und Teilenergien W_C, W_L, c) Energieaustausch zwischen magnetischer und elektrischer Teilenergie

als Bandbreite den Frequenzbereich an, an dessen Grenzen der Strom auf $I_{\max}/\sqrt{2}$ abgefallen ist (Bild 4.6.12a).

Grundsätzlich gelten analoge Aussagen auch für den technisch wichtigeren Parallelresonanzkreis. Dort tritt statt Spannungs- eine *Stromüberhöhung* durch L, C bei Resonanz auf (Stromresonanz).

Energiebeziehungen. Wir betrachten den Energieaustausch zwischen Kondensator und Spule bei der Resonanzfrequenz am Parallelkreis. Stets gilt (Bild 4.6.13a):

$$W = W_{\mathrm{C}} + W_{\mathrm{L}} \quad \text{mit} \quad W_{\mathrm{C}} = (C/2) \cdot u_{\mathrm{C}}^2 \,, \quad W_{\mathrm{L}} = (L/2) \cdot i_{\mathrm{L}}^2 \,.$$

Liegt am Kondensator die Spannung $u = u_{\mathrm{C}} = \hat{u}\sin\omega t$, so lautet der Strom durch L: $i_{\mathrm{L}} = (-\hat{u}/\omega L)\cos\omega t$. Damit beträgt die Gesamtenergie bei ω_0 (Bild 4.6.13b):

$$
\boxed{
\begin{aligned}
W = W_{\mathrm{C}} + W_{\mathrm{L}} &= \frac{C}{2}\hat{u}^2 \sin^2\omega_0 t + \frac{C\omega_0^2}{2\omega_0^2}\hat{u}^2 \cos^2\omega_0 t = \frac{C\hat{u}^2}{2} \\
&= C\hat{u}^2/2 = L\hat{\imath}^2/2 = \text{const}. \qquad\qquad (4.6.28)
\end{aligned}
}
$$

> Bei Resonanz bleibt die Gesamtenergie zeitlich konstant, allerdings schwanken die Energieteile W_{C}, W_{L} phasenverschoben zwischen 0 und dem Maximalwert (Bild 4.6.13c). Die Energie pendelt im Schwingkreis – wie in einem Masse-Feder-System – zwischen Spule und Kondensator hin und her.

Die sehr breite *Anwendung* der Resonanzkreise in der Elektrotechnik /Elektronik beruht auf ihren typischen Eigenschaften:

- Minimum des Scheinwiderstandes (Reihenkreis) bzw. des Scheinleitwertes (Parallelkreis) bei Resonanzfrequenz $\rightarrow$ selektive Übertragungseigenschaften

- Spannungs-/Stromerhöhung bei Reihen-/Parallelkreis ($\rightarrow$ Erzeugung hoher Spannungen)

- Energiependelung zwischen L und C bei Resonanz.

Typische Anwendungsbereiche sind (Bild 4.6.14a):

- Die Nutzung der frequenzselektiven Eigenschaften in Filterschaltungen (z.B. *LC*-Filter)

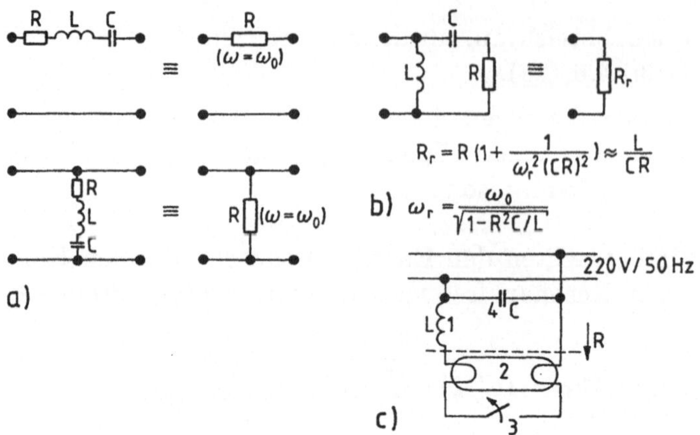

$$R_r = R \left(1 + \frac{1}{\omega_r^2 (CR)^2}\right) \approx \frac{L}{CR}$$

$$\text{b)} \quad \omega_r = \frac{\omega_0}{\sqrt{1 - R^2 C / L}}$$

Bild 4.6.14 Anwendungsbeispiele von Resonanzkreisen
a) Filterwirkung, b) Widerstandstransformation,
c) Wirkungsgradverbesserung an einer Leuchtstoffröhre
1 Vorschaltgerät (Drossel), 2 Leuchtstoffröhre,
3 Starter, 4 Kompensationskondensator

- Resonanzsysteme in Schwingungserzeugern (Oszillatorprinzip, Kompensation der Schwingkreis-Verlustwiderstände durch negativen Wirkwiderstand)

- Einsatz als Abstimmelement in Rundfunkempfängern (selektive Wirkung)

- Transformation von niederohmigen Widerständen in hochohmige (Bild 4.6.14b)

- Erzeugung hoher Spannungen (Reihenresonanz) bzw. hoher Ströme (Parallelresonanz, Induktionserwärmung)

- Blindleistungskompensation (z.B. Motoren, Leuchtstoffröhren, Bild 4.6.14c). Hat die Leuchtstoffröhre gezündet (Starter 3 offen), so entsteht durch die Vorschaltdrossel eine induktive Stromkomponente. Sie wird durch den Kondensator nach dem Resonanzprinzip kompensiert.

4.6.3 Vierpole mit Filtereigenschaften

Sehr häufig ist es wünschenswert, die Leistungsübertragung von einer Quelle zum Verbraucher *frequenzabhängig* zu gestalten, nämlich

- für einen bestimmten Frequenzbereich schlecht ($\rightarrow$ Sperrbereich)

- für einen anderen Bereich sehr gut ($\rightarrow$ Durchlaßbereich).

Ein vierpoliges Netzwerk, das bestimmte Frequenzbereiche durchläßt und andere sperrt, heißt *Filter* oder *Siebschaltung* (Bild 4.6.15).

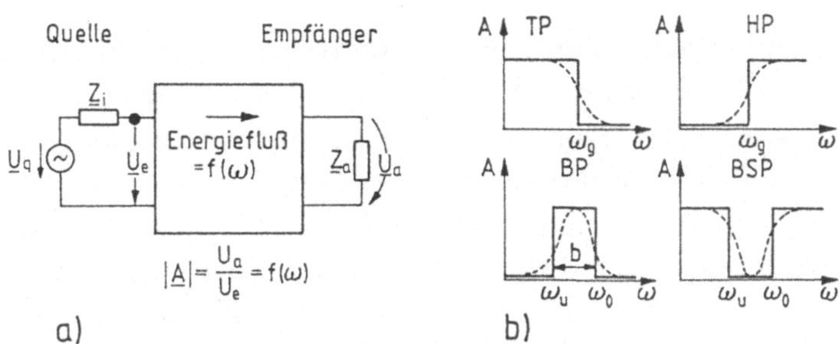

Bild 4.6.15 Filterprinzip
a) Schaltung mit frequenzabhängigem Übertragungsverhalten zwischen Quelle und Empfänger
b) Übertragungsverhalten der vier Filtergrundtypen.
TP Tiefpaß, HP Hochpaß, BP Bandpaß, BSP Bandsperre,
· · · · · · · idealer Verlauf, ———— realer Verlauf

Der Übergang von einem Sperr- zum Durchlaßbereich erfolgt bei einer *Grenzfrequenz* ω_g. Nach dem Übertragungsverhalten gibt es vier Filtertypen:

– den *Tiefpaß*: Durchlaßbereich bei tiefen Frequenzen

– den *Hochpaß*: Durchlaßbereich bei hohen Frequenzen

– den *Bandpaß*: Durchlaßbereich bei mittleren Frequenzen

– die *Bandsperre*: Sperrbereich bei mittleren Frequenzen.

Die Grenzfrequenz ist dabei durch den Abfall der Leistung auf den halben Maximalwert (am Ausgangslastwiderstand R) definiert:

$$\frac{P(\omega_g)}{P_{\max}} = \frac{1}{2} \rightarrow \frac{U_a(\omega_g)}{U_{a\,\max}} = \frac{1}{\sqrt{2}} \; (\rightarrow 3 \text{ dB})\,. \tag{4.6.29}$$

Weil die Leistung $P(\omega) = U^2(\omega)/R$ am Lastwiderstand R auftritt, ist diese Bedingung gleichbedeutend mit einem Abfall der Spannung auf $U_{\max}/\sqrt{2}$.
Die im Bild 4.6.15 angegebenen *idealen*, d.h. sprungartigen Übergänge vom Sperr- in den Durchlaßbereich, lassen sich aus physikalischen Gründen nicht realisieren. Es treten vielmehr endliche Übergänge auf, deren Steilheit von der *Ordnung* des Filternetzwerkes abhängt.

Die Ordnung eines Filternetzwerkes ist gleich der Zahl der in ihm enthaltenen (unabhängigen) Blindschaltelemente (C, L). Mit zunehmender Ordnung wächst die Steilheit in Nähe der Grenzfrequenz.

Filter werden umfangreich genutzt und haben einen hohen Stand erreicht. Filterwirkungen treten aber auch durch unerwünschte parasitäre Effekte (meist kapazitiv, seltener induktiv) auf:

- so hat jeder ohmsche Widerstand eine parasitäre Induktivität und Kapazität, die seinen Einsatz nach hohen Frequenzen begrenzen
- jeder Verstärker besitzt durch innere Kapazitäten Tiefpaßeigenschaften (z.T. auch Bandpaßeigenschaften).

Einfache Filterschaltungen, wie die *RC*- bzw. *RL*-Spannungsteiler wurden bereits mehrfach diskutiert. Es handelt sich dabei um *Tief-* bzw. *Hochpässe erster Ordnung*. Wir wollen uns deshalb auf einige typische Schaltungen höherer Ordnung konzentrieren.

4.6.3.1 Tief-, Hochpässe zweiten Grades

Wir betrachten das Amplituden-Übergangsverhalten in Nähe der Grenzfrequenz einer Kettenschaltung von zwei *RC*-Tiefpässen (Bild 4.6.16) mit verschiedenen Zeitkonstanten (R_1, C_1, R_2, C_2). Die schrittweise Überführung der Spannungsquelle in eine Stromquelle (Bild 4.6.16b), die Bestimmung des neuen Innenleitwertes (Bild 4.6.16c) und die erneute Rückwandlung in eine Spannungsquelle (Bild 4.6.16d) erlaubt die Bestimmung der Ausgangsspannung:

$$\frac{\underline{U}_a}{\underline{U}_q} = \frac{1}{1 + j\,\omega C_1 R_1} \cdot \frac{1}{j\,\omega C_2}\left[\frac{1}{j\,\omega C_2} + R_2 + \frac{R_1}{1 + j\,\omega C_1 R_1}\right]^{-1} \quad (4.6.30)$$

$$= \frac{1}{1 + j\,\omega[C_1 R_1 + C_2 R_2 + C_2 R_1] - \omega^2 C_1 C_2 R_1 R_2}$$

$$= \frac{1}{(1 + j\,\omega\tau_1)(1 + j\,\omega\tau_2)}\,.$$

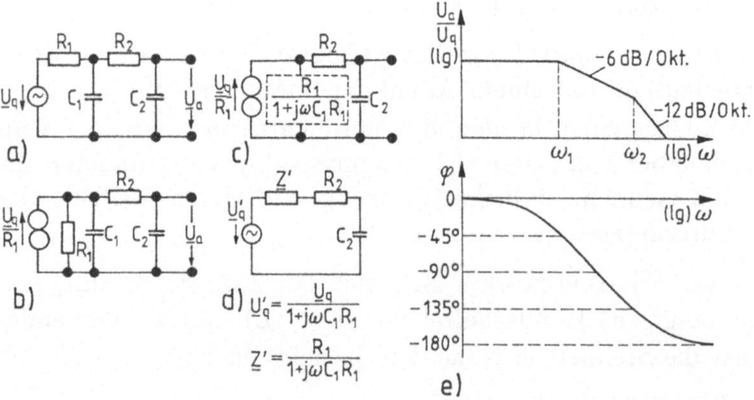

Bild 4.6.16 Kaskadenschaltung zweier Tiefpässe
   a) Schaltung, b)–d) gleichwertige Schaltungsumwandlung
   e) Bodediagramm der bezogenen Ausgangsspannung

Dabei bedeuten

$$\tau_1\tau_2 = C_1C_2R_1R_2 = b$$
$$\tau_1 + \tau_2 = \tau_1 + b/\tau_1 = (C_1 + C_2)R_1 + C_2R_2 = 2a$$
$$\tau_1 = 1/\omega_1 = a - \sqrt{a^2 - b} \quad \tau_2 = 1/\omega_2 = a + \sqrt{a^2 + b}\,.$$

Im Bode-Diagramm (Bild 4.6.16e) erkennt man den Abfall von $-6\,\text{dB/Okt.}$ (bzw. $-20\,\text{dB/Dek.}$) ab der Grenzfrequenz ω_1 und einen steileren Verlauf ($-12\,\text{dB/Okt.}$ bzw. $-40\,\text{dB/Dek.}$) ab ω_2.

Für *gleiche* RC-Schaltungen ($R_1 = R_2 = R$, $C_1 = C_2 = C$, $RC = \tau$) ergibt sich

$$\tau_1 = \left(\frac{3}{2} - \frac{\sqrt{5}}{2}\right)\tau\,, \quad \tau_2 = \left(\frac{3 + \sqrt{5}}{2}\right)\tau$$

resp.

$$\frac{\underline{U}_a}{\underline{U}_q} = \frac{1}{1 - \omega^2\tau^2 + 3\,\mathrm{j}\,\omega\tau}\,. \tag{4.6.31}$$

Die Analyse wird einfacher, wenn die Eingangsimpedanz $\underline{Z}_e = R + 1/\mathrm{j}\,\omega C$ des RC-Gliedes groß gegen $\underline{Z}_C = 1/\mathrm{j}\,\omega C$ ist und damit der RC-Teiler praktisch im Leerlauf arbeitet. Dann gilt:

$$\frac{\underline{U}_a}{\underline{U}_q} = \frac{\underline{U}_a}{\underline{U}_a'} \cdot \frac{\underline{U}_a'}{\underline{U}_q} = \left(\frac{1}{1 + \mathrm{j}\,\omega CR}\right) \cdot \left(\frac{1}{1 + \mathrm{j}\,\omega CR}\right)$$
$$= \left(\frac{1}{1 + \mathrm{j}\,\omega RC}\right)^2 = \frac{1}{1 - \omega^2\tau\omega^2 + 2\,\mathrm{j}\,\omega\tau} \tag{4.6.32}$$

Im Vergleich zu Gl. (4.6.30) entsteht zwar ein Fehler, doch bleibt das Gesamtverhalten qualitativ erhalten. Der Tiefpaß zweiter Ordnung besitzt gegenüber dem Tiefpaß erster Ordnung

– einen stärkeren Übergang vom Durchlaß- zum Sperrbereich und

– eine stärkere Phasendrehung bis zu $-\pi$ bei hohen Frequenzen.

Verallgemeinern wir das Ergebnis Gl. (4.6.32) für n gleiche Tief-/ Hochpässe in Kette:

$$\frac{\underline{U}_a}{\underline{U}_q}\bigg|_n = \left(\frac{1}{1 + \mathrm{j}\,\omega\tau}\right)^n\,. \tag{4.6.33}$$

Daraus erkennen wir

– einen Abfall (Anstieg) der Grenzfrequenz auf $\omega_g = \omega_0/\sqrt{n}$ (TP) bzw. $\omega_0\sqrt{n}$ (HP)

- den stärkeren Abfall der Amplitude (im Bode-Diagramm) mit $-n \cdot 20$ dB/Dek. (bzw. $n \cdot 20$ dB/Dek.)
- und schließlich den asymptotischen Phasengang nach $-n \cdot \pi/2$ (bzw. $n \cdot \pi/2$).

Kettenschaltung mehrerer Filter verbessert somit die Eigenschaften der Gesamtanordnung.

Stufenentkopplung. Eben wurde gezeigt, daß bei der Kettenschaltung von Einzelfiltern durchaus wechselseitige Beeinflussungen entstehen können. Abhilfe schaffen hier sog. Trennverstärker zwischen den Filterstufen (Bild 4.6.17). Solche Verstärker haben im Idealfall eine extrem hohe Eingangsimpedanz, verschwindende Ausgangsimpedanz und eine reelle Spannungsverstärkung A_u (keine Phasendrehung). Deshalb gilt für die Kette

$$\frac{\underline{U}_\mathrm{a}}{\underline{U}_\mathrm{e}} = \underline{A}_\mathrm{u1} \cdot A_\mathrm{u} \cdot \underline{A}_\mathrm{u2} \, . \tag{4.6.34}$$

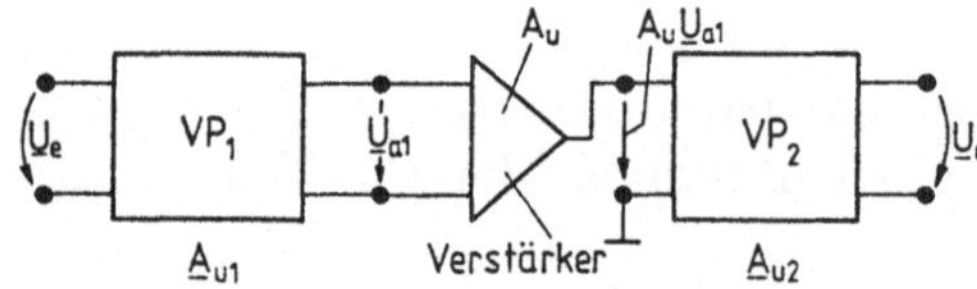

Bild 4.6.17
Kettenschaltung zweier Vierpole mit eingefügtem Trennverstärker (Spannungsverstärkung A_u)

LC-Tief-/Hochpaß 2. Ordnung. Grundsätzlich kann ein Schwingkreis als Tief-/Hochpaß zweiter Ordnung dienen. Beim Reihenschwingkreis (Bild 4.6.18a) betragen die Teilspannungen $\underline{U}_\mathrm{C}, \underline{U}_\mathrm{L}$ jeweils

$$\frac{\underline{U}_\mathrm{C}}{\underline{U}_\mathrm{q}} = \frac{\underline{Z}_\mathrm{C}}{\underline{Z}} = \frac{\omega_0^2}{\omega_0^2 + (\omega_0/\varrho)\,\mathrm{j} + (\mathrm{j}\,\omega)^2} = \frac{\omega_0^2}{N}$$

$$\frac{\underline{U}_\mathrm{R}}{\underline{U}_\mathrm{q}} = \frac{\mathrm{j}\,\omega \cdot \omega_0}{\varrho N}, \qquad \frac{\underline{U}_\mathrm{L}}{\underline{U}_\mathrm{q}} = \frac{\underline{Z}_\mathrm{L}}{\underline{Z}} = \frac{(\mathrm{j}\,\omega)^2}{N} \tag{4.6.35}$$

$$\text{mit} \quad \varrho = 1/R\sqrt{L/C}; \quad \omega_0^2 = 1/LC \, .$$

Die Ergebnisse folgen direkt aus Gl. (4.6.27). Die Kondensatorspannung $\underline{U}_\mathrm{C}$ als „Filterausgangsgröße" (Bild 4.6.18a) wirkt als Tiefpaß: für $\omega \to 0$ stellt die Induktivität einen Kurzschluß dar und die Kapazität eine Leitungsunterbrechung: Durchlaßverhalten. Im Falle $\omega \to \infty$ wirkt dagegen L als Unterbrechung und C als Kurzschluß. Damit ist das Tiefpaß-Verhalten grundsätzlich erkennbar:

$$U_\mathrm{C} \approx U|_{\omega \ll \omega_0} \qquad U_\mathrm{C} \approx U(\omega_0/\omega)^2|_{\omega \gg \omega_0} \, . \tag{4.6.36}$$

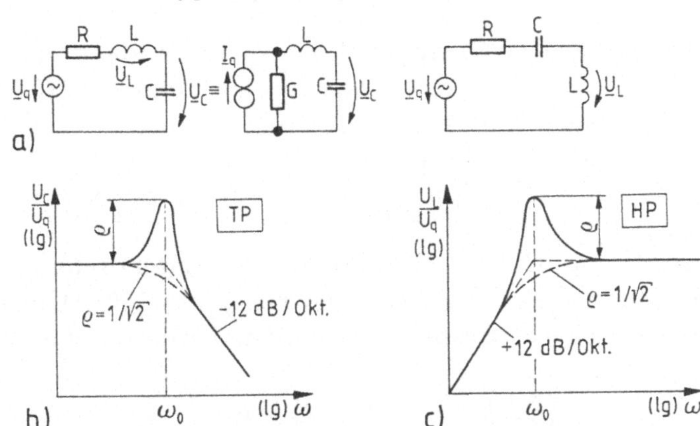

b) c)

Bild 4.6.18 Schwingkreis als Tief-/Hochpaß 2. Ordnung
a) Schaltung, b) Bodediagramm der bezogenen Kondensatorspannung (Tiefpaßverhalten), c) Bodediagramm der bezogenen Spulenspannung (Hochpaßverhalten)

Dies drückt das Bode-Diagramm (Bild 4.6.18b) deutlich aus. Bei Resonanz $\omega - \omega_0$ tritt die schon beim Schwingkreis diskutierte Resonanzüberhöhung

$$U_C = \varrho \cdot U$$

auf (Gl. (4.6.27)).

Für die Güte $\varrho = 1/\sqrt{2}$ bekommt der Verlauf von U_C Tiefpaß Charakter mit der Grenzfrequenz ω_0, einem Abfall von -12 dB/ Okt. (-40 dB/ Dek.) und die Resonanzüberhöhung verschwindet.

Hochpaß 2. Ordnung. Die Spannung $\underline{U}_L$ über der Induktivität Gl. (4.6.35) zeigt Hochpaß-Verhalten (Bild 4.6.18c). Wir erhalten für $\omega \ll \omega_0$.

$$U_L \approx (\omega/\omega_0)^2 U_q. \tag{4.6.37}$$

Die Kurve steigt im Bode-Diagramm mit 40 dB/Dek. an und erreicht die Asymptote $U_L \approx U$ bei $\omega \gg \omega_0$.

Das hier diskutierte Verhalten des Reihenschwingkreises gilt ganz analog für den Parallelschwingkreis, wenn dort die Stromübersetzungen der Kondensator- bzw. Spulenströme bezogen auf den eingeprägten Quellenstrom betrachtet werden.

Zusammengefaßt erkennen wir außer den bereits erläuterten Merkmalen der Schwingkreise: die Spannungs-(Strom-)resonanz beim Reihen-(Parallel-) Schwingkreis zeigt Hoch-/Tiefpaß-Verhalten zweiter Ordnung. Das ist plausibel, denn ein Schwingkreis hat stets zwei Blindschaltelemente.

Tiefpaß dritter Ordnung. Wir betrachten die dreigliedrige RC-Kette (Bild 4.6.19). Für den angenommenen hochohmigen RC-Teiler lautet die Spannungsübersetzung

$$\frac{\underline{U}_a}{\underline{U}_e} = \left(\frac{1}{1 + \mathrm{j}\,\omega RC}\right)^3 = \frac{1}{1 - 3\Omega^2 + \mathrm{j}\,\Omega(3 - \Omega^2)} \qquad (4.6.38\mathrm{a})$$

mit $\Omega = \mathrm{j}\,\omega RC$. Da theoretisch eine Phasendrehung von $3\cdot\pi/2$ möglich ist, kann mit diesem Netzwerk der Fall $\varphi = -180°$ (Umkehr der Ausgangsspannung) sicher eingestellt werden. Die Forderung lautet

$$\mathrm{Im}\!\left(\frac{\underline{U}_a}{\underline{U}_e}\right) = 0 \rightarrow 3 - \Omega_0^2 = 0$$

$$\frac{\underline{U}_a}{\underline{U}_e}\bigg|_{\Omega_0} = \frac{1}{1 - 3\cdot 3} = -\frac{1}{8}. \qquad (4.6.38\mathrm{b})$$

Wegen dieser Phasendrehmöglichkeit findet diese Schaltung im sog. *RC-Oszillator* Anwendung. Ungewollt kann diese Eigenschaft im rückgekoppelten Verstärker zur Schwingneigung führen: in vielen Fällen läßt sich der Frequenzgang eines mehrstufigen Verstärkers durch einen Tiefpaß dritter Ordnung modellieren. Bei Rückkopplung ist die Phasendrehung zwischen Ausgangs- und Eingangssignal von wenigstens 180° Voraussetzung für Instabilität (s. Abschn. 8.2).

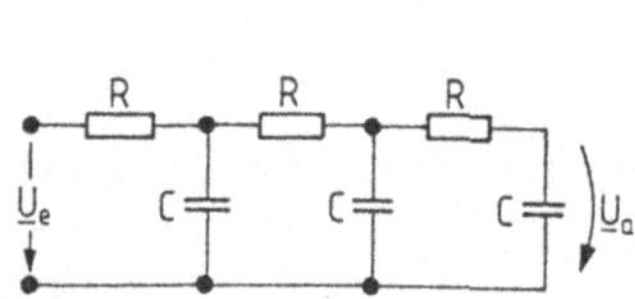

Bild 4.6.19 Tiefpaß 3. Ordnung

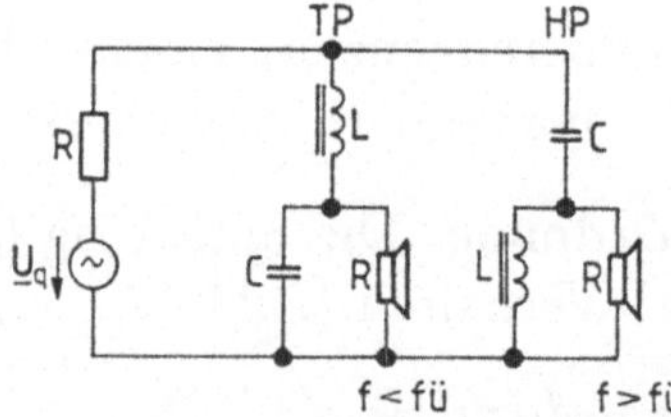

Bild 4.6.20 Prinzip der Frequenzweiche

Anwendungsbeispiel. In modernen Hifi-Anlagen werden durchweg getrennte Lautsprecher für die Wiedergabe hoher und tiefer Frequenzen verwendet. Sog. *Frequenzweichen* stellen sicher, daß die Verstärkerleistung jeweils dem geeignetsten Lautsprecher zur Verfügung steht (Bild 4.6.20). Das übernehmen Tiefpaß- und Hochpaßschaltungen. Sie werden jeweils so dimensioniert, daß bei der Übernahmefrequenz $\omega_\ddot{u}$ der diskutierte Fall starker Dämpfung ($\varrho = 1/\sqrt{2}$) vorliegt. Aus der Gütedefinition Gl. (4.6.24) $L/R = \varrho/\omega_0$ folgt dann

$$L = 1/\sqrt{2}\cdot(R/\omega_\ddot{u}); \quad C = \sqrt{2}/R\omega_\ddot{u}. \qquad (4.6.39)$$

Beispielsweise ergeben sich für $f_{\text{ü}} = 400\,\text{Hz}$, für einen Lautsprecherwiderstand $R = 8\,\Omega$ die Werte $L = 2{,}24\,\text{mH}$, $C = 70\,\mu\text{F}$.

4.6.3.2 Bandpaß-, Bandsperrenschaltungen

Bandpaß/-sperren (Bild 4.6.15) haben typischerweise einen mehr oder weniger „schmalen" Durchlaß- bzw. Sperrfrequenzbereich und damit zwangsläufig

- eine *untere* und *obere Grenzfrequenz* ω_{gu}, ω_{go}
- eine *Bandbreite b* als Differenz beider Grenzfrequenzen

$$b_{\text{f}} = f_{\text{go}} - f_{\text{gu}} \quad \text{bzw.} \quad b_{\omega} = \omega_{\text{go}} - \omega_{\text{gu}} \tag{4.6.40}$$

- sowie eine *Bandmittenfrequenz* f_{m} als geometrisches Mittel aus oberer und unterer Grenzfrequenz

$$f_{\text{m}} = \sqrt{f_{\text{gu}} \cdot f_{\text{go}}} \quad \text{bzw.} \quad \omega_{\text{m}} = \sqrt{\omega_{\text{gu}} \omega_{\text{go}}}\,. \tag{4.6.41}$$

Der Quotient zwischen Bandbreite und Bandmittenfrequenz heißt *relative Bandbreite*

$$d = b_{\text{f}}/f_{\text{m}} = b_{\omega}/\omega_{\text{m}}\,. \tag{4.6.42}$$

Man spricht von einem *Schmalbandfilter*, wenn die Bandmittenfrequenz deutlich *größer* als die Bandbreite ist (z.B. $f_{\text{gu}} = 950\,\text{kHz}$, $f_{\text{go}} = 1\,\text{MHz}$, $b_{\text{f}} = 50\,\text{kHz}$, $\rightarrow d \ll 1$). Beim *Breitbandfilter* dagegen sind obere Grenzfrequenz und Bandbreite von gleicher Größenordnung.

Wir greifen zwei typische Beispiele von Bandpässen heraus, das LC- und das RC-Filter.

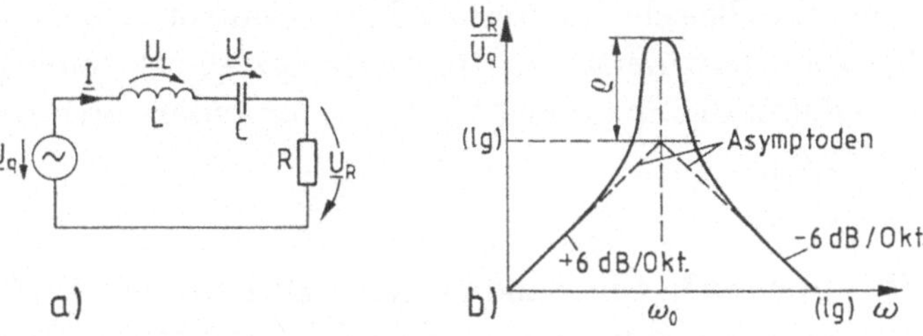

Bild 4.6.21 Reihenschwingkreis als Bandpaß
  a) Schaltung, b) Bodediagramm für die bezogene Spannung U_R

LC-Filter. Im Bild 4.6.21 wird die Spannung $\underline{U}_\mathrm{R}$ des spannungsgespeisten Reihenkreises als Ausgangsgröße des Filters angesehen. Da der Strom bei $\underline{U}_\mathrm{q} = $ const. Resonanzverhalten zeigte, hat $\underline{U}_\mathrm{R}$ nach Gl. (4.6.35) den typischen Verlauf einer Resonanzkurve (Bild 4.6.12): *Grundtyp eines Bandpasses.* Die untere und obere Grenzfrequenz ergeben sich aus den schon beim Schwingkreis angegebenen Definitionen $Z(\omega_\mathrm{g}) = Z_\mathrm{max}/\sqrt{2}$ für die sog. 45°-Frequenzen $\omega_{\pm 45}$ (Gl. (4.6.26)):

$$\omega_{gu/0} = \omega_0[\sqrt{1 + 1/4\varrho^2} \pm 1/2]\,.$$

Die Bandmittenfrequenz

$$\omega_\mathrm{m} = \sqrt{\omega_\mathrm{gu}\omega_\mathrm{go}} \approx \omega_0 \tag{4.6.43}$$

stimmt streng mit der Resonanzfrequenz ω_0 überein, ebenso die *Bandbreite* b_ω und die relative Bandbreite $b_\omega/\omega_\mathrm{m} = 1/\varrho$ mit den Ergebnissen des Schwingkreises.

Im *Bode-Diagramm* (Bild 4.6.21b) erkennt man den Verlauf $U_\mathrm{R} \approx |(\omega_0/\varrho) \cdot \mathrm{j}\,\omega(U/\omega_0^2)| \sim \omega U$ für $\omega \ll \omega_0$, also eine mit $6\,\mathrm{dB/Okt.}$ ansteigende Gerade und für $\omega \gg \omega_0$ aus

$$U_\mathrm{R} \approx \left|\frac{\mathrm{j}\,\omega_0}{\varrho} \cdot \frac{\omega U}{(\mathrm{j}\,\omega)^2}\right| \approx \frac{\omega_0}{\omega} \cdot \frac{U}{\varrho}$$

eine mit $-6\,\mathrm{dB/Okt.}$ abfallende Gerade. Beide Asymptoten schneiden sich bei ω_0. Somit hat ein Reihenschwingkreis im Verlauf der Spannung U_R Bandpaß-Verhalten.

Auch als *Bandsperre* kann der Schwingkreis verwendet werden: man schaltet einen Parallelschwingkreis als Längselement zwischen Spannungsquellen und Verbraucherwiderstand. Im Resonanzfall ist seine Impedanz extrem groß und damit die Spannung $\underline{U}_\mathrm{R}$ klein, für andere Frequenzen sinkt $\underline{Z}$ und damit steigt $\underline{U}_\mathrm{R}$.

RC-Bandpaß. Ein Bandpaß kann auch nur aus Widerständen und Kondensatoren aufgebaut werden. Beispielsweise ergibt eine Kettenschaltung eines RC-Hoch- und Tiefpasses (ohne oder mit Trennverstärker(Bild 4.6.22a), Bandpaßverhalten. Für hohe und tiefe Frequenzen verschwindet die Aus-

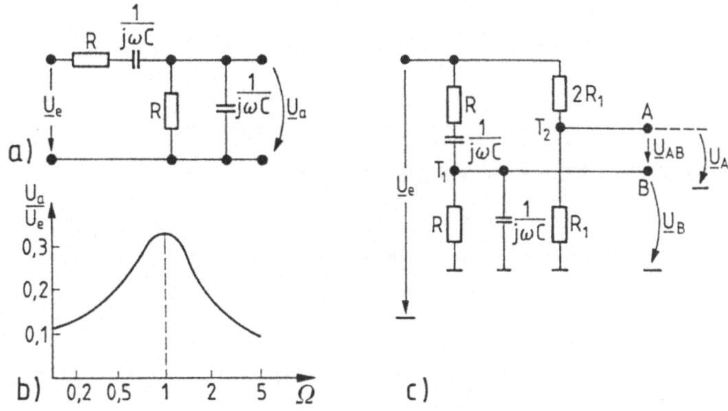

Bild 4.6.22 *RC*-Bandpaßfilter
  a) Schaltung, b) Betrag der bezogenen Ausgangsspannung
  c) Wien-Robinson-Brücke

gangsspannung. Die auch als *Wien-Glied* bekannte Schaltung hat ein Spannungsübersetzungsverhältnis $\underline{U}_\mathrm{a}/\underline{U}_\mathrm{e}$ (Spannungsteilerregel)

$$\frac{\underline{U}_\mathrm{a}}{\underline{U}_\mathrm{e}} = \frac{\underline{Z}_2}{\underline{Z}_2 + \underline{Z}_1} = \frac{\dfrac{1}{(1/R) + j\,\omega C}}{\dfrac{1}{(1/R) + j\,\omega C} + R + \dfrac{1}{j\,\omega C}}$$

$$= \frac{j\,\omega RC}{(1 + j\,\omega RC)^2 + j\,\omega RC} = \frac{j\,\Omega}{1 - \Omega^2 + 3j\,\Omega} = A\,e^{j\varphi} \qquad (4.6.44)$$

mit $\Omega = \omega RC$. Betrag und Phase lauten

$$A = \frac{1}{\sqrt{(1/\Omega - \Omega)^2 + 9}}, \qquad \varphi = \arctan \frac{1 - \Omega^2}{3\Omega} \qquad \text{Wien-Glied}. \qquad (4.6.45)$$

Die Ausgangsspannung erreicht ein Maximum für $\Omega = 1$: Resonanz (Bandmittenfrequenz) herrscht bei

$$\omega_0 = 1/RC \qquad\qquad\qquad (4.6.46)$$

mit einem Spannungsübertragungsverhältnis $A = 1/3$ (Bild 4.6.22b). Wegen des flachen Verlaufes in Resonanznähe hat dieser Bandpaß nur geringe Selektivität. Er wird aber häufig als frequenzbestimmendes Netzwerk in *RC*-Oszillatoren verwendet sowie in der sog. *Wien-Robinson-Meßbrücke*.

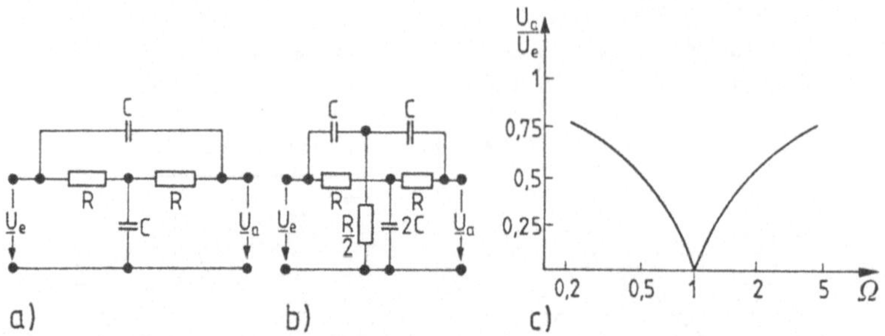

Bild 4.6.23 Überbrücktes T-Glied
a) Schaltung, b) Doppel-T-Filter, c) normierte Frequenzabhängigkeit der Ausgangsspannung U_a/U_e

Ergänzt man die Schaltung (Bild 4.6.22c) noch um einen zweiten Spannungsteiler T_2 mit dem Widerstandsverhältnis $2\,R_1 : R_1$, so entsteht eine sog. *Brückenschaltung* (s. Abschn. 4.6.4). Die Spannung zwischen den Punkten A, B beträgt:

$$\underline{U}_{AB} = \underline{U}_A - \underline{U}_B = \frac{R_1\underline{U}_e}{R_1+2R_1} - \frac{\mathrm{j}\,\Omega\underline{U}_e}{1-\Omega^2+3\,\mathrm{j}\,\Omega} = \frac{(1-\Omega^2)\underline{U}_e}{3(1-\Omega^2+3\,\mathrm{j}\,\Omega)} . \qquad (4.6.47)$$

Sie *verschwindet* für $\Omega = 1$, so daß aus dieser Bedingung z.B. bei bekannten Brückenelementen (R_1, R, C) die Frequenz bestimmt werden kann.

Bandsperre. Die eben diskutierte Schaltung Bild 4.6.22c hat genaugenommen die Eigenschaften einer *Bandsperre*, denn für (exakt) eine Frequenz verschwindet die Ausgangsspannung. Verbreiteter als Bandsperre sind hingegen das sog. *überbrückte T-Glied* (mit nur geringer Selektivität, Bild 4.6.23a) oder besser das *Doppel-T-Glied* (Bild 4.6.23b). Hier verursacht das R-$2C$-R-Glied einen Ausgangskurzschlußstrom, der $\underline{U}_e$ nacheilt und das C-$R/2$-C-Glied einen voreilenden Strom. Bei der Resonanzfrequenz

$$\Omega = 1 = \omega_0 RC$$

kompensieren sich beide und die Ausgangsspannung verschwindet. Die Spannungsübersetzung beträgt

$$\frac{\underline{U}_a}{\underline{U}_e} = \frac{1 - \Omega^2}{1 - \Omega^2 + 4\,\mathrm{j}\,\Omega} . \qquad (4.6.48)$$

Auch diese Schaltung wird verbreitet als frequenzselektives Netzwerk in Oszillatorschaltungen benutzt.

Filter höherer Ordnung. Die diskutierten Filterschaltungen 1. und 2. Ordnung zeigen voll die Grundeigenschaften von Siebschaltungen. Für technische Anwendungen sind oft Filter höherer Ordnung (typisch 10...15) mit extremen Flankensteilheiten erforderlich. Deshalb wurden in den verflossenen Jahrzehnten sehr viele Filtertypen und Realisierungsvarianten entwickkelt und entsprechende Entwurfsstrategien ausgearbeitet.

Filterrealisierungen. Ein erheblicher Teil der im Bereich von einigen 100 Hz bis zu vielen MHz eingesetzten Filter nutzt die klassischen Elemente Kondensator und Spulen: *LC*-Filter. Sie haben den Vorteil, auch für größere Leistungen (Energietechnik, Antennen, Sendetechnik) nutzbar zu sein.

Steht die Schaltungsintegration im Vordergrund (oder muß ein Filter für sehr tiefe Frequenzen entwickelt werden, wo die geforderten Induktivitäten zu groß würden), so eignen sich *aktive RC-Filter* aus Widerständen, Kondensatoren und rückgekoppelten Verstärkern (Operationsverstärkern) besser. Eine besondere Realisierungsform sind dabei die *Schalter-Kondensator-Filter* (SC-, Switched-capacitor-Filter). Sie enthalten Schalter, Kondensatoren, Verstärker, arbeiten nach dem Prinzpip abtastender Analogschaltungen und gestatten eine sehr effiziente Filterrealisierung (von *LC*- und *RC*-Ausgangsfilterformen) mit den modernen Methoden der integrierten MOS-Technik.

Eine andere, verbreitete Realisierungsform von Filtern nutzt mechanische Schwinger, etwa Schwingquarze oder mechanische Filter. Quarze sind Anordnungen, die sich ersatzschaltungsmäßig wie elektrische Schwingkreise mit extrem hoher Güte ($\varrho > 10^4$) verhalten.

Neben den bisher betrachteten Filtern für analoge Signale gewann in den letzten Jahren die digitale Signalverarbeitung immer mehr an Bedeutung. Dafür wurden *Digitalfilter* entwickelt. Ein solches Digitalfilter ist im Prinzip ein spezieller Rechner, der ein digitales Eingangssignal nach einer Vorschrift zu einem digitalen Ausgangssignal verarbeitet. Wir gehen darauf in Abschn. 10.3.3 ein.

Filteranwendungen. Filter finden in allen Systemen der Informationstechnik, der Meß-, Steuer-, Regelungstechnik und überhaupt der Elektrotechnik/Elektronik breiteste Anwendung. Sie dienen z.B.

- der Bandbegrenzung, der Frequenzauswahl und Kanaltrennung (Frequenzweiche, Rundfunk-, TV-Empfänger)
- zur Störunterdrückung (hoch- und tieffrequente Störungen, Netzfrequenz)

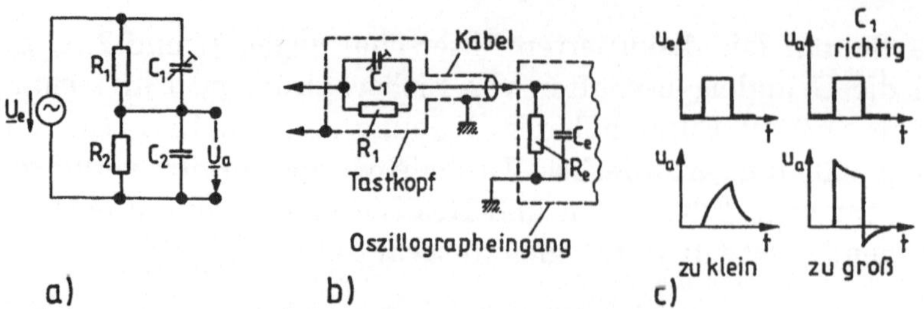

Bild 4.6.24 Frequenzkompensierter Spannungsteiler
a) Schaltung, b) Anwendung im Tastkopf eines Oszillographen, c) Einfluß
der C_1-Einstellung auf den Verlauf der Ausgangsspannung bei anliegendem
Eingangsimpuls

– als Schmalbandfilter zur Signalerkennung aus dem Rauschen

– als Anpaßglieder zur Breitbandanpassung und Widerstandstransformation

– zur Signalverzögerung, Impulsformung, Mittelwertbildung u.a.m.

Aufgaben 4.6.6, 4.6.7.

4.6.4 Besondere Wechselstromschaltungen

Die Zahl der praktisch eingesetzten Wechselstromschaltungen ist umfangreich. Wir greifen einige typische Beispiele heraus.

Frequenzunabhängiger Spannungsteiler. Häufig soll eine Wechselspannung
definiert über einen größeren Frequenzbereich geteilt werden. Weil Widerstände immer parasitäre Kapazitäten besitzen, wird diese Teilung im
allgemeinen frequenzabhängig. Wir setzen diese Kapazitäten einfach als
Parallelelemente an (Bild 4.6.24). Wird $R_1 C_1 = R_2 C_2$ gewählt, so hängt
das Spannungsverhältnis

$$\underline{U}_a/\underline{U}_e = R_2/(R_1 + R_2) = 1/n \qquad (4.6.49)$$

tatsächlich nicht von der Frequenz ab (Nachweis!). Dies wird

in den sog. *Tastköpfen* von Meßgeräten (z.B. Oszilloskop) ausgenutzt (Bild
4.6.24):

– zur frequenzunabhängigen Teilung, z.B. 1:10, 1:100

– zur Verringerung der ohmschen und kapazitiven Belastung der Meßstelle. Bei einem Teilerverhältnis n sinkt nämlich die Eingangskapazität auf
C_2/n.

Hat beispielsweise das Oszilloskop die Werte $R_e = 0,1\,\mathrm{M\Omega}$, $C_e = 3\,\mathrm{pF}$ (Eingangskapazität) und liegt zwischen Eingang und Tastkopf ein Koaxialkabel (Länge 0,5 m) der Kapazität $C' = 50\,\mathrm{pF/m}$, so würde die Gesamtkapazität $C_2 = C_e + C'\,0,5\,m = (3 + 25)\,\mathrm{pF} = 28\,\mathrm{pF}$ betragen. Für ein Teilerverhältnis $n = 100$ muß dann $R_1 \approx 100\,R_2 = 10\,\mathrm{M\Omega}$ betragen und C_1 auf $0,28\,\mathrm{pF}$ eingestellt werden (zweckmäßig durch einen Trimmer).

Der Abgleich des Teilers (Einstellung des Trimmers C_1) erfolgt mit einem Rechtecksignal am Eingang. Bei frequenzunabhängiger Teilung muß das Ausgangssignal rechteckförmig sein, was sich am Oszilloskop leicht erkennen läßt.

Brückenschaltungen. Alle bisher behandelten Vierpole hatten zwischen Eingangs- und Ausgangskreis eine durchgehende Verbindung. Dies ist jedoch für den allgemeinen Vierpol nicht erforderlich, wie die folgende *Brückenschaltung* als Beispiel zeigt.

Eine Brückenschaltung besteht aus zwei Spannungsteilern (Bild 4.6.25a), wobei als Ausgangsgröße die *Differenz* beider Teilerspannungen interessiert. Für eine bestimmte Teilereinstellung – den *Abgleich* – verschwindet die Ausgangsspannung. Eine solche Brückenschaltung kann aber auch als Vierpol in Form der sog. *X-Schaltung* dargestellt werden (Bild 4.6.25b), wobei zwischen Punkt B und D keine durchgehende Verbindung bestehen darf.

Die Schaltung sei aus den Impedanzen $\underline{Z}_1 \ldots \underline{Z}_4$ aufgebaut. Dann betragen die Teilspannungen

$$\frac{\underline{U}_{CB}}{\underline{U}_q} = \frac{\underline{Z}_2}{\underline{Z}_1 + \underline{Z}_2}; \quad \frac{\underline{U}_{DB}}{\underline{U}_q} = \frac{\underline{Z}_4}{\underline{Z}_3 + \underline{Z}_4}. \tag{4.6.50}$$

Die Ausgangsspannung $\underline{U}_{CD}$ verschwindet für $\underline{U}_{CB} = \underline{U}_{DB}$ oder bei Gleichsetzung

$$1 + (\underline{Z}_1/\underline{Z}_2) = 1 + (\underline{Z}_3/\underline{Z}_4),$$

also für

Bild 4.6.25
Brückenschaltung
a) Schaltung, b) gleichwertige
Darstellung als Vierpol (sog. X-
Schaltung)

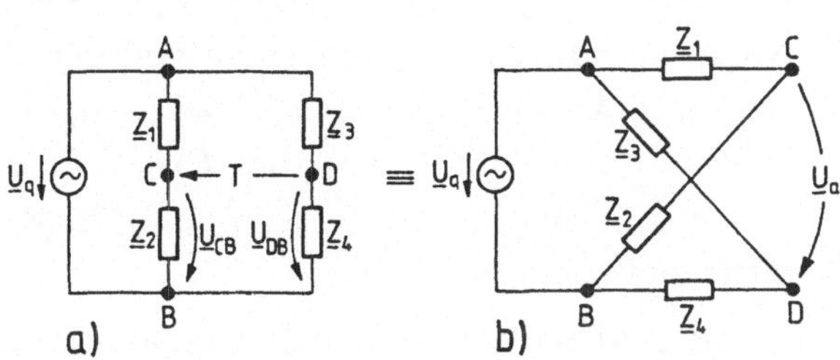

$$\underline{Z}_1/\underline{Z}_2 = \underline{Z}_3/\underline{Z}_4 \quad \text{Brückenabgleichbedingung.} \qquad (4.6.51)$$

Abgleich ($\underline{U}_{CD} = 0$) erfordert die Erfüllung der Abgleichbedingung Gl. (4.6.51).

Diese komplexe Gleichung beinhaltet zwei Abgleichbedingungen, entweder

– in der P-Form die *Betrags- und Phasenbeziehung*

$$Z_3/Z_4 \exp \mathrm{j}(\varphi_3 - \varphi_4) = Z_1/Z_2 \exp \mathrm{j}(\varphi_1 - \varphi_2), \quad \text{d.h.}$$
$$Z_1/Z_2 = Z_3/Z_4 \quad \text{und} \quad \varphi_1 - \varphi_2 = \varphi_3 - \varphi_4 \qquad (4.6.52\mathrm{a})$$

– oder in der R-Form

$$\frac{R_1 + \mathrm{j}\,X_1}{R_2 + \mathrm{j}\,X_2} = \frac{R_3 + \mathrm{j}\,X_3}{R_4 + \mathrm{j}\,X_4} \rightarrow (R_1 + \mathrm{j}\,X_1)(R_4 + \mathrm{j}\,X_4)$$
$$= (R_3 + \mathrm{j}\,X_3)(R_2 + \mathrm{j}\,X_2) \qquad (4.6.52\mathrm{b})$$

– die Real-Imaginärteilbedingungen

$$R_3 R_2 - X_3 X_2 = R_1 R_4 - X_1 X_4 \quad \text{Realteil}$$
$$\text{und} \qquad\qquad\qquad\qquad\qquad\qquad\qquad\qquad (4.6.52\mathrm{c})$$
$$R_3 X_2 + R_2 X_3 = R_1 X_4 + R_4 X_1 \quad \text{Imaginärteil}$$

Die Fülle der Brückenschaltungen leitet sich aus den vielfältigen Anwendungsmöglichkeiten ab, z.B.

– zur *Bestimmung* unbekannter Zweipolelemente, zur Einstellung definierter Phasenverschiebungen (Phasendrehschaltung)

– zur Messung nichtelektrischer Größen, wenn in die Brückenzweige Sensorelemente eingefügt werden u.a.m.

Hinzu kommen einige Vorteile der Brückenschaltung an sich:

– Abgleichbedingung unabhängig von der Betriebsspannung

– bequeme Anzeigemöglichkeit des stromlosen Mittelzweiges, insbesondere in Verbindung mit einem sog. *Brückenverstärker*

– Quotenbildung der Widerstände auf beiden Seiten eliminiert die Temperaturkoeffizienten.

Wir wollen dies durch einige Beispiele erläutern.

Wheatstonesche Brücke. [5] Die Brückenschaltung geht auf Wheatstone zurück und wurde zur Bestimmung ohmscher Widerstände angegeben. Bild 4.6.26a zeigt die Schaltung ($X_1 \ldots X_4 = 0$). Der Spannungsteiler R_1, R_2 wird als Potentiometer ausgelegt ($R_2 = \alpha R$, $R_1 = (1 - \alpha)R$, α Drehwinkel). $R_4 = R_x$ ist der zu bestimmende unbekannte Widerstand, $R_3 = R_N$ ein Widerstandsnormal. Dann gilt bei Abgleich

$$R_x/R_N = R_2/R_1 = \alpha/(1 - \alpha) \quad \text{Abgleichbedingung} . \qquad (4.6.53)$$

Als Normalwiderstand R_N kommen meist dekadisch einstellbare Widerstände zum Einsatz. Der Meßfehler wird für $R_x \approx R_N$ ($\alpha \approx 1/2$) am kleinsten. Das Nullinstrument ist z.B. ein Gleichstrom- oder Spannungsmesser.

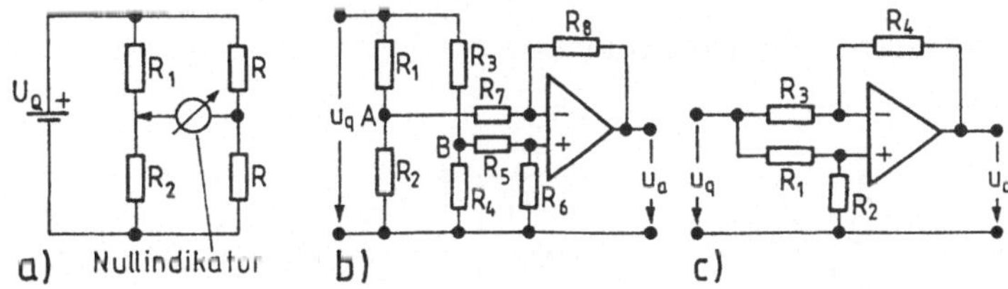

Bild 4.6.26 Brückenschaltung
    a) Wheatstone-Brücke (Originalschaltung)
    b) mit Brückenverstärkerschaltung
    c) Brückenverstärkerschaltung

Technisch nachteilig bleibt die Entnahme des Brückensignals symmetrisch zur Masse, weil ggf. Erdungsprobleme entstehen. Die Verwendung eines sog. *Brückenverstärkers = Spannungs-Differenzverstärker* mit unsymmetrischer Ausgangsspannung (Bild 4.6.26b) schafft Abhilfe. Hinzu kommt, daß er sich geschickt mit der Brücke selbst vereinen läßt. Das möge am Beispiel einer Sensorbrücke gezeigt werden.

Sensorbrücke. Ersetzt man in der Wheatstone-Schaltung einen oder mehrere Widerstände durch entsprechende Sensorwiderstände (z.B. druckabhängige, lichtempfindliche, temperaturabhängige Widerstände o.a.), so entsteht eine einfache Anordnung mit breiten Einsatzmöglichkeiten in der Meß-, Steuer- und Regelungstechnik. Die Schaltung Bild 4.6.26b besteht aus zwei Teilen: der Brückenschaltung ($R_1 \ldots R_4$) und der Differenz-Verstärkerschaltung (Operationsverstärker mit den Widerständen $R_5 \ldots R_8$, die als

---

[5] C. Wheatstone 1802 – 1875.

Gegenkopplungsnetzwerk arbeiten). Grundsätzlich können die Brückenwiderstände $R_1 \ldots R_4$ als Netzwerk des Operationsverstärkers aufgefaßt werden (Bild 4.6.26c). Dann beträgt die Ausgangsspannung

$$u_\mathrm{a} = u_\mathrm{q}\left[\left(\frac{R_1}{R_1 + R_2}\right)\cdot\left(\frac{R_3 + R_4}{R_3}\right) - 1\right].\qquad(4.6.54)$$

Wählt man $R_1 = R_2 = R$ und setzt für $R_4 = R_3\,(1 + \Delta R/R)$ einen Sensorwiderstand ein, wobei $\Delta R/R$ die relative sensorbedingte Abweichung sein soll, so gilt (mit $R_3 = R$) schließlich

$$u_\mathrm{a} = u_\mathrm{a}/2\cdot(\Delta R/R).\qquad(4.6.55)$$

Die relative Sensoränderung erscheint direkt (und linear) als Ausgangsspannung!

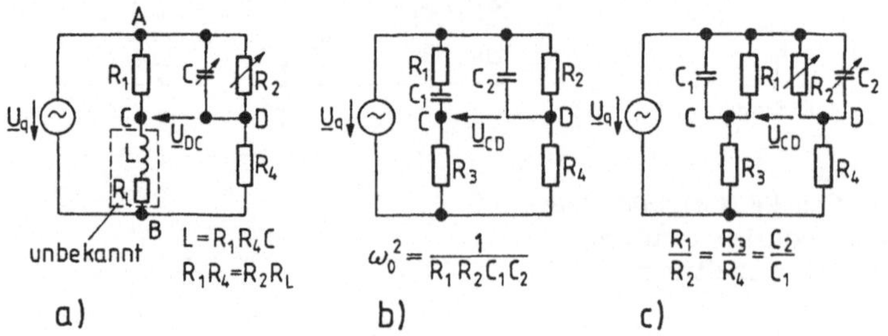

Bild 4.6.27 Brückenschaltungen
  a) Maxwell-Wien-Brücke, b) Wien-Brücke,
  c) Kapazitätsmeßbrücke

Wechselstrombrückenschaltungen. Aus der allgemeinen Abgleichbedingung Gl. (4.6.51) gehen sehr verschiedene Wechselstrombrücken hervor, z.B.

- die *Induktivitätsmeßbrücke* (Maxwell-Wien-Brücke) zur Messung unbekannter Induktivitäten (Bild 4.6.27a)

- die *Frequenzmeßbrücke* (Wien-Brücke, Bild 4.6.27b). Hier kann aus dem abgeglichenen Zustand die unbekannte Frequenz ω_0 des Signals ermittelt werden

- die *Kapazitätsmeßbrücke* (Bild 4.6.27c) zur Messung unbekannter (verlustbehafteter) Kapazitäten.

4.6.5 Übertrager, Transformator

Zwei magnetisch fest (Eisenkreis) gekoppelte Spulen wurden im Abschnitt 2.4.6 als Bauelement „Transformator" eingeführt und dafür die u-i-Beziehung Gl. (2.4.19) bzw. (2.4.22) gewonnen. Im Wechselstromkreis (Bild 4.6.28a) wirkt der Transformator als Vierpol mit Energiedurchsatzeigenschaften: Wandlung elektrischer Energie aus dem Primärkreis in magnetische und daraus wieder zurück in elektrische im Sekundärkreis.

Der Transformator ist ein Bauelement mit zwei magnetisch fest gekoppelten Spulen. Er überträgt Energie aus dem Primärkreis über das Magnetfeld in elektrische Energie in den Sekundärkreis (Bild 4.6.28b). Der Transformator basiert auf dem Induktionsgesetz Gl. (2.4.2).

Transformatoren werden verwendet als

- *Transformator* (im engeren Sinn) oder *Umspanner* in der Energietechnik zur Spannungsuntersetzung oder -übersetzung und

- als *Übertrager* oder *Wandler* in der Informationstechnik zur Widerstandstransformation und/oder Spannungsübersetzung.

Zum *Grundverständnis* stellen wir zunächst die vier Haupteigenschaften des *idealen* Transformators voran, für den folgende Annahmen gelten mögen:

- vollständige magnetische Kopplung beider Spulen (Koppelfaktor $k = 1$, keine Streuung)

- keine Verluste (Wicklungswiderstände $\rightarrow 0$)

- magnetischer Widerstand des Eisenkreises vernachlässigbar.

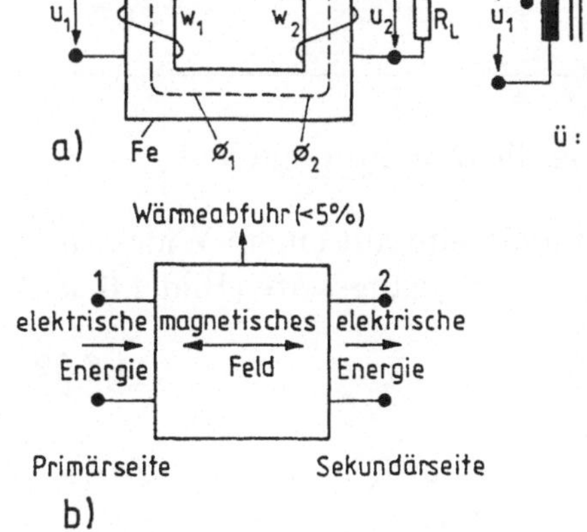

Bild 4.6.28
Transformator
a) Grundanwendung mit Schaltsymbol des idealen Transformators,
b) Energiewandlung elektrisch-magnetisch-elektrisch im Transformator

Dann gelten folgende Merkmale:

1. Ideale Spannungsübersetzung. Aus den Transformatorgleichungen (2.4.19) ergibt sich für die Spannungsübersetzung

$$\frac{u_1}{u_2} = \frac{w_1 \, \mathrm{d}\Phi_1/\mathrm{d}t}{w_2 \, \mathrm{d}\Phi_2/\mathrm{d}t} = \frac{w_1}{w_2} = \ddot{u} \,. \tag{4.6.56}$$

> Primär- und Sekundärspannung des idealen Transformators verhalten sich in jedem Zeitpunkt wie das Windungszahl- oder Übersetzungsverhältnis, unabhängig von der sekundären Last.

Beide Spulen werden vom gleichen magnetischen Fluß durchsetzt ($\Phi_1 = \Phi_2$). Bei Flußänderungen (Induktionsgesetz) erzeugen sie induzierte Spannungen (vgl. Prinzip der Induktivität L).

2. Leistungsübersetzung. Beim verlustfreien Transformator ist die sekundärseitig abgegebene elektrische Leistung $p_2 = u_2 \cdot i_2$ stets gleich der primärseitig aufgenommenen $p_1 = u_1 \cdot i_1$

$$p_1 = u_1 i_1 = p_2 = u_2 i_2 \,. \tag{4.6.57}$$

> Das Magnetfeld wirkt nur als „Mittler" und verursacht keinen Energieverlust.

3. Stromübersetzung. Aus der Leistungsübersetzung $p_2/p_1 = 1$ folgt sofort als Stromübersetzung

$$i_1/i_2 = u_2/u_1 = w_2/w_1 = 1/\ddot{u} \,. \tag{4.6.58}$$

> Die Ströme verhalten sich umgekehrt wie die Windungszahlen!

4. Widerstandstransformation. Ist die Sekundärseite mit einem Widerstand $R_L = u_2/i_2$ abgeschlossen, so ergibt sich auf der Eingangsseite (Bild 4.6.28c)

$$R_e = u_1/i_1 = (w_1/w_2)^2 u_2/i_2 = \ddot{u}^2 R_L \,. \tag{4.6.59}$$

> Der sekundäre Lastwiderstand R_L wird mit dem Quadrat des Übersetzungsverhältnisses auf die Primärseite übersetzt.

Nochmals muß auf das Induktionsgesetz als Transformatorgrundlage verwiesen werden. Es setzt *zeitveränderliche* Ströme/Spannungen voraus. Bei Betrieb mit Gleichstrom wird jeder Transformator unweigerlich durch Überlastung zerstört ($\mathrm{d}\Phi/\mathrm{d}t = 0$!).

Realer Transformator. Der *reale* oder technische Transformator unterscheidet sich vom idealen in wichtigen Punkten:

- die Spulen sind nicht ideal gekoppelt, so daß $k < 1$ gilt ($R_\mathrm{m} > 0$), es gibt ohmsche Wicklungswiderstände und einen magnetischen Widerstand R_m,
- durch die beständige Ummagnetisierung des Eisenkernes entstehen sog. *Ummagnetisierungsverluste.*

Dieses Verhalten kann wie folgt modelliert werden: man schaltet einen idealen Transformator, der nur ein Übersetzungsverhältnis $\ddot{u}$ hat (wie eben beschrieben) mit einem zweiten Vierpol in Kette, der durch die Vierpolgleichungen gekoppelter Spulen beschrieben wird. Dabei soll seine tatsächliche Gegeninduktivität durch sog. *reduzierte Größen* ersetzt werden:

$$M^* = \ddot{u}M \,, \quad L_2^* = \ddot{u}L_2 \,, \quad R_2^* = \ddot{u}R_2 \,.$$

Dieser vorgeschaltete „Vierpol" stört am wenigsten im Leerlauf $\underline{I}_2 = 0$. Deshalb ist die Leerlaufspannungsübersetzung $\underline{U}_1/\underline{U}_2 \approx \ddot{u}$ auch für den technischen Transformator recht gut erfüllt. Andererseits stimmt bei sekundärem Kurzschluß ($\underline{U}_2 = 0$) das Stromverhältnis $\underline{I}_2/\underline{I}_1$ am besten mit dem Idealverhalten überein.

Mit diesem Ersatzschaltbild kann der Transformator in der Schaltung recht gut beschrieben werden. Während es beim Transformator für die Leistungselektronik vor allem auf guten Wirkungsgrad $p_2 \lesssim p_1$ ankommt, fordert der Übertrager in der Informationstechnik möglichst ideale Übertragungseigenschaften (Widerstandstransformation) in großem Frequenzbereich. Dazu wird die Ersatzschaltung noch durch parasitäre Kapazitäten ergänzt. Sie grenzen durch Resonanzeffekte die obere Betriebsgrenzfrequenz deutlich ein.

Wir betrachten zunächst den Einfluß der Streuung und nehmen einen symmetrischen Transformator an ($\ddot{u} = 1$, $L_1 = L_2$, Bild 4.6.29a). Dann gilt wegen des Kopplungsfaktors $k < 1 \rightarrow M = kL$. Wird für das Übertragerverhalten vernachlässigt, daß der Transformator aus zwei Wicklungen besteht, so können die Transformatorgleichungen (2.4.19) durch eine sog. *T-Ersatzschaltung* interpretiert werden (Bild 4.6.29a). Die Längsinduktivitäten stellen die Streuverluste dar (sie gehen für $k \rightarrow 1$ in einen Kurzschluß über),

M ist die Gegeninduktivität. Bei idealer Stromübersetzung ($\underline{I}_1 = \underline{I}_2$) muß der Querstrom durch M verschwinden, m.a.W. $M \to \infty$ für den Idealfall gelten.

Der Transformator mit Streuung kann ersatzschaltbildmäßig aus einem idealen Transformator mit dem Übersetzungsverhältnis (hier $\ddot{u} = 1$) und einem Induktivitätsnetzwerk dargestellt werden (Bild 4.6.29a).

Es ist nun leicht,

- die Wicklungsverluste durch Längswiderstände R nachzubilden
- und die Ummagnetisierungsverluste durch den Widerstand R_{Fe} parallel zu $j\omega M$ darzustellen (im Bild nicht enthalten).

Dieses Transformatormodell geht für den Fall $\ddot{u} = 1$ unter Nutzung der reduzierten Größen in die Form Bild 4.6.29b über.

Anwendungen. Bauformen. Transformatoren/Übertrager werden angewendet

- als Spannungs-/Stromwandler hauptsächlich in der Leistungeelektronik und Energietechnik, auch für die Stromversorgung informationstechnischer Geräte
- zur galvanischen Entkopplung (Potentialtrennung/ Schutztransformatoren) von Stromkreisen
- zur Impedanztransformation in der Informationstechnik
- zur Realisierung von Zwei- und Vierpolen für vorgebene Eigenschaften in der Filtertechnik,
- als sog. gekoppelte Spulen in Verbindung mit Schwingkreisen als *Bandfilter*.

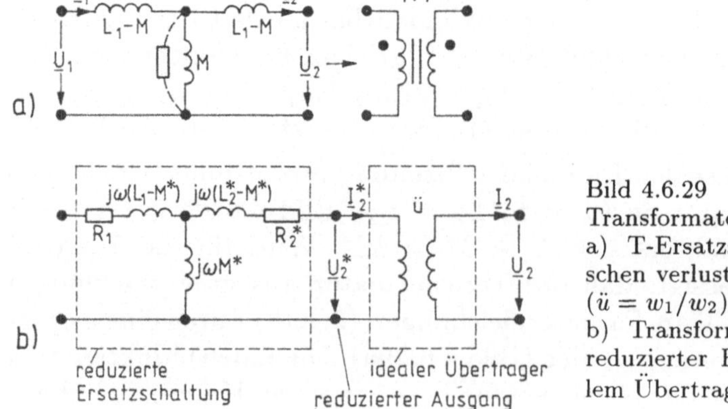

Bild 4.6.29
Transformatorersatzschaltung
a) T-Ersatzschaltung des symmetrischen verlustlosen Transformators ($\ddot{u} = w_1/w_2$),
b) Transformatorersatzschaltung aus reduzierter Ersatzschaltung und idealem Übertrager mit $\ddot{u} = w_1/w_2$

Das wichtigste Anwendungsfeld ist die Energietechnik:
Transformation der Generatorspannung (einige kV) im Kraftwerk auf Hochspannung (380...750 kV) zur wirtschaftlichen Fernübertragung. Am Verbraucherort wird stufenweise bis auf 230 V herabgesetzt.

In der Informationstechnik dient der Transformator zur Absenkung der Netzspannung auf Kleinspannungen (5...24 V, sog. Netzteile). Hier trägt ein kompakter Eisenkern die Wicklungen (sog. Kerntransformator mit getrennten Schenkeln für beide Wicklungen oder Manteltransformator mit Wicklungen auf dem gleichen Schenkel). Zur Vermeidung hoher Eisenverluste besteht der Eisenkreis aus geschichteten Blechen (Dicke $d \approx 0{,}3$ mm). Sie sind durch eine dünne nichtmetallische Schicht zur Verlustsenkung gegenseitig isoliert. Hat der Eisenkreis den Querschnitt A (für den Fluß B), so beträgt die induzierte Spannung U_{eff} bei w Windungen

$$U_{\mathrm{eff}} = wA\hat{B}f \cdot 2\pi/\sqrt{2}$$

(wobei B mit etwa $B \approx 1{,}4$ T gewählt wird). Bei $f = 50\,\mathrm{Hz}$ gilt dann für die Anzahl der Windungen pro 1 V bei $A = 1$ cm^2

$$w = \frac{U_{\mathrm{eff}}}{A\hat{B}f} \cdot \frac{\sqrt{2}}{2\pi} = 32/\mathrm{V}$$

(häufig wird nur eine Induktion $\hat{B} = 1$ T angesetzt $\rightarrow w \approx 45$ Wdg/V). Für größeren Kernquerschnitt sinkt die Windungszahl.

Zweckmäßig versieht man Primär- und Sekundärwicklungen mit Anzapfungen, um mehrere Spannungen entnehmen zu können. Soll beispielsweise aus einer 220 V Netzspannung eine Wechselspannung von 15 V gewonnen werden und steht ein Eisenkern mit einem Querschnitt von $A = 10$ cm^2 zur Verfügung, so würde die Sekundärwicklung $w_2 = 15$ V·4,5 Wdg/V $= 68$ Wdg benötigen. Primärseitig sind $w_1 = w_2 \cdot 220$ V/15 V $= 990$ Wdg erforderlich. Würde sekundärseitig ein Laststrom $I_2 = 1$ A entnommen, so wäre primärseitig der Strom $I_1 = w_1/w_2 I_2 \approx 68\,\mathrm{mA}$ die Folge. Um den erforderlichen Drahtquerschnitt festzulegen, setzen wir einen Richtwert der Stromdichte von $S \approx 2\mathrm{A/mm}^2$ an (etwas reichlich dimensioniert). Das erfordert bei $I = 1$ A einen Drahtquerschnitt $A' = I_2/S = 1$ A/2 Amm$^2 \approx 0{,}5$ mm^2 (Drahtdurchmesser rd. 0,8 mm). Dazu gehört primärseitig der Drahtdurchmesser $d_1 = d_2\sqrt{w_1/w_2} \approx 0{,}2$ mm.

Spezielle Transformatoren dienen als

- *Trenntransformatoren* zur galvanischen Trennung zweier Stromkreise aus Schutzforderungen (Bild 4.6.30a)

– *Regeltransformatoren*, bei denen die Sekundärspannung (durch einen Kohleschleifer auf der Wicklung) stufenlos einstellbar ist

– *Spartransformatoren* (Bild 4.6.30b). Hierbei bildet die Primärwicklung gleichzeitig einen Teil der Sekundärwicklung. Weicht die Sekundärspannung nur gering (50...150 %) von der Primärspannung ab, so kann ein Kern mit kleinerem Kernquerschnittt und geringerem Drahtdurchmesser gewählt werden, weil im gemeinsamen Wicklungsteil nur der kleine Differenzstrom $(i_2 - i_1)$ fließt.

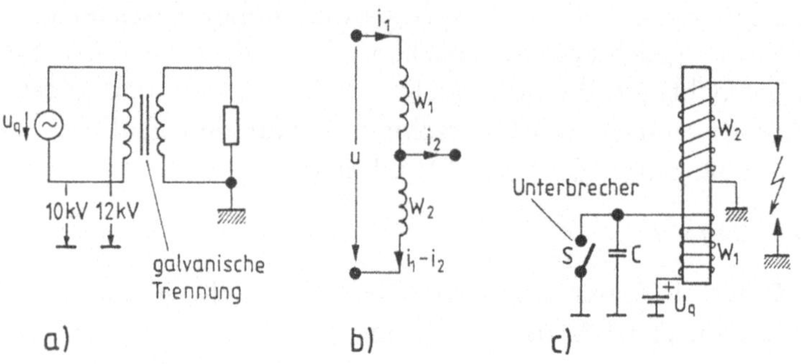

Bild 4.6.30 Transformatoranwendungen
a) Trenntransformator, b) Spartransformator, c) Prinzip der Kraftfahrzeugzündung

Bei *Übertragern* der Informationstechnik stehen meist Frequenzgang (möglichst große Bandbreite) und Linearität im Mittelpunkt, weil sie hauptsächlich der Impedanzwandlung (und Potentialtrennung) dienen. Als magnetischer Kreis wird hochpermeables Eisen mit Luftspalt oder Ferrit verwendet und auf kapazitätsarmen Aufbau geachtet. Häufig besitzen Übertrager zwei gleiche Sekundärwicklungen und arbeiten als sog. *Differentialübertrager* zur Bildung von Differenzgrößen. Nutzt man die beiden Spulen eines Übertragers je als Schwingkreis, so entsteht ein *Bandfilter* mit Bandpaßeigenschaften.

Ein typisches Anwendungsbeispiel eines Transformators ist der *Inverterübertrager*. Ein Gleichstromkreis (12 V, auch 220 V) wird mit hoher Frequenz (einige 10...100 kHz) periodisch unterbrochen. Ein Übertrager transformiert die Spannung auf die gewünschte Sekundärspannung. Diese wird wieder gleichgerichtet. Durch die hohe Schaltfrequenz kann der Kernquerschnitt sehr klein gehalten werden, was den Aufwand für das Netzteil insgesamt senkt. Dieses Unterbrecherprinzip nutzt auch die Zündanlage eines Kraftfahrzeuges (Bild 4.6.30c). Ein periodisch betätigter Schalter (mechanisch oder elektronisch als Transistor) unterbricht den Batteriestrom im

Primärkreis periodisch. In der Sekundärspule entsteht bei richtiger Bemessung eine so hohe Zündspannung, daß es zum Durchbruch (Zündfunke) an der Zündkerze kommt (Zündelektrodenabstand $\approx$ 0,5 mm, Durchbruch in Luft $\approx$ 30 kV/cm, Sekundärspannung $\approx$ 15 kV!). Der Kondensator C parallel zum Schalter dient der Funkenlöschung.

Bedingt durch eine Reihe von Problemen (Begrenzung des Frequenzganges, Gewicht, Volumen, Integrationsprobleme) wird der Übertrager in der Informationstechnik immer mehr durch andere Schaltungslösungen ersetzt:

- Impedanzwandlung durch Transistorstufen
- Differenzspannung durch Phasensplittschaltungen übernehmen die Aufgabe des Differentialübertragers
- Probleme der Potentialtrennung lassen sich mit Optokopplern vorteilhaft lösen
- Transformatoren für die Filtertechnik wurden durch spezielle Vierpole (Gyratoren, NICs) überflüssig
- Kleinleistungsnetzteile arbeiten sehr verbreitet mit Transverterprinzipien ($\rightarrow$ kleinere Transformatoren) oder für kleine Leistungen übertragerfrei.

Aufgaben 4.6.8

4.7 Signale und Netzwerke (Systcme) im Frequenzbereich

Wir haben bisher Netzwerke bei sinusförmiger stationärer Anregung analysiert, kurz die sog. *Wechselstromtechnik* betrachtet. Das ist zwar ein sehr wichtiges Teilgebiet, doch gehen die praktischen Fragestellungen der Informationsübertragung und -verarbeitung deutlich darüber hinaus, wie etwa folgende Stichworte beispielhaft zeigen mögen:

- Ein- und Ausschalten von Gleich- und Wechselspannungen an Netzwerken
- Übertragung ganz allgemeiner analoger elektrischer Signale (etwa beim Telefonieren, Rundfunk) über Netzwerke
- Erzeugung und Übertragung binärer Datensignale über Netzwerke.

Deshalb besteht ein deutliches Bedürfnis, den bisherigen Begriff der Netzwerkerregung (als Gleich- oder Wechselspannung) *deutlich* zu erweitern und einen allgemeinen *Signalbegriff* einzuführen (einschließlich zweckmäßiger Beschreibungsformen). Zwangsläufig interessiert dann, wie ein Signal durch ein Netzwerk übertragen und das Netzwerk selbst charakterisiert werden kann.

Dabei bietet sich an, statt des Netzwerkes den allgemeineren *Systembegriff* einzuführen.

Signal. Im täglichen Leben bezeichnet man häufig Vorgänge, durch die besondere Aufmerksamkeit erregt werden soll, als „Signale": Lichtzeichen, Pfiff, Flaggen, Aufrufe. In der Informationsstechnik ist ein Signal:

> die Darstellung einer Information durch physikalische und insbesondere elektrische Größen (z.B. Spannung, Strom, Feldstärke), wobei die Information selbst durch einen ihrer Parameter (z.B. Amplitude, Frequenz, Phase, Impulsdauer u.a.) beschrieben wird.

Damit kommt dem Begriff Signal als *Informationsträger* eine viel größere, ja *eigenständige Bedeutung* zu. Das geht über den Begriff „Sinusspannung" hinaus. Wir werden uns deshalb in den folgenden Abschnitten ausführlicher mit typischen Signalen und ihren Darstellungsformen befassen müssen, um die Brücke zum großen Komplex der analogen und digitalen Signal*verarbeitung* schlagen zu können, die u.a. die Informatik so erfolgreich nutzt.

Systembegriff. Wir haben bisher Netzwerke durch ihre Netzwerk-Differentialgleichung oder vereinfacht mit der Wechselstromrechnung analysiert. Für eine großes Übertragungssystem, z.B. eine Telefonverbindung zwischen zwei weit entfernten Teilnehmern A und B über ein Telefonkabel, wäre eine solche Art der Analyse ausgesprochen mühsam, wenn nicht gar unmöglich. Auch kommen Störungen (z.B. Knacken, Rauschen), wie sie beim Telefonieren wahrnehmbar sind, in unserer Analyse nicht vor. Deshalb ist es zweckmäßig, die gesamte Übertragungsanordnung in einzelne einfache Teilanordnungen oder *Teilsysteme* zu zerlegen, die sich – unter bestimmten idealisierenden Bedingungen – nur noch durch Beobachtung der Vorgänge an den Ein- und Ausgängen beschreiben lassen:

> **System:** An der Wirklichkeit orientiertes mathematisches Modell einer (meist technischen) komplexen Anordnung, das zur Beschreibung des Übertragungsverhaltens geeignet ist, also eine mathematisch eindeutige Zuordnung eines Ausgangssignales zu einem Eingangssignal gibt. (Oft heißt eine solche Zuordnung auch *Transformation*.)

Die Bedeutung des Systembegriffes liegt also darin, die Vielzahl der Eigenschaften realer „Systeme" durch Kenntnis der Eigenschaften „idealisierter" Systeme überschaubar zu machen. Deshalb muß ein System *immer* in Zusammenhang mit den Signalen am Ein- und Ausgang betrachtet werden.

Die Grundaufgabe der Systembetrachtung ist die gesetzmäßige Verknüpfung von Systemerregung (Signal), Sytem- und Systemausgangsgröße.

Der Systembegriff gilt damit universell, obwohl konkrete Anordnungen sehr unterschiedlich sein können:

- z.B. die Reaktion der Wassertemperatur in einem Topf auf die Heizleistung eines Tauchsieders

- die Reaktion einer Pflanze auf plötzlichen Lichteinfall

- die Abstrahlung eines Tones bei Anregung einer Violinensaite

- die Reaktion eines elektrischen Netzwerkes auf eine sinusförmig eingeschaltete Eingangsspannung u.a.m.

Deshalb ist der Systembegriff (wegen seines modellhaft mathematischen Ansatzes) in erster Linie ein *Denkmodell*, mit dem komplizierte Zusammenhänge einfach dargestellt werden können und das sich auf unterschiedlichste Anwendungsbereiche übertragen läßt.

Wir betrachten als einfaches Beispiel (Bild 4.7.1a) eine Doppelleitung, wie sie für die Energie- und Informationsübertragung breit eingesetzt wird. Am Leitungseingang liege eine Spannungsquelle u_q, ausgangseitig wirkt am Lastwiderstand R die Spannung $u_a(t)$. Die Übertragungseigenschaften einer solchen Leitung werden nun dadurch beschrieben, daß man sie in kleine Abschnitte unterteilt, jedem Abschnitt eine Ersatzschaltung zuordnet und daraus die Gleichungen für Strom und Spannung am Ort x zur Zeit t aufstellt. Im Ergebnis entsteht eine sog. *partielle Differentialgleichung 2. Ordnung*, die für bestimmte Fälle lösbar ist (s. Abschn. 10.4.1). Das Problem vereinfacht sich beträchtlich, wenn es gelingt, den *typischen* Zusammenhang zwischen

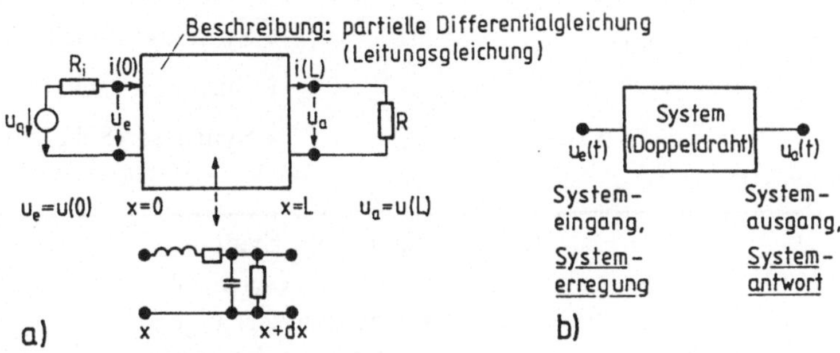

Bild 4.7.1 Systemauffassung
a) Doppelleitung als Verbindung zwischen Quelle und Empfänger (physikalische Struktur)
b) Abstraktion als System

Systeme:

- Bionische
- nichtelektrische
  (z.B. mechanisch, wärmetechnisch, ...)
- Regel-, Steuer-
- Optische
- Akustische
- HF (Antennen, Radar, ...)
- Optische
- Digitale (Computer, CD, ...)
- Analoge

⋮

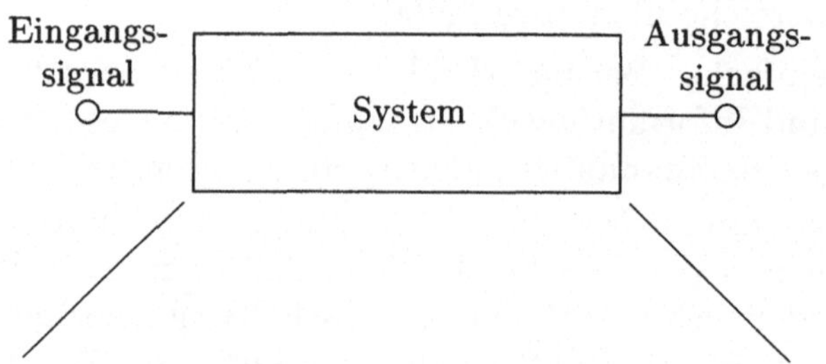

Signal (Analyse/Synthese)

- Analyse, Beschreibung
- Messung
- Synthese aus
  Grundelementen
- Störgrößen (Rauschen)

System (Analyse)

- Netzwerkanalyse (Berechnung)
- Messung des Systemverhaltens
- Systemstabilität (Oszillation)
- Zusammenschaltungen (Vierpole, ...)
- Synthese (Schaltungen, Filter)

Signal und System

- Anfangswertprobleme
- Signalverzerrungen
- Leistungsübertragung

⋮

Bild 4.7.2 Grundaufgaben der Systemtheorie

Eingangs- und Ausgangsgrößen durch ein *mathematisches Modell*, eben ein *System* (Bild 4.7.1b), zu beschreiben. Das ist der Vorteil der Systembetrachtung (Bild 4.7.2):

- Beim *Signal* geht es in erster Linie um *Beschreibungsformen* (wie wir sie bei der Sinusfunktion in einfachster Weise kennenlernten), aber auch darum, wie z.B. eine „künstliche" Zeitfunktion, etwa ein Dreiecksverlauf, „aufgebaut" werden kann. Auch Fragen der Signalmessung und des Störgrößeneinflusses gehören hierzu.

- Beim *System* steht die *Analyse* im Vordergrund, hier also die Verbindung der kennengelernten Netzwerkanalysemethoden mit dem Systembegriff und den Methoden der Systemzusammenschaltung. Oft müssen Systemeigenschaften gemessen werden. Eine Grundvoraussetzung ist die *Stabilität* eines Systems: es muß ausgeschlossen bleiben, daß es eigenständige Schwingungen erzeugt (was z.B. bei Oszillatoren gerade gewünscht wird).

- Schließlich gibt es Aufgabenstellungen, bei denen Signal und System zusammenwirken. Dazu gehören die sog. Anfangswertprobleme, die ihre Ursache z.B. im Energiespeichervermögen von Netzwerken mit Kondensatoren und Spulen haben.

Am Beispiel einer *RC*-Schaltung (Bild 4.7.3a) kann die Brücke zwischen Systemgedanke und den bisherigen Kenntnissen leicht erläutert werden. Bei angenommener Sinuserregung ergibt sich die Spannung über dem Lastwiderstand R_a mit der üblichen Netzwerkanalyse. Eine Vereinfachung entsteht für $R_i \rightarrow 0$ und $R_a \rightarrow \infty$. In einem weiteren Abstraktionsschritt soll angenommen werden, daß die Schaltung mit einer *rechteckförmigen* Eingangsspannung $u_1(t) \rightarrow$ (ideale Spannungsquelle) gespeist wird und dabei das Ausgangssignal $u_2(t)$ auftritt (Bild 4.7.3b). Letzteres hängt von diesem speziellen Eingangssignal u_1 und den Schaltungseigenschaften ab:

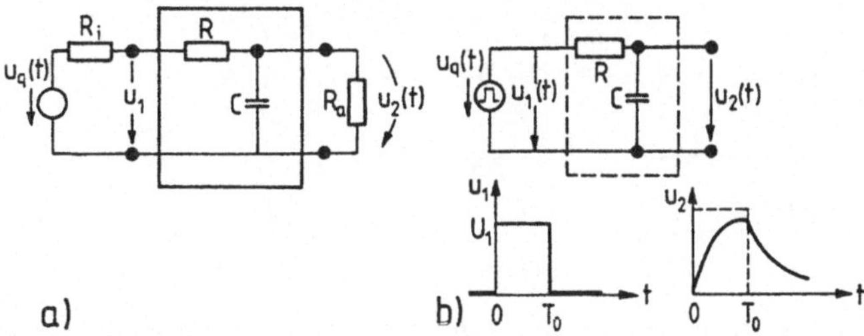

Bild 4.7.3 Reaktion $u_2(t)$ eines *RC*-Systems mit der Zeitkonstante $\tau = RC$ auf einen Rechteckimpuls der Dauer T_0

$$u_2(t) = Tr\{u_1(t)\}.\tag{4.7.1}$$

Dabei ist Tr die bereits erwähnte „Transformationseigenschaft" des Netzwerkes, wenn auch im Moment noch unbekannt.

Besondere Formen des Ausgangssignales ergeben sich für charakteristische Eingangssignale, z.B. Sinusform, Sprung- und Impulsfunktion. Im letzteren Fall lautet die Ausgangsspannung (innerhalb des Zeitbereiches $0 < t \le T_0$) mit $\tau = RC$

$$u_2(t) = U_1 \cdot (1 - \exp -t/\tau),\tag{4.7.2a}$$

für Zeiten $t > T_0$ hingegen

$$u_2(t) = U_1 \cdot (1 - e^{-T_0/\tau})\exp -t/\tau.\tag{4.7.2b}$$

Die Herleitung der Ergebnisse erfolgt später (s. Abschn. 5.1 ff). Wird der Eingangsimpuls immer schmaler (Abnahme von T_0 bei konstant gehaltener Fläche U_1T_0, Bild 4.7.4), so nähert sich das Ausgangssignal mehr und mehr einer Form an, die nur noch von den Eigenschaften des Netzwerkes (System) und nicht mehr der Dauer des Eingangssignales abhängt. Ein solch extrem schmaler Impuls heißt Dirac-Stoß (δ). Die zugehörige Ausgangsgröße

$$u_{2\delta}(t) = (U_1T_0/\tau) \cdot \exp -t/\tau\tag{4.7.3}$$

hängt jetzt nur noch von Netzwerkeigenschaften ab. Wir erkennen damit:

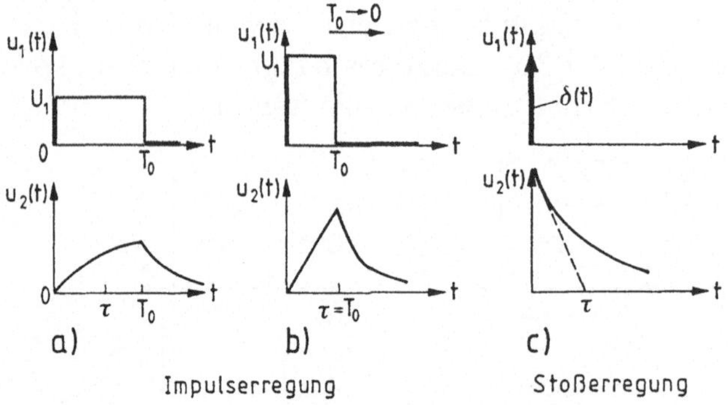

Bild 4.7.4 Reaktion eines RC-Systems (Zeitkonstante τ) auf einen schmaler werdenden Impuls(Rechteck), konstante Fläche mit abnehmender Impulsdauer T_0
a) Fall $T_0 > \tau$, b) $T_0 = \tau$, c) $T_0 \ll \tau$ ($T_0 \to 0$)

Für besondere Anregungsfunktionen (u.a. Sprung-, Rechteck- und Dirac-Funktion) reagiert das System offenbar in typischer Weise.

Aufgabe der folgenden Abschnitte ist es:

- den Begriff Netzwerkanregung durch typische Signalformen (analoge, digitale Schaltvorgänge) zu erweitern und dabei Signale im Zeit- und Frequenzbereich zu betrachten

- Analysemethoden für Netzwerke/Systeme bei typischen Anregungen zu erlernen und

- allmählich zu erkennen, daß die Wechselstromtechnik ein *wichtiger Sonderfall* einer allgemeineren Signal- und Systembetrachtung ist!

Wir beschränken uns im folgenden auf lineare Netzwerke mit zeitunabhängigen Bauelementen. Derartige Anordnungen werden häufig auch als „lineare und zeitunabhängige Systeme" (LTI-Systeme: linear and time-invariant systems) bezeichnet.

4.7.1   Allgemeine Netzwerkerregungen. Signalbegriff

Unter einem Signal verstehen wir in der Informationstechnik jede Darstellung einer Information durch eine physikalische, insbesondere elektrische Größe und *Zeitfunktionen* solcher Größen. Beispielsweise ist es nicht üblich, etwa die Gleichspannung, durch die eine Glühlampe zum Leuchten gebracht wird, als Signal zu bezeichnen. Wird aber ein Schalter in den Stromkreis eingefügt und dieser zeitweilig unterbrochen (z.B. Morsealphabet), so wäre die zeitveränderliche Spannung am Lämpchen durchaus eine Signalgröße, denn sie enthält jetzt eine Information.

Wie lassen sich Signale einteilen? Als Träger einer Information (z.B. Musikaufzeichnung, Videosignal, Sprachsignal, digitale Nachrichtenübertragung), ist ein ständig nichtperiodisch schwankendes Signal eher als „zufällig" oder *stochastisch* [6] anzusehen. Der Zeitverlauf stochastischer Signale ist *zufällig* und kann nicht durch Formeln oder Tabellen dargestellt werden. Wir werden uns mit derartigen Signalen nicht befassen. Im Rahmen dieser Einführung interessieren ausschließlich sog. *deterministische* Signale. Das sind Signale, deren Verlauf durch eine Formel, eine Tabelle oder einen Algorithmus vollständig beschrieben werden kann. Man spricht weiter von sog. *Elementarsignalen*, wenn die Beschreibung eine beonders einfache und typische Form hat: Sinussignal, Sprung- und Impulsfunktion, Impulsfolge

---

[6] Stochastisch (zufällig statistisch): griech.: Stochastikos (Fähigkeit zum Schätzen), engl. random (zufällig).

und andere. Solche Elementarsignale oder – wie sie auch oft genannt werden – *Test-* oder *Standard-Signale* sind von großer praktischer Bedeutung: sie können leicht realisiert werden (z.B. Sprungfunktion durch Einschalten einer Gleichspannung), erlauben eine einfache Beschreibung und führen zu typischen sog. *Netzwerk-* oder *Systemcharakteristiken*. Zu dieser Gruppe gehören auch einige „theoretische Signalformen", wie die Stoßfunktion oder das *Exponentialsignal*, mehr als *mathematische Hilfsfunktion* gedacht. Letztere sind für die Systemanalyse unverzichtbar, obwohl sie in der Elementarform praktisch nicht realisiert werden können.

Tafel 4.7.1 Unterteilung deterministischer Signale

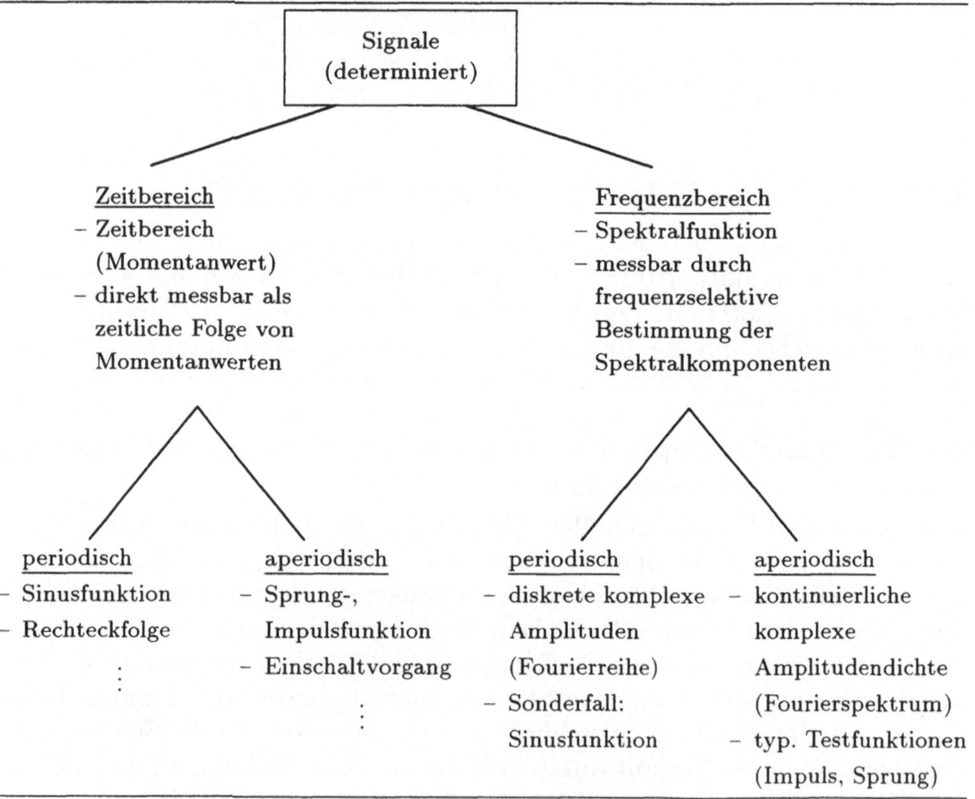

Deterministische Signale lassen sich einteilen in (Tafel 4.7.1):
– *Transiente* [7] oder *aperiodische* Signale von endlicher Dauer. Ihr Verlauf kann von Anfang bis Ende dargestellt werden, wobei Dauer „technisch"

---

[7]lat. trans-ire: vorübergehen, engl.: abklingend, vorübergehend.

zu verstehen ist. Beispiele: Einschaltvorgang, zeitbegrenzte Störung in einem Netzwerk.

– *Periodische* [8] *Signale*, die als gleichbeständige permanente Wiederholung eines transienten Signales entstehen. Beispiel: Einschalten einer Sinusfunktion, periodische Rechteckfunktion (Taktsignal eines Digitalsystems, Oszillatorausgang).

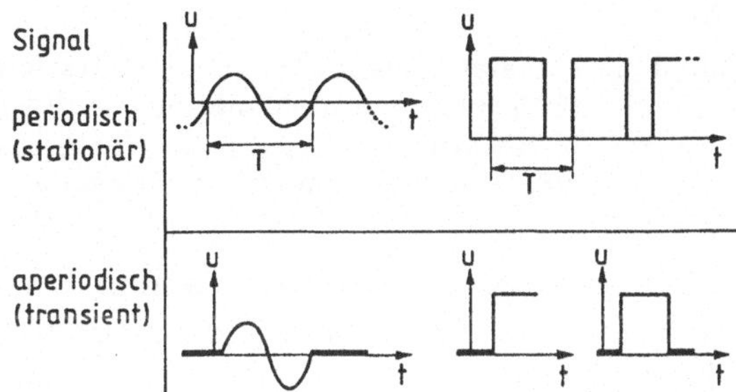

Bild 4.7.5
Beispiele periodischer und aperiodischer Signale

Bild 4.7.5 zeigt einige Beispiele. Deterministische Signale werden vollständig beschrieben durch ihre *Zeitfunktionen* $f(t)$ oder die *Amplitudenspektralfunktion* $F(\omega)$. Beide Darstellungen sind mathematisch *gleichwertig*, wie wir noch später sehen werden. Für die Sinusfunktion und ihre Darstellung im Zeit- und Frequenzbereich (komplexe Amplitude) ist uns diese Aussage nicht neu.

Ein deterministisches Signal wird gleichwertig durch eine *Zeit-* und *Spektralfunktion* beschrieben. Es hängt von der Darstellungseinrichtung (Oszilloskop, Spektralmeßsystem mit Filtern und Spannungsmessern) ab, in welchem Erscheinungsbild das Signal betrachtet werden soll.

Der Übergang aus dem Zeit- in den Frequenzbereich (und umgekehrt) erfolgt durch eine *Transformation* (später Fourier-, Laplace-Z-Transformation). Deshalb heißt der Zeitbereich auch *Originalbereich* und der Frequenzbereich auch *Bildbereich*. Diese Begriffe traten bereits bei der Analyse sinusförmig erregter Netzwerke auf (Bild 4.3.1).

Wir betrachten in diesem Abschnitt die Darstellung und Anwendung von Signalen im *Frequenzbereich*; das Verhalten im *Zeitbereich* wird im Abschnitt 5 diskutiert.

Als Beispielsignale im Zeitbereich wählen wir vier aus, die für die spätere Systembeschreibung besonders wichtig sind.

---

[8] griech. periodos: Rundweg, Umlauf.

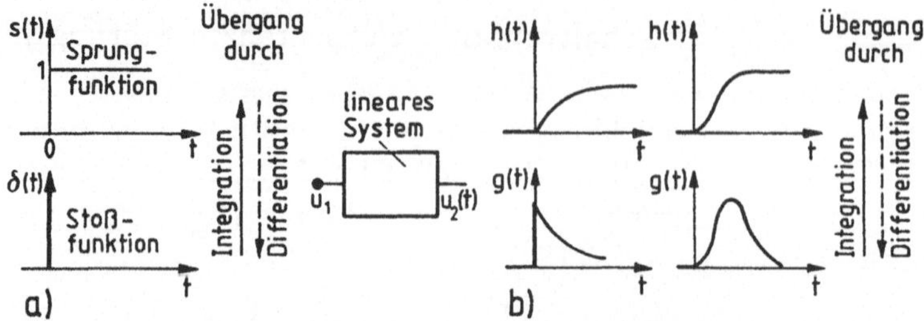

Bild 4.7.6 Lineares System mit typischen Testfunktionen
a) Sprung- und Stoßfunktion als Testfunktion
b) Reaktion des Systems durch Übergangsfunktion $h(t)$ und Gewichtsfunktion $g(t)$. Ihre Form hängt vom System ab

1. Einheitssprung-, Sprungfunktion. Diese Funktion kann z.B. durch Einschalten einer Gleichspannung beschrieben werden (Bild 4.7.6a). Sie lautet (dimensionslos)

$$s(t) = \begin{cases} 0 & t \le 0 \\ 1 & t > 0. \end{cases} \qquad \text{Sprungfunktion} \qquad (4.7.4a)$$

Das Einschalten einer Spannung U_q – die Spannungssprungfunktion – lautet dann

$$u(t) = s(t)U_\mathrm{q} = \begin{cases} 0 & t \le 0 \\ 1 \cdot U_\mathrm{q} & t > 0. \end{cases} \qquad (4.7.4b)$$

Die *Antwort*, d.h. die Ausgangsgröße eines Netzwerkes/Systems auf diese Sprungerregung heißt *Sprungantwort* $h(t)$ (Bild 4.7.6b). Wir werden später darauf zurückkommen.

Der Einheitssprung ist eine wichtige Erregungsart, besonders in Verbindung mit Schaltvorgängen. Er ist technisch realisierbar.

2. Impulsfunktion $\delta(t)$ **(Diracstoß).** Ein Impuls ist eine einmalige, kurzzeitige Netzwerkerregung, z.B. durch eine Spannung $u(t)$ (Bild 4.7.4b,c) zur

Zeit $t = 0$. Ein Rechteckimpuls wird durch Impulsdauer T_0 und Höhe U_q beschrieben

$$u(t) = \begin{cases} 0 & t < 0 \\ U_1 & 0 \le t \le T_0 \\ 0 & t > T \,. \end{cases} \qquad (4.7.5)$$

Er hat die „Zeitfläche"

$$A = \int\limits_{-\infty}^{\infty} u(t)\,\mathrm{d}t = U_1 T_0 \,.$$

Bei konstanter Zeitfläche ergibt sich schließlich durch Verkleinern der Impulsdauer, d.h. im Grenzfall $T_0 \to 0$, ein sehr kurzer, sehr hoher „Nadelimpuls", der *Diracstoß*, die *Impuls-* oder *Stoßfunktion* $u_{\delta(t)}$.

Der Diracstoß kann zwar physikalisch nicht erzeugt werden, stellt aber eine sehr nützliche (mathematische) Testfunktion dar. Für praktische Zwecke reicht es, wenn die Impulsdauer T_0 klein gegen die Systemreaktionszeit bleibt.

Aus praktischen Gründen bezieht man die Impulsfläche A [Einheit $[A] = [U_1] \cdot [t]]$ mit in die Darstellung ein und schreibt

$$\boxed{\quad u_\delta(t) = A\delta(t) \qquad \text{Impulsfunktion einer physikalischen Größe} \quad}$$

mit

$$\int\limits_{-\infty}^{t} \delta(\tau)\,\mathrm{d}\tau = \begin{cases} 0 & \text{für } t < 0 \\ 1 & \text{für } t \ge 0 \end{cases} \qquad (4.7.6a)$$

Durch Vergleich mit dem Einheitssprung $s(t)$ Gl. (4.7.4a) folgt

$$\boxed{\quad s(t) = \int\limits_{-\infty}^{t} \delta(\tau)\,\mathrm{d}\tau \quad \text{bzw.} \quad \delta(t) = \mathrm{d}s/\mathrm{d}t \qquad (4.7.6b) \\[2mm] \text{Zusammenhang Einheitssprung} - \text{Diracstoß.} \quad}$$

Die Netzwerkausgangsgröße bei Impulsanregung heißt *Impulsantwort* oder *Gewichtsfunktion* $g(t)$ (Bild 4.7.6b). Auch sie wird später ausführlich diskutiert.

3. Im *Zeit-* und *Frequenzbereich* eignet sich selbstverständlich auch die Sinusfunktion veränderlicher Frequenz (bei konstanter Amplitude) als Testsignal. Sie wurde bisher erfolgreich benutzt. Im Ausgangssignal hingen Amplitude und Phase von der Frequenz ab, und das Frequenzverhalten des Netzwerkes wurde durch den *Frequenzgang* $\underline{F}(j\,\omega)$ beschrieben (nach Abklingen aller sog. Übergangsvorgänge, Abschn. 4.3.7).

Ein *verallgemeinertes* Testsignal im Frequenzbereich ist die Funktion

$$x(t) = \hat{x}\, e^{\,\sigma t} \cos(\omega t + \varphi_x)$$

oder – nach Transformation ins Komplexe – gleichwertig

$$\underline{x}(t) = \hat{x}\, \exp j\, \varphi_x \exp(\sigma + j\,\omega)t \equiv \underline{\hat{x}}\, \exp pt \qquad (4.7.7)$$

$$\text{komplexes Exponentialsignal}$$

$p = \sigma + j\,\omega$ komplexe Frequenz,
σ Wuchsmaß (negative Dämpfungsfunktion)
$\underline{x}$ komplexe Amplitude.

Dieses sog. *komplexe Exponentialsignal* hat die im Bild 4.7.7 dargestellten Eigenschaften: Für $\sigma < 0$ klingt die Amplitude der Schwingung exponentiell ab, für $\sigma = 0$ bleibt sie konstant und für $\sigma > 0$ wächst sie an. Wir werden später gerade diese Signalform im Zusammenhang mit der Laplacetransformation als nützlich kennenlernen.

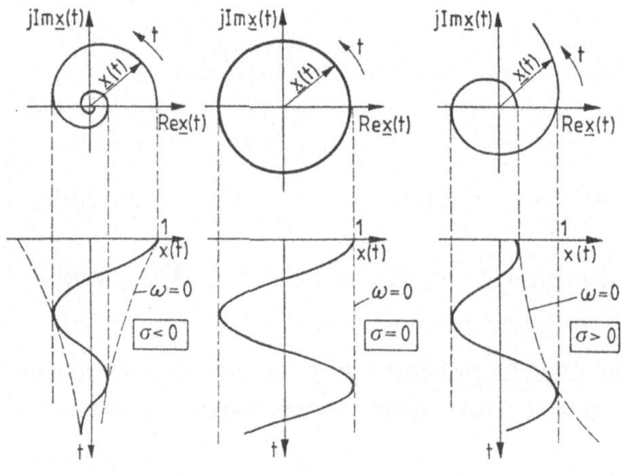

Bild 4.7.7
Ortskurve und Zeitfunktion des Testsignals nach Gl. (4.7.7) mit verschiedenen Wuchsmaßen σ

Wir beschränkten uns bisher auf die Signaldarstellung im Zeitbereich. Im Folgeabschnitt betrachten wir Signale (periodische, aperiodische) im Frequenzbereich und werden sehen, daß es – wie in der Wechselstromtechnik –, *Transformationen* zwischen Zeit- und Frequenzbereich gibt.

4.7.2 Periodische Signale. Fourierreihe

Die harmonische Netzwerkerregung führte mit der „komplexen Wechselstromanalyse" zu einer besonders einfachen Betrachtungsart. Es liegt nahe, periodische Signale mit der Zeitfunktion $f(t) = f(t+T)$ (T Periodendauer) als *Fourierreihe* durch ihre harmonischen Komponenten darzustellen. Dann kann die Wechselstromrechnung auf die Einzelkomponenten übertragen werden. Je nach Anwendungsfall bieten sich *drei gleichwertige Darstellungsformen* an:

1. Die *Fourierreihe* als *Summe von Sinus- und Cosinus-Schwingungen*. Die Fourierreihe des periodischen Signals $f(t)$ ist definiert durch

$$f(t) = A_0 + \sum_{n=1}^{\infty} A_n \cos n\omega_0 t + \sum_{n=1}^{\infty} B_n \sin n\omega_0 t \qquad (4.7.8)$$

mit $\omega_0 = 2\pi/T$ Kreisfrequenz sowie

$$A_0 = \frac{1}{T} \int_{t_1}^{t_1+T} f(t)\,\mathrm{d}t; \quad A_n = \frac{2}{T} \int_{t_1}^{t_1+T} f(t) \cos n\omega_0 \,\mathrm{d}t, \qquad (4.7.9)$$

$$B_n = \frac{2}{T} \int_{t_1}^{t_1+T} f(t) \sin n\omega_0 \,\mathrm{d}t \quad \text{Fourierreihe (Normalform)}.$$

Jede periodische Schwingung $f(t)$ läßt sich somit aus einzelnen harmonischen Schwingungen ganzzahliger Vielfacher der Grundfrequenz $f_0 = 1/T$ zusammensetzen oder gleichwertig:

Die allgemeine periodische Schwingung $f(t)$ besitzt ein (diskretes) Linienspektrum. Man nennt dabei

A_0 Gleichanteil (arithmetischer Mittelwert, s. Gl. (4.1.5))

ω_0 Grundschwingung oder erste Harmonische

$2\omega_0$ 1.Oberwelle oder zweite Harmonische

$n\omega_0$ $(n-1)$.Oberwelle oder $n$te Harmonische.

Die Koeffizienten A_0, A_n, B_n sind im Netzwerk entweder eine Spannungs- oder Stromamplitude.

2. *Fourierreihe als Summe von Cosinus-Schwingungen verschiedener Phasenlagen.* Da die Überlagerung zweier Schwingungen gleicher Frequenz auch durch Betrag und Phase darstellbar ist, gilt als die zweite Darstellungsform:

$$f(t) = A_0 + \sum_{n=1}^{\infty} C_n \cos(n\omega_0 t - \varphi_n) \qquad (4.7.10)$$

$$C_n = \sqrt{A_n^2 + B_n^2}\,; \quad \varphi_n = \arctan B_n/A_n\,.$$

Durch die Fourierreihe wird einer periodischen Funktion im *Zeitbereich* die gleichwertige Darstellung im *Frequenzbereich* zugeordnet und durch das *diskrete Amplitudenspektrum* (A_0, C_n), das Phasenspektrum φ_n und die Kreisfrequenz ω_0 (resp. ganze Vielfache) beschrieben (Bild 4.7.8).

Daraus folgt:

– periodische Signale haben ein *diskretes* Linienspektrum (einzelne Spektrallinien gehen nicht ineinander über, sondern folgen mit Frequenzabstand ω_0). Sie können so z.B. mit einem variablen Bandfilter „herausgefiltert" werden

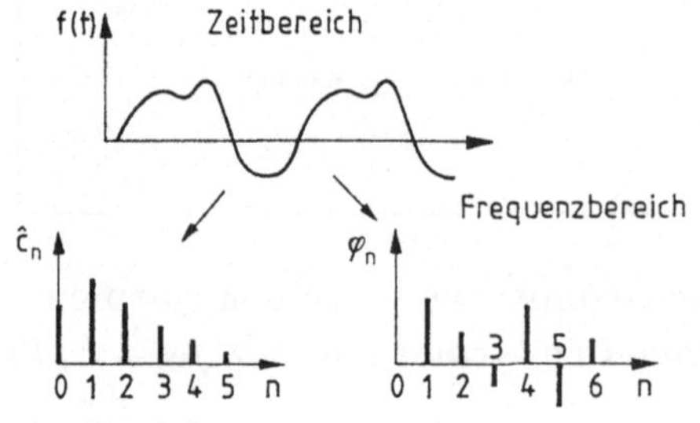

Bild 4.7.8
Gleichwertige Darstellung einer periodischen Funktion $f(t)$
a) im Zeitbereich durch das Liniendiagramm,
b) im Frequenzbereich durch Amplitude und Phasenspektrum

– die einzelnen Harmonischen haben endlich große Amplituden und sind so
als Zeitfunktionen direkt meßbar.

3. *Fourierreihe in komplexer Schreibweise.* Da es naheliegt, die Sinus- und
Cosinusfunktionen der Fourierreihe durch komplexe Funktionen auszu-
drücken, ergibt sich aus Gl. (4.7.8) noch die gleichwertige (dritte) *komplexe
Darstellungsform*

$$f(t) = \sum_{n=-\infty}^{\infty} \underline{C}_n \exp j\, n\omega_0 t \qquad (4.7.11)$$

mit

$$\underline{C}_{-n} = \frac{A_n + j\,B_n}{2}, \quad \underline{C}_n = \frac{A_n - j\,B_n}{2}.$$

Die Berechnung der einzelnen Fourierkoeffizienten vereinfacht sich, wenn
$f(t)$ folgende *Grundeigenschaften* hat:

– für *gerade* Funktionen, d.h. $f(t) = f(-t)$ gilt
$$B_n = 0 \qquad (4.7.12a)$$

– für *ungerade* Funktionen, d.h. $f(-t) = -f(t)$ gilt
$$A_0 = A_n = 0 \qquad (4.7.12b)$$

– Verschiebung des Koordinatenursprungs auf der $f(t)$-Achse ändert nur
das Phasen-, nicht das Amplitudenspektrum.

Wir betrachten als Beispiel den periodischen Rechteckimpuls (für andere
Kurvenformen sei auf Tabellenwerke verwiesen).

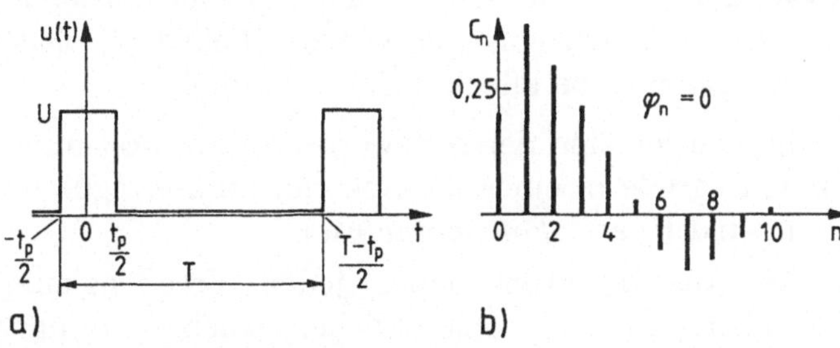

Bild 4.7.9 Fourierreihe
  a) periodische Rechteckspannung mit $t_p/T = 1/5$
  b) Amplitudenspektrum (Fourierkoeffizienten) der ersten 10 Koeffizienten
  ($n = 0$)

Beispiel: Periodischer Rechteckimpuls. Ein Rechteckimpuls (Amplitude U, Dauer t_p, Periode T) führt mit der Nullpunktwahl nach Bild 4.7.9a auf eine gerade Funktion ($B_\mathrm{n} = 0$). Man erhält der Reihe nach

$$C_0 = \frac{1}{T} \cdot \int\limits_{-t_\mathrm{p}/2}^{t_\mathrm{p}/2} U\,\mathrm{d}t = \frac{Ut_\mathrm{p}}{T}$$

$$A_\mathrm{n} = C_\mathrm{n} = \frac{2U}{T} \cdot \int\limits_{-t_\mathrm{p}/2}^{t_\mathrm{p}/2} \cos n\omega_0\,\mathrm{d}t = \frac{2U}{n\pi} \sin(n\pi\frac{t_\mathrm{p}}{T})$$

und damit

$$u(t) = \frac{Ut_\mathrm{p}}{T} \left(1 + 2 \sum_{n=1}^{\infty} \frac{\sin(n\pi t_\mathrm{p}/T)}{n\pi t_\mathrm{p}/T} \cos n\omega_0 t \right). \qquad (4.7.13)$$

Die Amplituden folgen einer $(\sin nz\text{-})/nz$-Funktion mit Nullstellen bei $nz = \pi$, 2π usw. (Bild 4.7.9b). Die ersten wenigen Harmonischen übertragen den Hauptteil der gesamten Leistung. Die Amplituden C_n sinken mit wachsendem n um so stärker, je kleiner t_p/T ist.

Generell läßt sich aus solchen Spektren erkennen:

- Je kürzer und/oder steiler ein Impuls ist, desto mehr Oberwellen treten auf, desto größer muß also die „Bandbreite" des Netzwerkes sein, um die „Verfälschungen" der Signalform klein zu halten.

- Weglassen von Oberwellen bedeutet, daß die begrenzte Fourierreihe nur eine Näherung von $f(t)$ ist und die resultierende Signalform „gerundeter" als die Ausgangsfunktion erscheint.

Anwendung. Wir wollen die Fourierreihe anwenden. Liegt an einem (linearen) Netzwerk eine periodische (beliebige) Zeitfunktion, so ergibt sich die Ausgangsgröße offenbar dadurch, daß

1. die Fourierreihe der Netzwerkerregung bestimmt wird (= Zerlegung der Eingangsgröße in einer Summe von Sinuserregungen unterschiedlicher Frequenz und Phase, *Fourieranalyse*)

2. die Ausgangsgröße einer jeden Frequenzkomponente (einschließlich Gleichkomponente) nach üblichen Wechselstromanalysemethoden gesucht wird (sog. *Filterfunktion* oder *frequenzselektive Übertragung des Netzwerkes*)

3. die Ausgangsgröße durch Überlegung aller Teilergebnisse entsteht (*Fouriersynthese*).

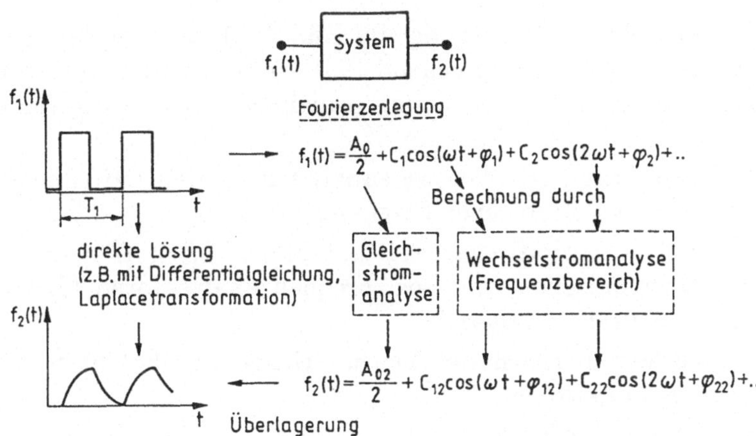

Bild 4.7.10 Anwendung der Fourierreihe

Bild 4.7.10 zeigt diesen Ablauf. Er basiert auf dem Überlagerungssatz. Für sämtliche Frequenzen der Teilschwingungen sind getrennte Netzwerkberechnungen erforderlich. Man erhält so die *Spektren* der elektrischen Größen im Netzwerk.

Liegt beispielsweise eine periodische Rechteckspannung (mit Gleichanteil) an einer RC-Schaltung (Bild 4.7.11a), so lautet die Netzwerkerregung

$$u_\mathrm{q}(t) = U_\mathrm{q} \sum_{n=-\infty}^{\infty} \underline{C}_\mathrm{n} \exp\mathrm{j}\, n\omega_0 t \qquad (4.7.14)$$

(Nachweis!) mit

$$\underline{C}_\mathrm{n} = \ldots \mathrm{j}/5\pi, 0, \mathrm{j}/3\pi, 0, \mathrm{j}/\pi, 1/2, -\mathrm{j}/\pi, -\mathrm{j}/3\pi, -\mathrm{j}/5\pi \ldots$$

Für jede Frequenz ergibt sich die Ausgangsspannung (im Frequenzbereich)

$$\frac{\underline{U}_\mathrm{a}(n\omega_0)}{\underline{U}_\mathrm{q}} = \frac{1}{1 + \mathrm{j}\, n\omega_0 RC} = \frac{1}{1 + \mathrm{j}\, n\omega_0 \tau}.$$

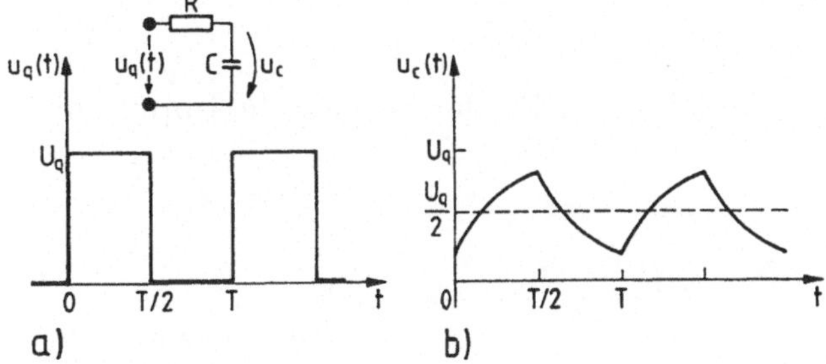

Bild 4.7.11
RC-Tiefpaß bei periodischer Impulsspannung

Daraus folgt schließlich der im Bild 4.7.11b dargestellte Verlauf, wenn die Fouriersynthese entsprechend Bild 4.7.10 durchgeführt wird. Zusammengefaßt hat die Fourierzerlegung prinzipielle Bedeutung für die Informationstechnik:

1. Erweiterung der Netzwerkanalysemethoden auf (lineare) Netzwerke bei allgemeiner periodischer Erregung

2. Analyse periodischer Zeitfunktionen durch frequenzselektive Messung von Harmonischen (mit sog. Frequenzanalysatoren (Echtzeitverfahren mit Filter, digitale Analyse))

3. Synthese periodischer Zeitfunktionen durch Überlagerung von Sinus-/ Cosinus-Funktionen

4. Analyse der Verformung periodischer Zeitfunktionen durch frequenzabhängige Netzwerke.

Aufgabe 4.7.1.

4.7.3 Aperiodische Signale. Fouriertransformation

Für periodische Funktionen $f(t)$ bietet die Fourierreihenentwicklung ein einfach handhabbares mathematisches Werkzeug zur Bestimmung des Frequenzspektrums. Die praktischen Signale der Informationstechnik sind aber häufig *aperiodisch*. Außerdem beginnen solche Signale meist zu einem bestimmten (endlichen) Zeitpunkt t_0 (Bild 4.7.12). Unter solchen Bedingungen ist die Fourierreihenentwicklung *nicht* anwendbar.

Genauer betrachtet stellt die Fourierreihe nach Gl. (4.7.11) (Bestimmung der C_n) bereits eine mathematische Transformation dar, denn die Originalfunktion $f(t)$ wird durch ein Integral in eine (komplexe) Funktion $\underline{C}_n(\omega)$ überführt, die das *Frequenzverhalten* von $f(t)$ beschreibt. Anlehnend an die Fourierreihe läßt sich nun eine Transformation definieren, die auch für aperiodische (und zeitbegrenzte) Funktionen gilt: die *Fouriertransformation*. Wir betrachten dazu einen periodischen Rechteckimpuls nach Bild 4.7.9 mit der Amplitudenfunktion

$$\left(\frac{U2t_\mathrm{p}}{T}\right) \cdot \frac{\sin n\pi t_\mathrm{p}/T}{n\pi t_\mathrm{p}/T}$$

gemäß Gl. (4.7.13). Der periodische Impuls geht in einen Einzelimpuls über,

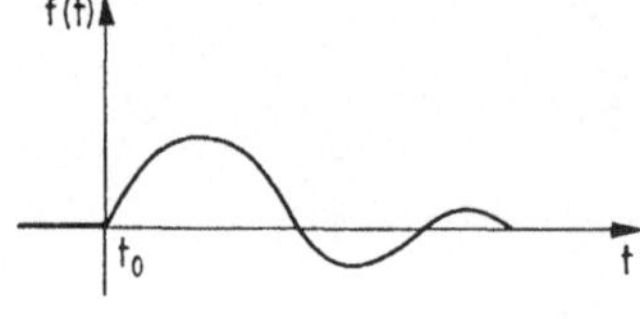

Bild 4.7.12
Beispiel eines aperiodischen Verlaufes $f(t)$ für $t \in t_0$

wenn seine Periode T immer größer wird und schließlich über alle Grenzen wächst. Da in der Spektralverteilung $(\sin nz)/nz$ bis zur ersten Nullstelle bei $n = T/t_\mathrm{p}$ insgesamt T/t_p Spektrallinien auftreten, nimmt die *Liniendichte* mit wachsendem T immer mehr zu:

> Beim Übergang vom periodischen Rechteckimpuls zum aperiodischen Impuls (= Einzelimpuls) geht das Linienspektrum (Bild 4.7.9b) in eine kontinuierliche Spektralfunktion über.

Deshalb kann das Signal nicht mehr durch eine Summe einzelner Teilschwingungen (Harmonischer) zusammengesetzt werden, entsprechend der Fourierreihe nach Gl. (4.7.8), sondern die Summation geht in eine *Integration* über ein *kontinuierliches Spektrum*, die *Spektralfunktion* $\underline{F}(\mathrm{j}\,\omega)$ über. Dabei geht aus dem allgemeinen Reihenglied (Gl. (4.7.11))

$$\underline{C}_\mathrm{n} = \frac{2}{T} \cdot \int_{-t_\mathrm{p}/2}^{t_\mathrm{p}/2} f(t)\,\mathrm{e}^{-\mathrm{j}\,n\omega_0 t}\,\mathrm{d}t \rightarrow \underline{c}(\mathrm{j}\,\omega) = \int_{-\infty}^{\infty} f(t)\,\mathrm{e}^{-\mathrm{j}\omega t}\,\mathrm{d}t \quad (4.7.15)$$

der Fourierreihe die (komplexe) *Spektraldichte* $\underline{c}(\mathrm{j}\,\omega)$ hervor.

Die Spektralfunktion oder Spektraldichte wird analog zur Fourierreihe durch Integration von z.B. $f(t)\cos\omega t$ über den gesamten Signalverlauf (also für $T \rightarrow \infty$ zwischen $-\infty$ bis $+\infty$) bestimmt, wobei sich allerdings die komplexe Darstellung besser eignet.

Die Größe $\underline{c}(\mathrm{j}\,\omega)$, die der Einhüllenden des Spektrums entspricht, heißt *Fouriertransformierte* der aperiodischen Zeitfunktion $f(t)$. Dadurch wird eine kontinuierliche aperiodische Funktion $f(t)$ in eine kontinuierliche Funktion $\underline{c}(\mathrm{j}\,\omega)$ „transformiert". $\underline{c}(\mathrm{j}\,\omega)$ ist eine komplexe Funktion mit Betrag und Phase in Abhängigkeit von ω. Um diese Komplexwertigkeit auszudrücken, wird das Argument $\mathrm{j}\,\omega$ in der Transformationsbeziehung ausgeführt und (zur Vereinheitlichung) statt der Bezeichnung $\underline{c}(\mathrm{j}\,\omega) \rightarrow \underline{F}(\mathrm{j}\,\omega)$ geschrieben. Wir haben dann das *Fourierspektrum* oder die *Fouriertransformierte* $\mathcal{F}(f(t))$ des Signals $f(t)$

$$\underline{F}(\mathrm{j}\,\omega) = \int_{-\infty}^{\infty} f(t)\,\exp{-\mathrm{j}\,\omega t}\,\mathrm{d}t = \mathcal{F}(f(t)) \qquad (4.7.16\mathrm{a})$$

Fouriertransformation
Transformation Zeit- $\rightarrow$ Frequenzbereich

oder abgekürzt symbolisch $f(t) \;\circ\!\!-\!\!\bullet\; \underline{F}(\mathrm{j}\,\omega)$.

Die Fouriertransformierte eines Signals $f(t)$ heißt Fourierspektrum $\underline{F}(j\,\omega)$.

Umgekehrt gilt für das *Fourierintegral* oder die *Fourier-Rücktransformation*

$$f(t) = \frac{1}{2\pi} \int\limits_{-\infty}^{\infty} \underline{F}(j\,\omega)\, e^{j\,\omega t}\, d\omega \qquad (4.7.16b)$$

Transformation Frequenz- $\rightarrow$ Zeitbereich

abgekürzt $\underline{F}(j\,\omega)\ \bullet\!\!-\!\!\circ\ f(t)$.

Wir wollen beachten, daß Gl. (4.7.16a) die Dimension Amplitude·Zeit (bzw. Amplitude/Frequenz) hat. Deshalb spricht man auch von einem Amplitudendichte*spektrum*.

Die *Fouriertransformation* erlaubt

- ein Signal, das im Zeitbereich bekannt ist, auch gleichwertig im Frequenzbereich über die zugeordnete Fouriertransformation zu beschreiben
- oder umgekehrt aus einer bekannten (z.B. gemessenen) Fouriertransformierten (Amplitudendichtespektrum!) die Zeitfunktion zurückzugewinnen.

Die Fouriertransformation ist ein wichtiges Werkzeug der Elektrotechnik, Regelungstechnik, angewandten Physik (Optik, Mechanik, Quantenphysik). So erklärt sich die große Zahl von Algorithmen zur Spektralanalyse. Sie bildet die Grundlage der Laplace-Transformation, Z-Transformation und sog. diskreten Fouriertransformation (s. Abschn. 10.1).

In Tafel 4.7.2 haben wir die Unterschiede zwischen Fourierreihe und Fouriertransformation gegenübergestellt.

Erwähnt sei, daß das Fourierintegral Gl. (4.7.16) nur existiert, wenn $|f(t)|$ integrierbar ist, also

$$\int\limits_{-\infty}^{\infty} |f(t)|\, dt \qquad (4.7.17)$$

einen endlichen Wert ergibt.

Wir betrachten als Beispiele den Rechteck- und Diracimpuls.

Tafel 4.7.2 Fourierreihe und Fouriertransformation

Transformation	Zeitbereich	Frequenzbereich

Fourierreihe	$f(t)$ – periodisch
	      – kontinuierlich
	
	$f(t) = \displaystyle\sum_{n=\infty}^{\infty} \underline{F}(\omega_n)\, e^{j\omega_n t}$
		$\underline{F}(\omega_n)$ – aperiodisch
		      – diskret
		
		$\underline{F}(\omega_n) = \dfrac{1}{T} \displaystyle\int_{-T/2}^{T/2} f(t)\, e^{-j\omega_n t}\, dt$

Fourierintegral	$f(t)$ – aperiodisch
	      – kontinuierlich
	
	$f(t) = \dfrac{1}{2\pi} \displaystyle\int_{-\infty}^{\infty} \underline{F}(\omega)\, e^{j\omega t}\, d\omega$
		$\underline{F}(\omega)$ – aperiodisch
		      – kontinuierlich
		
		$\underline{F}(\omega) = \displaystyle\int_{-\infty}^{\infty} f(t)\, e^{-j\omega t}\, dt$

Rechteckimpuls. Der Rechteckimpuls nach Bild 4.7.9 besitzt das Fourierspektrum ($A = U$)

$$\underline{F}(j\,\omega) = \int_{-t_p/2}^{t_p/2} A\, e^{-j\omega t}\, dt = \frac{j\,A}{\omega} \left[\exp-\frac{j\,\omega t_p}{2} - \exp\frac{j\,\omega t_p}{2} \right]$$

$$= t_p A \frac{\sin \omega t_p/2}{\omega t_p/2} = t_p A \operatorname{si}\!\left(\frac{\omega t_p}{2}\right). \tag{4.7.18}$$

Die Funktion $\sin x/x$ beschreibt das Spektrum des Rechteckimpulses (Bild 4.7.13). Sie hat den ersten Nulldurchgang bei $\omega t_p = \pm 2\pi$. Bis dorthin enthält sie 90 % der gesamten Impulsenergie. Dennoch hat der Rechteckimpuls ein unendlich breites Spektrum und eignet sich deshalb schlecht zur Datenübertragung, weil Netzwerke immer eine begrenzte Bandbreite haben. Das Fourierspektrum Gl. (4.7.18) des Rechteckimpulses führt auch die Bezeichnung „Spektraldichte". Liegt nämlich z.B. eine Spannung vor ($A = U$, etwa $A = 1\,\mathrm{V}$), so lautet die Dimension von $\underline{F} \rightarrow [V][s]$. Das erklärt die Bezeichnung Spektraldichte.

Diracimpuls. Wird der Impuls immer höher und schmaler (bei konstantem Inhalt), so entsteht im Grenzfall der Diracimpuls (vgl. Bild 4.7.4, Gl. (4.7.6)). Im Bild 4.7.9 verschiebt sich dann die erste Nullstelle des Spektrums für $t_p \rightarrow 0$ nach ∞ ($\rightarrow$ Ausblenden des Funktionswertes von $\exp-j\omega t$ bei $t = 0$) und man erhält wegen $\exp(-j\omega t)|_{t=0} = 1$ als Spektrum (Tafel 4.7.3):

Tafel 4.7.3 Beispiele zu Zeitfunktion und Fourierspektrum

	Zeitfunktion $f(t)$ ○———● $\underline{F}(\mathrm{j}\,\omega)$ Fourierspektrum		$\lvert\underline{F}(\mathrm{j}\,\omega)\rvert = F(\mathrm{j}\,\omega)$
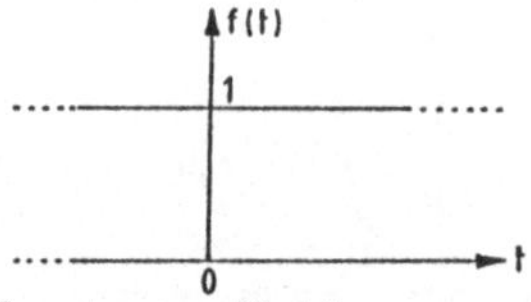 Konstante, Gleichspannung	1	$2\pi\delta(\mathrm{j}\,\omega) = \delta(f)$ $(\omega = 2\pi f)$	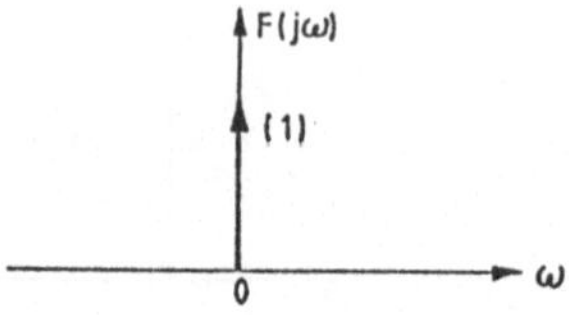
 Dirac-Stoß	$\delta(t)$	1	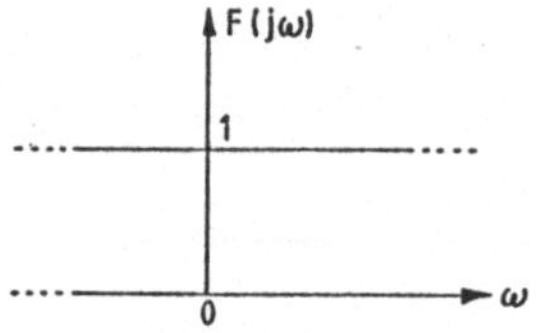
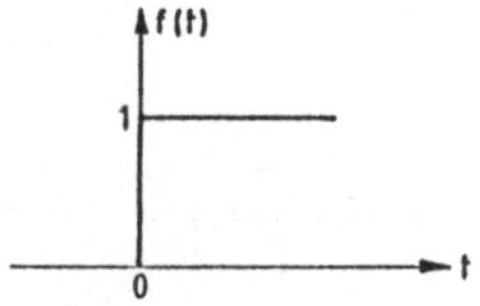 Sprungfunktion	$s(t)$	$\pi\delta(\mathrm{j}\,\omega) - \dfrac{\mathrm{j}}{\omega}$	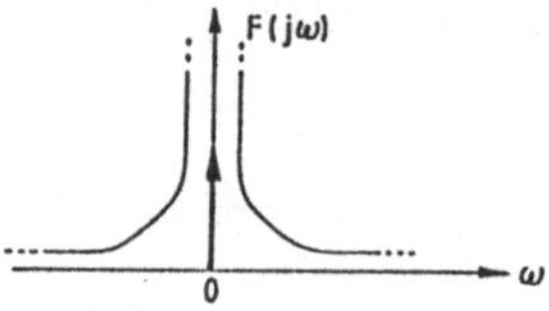
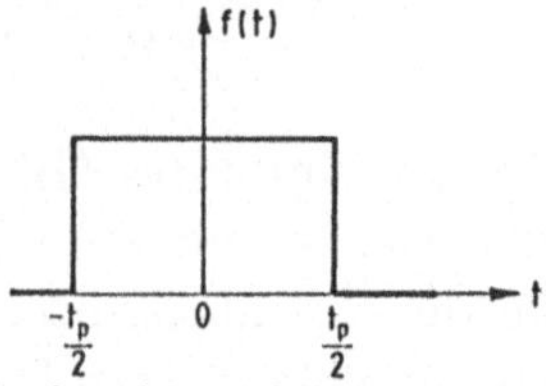 Rechteckimpuls	$\mathrm{rect}\left(\dfrac{t}{t_\mathrm{p}}\right)$	$t_\mathrm{p}\dfrac{\sin(\pi f t_\mathrm{p})}{\pi f t_\mathrm{p}}$	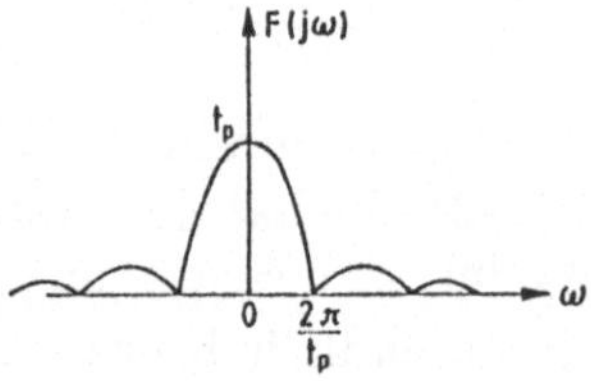
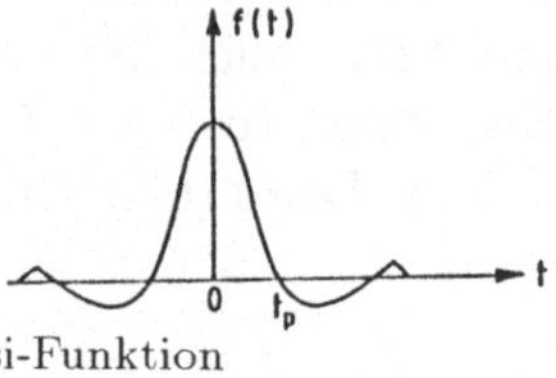 si-Funktion	$\mathrm{si}\left(\dfrac{\pi t}{t_\mathrm{p}}\right)$ $= \dfrac{\sin\left(\frac{\pi t}{t_\mathrm{p}}\right)}{\frac{\pi t}{t_\mathrm{p}}}$	$t_\mathrm{p}\,\mathrm{rect}(t_\mathrm{p} f)$	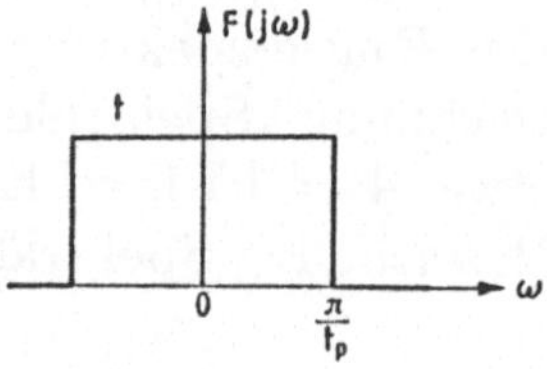
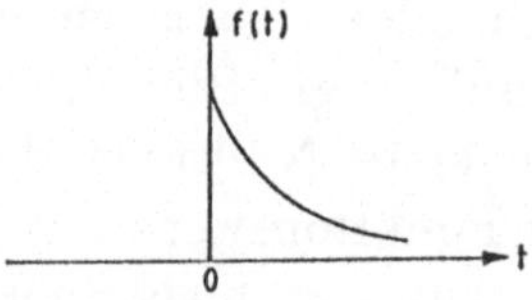 Exponentialimpuls	$\dfrac{1}{T}\,s(t)\cdot\mathrm{e}^{-t/r}$	$\dfrac{1}{1 + \mathrm{j}\,2\pi f T}$	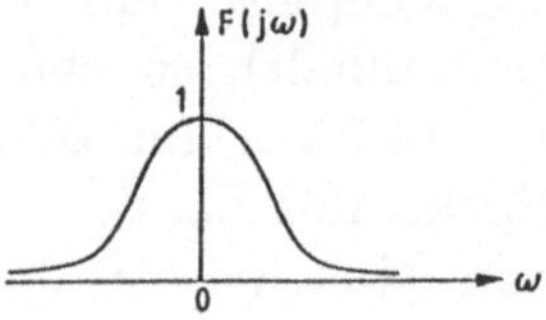

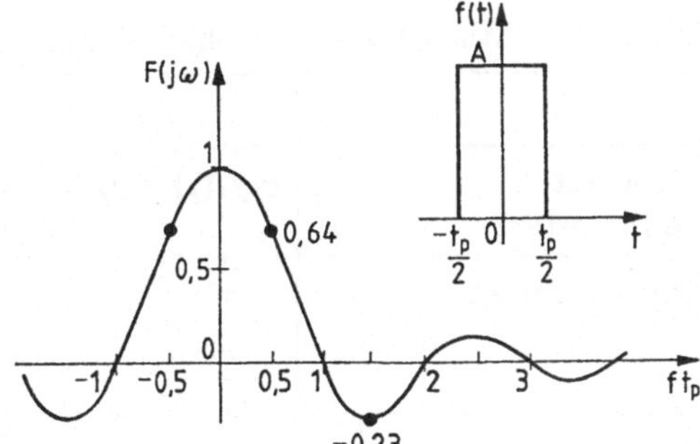

Bild 4.7.13
Rechteckimpuls
Zeitverlauf $f(t)$, Fourierspektrum $\underline{F}(\omega)$

$$\underline{F}(\mathrm{j}\,\omega) \;=\; \int\limits_{-\infty}^{\infty} \delta(t)\,\mathrm{e}^{-\mathrm{j}\,\omega t}\,\mathrm{d}t \equiv 1 \quad \text{oder}$$

$$\delta(t) \;\circ\!\!-\!\!\bullet\; 1 \tag{4.7.19}$$

bzw.

$$\mathcal{F}[\delta(t)] = 1 \quad \text{und} \quad \mathcal{F}^{-1}[1] = \delta(t)\,.$$

▌ Die Transformierte des Diracstoßes ist somit konstant gleich 1.

Sprungfunktion. Für die Sprungfunktion $f(t) = s(t)$ Gl. (4.7.4a) der Amplitude $+1$ ergibt sich (Tafel 4.7.3)

$$\underline{F}(\mathrm{j}\,\omega) = \int\limits_{-\infty}^{\infty} s(t)\,\mathrm{e}^{-\mathrm{j}\,\omega t}\,\mathrm{d}t \equiv \frac{1}{\mathrm{j}\,\omega} + \frac{\delta(\omega)}{2} = \mathcal{F}\,[s(t)]\,. \tag{4.7.20}$$

Dieses Ergebnis folgt durch direkte Integration mit Berücksichtigung der Integrationseigenschaften, doch sei auf Einzelheiten verzichtet.

In Tafel 4.7.3 wurden einige typische Zeitfunktionen und die zugehörigen Fourierspektren zusammengestellt. Außer den schon bekannten Stoß- und Sprungfunktionen sowie dem Rechteckimpuls – häufig als rect (t/t_p)-Funktion bezeichnet – sind noch die si-Funktion (sie wird oft als Spaltfunktion bezeichnet) sowie die exponentiell abklingende Sprungfunktion aufgenommen.

Allgemeine Transformationseigenschaften und Anwendungen. Ähnlich wie später die Laplace-Transformation (s. Abschn. 5.2) hat die Fouriertransformation verschiedene Grundeigenschaften, von denen die wichtigen in Tafel 4.7.4 zusammengestellt sind. Auf einige Merkmale sei besonders verwiesen: die *Linearität*, die *Differentiation* und die *Integration* (Multiplikation

Tafel 4.7.4 Wichtige Eigenschaften der Fouriertransformation

		$f(t) \quad \circ\!\!-\!\!\bullet \quad \underline{F}(\mathrm{j}\,\omega)$		Bemerkung
Linearität, Additionssatz	1	$c_1 f_1(t) + c_2 f_2(t)$	$c_1 \underline{F}_1(\mathrm{j}\,\omega) + c_2 \underline{F}_2(\mathrm{j}\,\omega)$	$c_1,\ c_2$ reell
Ähnlichkeitssatz	2	$f(bt)$	$\dfrac{1}{|b|}\underline{F}\left(\mathrm{j}\,\dfrac{\omega}{b}\right)$	als Grundgesetz der Informationstechnik bezeichnet
Verschiebungssatz	3	$f(t - t_0)$	$\underline{F}(\mathrm{j}\,\omega)\,\mathrm{e}^{-\mathrm{j}\,\omega t_0}$	Betrag des Spektrums unverändert
Frequenzverschiebung (Modulationssatz)	4	$f(t)\,\mathrm{e}^{-\mathrm{j}\,\omega_1 t}$	$\underline{F}(\mathrm{j}\,\omega - \mathrm{j}\,\omega_1)$	
Differentiation	5	$\dfrac{\mathrm{d}^n}{\mathrm{d}t^n}f(t)$	$(\mathrm{j}\,\omega)^n + \underline{F}(\mathrm{j}\,\omega)$	Überführung der DGL in algebraische Gleichung
Integration	6	$\displaystyle\int_{-\infty}^{t} f(\tau)\,\mathrm{d}\tau$	$\dfrac{\underline{F}(\mathrm{j}\,\omega)}{\mathrm{j}\,\omega} + \pi F(0)\delta(\mathrm{j}\,\omega)$	
Faltung	7	$f_1(t) * f_2(t)$	$\underline{F}_1(\mathrm{j}\,\omega)\cdot \underline{F}_2(\mathrm{j}\,\omega)$	

bzw. Division durch $\mathrm{j}\,\omega$). Dies galt bereits für Wechselstromnetzwerke (wobei der Zusatzfaktor $\pi\delta(\omega)$ bei der Integration aus Leistungsüberlegungen herrührt), die *Zeitverschiebung* und die *Modulation*. Wird nämlich ein Signal mit einem Einheitszeiger multipliziert, der mit der Kreisfrequenz ω_1 rotiert, so verschiebt sich das gesamte Frequenzspektrum um $-\omega_1$. Wird aber ein Signal um die Zeitkonstante t_0 verzögert, dann entsteht im Frequenzbereich eine Phasenverschiebung von $-\omega t_0$.

Der *Ähnlichkeitssatz* besagt, daß die Zeitdauer eines Vorganges und die Breite seines Spektrums im umgekehrten Verhältnis stehen: je „schmaler" ein Impuls, desto breiter sein Spektrum und umgekehrt (dies hatten wir bereits beim Rechteckimpuls erkannt). Der Ähnlichkeitssatz wird deshalb auch als Grundgesetz der Informationstechnik bezeichnet.

Auf die „Faltung" kommen wir im Abschnitt 5.3 zu sprechen.

Eine *wichtige Voraussetzung* für die Fouriertransformation eines kontinuierlich aperiodischen Signals in den Frequenzbereich war die *absolute* Integrierbarkeit der Funktion $f(t)$ nach Gl. (4.7.17). Gerade diese Voraussetzung erfüllen eine Reihe von technisch wichtigen Anregungsfunktionen (z.B.

ein zeitbegrenzt linearer Anstieg, die Sprungfunktion u.a.) nicht. Um auch solche Funktionen im Frequenzbereich darstellen zu können, wird die Zeitfunktion $f(t)$ mit einer „Wichtungsfunktion" $\exp \alpha t$ multipliziert, die $f(t)$ mit wachsender Zeit hinreichend *dämpft* (m.a.W. muß $\alpha \equiv -\sigma$ negativ sein). Dann lautet die Transformation

$$\int_0^{+\infty} f(t)\, \mathrm{e}^{-\sigma t} \exp -\mathrm{j}\omega t\, \mathrm{d}t = \int_0^{+\infty} f(t) \exp(-\sigma + \mathrm{j}\omega)t \cdot \mathrm{d}t$$

$$= \int_0^{+\infty} f(t) \exp -pt\, \mathrm{d}t \qquad (4.7.21)$$

mit der *komplexen Veränderlichen* (s. Gl.(4.7.7))

$$p = \sigma + \mathrm{j}\omega\,, \qquad (4.7.22)$$

oft auch als *komplexe Frequenz* bezeichnet.

Durch Einbindung der Wichtungsfunktion $\exp -\sigma t$ geht der Charakter der Fouriertransformation verloren, denn aus

$$f(t) \;\circ\!\!-\!\!\bullet\; \underline{F}(\mathrm{j}\,\omega) = \int_0^{+\infty} f(t)\, \mathrm{e}^{-\mathrm{j}\omega t}\, \mathrm{d}t \quad \text{Fouriertransformation}$$

wird jetzt

$$f(t) \;\circ\!\!-\!\!\bullet\; \underline{F}(p) = \int_0^{+\infty} f(t)\, \mathrm{e}^{-pt}\, \mathrm{d}t \qquad (4.7.23)$$

$$\text{(einseitige) Laplace-Transformation}$$

rechts eine formal identische Transformation, die (einseitige) *Laplace-Transformation* (s.u.).

Die komplexe Veränderliche im Integranten kann verschieden interpretiert werden

– wie hier durch eine *exponentiell* abklingende *Wichtung der Zeitfunktion*
– als sog. *komplexe Exponentialfunktion*, technisch als eine spezielle Anregungsfunktion des Netzwerkes oder in dieser Form auch als *Testsignal* (s. Gl. (4.7.7)).

Bei der Laplace-Transformation ist die Konvergenzbedingung Gl. (4.7.17) durch den Dämpfungsfaktor praktisch für alle Funktionen $f(t)$ für $t < 0$ erfüllt. Deshalb muß die Fouriertransformation i.a. auch nicht explizit ausgeführt werden, vielmehr ergeben sich die Fouriertransformierten der wichtigsten Zeitfunktionen und die entsprechenden Rücktransformationen aus den Tafeln der Laplace-Transformation, in dem man $p = \mathrm{j}\,\omega$ setzt.

Ein einfaches Beispiel möge die Anwendung der Fouriertransformation verdeutlichen: An eine RC-Schaltung (Bild 4.7.3) werde zur Zeit $t = 0$ ein Spannungssprung $u_\mathrm{q}(t) = U_\mathrm{q} \cdot s(t)$ (Gl. (4.7.4)) gelegt. Gesucht ist der Zeitverlauf der Ausgangsspannung $u_2(t)$ mittels der Fouriertransformation.

Wir suchen zunächst das Fourierspektrum des Einschaltimpulses. Aus Tafel 4.7.3 folgt

$$\underline{U}_\mathrm{q}(\mathrm{j}\,\omega) = U_\mathrm{q}[\pi\delta(\omega) + 1/\mathrm{j}\,\omega]\,. \tag{4.7.24}$$

Mit dieser Transformation sind wir aus den Zeit- in den Frequenzbereich übergewechselt. Die Spannung $\underline{U}_\mathrm{q}(\mathrm{j}\,\omega)$ am RC-Glied erzeugt ausgangsseitig die Spannung (Spannungsteilerregel)

$$\underline{U}_2(\mathrm{j}\,\omega) = \frac{\underline{U}_\mathrm{q}(\mathrm{j}\,\omega)}{1 + \mathrm{j}\,\omega RC} = U_\mathrm{q}\left[\frac{\pi\delta(\omega)}{1 + \mathrm{j}\,\omega RC} + \frac{1}{\mathrm{j}\,\omega}\cdot\frac{1}{1 + \mathrm{j}\,\omega RC}\right]$$

$$= U_\mathrm{q}\left[\pi\delta(\omega) + \frac{1}{\mathrm{j}\,\omega} - \frac{1}{\mathrm{j}\,\omega + 1/RC}\right]\,. \tag{4.7.25}$$

Dies ist das Fourierspektrum der Ausgangsspannung (dabei wurde die Umformung zur leichteren Rücktransformation durchgeführt). Um in den Zeitbereich zurückzukehren, müssen die Anteile einzeln rücktransformiert werden. Wir beachten die Korrespondenzen (Tafel 4.7.3)

$$\pi\delta(\omega) + 1/\mathrm{j}\,\omega \;\bullet\!\!-\!\!\circ\; s(t)\,, \quad 1/(a + \mathrm{j}\,\omega) \;\bullet\!\!-\!\!\circ\; \mathrm{e}^{-at}s(t)$$

und erhalten als Lösung im Zeitbereich

$$u_2(t) \;\circ\!\!-\!\!\bullet\; \underline{U}_2(\mathrm{j}\,\omega)$$

$$= \; U_\mathrm{q}(1 - \mathrm{e}^{-t/RC})s(t)\,. \tag{4.7.26}$$

Das entspricht genau der Lösung Gl. (4.7.2a) $(\tau = RC)$.

Wir werden dieses Ergebnis auch mit Rückblick auf Bild 4.7.6 verallgemeinernd diskutieren:

– Im *Frequenzbereich* ergibt sich das Fourierspektrum der Ausgangsspannung, indem das Fourierspektrum der Eingangsspannung $\underline{U}_\mathrm{q}(\mathrm{j}\,\omega)$ mit dem „Spannungsteilerfaktor" = Übertragungsfaktor $\underline{G}(\mathrm{j}\,\omega)$ (den wir im Abschn. 4.3.7 als Frequenzgang $\underline{F}(\mathrm{j}\,\omega) \equiv \underline{G}(\mathrm{j}\,\omega)$ eingeführt haben) multipliziert wird (Bild 4.7.14).

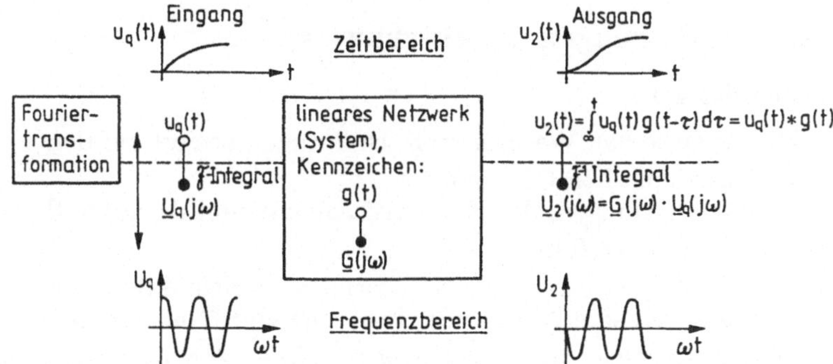

Bild 4.7.14 Fouriertransformation. Zusammenhang Eingangs-Ausgangsgrößen im linearen Netzwerk im Zeit- und Frequenzbereich

— Offensichtlich sind die Netzwerkeigenschaften in $\underline{G}(\mathrm{j}\,\omega)$ enthalten, zu der es im Zeitbereich eine Funktion $g(t)$ o—• $\underline{G}(\mathrm{j}\,\omega)$ gibt. Dies leuchtet sofort ein, wenn als Eingangssignal ein Diracstoß anliegt (Tafel 4.7.4)

$$\underline{U}_\mathrm{q}(\mathrm{j}\,\omega) = U_\mathrm{q}\,,$$

da $\delta(t)$ o—• 1 (Spektraldichte). Dann wird

$$\underline{U}_2(\mathrm{j}\,\omega) = \underline{G}(\mathrm{j}\,\omega) \cdot 1 \cdot U_\mathrm{q}$$

oder im Zeitbereich

$$u_2(t)\big|_{u_\mathrm{q}=\delta U_\mathrm{q}} = g(t) \text{ mit } g(t) \text{ o—• } \underline{G}(\mathrm{j}\,\omega)$$

(vgl. Bild 4.7.6). Im Beispiel erhalten wir wegen

$$\underline{G}(\mathrm{j}\,\omega) = \frac{1}{1 + \mathrm{j}\,\tau\omega}\,, \quad g(t) = \frac{\mathrm{e}^{-t/\tau}}{\tau}\,.$$

Nach der *Faltungsrelation* (Tafel 4.7.4) gehört aber zum Produkt im Frequenzbereich im Zeitbereich (s. Gl. (5.3.4))

$$\underline{U}_2(\mathrm{j}\,\omega) \cdot \underline{G}(\mathrm{j}\,\omega) \text{ •—o } u_2(t) * g(t) = \int\limits_{-\infty}^{t} u_2(\tau)g(t - \tau)\,\mathrm{d}\tau\,.$$

Unabhängig von diesem Vorgriff wird deutlich, daß sich durch die Fouriertransformation offenbar ein aperiodisches Zeitverhalten $u_2(t)$ ohne Lösung der Differentialgleichung berechnen läßt. Der Weg ist zugegebenermaßen nicht einfach. Er wird jedoch durch Anwendung der Laplace-Transformation einfacher (Abschn. 5.2.ff.).

Aufgaben 4.7.2, 4.7.3.

Lernorientierungen zu Abschnitt 4

Abschnitt 4.1

- Die Analyse von Wechselstromschaltungen basiert auf den
  - Kirchhoffschen Gleichungen
  - u-i-Beziehungen der Netzwerkelemente und darauf aufbauend
  abgekürzten Verfahren
- Bestimmungsstücke einer sinusförmigen Zeitfunktion (Spannung, Strom, Momentanwert) sind Amplitude, Frequenz und (Null-)phase
- charakteristische Mittelwerte periodischer Zeitfunktionen sind arithmetischer Mittelwert (Gleichwert), Gleichrichtwert (arithmetischer Mittelwert des Betrages) und quadratischer Mittelwert (Effektivwert)
- Addidion/Subtraktion ($=$ vorzeichenbehaftete Überlagerung) zweier Sinusfunktionen gleicher Frequenz ergibt wieder eine Sinusfunktion mit unterschiedlicher Amplitude und Phase (Skizze, Amplitude, Phase)
- Beschreibungsmittel einer sinusförmig zeitveränderlichen Spannung sind
  - Liniendiagramm (zeitbezogen (t), drehwinkelbezogen (ωt))
  - Funktionsgleichung
  - Zeigerdiagramm (Skizze, ruhender, rotierender Zeiger).

Abschnitt 4.2

- An linearen Netzwerkelementen (R, L, C) erzeugt eine sinusförmig eingeprägte Ursache (Spannung/Strom) wieder eine sinusförmige Wirkung (Strom/Spannung) mit gleicher Frequenz, aber veränderter Amplitude und Phase. Es gilt z.B. bei anliegender Sinusspannung ($\varphi_\mathrm{u} = 0$) für den Strom durch die Elemente

$$R: \quad \hat{i} = \hat{u}/R\,, \quad \varphi_\mathrm{i} = 0\,,$$
$$C: \quad i = \omega C \hat{u} \quad \varphi_\mathrm{i} = +\pi/2 \quad \text{voreilend}$$
$$L: \quad i = \hat{u}/\omega L \quad \varphi_\mathrm{i} = -\pi/2 \quad \text{nacheilend}.$$

- Zusammenhang Spannung/Strom am Grundelement wird durch den Begriff Scheinwiderstand $Z = \hat{u}/\hat{i}$ und den zugehörigen Phasenwinkel $\varphi_\mathrm{z} = (\varphi_\mathrm{u} - \varphi_\mathrm{i})$ erfaßt.
- Der Scheinwiderstand Z der Energiespeicherelemente L, C ist frequenzabhängig: L: wirkt bei $\omega \rightarrow 0$ als Kurzschluß, bei $\omega \rightarrow \infty$ als Leitungsunterbrechung (Leerlauf)
  C: wirkt bei $\omega \rightarrow 0$ als Leerlauf (Leitungsunterbrechung) $\omega \rightarrow \infty$ als Kurzschluß
- Blindwiderstand X_i: Zweipol mit Phasenverschiebung von $\pm\pi/2$ zwischen Spannung und Strom. Stets frequenzabhängig. $C : X_\mathrm{L} < 0$, $L : X_\mathrm{L} > 0$. Im Blindwiderstand wird keine Wirkleistung umgesetzt.
- Wirkwiderstand: Zweipol *ohne* Phasenverschiebung zwischen Spannung und Strom. Als Netzwerkelement frequenzunabhängig. Im Wirkwiderstand wird elektrische Energie in Wärme umgesetzt.
- Die Analyse einer linearen Wechselstromschaltung (im Zeitbereich) beinhaltet:

- Anwendung der Kirschhoffschen Gleichungen und u-i-Beziehung der Grundelemente C: Ergebnis, Differentialgleichung mit konstanten Koeffizienten, Störfunktion = Erregung des Netzwerkes
- Lösung durch Ansatz der gesuchten Größe als Sinusfunktion gleicher Frequenz. Bestimmung der Amplitude und Phase durch Vergleich
- Hinweis: Die Lösung gilt für den sog. eingeschwungenen Zustand (= stationäres Verhalten, der Einschaltvorgang erscheint nicht).

– Beim Zusammenschalten von Wirk-(R) und Blindschaltelementen (C, L) ist der Begriff Scheinwiderstand (Scheinleitwert) prinzipiell erweiterbar (z.B. Gl. (4.2.6)), doch sind besondere Zusammenschaltungsregeln zu beachten. Wirk- und Blindwiderstände (Leitwert) addieren sich *nicht arithmetisch*, sondern *geometrisch*.

Abschnitt 4.3

– Komplexe Größen erfüllen die Rechenregeln der Addition, Subtraktion, Multiplikation, Division für reelle Zahlen mit Zusatzbedingung $j^2 = -1$

– zwei komplexe Größen sind gleich, wenn ihre Real- und Imaginärteile übereinstimmen

– die Darstellung komplexer Größen in der komplexen Ebene ist gleichwertig in drei Formen (arithmetisch, trigonometrisch, Exponentialform) möglich

– *Zeiger* (in der Elektrotechnik) = komplexer Vektor, der einer komplexen Größe zugeordnet ist (Verbindung zwischen Punkt in der komplexen Ebene und Nullpunkt), kann zeitabhängig (rotierend) oder zeitunabhängig (ruhend) sein

– *Funktionaltransformation:* Transformation einer Originalfunktion (im Zeitbereich), z.B. $a(t) = \hat{a}\cos(\omega t + \varphi_a)$ in eine *Bildfunktion* (Frequenzbereich $\underline{a}(t) = \hat{a}[\cos(\omega t + \varphi_a) + j\sin(\omega t + \varphi_a)] = \hat{a}\exp j(\omega t + \varphi_a)$ durch Addition des Termes $j\hat{a}\sin(\omega t + \varphi_a)$).
Originalfunktion $a(t)$: reelle Zeitfunktion (physikalische Größe, meßbar)
Bildfunktion $\underline{a}(t)$: komplexe Zeitfunktion, reine Rechengröße (nicht meßbar)

– *Rücktransformation* aus dem Bildbereich:

$$\underline{a} = \hat{a}\exp j(\omega t + \varphi_a) \qquad a = \mathrm{Re}(\underline{a}) = \hat{a}\cos(\omega t + \varphi_a)\,.$$

– *Zeigerbegriff: rotierender* Zeiger (mit ω im mathematisch positiven Sinn rotierend)

$$\underline{a}(t) = \hat{a}\exp j(\omega t + \varphi_a) = \hat{a}[\cos(\omega t + \varphi_a) + j\sin(\omega t + \varphi_a)]$$

in komplexer Ebene
$\mathrm{Re}(\underline{a})$, $\mathrm{Im}(\underline{a})$: Projektionen des rotierenden Zeigers auf die reelle bzw. imaginäre Achse zur Zeit t

ruhender Zeiger (komplexe Amplitude): Zeiger zur Zeit $t = 0$:

$$\underline{a}(0) = \hat{\underline{a}} = \hat{a}\exp j\,\varphi\,.$$

Beachte: Differentiation und Integration von $\underline{a}(t)$

$$d\underline{a}/dt = j\,\omega\underline{a}(t)\,, \qquad \int \underline{a}(t)\,dt = \underline{a}(t)/j\,\omega\,.$$

Differentiation von $\underline{a} \rightarrow$ Multiplikation mit $j\,\omega$

Integration von $\underline{a}$ → Division mit $j\omega$.

Differentialgleichungen (im Zeitbereich)→ algebraische Gleichung im Bild-(Frequenz-)bereich

– Anwendung der Funktionaltransformation (= Analyse von linearen Wechselstromschaltungen über die komplexe Ebene)

• Transformation der Netzwerkdifferentialgleichung vom Zeit- in den Bildbereich

• Berechnung der Lösung im Bildbereich

• Originallösung im Zeitbereich durch Rücktransformation der Lösung aus dem Bildbereich.

– Im Bildbereich ist die Benutzung des komplexen Effektivwertes z.B.

$$\underline{U} = \frac{1}{\sqrt{2}}\hat{\underline{u}} = \frac{\hat{\underline{u}}}{\sqrt{2}}\exp j\,\varphi_u \quad \text{mit} \quad \underline{U} = U\exp j\,\varphi_u$$

statt der komplexen Amplitude $\hat{\underline{u}}$ zweckmäßig

– Anwendung der Funktionaltransformation auf die Grundelemente führt zum Begriff komplexer Widerstand (Widerstandsoperator) bzw. komplexer Leitwert (Leitwertoperator)

$$\underline{Z} = Z\exp j\,\varphi_z = \frac{\underline{u}}{\underline{i}} = \frac{\sqrt{2}\underline{U}\,e^{j\omega t}}{\sqrt{2}\underline{I}\,e^{j\omega t}} = \frac{U}{I}\exp j(\varphi_u - \varphi_i)$$

$$\underline{Y} = 1/\underline{Z} = Y\exp j\,\varphi_y .$$

Allgemeine Formen: $\underline{Z} = R_r + j\,X_r \qquad \underline{Y} = G_p + j\,B_p$

$\qquad\qquad\qquad\quad R_r$ Wirkwiderstand G_p Wirkleitwert

$\qquad\qquad\qquad\quad X_r$ Blindwiderstand B_p Blindleitwert

– komplexer Widerstand der Grundelemente:

$$\underline{Z}_R = R, \quad \underline{Z}_C = 1/j\omega C, \quad \underline{Z}_L = j\omega L .$$

– Komplexe Netzwerkanalyse im Bildbereich

• statt Aufstellung der Netzwerkdifferentialgleichung und Anwendung der Transformation

• Beginn der Analyse im Bildbereich (mit Widerstands-/ Leitwertoperator) und komplexen Effektivwerten $(\underline{U}, \underline{I})$

• dabei Anwendung aller Netzwerkanalyseverfahren, die für lineare Gleichstromnetzwerke gelten

• Rücktransformation der Lösung in den Zeitbereich

• Vorteilhafte Nutzung der Widerstands-/ Leitwertzusammenschaltungen $\underline{Z}_i = \sum_n \underline{Z}_n$, $\underline{Y} = \sum_m \underline{Y}_m$, Strom-Spannungsteilerregel, Zweipoltheorie usw.

– Frequenzgang $\underline{F}(j\omega) = F(j\omega)\exp j\,\varphi_f$ (Netzwerkfunktion: Zusammenhang Wirkung → Ursache im linearen Wechselstromnetzwerk im Frequenzbereich mit der Frequenz als Parameter)

Wirkungsgröße $= \underline{F}(j\omega)\cdot$Ursachengröße

Bestimmungsstücke: Amplitudengang $F(j\omega)$, Phasengang $\varphi_f(j\omega)$.

Grundeigenschaft eines Wechselstromnetzwerkes bei Sinusanregung, die später die Grundlage auch für andere Erregungsfunktionen bildet

– der Imaginärteil von $\underline{F}(j\omega)$ ist stets eine ungerade Funktion von $j\omega$
– Frequenzgang darstellbar als
  - Real- und Imaginärteil, Betrag und Phase (Komponentendarstellung, Frequenz als Parameter)
  - in der komplexen Ebene als Ortskurve
– *Grenzfrequenz:* definierte Frequenz, bei der der Frequenzgang $\underline{F}(j\omega)$ eine bestimmte Bedingung erfüllt, typisch $\pm 45°$–Grenzfrequenz ω_{45} (sog. 3 dB-Grenzfrequenz)
  Bedingung: Real- gleich Imaginärteil (gleichwertig),
  Betragsanstieg/-abfall auf $\sqrt{2}$ bzw. $1/\sqrt{2}$-fachen Bezugswert für $\omega \to 0$, in log. Darstellumg ± 3dB-Änderung und Phasenwinkel $\varphi_f = \pm 45°$. Weitere Grenzfrequenzen lassen sich definieren.

Abschnitt 4.4

– Darstellungshilfen für typische Größen der Wechselstromtechnik sind: Zeigerdarstellungen, Zeigerbilder (Ströme, Spannungen, komplexe Widerstände, Frequenzgang (mit der Frequenz als Variablen) und Ortskurven)
– Zeigerbilder der Ströme und Spannungen ($\underline{I}$-$\underline{U}$) sind Eintragungen der im Netzwerk auftretenden Ströme und Spannungen($\underline{I}$-$\underline{U}$-Zeiger) in die komplexe Ebene
  Grundlage: $\underline{I}$-$\underline{U}$-Beziehungen der Grundelemente
  Beginn des Zeigerdiagramms mit der (angenommenen) Wirkungsgröße (d.h. vom Schaltungsinneren aus)
  Reihenschaltung: Addition der Zeiger der Widerstandsoperatoren resp. Spannungen
  Parallelschaltung: Addition der Zeiger der Leitwertoperatoren resp. Ströme
– *Inversion von Zeigern:* $\underline{Y} = 1/\underline{Z}$. Methode: Spiegelung am Einheitskreis oder Berechnung ($Y = 1/Z$, $\varphi_y = -\varphi_z$).
  Es gilt: kurzer Zeiger wird bei der Inversion zum längeren und umgekehrt, Spiegelung an der reellen Achse
– *Frequenzgang:* $\underline{F}(j\omega)$: zweckmäßige Darstellungen sind Ortskurve und Betrag-Phasengang $= f(\omega)$
– *Bode-Diagramm:* Spezielle Form der Frequenzgangdarstellung $\underline{F}(j\omega)$
  - über dem Logarithmus der Frequenz (oft normiert) wird dargestellt: der Betrag F der darzustellenden Größe im logarithmischen Maßstab (dB) und der Winkel φ_f (linearer Maßstab)
  - Vorteil: große Frequenzbereiche und stark verschiedene Betragswerte in einem Diagramm darstellbar
  - *Konstruktion:*
  - Bestimmung der Singularitäten (Nullstellen, Pole) von $\underline{F}$ und zugehörige Eckfrequenzen
  - Nullstelle: Amplitudengang knickt nach oben bei der Eckfrequenz mit 20 dB/Dek. ab

- Polstelle: Amplitudengang knickt nach unten bei der Eckfrequenz mit 20 dB/Dek. ab
- Phasengang setzt etwa eine Dekade unterhalb der Eckfrequenz ein und klingt eine Dekade später ab. Nullstelle: negative Polstelle , positive Phasendrehung.

Ortskurve: Darstellung einer komplexen Funktion $\underline{F}(\mathrm{j}\,\omega)$ in der komplexen Ebene mit einer reellen Veränderlichen (Frequenz ω, Netzwerkelement R, C, L) als Parameter.

Die Ortskurve ergibt sich durch Verbinden aller Punkte $\underline{F}(\mathrm{j}\,\omega)$, meist im Frequenzbereich $0 \ldots \infty$.

Inversion von Ortskurven. Es gelten die sog. Inversionssätze:

- Inversion einer Geraden (als Ortskuve) durch Nullpunkt $\rightarrow$ Gerade durch den Nullpunkt
- Inversion einer Geraden nicht durch den Nullpunkt $\rightarrow$ Kreis durch den Nullpunkt (und umgekehrt)
- Inversion eines Kreises nicht durch den Nullpunkt $\rightarrow$ Kreis nicht durch den Nullpunkt.

Abschnitt 4.5

- Zum Leistungsbegriff (am Zweipol) gehören Momentan-, Wirk-, Blind- und Scheinleistung:
  Momentanleistung: $p(t) = u(t)i(t)$, zeitabhängig,
  Wirkleistung $p =$ arithmetischer Mittelwert der Momentanleistung gemittelt über die Periodendauer T,
  $\overline{p} > 0$: Leistungsverbrauch, $\overline{p} < 0$ Leistungsabgabe (aktiver Zweipol),
  im Wechselstromkreis
  $$\overline{p} = UI\cos\varphi \quad (U = \hat{u}/\sqrt{2} \quad \text{usw.}\,\varphi = \varphi_\mathrm{u} - \varphi_\mathrm{i}),$$
  Blindleistung (im Wechselstromkreis) gekoppelt an Blindschaltelemente, vorzeichenabhängig
  $$Q = UI\sin\varphi,$$
  Scheinleistung $S = UI = \sqrt{P^2 + Q^2}$
- Blindleistung ist ein Maß für den Auf- und Abbau der Feldenergie in den Energiespeicherelementen C, L
- induktive Blindleistung kann durch kapazitive kompensiert werden (und umgekehrt)
- Blindarbeit: Vorgang der reversiblen Energiewandlung, elektrische $\leftrightarrow$ Feldenergie bei C, L
- Wirkleistungsanpassung im Grundstromkreis erfordert $\underline{Z}_\mathrm{i} = \underline{Z}_\mathrm{a}^*$, d.h. $R_\mathrm{i} = R_\mathrm{a}$, $X_\mathrm{i} + X_\mathrm{a} = 0$. Die letzte Bedingung ist der Resonanzfall.

Abschnitt 4.6

- Ein Netzwerk mit 4 Klemmen (Eingang, Ausgang) heißt Vierpol (Zweitor). Zweites Merkmal: Übertragungseigenschaften zwischen aktivem Zweipol (Quelle) und Lastelement
- u-i-Verhalten: Vierpolgleichungssystem. Abhängig von der Variablenzuordnung verschiedener gleichberechtigter Formen (z.B. $\underline{Y}-$, $\underline{Z}-$, $\underline{H}-$, $\underline{A}-$Schreibweise)
- Allgemeiner Vierpol: 4 unabhängige Vierpolparameter. Passiver Zweipol: ohne Energiequellen (unabhängig oder gesteuert), 3 unabhängige Vierpolparameter
- Vierpolparameter einer Darstellungsform lassen sich in andere umrechnen
- Vierpole lassen sich verschiedenartig zusammenschalten (z.B. parallel, Reihe usw.), Beschreibung erleichtert durch jeweilige Beschreibungsform
- Die Vierpol-u-i-Relationen lassen sich als Vierpolersatzschaltungen interpretieren

  aktive Vierpole: mit gesteuerter (ungesteuerter) Quelle (z.B. für Transistoren). Typische Vierpolersatzschaltungen sind die T- und Π-Formen, letztere auch für aktive Vierpole breit angewendet.

- *Filter:* Vierpol mit besonders typischem Frequenzverhalten der Übertragungseigenschaften, insbesondere Sperr- und Durchlaßbereichen. Filtergrundtypen sind: Tief- und Hochpaß, Bandpaß und Bandsperre

  Ordnung eines Filters bestimmt von der Anzahl enthaltener unabhängiger Energiespeicherelemente.

- *Resonanzkreis:* Zweipol aus R, L, C (Reihen-, Parallelschaltung), dessen Scheinwiderstand (Leitwert) bei einer bestimmten Frequenz – der *Resonanzfrequenz* – extrem (minimal, maximal) wird.

  Typische Merkmale eines Schwingkreises sind Resonanzfrequenz $\omega_0^2 = 1/LC$, Güte und Bandbreite

- *Brückenschaltung:* Schaltungsanordnung aus vier diagonalartig zusammengefügten Netzwerkelementen (sog. X-Vierpol), deren Ausgangsgröße bei einer bestimmten Schaltungseinstellung verschwindet (Wheatston-Brücke) oder eine bestimmte Eigenschaft hat (Phasendrehung).

  Man unterscheidet danach Gleichstrom-, Wechselstrom-, Phasendrehbrücke u.a.m.

- *Transformator:* Vierpol bestehend aus zwei magnetisch fest verkoppelten Spulen. u-i-Beziehung beschrieben durch die sog. Transformatorgleichungen. Haupteigenschaften: Spannungsübersetzung im Windungszahlverhältnis, reziproke Stromübersetzung, Impedanztransformation.

  Verhalten durch eine Transformatorersatzschaltung interpretierbar.

Abschnitt 4.7

- Jede periodische Funktion $f(t) = f(t+T)$ in T läßt sich gleichwertig durch eine Fourierreihe darstellen. Es gibt drei Darstellungsformen:
  - die Normalform (cos-, sin-Glieder)

- die Spektralform (Betrag, Phase der Spektralanteile)
- die komplexe Form.

– In Verbindung mit dem Überlagerungssatz erlaubt die Fourierreihe die Analyse frequenzselektiver Eigenschaften von Netzwerken auf Grundlage der „komplexen Wechselstromrechnung".

– Das Spektrum eines Rechteckimpulses kann zur Einführung eines kontinuierlichen Spektrums und der Fouriertransformation verwendet werden.

– Das Spektrum eines Rechteckimpulses wird durch die Funktion $\sin x / x$ beschrieben

– Fouriertransformierte: Spektraldarstellung (Betrag, Phase) einer aperiodischen Funktion des Zeitbereiches im Frequenzbereich.

– Die Fouriertransformation dient zur Beschreibung nichtperiodischer und insbesonderer einmaliger Vorgänge im Zeitbereich durch Transformation in den Frequenzbereich. Es ergibt sich:

- eine Hintransformation aus dem Zeit- in den Frequenzbereich
- die Lösung der Aufgabe im Frequenzbereich (Rechnen mit der Fouriertransformierten)
- schließlich die Rücktransformation (inverse Fouriertransformation) wieder in den Zeitbereich

– Die Fouriertransformation kann zur Herleitung des Zeitverlaufes einer Netzwerkgröße dienen, wenn das Frequenzverhalten bekannt ist.

Wiederholungsfragen zu Abschnitt 4

Abschnitt 4.1

1. Wie erkennt man, ob eine physikalische Größe periodisch ist?

2. Durch welche Bestimmungsstücke ist eine sinusförmig zeitveränderliche Spannung gekennzeichnet?

3. Skizzieren Sie eine Wechselspannung $u(t) = A\sin(\omega t + \varphi_u)$, wenn der Effektivwert $10\,\mathrm{V}$ betragen soll ($f = 50\,\mathrm{Hz}$), über der Zeit für drei verschiedene Phasenwinkel $\varphi_u = 0, \pi/2, -\pi/2$. Wie groß ist der Spitzenwert $\hat{u}$ und T?

4. Skizzieren Sie die Entstehung des Liniendiagrammes einer Sinusschwinung mittels eines rotierenden Zeigers!

5. Wie ist der Phasenwinkel φ einer Spannung gegenüber dem Strom i definiert? Welches Vorzeichen hat φ, wenn i der Spannung u nacheilt (voreilt)?

6. Wie lautet die Definition des arithmetischen und quadratischen Mittelwertes allgemein, wie speziell für die Sinusfunktion sowie eine Rechteckfunktion (Skizze)?

7. Was bedeutet der Effektivwert anschaulich?

8. Durch einen Leiter fließen ein Gleichstrom $I = 1\,\mathrm{A}$ sowie ein Wechselstrom $i(t) = 2\,\mathrm{A}\sin(\omega t + \varphi_i)$. Wie groß ist der Effektivwert des Gesamtstromes?

9. Bestimmen Sie den Effektivwert eines Mischstromes, der symmetrisch zwischen $i = 10\,\mathrm{mA}$ und $20\,\mathrm{mA}$ im zeitlichen Abstand von $1\,\mathrm{ms}$ schwankt. a) Skizze des

Zeitverlaufes, b) Berechnung über die Definitionsgleichung des Effektivwertes, c) Berechnung über Kombination aus Gleich- und Wechselanteil.

10. Welche Ersatzschaltung kann für eine Mischstromquelle angegeben werden?

11. Welcher Zusammenhang besteht zwischen dem Effektivwert einer Spannung und der mittleren Leistung dieser Spannung am Widerstand R?

12. Durch welche Maßnahmen läßt sich der Gleichrichtwert eines Stromes realisieren?

13. Skizzieren Sie eine Sinusspannung, die einer anderen „nullphasigen" Sinusspannung voreilt (nacheilt).

Abschnitt 4.2

1. Was bedeuten die Begriffe Gleichstromwiderstand, ohmscher Widerstand, Wirkwiderstand?

2. Welche Phasenverschiebung zwischen Spannung und Strom besteht für die Grundzweipolelemente, wenn jeweils ein Sinusstrom eingeprägt wird ($\varphi_i = 0$)?

3. Welche gemeinsame Eigenschaften haben ein Wirk- und Blindwiderstand (gleichen Betrages) bei fester Frequenz? Worin unterscheiden sie sich?

4. An einem Kondensator liegt eine Sinusspannung veränderlicher Frequenz. Welchen Verlauf hat der Strom über der Frequenz prinzipiell?

5. Begründen Sie, daß der Blindwiderstand einer Kapazität stets negativ ist.

6. Jemand formuliert: An zwei reihengeschalteten Kondensatoren liegt eine Sinusspannung. Durch die Reihenschaltung beträgt die Phasenverschiebung $2 \times 90° = 180°$. Was ist dabei alles falsch?

7. Welche Leistung tritt an einer Induktivität auf, wenn eine Sinusspannung anliegt? Gilt das Ergebnis auch für eine beliebige periodische Spannung?

8. An einer Reihenschaltung von R und L liegt eine Spannung $u(t) = \hat{u}\sin(\omega t + \varphi_u)$. Welcher Strom fließt? Welche Schritte sind der Reihe nach durchzuführen? Wie groß ist der Scheinwiderstand der Anordnung?

9. Ein Zweipol besteht aus Energiespeichern als Netzwerkelementen. Welche Werte kann der Gleichstromwiderstand nur haben?

10. Geben Sie den Scheinwiderstand der Reihenschaltung folgender Elemente an:
    - Widerstand $R = 10\,\Omega$, kapazitiver Blindwiderstand $10\,\Omega$
    - Widerstand $R = 10\,\Omega$, induktiver Blindwiderstand $10\,\Omega$ kapazitiver, induktiver Blindwiderstand je $10\,\Omega$.

Abschnitt 4.3

1. In welchen Formen kann eine komplexe Zahl $\underline{z}$ dargestellt werden (Beispiele)?

2. Wie lautet der komplexe Momentanwert einer Spannung? Was ist ein komplexer Effektivwert, welche Kenngröße der Cosinus-Schwingung enthält er?

3. Wie kann die Spannung $u(t) = \hat{u}\sin(\omega t + \varphi_u)$ in der komplexen Ebene dargestellt werden (Begründung)?

4. Kann ein komplexer Momentanwert für einen rechteckförmigen Spannungsverlauf definiert werden (Begründung)?

5. Am Kondensator C liegt die Spannung $u(t) = \hat{u}\sin(\omega t + \varphi_\mathrm{u})$. Bestimmen Sie den Strom $i(t)$ einmal direkt im Zeitbereich und über die komplexe Ebene. Kann $\underline{i}(t)$ mit einem Strommesser gemessen werden?

6. Wie lautet die Definition des komplexen Widerstandes $\underline{Z}$, kann er direkt gemessen werden?

7. Ist der komplexe Widerstand $\underline{Z}$ eines Zweipols zeitlich konstant oder nicht?

8. Welche Bestimmungsstücke hat der komplexe Widerstand $\underline{Z}$? Was bedeuten die Begriffe Blindwiderstand, Wirkwiderstand?

9. Geben Sie den komplexen Widerstand einer Reihenschaltung von R und L in der P- und R-Form an. Wie lautet der Leitwert $\underline{Y}$, durch welche Ersatzschaltelemente kann er nachgebildet werden?

10. Zeichnen Sie eine Ersatzschaltung für einen kapazitiv wirkenden Zweipol.

11. Was versteht man unter dem Frequenzgang eines Netzwerkes, z.B. eines RC-Spannungsteilers? Für welche Art von Größen kann ein Frequenzgang angegeben werden?

12. Skizzieren Sie den Frequenzgang des Widerstandoperators der Reihenschaltung von R und C nach Betrag und Phase!

13. Gegeben sei eine Mischspannung aus Gleichspannungsanteil und überlagerter sinusförmiger Wechselspannung. Durch welche Schaltung kann erreicht werden, daß nur der Wechselspannungsanteil verfügbar ist?

14. Wie läßt sich die Kapazität und Induktivität in einem Netzwerk für $f \to 0$ bzw. $f \to \infty$ berücksichtigen?

15. Geben Sie an, wie folgende Beziehungen einzuordnen sind (Zeit-, Frequenzbereich, ruhende, rotierende Zeiger)
    a) $\operatorname{Re}(\underline{i}R + \mathrm{j}\,\omega L\underline{i}) = \hat{u}\cos(\omega t + \varphi_\mathrm{u}) = \operatorname{Re}(\underline{u}(t))$
    b) $\underline{i}R + \mathrm{j}\,\omega L\underline{i} = \underline{u}$, c) $\underline{I} = \underline{U}/(Z\exp\mathrm{j}\,\varphi_\mathrm{z})$, d) $i = \operatorname{Re}(\underline{u}(t)/(R + \mathrm{j}\,\omega L))$.

16. Jemand schreibt: $u(t) = (R + \mathrm{j}\,\omega L/2\pi)^{-1}\operatorname{Re}(\underline{I}(t))$.
    Was ist alles falsch?

Abschnitt 4.4

1. Wie ist das Zeigerbild der Ströme und Spannungen eines Netzwerkes zu konstruieren (Beispiel: RC-Teiler, gespeist mit einer Spannung)?

2. Kann *ein* Zeigerbild eines Netzwerkes gezeichnet werden, an dem gleichzeitig z.B. zwei Sinusspannungen *verschiedener* Frequenz liegen?

3. Geben Sie an: die Zeiger ($\underline{Z}$-Ebene) der Grundelemente R, L, C (fest) und die inversen Zeiger.

4. Gegeben sind zwei gleiche RC-Glieder, jedes hat den Frequenzgang $\underline{F}$. Beide werden „hintereinander geschaltet" (Skizze). Gilt dann $\underline{F}_\mathrm{ges} = \underline{F}_1\underline{F}_2$ (Begründung)? Was müßte geschehen, damit $\underline{F}_\mathrm{ges} = \underline{F}_1\underline{F}_2$ gilt?

5. Skizzieren Sie den Frequenzgang (Bode-Darstellung) eines Tiefpasses qualitativ bestehend aus einem RC-Glied und zwei RC-Gliedern, wobei $R_1C_1 \ll R_2C_2$ gelten soll!

6. Was enthält ein Scheinwiderstandsdiagramm, wie wird es angewendet?

7. Wie verläuft die Ortskurve von $\underline{Z}$ der Reihenschaltung von R und L bei variabler Frequenz ($0 \leq \omega \leq \infty$)? Welche Leitwertortskurve gehört dazu?

8. Was versteht man unter Inversion?

9. Geben Sie die Ortskurve des Widerstandsoperators $\underline{Z}_{\mathrm{L}} = \mathrm{j}\omega L(\mathscr{A})$ an. Wie verläuft die invertierte Ortskuve (ω-Laufrichtung eingetragen)?

10. Das Größenverhältnis zweier Spannungen wird durch folgende Angaben beschrieben: 3 dB, 6 dB, 10 dB. Welche Amplitudenverhältnisse gehören dazu?

11. Welche Vorteile bietet das Bode-Diagramm? Welche Besonderheiten hat es z.B. zur Darstellung mit rechtwinkligen Koordinaten?

Abschnitt 4.5

1. Wie lauten für den linearen Zweipol die Momentan-, Wirk-, Blind- und Scheinleistung und der Leistungsfaktor?

2. Was verbirgt sich hinter dem Begriff Blindleistungskompensation?

3. Welche passiven Zweipole verursachen Blindleistung?

4. Was bedeuten Wirkleistungs- und Scheinleistungsanpassung? Welche wird in informationstechnischen Systemen hauptsächlich verwendet?

Abschnitt 4.6

1. Was versteht man unter Bandpaß, wodurch wird er gekennzeichnet und wozu dient er?

2. Welche Phasenverschiebung läßt sich mit einem Tießpaß 1. bzw. 2. Ordnung erzielen?

3. Wie kann ein RC-Spannungsteiler frequenzkompensiert werden?

4. Wie lauten die $\underline{Y}$-, $\underline{Z}$- und $\underline{H}$-Form der Vierpolgleichungen?

5. Was bedeutet der Begriff umkehrbarer Vierpol?

6. Was versteht man unter der Π- und T-Ersatzschaltung eines Vierpols? Wie kommen sie zustande?

7. Geben Sie die Π-Ersatzschaltung eines Vierpols mit einer gesteuerten Quelle (ausgangsseitig) an. Welche Formen sind möglich?

8. Gegeben sind die Leitwertparameter zweier Vierpole. Beide sollen reihengeschaltet werden (Skizze). Wie ergeben sich die Leitwertparameter des Ersatzvierpols der Gesamtschaltung?

9. Wie können die Leitwertparameter eines allgemeinen Vierpols bestimmt werden?

10. Wie ist eine Wheatstone-Brücke aufgebaut, wie lautet die Abgleichbedingung und wozu dient sie?

11. Nach welchem Prinzip arbeitet der Transformator? Geben Sie ein Ersatzschaltbild an, wie entsteht es aus den Transformatorgleichungen?

12. Was versteht man unter einem Resonanzkreis, wozu dient er?

13. Skizzieren Sie einen verlustbehafteten Parallelresonanzkreis (aus den Netzwerkelementen R, L, C) und bestimmen Sie

- den Strom bei anliegender Spannung U
- die Resonanzform
- die Kreisgüte. Welcher Strom fließt bei Resonanz?

14. Geben Sie einfach Schaltungen für einen Tiefpaß/Hochpaß erster Ordnung an. Verfügbar sind die Grundelemente R, L, C. Wieviele Möglichkeiten gibt es?

Abschnitt 4.7

1. An einem Netzwerk liegt eine symmetrische Rechteckspannung (ohne Gleichanteil). Wie müßte unter Nutzung der Fourierreihe vorgegangen werden, um die Ausgangsspannung zu bestimmen?

2. Was erlaubt die Fourierreihe, welche Darstellungsformen gibt es?

3. Wie groß ist der Effektivwert einer Spannung, die aus drei Anteilen $\hat{u}_i \sin(i\omega t + \varphi_i)$ $(i = 1 \dots 3)$ besteht?

4. Was versteht man unter Fouriertransformation? Wann wird sie angewendet?

5. Ein Impuls hat eine Breite von $10\,\text{ms}$. Welche Bandbreite (Hz) ist erforderlich, damit er ohne wesentliche Verzerrungen übertragen wird ($f = 1/T \approx 1/t_\text{p} = 100\,\text{Hz}$)?

6. Welches Signal hat ein kontinuierliches Spektrum: Sinusform, Rechteckform periodisch, Einzelimpuls?

5 Ausgleichsvorgänge. Netzwerke bei beliebiger Erregung

Nach Durcharbeit des Abschnittes beherrscht der Leser:

- Aufstellen der Differentialgleichung für Schaltvorgänge, Bedeutung und Ermittlung der Anfangsbedingungen
- Aufstellung der Netzwerkdifferentialgleichungen für beliebige Erregung
- Anwendung der Laplace-Transformation und Fouriertransformation zur Netzwerkanalyse bei beliebiger Erregung
- Gewinnung der Gewichts- und Übergangsfunktion von Netzwerken
- qualitatives und quantitatives physikalisch-elektrisches Verständnis für das Verhalten von Netzwerken mit einem oder zwei Energiespeicherelementen
- Bedeutung der Begriffe Sprung-, Stoß-, Exponentialerregung
- Bedeutung der Übertragungsfunktion für das nichtstationäre Verhalten von Netzwerken.

Wir haben im Abschnitt 4 sehr eingehend das Verhalten eines Netzwerkes bei sinusförmiger, sog. *stationärer* Anregung untersucht. Stationär bedeutete dabei, daß diese Spannung zwar vor sehr langer Zeit einmal an das Netwerk angelegt („eingeschaltet") wurde, die „Wirkung" dieses Einschaltvorganges aber völlig abgeklungen ist. In diesem Abschnitt wollen wir nun jene Prozesse studieren, die *unmittelbar nach dem Ein- oder Abschalten* einer Spannung, oder allgemeiner der Netzwerkanregung ablaufen. Solche Vorgänge sind z.B. grundlegend für die Digitaltechnik (s. Abschn. 9).

5.1 Ausgleichs-, Schaltvorgänge im Zeitbereich

Wird der Zustand eines physikalischen und damit auch technischen Systems durch eine plötzliche Einwirkung zur Zeit t_0 gestört, so stellt sich das System nicht sprungartig auf den neuen Zustand ein, sondern *stetig* innerhalb einer mehr oder weniger langen Zeit.

Beim Erwärmen von Wasser (Temperatur ϑ_1, Ausgangszustand = Anfangswert) in einem Topf mit einem Tauchsieder (Einschalten des Tauchsieders zur Zeit t_0, Zufuhr der elektrischen Leistung $P_{el} = $ const.) steigt die Wassertemperatur nicht sprungartig, sondern allmählich an, bis sich schließlich ein neuer „Endzustand" (entweder Wasser siedet $\vartheta = 100°$ oder Temperatur bleibt darunter) einstellt (Bild 5.1.1a). Die Temperaturanstiegszeit hängt von der Höhe der zugeführten Leistung (100 W oder 1 kW Tauchsieder), der Wassermenge (mit einer proportionalen Wärmekapazität) und den Wärmeabfuhrbedingungen (z.B. Topf auf Eisenplatte, Topfdeckel u.a.m.) ab. Auch wissen wir, daß z.B. eine fahrende Straßenbahn mit der kinetischen Energie mv^2 nicht plötzlich zur Zeit $t_0 = 0$ anhalten kann, da die Bewegungsenergie in Wärmeenergie (Reibung) umgewandelt werden muß: es gibt einen Übergangs- = Ausgleichsvorgang.

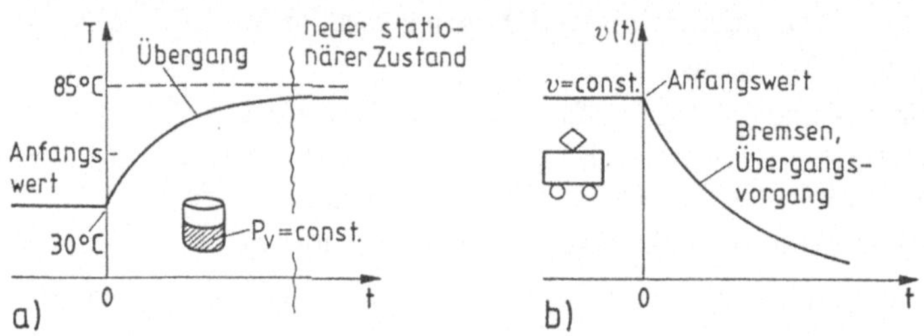

Bild 5.1.1 Ausgleichsvorgang
a) Beispiel Wassererwärmung, b) mechanisches System

> Die physikalische Ursache all dieser Vorgänge ist die Stetigkeit der Energie: Energie kann sich nicht sprunghaft ändern. Dieses Verhalten bestimmt offenbar den zeitlichen Übergang = *Übergangsvorgang* eines physikalischen Systems von einem in einen anderen stationären Zustand.

Ganz analoge Vorgänge laufen in elektrischen Netzwerken ab, wenn

– energie*speichernde* NWE enthalten sind (C, L, M, nur dann!), deren Energieinhalt – wie wir wissen – *nicht* sprungartig geändert werden konnte ($\rightarrow$ Stetigkeitsverhalten der Kondensatorspannung u_C und des Spulenstromes i_L) und

– im Netzwerk eine plötzliche Änderung erfolgt: Ein- oder Ausschalten einer Spannungs- oder Stromquelle, Zuschalten von NWE, also *Schalter* vorhanden sind.

Ein (idealer) Schalter soll dabei folgende u-i-Eigenschaften haben (Bild 5.1.2a):

– Schalter geschlossen (Ein): $u = 0$, i beliebig

– Schalter offen (Aus): $i = 0$, u beliebig

– verzögerungsfreier Übergang zwischen den Ein-/Aus-Zuständen.

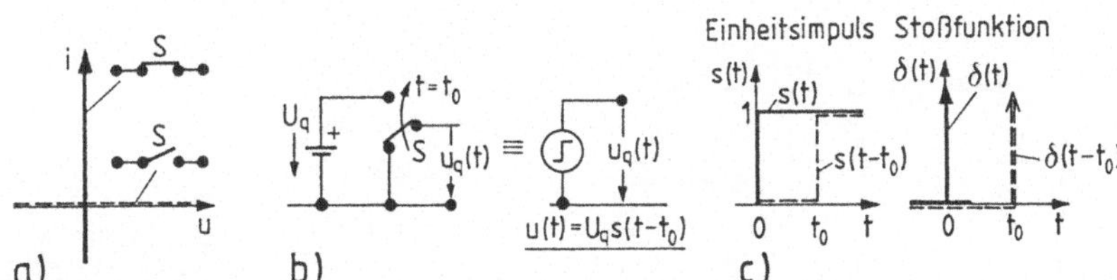

Bild 5.1.2 Modellierung des Schalterverhaltens
   a) i-u-Verhalten des idealen Schalters
   b) Realisierung des idealen Schalters durch eine Sprungfunktion $s(t)$
      resp. $s(t - t_0)$
   c) Einheitssprung- und Stoßfunktionen um t_0 verschoben

Wird ein solcher Schalter mit einer idealen Gleichspannungsquelle nach Bild 5.1.2b als „Umschalter" angeordnet, so erscheint der Zeitverlauf $u_q(t)$ an den Ausgangsklemmen der Anordnung als *Spannungssprung* (oder *Einschaltsprung*), falls der Schalter zur Zeit t_0 umgeschaltet wird. Unter Nutzung der Sprungfunktion $s(t)$ (Gl. (4.7.4)) ist zu schreiben

$$u_q(t) = U_q \cdot s(t - t_0) \quad \text{Spannungssprung } U_q \text{ zur Zeit } t_0 \, . \quad (5.1.1)$$

Die Sprungfunktion $s(t)$ ist in Bild 5.1.2c für die Zeitpunkte $t = 0$ und $t = t_0$ dargestellt. Ihre erste Ableitung geht gegen $+\infty$ (bzw. $-\infty$ bei „Ausschalten") und wird durch die sog. *δ-Funktion* (s. Gl. (4.7.6)) repräsentiert.

Der *Spannungssprung* kann mit dem von Hand betätigten Schalter erzeugt werden, aber ebenso elektronisch durch einen sog. *Rechteck-* oder *Impulsgenerator*. Dabei werden elektronisch steuerbare Schalterelemente, z.B. Transistoren, verwendet. Daraus folgt als wichtige Erkenntnis:

- der bisherige (stationäre) Betrieb von Netzwerken durch Gleich- und Wechselstromquellen ist offensichtlich die Grundlage der *Analogtechnik* (Abschnitt 8), während

- der Betrieb von Netzwerken durch geschaltete Quellen, bei denen die Erregung nur zwei Zustände (Ein/Aus) aufweist, die netzwerktechnische Grundlage der *Digitalschaltungen* (Abschn. 9) ist. Gerade diese Schaltungen sind aber für die moderne Informationstechnik von allergrößter Bedeutung.

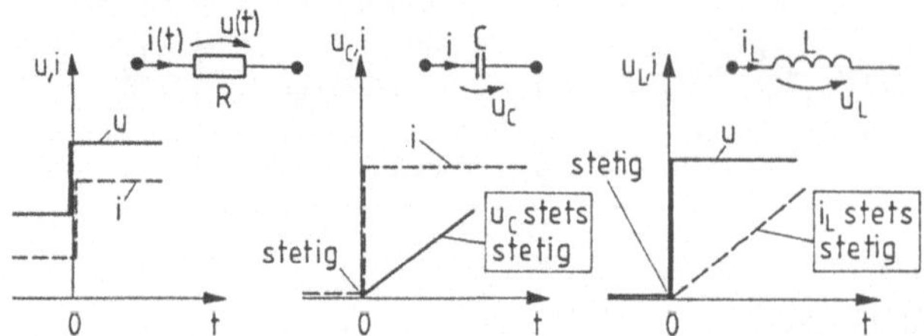

Bild 5.1.3
u-i-Verhalten der Grundelemente R, C, L bei sprungförmiger Erregung

Übergangsverhalten der Grundelemente R, C, L. Wir erinnern an das Verhalten der Grundelemente R, L, C (Bild 5.1.3) bei „Sprungerregung":

– am linearen (und nichtlinearen) *ohmschen Widerstand* erzwingt ein Spannungssprung auch einen Stromsprung

– am *linearen Kondensator* ist wohl ein Stromsprung, aber kein Spannungssprung möglich. Bekanntlich kann sich die elektrische Feldenergie $W = Cu_C^2/2$ nicht sprunghaft ändern $(u_C(-0)) = u_C(+0))$, sonst wäre ein unendlich hoher Strom im Schaltzeitpunkt aufzubringen und damit unendlich hohe Leistungszu- oder -abfuhr

– an der *linearen Induktivität* ist ein Spannungssprung, aber kein Stromsprung aus den gleichen Gründen möglich.

Die jeweilige physikalische Größe, die das Energiespeichervermögen eines Netzwerkelementes (u_C, i_L) beschreibt, heißt *Zustandsgröße* des betreffenden Elementes.

Die Zustandsgröße eines (energiespeichernden) Netzwerkelementes ist immer stetig. Deshalb gibt es immer einen *Anfangswert* der Zustandsgröße.

Analoge Verhältnisse gelten auch für nichtlineare Energiespeicherelemente, nur sind dann die Ladung Q (Kondensator) resp. der magnetische Fluß Ψ (Induktivität) Zustandsgrößen:

$$
\begin{array}{ll}
C: \ i = \mathrm{d}Q/\mathrm{d}t; \quad Q(-0) = Q(+0) & \text{Stetigkeitsbedingung} \\
 & \text{der Zustandsgrößen} \\
L: \ u = \mathrm{d}\Psi/\mathrm{d}t; \quad \Psi(-0) = \Psi(+0) & \text{am nichtlinearen} \\
 & \text{Energiespeicherelement.}
\end{array}
\qquad (5.1.2)
$$

Wir beschränken uns auf lineare Netzwerke.

Analyseverfahren. Wie kommen wir zum Übergangsverhalten einer Netzwerkgröße, z.B. der Kondensatorspannung u_C (Bild 5.1.4a) in einem Netzwerk, etwa einer RC-Reihenschaltung, wenn zum Schaltzeitpunkt $t = 0$ eine

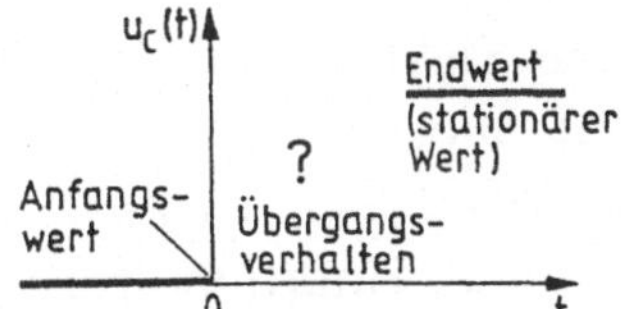

Bild 5.1.4
Übergangsverhalten zwischen Anfangs- und Endwert

Gleichspannung U_q angeschaltet wird und sich damit auch die Struktur des Netzwerkes plötzlich ändert?

Fest steht zunächst, daß in *jedem Zeitpunkt* die Kirchhoffschen Gleichungen und Netzwerkelementbeziehungen gelten müssen. Durch das Energiespeicherelement entsteht dabei zwangsläufig eine sog. *Integro-Differentialgleichung*, deren Grad von der Zahl unabhängiger Energiespeicher abhängt. Das galt bereits bei Betrieb des Netzwerkes mit Sinusspannung. Deshalb muß zur Analyse des Schaltverhaltens die Netzwerk-DGL für die gesuchte Größe unmittelbar nach dem *Schaltvorgang* aufgestellt werden. *Neu* ist aber, daß sich der Zustand *vor* dem Umschalten offenbar in den *Anfangswerten* der Zustandsgrößen der Energiespeicherelemente wiederfinden *muß*.

Wir kommen daher zu folgender

Lösungsmethodik: Schaltverhalten von Netzwerken

1. Überführung einer realen Schaltung in das Modell eines elektrischen Netzwerkes (mit Schaltermodellen oder entsprechenden Netzwerkerregerfunktionen) im Zeitbereich.

2. Aufstellung der Netzwerkgleichung durch Anwendung der Kirchhoffschen Gleichungen und NWE-Beziehungen (oder auch abgekürzter Verfahren im *Zeitbereich*). n unabhängige Energiespeicher führen entweder auf ein System von n DGL erster Ordnung oder eine Integro-Differentialgleichung n-ter Ordnung.

3. Bestimmung (Vorgabe oder Berechnung aus der Schaltung *vor* dem Schaltvorgang) der n Anfangswerte der Zustandsgrößen der Energiespeicher (Kondensatorspannungen, Spulenströme).

4. Lösung der DGL und Diskussion.

Dieses Verfahren mag kompliziert erscheinen, ist aber der zunächst einzig plausible Lösungsweg. Da bereits die manuelle Lösung einer DGL vom Grade $n = 3$ sehr aufwendig wird (und höhere Ordnungen meist nur noch näherungsweise lösbar sind), ist vor allem bei größeren Systemen sehr schnell Computerhilfe erforderlich. Wir beschränken uns deshalb nur auf Netzwerke mit maximal zwei Energiespeichern.

Die Elektrotechnik kennt deshalb noch weitere leistungsfähige Lösungsverfahren:

– Die *Laplace-Transformation* (anwendbar auf lineare Netzwerke), die auf einer Funktionaltransformation vom Zeit- in den Frequenzbereich basiert, das Aufstellen der Netzwerkdifferentialgleichung erübrigt und direkt auf Ergebnisse und Methoden der Wechselstromtechnik zurückgreift. Wir gehen darauf im Abschnitt 5.2 ein. Das Verfahren schließt an die Fouriertransformation (Abschn. 4.7) direkt an.

– Das Verfahren der *Zustandsvariablen* insbesondere für nichtlineare Netzwerke.

– *Fouriertransformation* des Eingangssignales, Berechnung des Ausgangsfrequenzspektrums mit den Mitteln nach Abschn. 4.7 und ggf. Rücktransformation in den Zeitbereich (sofern das erregende Signal eine Fouriertransformation erlaubt).

Im Moment mag vielleicht der Eindruck verbleiben, daß die geschilderte Methodik nur für das Schalten von Gleichgrößen gilt. Später wird sich zeigen, daß sie auch auf allgemeinere Netzwerkerregungen erweiterbar ist.

5.1.1 Netzwerke mit einem Energiespeicher

RC-Schaltung. Netzwerke mit einem Energiespeicher sind weit verbreitet, und wir wollen eine typische Schaltung (Bild 5.1.5) zum Aufladen eines Kondensators über einen Widerstand aus einer Gleichspannungsquelle betrachten. Solange der Schalter offen ist, hat der Kondensator u.U. nur eine Anfangsladung, die sich als Kondensatorspannung $u(-0)$ äußert.

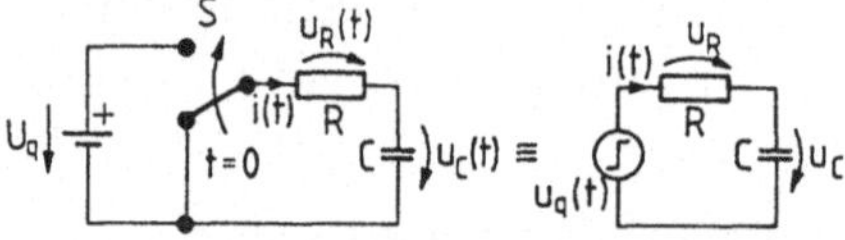

Bild 5.1.5
Einschaltverhalten einer *RC*-Schaltung

Im Umschaltmoment zur Zeit $t = 0$ wird der Stromkreis geschlossen. Es fließt Strom und die Aufladung beginnt. Dabei wächst die Kondensatorspannung u_C und der Strom i sinkt. Hat die Kondensatorspannung schließlich die Quellspannung U_q erreicht ($U_q = u_C(\infty)$), so wird $i \rightarrow 0$ und wir haben den neuen (stationären) Zustand. Zur Berechnung der Kondensatorspannung u_C gehen wir nach der eben erarbeiteten Lösungsmethodik vor:

1. Aufstellen der Netzwerkdifferentialgleichung für die gesuchte Größe u_C *nach* Schalterschluß, d.h. für den neuen Schaltungszustand. Dabei ist gleichgültig, ob C eine Anfangsladung hat oder nicht.

2. Bestimmung des Anfangswertes der Kondensatorspannung *vor* Schalterschluß (d.h. kurz vor Umlegen des Schalters).

3. Lösung der DGL nach der Kondensatorspannung u_C.

Daraus resultieren:

1. Aus dem Maschensatz

$$u_q = iR + u_C \quad i = C\,\mathrm{d}u_C/\mathrm{d}t \tag{5.1.3}$$

und der Zweigbeziehung (rechts) entsteht durch Ersatz von $iR = RC\cdot\mathrm{d}u_C/\mathrm{d}t$ die *Netzwerkdifferentialgleichung*

$$\tau(\mathrm{d}u_C/\mathrm{d}t) + u_C = u_q \tag{5.1.4}$$

mit der

$$\boxed{\text{Zeitkonstanten } \tau = RC\,. \hspace{6cm} \text{(5.1.5)}}$$

Die DGL ist von erster Ordnung (erwartet, ein Energiespeicher), hat konstante Koeffizienten (lineare DGL) und ist inhomogen, weil die Spannung u_q rechts als sog. *Störglied* auftritt.

2. Der *Anfangswert* $u_C(0)$ sei z.B. dadurch bedingt, daß der Kondensator C vor dem Umschaltvorgang auf die Spannung U_0 (z.B. 10 V) aufgeladen war. Diesen Wert behält er im Umschaltmoment t_0 und unmittelbar danach: Stetigkeit der Kondensatorspannung. Es gilt deshalb

$$u_C(t_0 - \varepsilon) = u_C(t_0 + \varepsilon) \quad \text{für} \quad \varepsilon \to 0\,,$$

also speziell für $t_0 = 0$ (Umschalten zum Zeitnullpunkt)

$$u_C(-0) = u_C(+0)$$

mit $u_C(t_0) \equiv u_C(0) = U_0$.

3. Die sehr verbreitete DGL (5.1.4) vom Typ

$$\boxed{\tau\frac{\mathrm{d}y}{\mathrm{d}t} + y = x \quad (x = \text{const.}) \hspace{4cm} \text{(5.1.6)}}$$

hat die allgemeine Lösung

$$\boxed{y(t) = [y(t_0) - x(t_0)]\exp -(t - t_0)/\tau + x\,. \hspace{3cm} \text{(5.1.7)}}$$

Man erhält sie z.B. auch aus Kenntnis einer partikulären Lösung der inhomogenen DGL und Lösung der homogenen DGL durch Überlagerung (s.u.) oder Umstellung von Gl. (5.1.6)

$$\mathrm{d}y/\mathrm{d}t = -(y - x)/\tau\,.$$

Die Trennung der Variablen und Integration

$$\int\limits_{y(t_0)}^{y(t)} \frac{\mathrm{d}y}{y - x} = -\frac{1}{\tau}\int\limits_{t_0}^{t}\mathrm{d}t \rightarrow \ln\left[y(t) - x\right] - \ln\left[y(t_0) - x\right] = -\frac{t - t_0}{\tau}$$

führt auf

$$\exp\left[\ln\frac{y(t) - x}{y(t_0) - x}\right] = \exp -\frac{t - t_0}{\tau}\,, \tag{5.1.8}$$

woraus direkt ($\exp \ln \alpha \equiv \alpha$!) Gl. (5.1.7) folgt.

Im speziellen Fall ($t_0 = 0$) $y(t) = u_\mathrm{C}(t)$, $y(0) = u_\mathrm{C}(0) = U_0$ und $x = U_\mathrm{q}$ lautet die Lösung

$$\boxed{\begin{aligned}
u_\mathrm{C}(t) &= (u_\mathrm{C}(0) - U_\mathrm{q})\exp -\frac{t}{\tau} + U_\mathrm{q} = U_\mathrm{q}\left(1 - \exp -\frac{t}{\tau}\right) + u_\mathrm{C}(0)\exp -\frac{t}{\tau} \\
i_\mathrm{C}(t) &= i(t) = C\frac{\mathrm{d}u_\mathrm{C}}{\mathrm{d}t} = \frac{1}{R}[U_\mathrm{q} - u_\mathrm{C}(0)]\exp -\frac{t}{\tau}\,.
\end{aligned}} \tag{5.1.9}$$

Der Strom $i_\mathrm{C}(t)$ ergibt sich durch Differenzieren der Kondensatorspannung.

Im Bild 5.1.6 wurden die Teilspannung u_C und der Strom $i \sim u_\mathrm{R}$ aufgetragen (zunächst für $U_0 = 0$). Der Maschensatz ist zu jedem Zeitpunkt erfüllt. Wir erkennen:

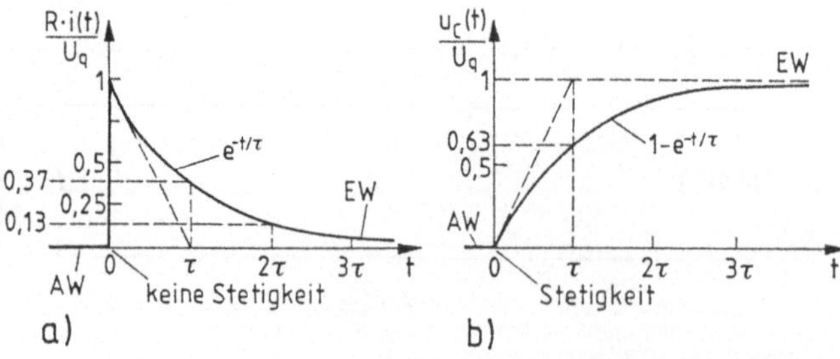

Bild 5.1.6 Zeitverläufe der Ströme und Spannungen in Bild 5.1.5
      a) Stromverlauf bei sprungförmiger Eingangsspannung
      b) Verlauf der Kondensatorspannung bei sprungförmiger Eingangsspannung

- Für $t \to \infty$, den sog. *stationären Fall*, muß der Ausgleichsvorgang abgeklungen sein und der Kondensator die Spannung $u_C(\infty) = U_q$ angenommen haben, unabhängig vom Anfangswert $u_C(0)$. Dies folgt direkt aus Gl. (5.1.9).

- Für $t \to +0$, dem *Anfangszeitpunkt*, muß sich aus Gl. (5.1.9) die Anfangsbedingung $u_C(0) = U_0$ ergeben, wie erwartet ($\exp 0 = 1$). Der Strom i_C wird im ersten Moment durch die Spannung $U_q - U_0$ über R bestimmt.

- Im *Übergangsbereich* fließt im Moment des Einschaltens ein relativ großer Strom, der Kondensator wird geladen (falls $U_q > U_0$). So steigt u_C und u_R sinkt und damit auch der Strom. Quantitativ bestimmen die (normierten) Funktionen

$$f_1(t) = \exp{-t/\tau} \quad \text{bzw.} \quad f_2(t) = 1 - \exp{-t/\tau}$$

den Zeitverlauf der relevanten Spannungen und Ströme. Sie wurden im Bild 5.1.6 dargestellt. Typische Werte von f_1 lauten

$f_1(t)$	0,5	0,37	0,14	0,1	0,02	0,01	0,001
$t =$	$0{,}69\tau$	τ	$2{,}2\tau$	$2{,}3C$	4τ	$4{,}6\tau$	$6{,}9\tau$

Nach $t \approx 5\tau$ ist $f_1(t)$ auf rd. 1% abgeklungen und damit der Ausgleichsvorgang praktisch beendet.

Man nennt

$$t_H = \tau \ln 2 \approx 0{,}7\tau \quad \text{Halbwertszeit, Definitionsgleichung} \quad (5.1.10)$$

die *Halbwertszeit*, weil dabei $f_1(t_H) = 1/2 \to (\exp{-t/\tau} = 1/2)$ auf die Hälfte des Anfangswertes abgeklungen ist.

Die Zeitkonstante $\tau = RC$ (> 0) kennzeichnet den Ausgleichsvorgang. Er läuft um so rascher ab, je kleiner τ ist. Die Zeitkonstante bestimmt somit die „Trägheit" der Schaltung allgemein (d.h. des physikalischen Systems). Deshalb überrascht nicht, wenn solche Zeitkonstanten in allen physikalischen Systemen auftreten (z.B. Wärme, Akustik, Mechanik u.a.).

Im Falle $R = 1\,\text{k}\Omega$, $C = 1\,\mu\text{F}$ ergibt sich $\tau = 1\,\text{k}\Omega{\cdot}1\,\mu\text{F} = 1\text{ms}$. Die typischen Zeitkonstanten der Elektrotechnik überstreichen viele Größenordnungen von $10^{-12}\ldots 10^{0}\,$s und mehr.

Zeitkonstante. Grenzfrequenz. Anstiegszeit. Zeitkonstante τ (Gl. (5.1.5))
legt den Vergleich zur Grenzfrequenz des RC-Spannungsteilers (Bild 4.3.7)
nahe, wenn eine stationäre Wechselspannung anliegen würde. Wir hatten
für die 3dB-Grenzfrequenz erhalten (Gl. (4.3.41))

$$\omega_{\mathrm{g}} = 1/RC = 1/\tau \,. \qquad\qquad (5.1.11)$$

Unabhängig von der Anregung wird das dynamische Verhalten eines
Netzwerkes offensichtlich durch seine Zeitkonstanten bestimmt. Dies gilt
auch für Netzwerke mit mehreren Energiespeichern.

Die Zeitkonstante ist nach Gl. (5.1.9) die Tangente an den Verlauf $u_{\mathrm{C}}(t)$ im
Zeitpunkt $t = 0$ (z.B. ohne Anfangsladung)

$$\left.\frac{\mathrm{d}u_{\mathrm{C}}}{\mathrm{d}t}\right|_0 = U_{\mathrm{q}} \left.\frac{\exp -t/\tau}{\tau}\right|_{t\to 0} = \frac{U_{\mathrm{q}}}{\tau} \,.$$

Die Tangente schneidet die Abszisse bei $t = \tau$ (Bild 5.1.6a).

In der Digitaltechnik ist es üblich, statt der Halbwertszeit die sog. *Anstiegs-*
(rise time t_{r}) und *Abfallzeiten* (fall time t_{f}) anzugeben. Darunter versteht
man die Zeitspanne zwischen dem 10%-Wert eines Anstieges und seinem
90%-Wert (t_{f} umgekehrt). Bei exponentiellem Zeitverlauf gehören dazu (mit
$\exp -t_{90}/\tau = 0{,}9$, $\exp -t_{10}/\tau = 0{,}1$)

$$t_{\mathrm{r}} = t_{90\%} - t_{10\%} = \tau[\ln 0{,}9 - \ln 0{,}1] = \tau \ln 9 \approx 2{,}2\tau \qquad (5.1.12)$$

oder mit $f_{\mathrm{g}} = 1/2\pi\tau$

$$t_{\mathrm{r}} \approx 0{,}35/f_{\mathrm{g}} \,. \qquad\qquad (5.1.13)$$

Im vorliegenden Fall ist die Zeitkonstante τ positiv und deshalb klingt der
Ausgleichsvorgang exponentiell ab. Gelingt es, eine Schaltung mit *negativem
Widerstand* (R) zu realisieren, so wird formal τ negativ und eine Störung
klingt nicht ab, sondern schaukelt sich über der Zeit auf (vgl. Bild 4.7.7):
Dies ist die Grundlage der Schwingungserzeugung (Oszillator).

Kondensatorentladung. Wird der Schalter S zur Zeit t in der Schaltung Bild 5.1.5 nach „Abschluß" des Aufladens umgelegt, so entlädt sich der Kondensator wieder. Es fließt ein Entladestrom in entgegengesetzter Richtung (d.h. negativ in Verbraucherrichtung, Bild 5.1.7). Erwartet wird ein positiver Zahlenwert: Kondensator als Energiequelle. Bisher wurde aber die u-i-Beziehung $i = C\,du_C/dt$ des Kondensators in Verbraucherrichtung verwendet. Deshalb liegt es nahe, die bisherige Stromrichtung beizubehalten. Dann liegt $u_R = iR$ fest und es gilt unmittelbar nach Umlegen des Schalters

$$
\begin{aligned}
u_C + u_R &= 0 & i_C &= C\,du_C/dt\,, & u_R &= Ri \\
u_C + Ri &= 0 & u_C + RC\,du_C/dt &= 0\,, & \tau &= RC\,.
\end{aligned}
\qquad (5.1.14)
$$

Mit dem Anfangswert $u_C(0) = U_q$ wird dann

$$
\boxed{u_C(t) = U_q \exp -t/\tau\,, \quad i_C = C\,du_C/dt = -U_q/R \exp -t/\tau\,.} \qquad (5.1.15)
$$

Bild 5.1.7b zeigt die Verläufe. Der negative Strom (Verbraucherrichtung) bestätigt den Energieabfluß vom Kondensator an den Widerstand.

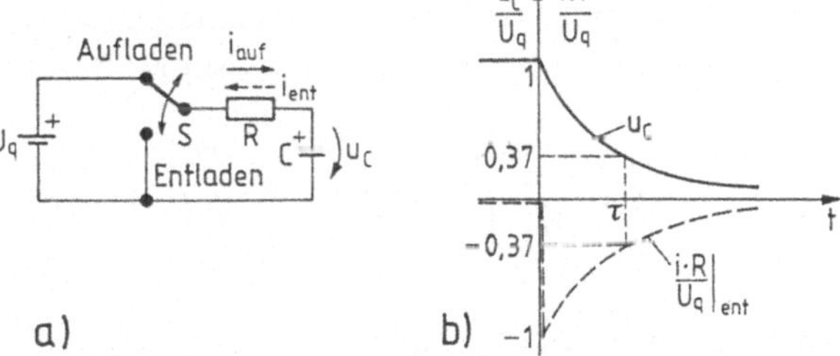

Bild 5.1.7
Zeitverlauf von Strom und Spannung beim Entladen (Schaltung Bild 5.1.5)

Anwendungen. Integrierglied. Die RC-Schaltung Bild 5.1.5 kann als integrierende Anordnung der Eingangsspannung $u_q(t)$ wirken, wenn diese Spannung nicht durch einen Schalter realisiert, sondern allgemeiner als Zeitfunktion verstanden wird. Für $u_R \gg u_C$ gilt:

$$
u_q(t) = u_R = iR = RC\,du_C/dt \qquad (5.1.16a)
$$

oder nach Integration

$$
\boxed{u_C \approx 1/\tau \int_0^t u_q(t)\,dt + u_C(0)\,.} \qquad (5.1.16b)
$$

Die Schaltung wirkt als Integrator für die Klemmenspannung $u_q(t)$. Sie entspricht so genau dem RC-Spannungsteiler mit $R \gg 1/\omega C$ im Frequenzbereich oder einer Tiefpaßfunktion (vgl. Bild 4.3.7).

Anwendungsbeispiel: Schalter-Kondensatortechnik. Wir haben bisher das Ein- und Ausschalten des Kondensators als einmaligen Vorgang betrachtet. Denkbar ist aber, den Schalter in Bild 5.1.7 *periodisch* zu schalten, also den Kondensator ständig umzuladen. Dieses Prinzip wird in der integrierten MOS-Schaltungstechnik als *Schalter-Kondensator-Prinzip* zur Realisierung ohmscher Widerstände z.B. in Filtern u.a.m. breit angewendet. Wir betrachten aus Schaltung Bild 5.1.7 nur den Mittelteil mit periodisch geschaltetem Schalter (Taktzeit T, Bild 5.1.8). Liegt Schalter S in Stellung 1, so wird C aus der Quelle über R geladen. Es fließt ein Strom $i(t)$ mit dem Mittelwert (über die halbe Taktzeit)

$$\overline{i_{\text{auf}}} = \frac{2}{T} \int_0^{T/2} i(t)\,\mathrm{d}t = \frac{2}{T} \int_0^{T/2} C\frac{\mathrm{d}u_C}{\mathrm{d}t}\,\mathrm{d}t = \frac{2}{T} \int_{u_2}^{u_1} C\,\mathrm{d}u_C = C\frac{2}{T}(u_1 - u_2). \quad (5.1.17)$$

Dabei soll sich zur Zeit $T/2$ die Spannung u_1 und damit die Ladung Q_1 eingestellt haben. Nach dem Umschalten setzt Kondensatorentladung auf den Lastwiderstand R ein. Es gilt entsprechend für den Mittelwert des Stromes

$$\overline{i_{\text{ent}}} = \frac{2}{T} \int_{T/2}^{T} i(t)\,\mathrm{d}t = \frac{2}{T} \int_{u_1}^{u_2} C\,\mathrm{d}u_C = \frac{2}{T}C(u_2 - u_1). \quad (5.1.18\text{a})$$

Dabei soll C am Ende T auf u_2 entladen sein. Im Mittel (über T) fließt damit der Strom

$$\overline{i} = \frac{\overline{i_{\text{auf}}} - \overline{i_{\text{ent}}}}{2} = \frac{2C}{T}(u_1 - u_2) \qquad (5.1.18\text{b})$$

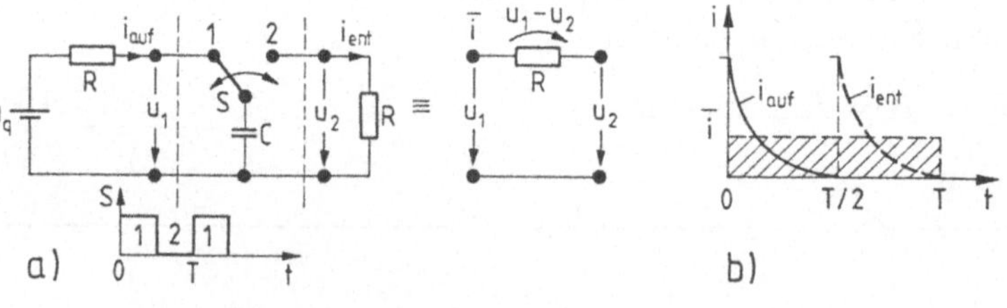

Bild 5.1.8 Schalter-Kondensatorprinzip
    a) Schaltung umgezeichnet aus Bild 5.1.7a
    b) mittlerer Auflade- und Entladestrom durch den Längszweig

von Klemme 1 nach 2 mit der Spannungsdifferenz $u_1 - u_2$. Dies entspricht
aber einem gleichwertigen Widerstand (Leistungsverlust)

$$R_{\ddot{a}} = (u_1 - u_2)/I = T/2C\,. \tag{5.1.19}$$

> Durch einen periodisch umgeschalteten Kondensator läßt sich eine Wi-
> derstandsfunktion zwischen zwei Klemmen erzeugen, deren Größe von
> der Taktfrequenz $1/T$ und Kapazität abhängt. Kleine Kapazitäten (pF)
> erlauben damit große R-Werte (Beispiel: $T = 10$ μs ($\rightarrow f = 100$ kHz), C
> $= 1$ pF$\rightarrow R_{\ddot{a}} = 5$ MΩ!).

Das Schalter-Kondensator-Prinzip hat sich als ein sehr leistungsfähiges
Schaltungskonzept für die integrierte MOS-Technik durchgesetzt. Der Schalter wird durch zwei MOS-Transistoren gebildet, der MOS-Kondensator
selbst kann mit hoher Präzision realisiert werden. Hinzu kommt, daß hochohmige Widerstände besonders viel Chipfläche benötigen, was hier wegfällt.
Bedingung für die Anwendung solcher SC-Schaltung ist nur, daß sich das Signal *langsam* im Vergleich zum Umschalttakt ändert. Von der Signalübertragung her gesehen arbeitet die Schaltung mit *Signalabtastung:* in periodischen
Abständen wird die Signalquelle U_q „abgetastet" und das Ergebnis im Kondensator gespeichert. Solche Abtastsysteme haben große Bedeutung für die
moderne Informationstechnik (s. Abschn. 10.3.2).

Differenzierglied. Hochpaßschaltung. Wir wollen jetzt gegenüber Bild 5.1.5
die Lage von R und C vertauschen und gleichzeitig die Netzwerkerregung
ändern: Aus einem Einschaltvorgang (Spannungssprung) soll ein *Rechteckimpuls* entstehen (vgl. Bild 4.7.3). Dieses Signal kann verstanden werden
als Einschaltvorgang zur Zeit $t = 0$ (C sei ladungslos) und Ausschaltvor-
gang zu späterem Zeitpunkt t_1 (Bild 5.1.9). Wir gehen schrittweise vor und
betrachten den Einschaltvorgang bei geschlossenem Schalter:

$$U_q = u_R + u_C = RC\,\mathrm{d}u_C/\mathrm{d}t + u_C\,. \tag{5.1.20a}$$

Da u_R gesucht ist, lösen wir zunächst $u_C(t)$ und bestimmen dann u_R über
$U_q = u_C + u_R$. Der Anfangswert $u_R(0)$ ergibt sich aus der Tiefpaßlösung
Gl. (5.1.14)

$$u_R = iR = (U_q/\tau)\exp -t/\tau\,. \tag{5.1.20b}$$

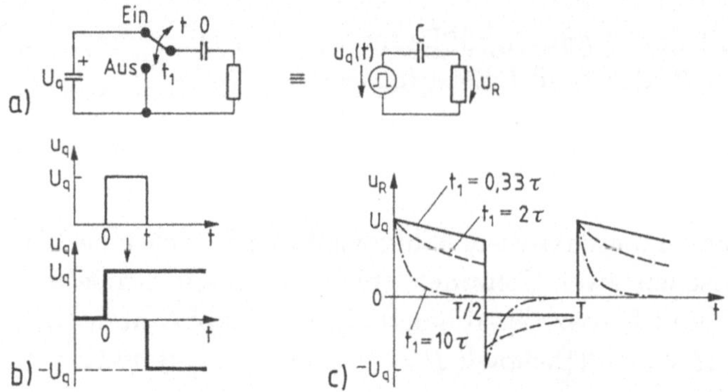

Bild 5.1.9 Schaltverhalten des *RC*-Gliedes bei Impulsspannung
   a) Schaltung,
   b) Zusammensetzen der Impulsspannung aus zwei Sprungfunktionen,
   c) Übertragungsverhalten des Hochpasses bei verschiedenen Zeitkonstanten

Diesen Verlauf zeigt Bild 5.1.9b. Würde erst zum Zeitpunkt t_1 *ein*geschaltet,
so lautet die Lösung

$$t \geq t_1 \qquad u_R = U_q \exp -(t - t_1)/\tau \qquad\qquad (5.1.21)$$
$$t < t_1 \qquad u_R = 0.$$

Liegt an der Schaltung zur Zeit $t = 0$ ein Rechteckimpuls der Höhe U_q und
Dauer t_1, so kann die Lösung $u_R(t)$ aus der *Überlagerung* eines Einschalt-
sprunges der Höhe U_q zur Zeit $t = 0$ und eines zum Zeitpunkt t_1 angelegten
entgegengesetzt wirkenden Spannungssprunges (Höhe - U_q) bestimmt werden:

$$0 \leq t \leq t_1: \quad u_R(t) = U_q \exp -t/\tau$$

$$t_1 \leq t < \infty:$$

$$u_R(t) = U_q \exp -\frac{t}{\tau} - U_q \exp \frac{-(t - t_1)}{\tau} = U_q \left[\exp -\frac{t_1}{\tau} - 1\right] \exp -\frac{(t - t_1)}{\tau}.$$

$$\underset{\text{zur Zeit } t_0}{\text{Einschalten}} \quad \underset{\text{zur Zeit } t_1}{\text{Ausschalten}}$$

$$(5.1.22)$$

Im Bild 5.1.9c wurde u_R für verschiedene t_1/τ-Werte aufgetragen. Es tritt
der sog. *Dachabfall* ein. Er verflacht mit abnehmendem t_1/τ. Für $t_1 \ll \tau$ wird
der Rechteckimpuls annähernd original übertragen, für $t_1 \gg \tau$ hingegen ist
u_R näherungsweise das *Differential der Eingangsspannung*

$$u_R \approx \tau \, du_q/dt. \qquad\qquad (5.1.23)$$

Die Differenzierfunktion wird mit steigendem t_1/τ besser.

Ein Differenzierglied kann beispielsweise dazu dienen, aus einer Impulsfolge gleicher Amplitudenhöhe jene zu entdecken, deren Zeitdauer einen Wert t_1 überschreitet, weil die Höhe des Abschaltimpulses von der Länge des Rechteckimpulses abhängt. Für $t_1 \gg \tau$ z.B. tritt am Impulsende nur ein kleines Signal, für $t_1 \ll \tau$ ein großes auf. Ein Amplitudenschwelldetektor (vorgespannte Diode) kann darauf ansprechen. Angewandt wird dieses Verfahren z.B. bei der Trennung der Synchronisierimpulse im Fernsehsignal.

Eine zweite Anwendung ist das RC-Koppelglied, z.B. in Verstärkerstufen, selbst (Bild 5.1.9c). Liegt eine Rechteckspannung der Länge $T \ll \tau$ an, so wird der Kondensator während der Schwingung praktisch nicht umgeladen (Stetigkeit von u_C!) und u_R ist bis auf eine additive Konstante gleich $u_q(t)$. Deshalb wird eine Gleichkomponente nicht übertragen und aus einer Mischspannung (Bild 4.1.4) kann die Wechselspannung gewonnen werden.

Im vorliegenden Fall wurde das Schaltungsverhalten nur an Hand *eines* Rechteckimpulses (Zeitraum $0 \ldots T$) diskutiert. Wie müßte man vorgehen, wenn eine (periodische) Rechteckimpulsfolge anliegt? Folgender Weg bietet sich an: Man berechnet zunächst u_R im Intervall $0 \leq t \leq t_1$, benutzt $u_R(t_1)$ als Anfangswert für das Intervall $t_1 \leq t \leq T$, anschließend $u_R(T)$ als Anfangswert des Intervalls $T \leq t \pm T + t_1$ usw. solange, bis das System „eingeschwungen" ist (kein Unterschied mehr zwischen $u(t)$ und $u(t+T)$). Im Ergebnis einer solchen Betrachtung ergeben sich die Werte (Bild 5.1.10)

$$u_{R\text{max}} = U_q \frac{1 - \exp -t_p/\tau}{1 - \exp -T/\tau} \qquad t_1 + t_p = T \qquad (5.1.24)$$

$$u_{R\text{min}} = -U_q \frac{1 - \exp -t_1\tau}{1 - \exp -T/\tau}$$

mit Symmetrie für $t_1 = t_p$.

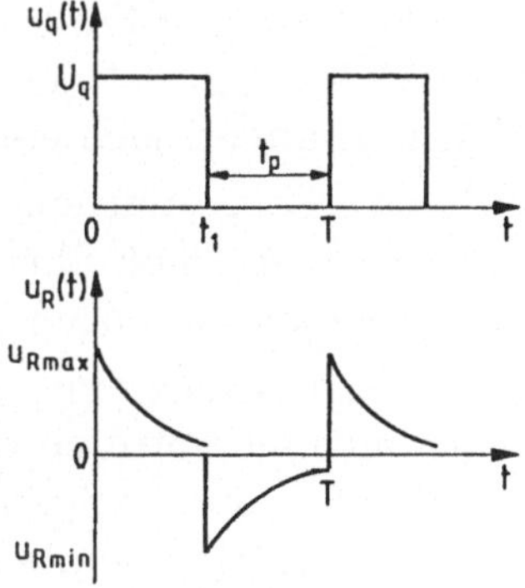

Bild 5.1.10
Periodische Impulsspannung im
eingeschwungenen Zustand

RL-Schaltung. Das Ein-/Ausschaltverhalten einer RL-Schaltung läßt sich nach der gleichen Methodik behandeln. Beispielsweise ergibt sich beim Einschalten einer stromlosen Spule $i(0) = 0$ (Bild 5.1.11) mit der Gleichspannung U_q der Strom

$$i = U_\mathrm{q}/R - [U_\mathrm{q}/R - i(0)]\exp{-t/\tau} = U_\mathrm{q}/R(1 - \exp{-t/\tau}) \qquad (5.1.25)$$

mit $\tau = L/R$.

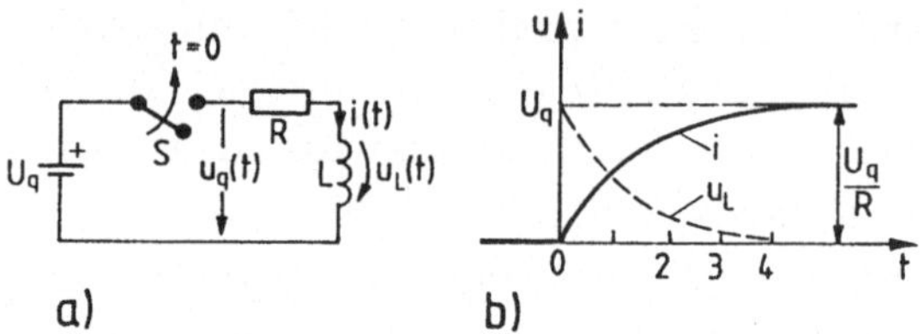

Bild 5.1.11
Einschaltverhalten einer Spule
a) Schaltung,
b) Zeitverlauf des Stromes und der Spannung u_L

Der Strom steigt allmählich an, was sich aus dem grundsätzlichen u-i-Verhalten der Spule (s. Abschn. 2.4.2) zwingend begründet.

Wird die gleiche Schaltung, die dann vom Strom $i(0) = U_\mathrm{q}/R$ durchflossen ist, zu einem späteren Zeitpunkt ausgeschaltet, so erzwingt der Schalter im Moment des Öffnens $\mathrm{d}i/\mathrm{d}t = 0$, was $u_\mathrm{L} \sim \mathrm{d}i/\mathrm{d}t \to -\infty$ zur Folge hätte. Dies ist aus physikalischen Gründen nicht möglich. Experimentell beobachtet man bei Abschaltung tatsächlich z.T. gefährliche „Abschaltspitzen" und über dem Schalter u.U. einen Funken. Ein solcher Funke ($\to$ Kanal einer Gasentladung) bedeutet aber einen Parallelwiderstand zum Schalter (wodurch $\mathrm{d}i/\mathrm{d}t$ abgeschwächt wird).

Um den Funken und überhaupt die gefährliche Überspannung am Schalter beim Abschalten einer stromdurchflossenen Spule zu vermeiden, die besonders Halbleiter-Schalterbauelemente zerstören kann, wird dem Schalter ein Kondensator ($\to$ Funkenlöschung, Störstrahlungsunterdrückung) und/oder eine Diode parallel geschaltet. Dadurch findet der Strom im Moment des Schalteröffnens noch einen geschlossenen Weg und $\mathrm{d}i/\mathrm{d}t$ wird verringert.

Schaltvorgänge mit einem Energiespeicherelement kommen in der Elektrotechnik/Elektronik überaus häufig vor, wie einige (willkürlich) ausgewählte Beispiele zeigen mögen:

- Die Entladung eines Kondensators kann zur kurzzeitigen Erzeugung extrem hoher Ströme dienen. Wird beispielsweise ein Kondensator ($C = 1000\,\mu\mathrm{F}$) auf die Spannung $U = 500$ V geladen und über einen Widerstand $R = 1\,\Omega$ entladen, so fließt ein Anfangsstrom $i(0) = U/R = 500$ A(!),

Zeitkonstante $\tau = RC = 1\,\text{ms}$ (Entladungsenergie $W = CU^2/2 = 125$ Ws). Nach diesem Prinzip werden Dauermagneten magnetisiert. Auch im Fotoblitz tritt ein ähnlich großer Stromstoß auf.

- In Digitalschaltungen (Abschn. 9.3) arbeiten als Schalterelemente Transistoren/Dioden in einer typischen Grundschaltung, dem *Inverter*. An seinem Ausgang liegt meist kapazitive Last (Bild 5.1.12). Solange der Schalter S offen ist, lädt sich C auf die Batteriespannung U_{CC} auf: $u_\text{a} \approx U_{\text{CC}}$. Wird S durch eine Eingangsspannung u_e geschlossen, so setzt Entladung ein und u_a sinkt auf einen niedrigen Wert. Die Komplikation liegt meist darin, daß der Schalter S i.a. eine nichtlineare u-i-Beziehung hat. Das Übergangsverhalten der Inverterschaltungen bestimmt in starkem Maße die dynamischen Eigenschaften digitaler Grundelemente. Grundschaltungen vom Typ Bild 5.1.12 beeinflussen auch das dynamische Verhalten von Abtastschaltungen und in DA-Wandlern (Abschn. 9.9).

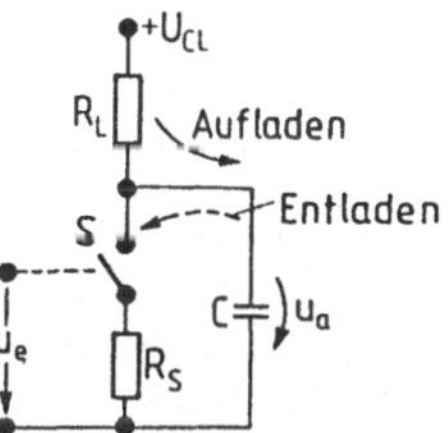

Bild 5.1.12
Einfaches Schaltermodell eines Inverters

- In der Leistungselektronik liegen oft induktive Verbraucher (Motor, Relais, Transformator) als Lastelemente vor, die über Schalter (Thyristoren, Transistoren) geschaltet werden. Auch ein Blitzschlag in eine Freileitung ist – elektronisch betrachtet – das Anschalten einer Quelle an eine Leitung.

Schließlich sei erwähnt, daß Ausgleichsvorgänge in Netzwerken von genereller Bedeutung für die Informationstechnik sind, weil jede Signalübertragung gerade eine *Abweichung* einer Erregerfunktion von ihrem stationären Verhalten beinhaltet.

Aufgaben 5.1.1, 5.1.2.

5.1.2 Netzwerke mit einem Energiespeicher und beliebiger Erregerfunktion

Wir haben bisher das Anschalten einer Gleichgröße an das Netzwerk betrachtet. Wie ist vorzugehen, wenn z.B. eine *Wechselspannung* eingeschaltet wird? Den Ausgang bildet die Differentialgleichung (5.1.6)

$$\tau\, \mathrm{d}y/\mathrm{d}t + y = x(t) \tag{5.1.26}$$

auf die das Netzwerkproblem in jedem Falle führt. Die Störfunktion $x(t)$ rechts ist jetzt die beliebige Erregerfunktion.

Sofern das Netzwerk linear ist (wie vorausgesetzt), besteht die Lösung $y(t)$ der DGL (5.1.26) stets aus der Summe der Lösung y_h der sog. *homogenen DGL* ($x = 0$) und einer partikulären Lösung y_p der inhomogenen DGL ($x \neq 0$)

$$y(t) = y_\mathrm{h}(t) + y_\mathrm{p}(t). \tag{5.1.27}$$

Damit folgt für eine beliebige Zeitfunktion $x(t)$

$$y(t) = [y(0) - y_\mathrm{p}(0)]\exp{-t/\tau} + \int\limits_0^t \frac{x(t')}{\tau}\exp\frac{(t'-t)}{\tau}\,\mathrm{d}t' \ . \tag{5.1.28}$$
$$\underbrace{}_{y_\mathrm{h}(t)} \qquad\qquad + \qquad \underbrace{}_{y_\mathrm{p}(t)}$$

Der letzte Anteil enthält für $t \to \infty$ stets einen *bleibenden* Rest, den *eingeschwungenen Zustand*. Der erste verschwindet für $t \to \infty$.

Wir wollen dieses Verhalten am Beispiel des Einschaltens einer Wechselspannung $u(t) = \hat{u}_\mathrm{q}\cos(\omega t + \varphi_\mathrm{u})$ erläutern (Bild 5.1.13). Die zu lösende DGL lautet nach Schließen des Schalters ($t \geq 0$) für die Kondensatorspannung $u_\mathrm{C} = u$

$$RC\,\mathrm{d}u/\mathrm{d}t + u = \hat{u}_\mathrm{q}\cos(\omega t + \varphi_\mathrm{u})\,.$$

Mit Gl. (5.1.28) folgt als Lösung der homogenen Gleichung

$$u_\mathrm{h}(t) = [u(0) - u_\mathrm{p}(0)]\exp{-t/\tau}\,, \quad \tau = RC\,.$$

Dieser Verlauf ist im Bild 5.1.13b eingetragen. Die Partikulärlösung $u_\mathrm{p}(t)$ ist die Lösung des sog. *eingeschwungenen* Zustandes ($t \to \infty$). Sie ergibt sich direkt aus dem Wechselstromkreis. Im Frequenzbereich lautet sie

$$\underline{U}_\mathrm{p} = \frac{\underline{U}_\mathrm{q}}{\mathrm{j}\,\omega C(R + 1/\mathrm{j}\,\omega C)} = \frac{\underline{U}_\mathrm{q}}{1 + \mathrm{j}\,\omega\tau} = \frac{U_\mathrm{q}}{\sqrt{1 + (\omega\tau)^2}}\exp\mathrm{j}(\varphi_\mathrm{u} - \arctan\omega\tau)\,.$$

Die Rücktransformation in den Zeitbereich liefert (Bild 5.1.13b):

$$u_\mathrm{p}(t) = \underbrace{\frac{\hat{u}_\mathrm{q}}{\sqrt{1 + (\omega\tau)^2}}}_{\hat{u}_\mathrm{p}}\cos(\omega t + \varphi'_\mathrm{u}) \quad \text{mit} \quad \varphi'_\mathrm{u} = \varphi_\mathrm{u} - \arctan\omega\tau\,.$$

Die endgültige Lösung ist nach Gl. (5.1.28) die Summe der Teillösungen:

$$u(t) = (u(0) - \hat{u}_\mathrm{p} \cos \varphi'_\mathrm{u}) \exp{-t/\tau} + \hat{u}_\mathrm{p} \cos(\omega t + \varphi'_\mathrm{u})\,.$$

Man erkennt im Bild 5.1.13 die Teilkomponenten, die Gesamtlösung und das allmähliche „Einschwingen" auf die stationäre Lösung des Wechselstromkreises.

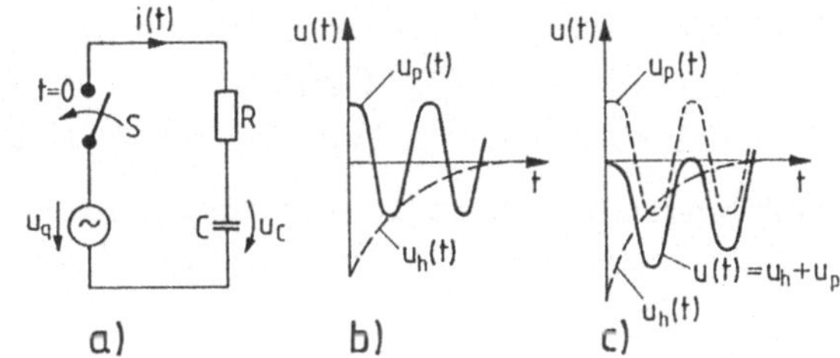

Bild 5.1.13
Einschalten einer Wechselspannung
am RC-Glied
a) Schaltung, b) stationärer $(u_\mathrm{n}(t))$
und flüchtiger $(u_\mathrm{p}(t))$ Anteil

5.1.3 Netzwerke mit zwei Energiespeichern

Netzwerke mit zwei unabhängigen Energiespeichern (C und/oder L) führen durch Anwendung der Kirchhoffschen Gleichungen und Netzwerkelementbeziehungen stets auf eine Netzwerk-DGL der Form

$$\frac{\mathrm{d}^2 y}{\mathrm{d}t^2} + 2\alpha \frac{\mathrm{d}y}{\mathrm{d}t} + \omega_0^2 y = x(t)\,. \qquad (5.1.29)$$

Dabei ist y entweder die Kondensatorspannung u_C oder der Spulenstrom i_L, also in jedem Fall eine Zustandsgröße (die nicht springen kann). $x(t)$ stellt wieder die Netzwerkerregung (vorgegebene Spannungs- oder Stromquelle) dar. Die Konstanten α und ω_0 hängen nur von den Netzwerkelementen ab. Die Anfangswerte $y(0), \mathrm{d}y/\mathrm{d}t|_0$ ergeben sich aus den Anfangswerten der beiden Energiespeicher im Schaltmoment.

Die Differentialgleichung (5.1.29) einer *erzwungenen*, gedämpften harmonischen Schwingung (speziell für $x(t) = 0$ der *freien*, gedämpften harmonischen Schwingung) ist für viele Systeme der Physik und Technik charakteristisch (z.B. Feder-Masse-System, Pendel, elektromagnetischer Schwingkreis u.a.m.). Abhängig von der Relativgröße der Netzwerkelemente R, L, C und damit der Parameter untereinander entsteht (insbesondere für die freie Schwingung) im Lösungsverhalten entweder

1. der *aperiodische Fall* $(\alpha > \omega_0)$ mit zwei abklingenden Exponentialfunktionen (starke Dämpfung, so daß keine Schwingung möglich ist)

2. der *aperiodische Grenzfall* ($\alpha = \omega_0$), bei dem der Endzustand in kürzester Zeit erreicht wird

3. die *gedämpfte Eigenschwingung* ($\alpha < \omega_0$). Dabei wird die Energie zwischen L und C periodisch ausgetauscht, so daß eine Schwingung entsteht, die durch die Dämpfung ($\to R$) abklingt und

4. die *ungedämpfte Eigenschwingung* für $\alpha = 0$.

Die beiden letzten Fälle sind typisch für schwach gedämpfte LC-Kreise, zum Fall 4 zählt die große Gruppe der *Oszillatoren*, bei denen die Dämpfung durch einen negativen Widerstand im Kreis kompensiert wird.

Wir betrachten einen Reihenschwingkreis mit den Netzwerkelementen R, L, C, der durch eine Gleichspannung U_q (Größe $x(t) = \text{const.}$) eingeschaltet wird (Bild 5.1.14).

Da die Gesamtlösung $y(t) = y_\mathrm{f}(t) + y_\mathrm{e}(t)$ der Differentialgleichung (5.1.29) wieder aus flüchtiger (y_f) und eingeschwungener (y_e) Lösung besteht und letztere leicht über die komplexe Rechnung bestimmt werden kann, betrachten wir zunächst nur die homogene Gleichung ($x = 0$). Mit dem Ansatz $y = K \exp \lambda t$ folgt aus Gl. (5.1.29) durch Einsetzen die sog. *charakteristische Gleichung*

$$\lambda^2 + 2\alpha\lambda + \omega_0^2 = 0\,. \tag{5.1.30}$$

Sie hat die Wurzeln

$$\lambda_1 = -\alpha + \sqrt{\alpha^2 - \omega_0^2} \quad \lambda_2 = -\alpha - \sqrt{\alpha^2 - \omega_0^2}\,. \tag{5.1.31}$$

Abhängig vom Term α/ω_0 sind die erwähnten vier typischen Fälle möglich:

1. der *aperiodische Fall* $\alpha > \omega_0$

$$y_\mathrm{f}(t) = K_1 \exp \lambda_1 t + K_2 \exp \lambda_2 t \tag{5.1.32a}$$

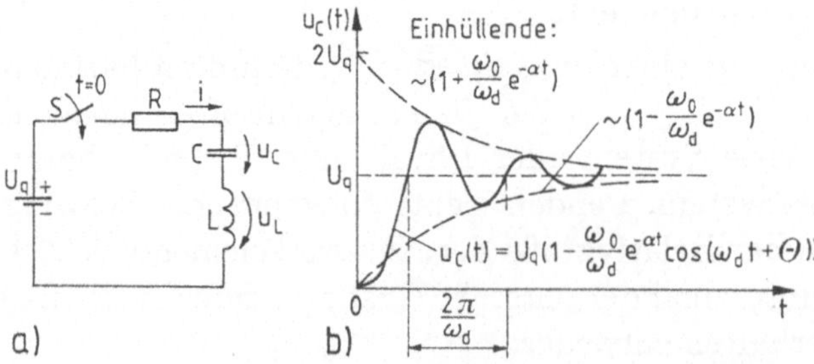

Bild 5.1.14 Einschalten einer Gleichspannung am Reihenschwingkreis
a) Schaltung, b) Verlauf der Kondensatorspannung $u_C(t)$

2. der *aperiodische Grenzfall* ($\alpha = \omega_0$) mit $\lambda_1 = \lambda_2 = -\alpha$

$$y_f(t) = (K_1 t + K_2)\exp -\alpha t \qquad (5.1.32\text{b})$$

3. die *gedämpfte Eigenschwingung* ($\alpha < \omega_0$) mit

$$\lambda_1 = -\alpha + \mathrm{j}\,\omega_d\,, \quad \lambda_2 = -\alpha - \mathrm{j}\,\omega_d\,; \quad \omega_d = \sqrt{\omega_0^2 - \alpha^2} \quad \text{Eigenfrequenz}$$

und

$$y_f = K \exp -\alpha t[\cos \omega_d t + \Theta] \qquad (5.1.32\text{c})$$

4. die ungedämpfte Eigenschwingung für $\alpha = 0$, d.h. imaginären $\lambda_1 = \mathrm{j}\,\omega_0$, $\lambda_2 = -\mathrm{j}\,\omega_0$:

$$y_f = K \cos(\omega_0 t + \varphi)\,. \qquad (5.1.32\text{d})$$

Für den Reihenkreis (Bild 5.1.14) mit energielosen Speicherelementen zum Schaltzeitpunkt ($u_C(0) = 0 = i_L(0)$) ergibt sich z.B. für den Verlauf $u_C(t)$ die Netzwerkgleichung (aus dem Maschensatz)

$$LC\frac{\mathrm{d}^2 u_C}{\mathrm{d}t^2} + RC\frac{\mathrm{d}u_C}{\mathrm{d}t} + u_C = U_q \quad t \geq 0\,. \qquad (5.1.33)$$

Die zugehörigen Anfangswerte lauten $u_C(-0) = 0$ und

$$i_L(-0) = i_C(-0) = C\,\mathrm{d}u_C/\mathrm{d}t|_0 = 0\,.$$

Der Vergleich mit (5.1.29) folgt die Dämpfungskonstante $\alpha = 1/2RC$, ferner ist $\omega_0 = 1/\sqrt{LC}$. Für $1/R < 2\sqrt{C/L}$ liegt eine gedämpfte Schwingung vor mit der Kreisfrequenz

$$\omega_d = \sqrt{\omega_0^2 - (1/2RC)^2}\,.$$

Diesen Fall wollen wir annehmen. Dann lautet die allgemeine Lösung

$$u_C(t) = K\,\mathrm{e}^{-\alpha t}\cos(\omega_d t + \Theta) + U_q\,.$$

Die Unbekannten K und Θ sind aus den Anfangswerten zu bestimmen. Man erhält

$$u_C(0) = 0 = K\cos\Theta + U_q\,,$$
$$\mathrm{d}u_C/\mathrm{d}t|_0 = 0 = K[-\alpha\cos\Theta - \omega_d\sin\Theta]\,,$$

d.h. $\Theta = -\arctan \alpha/\omega_d$. Dann lautet die Lösung zusammengefaßt (Bild 5.1.14)

$$u_C(t) = U_q[1 - (\omega_0/\omega_d)\, e^{-\alpha t}\cos(\omega_d t + \Theta)]. \qquad (5.1.34)$$

Es ist ein Einschaltvorgang, dem eine frei abklingende Schwingung überlagert ist. Im Einschaltmoment liegt die Spannung U_q wegen $u_C(0)$, $i_L(0)$ voll an der Induktivität. Mit vorschreitender Zeit wächst der Strom und damit auch u_C. Im stationären Fall verschwinden du_C/dt und d^2u_C/dt^2 und die Gesamtspannung U_q liegt voll am Kondensator. Physikalisch wird der Kreis durch den Einschaltvorgang zu einer freien Schwingung angeregt, die mit der Kreisfrequenz $\omega_d(\neq \omega_0!)$ gedämpft abklingt.

Integrier-Differenzierglied. Wir wollen als zweites Beispiel eine Schaltung mit zwei unabhängigen Energiespeichern betrachten, das Integrier-Differenzierglied (Bild 5.1.15a) mit gleichen Elementen (aus Vereinfachungsgründen). Zur Zeit $t = 0$ werde die Gleichspannung U_q angelegt. Gesucht ist der Zeitverlauf der Ausgangsspannung u_R bei energielosen Kondensatoren $(u_{C_1}(0) = u_{C_2}(0) = 0)$.

Die Kirchhoffschen Gleichungen und Elementbeziehungen lauten

$$u_q = i_1 R + u_{C_1} \qquad i_1 = i_2 + i_3$$
$$u_{C_1} = u_{C_2} + u_R \qquad i_2 = C\, du_{C_1}/dt, \quad i_3 = u_R/R_2 = C\, du_{C_2}/dt.$$

Zusammengefaßt ergibt sich für die Ausgangsspannung u_R

$$\frac{d^2 u_R}{dt^2} + \frac{3}{\tau}\frac{du_R}{dt} + \frac{u_R}{\tau^2} = \frac{du_q}{dt}. \qquad (5.1.35)$$

Der Ansatz $u_R = K \exp \lambda t$ führt auf die Eigenwertgleichung

$$\lambda^2 + 2\alpha\lambda + \omega_0^2 = 0 \qquad (5.1.36)$$

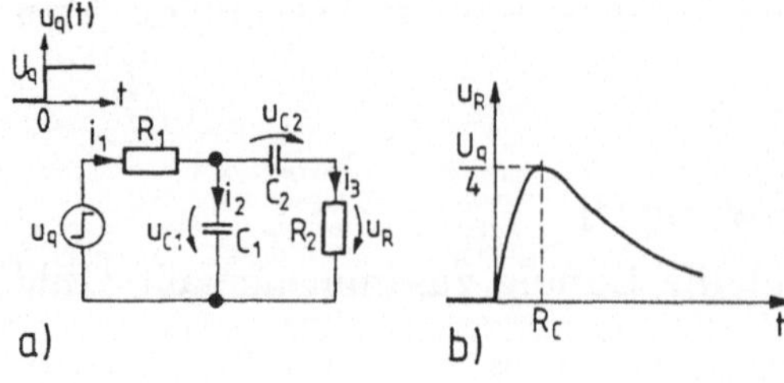

Bild 5.1.15
Integrier-Differenzierglied
a) Schaltung, b) Ausgangsspannung für $R_1C_1 = R_2C_2 = \tau$

mit

$$\lambda_{1/2} = (1/\tau)[(-3 \pm \sqrt{5})/2]; \quad \lambda_1 = 1/\tau_1, \quad \lambda_2 = 1/\tau_2.$$

Mit den als Null angenommenen Anfangswerten lautet die Lösung

$$u_{\mathrm{R}}(t) = \frac{U_{\mathrm{q}}\tau}{\tau_1 - \tau_2} \left(\exp -\frac{t}{\tau_1} - \exp -\frac{t}{\tau_2} \right). \tag{5.1.37}$$

Bild 5.1.15b zeigt den Verlauf. Die Schaltung arbeitet als Filter, mit dem z.B. eine Impulsform verbessert werden kann. Das erste RC-Glied wirkt integrierend, das zweite differenzierend. Das Modell beschreibt z.B. auch den Ausgang einer Inverstufe (Bild 5.1.12), mit der Lastkapazität C_1, an die über die Koppelkapazität C_2 eine Folgestufe mit Eingangswiderstand R angeschlossen ist.

Man erkennt zusammenfassend aus den bisher betrachteten Fällen, daß das sprung- bzw. impulsförmige Eingangssignal durch die Schaltung und ihre Energiespeicherelemente am „Schaltungsausgang" – der gesuchten Größe –

Tafel 5.1.1 Veränderung eines rechteckförmigen Eingangssignales durch ein lineares, frequenzabhängiges Netzwerk (obere, untere Grenzfrequenz $f_{\mathrm{o}}, f_{\mathrm{u}}$)

Ausgangssignal	Merkmale	Ursache
	idealer Rechteckimpuls kein Dachabfall	Keine Signalverformung Grenzfrequenzen $f_{\mathrm{o}} \to \infty$ $f_{\mathrm{u}} \to 0$
	Dachabfall scharfe Ecken steile Flanken Hochpaßverhalten	$f_{\mathrm{o}} \to \infty$ f_{u} zu hoch
	kein Dachabfall unscharfe Ecken flache Flanken Tiefpaßverhalten	f_{o} zu klein $f_{\mathrm{u}} \to 0$
	Schwingungen unscharfe Ecken flache Flanken	Schwingungsfähiges System, kaum gedämpft

verformt auftritt. Wird das Eingangssignal als *Testsignal* aufgefaßt, so kann aus typischen Merkmalen des Ausgangssignales auf typische Netzwerkeigenschaften geschlossen werden (Tafel 5.1.1). Wir werden diese Tatsachen später noch weiter zu einer globalen Beurteilung der Netzwerkeigenschaften erweitern (s. Abschn. 5.3).

5.2   Ausgleichsvorgänge im Frequenzbereich. Laplace-Transformation

Wie im Abschnitt 5.1 gezeigt, führt die Analyse von Übergangsvorgängen auf die Lösung von Differentialgleichungen. Dabei bereitet u.U. die Einarbeitung der Anfangsbedingungen Probleme. Sofern das Netzwerk *linear* ist, bietet die *Laplace-Transformation* (Gl. (4.7.23))[1] ein sehr einfaches und effizientes Lösungsverfahren, das vor allem in der Elektrotechnik und Regelungstechnik weit verbreitet ist.

Wir knüpfen damit an die Beschreibung aperiodischer Signale – zu denen (einmalige) Schaltsignale zweifelsfrei gehören – an, wie wir sie bereits mit der *Fourier-Transformation* (s. Abschn. 4.7.3) darstellen konnten. Weil bei Schaltsignalen der Funktionswert typischerweise für $t < 0$ verschwindet, ist dafür statt der Fourier- die Laplace-Transformation erforderlich. Wir wollen diese Transformation in diesem Abschnitt näher kennen und vor allem anwenden lernen.

5.2.1   Überblick und Definition

Die Laplace-Transformation ist – wie die Fourier-Transformation – eine spezielle Funktionstransformation. Durch sie wird eine Aufgabenstellung aus dem Bereich der reellen Zeitvariablen ($t > 0$, Zeitbereich, Original-, Oberbereich) in den Bereich einer *komplexen Bildvariablen*

$$p = \sigma + j\,\omega \quad [p] = \mathrm{s}^{-1} \tag{5.2.1}$$

(Bildbereich) übertragen (transformiert). Die Problemanalyse und Lösung erfolgt im Bildbereich. Dabei geht wieder – wie bei der Wechselstrombetrachtung – die gewöhnliche DGL des Netzwerkes in eine algebraische Gleichung über. Erst am Ende berechnet oder bestimmt man den genauen Verlauf der Lösungsfunktion, in dem die Ergebnisse des Bildbereiches in den

---

[1]Pierre Simon Marquis de Laplace, franz. Physiker 1749 - 1829.

Tafel 5.2.1 Netzwerkanalyse durch Anwendung der Laplace-Transformation
  Weg (1): Transformation des Netzwerkes in den Bildbereich
  Weg (2): Transformation der Differentialgleichung in den Bildbereich

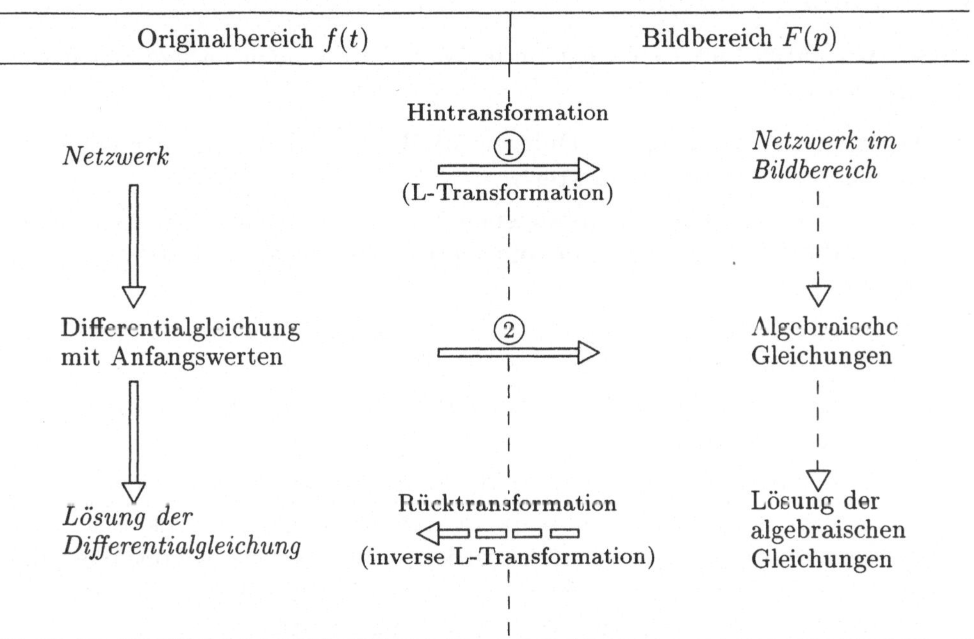

Zeitbereich rücktransformiert werden. Für diesen letzten Schritt können
häufig Tabellen zur Unterstützung herangezogen werden. Diese zunächst
etwas unanschauliche Transformation erleichtert die Behandlung von Netz-
werkproblemen ganz entscheidend. Tafel 5.2.1 gibt einen Strategieüberblick.

Lösungsstrategie: Laplace-Transformation

Sie umfaßt folgende Schritte:
1. Transformation der
– Netzwerkdifferentialgleichung oder
– des Netzwerkes vom Original- (Zeit-) in den Bildbereich
(Hintransformation, Laplace-Transformation mittels des Laplace-
Integrals).
Dabei gehen die analytischen Operationen Differentiation und Integrati-
on im Zeitbereich in die algebraischen Operationen Multiplikation und
Division mit der komplexen Variabeln p im Bildbereich über (die An-
fangswerte werden automatisch berücksichtigt).

2. Lösung der algebraischen Gleichung im Bildbereich

3. Rücktransformation der Lösung aus dem Bild- in den Originalbereich (Rücktransformation, inverse Laplace-Transformation) mit verschiedenen Methoden.

Dieses Verfahren bietet entscheidende *Vorteile* (die noch nachgewiesen werden müssen):

- Wegfall des Aufstellens von Differential-/Integralgleichungen (analog zum Vorgehen im Wechselstromkreis)
- Wegfall der Lösung der homogenen und inhomogenen Differentialgleichung, die Bildfunktion kann sofort für die inhomogene DGL aufgestellt werden
- Anfangswerte werden automatisch berücksichtigt und müssen nicht mühevoll eingearbeitet werden
- Verwendung von Tabellen (Standardlösungen) zur Unterstützung der Rücktransformation
- leichte Lösung auch bei komplizierteren Anregungsfunktionen
- die Laplace-Transformation kann in nahezu allen technisch relevanten Problemstellungen angewendet werden, ohne tiefere Kenntnisse über theoretische Zusammenhänge zu besitzen. Gerade dieses Merkmal bestimmt die Akzeptanz eines Verfahrens maßgeblich.

Die einzige (gravierende) Einschränkung für die Anwendbarkeit der Laplace-Transformation ist die der Beschränkung auf *lineare* (zeitinvariante) Netzwerke.

Nichtlineare oder/und zeitvariante Netzwerke müssen stets im Zeitbereich gelöst werden!

Die generellen Vorteile, die eine Transformation bringen kann, haben wir schon mehrfach benutzt:

- bei der Analyse von *Wechselstromnetzwerken* mit stationärer Sinusanregung (Transformation Zeitbereich $\leftrightarrow$ Frequenzbereich (komplexe Ebene))
- bei der Fouriertransformation.

Auch für andere Anwendungen sind Transformationen durchaus üblich. Um beispielsweise zwei Zahlen 3,47 und 6,28 miteinander zu multiplizieren, nutzt man vorteilhaft den Logarithmus als Transformationsverfahren. Hintransformation: Logarithmieren lg 3,47 = 0,5403, lg 6,28 = 0,798. Im Bildbereich resultiert daraus eine Addition: $\lg x = 0{,}5403 + 0{,}798 = 1{,}338$. Die Rücktransformation erfolgt durch Delogarithmieren:

$$x = 10^{1{,}338} = 21{,}79\,.$$

Definition der Laplace-Transformation. Die Transformation der Zeitfunktion $f(t)$ in die Bildfunktion $\underline{F}(p)$ mit der komplexen Variablen p (komplexe Frequenz) nach Gl. (5.2.1) erfolgt durch das (einseitige) *Laplace-Integral* (s. Gl. (4.7.23))

$$\underline{F}(p) = \int\limits_{0}^{\infty} f(t)\,\mathrm{e}^{-pt}\,\mathrm{d}t\,;\quad [\underline{F}(p)] = [f(t)] \cdot [t] \qquad (5.2.2)$$

Laplace-Transformation

oder symbolisch geschrieben

$$\underline{F}(p) = \mathcal{L}\{f(t)\}\,.$$

Über die Transformation Gl. (5.2.2) geht die Variable t im Zeitbereich in die komplexe Variable p des Bildbereiches über. Durch die Interpretation über die Zeit tritt zur Funktion $f(t)$ im Bildbereich die Dimension der Zeit hinzu. Folglich lautet die Laplace-Transformierte $\underline{U}(p)$ einer Spannung $u(t)$:

$$\underline{U}(p) = \int\limits_{0}^{\infty} \mathrm{e}^{-pt}u(t)\,\mathrm{d}t \quad [U] = [u] \cdot [t] = \mathrm{Vs}\,! \qquad (5.2.3)$$

(und ganz entsprechend hat ein laplacetransformierter Strom $\underline{I}[p]$ die Einheit As). Deshalb werden Bildfunktionen von Spannung und Strom häufig als *Spektraldichte* von Spannung und Strom bezeichnet.

Gl. (5.2.2) setzt die (in der Elektrotechnik durchweg zutreffende) Annahme voraus, daß $f(t) = 0$ für $t < 0$. Genau dies ist typisch für Schaltfunktionen, von denen einige (wichtige) durch die Fourier-Transformation nicht darstellbar sind.

Die *Rücktransformation* aus dem Bild- in den Originalbereich erfolgt durch das *Laplace-Umkehrintegral*

$$\mathcal{L}^{-1}\{\underline{F}(p)\} = \frac{1}{2\pi\,\mathrm{j}} \int\limits_{\sigma-\mathrm{j}\omega}^{\sigma+\mathrm{j}\omega} \underline{F}(p)\,\mathrm{e}^{pt}\,\mathrm{d}p = \begin{cases} f(t) & \text{für } t \geq 0 \\ 0 & \text{für } t < 0 \end{cases} \qquad (5.2.4)$$

$$\text{Laplace-Umkehrintegral}$$

Im Regelfall muß dieses Integral nicht ausgewertet werden, weil ausführliche *Tabellen* verfügbar sind (Tafel 5.2.2). Die durch Gl. (5.2.2) und Gl. (5.2.4) bestimmten Zuordnungen der jeweiligen Zeit- und Bildfunktionen heißen *Korrespondenzen*. Sie werden häufig abgekürzt geschrieben:

Abkürzung	Bedeutung
$f(t) \;\circ\!\!-\!\!\bullet\; \underline{F}(p)$	$f(t)$ ist Original von $\underline{F}(p)$
$\underline{F}(p) \;\bullet\!\!-\!\!\circ\; f(t)$	$\underline{F}(p)$ ist Bild von $f(t)$.

Ist die gesuchte Transformationsbeziehung in Tafel 5.2.2 nicht enthalten, so bieten sich z.B. Partialbruchzerlegung und Reihenentwicklung an, um die Bildfunktion in eine Form zu bringen, die die Tabelle enthält. Umfangreichere Tafeln stehen in der Literatur bereit, so daß die direkte Rücktransformation über Gl. (5.2.4) nur in Sonderfällen erforderlich sein dürfte.

Aus dem Laplace-Integral leiten sich eine Reihe von *Grundregeln* ab (Tafel 5.2.3) wie Linearitäts-, Verschiebungs-, Ähnlichkeitssatz u.a. Sie sind für die Anwendung wichtig. Der Differentiationssatz beispielsweise ergibt sich folgendermaßen

$$\mathcal{L}\{f'(t)\} = \int\limits_{0}^{\infty} f'(t)\,\mathrm{e}^{-pt}\,\mathrm{d}t = p\int\limits_{0}^{\infty} f(t)\,\mathrm{e}^{-pt}\,\mathrm{d}t + \left[f(t)\cdot\mathrm{e}^{-pt}\right]_{0}^{\infty}$$

$$= p\underline{F}(p) - f(0). \qquad (5.2.5)$$

Für *typische Netzwerkerregungen* (s. Gl. (4.7.4)ff.), z.B. Sprungfunktion, Diracstoß, enthält Tafel 5.2.2 ebenfalls die Korrespondenzen.

Soll beispielsweise ein *idealer Spannungssprung* (s. Bild 5.1.2) $f(t) \equiv U_\mathrm{q} =$ const. für den Zeitbereich $t > 0$ in den Bildraum transformiert werden, so folgt aus Gl. (5.2.2)

Tafel 5.2.2 Laplacetransformierte einfacher Zeitfunktionen

	Originalbereich	Bildbereich		Originalbereich	Bildbereich
Nr.	$f(t) = \mathcal{L}^{-1}\{\underline{F}(p)\}$	$\underline{F}(p) = \mathcal{L}\{f(t)\}$	Nr.	$f(t) = \mathcal{L}^{-1}\{\underline{F}(p)\}$	$\underline{F}(p) = \mathcal{L}\{f(t)\}$
1	$\delta(t)$ Diracimpuls	1	10	$t\,\mathrm{e}^{\pm at}$	$\dfrac{1}{(p \mp a)^2}$
2	$s(t)$ Einheitssprung	$\dfrac{1}{p}$	11	$\mathrm{e}^{-at} - \mathrm{e}^{-bt}$	$\dfrac{-(a-b)}{(p+a)(p+b)}$
3	$r(t) = t$ Einheitsanstieg	$\dfrac{1}{p^2}$	12	$\dfrac{\mathrm{e}^{at} - \mathrm{e}^{bt}}{a - b}$	$\dfrac{1}{(p-a)(p-b)}$
4	$\dfrac{1}{\sqrt{\pi t}}$	$\dfrac{1}{\sqrt{p}}$	13	$\dfrac{\mathrm{e}^{-(b/2)t}}{\sqrt{a - (b^2/4)}} \sin \sqrt{a - \dfrac{b^2}{4}}$	$\dfrac{1}{p^2 + bp + a}$
5	$\mathrm{e}^{\mp at}$	$\dfrac{1}{p \pm a}$	14	$\sin at$	$\dfrac{a}{p^2 + a^2}$
6	$1 - \mathrm{e}^{-t/a}$	$\dfrac{a}{p(p+a)}$	15	$\cos at$	$\dfrac{p}{p^2 + a^2}$
7	$\dfrac{1}{a}\,\mathrm{e}^{-t/a}$	$\dfrac{1}{ap + 1}$	16	$\mathrm{e}^{-bt}\sin at$	$\dfrac{a}{(p+b)^2 + a^2}$
8	$\dfrac{1}{a}\left(\mathrm{e}^{at} - 1\right)$	$\dfrac{1}{p(p-a)}$	17	$\mathrm{e}^{-bt}\cos at$	$\dfrac{p+a}{(p+b)^2 + a^2}$
9	$\dfrac{1}{a^2}\left(\mathrm{e}^{at} - at - 1\right)$	$\dfrac{1}{p^2(p-a)}$			

Tafel 5.2.3 Wichtige Sätze der Laplace-Transformation

	Nr.	Originalbereich	Bildraum	Bemerkungen
Linearitätssatz	1	$f_1(t) + f_2(t)$	$\underline{F}_1(p) + \underline{F}_2(p)$	lineare Funktional-
Linearitätssatz	2	$af(t)$	$a\underline{F}(p)$	transformation
Differentiationssatz	3	$\dfrac{\mathrm{d}f(t)}{\mathrm{d}t}$	$p\underline{F}(p) - f(+0)$	
Differentiationssatz	4	$\dfrac{\mathrm{d}^2 f(t)}{\mathrm{d}t^2}$	$p^2 \underline{F}(p) - pf(+0) - f'(+0)$	Anfangswerte der DGL enthalten
Differentiationssatz	5	$\dfrac{\mathrm{d}^n f(t)}{\mathrm{d}t^n}$	$p^n \underline{F}(p) - p^{n-1} f(+0)$ $- p^{n-2} f'(+0) - \ldots - f^{n-1}(+0)$	
Integrationssatz	6	$\displaystyle\int_0^t f(\tau)\,\mathrm{d}\tau$	$\dfrac{1}{p}\underline{F}(p) + \dfrac{f(-0)}{p}$	
Ähnlichkeitssätze	7	$f(at)$	$\dfrac{1}{a}\underline{F}\left(\dfrac{p}{a}\right)$ $(a$ reell$)$	Maßstabänderung: Kompression/Dehnung
Ähnlichkeitssätze	8	$\dfrac{1}{a}f\left(\dfrac{t}{a}\right)$	$\underline{F}(ap)$ $(a$ reell$)$	
Verschiebungssatz	9	$f(t-a)$	$\mathrm{e}^{-ap}\underline{F}(p)$ $(a > 0$ reell$)$	
Dämpfungssatz	10	$\mathrm{e}^{-at}f(t)$	$\underline{F}(p+a)$	
Faltungssatz	11	$f_1(t) * f_2(t) = \displaystyle\int_0^t f_1(\tau) f_2(t-\tau)\,\mathrm{d}\tau$	$\underline{F}_1(p) \cdot \underline{F}_2(p)$	Multiplikation im Bild-bereich $\rightarrow$ Faltungsin-tegral
Grenzwertsätze	12	Anfangswert $f(+0) = \lim\limits_{p\to\infty} p(\underline{F}(p))$		Gegenläufiger Charak-ter von t und p
Grenzwertsätze	13	Endwert $\lim\limits_{t\to\infty} f(t) = \lim\limits_{p\to 0} p\underline{F}(p)$		

$$\underline{U}(p) = \mathcal{L}\{u(t)\} = \int\limits_0^\infty u(t)\,e^{-pt}\,dt = U_q \int\limits_0^\infty e^{-pt}\,dt = \frac{U_q}{-p}\,e^{-pt}\bigg|_0^\infty = \frac{U_q}{p}\,.$$

Spannungssprung im Bildbereich (5.2.6)

Dieses Ergebnis geht direkt aus Tafel 5.2.2 hervor. Wir haben diese Sprungfunktion bisher im Zeitbereich $u(t) = U_q s(t)$ verwendet. Gleichwertig gilt dann im Frequenzbereich

$$\mathcal{L}\{s(t)\} = 1/p\,.$$ (5.2.7)

Würde der Sprung nicht zur Zeit $t \geq 0$, sondern erst später bei $t \geq t_0$ erfolgen, so wäre die Lösung $\underline{U}(p) = (U_q/p)\exp^{-pt_0}$ oder

$$\mathcal{L}\{s(t - t_0)\} = (e^{-pt_0})/p\,.$$ (5.2.8)

Dies folgt direkt aus dem Verschiebungssatz. In gleicher Weise können auch die Laplace-Transformationen anderer Erregerformen bestimmt werden.

Wir wollen als erstes Beispiel das Einschalten einer Gleichspannung an einen RC-Teiler verfolgen und den Zeitverlauf der Kondensatorspannung bestimmen (vgl. Bild 5.1.5 ff.). Es ergibt sich als Differentialgleichung (s. Gl. (5.1.3)ff.)

$$\tau\frac{du_C}{dt} + u_C = U_q s(t)\,,$$

(τ, U_q gegeben). Nach der Lösungsstrategie muß jetzt die gesamte Differentialgleichung in den Bildbereich transformiert werden

$$\mathcal{L}\{\tau\frac{du_C}{dt} + u_C\} = \mathcal{L}\{u_q\}\,.$$

Der Linearitätssatz führt auf

$$\tau\mathcal{L}\{\frac{du_C}{dt}\} + \mathcal{L}\{u_C\} = \mathcal{L}\{u_q\}$$

mit $\underline{U}_C(p) = \mathcal{L}\{u_C\}$ und $\underline{U}_q(p) = \mathcal{L}\{u_q\}$. Mit dem Differentiationssatz wird schließlich

$$p\tau\,\underline{U}_C(p) - \tau f(+0) + \underline{U}_C(p) = \underline{U}_q(p)\,.$$ (5.2.9)

Dabei ist $f(+0) = u_C(0)$ der Anfangswert der Kondensatorspannung $u_C(+0)$. Durch die Transformation ist aus der Differentialgleichung die erwartete algebraische Gleichung (5.2.9) geworden. Sie enthält durch den Differentiationssatz bereits *automatisch* den Anfangswert! Die Auflösung nach $\underline{U}_C(p)$ ergibt

$$\underline{U}_C(p) = \frac{\underline{U}_q(p) + \tau u_C(0)}{p\tau + 1}, \qquad (5.2.10)$$

als Lösung im Bildbereich. Stellt $\underline{U}_q(p) = \mathcal{L}\{u_q\}$ einen Spannungssprung zur Zeit $t \geq 0$ dar (s. Gl. (4.7.4)), so gilt nach Tafel 5.2.2 $\mathcal{L}\{u_q\} = U_q/p$ und somit

$$\boxed{\underline{U}_C(p) = \frac{U_q}{\tau p}\frac{1}{p + 1/\tau} + \frac{u_C(0)}{p + 1/\tau} \qquad \begin{array}{l}\text{Lösung der Aufgabe}\\ \text{im Bildbereich mit}\\ \text{Anfangswert.}\end{array}} \qquad (5.2.11)$$

Nach dem Linearitätssatz dürfen beide Terme getrennt rücktransformiert werden, sie ergeben die Gesamtlösung $u_C(t)$ additiv. In Tafel 5.2.2 stehen in Nr. 5 und 6 passende Korrespondenzen zur Lösung Gl. (5.2.11). Wir erhalten über $u_C(t) = \mathcal{L}^{-1}\{\underline{U}_C(p)\}$ somit im Zeitbereich

$$\boxed{u_C(t) = U_q[1 - e^{-t/\tau}] + u_C(0)\,e^{-t/\tau} \equiv (u_C(0) - U_q) \cdot e^{-t/\tau} + U_q.} \qquad (5.2.12)$$

Das ist genau die Lösung Gl. (5.1.9).

Wir erkennen aus diesem Beispiel die schon erwähnten Vorteile:

- Die Anfangsbedingung ist bereits durch die Transformationsregeln (Differentiationssatz) berücksichtigt und muß nicht nachträglich eingearbeitet werden

- Die algebraische Gleichung im Bildbereich erlaubt eine leichte Auflösung nach der gesuchten Größe

- Die algebraische Gleichung im Bildbereich bezieht sich auf die Netzwerkstruktur *nach* dem Schaltzeitpunkt (wie auch beim Schaltvorgang im Zeitbereich). Deshalb könnte die Gleichung im Bildbereich auch direkt aus dem Netzwerk aufgestellt werden, wie wir dies von der Wechselstromanalyse bereits kennen (s.u.).

- Komplizierte Erregerfunktionen lassen sich aus den Grundfunktionen (Tafel 5.2.2) gewinnen (z.B. zeitversetzte Überlagerung, stückweise Überlagerung u.a.)

– Abgesehen vom Anfangswert $u_C(0)$ und der „besonderen" Erregerfunktion U_q/p hat der Teilerfaktor $1/(p + 1/\tau)$ direkte Beziehung zum RC-Spannungsteiler für $p = j\,\omega$, $\tau = RC$. Darauf kommen wir noch zurück.

5.2.2   Laplace-Transformation und Netzwerkdifferentialgleichung

Wir wollen die oben angeführte Lösungsstrategie „Laplace-Transformation" jetzt an Hand des Umschaltens eines Gleichstromkreises (Bild 5.2.1) eingehender kennenlernen. Im Netzwerk werde der Schalter zur Zeit $t = 0$ geöffnet, es liege eine Spannung $u_q(t)$ an. Gesucht sei der Strom $i(t)$. Wir gehen entsprechend der Lösungsstrategie in folgenden Schritten vor:

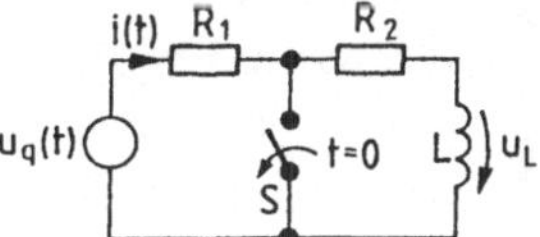

Bild 5.2.1
Beispielschaltung

1. Aufstellen der Netzwerk-DGL, Transformation in den Bildbereich. Anwendung der Differentiations- und Integrationssätze. Nach Bild 5.2.1 ergibt sich als DGL (nach dem Schaltvorgang, d.h. S offen) für den Strom $i(t)$ (Maschensatz)

$$L(\mathrm{d}i/\mathrm{d}t) + (R_1 + R_2)i(t) = u_q(t)$$

mit den Laplacetransformierten für Strom und Quellenspannung

$$\underline{I}(p) = \mathcal{L}\{i(t)\}\,; \qquad U_q(p) = \mathcal{L}\{u_q(t)\}$$

und den Transformationsregeln Tafel 5.2.2 im Bildbereich die algebraische Gleichung

$$pL\underline{I}(p) + Li(+0) + (R_1 + R_2)\underline{I}_p(p) = \underline{U}_q(p)\,, \tag{5.2.13}$$

Wieder tritt der Anfangswert $i(+0)$ automatisch auf.

2. Lösung der algebraischen Gleichung. Im nächsten Schritt muß die Bild-funktion der Erregung spezifiziert und ebenso der Anfangswert $(i(0))$ aus dem Problem bestimmt werden. Auflösen nach $\underline{I}(p)$ ergibt

$$\underline{I}(p) = \frac{\underline{U}_{\mathrm{q}}(p) - Li(0)}{pL + R_1 + R_2} \equiv \frac{\underline{U}_{\mathrm{q}}(p) - Li(0)}{\underline{Z}(p)} \,. \tag{5.2.14}$$

Im Beispiel sind $i(0) = 0$ und $\underline{U}_{\mathrm{q}}(p) = U_{\mathrm{q}}/p$, weil der Moment des Schal-teröffnens wie das Einschalten eines Spannungssprunges wirkt: $\underline{U}_{\mathrm{q}}(p) = U_{\mathrm{q}}/p$. In der Bildfunktion treten somit als „Erregerterme" die Erregung selbst und der Anfangswert auf.

Im Nenner rechts wurde der Operator $\underline{Z}(p) = pL + R$ eingeführt, wie wir ihn vom Frequenzbereich bereits kennen: $\underline{Z}(\mathrm{j}\omega) = \mathrm{j}\omega L + R$ für $p = \mathrm{j}\omega$ (s.u.). Aus der Stetigkeit des Spulenstromes $i(+0) = i(-0)$ folgt mit $i(-0) = 0$ auch $u_{\mathrm{L}}(0) = 0$.

3. Rücktransformation in den Zeitbereich. Wir erwarten entsprechend der beiden Anteile in Gl. (5.2.14) zwei Lösungsteile: Der erste stammt von der Netzwerkerregung und lautet $(R = R_1 + R_2)$ mit $\tau = L/R$

$$i_1(t) = \mathcal{L}^{-1}\{\underline{I}(p)\} = \mathcal{L}^{-1}\{\frac{U_{\mathrm{q}}}{p[pL + R]}\} = \mathcal{L}^{-1}\{\frac{U_{\mathrm{q}}}{R}\frac{1/\tau}{p(p + 1/\tau)}\}$$

$$= \frac{U_{\mathrm{q}}}{R(1 - \exp -t/\tau)} \tag{5.2.15}$$

(mit Tafel 5.2.2, Nr. 5). Dieses Ergebnis folgt unmittelbar aus der Anschau-ung: Trägheit des Spulenstromes (Abschn. 2.4.2). Der zweite Teil der Lösung verschwindet wegen des nicht vorhandenen Anfangswertes.

Aufgabe 5.2.1.

5.2.3   Laplace-Transformation des Netzwerkes

Im Wechselstromkreis unterblieb die Aufstellung der Netzwerkdifferential-gleichung durch direkte Transformation der Netzwerkelemente in den Fre-quenzbereich. Vielmehr konnte die Netzwerkgleichung direkt im Bildbereich gewonnen werden. Dieses Modell übertragen wir jetzt auf den Bildbereich, untersuchen also die Transformation des Strom-Spannungsverhaltens der Grundzweipole L und C $(i = C(\mathrm{d}u/\mathrm{d}t),\ u = L(\mathrm{d}i/\mathrm{d}t))$ sowie der Quellen $u_{\mathrm{q}},\ i_{\mathrm{q}}$

$$\mathcal{L}\{u_{\mathrm{q}}\} = \underline{U}_{\mathrm{q}}\,, \qquad \mathcal{L}\{i_{\mathrm{q}}\} = \underline{I}_{\mathrm{q}}\,.$$

Mit dem Differentiationssatz Tafel 5.2.3 folgt sofort

$$\mathcal{L}\{i\} = \mathcal{L}\left\{C\frac{du}{dt}\right\} = \underline{I}(p) = pC\underline{U} - Cu(+0) \rightarrow \underline{U} = \frac{\underline{I}}{pC} + \frac{u(+0)}{p}$$

$$\mathcal{L}\{u\} = \mathcal{L}\left\{L\frac{di}{dt}\right\} = \underline{U}(p) = pL\underline{I} - Li(+0) \rightarrow \underline{I} = \frac{\underline{U}}{pL} + \frac{i(+0)}{p}.$$

(5.2.16)

In Worten: Ein zum Schaltzeitpunkt geladener Kondensator ($u(+0)$) kann im Bildbereich ersetzt werden durch eine Reihenschaltung eines zum Schaltzeitpunkt ungeladenen Kondensators, über dem die Spannung $\underline{U} = \underline{Z}\cdot\underline{I}$ ($\underline{Z} = 1/pC$) abfällt und eine Konstantspannungsquelle $u(+0)/p$. Bild 5.2.2a zeigt die Ersatzschaltung im Zeitbereich, Bild 5.2.2c die zugehörige im Bildbereich mit und ohne Anfangsladung.

Ganz analog kann eine Induktivität im Bildbereich als Parallelschaltung einer Induktivität (stromlos zum Zeitpunkt $t = +0$) mit dem Strom $\underline{I} = \underline{U}/\underline{Z}$ ($\underline{Z} = pL$) und einer Konstantstromquelle $i(+0)/p$ aufgefaßt werden (Bild 5.2.2b,d).

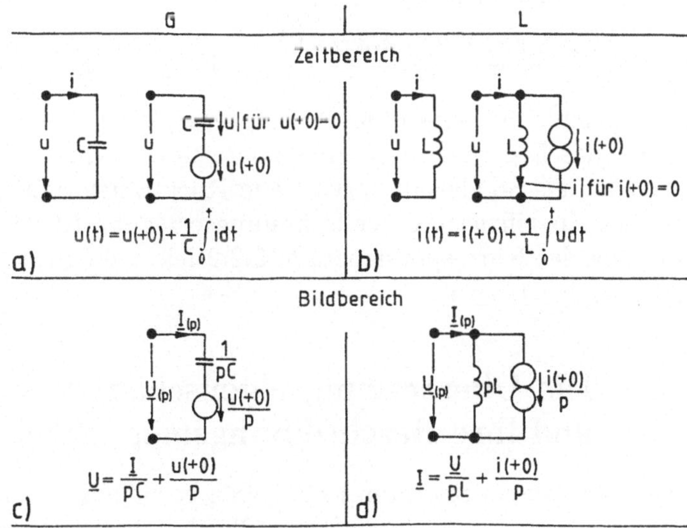

Bild 5.2.2 Kondensator und Spule im Zeit- und Bildbereich
   a) Kondensator, u(+0) ist die Anfangsspannung
   b) Spule, i(+0) ist der Anfangsstrom
   c) dto. im Bildbereich, d) dto. im Bildbereich

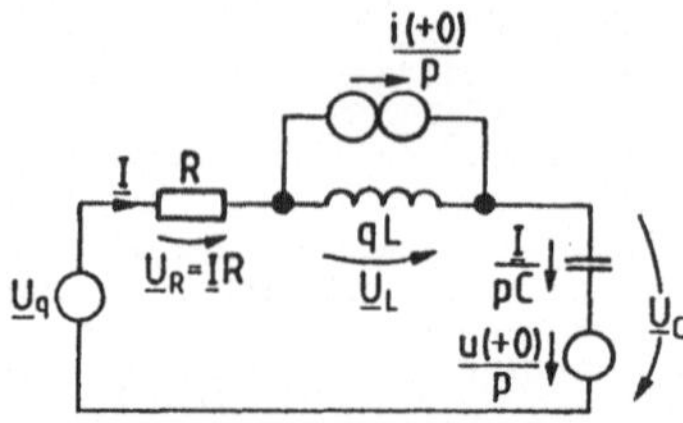

Bild 5.2.3
Reihenresonanzkreis im Bildbereich
mit Anfangswerten $i(+0)$, $u(+0)$

Durch Anwendung der Ersatzschaltungen Bild 5.2.2 für Induktivität und Kondensator mit Anfangsenergie kann so auf die Aufstellung der Netzwerkdifferentialgleichung verzichtet und ein Netzwerk sofort in den Bildbereich transformiert werden (vgl. Tafel 5.2.1). Zur Analyse sind dann, wie bisher im Frequenzbereich, alle Methoden (Stromkreisverfahren, Zweipoltheorie, Spannungs-, Stromteilerregel usw.) zugelassen.

Am Beispiel eines Reihenschwingkreises bei Sprungerregung werde die Nützlichkeit gezeigt. Wir suchen das Zeitverhalten des Stromes im Kreis bei Spannungssprungerregung, wenn die Anfangswerte $i(+0)$, $u_C(+0)$ gegeben sein sollen (Bild 5.2.3). Nach Eintragen der Ersatzschaltungen im Bildbereich für L und C gemäß Bild 5.2.2 führt die Maschengleichung auf

$$pL(\underline{I} - i(+0)/p) + R\underline{I} + \underline{I}/pC + u_C(+0)/p = \underline{U}_q$$

oder aufgelöst nach $\underline{I}(p)$:

$$\underline{I}(p) = \frac{\underline{U}_q - u_C(+0)/p + Li(+0)}{\underline{Z}} \quad \text{mit} \quad \underline{Z} = pL + \frac{1}{pC} + R. \tag{5.2.17}$$

Für Speicherelemente ohne Anfangsenergie ($u_C(+0) = 0$, $i(+0) = 0$) geht daraus das Ergebnis im Frequenzbereich (Abschn. 4.6.2) für $p \to j\omega$ gewissermaßen als Sonderfall hervor! Die Rücktransformation in den Zeitbereich ist nach Spezifizierung der Spannungserregung ($\underline{U}_q(p) \to U_q/p$) z.B. unter Nutzung der Korrespondenztafel 5.2.2 leicht möglich.

Aufgaben 5.2.2, 5.2.3.

5.3   Die Übertragungseigenschaften von Netzwerken und ihre Beschreibungsmöglichkeiten

Die bisher kennengelernten vielfältigen Formen des Zusammenspiels einer erregenden Netzwerkquelle (z.B. als Gleich- oder Wechselspannung, als Schaltsprung u.a.) mit Strom oder Spannung in irgendeinem Netzwerkzweig, also der Reaktion auf die Erregung, wollen wir nun rückblickend etwas systematisieren.

Verallgemeinert liegt nämlich stets ein Signalübertragungsvorgang vor: eine Netzwerkeingangsgröße wird durch die Übertragungseigenschaften des Netzwerkes (oder des Systems) in ein Ausgangssignal überführt.

Diesen Übertragungsvorgang haben wir durch drei Methoden gleichberechtigt beschrieben, die sich hinsichtlich Anschaulichkeit und Rechenaufwand durchaus unterscheiden (Tafel 5.3.1):

– durch die (Netzwerk-)*Differentialgleichung* im Zeitbereich (s. Abschn. 5.1)

– durch sog. *Antwortfunktionen* des Netzwerkes im Zeitbereich (s. Abschn. 4.7.1), ohne sie bisher näher zu betrachten

– durch die Übertragungsfunktion oder den *Frequenzgang im Frequenzbereich:* Er war das Ergebnis der komplexen Wechselstromrechnung (s. Abschn. 4.3.7).

Die Netzwerkeigenschaften drücken sich in der Struktur dieser Beschreibungsformen und den zugehörigen Parametern aus, schlechthin im zugehörigen *mathematischen Modell.* Offen ist, wie diese Beschreibungen zusammenhängen, denn allen unterliegt das gleiche Netzwerk. Wir setzen dabei für alle Fälle ein lineares, zeitunabhängiges Netzwerk (ohne Anfangswerte) voraus.

5.3.1 Beschreibung des Netzwerkes durch die Differentialgleichung

Die Anwendung der Kirchhoffschen Gleichungen auf ein Netzwerk im Zeitbereich führte stets auf die Netzwerkdifferentialgleichung. Sie ist unter den angenommenen Voraussetzungen linear, hat konstante Koeffizienten

$$a_n x_a^{(n)} + a_{n-1} x_a^{(n-1)} + \ldots + a_0 x_a = b_m x_e^{(m)} + b_{m-1} x_e^{(m-1)} + \ldots + b_0 x_e$$

$$x_a^{(n)} = \mathrm{d}^n x_a / \mathrm{d} t^n \quad n\text{-te Ableitung von } x_a \text{ nach der Zeit usw.} \tag{5.3.1}$$

und beschreibt das Verhalten der Ausgangsgröße $x_a(t)$ (z.B. eines Zweigstromes) als Funktion der Netzwerkerregung $x_e(t)$. Die Koeffizienten a, b hängen nur vom Netzwerk ab. Für eine spezielle Netzwerkerregung und gegebene Anfangswerte ist eine Lösung und damit der Vergleich zwischen Ausgangs- und Eingangssignal möglich. Dieses Verfahren haben wir bisher ausgiebig benutzt, z.B. bei der Wechselstromanalyse (Ansatzverfahren ohne Einschaltvorgang, Abschn. 4.2) oder auch bei Schaltvorgängen im Zeitbereich (Abschn. 5.1). Die Interpretation der Lösung ist nicht immer einfach und zudem steigt der Lösungsaufwand für größere Netzwerke rasch an, wie wir von Netzwerken mit zwei Energiespeichern wissen (Abschn. 5.1.3). Es scheint daher geboten, nach anderen Lösungsmethoden zu suchen und insbesondere die Antwortfunktion heranzuziehen.

Tafel 5.3.1 Beschreibung des dynamischen Verhaltens von Netzwerken

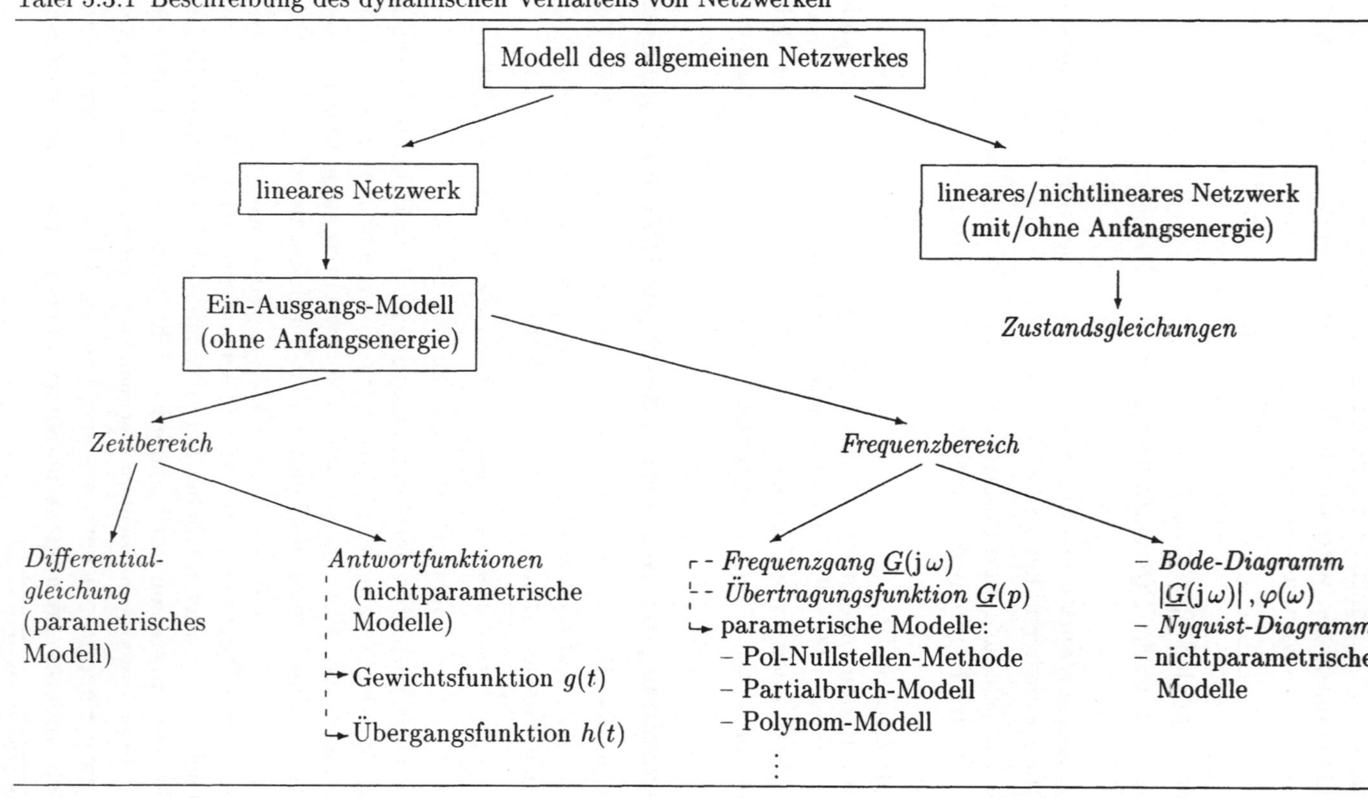

5.3.2 Beschreibung des Übertragungsverhaltens durch Antwortfunktionen

Das Übertragungsverhalten eines Netzwerkes (mit obigen Voraussetzungen) läßt sich auch dadurch beschreiben, daß man als Erregergröße bestimmte, *standardisierte* Eingangssignale, die sog. *Testsignale*, wählt und die zugehörigen Ausgangssignale durch Lösung der Differentialgleichung 5.3.1 sucht (oder entsprechende Testsignale experimentell anlegt und das Ausgangssignal mißt). Dann können bestimmte Übertragungseigenschaften leicht verglichen werden. Als praktikable Testsignale haben sich erwiesen (Abschn. 4.7.1):

– Sprung- und Impulsfunktion einschließlich Diracimpuls, Anstiegserregung

– Exponentialsignal, Cosinusfunktion.

Das Verhältnis von Anwortgröße $x_\mathrm{a}(t)$ zu Erregergröße $x_\mathrm{e}(t)$ heißt generell *Übergangsverhalten*, anschaulich verstanden als

$$f(t) = x_\mathrm{a}(t) \quad \text{bezogen auf } x_\mathrm{e}(t)\,. \tag{5.3.2}$$

Es handelt sich hierbei um zeitabhängige Größen, wie aus den Kleinbuchstaben hervorgeht.

Ziel dieses Teilabschnittes ist es, für typische Eingangsfunktionen (Erregungen) die Anwort- oder Ausgangsfunktion von Netzwerken zu finden.

Wir wollen uns hier auf die schon eingeführte Sprung- und Impulsfunktion Gl. (4.7.4) bis (4.7.6) beschränken. Eine wichtige Voraussetzung für die Bestimmung der Antwortfunktion ist die schon gestellte Bedingung des Systems ohne Anfangsenergie.

Impulsfunktion, Gewichtsfunktion (Impulsantwort) $g(t)$. Wird das Netzwerk zur Zeit $t = 0$ mit einem Diracstoß (Impulsfunktion) $x_{\mathrm{e}\delta}(t)$ erregt (Gl. (4.7.6))

$$x_{\mathrm{e}\delta}(t) \equiv u_\delta = A\delta(t)\,,$$

so reagiert es am Ausgang mit der *Impuls-* oder *Stoßantwort* $x_{\mathrm{a}\delta}(t)$ (Bild 5.3.1).

Wir definieren nun als *Gewichtsfunktion $g(t)$*

$$\begin{aligned}
g(t) &= \frac{x_{\mathrm{a}\delta}(t)}{A} \equiv \frac{1}{A}\left[g(t) * x_{\mathrm{e}\delta}(t)\right] = \frac{1}{A}\left[g(t) * A\delta(t)\right] \\
&= g(t) * \delta(t) = g(t) \cdot 1\,. \tag{5.3.3a}
\end{aligned}$$

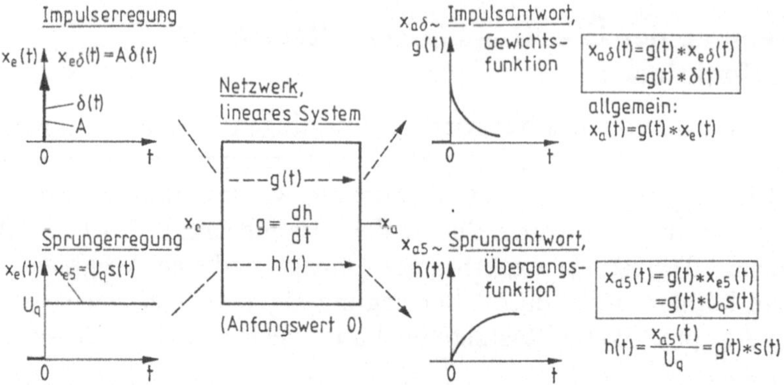

Bild 5.3.1 Zur Definition der Gewichtsfunktion $g(t)$ und Übergangsfunktion $h(t)$ eines lineraren Netzwerkes

Die Impulsantowrt $x_{a\delta}(t)$ eines linearen Netzwerkes ist der Zeitverlauf des Ausgangssignals bei einem Eingangsimpuls $x_{e\delta}(t) = A\delta(t)$ (Nadelimpuls). Bezogen auf das Zeitintegral A des Eingangsimpulses – die Zeitfläche – ergibt sich die Gewichtsfunktion $g(t)$ oder die bezogene Impulsantwort:

$$g(t) = x_{a\delta}(t)/A \quad \text{für} \quad x_e(t) = A\delta(t)\,. \tag{5.3.3b}$$

Erwartungsgemäß ist die Gewichtsfunktion eine reine Netzwerkeigenschaft. Ihre Bezeichnung „Gewichtsfunktion" resultiert daraus, daß sie das „Gewicht" bestimmt, mit dem ein Eingangsimpuls (als Teil eines zerlegten allgemeinen Eingangssignals) zum Wert des Ausgangssignals beiträgt.

Wie sieht nun umgekehrt das Ausgangssignal $x_a(t)$ aus, wenn $g(t)$ bekannt ist und ein *allgemeines* Eingangssignal $x_e(t)$ anliegt? Die Lösung lautet nach dem Faltungssatz (s. Tafel 5.2.3)

$$x_a(t) = \int_{-\infty}^{+\infty} x_e(\tau)\cdot g(t-\tau)\,\mathrm{d}\tau \equiv \int_{-\infty}^{t} x_e(\tau)\cdot g(t-\tau)\,\mathrm{d}\tau \ ^{2)} \equiv x_e(t)*g(t) \tag{5.3.4}$$

Das Integral Gl. (5.3.4) heißt *Faltungsintegral*, auch *Faltungsprodukt* und die darin auftretende Verknüpfung der Funktionen $x_e(t)$ und $g(t)$ analog die *Faltung*.

[2)] Dies gilt für Eingangssignale, die für $t < 0$ verschwinden, wie im Falle der Schaltvorgänge zutreffend.

Bei allgemeiner Netzwerkerregung $x_e(t)$ ergibt sich das Ausgangssignal $x_a(t)$ durch Faltung der Erregung $x_e(t)$ mit der Gewichtsfunktion nach Vorschrift Gl. (5.3.4). Dies unterstreicht die grundlegende Bedeutung der Gewichtsfunktion $g(t)$.

Ein Beispiel für die Bestimmung der Gewichtsfunktion werden wir anschließend betrachten.

Sprungfunktion, Übergangsfunktion $h(t)$. Wird das Netzwerk zur Zeit $t = 0$ mit einer *Sprungfunktion* (Einschaltvorgang) $x_{e\,\Gamma}(t)$ erregt, so stellt sich am Ausgang die *Sprungantwort* $x_{a\,\Gamma}(t)$ ein (Bild 5.3.1). Die Sprungerregung lautete (Gl. (4.7.4), U_q Amplitude)

$$u_\Gamma(t) = U_q s(t) \, .$$

Wir definieren als *Übergangsfunktion* $h(t)$

$$
\begin{aligned}
h(t) &= \frac{x_{a\,\Gamma}(t)}{U_q} = \frac{1}{U_q} \left[g(t) * u_\Gamma(t) \right] \\[2mm]
&= \frac{1}{U_q} \left[g(t) * U_q s(t) \right] = g(t) * s(t) \, ,
\end{aligned}
\tag{5.3.5}
$$

weil die *Sprungantwort* z.B. über das Faltungsintegral Gl. (5.3.4) bestimmt werden kann

$$x_{a\,\Gamma}(t) = g(t) * u_\Gamma(t) = g(t) * U_q s(t) \, .$$

Die Sprungantwort eines Netzwerkes ist der Zeitverlauf des Ausgangssignals $x_{a\,\Gamma}(t)$ als Reaktion auf eine Sprungfunktion $x_{e\,\Gamma}(t) = U_q s(t)$ am Eingang. Bezieht man das Ausgangssignal auf die Sprunghöhe U_q, so ergibt sich die bezogene Sprungantwort oder die Übergangsfunktion $h(t)$. Sie beschreibt - wie die Impulsfunktion - das Netzwerk.

Durch das Faltungssignal (5.3.4) sind $g(t)$ und $h(t)$ nicht unabhängig voneinander, vielmehr gilt

$$h(t) = g * s(t) = \int\limits_0^\infty s(\tau) g(t - \tau)\, \mathrm{d}\tau = \int\limits_0^t s(t - \tau) g(t)\, \mathrm{d}\tau \equiv \int\limits_0^t g(\tau)\, \mathrm{d}\tau$$

oder

$$g(t) = \frac{\mathrm{d}h(t)}{\mathrm{d}t}\,; \tag{5.3.6}$$

Die Übergangsfunktion $h(t)$ ist das Zeitintegral der Gewichtsfunktion $g(t)$, m.a.W. bestimmt jede von ihnen das System gleichwertig.

Die *Übergangsfunktion* $h(t)$ kann nun relativ leicht bestimmt werden

- durch Lösung der Netzwerkdifferentialgleichung (Einschaltvorgang, s. z.B. Abschn. 5.1)
- experimentell durch Messung des Ausgangssignals (Zeitverlauf) bei Sprungerregung
- aus dem *Frequenzgang* (Wechselstromrechnung) oder der *Übertragungsfunktion* (Laplace-Transformation).

Wir wollen dies am Beispiel des Einschaltens einer Gleichspannung am *RC*-Glied verfolgen (Bild 5.1.5). Zur Zeit t_0 sei der Kondensator auf die Spannung $u_C(t_0)$ (scheinbar im Widerspruch zur bisherigen Annahme) geladen, die Erregerfunktion $u_q(t)$ sei zunächst beliebig zugelassen (Bild 5.3.2a). Zur Zeit t_0 werde der Schalter S auf Stellung „Entladen" umgelegt. Gesucht sind $u_C(t)$ sowie Gewichts- und Übergangsfunktion.

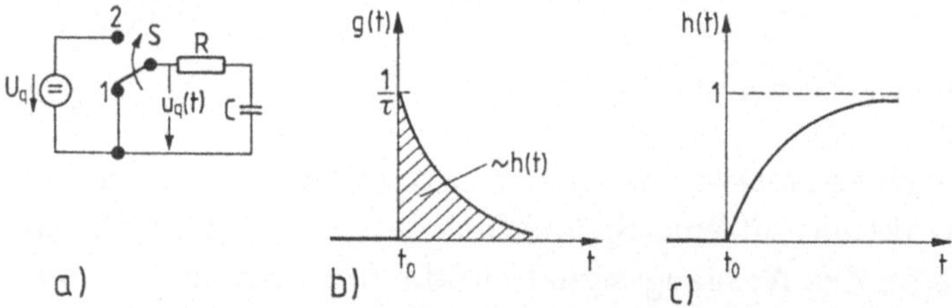

Bild 5.3.2 Einschaltvorgang am *RC*-Spannungsteiler betrachtet als Signal
a) Schaltung, b) Gewichtsfunktion, c) Übergangsfunktion

Wir beginnen mit der *Differentialgleichung* (5.1.6) für die allgemeine Erregung $u_q(t)$. Sie lautet mit $\tau = RC$ (Gl. (5.1.4))

$$\mathrm{d}u_C/\mathrm{d}t + u_C(t)/\tau = u_q(t)/\tau\,.$$

Mit dem Anfangswert $u_C(t_0)$ folgt als Lösung für $t \geq t_0$ (Gl. (5.1.28))

$$u_C(t) = u_C(t_0)\,\exp^{-(t-t_0)/\tau} + \frac{1}{\tau}\int_{t_0}^{t} u_q(t')\,\exp^{-(t-t')/\tau}\,\mathrm{d}t'\ . \qquad (5.3.7)$$

$$\underbrace{\hspace{3cm}}_{\text{Anfangswert}} \qquad \underbrace{\hspace{4cm}}_{\text{Erregeranteil}}$$

Wie kann diese Lösung interpretiert werden? Wir erkennen die Addition eines (gewichteten) Teils des Anfangswertes und eines gewichteten Teils der Netzwerkerregung. Wird der Anfangswert $u_C(t_0)$ festgehalten und $t_0 \to -\infty$ verschoben, so folgt aus Gl. (5.3.7)

$$u_C(t) = \frac{1}{\tau}\int_{-\infty}^{\infty} u_q(t')\,\exp^{-(t-t')/\tau}\,\mathrm{d}t' \equiv \int_{-\infty}^{\infty} g(t-t')u_q(t')\,\mathrm{d}t' = g(t) * u_q(t). \qquad (5.3.8)$$

Der Integralanteil der Lösung ist vom gleichen Typ wie das Faltungsintegral Gl. (5.3.4), m.a.W. lautet die *Gewichtsfunktion*

$$g(t) = \begin{cases} 0 & \text{für } t < 0 \\[2mm] \dfrac{\exp -t/\tau}{\tau} & \text{für } t \geq 0\,. \end{cases} \qquad (5.3.9)$$

Die Gewichtsfunktion tritt offenbar in der Lösung auf, obwohl bisher nirgends eine Stoßfunktion benutzt wurde (s.u.). Wir erkennen aus Gl. (5.3.9) auch die anschauliche Bedeutung der „Gewichtung": die Funktion $g(t-t')$ wichtet (bewertet) den Einfluß der Netzwerkerregung $u_q(t)$ auf die Ausgangsspannung durch einen Faktor, der mit wachsender Zeitdifferenz $t-t'$ immer stärker abnimmt: Weiter zurückliegende Werte der Zeitfunktion beeinflussen die Ausgangsspannung schwächer als momentane (Bild 5.3.2b).

Übergangsfunktion. Die *Übergangsfunktion* $h(t)$ als Reaktion auf eine Sprungerregung kann bestimmt werden z.B. durch direkte Lösung der Differentialgleichung, man erhält nach Gl. (5.3.8) mit der Erregung $u_q(t) = U_q s(t)\big|_{t_0}$ des Einschaltsprunges zum Zeitpunkt t_0 (s. auch Gl. (5.1.9))

$$u_C(t) = u_C(t_0)\,\exp\frac{-(t-t_0)}{\tau} + \frac{U_q}{\tau}\int_{t_0}^{t}\exp\frac{-(t-t')}{\tau}\,\mathrm{d}t'$$

$$= u_C(t_0)\,\exp\frac{-(t-t_0)}{\tau} + U_q\left[1 - \exp\frac{-(t-t_0)}{\tau}\right] \qquad (5.3.10a)$$

$$\underbrace{\hspace{3cm}}_{\text{Anfangswert}} \qquad \underbrace{\hspace{4cm}}_{\text{Erregeranteil.}}$$

Wird der erste Anteil (Anfangswert) vereinfachend gleich Null gesetzt, so beschreibt der zweite Teil den schon bekannten Verlauf der Kondensatorspannung bei Einschalten einer Gleichspannung U_q (s. Bild 5.1.6). Die Übergangsfunktion lautet dann entsprechend Gl. (5.3.5) (Bild 5.3.2b)

$$h(t) = [1 - \exp -(t - t_0)/\tau]\,. \tag{5.3.10b}$$

Sie könnte auch aus der Gewichtsfunktion $g(t)$ nach Gl. (5.3.6) bestimmt werden

$$h(t) = \int\limits_{t_0}^{t} s(t' - t_0)g(t')\,\mathrm{d}t' = \int\limits_{t_0}^{t} \exp \frac{-(t' - t_0)}{\tau}\,\mathrm{d}t' = \left(1 - \exp \frac{-(t - t_0)}{\tau}\right),$$

also zusammengefaßt: Schalten zum Zeitpunkt t_0:

$$h(t) = \begin{cases} 0 & \text{für } t < t_0 \\[2ex] 1 - \exp \dfrac{-(t - t_0)}{\tau} & \text{für } t > t_0\,. \end{cases}$$

Anschaulich ist die Übergangsfunktion $h(t)$ gleich der Fläche unter der Impulsantwort zwischen $t' = -\infty$ und dem Wert t. Für $t < t_0$ verschwindet $h(t)$ (Bild 5.3.2).

Wir kommen jetzt auf die noch offene Frage des angenommenen Anfangswertes $u_C(t_0)$ zurück, obwohl das System nach Voraussetzung anfangsenergiefrei sein muß. Der geladene Kondensator werde zum Zeitpunkt t_0 umgeschaltet. Seine Spannung beträgt

$$u_C = \frac{1}{C}\int\limits_{-\infty}^{t} i\,\mathrm{d}t' = \frac{1}{C}\int\limits_{-\infty}^{t_0} i\,\mathrm{d}t' + \frac{1}{C}\int\limits_{t_0}^{t} i\,\mathrm{d}t' = \underbrace{u_C(t_0)s(t - t_0)}_{\substack{\text{Anfangswert} \\ \text{zur Zeit } t_0 \\ \text{eingeschaltet}}} + \underbrace{\frac{1}{C}\int\limits_{t_0}^{t} i\,\mathrm{d}t'}_{\substack{\text{ungeladener} \\ \text{Kondensator}}} \tag{5.3.10c}$$

Das Ergebnis wird interpretiert als Reihenschaltung einer Spannungsquelle $u_C(t_0)$, die zur Zeit t_0 sprungförmig einschaltet, und eines ungeladenen Kondensators. Wir können diese Anordnung durch die Anfangsladung durchaus als einen aktiven Zweipol auffassen, zu dem es nach Abschnitt 3.1.1

eine gleichwertige Stromquellenersatzschaltung geben muß. Der Kondensatorstrom beträgt aber auch

$$i = C\frac{\mathrm{d}u_C}{\mathrm{d}t} = Cu_C(t_0)\frac{\mathrm{d}}{\mathrm{d}t}s(t-t_0) + \frac{\mathrm{d}}{\mathrm{d}t}\left[\int\limits_{t_0}^{t} i\,\mathrm{d}t'\right] \qquad (5.3.10\mathrm{d})$$

$$= \underbrace{Cu_C(t_0)}_{Q(t_0)}\cdot\delta\,(t-t_0) + i\big|_{Q=0},$$

Anfangswert zur Zeit t_0 eingeschaltet

kann also durch die Parallelschaltung eines ungeladenen Kondensators mit einer Stromquelle verstanden werden (Bild 5.3.3), die zum Zeitpunkt t_0 die Ladung $Q(t_0)$ stoßimpulsartig (δ-Funktion) in den Kreis bringt. Damit liegt tatsächlich die erwartete Stoßimpulserregung vor, auf die das Netzwerk mit der Gewichtsfunktion $g(t)$ reagiert. Die angenommene Anfangsenergie des Kondensators ist also nichts anderes als die gleichwertige Realisierung der Erregerfunktion Gl. (5.3.10d), die sich durch die δ-Funktion so nicht realisieren läßt. Faßt man diese Funktion als die Erregergröße auf, so ist das Netzwerk anfangsenergiefrei wie vorausgesetzt.

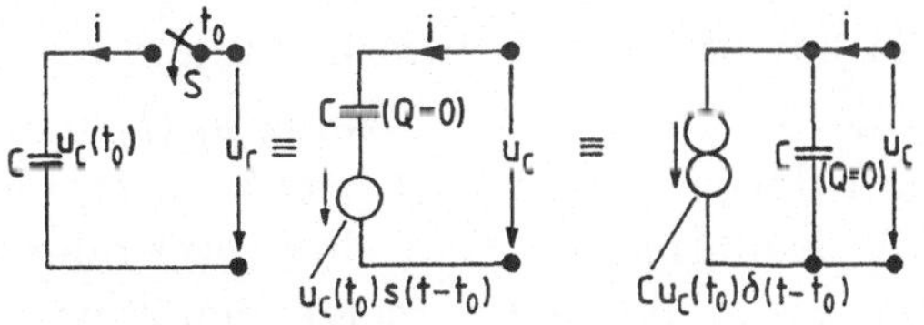

Bild 5.3.3
Geladener Kondensator mit Schalter und gleichwertige Ersatzschaltungen durch ladungslos angenommenen Kondensator und geschaltete Quelle

Daß man mit Kenntnis der Gewichtsfunktion auch die Ausgangsgröße bei *beliebiger* Erregung nach Gl. (5.3.8) bestimmen kann, wollen wir für eine Erregung $u_q(t) = U_q s(t)\cdot kt$ bzw.

$$u_q(t) = \begin{cases} 0 & \text{für } t < t_0 \\ U_q\cdot kt & \text{für } t > t_0\,. \end{cases}$$

zeigen. Es ist eine zeitproportional ansteigende Spannung von $t = 0$ an (Bild 5.3.4a). Nach Gl. (5.3.8) folgt für $t > 0$

$$u_C = \frac{1}{\tau}\int\limits_{-\infty}^{\infty} U_q s(t')kt'\exp\frac{-(t-t')}{\tau}\,\mathrm{d}t'\,,$$

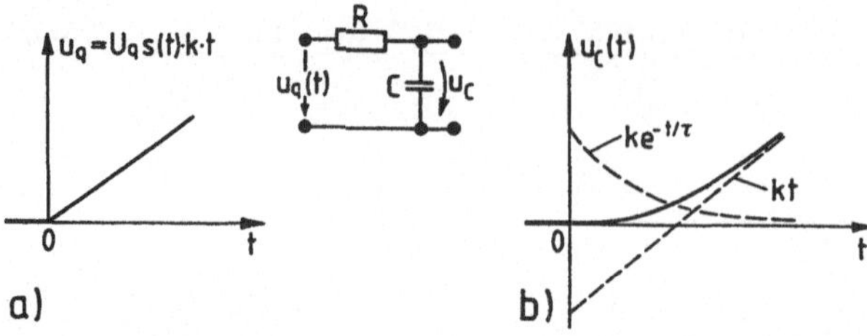

Bild 5.3.4 Verhalten des RC-Gliedes auf eine linear steigende Spannung
a) Eingangsspannung, b) Ausgangsspannung

da $u_q(t) = U_q s(t) k t$ und

$$g(t - t') = \frac{1}{\tau} \exp \frac{-(t - t')}{\tau} \, .$$

Die Faktoren $s(t)$ und $s(t - t')$ betragen entweder 0 oder 1. Die Auswertung ergibt für $t > 0$

$$u_C(t) = \frac{U_q}{\tau} \int\limits_0^t k t' \exp - \frac{(t - t')}{\tau} \, \mathrm{d}t' = \tau U_q k \left[\left(\frac{t}{\tau} - 1\right) + \mathrm{e}^{-t/\tau} \right] \tag{5.3.11}$$

$$\text{für } t > 0 \, , \text{ sonst Null,}$$

da nur im Bereich zwischen 0 und t Flächenanteile liegen.

Bild 5.3.4b zeigt die Lösung $u_C(t)$ und das Erregersignal für die Schaltung mit der Impulsantwort $g(t) = (s(t)/\tau) \exp -t/\tau$. Es ist somit offenbar, daß die Kenntnis der Gewichts- $g(t)$ oder Übergangsfunktion $h(t)$ eines Netzwerkes in die Lage versetzt, den Zeitverlauf der Ausgangsgröße auch bei beliebiger Erregung zu bestimmen. So erübrigt sich die Lösung komplizierter Netzwerkdifferentialgleichungen, denn $h(t)$ kann noch viel einfacher ermittelt werden, wie wir sogleich erfahren.

5.3.3   Die Übertragungsfunktion als verallgemeinertes Eingangs-/Ausgangsverhalten im Bildbereich

Das allgemeine Zeitverhalten der Ausgangsgröße $x_a(t)$ eines linearen, zeitunabhängigen Netzwerkes als Funktion einer beliebigen Erregergröße $x_e(t)$ wurde durch die Netzwerkdifferentialgleichung (5.3.1) bestimmt. Im Zeitbereich beschreibt $x_a(t)$ bezogen auf $x_e(t)$ (Gl. (5.3.2)) anschaulich das Übertragungsverhalten. Für typische Erregungen folgen dabei die Gewichts- und Übergangsfunktion $g(t)$, $h(t)$.

Durch Laplace-Transformation der Netzwerkdifferentialgleichung (5.3.1) ergibt sich dann (bei verschwindenden Anfangsbedingungen) die zu Gl. (5.3.2) gehörende Funktion im Bildbereich (wobei das Differentiationssymbol d/dt durch den Operator p der Laplace-Transformation ersetzt ist)

$$\underline{G}(p) = \frac{\mathcal{L}(x_{\mathrm{a}}(t))}{\mathcal{L}(x_{\mathrm{e}}(t))} = \frac{\underline{X}_{\mathrm{a}}(p)}{\underline{X}_{\mathrm{e}}(p)} = \frac{b_{\mathrm{m}}p^m + \cdots + b_1 p + b_0}{a_{\mathrm{n}}p^n + \cdots + a_1 p + a_0} = \frac{Z(p)}{N(p)} = |\underline{G}(p)|\, \mathrm{e}^{\,\mathrm{j}\,\varphi(p)}$$

$$p = \sigma + \mathrm{j}\,\omega, \quad m \le n \quad \text{Übertragungsfunktion.} \qquad (5.3.12\mathrm{a})$$

Die Größe $\underline{G}(p)$ [3] heißt *Übertragungsfunktion*. Sie kennzeichnet die inhomogene Lösung der Netzwerkdifferentialgleichung im Bildbereich (Bild 5.3.5) gleichwertig. Da die Koeffizienten a_μ, b_ν reell sind, wird für reelle p auch $G(p)$ reell.

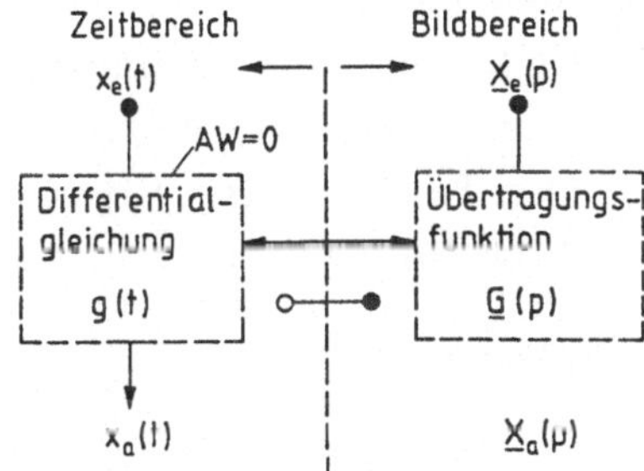

Bild 5.3.5
Übertragungsverhalten eines linearen Systems mit
Anfangswert AW = 0 im Bild- und Zeitbereich

Die Übertragungsfunktion Gl. (5.3.12) gibt die Reaktion (Ausgangsgröße $\underline{X}_{\mathrm{a}}(p)$) eines Netzwerkes auf eine Eingangsgröße $\underline{X}_{\mathrm{e}}(p)$ im Bildbereich an:

$$\underline{X}_{\mathrm{a}}(p) = \underline{G}(p)\underline{X}_{\mathrm{e}}(p)\,. \qquad (5.3.12\mathrm{b})$$

Die Rücktransformation in den Zeitbereich (unter Nutzung der Korrespondenzen Tafel 5.2.2) führt auf

$$x_{\mathrm{a}}(t) = \mathcal{L}^{-1}\{\underline{X}_{\mathrm{a}}(p)\} = \mathcal{L}^{-1}\{\underline{G}(p)\underline{X}_{\mathrm{e}}(p)\}\,. \qquad (5.3.13)$$

---

[3] In der Literatur oft mit $\underline{F}(p)$ bezeichnet. Wir vermeiden dies, um Verwechselungen mit der Laplacetransformierten $\underline{F}(p)$ der Zeitfunktion $f(t)$ auszuschließen.

Sind Übertragungsfunktion und Netzwerkerregung im Bildbereich bekannt, so wird die Ausgangsgröße $x_a(t)$ im Zeitbereich durch Rücktransformation der Wirkung $\underline{X}_a(p)$ aus dem Bildbereich gebildet.

Die Einführung der Übertragungsfunktion $\underline{G}(p)$ bietet mehrere *Vorteile*:

– Sie kann leicht bestimmt werden, da letztlich Differentiation und Integration im Zeitbereich auf Multiplikation und Division im Bildbereich zurückgeführt werden, wie schon bei der komplexen Wechselstromrechnung erprobt (Netzwerkdifferentialgleichung geht in eine algebraische Gleichung über).

– Kennt man $\underline{G}(p)$ (wobei in Gl. (5.3.12) *nicht* vorgeschrieben ist, wie $\underline{G}(p)$ gewonnen wird!), so benötigt man bei unterschiedlichen Erregungen nur noch die zugehörige Bildfunktion, um die Ausgangsfunktion zu bestimmen.

– Zwischen Übertragungsfunktion $\underline{G}(p)$ sowie Gewichts- und Übergangsfunktionen $(g(t), h(t))$ bestehen direkte Beziehungen

– Der *Frequenzgang* $\underline{F}(\mathrm{j}\,\omega)$ (Abschn. 4.3.7) ist ein *Spezialfall* der Übertragungsfunktion für $p = \mathrm{j}\,\omega$, m.a.W. können Ergebnisse der Wechselstromanalyse direkt zur Lösung auch komplizierter Anregungen herangezogen werden!

Zusammenhang $\underline{G}(p)$, Gewichts- und Übergangsfunktion. Wir wählen als Eingangserregung einen *Diracimpuls* zum Zeitpunkt $t = 0$ mit $\underline{X}_e(p) = \mathcal{L}\{\delta(t)\} = 1$ und erhalten aus Gl. (5.3.12b)

$$\underline{X}_{a\delta}(p) = \underline{G}(p) \cdot 1\,.$$

Die Rücktransformation ergibt

$$x_{a\delta}(t) = g(t) * x_{e\delta} = \mathcal{L}^{-1}\{\underline{X}_{a\delta}(p)\} = \mathcal{L}^{-1}\{\underline{G}(p) \cdot 1\}\,, \quad \text{d.h.}$$
$$\underline{G}(p) = \mathcal{L}(g(t) * x_{e\delta}) \quad \text{bzw.} \quad g(t) = \mathcal{L}^{-1}(\underline{G}(p)) \tag{5.3.14}$$
$$g(t) \quad \circ\!\!-\!\!\bullet \quad \underline{G}(p)\,.$$

Die Übertragungsfunktion $\underline{G}(p)$ eines LTI-Systems (s. Abschn. 5.2.1) ist die Laplacetransformierte seiner Gewichtsfunktion $g(t)$ (Bild 5.3.5).

Wird das Netzwerk mit einer *Sprungfunktion* erregt (Erregergröße $\underline{X}_e(p) = X_{eo}/p$), so folgt als *Sprungantwort*

$$x_a(t) = \mathcal{L}^{-1}\{\underline{G}(p)\underline{X}_{eo}/p\} = X_{eo}\mathcal{L}^{-1}\{\underline{G}(p)/p\}$$

oder durch Vergleich

$$\boxed{h(t) = \mathcal{L}^{-1}\{\underline{G}(p)/p\} \equiv \mathcal{L}^{-1}\{\underline{H}(p)\}\,.} \qquad (5.3.15)$$

Die Größe $\underline{H}(p)$ ist die Laplacetransformierte zu $h(t)$. Damit kann auch die Übergangsfunktion direkt aus der Übertragungsfunktion gewonnen werden. Tafel 5.3.2 enthält diese Zusammenhänge. Sie bieten gleichzeitig einen Rückblick auf die bisherigen Lösungsmethoden der Netzwerkdifferentialgleichung bei unterschiedlichen Anregungen. Im Prinzip genügt es, die Übertragungsfunktion $\underline{G}(p)$ eines Netzwerkes zunächst über die komplexe Wechselstromrechnung zu bestimmen, dann $j\omega$ durch p zu ersetzen und bei allgemeiner Netzwerkerregung daraus die entsprechende Zeitfunktion (durch Rücktransformation) zu gewinnen.

Für die praktische Rechnung sind dabei einige allgemeine Zusammenhänge zwischen Zeit- und Bildbereich nützlich, die sich aus den sog. *Grenzwertsätzen* der Laplace-Transformation herleiten. So bestehen zwischen der Übergangsfunktion $h(t)$ und der Übertragungsfunktion $\underline{G}(p)$ folgende Grenzwertbeziehungen

$$\lim_{t\to 0} h(t) = \lim_{p\to\infty} p\underline{H}(p) = \lim_{p\to\infty} \underline{G}(p) = \lim_{j\omega\to\infty} \underline{G}(j\omega) \qquad (5.3.16a)$$

$$\lim_{t\to\infty} h(t) = \lim_{p\to 0} p\underline{H}(p) = \lim_{p\to 0} \underline{G}(p) = \lim_{j\omega\to 0} \underline{G}(j\omega) \qquad (5.3.16b)$$

$$\text{wegen } \underline{H}(p) = \underline{G}(p)/p\,.$$

Damit besteht ein direkter Zusammenhang z.B. zwischen dem Zeitverhalten eines Systems im zeitlichen Anfangsbereich und dem Verhalten für hohe Frequenzen im Frequenzbereich (und umgekehrt). Dies ist für die rasche Bewertung des Systemverhaltens nützlich.

Im Bild 5.3.1 wurden die Anregungen und ihre zugehörigen Ausgangsgrößen bereits gegenübergestellt (Tafel 5.3.2). Wir wollen sie durch ein Beispiel erläutern, nämlich die bereits im Zeitbereich untersuchte *RC*-Schaltung (Bild 5.3.2) und die Ergebnisse über den Bildbereich berechnen (Bild 5.3.6). Gesucht sei $u_C(t)$ als Funktion typischer Erregungen (Sprung, Impuls).

Tafel 5.3.2 Netzwerke und ihr Einsatz in der analogen/digitalen Signalverarbeitung

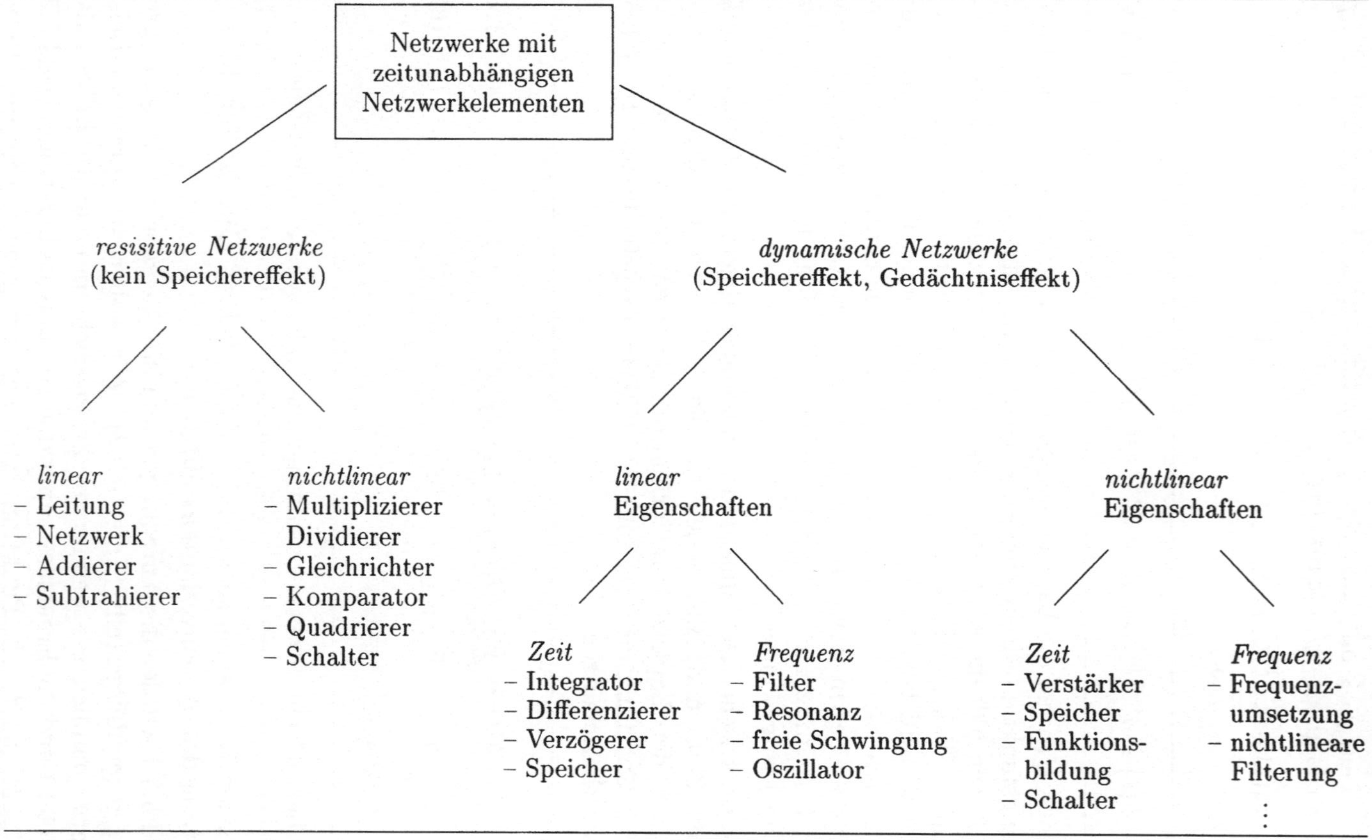

Netzwerke mit zeitunabhängigen Netzwerkelementen

resisitive Netzwerke (kein Speichereffekt)

dynamische Netzwerke (Speichereffekt, Gedächtniseffekt)

linear
– Leitung
– Netzwerk
– Addierer
– Subtrahierer

nichtlinear
– Multiplizierer
Dividierer
– Gleichrichter
– Komparator
– Quadrierer
– Schalter

linear Eigenschaften

Zeit
– Integrator
– Differenzierer
– Verzögerer
– Speicher

Frequenz
– Filter
– Resonanz
– freie Schwingung
– Oszillator

nichtlinear Eigenschaften

Zeit
– Verstärker
– Speicher
– Funktions-
bildung
– Schalter

Frequenz
– Frequenz-
umsetzung
– nichtlineare
Filterung
⋮

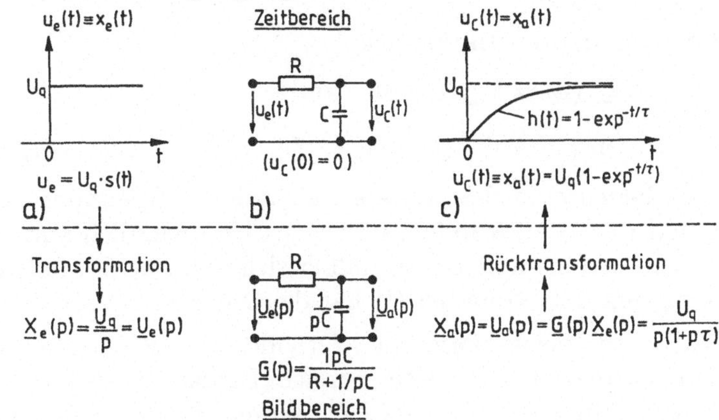

Bild 5.3.6 Grundsätzlicher Ablauf zur Bestimmung des Zeitverhaltens der Ausgangsgröße
einer Schaltung mittels Laplace-Transformation
a) Eingangssignal, Sprungfunktion $s(t)$ zur Zeit $t = 0$
b) System (Schaltung), c) Ausgangssignal

Wir bestimmen zunächst die Übertragungsfunktion $\underline{G}(\mathrm{j}\,\omega) = \underline{U}_\mathrm{c}/\underline{U}_\mathrm{q}$ im Frequenzbereich, d.h. mit den Methoden der Wechselstromrechnung. Das Ergebnis lautet (Spannungsteilerregel) mit $\underline{U}_\mathrm{e} = \underline{U}_\mathrm{q}$:

$$\underline{G}(\mathrm{j}\,\omega) = \frac{\underline{U}_\mathrm{c}}{\underline{U}_\mathrm{q}} = \frac{1}{1+\mathrm{j}\,\omega RC} \rightarrow \underline{G}(p) = \frac{\underline{U}_\mathrm{c}(p)}{\underline{U}_\mathrm{q}(p)} = \frac{1}{1+pRC} = \frac{1}{RC}\cdot\frac{1}{1/RC+p}$$

Daraus folgt mit der Korrespondenztabelle Tafel 5.2.2 die *Gewichtsfunktion*

$$g(t) = \mathcal{L}^{-1}(\underline{G}(p)) = (1/RC)\exp -t/RC \tag{5.3.17}$$

(vgl. Gl. (5.3.9), $\tau = RC$).

Wird das Netzwerk zur Zeit $t = 0$ mit der Spannung U_q eingeschaltet $(\rightarrow \underline{U}_\mathrm{q}(p) = U_\mathrm{q}/p)$, so lautet die Ausgangsspannung im Bildbereich

$$\underline{U}_\mathrm{c}(p) = (U_\mathrm{q}/p)\underline{G}(p) \quad \text{oder}$$

$$u_\mathrm{C}(t) = \mathcal{L}^{-1}\{\underline{U}_\mathrm{c}(p)\} = U_\mathrm{q}\mathcal{L}^{-1}\{\underline{G}(p)/p\} = U_\mathrm{q}\mathcal{L}^{-1}\{(1/p)\cdot 1/(1 + pRC)\}.$$

Nach Rücktransformation (Tafel 5.2.2) ergibt sich die Übergangsfunktion

$$h(t) = (1 - \exp -t/\tau), \quad \text{da} \quad u_\mathrm{C}(t) = U_\mathrm{q}(1 - \exp -t/\tau). \tag{5.3.18}$$

Würde beispielsweise nicht mit einer Sprungfunktion, sondern einem Stoßimpuls $u_{e\delta}(t) = U_\mathrm{q}\delta(t)$ zur Zeit $t = 0$ eingeschaltet, so wäre die Kondensatorspannung im Bildbereich

$$\underline{U}_\mathrm{c}(p) = U_\mathrm{q}'\underline{G}(p) \cdot 1 \quad \text{und}$$

$$u_\mathrm{C}(t) = \mathcal{L}^{-1}(\underline{U}_\mathrm{c}(p)) = (\underline{U}_\mathrm{q}'/\tau)\,\mathrm{e}^{-t/\tau} \equiv U_\mathrm{q}' \cdot g(t)\,.$$

Dies bedeutet nichts anderes, als daß der Spannungsstoßimpuls zum Zeitpunkt $t = 0$ den Kondensator sofort (in unendlich kurzer Zeit mit unendlich hohem Strom) auflädt, so daß er sich dann nach Maßgabe von $g(t)$ (s. Bild 5.3.2) entlädt (Hinweis: U_q' hat die Dimension Vs!).

Auf diese Weise kann mit Methoden der Wechselstromrechnung und der Transformation Bild-↔Zeitbereich (Laplace-Transformation) das allgemeine Zeitverhalten von linearen Netzwerken relativ einfach gewonnen werden.

Zusammengefaßt gelten damit folgende Aussagen:

- die stationäre Lösung der Netzwerkdifferentialgleichung im Bild- bzw. Frequenzbereich führt immer auf die Übertragungsfunktion $\underline{G}(p)$ bzw. den Frequenzgang $\underline{G}(\mathrm{j}\,\omega) \equiv \underline{F}(\mathrm{j}\,\omega)$ (s. Abschn. 4.3.7)
- die Lösung der Netzwerkdifferentialgleichung für typische Anregungen kann gleichwertig bestimmt werden (neben der direkten Lösung) im Zeitbereich mittels der Gewichts- $g(t)$ und Übergangsfunktion $h(t)$ und im Bildbereich aus der Übertragungsfunktion $\underline{G}(p)$ der entsprechenden Anregung und Rücktransformation
- zur Gewinnung der Übertragungsfunktion kann der Frequenzgang $\underline{G}(\mathrm{j}\,\omega)$ als Ergebnis der Wechselstromrechnung oder Messung direkt herangezogen werden.

Rückblick. Nachdem wir die Übertragungseigenschaften eines elektrischen Netzwerkes unter verschiedenen Aspekten kennengelernt haben, bietet sich ein Rückblick an.

Netzwerke können eingeteilt werden (Tafel 5.3.2) z.B. nach rein resistiven oder ohmschen Netzwerken und solchen, die Energiespeicherelemente (Kondensator, Spule) enthalten. Ihr Merkmal ist das Auftreten von Differentialgleichungen ($\rightarrow$ Anfangswerte). Man nennt sie auch *dynamische* Netzwerke oder Netzwerke mit *Gedächtniseffekt* (Anfangswert ↔ Erinnerungsvermögen).

Resistive Netzwerke werden in lineare und nichtlineare unterteilt. Im ersten Fall gilt der Überlagerungssatz. Bei zwei Netzwerkerregungen addieren sich folglich die Ausgangsgrößen. Nichtlineare resistive Netzwerke dienen oft zur Funktionsbildung (z.B. Quadrierer).

Tafel 5.3.3 Übersicht zur Behandlung von linearen Netzwerken bei typischen Anregungen

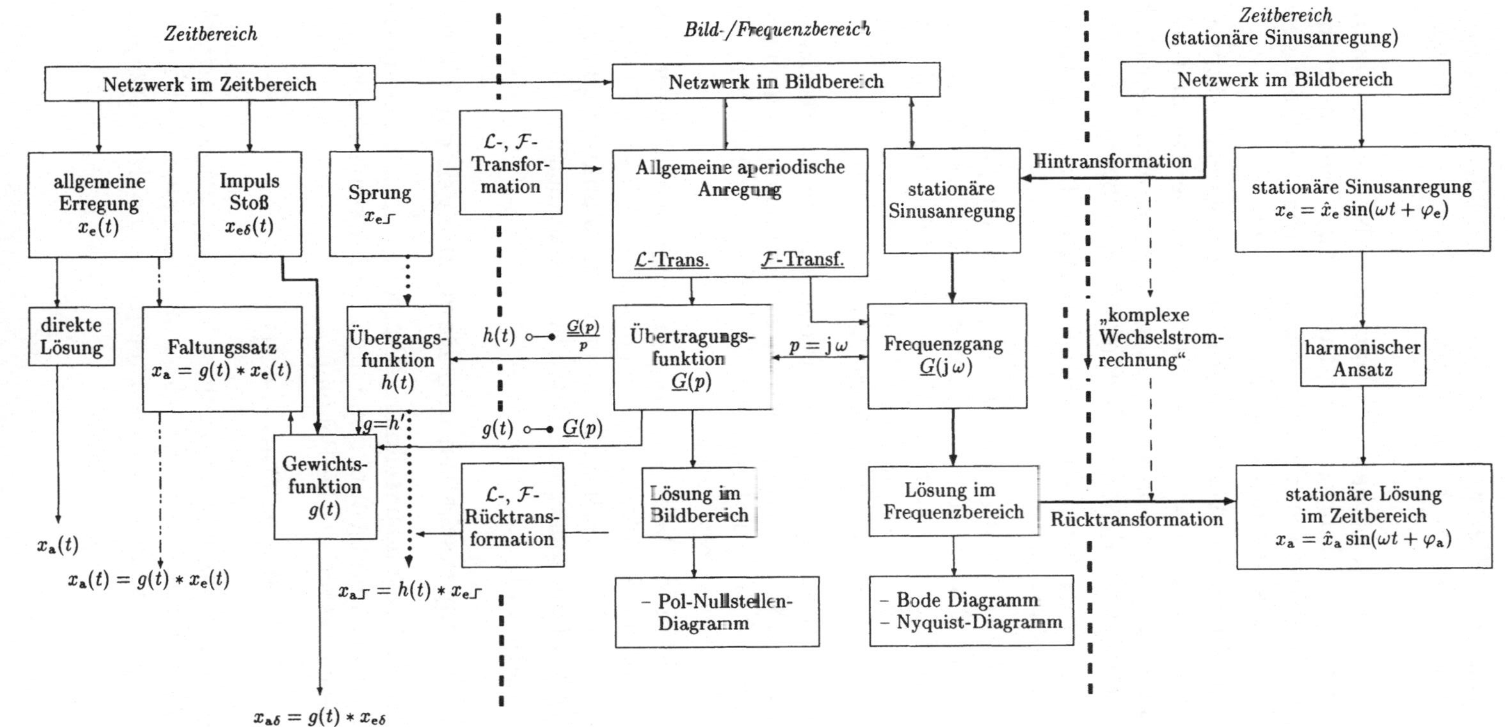

Dynamische Netzwerke werden – je nachdem, ob das Zeit- oder Frequenzverhalten des Ausgangssignals interessiert – als *Zeitglieder* oder *Filter* eingesetzt.

Die Grundeigenschaften dynamischer Netzwerke bestimmen auch die typischen Anwendungsgebiete (Tafel 5.3.2). Wesentlich für die Wechselstromtechnik sind dabei die Frequenzeigenschaften, die Eigenschwingungen eines Netzwerkes und das Resonanzphänomen.

Vom Eingangs-/Ausgangsverhalten her gesehen, kann das Netzwerk verallgemeinert auch als *System* betrachtet werden und sein Übertragungsverhalten gleichberechtigt im Zeit- und Frequenzbereich beschrieben werden (Tafel 6.3.6). Typische Merkmale sind dabei

- die *Gewichts-* und *Übergangsfunktion* bei Impuls- und Sprunganregung (Zeitbereich)
- die *Übertragungsfunktion* $\underline{G}(p)$ bei komplexer Exponentialanregung mit dem Sonderfall des Frequenzganges bei (stationärer) *Sinusanregung*. Transformationen (Laplace-, Fourier-) erlauben dann, auch nichtperiodische Signale mit den Lösungsmethoden für periodische Signale (im Frequenzbereich) zu analysieren.

Klar tritt zutage, daß der mit den Mitteln der Wechselstromrechnung (Abschn. 4.3.ff.) relativ einfach zu bestimmende Frequenzgang $\underline{G}(\mathrm{j}\,\omega) \equiv \underline{F}(\mathrm{j}\,\omega)$ auch zur Analyse bei aperiodischer, z.B. impulsförmiger Netzwerkerregung herangezogen werden kann.

Wir erkennen damit die *innigen Zusammenhänge* der einzelnen Analyseverfahren, die gerade das Erlernen sehr erleichtern. Offen sind noch einige spezifische Eigenschaften der Übertragungsfunktion und typische *Darstellungsformen* (von denen wir einige bereits kennen).

Aufgabe 5.3.1.

5.3.4   Eigenschaften und Darstellungen der Übertragungsfunktion

Pol-Nullstellendarstellung. Wir wollen noch einige spezifische Eigenschaften der Übertragungsfunktion Gl. (5.3.12a) kennenlernen. In ihrem Nenner tritt das charakteristische Polynom

$$N(p) = a_{\mathrm{n}}p^{n} + \cdots + a_{1}p + a_{0}$$

auf. Durch Nullsetzen ergibt sich die sog. *charakteristische Gleichung*. Sie ist identisch mit der Lösungsgleichung der homogenen Netzwerkdifferentialgleichung, bestimmt also das *Eigenverhalten* des Netzwerkes. Letzteres hängt nur von den Anfangsbedingungen ab (was hier nicht weiter verfolgt werden soll.

Ebenso bestimmt $N(p)$ die Stabilität des Netzwerkes. Die Übertragungsfunktion Gl. (5.3.12a) kann gleichwertig in der Form

$$\underline{G}(p) = \frac{Z(p)}{N(p)} = k\frac{(p - p_{N_1})(p - p_{N_2})\cdots(p - p_{N_m})}{(p - p_{P_1})\cdots(p - p_{P_n})} \tag{5.3.19}$$

(mit $m \leq n$ aus physikalischen Gründen) geschrieben werden. Das ist die *Pol-Nullstellenform*. Da die Koeffizienten a_j, b_i aus physikalischen Gründen reell sind, hat $\underline{G}(p)$ Nullstellen p_{N_i} und Pole p_{P_j}, die reell oder konjugiert komplex sein können. Beide lassen sich anschaulich in einer komplexen p-Ebene als sog. PN-Plan darstellen (Bild 5.3.7). Die Pole sind identisch mit den Lösungen der charakteristischen Gleichung.

Damit läßt sich das Übertragungsverhalten eines Netzwerkes im Bildbereich außer durch die Übertragungsfunktion auch gleichwertig durch die *Pol- und Nullstellenverteilung* und den Faktor k in Gl. (5.3.19) beschreiben.

Die Lage der Pole und Nullstellen in der p-Ebene erlaubt z.B. Rückschlüsse auf Zeitverhalten und Stabilität eines Netzwerkes. Beispielsweise ergibt sich für das RC-Glied (Bild 5.3.6) mit

$$\underline{G}(p) = k/(1 + p\tau)$$

die Pol-Nullstellenverteilung nach Bild 5.3.7b (reeller Pol bei $p_1 = \sigma_1 = -1/\tau$, keine Nullstelle, Sprungantwort Gl. (5.3.18))

$$h(t) = k(1 - \exp -t/\tau)$$

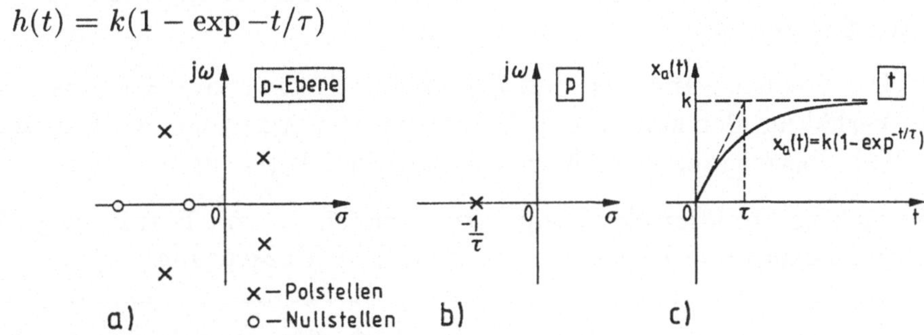

Bild 5.3.7 Pol-Nullstellenverteilung
   a) Beispiel einer gebrochenen rationalen Übertragungsfunktion in der komplexen p-Ebene
   b) RC-Glied (Bild 5.3.6)), Pol-Nullstellenverteilung
   c) Reaktion auf eine Sprungerregung (Einheitssprungantwort)

(bestimmt durch k und τ). Würde der Pol weiter links auf der negativen reellen Achse liegen (dh. kleinere Zeitkonstante), so würde der Ausgleichsvorgang schneller abklingen. Umgekehrt bedeutet ein Pol auf der positiv reellen Achse ein exponentielles Anschwellen des Übergangsvorganges (instabiles Verhalten).

Nach diesen Gesichtspunkten lassen sich auch komplizierte Netzwerke bewerten.

Frequenzgang. Bei den Erregerfunktionen wurde bereits erwähnt, daß die Übertragungsfunktion $\underline{G}(p)$ auch verstanden werden kann als Antwort des Netzwerkes auf das sog. *exponentielle Testsignal* Gl. (4.7.7), eine mehr abstrakte, technisch nicht realisierbare Erregung (vgl. Bild 4.7.7). Deshalb wird die Übertragungsfunktion $\underline{G}(p)$ als mehr abstrakte Größe zur mathematischen Beschreibung der Netzwerkeigenschaften betrachtet. Direkt meßbar und physikalisch interpretierbar ist dagegen der Sonderfall *Frequenzgang* (Abschn. 4.3.7):

$$\sigma = 0 \rightarrow p \rightarrow \mathrm{j}\,\omega$$
$$\underline{G}(p) \rightarrow \underline{G}(\mathrm{j}\,\omega) \equiv \underline{F}(\mathrm{j}\,\omega)\,, \tag{5.3.20}$$

der sich aus der Anregung mit einer (ungedämpften) Sinus-/Cosinus-Schwingung

$$x_{\mathrm{e}}(t) = \hat{x}_{\mathrm{e}} \sin \omega t$$

ergibt. In diesem Fall geht die Übertragungsfunktion $\underline{G}(p)$ in den Frequenzgang $\underline{G}(\mathrm{j}\,\omega)$ über.

Der Frequenzgang $\underline{G}(\mathrm{j}\,\omega) \equiv \underline{F}(\mathrm{j}\,\omega)$ eines Netzwerkes (Systems) stellt das Verhältnis der komplexen Amplitude von Ausgangs- zu Eingangsgröße bei Übertragung eines harmonischen Signals ($\sim \exp \mathrm{j}\,\omega t$) dar.

Er ist eine Funktion des Frequenzparameters $\mathrm{j}\,\omega$ mit Betrag $|\underline{G}(\mathrm{j}\,\omega)|$ (Amplitudengang) und Phase $\varphi(\omega) = \arg \underline{G}(\mathrm{j}\,\omega)$ (Phasengang):

$$\underline{G}(\mathrm{j}\,\omega) = |\underline{G}(\mathrm{j}\,\omega)| \exp \mathrm{j}\,\varphi(\omega) = \underline{X}_{\mathrm{a}}(\mathrm{j}\,\omega)/\underline{X}_{\mathrm{e}}(\mathrm{j}\,\omega)\,. \tag{5.3.21}$$

Damit besteht direkter Bezug zu den Ergebnissen der Netzwerkanalyse (Abschn. 4.3.7).

Wir erkennen weiter:

Der Frequenzgang ist eine Funktion der reellen Größe Kreisfrequenz ω. Er kann graphisch dargestellt werden als

– *Ortskurve* und

– Frequenzkennlinie oder *Frequenzgang* (im engeren Sinn, *Bode-Diagramm*).

Aus der Kenntnis von $\underline{G}(j\omega)$ läßt sich über $\underline{G}(p)$ mittels Gl. (5.3.15) z.B. die Übergangsfunktion $h(t)$ direkt bestimmen. Im Bild 5.3.8 sind Ortskurve und Übergangsfunktion eines RC-Netzwerkes als Beispiel gegenübergestellt. Man erkennt, übereinstimmend mit Gl. (5.3.16), daß dem zeitlichen Anfangsbereich der Frequenzbereich $\omega \to \infty$ entspricht, umgekehrt dem stationären Zeitbereich $t \to \infty$ der Frequenzbereich $\omega \to 0$.

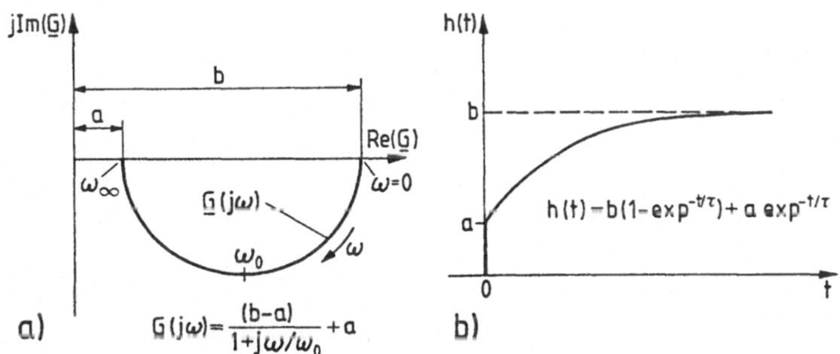

Bild 5.3.8 Anfangs- und Endwerte des Frequenzganges $G(j\omega)$ eines RC-Netzwerkes und zugehörige Übergangsfunktion $h(t)$
a) Ortskurve des Frequenzganges
b) Übergangsfunktion

Lernorientierungen zu Abschnitt 5

Abschnitt 5.1

1. Die Analyse eines Netzwerkes bei nichtperiodischer Erregung erfordert die Lösung einer inhomogenen Differentialgleichung mit konstanten Koeffizienten bei gegebenen Anfangswerten in den Energiespeicherelementen. Dabei laufen ab:
   – der flüchtige Vorgang: allgemeine Lösung der homogenen Differentialgleichung mit Konstantenbestimmung
   – der eingeschwungene Zustand: partikuläre Lösung der inhomogenen Differentialgleichung.

   Die Lösung kann geschlossen (formelmäßig), numerisch (mit Computerhilfe) und graphisch (kaum von Bedeutung) erfolgen.

2. Die Funktion eines idealen Schalters im Netzwerk kann durch eine methodische Formulierung der Erregergröße ersetzt werden. Typisch sind Sprungfunktion (Ein-/Aus-Schalter) und δ-Funktion (kurzzeitiges Schließen und Öffnen des Schalters).

3. Typische Reaktionen des Netzwerkes entstehen
   - bei Sprungerregung in Form der sog. Übergangsfunktion $h(t)$
   - bei Stoßerregung (δ-Impuls) in Form der Gewichtsfunktion $g(t)$.

   Der Diracstoß $\delta(t)$ kann für experimentelle Zwecke als genügend kurzer Rechteckimpuls genähert werden.

4. Ausgleichsvorgänge in Netzwerken lassen sich analysieren durch
   - direkte Lösung der Netzwerkdifferentialgleichung im Zeitbereich
   - Lösung der Differentialgleichung mittels Laplace-Transformation
   - Anwendung der Operatorenmethode (symbolische Methode), wenn für die Energiespeicher verschwindende Anfangsbedingungen vorliegen.

Abschnitt 5.2

1. Die Laplace-Transformation überführt eine Zeitfunktion in eine solche im Bildbereich mit der komplexen Variablen $p = \sigma + \mathrm{j}\omega$ (sog. komplexe Frequenz).

2. Die Laplace-Transformation einer Netzwerkdifferentialgleichung überführt diese in eine algebraische Gleichung, aus deren Lösung durch Rücktransformation in den Zeitbereich das Zeitverhalten hervorgeht.

3. Die Übertragungsfunktion $\underline{G}(p)$ eines Netzwerkes ist gleich dem Quotient der Laplacetransformierten der Ausgangszeitfunktion und der Laplacetransformierten der Eingangszeitfunktion bei verschwindenden Anfangswerten.

4. Bei verschwindendem Realteil σ der komplexen Frequenz p geht die Laplace-Transformation in die Fourier-Transformation über.

5. Die Fouriertransformierte der Gewichtsfunktion $g(t)$ ist die Übertragungsfunktion $\underline{G}(\mathrm{j}\omega)$ (oder der Frequenzgang $\underline{F}(\mathrm{j}\omega) \equiv \underline{G}(\mathrm{j}\omega)$).

6. Das Produkt der Fouriertransformierten der Gewichtsfunktion $g(t)$ und des Eingangssignales gibt das Spektrum des Ausgangssignals. Letzteres kann durch inverse Fourier-Transformation in den Zeitbereich zurückgeführt werden.

7. Daher genügt es häufig, Signal und System durch ihre Fouriertransformierten zu beschreiben und auf die Rücktransformation zu verzichten.

8. Vorteilhaft ist die Fourier-Transformation bei Abtastsystemen.

Abschnitt 5.3

1. Im Bildbereich ergibt sich die Laplacetransformierte des Ausgangssignals eines linearen Netzwerkes als Produkt von Übertragungsfunktion $\underline{G}$ und Laplacetransformierten einer (beliebigen) Eingangserregung.

2. Im Zeitbereich ergibt sich die Ausgangsgröße des linearen Netzwerkes durch Faltung der Gewichtsfunktion $g(t)$ mit der Eingangsgröße $x_{\mathrm{a}}(t) = g(t) * x_{\mathrm{e}}(t)$.

3. Gewichts- und Übergangsfunktion hängen zusammen $g(t) = \mathrm{d}h(t)/\mathrm{d}t$

4. Die Übertragungsfunktion $\underline{G}(p)$ eines Netzwerkes im Bildbereich kann durch Partialbruchzerlegung in einem Pol-Nullstellen-Diagramm veranschaulicht werden. Es gibt auch Auskunft über das natürliche Verhalten (freies Einschwingen).

Wiederholungsfragen zu Abschnitt 5

Abschnitt 5.1

1. Wie verhalten sich die Netzwerkelemente (Grundelemente, gesteuerte Quellen) bei sprungförmigen Strom-Spannungs-Änderungen, wie die Kapazität bei stoßförmiger (Diskussion)?

2. Kann es ohne unabhängige Quellen im Netzwerk eine erzwungene Anregung/ natürliche Anregung geben (Ausgleichsvorgänge)?

3. Wie kann ein Schaltvorgang, z.B. das Einschalten einer Gleichspannung an eine RC-Reihenschaltung (mit geladenem Kondensator) analysiert werden (Schrittfolge speziell und verallgemeinert)? Was ist eine Zeitkonstante, hängt sie von der Größe der Erregerfunktion ab?

4. Welche Lösungsmöglichkeiten (typische) treten auf, wenn eine Gleichspannung plötzlich an einen Reihenschwingkreis (R, C, L) gelegt wird? Spielt die Resonanz eine Rolle?

5. Was bedeuten die Begriffe Übergangsvorgang, stationärer Zustand, Anstiegszeit und Zeitkonstante für ein konkretes Netzwerk?

6. Wie groß ist der Strom höchstens, der beim Einschalten einer Reihenschaltung von R und C an eine ideale Gleichspannungsquelle fließt? (Begründung, wann tritt er auf, welchem Wert strebt die Kondensatorspannung zu?)

7. Wie wirkt eine stromlose Induktivität im Schaltzeitpunkt?

8. Was sind Zustandsgrößen, wo treten sie bei den Grundelementen R, L, C auf?

9. Wie verläuft qualitativ die Kondensatorspannung beim Reihenschwingkreis, wenn er an eine Gleichspannung geschaltet wird? (Betrachten Sie den aperiodischen und periodischen Fall.)

10. Was ist eine gedämpfte Schwingung?

11. Was versteht man unter der Eigenfrequenz eines Schwingkreises? Wie unterscheidet sie sich von der Resonanzfrequenz? Wie werden beide bestimmt?

Abschnitt 5.2

1. Welche Vorteile bietet die Anwendung der Laplace-Transformation zur Lösung von Schaltvorgängen in Netzwerken?

2. Wie lautet die Ersatzschaltung eines Kondensators mit Anfangsspannung im Bildbereich?

3. Welche Netzwerkfunktionen bestimmen das Übergangsverhalten eines Netzwerkes bei Sprungerregung, bei Impulserregung? Hängen die Netzwerkfunktionen zusammen?

4. Gegeben sei die Reihenschaltung einer Gleichspannung U_q, eines Schalters S (der zur Zeit $t = 0$ geschlossen werde) und ein ladungsloser Kondensator C (Schaltung = aktiver Zweipol in Spannungsquellenersatzschaltung mit Schalter). Prüfen Sie, ob es nach den Regeln der Zweipoltheorie eine gleichwertige Stromquellenersatzschaltung gibt. Welche Bedeutung hat hierbei die δ-Funktion, was bedeutet sie physikalisch?

5. Wie kann die Anfangsspannung eines geladenen Kondensators ersatzschaltmäßig zum Ausdruck gebracht werden:
   - im Zeitbereich
   - im Frequenzbereich (Begründung)?

Abschnitt 5.3

1. Was versteht man unter einer Übertragungsfunktion eines Netzwerkes? (Beispiele, was sind Pole, was Nullstellen?)

2. Bekannt sei die Übertragungsfunktion eines sinusförmig erregten Netzwerkes. Was kann daraus alles erkannt bzw. berechnet werden (Beispiel: RC-Spannungsteiler)?

3. In einer Schaltung mit R und einem Energiespeicher dauert der Ausgleichsvorgang doppelt solange, wenn R verdoppelt wird. Welches Energiespeicherelement lag vor?

4. Gegeben sei ein Netzwerk aus nur passiven Netzwerkelementen. Was läßt sich über die Lage der Pole sagen?

5. Wo liegen die Pole/Nullstellen der Impedanz eines gedämpften Reihenschwingkreises?

6 Das elektromagnetische Feld

Nach Durcharbeit des Abschnittes beherrscht der Leser:

- die physikalisch-mathematische Beschreibung elektromagnetischer Felder
- die grundlegenden Begriffe des elektrischen Feldes, Berechnung einfacher Felder
- die Berechnung von typischen Widerständen und Kapazitäten
- die Stromflußmechanismen in Leitern, Halbleitern und Nichtleitern
- Kraft und Energiebegriffe im elektrischen Feld
- die grundlegenden Begriffe des magnetischen Feldes
- die Eigenschaften magnetischer Materialien
- das Konzept des magnetischen Kreises
- das Induktionsgesetz
- Kraft und Energiebegriffe im magnetischen Feld
- die Maxwellschen Gleichungen in Integral- und Differentialform
- die typischen Unterteilungen der Felder.

Wir haben uns bisher hauptsächlich mit elektrischen Netzwerken und ihren Netzwerkelementen (Bauelementen) beschäftigt. Dabei tauchten gelegentlich Begriffe wie „elektrisches und magnetisches Feld" auf, meist im Zusammenhang mit eben diesen Elementen. So wurde das elektrische Feld zwischen zwei Kondensatorplatten einfach durch das NWE „Kondensator" ersetzt und über eine u-i-Relation beschrieben.

Wir wollen in diesem Abschnitt die Vorstellung von Feldern (etwas) vertiefen, denn tatsächlich ist ein Stromkreis eine sehr praktische und verkürzte Modellbeschreibung von Feldvorgängen unter sehr speziellen Bedingungen.

6.1 Feldbegriff

Der Begriff „Feld" wird im täglichen Leben häufig verwendet. So spricht man vom Gravitations- oder Schwerefeld der Erde, vom Strömungsfeld etwa eines Flusses, vom Temperaturfeld in einem geschlossenen Raum und natürlich vom elektrischen und magnetischen Feld.

Am Beispiel des Strömungsfeldes eines Flusses wird – etwa durch (sichtbare) schwimmende Teilchen – sofort klar, daß es unendlich viele Bewegungsabläufe gibt. Daher kann jedem Punkt des wassererfüllten Raumes ein Geschwindigkeitsvektor zugeordnet werden (deshalb spricht man von einem Strömungsfeld!). Die Teilchenbewegung läßt dann einen *räumlichen Vorgang* erkennen. Auch könnten die Bahnkurven der Teilchen durch *Feldlinien* nachgezeichnet werden.

Die bisherigen Beispiele machen deutlich, daß ein Feld durch eine *physikalische Größe* – die *Feldgröße F* – beschrieben wird. Sie existiert überall im Raum und ist damit meßbar. Deswegen lautet die Feldgröße mathematisch

$$F(x, y, z, t) \tag{6.1.1}$$

(Funktion von Ort und Zeit).

Ein Feld hat noch weitere typische Eigenschaften:

- Die Feldgröße in einem Raumpunkt steht mit der unmittelbaren *Nachbarschaft in direkter Wechselwirkung*. So bewirkt etwa ein Hindernis (z.B. ein eingesteckter Stab) eine Strömungsfeldänderung.

- Im Feld spielt die *Energie* eine tragende Rolle. Das wissen wir vom Strömungsfeld ($\rightarrow$ kinetische Energie der bewegten Teilchen) und vom Temperaturfeld ($\rightarrow$ Wärmeenergie). Im elektrischen und magnetischen Feld werden wir später die *elektrische* und *magnetische Feldenergie* kennenlernen.

Dabei ist die stetige Verteilung der Energie über den gesamten felderfüllten Raum typisch (Beispiel Schwerefeld). Abhängig von der Art des Feldes tritt die Energie in verschiedenen *Zustandsformen* auf: Ein Feld (Sitz der Feldenergie) ist eine bestimmte *Zustandsform* der *Materie*, die einen Raum (begrenzt oder unbegrenzt) erfüllt.

- Ein Feld wird (stets) durch *zwei*, ursächlich miteinander verknüpfte *Feldgrößen* beschrieben: es existiert ein *Ursache-Wirkungs-Zusammenhang*. So ist im Strömungsfeld die Geschwindigkeit $\vec{v}$ (als Wirkung) die Folge einer Kraft (Ursache, Schwerkraft). Im Temperaturfeld erzeugt die Temperatur (als Feldursache) einen „Wärmestrom" in Verbindung mit einem „Temperaturgefälle". Davon kann man sich am offenen Fenster eines geheizten Raumes sofort überzeugen.

Wir erwähnten bereits früher, daß eine Feldgröße nur für einen bestimmten *Raumpunkt* definiert ist: deshalb heißt sie *lokale Feldgröße*. Interessiert dagegen für größere Raumbereiche nur das gesamte oder *globale* Verhalten des Feldes, so ist eine integrale oder *globale Feldgröße* besser zur Beschreibung geeignet. Beispielsweise sind im Strömungsfeld Geschwindigkeit und Druck an einem Punkt lokale Feldgrößen, dagegen die pro Zeiteinheit talwärts fließende Wassermenge und der durchlaufende Höhenunterschied integrale Größen.

Wir haben im Abschnitt 1.3.1 bereits die elektrische Feldstärke $\vec{E}$ und das Potential φ als Größen des elektrischen Feldes kennengelernt. Beides sind lokale Feldgrößen, die Spannung u (Potential*differenz*) und Strom i aber offenbar *integrale* Feldgrößen. Wir vermuten (ganz richtig), daß uns durch die *Einführung* der *Netzwerkelemente* bereits alle globalen Größen des elektromagnetischen Feldes bekannt sind und jetzt nur noch die *lokale* Darstellung ergänzt werden muß. Die lokale Beschreibung des elektromagnetischen Feldes ist zwar schwieriger, dafür aber in den Anwendungen umso leistungsfähiger.

Versucht man eine nähere Charakterisierung der Feldgröße F Gl. (6.1.1), so bieten sich an:

- *Richtungseinfluß:* es gibt richtungsunabhängige oder *skalare* Felder (z.B. Temperatur-, Potentialfelder) und richtungsabhängige oder *Vektorfelder* (z.B. Strömungsfeld $\vec{v}$, Gravitationsfeld, elektrische Feldstärke $\vec{E}$, weitere elektrische und magnetische Feldgrößen)

  Ortseinfluß: meist liegt Ortsabhängigkeit vor: *inhomogenes* Feld. Demgegenüber ist ein *homogenes* Feld ortsunabhängig (Beispiel: elektrisches Feld im ebenen Plattenkondensator).

- *Zeiteinfluß:* neben zeitunabhängigen Feldern (statische, oft auch als stationäre Felder bezeichnet) gibt es die zeitabhängigen oder *instationären Felder.*

6.2   Elektrisches Feld

6.2.1   Elektrische Feldstärke und Potential

Wir fassen bisher bekannte Grundbegriffe (s. Abschn. 1.3) unter Feldgesichtspunkten zusammen.

Elektrische Feldstärke $\vec{E}$. In Umgebung einer Ladung bzw. zwischen zwei elektrisch geladenen Körpern (oder ruhenden Ladungen) existiert ein *elek-*

trisches Feld. Dies ist der physikalische Zustand dieses Raumes mit dem Vermögen, eine Kraft $\vec{F} = Q\vec{E}$ auf eine (andere) ruhende Ladung auszuüben:

> Das elektrische Feld wird durch die Vektorgröße Feldstärke $\vec{E}$ beschrieben. Sie charakterisiert die Kraftwirkung auf eine ruhende Ladung Q.

Dieses „Feldstärkefeld" läßt sich durch *elektrische Feldlinien* veranschaulichen. Sie haben u.a. folgende Eigenschaften:

- Feldlinien laufen von positiven zu negativen *Ladungen* (keine geschlossenen Feldlinien möglich)
- die *Feldliniendichte* ist ein Maß für die Stärke der Kraftwirkung, die Tangente an die Feldlinie gibt die Kraftrichtung an
- Feldlinien treten stets senkrecht aus der Oberfläche eines gut leitenden Körpers aus.

Potentialfeld. Wenn das elektrische Feld nicht mit einem *zeitveränderlichen* Magnetfeld verkoppelt ist (Induktionsgesetz Gl. (2.4.2) wirkt nicht), handelt es sich um das Feld *ruhender* oder gleichförmig bewegter Ladungen. Dann heißt das elektrische Feld ein sog. *konversatives Feld* oder *Potentialfeld*. Dies bedeutet gleichwertig

- die Arbeit verschwindet auf jedem geschlossenen Weg
- das Kraftfeld ist wirbelfrei (s.u.). Die Bedingung der Wirbelfreiheit lautet

$$\oint \vec{E}\,\mathrm{d}\vec{s} = 0\,, \tag{6.2.1}$$

- es existiert eine potentielle Energie.

Unter diesen Bedingungen kann das Kraftfeld außer durch die Vektorgröße $\vec{E}$ auch durch die skalare Größe (elektrostatisches) Potential φ_A im Punkt A beschrieben werden (s. Gl. (1.3.5))

$$\varphi_\mathrm{A} = W_\mathrm{A}/Q\,; \qquad \varphi = \int \vec{E}\,\mathrm{d}\vec{s} + \mathrm{const.} \tag{6.2.2}$$

Jeder Punkt eines elektrischen Feldes hat (gleichberechtigt) eine elektrische Feldstärke und ein elektrisches Potential. Zwischen zwei Punkten A, B mit den Potentialen $\varphi_\mathrm{A}, \varphi_\mathrm{B}$ herrschte die Spannung (Gl. (1.3.3))

$$u_\mathrm{AB} = \varphi_\mathrm{A} - \varphi_\mathrm{B} = \int\limits_A^B \vec{E}\,\mathrm{d}\vec{s} \equiv \frac{1}{Q}\int\limits_A^B \vec{F}\,\mathrm{d}\vec{s} = \frac{W_\mathrm{AB}}{Q}\,. \tag{6.2.3}$$

Das war die Arbeit pro Ladung, die geleistet werden muß (oder gewonnen wird), wenn sie im Feld von A nach B transportiert wird.

Die Bedingung der Wirbelfreiheit Gl. (6.2.1) bildete die Grundlage des Maschensatzes (Gl. (1.3.10)).

Wir vermerken noch

- durch Integration längs des Weges $\mathrm{d}\vec{s}$ kann aus der Feldstärke $\vec{E}$ das Potential bestimmt werden
- umgekehrt ergibt sich aus dem Potential in einem Punkt durch eine sog. *Vektoroperation* „Gradient" die Feldstärke $\vec{E}$, z.B. in rechtwinkligen Koordinaten

$$\vec{E}(x,y,z) = -\operatorname{grad}\varphi = -\left[\frac{\partial\varphi}{\partial x}\vec{e}_{\mathrm{x}} + \frac{\partial\varphi}{\partial y}\vec{e}_{\mathrm{y}} + \frac{\partial\varphi}{\partial z}\vec{e}_{\mathrm{z}}\right]. \qquad (6.2.4)$$

Zusammenhang Feldstärke – Potential

Das Potential nimmt in Feldrichtung stets ab (Minuszeichen). Wird ein Wegelement $\mathrm{d}\vec{s} = \mathrm{d}n\cdot\vec{e}_{\mathrm{n}}$ ($\vec{e}_{\mathrm{n}}$ Normalenvektor mit Betrag 1 und $\mathrm{d}n = $ Länge des differentiellen Wegelementes in Normalenrichtung) gewählt, so gilt wegen $\mathrm{d}\varphi = -\vec{E}\,\mathrm{d}n\,\vec{e}_{\mathrm{n}}$; $\mathrm{d}\varphi\,\vec{e}_{\mathrm{n}} = -E\,\mathrm{d}n\,\vec{e}_{\mathrm{n}} \rightarrow E = -(\mathrm{d}\varphi/\mathrm{d}n)\cdot\vec{e}_{\mathrm{n}}$: Feldrichtung in Richtung stärkster Potentialabnahme.

Darstellung des Potentialfeldes. So wie das elektrische Feld durch Feldlinien veranschaulicht wurde, konnte das Potentialfeld durch *Äquipotentialflächen* (dreidimensional) bzw. Äquipotentiallinien (zweidimensional) dargestellt werden. Auf einer solchen Fläche (Linie) herrscht stets konstantes Potential ($\varphi = $ const.). Weil $\mathrm{d}\varphi \approx \Delta\varphi = 0$, folgt aus $\mathrm{d}\varphi = -\vec{E}\,\mathrm{d}\vec{s} = -E\,\mathrm{d}s\cos(\angle\vec{E},\mathrm{d}\vec{s}) = 0$, daß die elektrische Feldstärke *stets senkrecht* auf einer Potentialfläche steht. Dies bedeutet:

- Da elektrische Feldlinien stets senkrecht auf einer Metallfläche stehen, ist ein sehr guter Leiter stets Äquipotentialfläche (-linie).
- Bei Verschiebung einer Ladung längs einer Äquipotentialfläche verschwindet die Verschiebearbeit $W_{\mathrm{AB}} = 0$.

Eine verständliche mechanische Analogie zur Ladungsbewegung im elektrischen Feld ist die (reibungsfreie) Bewegung etwa des Wassers im Gebirge, also im Schwerefeld. Wasserteilchen stürzen stets senkrecht zu den Höhenlinien (= Linien gleicher potentieller Energie) zu Tale, und zwar bevorzugt dort, wo der Abfall (dicht gedrängte Höhenlinien) am steilsten ist. Genauso bewegen sich (positiv) geladene Teilchen im elektrischen Feld in Richtung des größten Potentialgefälles, also der Feldstärkerichtung (Bild 6.2.1).

	Elektrisches Feld	Schwerefeld
Feldkraft	$\vec{F} = Q \cdot \vec{E}$	$\vec{F}_{\mathrm{gr}} = m \cdot \vec{g}$
Feldgröße	$\vec{E}$	$\vec{g}$
zugeordnetes Potential	$\varphi = \int \vec{E}\,\mathrm{d}\vec{s} + \mathrm{const.}$	$\varphi_{\mathrm{gr}} = -\int \vec{g}\,\mathrm{d}\vec{s} + \mathrm{const.}$
Bezeichnung	$\vec{E} = -\,\mathrm{grad}\,\varphi$	$\vec{g} = -\,\mathrm{grad}\,\varphi_{\mathrm{gr}}$
Potentiallinien	Äquipotentiallinien: Linien gleichen elektrischen Potentials	Höhenlinien: Linien gleicher potentieller Energie
potentielle Energie	$W = Q \cdot \varphi \quad (\equiv W_{\mathrm{pot}})$	$W_{\mathrm{pot}} = m \cdot \varphi_{\mathrm{gr}}$
Teilchenbewegung	in Richtung größter Potenzänderung ($\hat{=}$ senkrecht zu Äquipotentiallinien) $\hat{=}$ in Richtung der Feldstärke	in Richtung größter Höhenlinienänderung ($\hat{=}$ senkrecht zu Höhenlinien) $\hat{=}$ in Richtung des steilsten Abfalls
räumliche Darstellung		

Bild 6.2.1 Vergleich Elektrisches Feld – Schwerefeld

Die Wechselwirkung zwischen Potential und Feldstärke läßt sich anschaulich am Feldbild einer Metallspitze über einer ebenen Metallplatte studieren (Bild 6.2.2), wenn eine Spannung u anliegt. An der Spitze ist die Feldstärke besonders hoch (Liniendichte!), während sich das Feldbild an der Plattenoberfläche kaum ändert. Solche Feldlinienkonzentration an einer Spitze sind

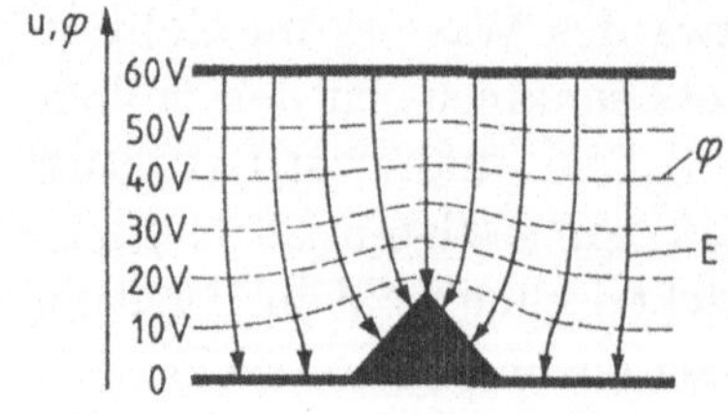

Bild 6.2.2
Ausgewählte Potential- und Feldlinien an einer Metallspitze

- *erwünscht* (Blitzableiterprinzip, Feldemissions-Mikroskop zur Untersuchung im atomaren Bereich, Zündkerze) oder
- *unerwünscht*, weil dort bevorzugt Durchschlag einsetzt (z.B. Unebenheiten auf Kondensatorplatten, Kanten im Feldbild von Leiteranordnungen).

6.2.2 Das elektrostatische Feld. Feld im Nichtleiter

Materie im elektrischen Feld. Befindet sich Materie (Leiter, Halbleiter, Nichtleiter) im elektrischen Feld, so wirkt auf alle Ladungen in der Materie eine elektrische Kraft. Wegen der verschiedenen Beweglichkeiten (s.u.) der Träger (im Leiter gut beweglich, im Nichtleiter weniger gut) treten typische Effekte auf (Tafel 6.2.1):

Tafel 6.2.1 Elektrisches Feld im Leiter und Nichtleiter

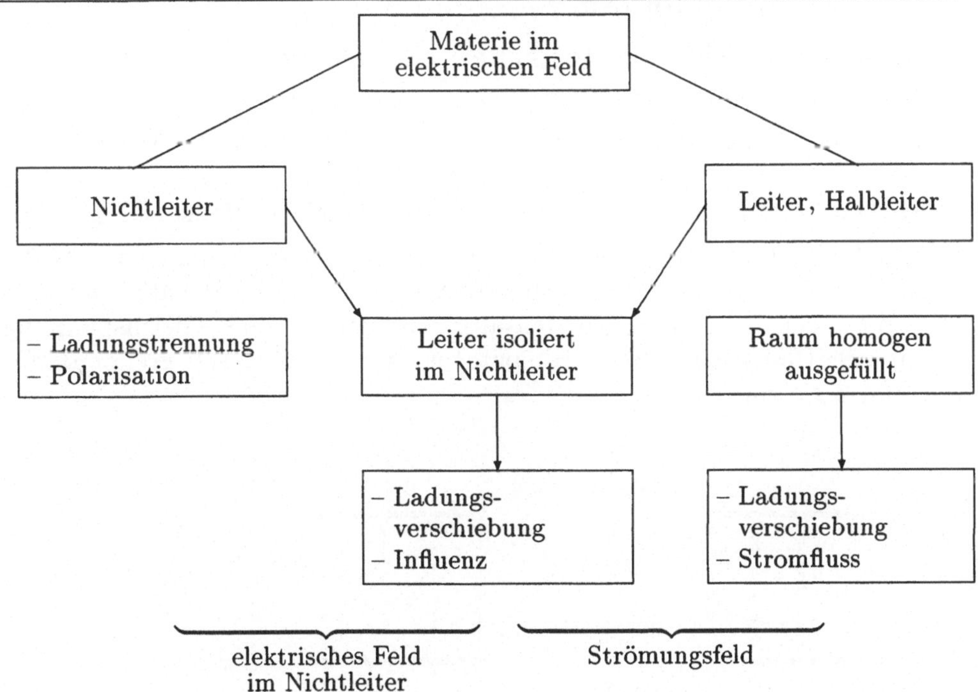

- Im Nichtleiter werden Ladungsträger nur schwach aus Ruhelagen verschoben, man spricht von *Polarisation* (s. Abschn. 6.2.2.1)
- im *Leiter* (mit hoher Trägerbeweglichkeit) muß unterschieden werden zwischen

- Leiter isoliert im elektrischen Feld angebracht: es erfolgt eine Ladungsverschiebung an die Leiteroberfläche und Trennung von positiven und negativen Ladungsträgern. Der Vorgang heißt *Influenz*. Da dieses Feld auch bei ruhenden Ladungen auftritt, wird es oft als *elektrostatisches* Feld bezeichnet.
- Leiter homogen über den gesamten Raum des elektrischen Feldes ausgedehnt: es erfolgt ständige Ladungsverschiebung und damit *Stromfluß*. Dieser Fall heißt *Strömungsfeld*.

Wir konzentrieren uns zunächst auf das elektrische Feld im Nichtleiter, etwa in einem Kondensator, zwischen dessen Platten ein Dielektrikum liegen möge.

6.2.2.1 Elektrische Feldstärke. Verschiebungsflußdichte im elektrostatischen Feld

Elektrische Flußdichte. Im Abschnitt 1 erkannten wir am Beispiel zweier isolierter Ladungen (Coulomb-Gesetz, z.B. Bild 1.2.1), daß

- Ladungen die *Ursache* des elektrischen Feldes sind und andererseits
- die Kraft auf eine Ladung im Feld die *Wirkung* des elektrischen Feldes ist. Wir hatten dafür die elektrische Feldstärke $\vec{E}$ eingeführt (Gl. (1.3.1)).

Für die Ladung im Feld besteht also ein Wirkungszusammenhang zur felderzeugenden Ursache. Diesen Zusammenhang wollen wir jetzt näher betrachten und gehen dabei vom Kondensator aus, der an einer Gleichspannung liegen soll (Bild 6.2.3a). Sie wird später wieder entfernt. Wir greifen damit auf Bild 2.3.1 zurück.

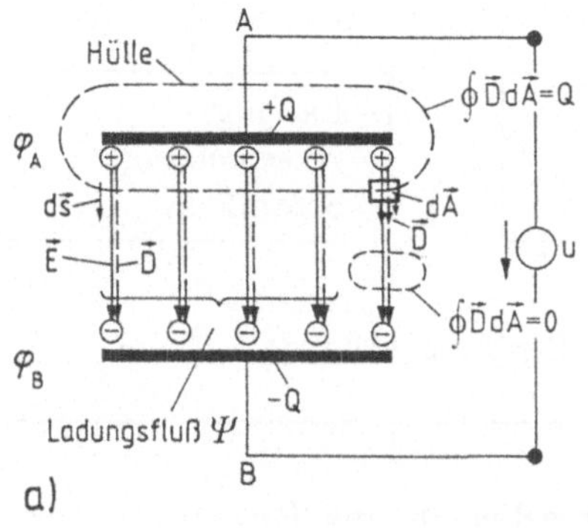
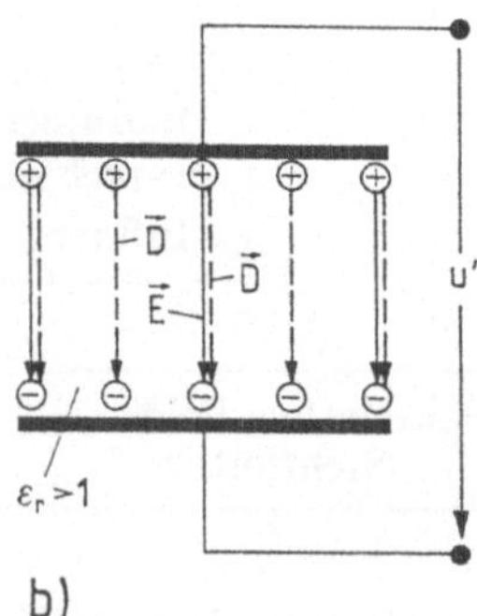

Bild 6.2.3 Zur Erklärung von Ψ und D
a) Kondensator mit ε_0 an Spannung $U \rightarrow Q = C \,|_{\varepsilon_0}\, U$
b) Kondensator mit ε_r (Dielektrikum) ohne Spannung
$Q = C \,|_{\varepsilon_r}\, U' \equiv C \,|_{\varepsilon_0}\, U \rightarrow U' < U$

1. Durch *Vorgabe der Spannung u*

− wird im Dielektrikum die Feldstärke $E = u/d$ *ursächlich* erzeugt
− fließt auf die Platten die Ladung $\pm Q$ (z.B. $+Q$ obere, $-Q$ untere Platte).
  Dort stellt sich eine *Ladungsverteilung* ein.

Wir wissen vom Coulombschen Gesetz (Gl. (1.2.2)), daß sich zwischen zwei (entgegengesetzten) Ladungen ein räumliches elektrisches Feld ausbildet. Durch welche Größen ist es zu beschreiben? Den physikalischen Zustand des Raumes, der an eine Ladungsverteilung gebunden ist, wollen wir mit dem Begriff „Fluß" [1] oder besser *Verschiebungsfluß* verbinden (Ladungsfluß, obwohl hier *nichts* Materielles fließt, das ist die Vorstellungsschwierigkeit!). Wir denken uns nun um die Ladungsverteilung eine Hüllfläche gelegt. Dann gilt offenbar folgendes Modell:

Aus der Ladungsverteilung $+Q$ (obere Platte) „quillt" der Verschiebungsfluß durch die umhüllende Fläche. Das Verhältnis von gesamter, umhüllter Ladung und Hüllfläche heißt *elektrische Flußdichte* oder *Verschiebungsflußdichte* $\vec{D}$:

$$
\begin{array}{ll}
\text{elektrische Flußdichte} = \text{umhüllte Ladungsmenge/Hüllfläche} \\[4pt]
\qquad\qquad D \qquad\qquad = \qquad\qquad Q/A = \Psi/A\,.
\end{array}
\qquad (6.2.5)
$$

Mit der Einheit Q [Coulomb, (As)] und der Fläche [m^2] lautet die Einheit von D : As/m^2, also völlig anders, als etwa die der Feldstärke E (zu der man eventuell neigt!).

Da diese Flußdichte durchaus auf der Hüllfläche inhomogen sein kann (wie Bild 6.2.3a zeigt), wird genauer vereinbart

$$
\oint_A \vec{D}\,\mathrm{d}\vec{A} = Q \qquad
\begin{array}{l}
\text{Flußdichte } \vec{D}, \text{ wenn innerhalb der} \\
\text{Hüllfläche } A \text{ die Ladung } Q \text{ liegt.}
\end{array}
\qquad (6.2.6)
$$

Zwangsläufig *verschwindet*

$$
\oint_A \vec{D}\,\mathrm{d}\vec{A} = 0
$$

---

[1] Mathematisch wird das Integral $\oint \vec{F}\,\mathrm{d}\vec{A}$ immer als Fluß des Vektors $\vec{F}$ bezeichnet.

444   6 Das elektromagnetische Feld

in Gebieten, die *keine* Ladungen umschließen (im Bild angedeutet). Beispielsweise beträgt die Flußdichte auf der Oberfläche einer Kugel, in deren
Mittelpunkt sich die Ladung Q befindet:

$$\oint_{\text{Kugelfläche}} \vec{D}\,\mathrm{d}\vec{A} = Q\,; \quad \to D \cdot 4\pi r^2 = Q \to D = Q/4\pi r^2\,. \qquad (6.2.7)$$

An der Oberfläche einer ebenen Platte mit der Ladung Q gilt folglich $\vec{D}\cdot\vec{A} = Q = DA$. Damit bietet sich folgende Betrachtungsweise an:

Globale Darstellung:

Spannung u (Ursache) erzeugt Ladungsanhäufung $\pm Q$ (Wirkung) auf den
Platten, Zusammenhang: $Q = Cu$ (s. Gl. (2.3.1)).

Zugeordnete Darstellung im *Raumpunkt:* Feldstärke $\vec{E}$ (herrührend von u)
erzeugt Flußdichte $\vec{D}$ (korrespondierend mit Ladungsfluß $\equiv$ Ladung Q).

Es gilt (anschaulich) mit $C = \varepsilon A/d$ (Plattenkondensator)

$$E = u/d = Q/d \cdot C = D \cdot A/d \cdot C = D/\varepsilon$$

oder verallgemeinert

$$\boxed{\quad \vec{E} = \vec{D}/\varepsilon_\mathrm{r}\varepsilon_0 \qquad \begin{array}{l}\text{Zusammenhang Ursache} \leftrightarrow \text{Wirkung} \\ \text{im elektrischen Feld.}\end{array} \quad} \qquad (6.2.8)$$

> Das elektrische Feld im Nichtleiter wird durch die elektrische Feldstärke
> $\vec{E}$ und die Verschiebungsflußdichte $\vec{D}$, verknüpft über die Materialeigen-
> schaften $\varepsilon = \varepsilon_\mathrm{r}\varepsilon_0$ des Nichtleiters (Gl. (6.2.8), Ursache – Wirkungszu-
> sammenhang, beschrieben. $\varepsilon = \varepsilon_\mathrm{r}\varepsilon_0$ ist die sog. Dielektrizitätskonstante
> (s.u.).

2. Das Ergebnis Gl. (6.2.8) wollen wir jetzt an Hand der Verhältnisse *nach*
Abschalten der Spannung u am Kondensator erklären. Wir wissen, daß er
auf der Spannung u geladen bleibt, denn Ladungsspeicherung war seine Eigenschaft. Auf den Kondensatorplatten sitzen die Ladungen $\pm Q$ (Ursache),
deshalb wird das gesamte Dielektrikum vom Ladungsfluß durchsetzt und im
Raumpunkt herrscht die Verschiebungsflußdichte $\vec{D}$ (*Ursache*, Bild 6.2.3b).
Der besondere Zustand dieses Raumes (das elektrische Feld) äußert sich
durch Kraftwirkung auf eine dorthin eingebrachte Probeladung. Dafür war
die Feldstärke $\vec{E}$ eingeführt worden. Sie ist jetzt die *Folge* von $\vec{D}$, weil sich

die Spannung $u(=Ed)$ als Folge der gespeicherten Ladungen auf den Platten einstellt.

Aus beiden Fällen geht der Rollentausch von $\vec{D}$ und $\vec{E}$ hervor.

> Zusammengefaßt also:
> Die Verschiebungsflußdichte $\vec{D}$ ist an die *felderzeugende Ladung Q* gebunden (Ursache des elektrischen Feldes), die elektrische Feldstärke $\vec{E}$ (Wirkung) beschreibt die Kraftwirkung, die eine Probeladung (Q') im Feld erfährt.

Tafel 6.2.2 enthält beide Fälle gegenübergestellt.

Tafel 6.2.2 Kondensator bei unterschiedlicher Erregungsursache des elektrischen Feldes

	Kondensator mit Spannungsquelle verbunden	Kondensator von Spannungsquelle getrennt
Vorgabe (Ursache konstante Größe)	Feldstärke $E = u/d$ (Spannung u)	Verschiebungsdichte D (Ladung Q, $D \sim Q$)
Folge (Wirkung)	Verschiebungsdichte D (Ladung Q,) $Q = D \cdot A \sim \varepsilon E$	Feldstärke E (Spannung u) $E = D/\varepsilon$, $u = Ed \sim 1/\varepsilon$
Verknüpfung Ursache – Wirkung	$D = \varepsilon E$ bzw. $Q = C \cdot u$	
Energie	$W = C\dfrac{u^2}{2} = \displaystyle\int \dfrac{ED}{2}\,\mathrm{d}V$	

Verschiebungsfluß Ψ. Influenzprinzip. Wir wollen den Begriff Verschiebungsfluß noch etwas erläutern und bringen dazu in einen geladenen Kondensator (Bild 6.2.4) zwei gleich große, aufeinanderliegende leitende Platten 1 und 2. Das Feld übt auf die Ladungsträger Kräfte aus, so daß sich die

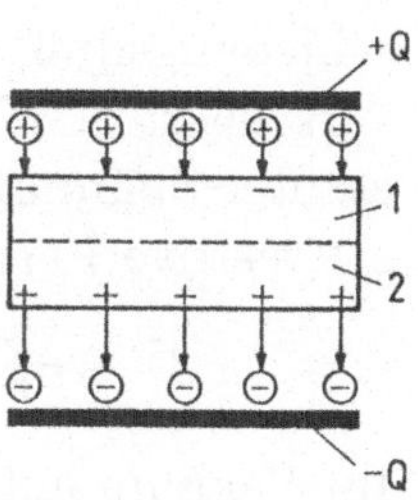

Bild 6.2.4
Influenzwirkung am geladenen Plattenkondensator.
Durch Einbringen zweier Metallfolien 1, 2 erfolgt Ladungstrennung,
Trennung der Platten würde feldfreien Raum zwischen ihnen erzeugen

Platte 1 durch Ladungsverschiebung negativ und Platte 2 positiv auflädt. Diese Ladungs„trennung" heißt *Influenz*. Da die Ladungen (betragsmäßig) auf allen Platten übereinstimmen müssen, wird das Innere der Platten 1 und 2 *feldfrei*.

Influenz *verschiebt* den von der oberen Platte ausgehenden und auf der unteren Kondensatorplatte mündenden „elektrischen Fluß" auf beiden Platten 1 und 2. Deshalb wird die Größe des elektrischen Flusses oder des Verschiebungsflusses mit der zugehörigen Ladung gleichgesetzt:

$$Q\Big|_{\text{Platte}} = \Psi\Big|_{\text{Raum}} \qquad (6.2.9)$$

(mit der gleichen Einheit der Ladung). Die Flußdichte D ergibt sich dann nach Gl. (6.2.6). Zeitliche *Flußänderungen*

$$i_{\mathrm{V}} = \frac{\mathrm{d}\,\Psi}{\mathrm{d}t}\Big|_{\text{Volumen}} = \frac{\mathrm{d}Q}{\mathrm{d}t}\Big|_{\text{Platte}} \qquad (6.2.10)$$

bedingen den *Verschiebungsstrom* i_{V} (s. Gl. (2.3.4)). Er stellte die Fortsetzung des Leitungsstromes (Konvektionsstrom i_{K} in der Zuleitung des Kondensators) im Isolator dar (s. Bild 2.3.2c).

Dielektrizitätskonstante ε. Wird zwischen den Kondensatorplatten Bild 6.2.3 ein Nichtleiter (Dielektrikum, ohne frei bewegliche Ladungsträger) eingebracht, so greift das elektrische Feld dennoch durch. Davon stammt der Begriff Dielektrikum (griech. „dia" = durch).

Das Feld bewirkt eine elastische Verschiebung der an die Atomkerne gebundenen Elektronen. Dadurch fallen die Ladungsschwerpunkte der positiven Atomkerne und der negativen Elektronenhüllen nicht mehr zusammen, vielmehr werden aus den vorher neutralen Isolatoratomen kleine *elektrische Dipole*. Die elastischen Verschiebungen der Ladungen beeinflussen den Verschiebungsfluß, man nennt diesen Vorgang *dielektrische Polarisation*. Sie vergrößert den Verschiebungsfluß Ψ bei Betrieb des Kondensators mit konstanter Spannung. Der Steigerungsfaktor wird durch die Dielektrizitätszahl ε_{r} (relative Permittivität) ausgedrückt, und es gilt (s. Gl. (6.2.8))

$$\vec{D} = \varepsilon\vec{E} = \varepsilon_{\mathrm{r}}\varepsilon_0\vec{E}\,.$$

Im Vakuum entfällt die Polarisation ($\varepsilon_{\mathrm{r}} = 1$). Man nennt

$$\varepsilon = \varepsilon_r \varepsilon_0 \qquad \text{Dielektrizitätskonstante, Permittivität}$$

ε_r Dielektrizitätszahl

$\varepsilon_0 = 0{,}885 \cdot 10^{-11}$ As/Vm   Feldkonstante des elektrischen Feldes im Vakuum.   (6.2.11)

$= 8{,}85$ pF/m

Wir erkennen:

Bei Einbringen eines Dielektrikums in ein elektrisches Feld sinkt die Feldstärke $\vec{E}$ gegenüber dem Vakuum um das ε_r-fache, während die Kapazität C auf das ε_r-fache steigt. (Man beachte die Unterschiede in den $\vec{D}$- und $\vec{E}$-Linien Bild 6.2.3b). Tafel 6.2.3 enthält die Dielektrizitätszahlen einiger Werkstoffe der Elektrotechnik.

Tafel 6.2.3 Dielektrizitätszahl typischer Werkstoffe

Werkstoff	Dielektrizitätszahl ε_r	Werkstoff	Dielektrizitätszahl ε_r
Luft	1	Ta_2O_5	28
Glas	4 bis 12	Germanium	16
Porzellan	6	Silizium	12
Polypropylen	2,2	Galliumarsenid	11,1
Polyester	3,3	Keramik (NDK)	10 bis 250
Kondensatorpapier	4 bis 6	Keramik (HDK)	10^3 bis 10^4
Al_2O_3	12	Trafoöl	2,3
SiO_2	3,9	Wasser (destilliert)	81

Dielektrische Werkstoffe werden in der Elektrotechnik in großem Umfang als Isolatorwerkstoffe und Bestandteile von Kondensatoren verwendet.

Ein weiteres größeres Anwendungsfeld sind die *piezoelektrischen* Eigenschaften: durch mechanische Deformation (Zug, Druck) entsteht bei bestimmten Werkstoffen eine starke Polarisation (mechanische Größe $\rightarrow$ elektrische Feldstärke): *piezoelektrischer Effekt*. Umgekehrt erzeugt ein anliegendes elektrisches Feld auch eine mechanische Spannung: *inverser piezoelektrischer Effekt*. Der piezoelektrische Effekt wird z.B. zur Erzeugung von Hochspannungsimpulsen (Funkenerzeugung, Gasanzünder), als Kraft- und

Beschleunigungsmesser u.a. verwendet. Der reziproke piezoelektrische Effekt dient z.B. zur Ultraschallerzeugung (piezoelektrische Lautsprecher), für piezoelektrische Antriebe (sog. Translatoren etwa zum Antrieb von Spiegeln in der Optik und Halbleiterfertigung, zur Positionierung im μm-Bereich u.a.) Breite Anwendung finden beide Effekte in der Informationstechnik auch als Quarze (Filter) und Verzögerungsleitungen.

Aufgaben 6.2.1, 6.2.2.

6.2.2.2 Kondensator

Wir haben im Abschnitt 2.3 die Kapazität C durch die *Definition* $Q = C \cdot u$ (Gl. (2.3.1)) eingeführt und in Gl. (2.3.13) eine Bemessungsformel für den Plattenkondensator kennengelernt, ebenso seine u-i-Relation. Wir wollen jetzt den Zusammenhang zu den Feldgrößen herstellen.

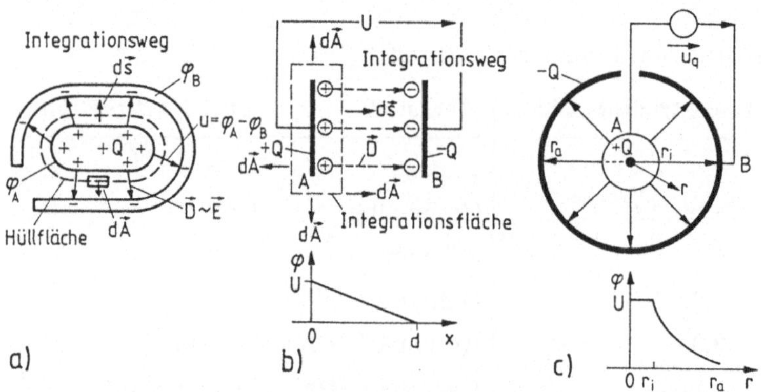

Bild 6.2.5 Kondensatorberechnung
    a) allgemeines Modell
    b) Plattenkondensator mit Potentialverteilung
    c) Zylinderkondensator mit Potentialverteilung (Querschnitt)

Grundsätzlich gilt Gl. (2.3.1) allgemein und Bild 6.2.5 zeigt eine entsprechende Anordnung. Befinden sich auf den Platten A, B die Ladungen $\pm Q$, so entsteht die Ablauffolge

$$Q \to \vec{D} \to \vec{E} \to u \to C = Q/u$$

$$Q = \oint \vec{D}\, \mathrm{d}\vec{A}, \quad \vec{D} = \varepsilon \vec{E}, \quad u_{\mathrm{AB}} = \int_A^B \vec{E}\, \mathrm{d}\vec{s}. \tag{6.2.12a}$$

Q erzeugt die Verschiebungsflußdichte $\vec{D}$ im Raumpunkt, diese das Feld $\vec{E}$ und das Feld schließlich zwischen A und B die Spannung u_{AB}. Daraus ergibt sich

$$C = \frac{Q}{u} = \frac{\varepsilon \oint\limits_A \vec{E}\,\mathrm{d}\vec{A}}{\int\limits_A^B \vec{E}\,\mathrm{d}\vec{s}} \qquad \text{Berechnungsgleichung des} \atop \text{allgemeinen Kondensators.} \qquad (6.2.12\mathrm{b})$$

Das Hüllintegral umschließt dabei die Elektrode A (Bild 6.2.5a). Die Berechnung der Kapazität nach Gl. (6.2.12b) eignet sich vor allem für Felder mit Symmetrieeigenschaften, beispielsweise Platten, Kugel- und Zylinderkondensatoren.

Beispiele: Plattenkondensator (Bild 6.2.5b). Wir nehmen ein homogenes Feld (zwischen den Platten) an. Dann gilt $Q = \oint\limits_A \vec{D}\,\mathrm{d}\vec{A} = DA$ und $E = Q/\varepsilon A$. Die Spannung u_{AB} ergibt sich durch Integration längs einer E-Linie zu $u_{AB} = \int\limits_A^B \vec{E}\,\mathrm{d}\vec{s} = \vec{E}\int\limits_A^B \mathrm{d}\vec{s} = Ed$ und damit (s. Gl. (2.3.13))

$$C = Q/u_{AB} = \varepsilon A/d\,.$$

Zylinderkondensator, Länge l (Bild 6.2.5c). Liegen konzentrische Elektroden vor, so stellt sich ein radiales elektrisches Feld ein. Wir wählen daher als Hüllfläche einen konzentrischen Zylindermantel mit dem Radius $r_i < r < r_a$ (Stirnflächen liefern wegen $\vec{D} \perp \mathrm{d}\vec{A}$ keinen Beitrag) und erhalten aus

$$Q = \oint \vec{D}\,\mathrm{d}\vec{A} = DA = D \cdot 2\pi r l\,; \qquad D = Q/2\pi r l\,,$$
$$E = D/\varepsilon = Q/2\pi r l \varepsilon$$

schließlich

$$u = u_{AB} = \int\limits_{r_i}^{r_a} E(r)\,\mathrm{d}r = \frac{Q}{2\pi \varepsilon l} \cdot \int\limits_{r_i}^{r_a} \frac{\mathrm{d}r}{r} = \frac{Q}{2\pi \varepsilon l} \ln \frac{r_a}{r_i}$$

und

$$C = \frac{Q}{u_{AB}} = \frac{2\pi \varepsilon l}{\ln r_a/r_i}\,. \qquad (6.2.13)$$

Nach diesem Schema können die Kapazitäten einer Reihe typischer Leiteranordnungen bestimmt werden. Bild 2.3.7 zeigt einige Beispiele, die sich auf diese Weise berechnen lassen.

6.2.2.3 Kraftwirkung und Energie des elektrostatischen Feldes

Wir erwähnten bereits mehrfach die Kraftwirkung des elektrischen Feldes auf eine (ruhende) Ladung, sie war die Grundlage der Einführung der Feldstärke $\vec{E}: \vec{F} = Q\vec{E}$. Damit kann z.B. die Kraft zwischen zwei Punktladungen (Coulombsches Gesetz, Gl. (1.2.2)) hergeleitet werden. Gerade diese Kraftwirkung bestimmt den Aufbau der Materie (Kräfte zwischen Atomkernen, -rümpfen, Elektronen) grundlegend.

Auch die Bewegung von Ladungsträgern im elektrischen Feld basiert auf dieser Kraftwirkung. Technisch genutzt werden sie z.B. in Elektronenröhren, etwa als Bildröhre an jedem Rechnermonitor und Fernsehempfänger.

Weitere Beispiele der elektrischen Kraftwirkung sind Kräfte zwischen geladenen Elektroden oder zwischen Stoffen unterschiedlicher Dielektrizitätskonstante. Dies nutzen z.B. Elektrofilter und der elektrostatische Drucker. Im Elektrofilter werden ungeladene Staubteilchen ($\varepsilon_r > 1$) zunächst in einen Bereich hoher Feldstärke gezogen. Besprüht man sie dort (durch eine Entladestelle) mit Elektronen, so bewegen sie sich zu einer positiven Elektrode und bleiben haften. Auf diese Weise werden Staubteilchen „herausgefiltert".

Elektrische Energiedichte. Im elektrischen Feld wird elektrische Energie W_{el} gespeichert. Sie beträgt im Volumen V

$$W_{el} = \int_V \frac{\vec{E}\vec{D}}{2}\, dV \rightarrow \frac{ED}{2}V = \frac{D^2 V}{2\varepsilon} \qquad \begin{array}{l} \text{gespeicherte elek-} \\ \text{trische Energie im} \\ \text{Volumen } V \end{array} \qquad (6.2.14)$$

(die letzte Beziehung gilt für konstantes Volumen V und ε).

Zur elektrischen Feldenergie tragen die beiden Feldgrößen $\vec{E}$ und $\vec{D}$ gleichberechtigt bei. Die Energiedichte $ED/2$ ist relativ klein, wie das folgende Beispiel zeigen möge: In Luft beträgt die Durchbruchfeldstärke etwa 30 kV/cm. Damit ergibt sich eine Energiedichte $W_{el}/V = 4 \cdot 10^{-5}$ Ws/cm^3 ($\varepsilon_r = 1$).

Im Vergleich dazu besitzt eine Autobatterie ($u = 12$ V, $Q = 63$ Ah, $V \approx 5{,}5$ dm^3) die Energiedichte $(u \cdot i\Delta t)/V = (12\text{V}\cdot 63\text{Ah})/5{,}5$ dm$^3 = 494$ Ws/cm^3. Sie liegt etwa 10^5 mal über der Energiedichte des elektrischen Feldes! Später werden wir sehen, daß die Energiedichte des Magnetfeldes rd. 10^4 mal größer als die des elektrischen Feldes ist. Dies erklärt, weshalb für technische Anwendungen (große Kraftwirkungen, hohe Energiewandlung elektrisch $\rightarrow$ mechanisch) hauptsächlich das Magnetfeld Bedeutung erlangt hat.

Die Wandlung elektrischer Energie aus dem Stromkreis in Feldenergie erfolgt im *Kondensator*. Um die Kondensatorspannung von 0 auf u zu erhöhen, mußte ihm die Energie (Gl. (2.3.9))

$$W = \int\limits_0^t u i \, \mathrm{d}t = \int\limits_0^u C \frac{\mathrm{d}u}{\mathrm{d}t} u \, \mathrm{d}t = C \int\limits_0^t \frac{\mathrm{d}}{\mathrm{d}t}\left(\frac{u^2}{2}\right) \mathrm{d}t = C \frac{u^2}{2} = W_{\mathrm{el}}$$

zugeführt werden (Bild 2.3.4). Beim Entladen geht sie in den elektrischen Kreis zurück.

> Der Kondensator ist somit Durchsatzstelle elektrische $\leftrightarrow$ elektrische Feldenergie: elektrisches Feld = Sitz gespeicherter elektrischer Energie.

Diese Energiespeicherung im elektrischen Feld ist

- *erwünscht:* Kondensatorprinzip

- *unerwünscht*, sog. *parasitäre Kapazitäten* in Schaltungen und Bauelementen. So hat beispielsweise eine Doppeldrahtleitung von einer Spannungsquelle zum Verbraucher selbstverständlich eine Kapazität, die sich – räumlich verteilt – über die Leitung erstreckt. Für viele Anwendungen kann sie zu einer Kapazität zusammengezogen werden und – je nach Übertragungsaufgabe (z.B. bei Gleichstrom) – u.U. entfallen. Wir kommen auf diese verteilten Schaltelemente bei der Leitung (Abschn. 10.4.1) zurück.

Ein sehr schönes Anwendungsbeispiel zur Energiespeicherung ist der Fotoblitzkondensator. Ein großer Kondensator ($10^3 \dots 10^4\,\mu$F) wird auf eine Spannung von einigen 100 V über einen Spannungswandler [periodische Unterbrechung einer Batteriespannung $u \approx 6$ V, Wandlung in einen Transformator in höhere Spannung, Gleichrichtung] aufgeladen. Über eine Fotoblitzlampe (Gasentladungsstrecke extrem hoher Lichtleistung) wird er bei Bedarf in extrem kurzer Zeit entladen. Mit $C = 10^4\,\mu$F und 500 V speichert der Kondensator die Energie $C(u^2/2) = 12{,}5 \cdot 10^2$ Ws(!). Würde er in der Zeit $\Delta t = 1\,\mu$s entladen, so wäre ein mittlerer Strom $\Delta Q/\Delta t = CU/\Delta t = 5 \cdot 10^6$ A(!) die Folge. Es ist deshalb höchst gefährlich, größere geladene Kondensatoren anzufassen oder ihre Anschlüsse etwa mit einem Draht kurzzuschließen!

Aufgabe 6.2.3.

6.2.3 Das Strömungsfeld. Feld im Leiter

Im Abschnitt 1.4.2 hatten wir für räumlich ausgedehnte Leiter, besonders mit ortsabhängigem Querschnitt, statt des Stromes i die *Stromdichte* $\vec{S}$ eingeführt, wenn am Leiter eine Spannung u liegt bzw. die Feldstärke $\vec{E}$ herrscht. Solche räumlichen Leitergebilde oder Strömungsfelder wollen wir etwas genauer betrachten. Sie treten in leitenden Medien (Metall, Halbleiter, Flüssigkeit, Gase) auf. Das begründet ihre Bedeutung.

6.2.3.1 Elektrische Feldstärke, Stromdichte

Wird das Gebiet zwischen den beiden Kondensatorplatten mit einem leitenden Medium ausgefüllt, also einem Material mit frei beweglichen Trägern (Elektronen, Löcher, Ionen), so erfolgt *Stromfluß*, und es liegt ein *Strömungsfeld* vor. Wir haben ein Beispiel dieses Feldes bereits im Abschnitt 1.4.2 (insbesondere Bild 1.4.7) kennengelernt und die Stromdichte $\vec{S}$ als die charakteristische Strömungsgröße eingeführt.

Physikalisch ist die Stromdichte direkt mit dem Ladungstransport verbunden. Bewegt sich eine Ladung Q mit der (gleichförmigen) Geschwindigkeit $v = s/t$, so wird aus Gl. (1.4.4)

$$S = I/A = Q/At = Qv/As = \varrho v \,.$$

Dabei soll die Ladung Q das Volumen $A \cdot s$ einnehmen. Mit der *Ladungsdichte* $\varrho = Q/V$ folgt dann unter Einbezug der Bewegungsrichtung, s. Gl. (1.4.5)

$$\vec{S} = \varrho \vec{v} \,. \tag{6.2.15a}$$

> Die Stromdichte $\vec{S}$ im Raumpunkt ist gegeben durch die Raumladungsdichte ϱ, die sich mit der Geschwindigkeit $\vec{v}$ bewegt. Die Richtung von $\vec{S}$ stimmt mit der Geschwindigkeitsrichtung $\vec{v}$ (bei positiver Ladungsdichte) überein.

Die Geschwindigkeit $\vec{v}$ kommt nun durch die Kraft zustande, die das elektrische Feld $\vec{E}$ auf die Ladungsträger ausübt. Der Zusammenhang $v(E)$ hängt vom Leitungsmechanismus im Material ab. Wir unterscheiden (s. Abschn. 1.4.3):

Für viele leitende Medien gilt $\vec{v} \sim \vec{E}$ (s.u.) und damit

$$\vec{S} = \kappa \vec{E} \qquad \text{Ohmsches Gesetz des Strömungsfeldes in Leitern.} \tag{6.2.15b}$$

Kann das Strömungsfeld durch eine Leitfähigkeit κ (Materialparameter, Gl. (2.2.3)) beschrieben werden, so sind Stromdichte $\vec{S}$ und elektrische Feldstärke $\vec{E}$ seine Feldgrößen.

Gl. (6.2.15b) heißt *Ohmsches Gesetz* des Strömungsfeldes. Es ist Grundlage des Ohmschen Gesetzes Gl. (2.2.2). Wie im elektrostatischen Feld ist eine Feldgröße die Ursache, die andere die Wirkung. So hat eine angelegte Spannung u im Strömungsfeld (Feldstärke als Ursache) den Strom i (Stromdichte S) zur Folge. Damit kann eine Übersicht analog zu Tafel 6.2.2 aufgestellt werden, dies sei dem Leser überlassen.

Ist dagegen im Strömungsfeld die Beziehung $v(E)$ nichtlinear, so entsteht ein nichtlinearer Zusammenhang $S(E)$ und folglich eine nichtlineare Kennlinie $i(u)$. Dies trifft für viele elektronische Bauelemente zu.

Die verschiedenen Stromflußmechanismen werden wir getrennt betrachten.

6.2.3.2 Widerstand R

Wir haben den Widerstand R durch das Ohmsche Gesetz $u = Ri$ Gl. (2.2.2) eingeführt und in Gl. (2.2.3) eine Bemessungsformel für den *linienhaften Leiter* (homogenes Feld) kennengelernt. Eine solche Bemessungsformel soll jetzt für kompliziertere Widerstände aus dem Wirkungsablauf hergeleitet werden. Wird dem Strömungsfeld ein Strom i eingeprägt, so entsteht die Stromdichte $\vec{S}$ im Raumpunkt und im Leiter die Feldstärke $\vec{E} = \vec{S}/\kappa$. Aus der Feldstärke $\vec{E}$ ergibt sich schließlich die Spannung $u(i)$ und daraus der Widerstand (Bild 6.2.6):

$$i \to \vec{S} \to \vec{E} \to \varphi \to u \to R$$

$$i = \int \vec{S}\,\mathrm{d}\vec{A}, \quad \vec{E} = \vec{S}/\kappa, \quad u_{\mathrm{AB}} = \int_{A}^{B} \vec{E}\,\mathrm{d}\vec{s}, \quad R = u/i. \tag{6.2.16}$$

Damit gilt

$$R = \frac{u}{i} = \frac{\displaystyle\int_{A}^{B} \vec{E}\,\mathrm{d}\vec{s}}{\displaystyle\int \vec{S}\,\mathrm{d}\vec{A}} \qquad \text{Widerstandsbemessungsformel für symmetrische Felder.} \tag{6.2.17}$$

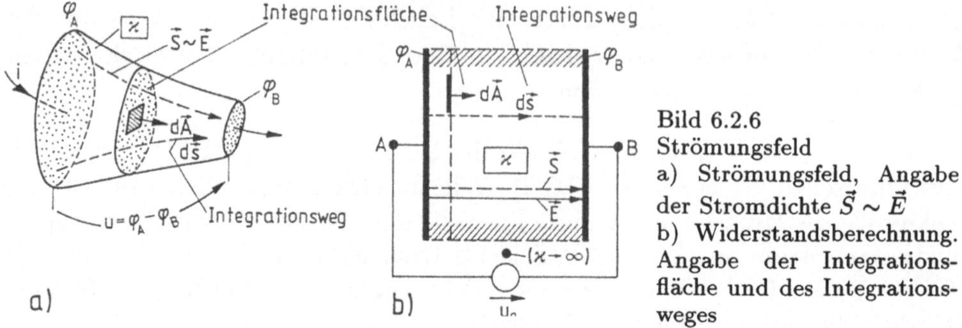

Bild 6.2.6
Strömungsfeld
a) Strömungsfeld, Angabe der Stromdichte $\vec{S} \sim \vec{E}$
b) Widerstandsberechnung. Angabe der Integrationsfläche und des Integrationsweges

Die Integrationen sind dabei gut an die Feldverhältnisse anzupassen. Deshalb ist diese Widerstandsberechnung nur für symmetrische Felder einfach durchführbar (Zylinder-, Kugel- Halbkugelwiderstände [Erdwiderstände]). Für einen Zylinderwiderstand (Länge l) folgt beispielsweise

$$
\begin{aligned}
S &= i/2\pi rl\,, \quad E = i/2\pi\kappa rl\,, \\
\varphi(r) &= (i/2\pi\kappa l) \cdot \ln r_0/r + \varphi(r_0) \\
R &= (1/2\pi\kappa l) \cdot \ln r_\mathrm{a}/r_\mathrm{i}\,.
\end{aligned}
\tag{6.2.18}
$$

Aufgaben 6.2.4, 6.2.5.

6.2.3.3   Leitungsmechanismen im Festkörper

Im allgemeinen Leiter – z.B. einem Halbleiter – fließt im Strömungsfeld neben dem Ladungsträgerstrom (Konvektionsstromdichte $\vec{S}_\mathrm{K}$) auch ein Verschiebungsstrom, falls sich das Feld zeitlich ändert ($\vec{S}_\mathrm{V}$). Deshalb gilt (Bild 6.2.7)

$$
\begin{aligned}
\vec{S} &= \vec{S}_\mathrm{K} + \vec{S}_\mathrm{V} \quad \text{mit} \\
\vec{S}_\mathrm{K} &= \varrho\vec{v}\,, \qquad \vec{S}_\mathrm{V} = \partial\vec{D}/\partial t\,.
\end{aligned}
\tag{6.2.19}
$$

Zusätzlich treffen die Defintion des Stromes $i = \int \vec{S}\,d\vec{A}$ und der *Knotensatz* (Gl. (1.4.9)) zu

$$
\oint \vec{S}\,d\vec{A} = \sum_\nu i_\nu = 0\,.
$$

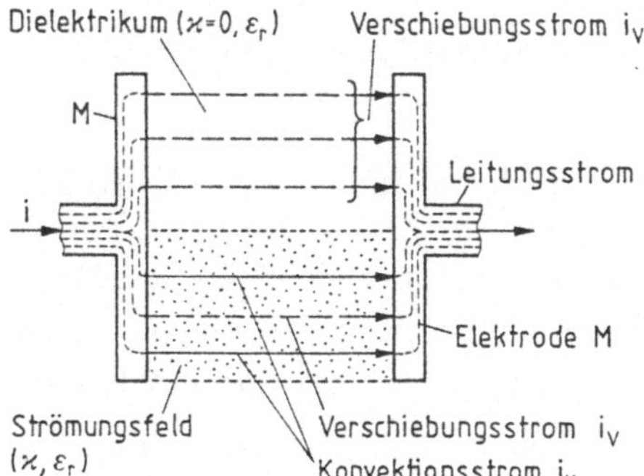

Bild 6.2.7
Feld im Leiter und Nichtleiter:
Verschiebungs- und Konvektionsstrom

Im *Leiter* ist der Verschiebungsstrom stets vernachlässigbar ($\vec{S}_V = 0$), deshalb gilt $\vec{S} = \vec{S}_K$, und es fließt nur Konvektionsstrom.

Generell erfolgt der Ladungstransport in elektrischen Leitern (Metall, Halbleiter Elektrolyt) durch positive (p) und/oder negative (n) Ladungsträger (Elektronen, Löcher, Ionen) mit jeweiliger Masse, den Dichten p, n und Ladung $Q = \pm q$. Dabei kompensieren sich Ladungsträger entweder gegenseitig oder mit den Ladungen der Ionen des Kristallgitters. Insgesamt ist der Leiter *neutral.*

Durch das elektrische Feld bewegen sich die Ladungsträger im Metall wegen der „Reibung" (Stoßvorgänge mit Gitterbausteinen und anderen Partnern) mit einer mittleren Geschwindigkeit $\vec{v}$ einer Trägersorte. Es gilt z.B. für Elektronen

$$\vec{v}_n = -\mu_n\vec{E}\,. \tag{6.2.20}$$

Die *Beweglichkeit* μ_n der Elektronen ist Materialparameter. Feldrichtung und Geschwindigkeitsrichtung sind dabei (wegen der negativen Elektronenladung) entgegengerichtet (vgl. Bild 1.4.14). Die Elektronendichte n im Metall ist sehr hoch ($n \approx 10^{22} \ldots 10^{23}$ cm^{-3}), und es gilt deshalb mit $\varrho = -qn$ und Gl. (6.2.15b)

$$\vec{S} = \vec{S}_K = \kappa\vec{E}\ \ \text{mit}\ \ \kappa = qn\mu_n\,. \tag{6.2.21}$$

Die spezifische Leitfähigkeit κ (Gl. (6.2.21) und Tafel 2.2.1) hängt von Trägerdichte und Beweglichkeit ab. Für Kupfer beispielsweise gilt mit $n = 8{,}6 \cdot 10^{22}$ cm^{-3} und einem spezifischen Widerstand $\varrho = 1/\kappa = 0{,}0178\ \Omega\text{mm}^2/\text{m}$ als Beweglichkeit $\mu_n = \kappa/q \cdot n = 40{,}8\ \text{cm}^2/\text{Vs}$. Zu einer Stromdichte $S = 10\ \text{A}/\text{mm}^2$ (wie sie für Leitungen im Haushalt typisch ist) gehört dann $E = S/\kappa = 1{,}78\ \text{mV}/\text{cm}$ und damit $v_n = \mu_nE = 0{,}726\ \text{mm/s}$.

Die Transportgeschwindigkeit v_n der Elektronen ist in Metallen relativ klein (Dichte extrem hoch!).

❙ Im Metall fließt nach Gl. (6.2.21) *Feldstrom*.

Halbleiter. Das sind Materialien, deren Leitfähigkeit innerhalb des technischen Temperaturbereiches deutlich kleiner als die der Metalle ist, aber erheblich größer als die von Isolatoren: 10^{-9} S/cm $< \kappa < 10^{6}$ S/cm.

Zusätzlich hängt die Leitfähigkeit sehr stark von „*Verunreinigungen*" durch bestimmte Fremdstoffe sowie äußerer Energieeinwirkung (Licht, Wärme) ab. Tafel 6.2.4 zeigt einige Beispiele. Besondere technische Bedeutung haben *einkristalline* Halbleiter erlangt:

– *Silizium* (Si) für Halbleiterbauelemente und integrierte Schaltungen in größtem Ausmaß

  Germanium (Ge) als „Pioniermaterial" aus der Anfangszeit der Halbleitertechnik (heute nur von geringer Einsatzbreite)

– *Mischhalbleiter* (GaAs, GaP) und kompliziertere Verbindungen aus drei und vier Komponenten für sehr schnelle Bauelemente und Schaltungen, vor allem aber die *Optoelektronik* (Strahlungssender und -empfänger, integrierte optische Schaltungen).

❙ Die Halbleitereigenschaften hängen stark vom kristallinen Zustand ab.

Kristalline Materialien haben ein regelmäßiges Atomgefüge, beim Einkristall besteht das Gebiet aus einem einzigen (ungestörten) Kristall (Länge einige 10 cm, Durchmesser 10…20 cm). Gefordert wird zusätzlich hohe Reinheit, z.B. auf 10^{10} Si-Atome nur ein Fremdatom!

Tafel 6.2.4 Leitfähigkeit typischer Leiter, Halbleiter und Nichtleiter

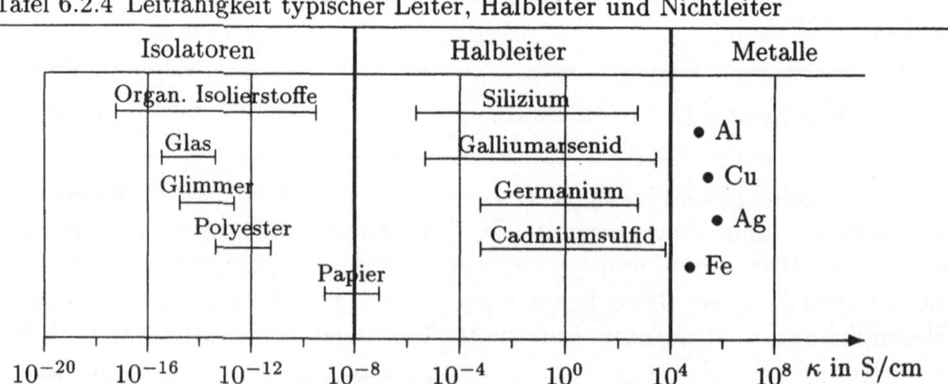

Amorphe Halbleiter haben kein regelmäßiges Atomgefüge. Sie erhalten zunehmend Bedeutung wegen ihrer einfachen Herstellung für Spezialanwendungen (z.B. Solarzellen, Spezialbauelemente).

Polykristalline Halbleiter (aus vielen kleinen Kristallen) dienen beispielsweise in der Schaltkreisherstellung (Si) als Verbindungsleitungen zu Elektroden, Gateelektoden im MOS-Transistor u.a. Mischkristalle bestehen aus verschiedenen Atomen (z.B. GaAs, Ge u.a.).

Die meisten Halbleiter besitzen einen Kristallaufbau vom Diamanttyp: jedes Atom hat vier Valenzelektronen. So steht es mit je einem Elektron der vier Nachbaratome in Wechselwirkung. Diese (kovalente) Bindung ist bei tiefer Temperatur sehr stabil. Dann sind praktisch keine freien Elektronen verfügbar und der Halbleiter verhält sich wie ein Nichtleiter.

Steigende Temperatur bricht Bindungen auf, es entstehen freie *Loch-Elektronenpaare*. Diese Paarbildung heißt *Generation*. Dazu ist eine *Aktivierungsenergie*, die sog. *Bandbreite* W_G erforderlich (Tafel 6.2.5). Besonders anschaulich läßt sich dieser Vorgang im sog. *Bändermodell* erklären. Nach dem Bohrschen Atommodell kann jedes Elektron im Einzelatom nur diskrete Energiewerte besitzen. Letztere spalten sich beim Zusammenfügen der Atome zum Kristallgitter zu sog. *Energiebändern* auf. Dabei liegen zwischen besetzbaren abwechselnd verbotene, also nicht besetzbare Bänder. Für Leitungsvorgänge sind nur die beiden oberen Bänder, das *Leit-* und *Valenzband*

Tafel 6.2.5 Bandbreite, Beweglichkeiten und spezifischer Widerstand typischer Halbleiter

Material	Bandbreite W_G bei 300 K in eV	Elektronenbeweglichkeit μ_n in cm^2 V^{-1}s^{-1}	Löcherbeweglichkeit μ_p in cm^2 V^{-1}s^{-1}	Spezifischer Widerstand ϱ in Ω cm
Ge	0,68 bis 0,72	3900	1850	47
Si	1,12	1900	450	$2,3 \cdot 10^5$
SiC	2,2	60	8	$> 10^{10}$
GaP	2,26	3500	600	$> 10^6$
GaAs	1,43	8000	450	$4 \cdot 10^7$
InAs	0,38	22000	250	0,1
Vergleich				
• Leiter	≈ 0	48		$\approx 2 \cdot 10^{-6}$
• Nichtleiter	$> 6\,$eV		extrem klein	$> 10^{16}$

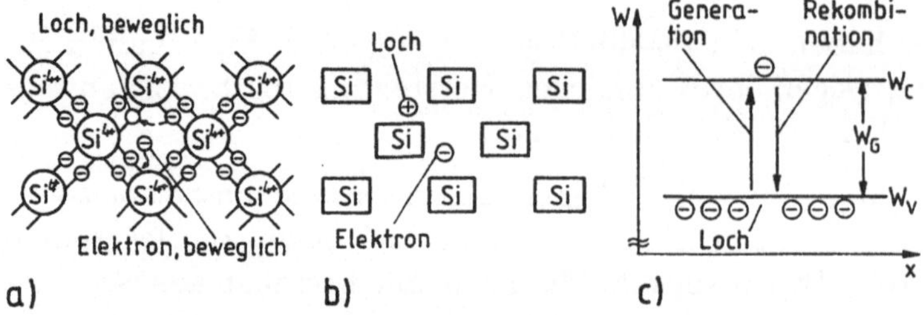

Bild 6.2.8 Halbleiter im Zustand der Eigenleitung
    a) Loch-Elektronenpaarbildung
    b) vereinfachte Darstellung
    c) Bändermodell mit Generation-Rekombination

maßgebend (Bild 6.2.8). Dazwischen liegt die *verbotene Zone* mit der Bandbreite W_G. Ist das Valenzband voll mit Elektronen besetzt und das Leitband leer, so sind alle Elektronen gebunden und Stromfluß kann nicht erfolgen. Dies gilt für *Nichtleiter*, auch für Halbleiter beim absoluten Temperaturnullpunkt $T = 0$. Bei Nichtleitern ist die Bandbreite sehr groß ($W_G > 6\,\text{eV}$, z.B. $SiO_2 \approx 8\,\text{eV}$). Halbleiter haben kleinere Bandbreiten ($0{,}5 \ldots 2{,}5\,\text{eV}$, Tafel 6.2.5). Deshalb können schon bei mittleren Temperaturen (thermische Energie) Elektronen aus dem Valenz- ins Leitband „gehoben" werden. Dieser Prozeß heißt *Paarbildung*. Das fehlende Elektron im Valenzband wirkt wie ein *Loch-* oder *Defektelektron*. Das ist eine positive Ladung $+q$, betragsgleich der Elektronenladung. In die entstandene Lücke kann nämlich ein anderes Elektron springen (gestrichelt), m.a.W. bewegt sich das Loch entgegen der Pfeilrichtung (Bild 1.4.14). Fällt umgekehrt ein Elektron aus dem Leitband ins Valenzband, so gibt es seine Energie ab (z.B. zur Anregung von Gitterschwingungen oder auch Licht, etwa wie bei GaP): das Loch-Elektronenpaar wird „vernichtet" oder es *rekombiniert*.

Generation und Rekombination stehen miteinander im thermischen Gleichgewicht. Die Leitfähigkeit, die diesem Zustand entspricht, heißt *Eigenleitung*, die zugehörige Trägerdichte *Eigenleitungsdichte* n_i

$$n_i = n = p \qquad \text{mit} \quad n_i = N_C N_V \exp{-W_G/kT}. \tag{6.2.22}$$

Sie hängt von der Bandbreite W_G ab. Die Konzentrationen N_C, N_V (die sog. effektiven Zustandsdichten) sind (schwach) materialabhängig und liegen bei $10^{19}\,\text{cm}^{-3}$. Mit diesen Daten ergibt sich z.B. für (Tafel 6.2.5)

$$
\begin{array}{lll}
\text{Si:} & W_{\mathrm{G}} \approx 1{,}1\,\mathrm{eV}\,, & n_{\mathrm{i}} = 1{,}5 \cdot 10^{10}\ \mathrm{cm}^{-3} \\
\text{GaAs:} & W_{\mathrm{G}} \approx 1{,}4\,\mathrm{eV}\,, & n_{\mathrm{i}} = 1{,}3 \cdot 10^{6}\ \mathrm{cm}^{-3}\,.
\end{array}
$$

Die Eigenleitungsdichte n_{i} wächst nach Gl. (6.2.22) stark mit der Temperatur. Dies ist die Hauptursache für die Temperaturabhängigkeit wichtiger Eigenschaften der Halbleiterbauelemente (z.B. Sperrstrom einer Diode).

Die technische Anwendung der Halbleiter in Bauelementen erfordert einen gezielten *Störstellenzusatz*. Dadurch wird die Zahl beweglicher Träger *in einer Richtung* (entweder Elektronen oder Löcher) deutlich erhöht, also der sog. *Leitungstyp* geschaffen.

Halbleiter mit definiert zugesetzten Störstellen heißen *Störhalbleiter*, das Einbringen der Störstellen selbst *Dotieren*. Erst durch Dotierung haben die Halbleiter ihre heutige Bedeutung für Bauelemente erlangt. Der Dotierungsgrad liegt z.B. in Si zwischen $10^{12} \ldots 10^{20}$ Störatomen/cm^3.

Verwendet werden als Störatome für die 4wertigen Halbleiter, z.B. Si:

– 5wertige Elemente (Phosphor, Arsen, Antimon)

– 3wertige Elemente (Bor, Aluminium, Indium).

Wird ein 5wertiges Element (z.B. P) in das Si-Gitter eingebaut (Dichte N_{D}), so ist eines der Valenzelektronen nur schwach gebunden und kann schon durch geringe Energiezufuhr ($\approx 0{,}01\,\mathrm{eV}$, der Vorgang heißt Ionisierung) ins Leitband gehoben werden. So steht es zum Stromtransport als freies Elektron zur Verfügung. Eine solche Störstelle „spendet" Elektronen, wirkt als *Donator*, und im Halbleiter überwiegt die *Elektronenleitung:* n-*Typ-Halbleiter*. Der Donator selbst ist dann eine ortsfeste, positive Ladung mit der Dichte $N_{\mathrm{D}}^{+} \approx N_{\mathrm{D}}$.

Ganz entsprechend fehlt beim Einbau dreiwertiger Störatome (z.B. Bor, Dichte N_{A}) ein Elektron in der Bindung: *Lochbildung* (Bild 6.2.9). Es kann leicht durch ein Valenzelektron aus einer Nachbarbindung aufgefüllt werden, weil zur Ionisation nur geringe Energie (ebenfalls $\approx 0{,}01$ eV) erforderlich ist. Jetzt steht für den Stromtransport ein freies Loch zur Verfügung. Eine solche Störstelle spendet „Löcher", wirkt als *Akzeptor*, und es entsteht eine *Löcherleitung: p-Typ-Halbleiter*. Im Halbleiter verbleiben ionisierte, ortsfeste negativ geladene Störstellen der Dichte $N_{\mathrm{A}}^{-} \approx N_{\mathrm{A}}$.

Bei Zimmertemperatur sind praktisch alle Störstellen ionisiert ($N_{\mathrm{D}}^{+} \approx N_{\mathrm{D}}$ und $N_{\mathrm{A}}^{-} \approx N_{\mathrm{A}}$), außerdem herrscht Gleichgewicht zwischen Generation und Rekombination (bei niederer Temperatur ist nur ein Teil der Störstellen

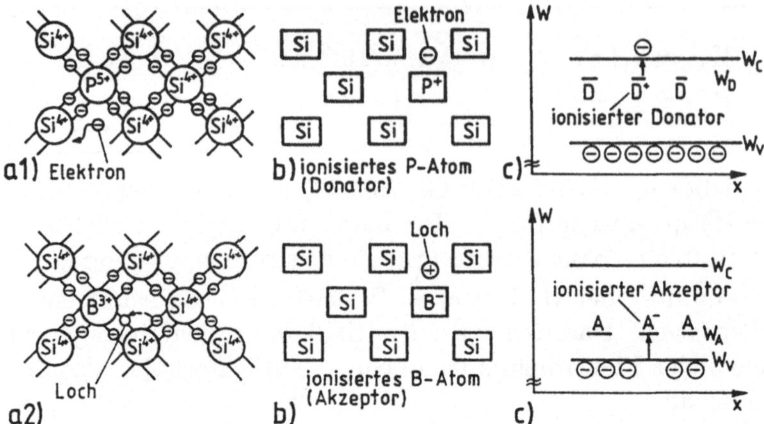

Bild 6.2.9 Störhalbleiter
a1) n-Halbleiter, vereinfachte Darstellung b) und Bändermodell c)
a2) p-Halbleiter, vereinfachte Darstellung b) und Bändermodell c)

ionisiert). Deshalb gibt es eine untere Betriebstemperatur der Halbleiterbauelemente (etwa $-77\,°\mathrm{C}$).

> Durch entsprechende Dotierung kann ein Halbleiter n-, p-leitend gemacht werden. Dabei gilt allgemein:
> - im n-Halbleiter dominieren (bewegliche) Elektronen, sind also in der *Mehrheit* (Majorität) gegenüber Löchern (Minderheit, Minoritätsträger) vorhanden
> - im p-Halbleiter ist es umgekehrt: hier sind Löcher die Majoritäts- und Elektronen die Minoritätsträger.

Deshalb spricht man besser von *Majoritäts-* und *Minoritätsträgern* in dotierten Halbleitern.

Beide sind im Halbleiter nicht unabhängig voneinander, vielmehr gilt im thermischen Gleichgewicht (also ohne Stromfluß) das sog. *Massenwirkungsgesetz:*

$$n_0 p_0 = n_{\mathrm{i}}^2 . \qquad (6.2.23)$$

Außerdem ist jeder (homogen dotierte) Halbleiter *elektrisch neutral:* die Gesamtladung aller beweglichen Träger kompensiert gerade die Gesamtladung aller festen (ionisierten) Störstellen. Dann stimmt die Majoritätsträgerdichte etwa mit der Störstellendichte überein und es gilt:

$$
\begin{array}{lll}
\text{Majoritätsträger} & \text{Minoritätsträger} & \\[4pt]
n_0 \approx N_{\mathrm{D}}^{+} & p_0 \approx n_{\mathrm{i}}^2/N_{\mathrm{D}}^{+} \ll n_0 & \text{n-Halbleiter} \\[6pt]
p_0 \approx N_{\mathrm{A}}^{-} & n_0 \approx n_{\mathrm{i}}^2/N_{\mathrm{A}}^{-} \ll p_0 & \text{p-Halbleiter} \\[6pt]
p_0 = n_0 = n_{\mathrm{i}} & & \text{Eigenhalbleiter} \\[6pt]
\quad \text{mit } n_{\mathrm{i}} = f(T)\,. & &
\end{array}
\qquad (6.2.24)
$$

Beispielsweise hat n-leitendes Si bei einer Dotierung $N_{\mathrm{D}} = 10^{16}\ \mathrm{cm}^{-3}$ und Zimmertemperatur eine Minoritätsdichte $p_0 = 2{,}25 \cdot 10^4\ \mathrm{cm}^{-3}$.

> Obwohl die Majoritätsträger den Leitungstyp bestimmen und in erheblich größerer Zahl vorhanden sind, ist gerade die Minoritätsdichte für viele Halbleiterbauelemente (pn-Diode, Bipolartransistor, Abschn. 7) von grundlegender Bedeutung.

Stromfluß in Halbleitern. Liegt am homogen dotierten Halbleiter ein elektrisches Feld, so wird sich ein Konvektionsstrom aus Löchern und Elektronen, kurz einen *Feld-* oder *Driftstrom* einstellen: das elektrische Feld ist Ursache des Ladungsantriebes. Weil dieser Vorgang – mikroskopisch gesehen – voll demjenigen im Metall entspricht („Reibung" der Ladungsträger mit dem Gitter), setzen wir Proportionalität zwischen Feld und Geschwindigkeit für jede Trägersorte an:

$$
\vec{v}_{\mathrm{p}} = \mu_{\mathrm{p}} \vec{E}\,, \qquad \vec{v}_{\mathrm{n}} = -\mu_{\mathrm{n}} \vec{E}\,. \qquad (6.2.25)
$$

Dabei treten die *Beweglichkeiten* μ_{p}, μ_{n} der Löcher und Elektronen auf (Materialkonstanten, Tafel 6.2.5). Die Stromdichte beträgt dann (Gl. (6.2.15b))

$$
\begin{aligned}
\vec{S}_{\mathrm{K}} = \vec{S}_{\mathrm{Kp}} + \vec{S}_{\mathrm{Kn}} &= qp\vec{v}_{\mathrm{p}} - qn\vec{v}_{\mathrm{n}} \\
&= q(p\mu_{\mathrm{p}} + n\mu_{\mathrm{n}})\vec{E} = \kappa \vec{E}\,.
\end{aligned}
\qquad \text{Strömungsfeld} \qquad (6.2.26)
$$

> Die Leitfähigkeit κ eines Halbleiters hängt von den Minoritäts- und Majoritätsdichten und den Beweglichkeiten ab. Für Störhalbleiter bestimmen – wie erwähnt – hauptsächlich die Majoritätsträger den Driftstrom, z.B. im n-Halbleiter $(n \gg p) : \vec{S}_{\mathrm{K}} \approx qn\mu_{\mathrm{n}}\vec{E}$.

Bild 6.2.10a zeigt die unterschiedlichen Bewegungsrichtungen der Löcher und Elektronen (auf Grund des unterschiedlichen Ladungsvorzeichens) bei gegebener Feldrichtung sehr anschaulich.

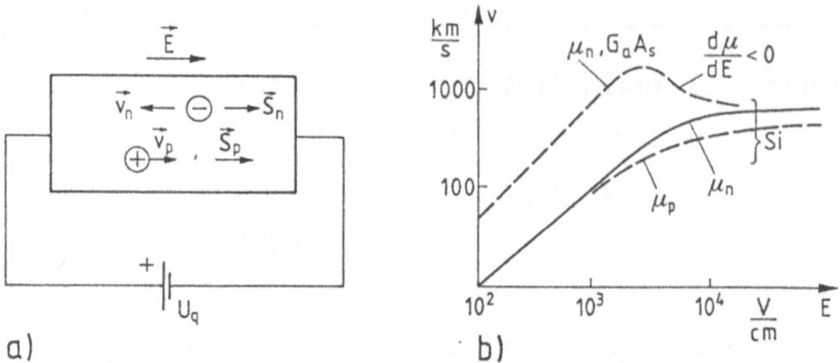

Bild 6.2.10 Driftbewegung in Halbleitern
a) Bewegungsrichtungen der Löcher und Elektronen unter Feldeinfluß in Halbleitern
b) v-E-Kennlinie typischer Halbleiter

Als Beispiel möge für Si gelten: $\mu_p = 400\,\mathrm{cm^2/Vs}$, $\mu_n = 1200\ \mathrm{cm^2/Vs}$, $p = 5 \cdot 10^{17}\ \mathrm{cm^{-3}}$, $n \ll p$. Mit $E = 2$ kV folgen dann $v_p = 8{,}8 \cdot 10^5$ cm/s, $v_n = 20 \cdot 10^5$ cm/s sowie $\kappa = 35{,}2$ S/cm und $S_\mathrm{K} = 70{,}4$ kA/cm^2 (!)

Ein Merkmal vieler Halbleiter ist – im Gegensatz zu Metallen –, daß die v-E-Proportionalität nach Gl. (6.2.25) bei hohen Feldstärken ($E > 2$ kV) nicht mehr gilt, vielmehr kommt es zu einer sog. *Sättigung* (Bild 6.2.10b). In bestimmten Halbleitern, z.B. GaAs, fällt diese Charakteristik gar wieder ab, m.a.W. ist die Steigung dv/dE – oft als *differentielle Beweglichkeit* bezeichnet – gar *negativ*. Dieses Phänomen wurde als *Gunn-Effekt* bekannt und bildet die Grundlage vieler Mikrowellenhalbleiterbauelemente. Überdies wird die sehr große Elektronenbeweglichkeit von GaAs (Tafel 6.2.5) auch in vielen Bauelementen für hohe Schaltgeschwindigkeit ausgenutzt.

Eine nichtlineare v-E-Charakteristik nach Bild 6.2.10b setzt das Ohmsche Gesetz außer Kraft.

Diffusionsstrom. In Halbleitern, aber auch Gasen und Plasmen, kann die Ladungsträgerdichte stark ortsabhängig sein. Dann besteht die Tendenz, solche Konzentrationsunterschiede durch eine Teilchenbewegung von höherer zu geringerer Konzentration *auszugleichen*. Dieser Vorgang heißt *Diffusion*.

Diffusion ist im täglichen Leben sehr verbreitet, da sie auch bei ungeladenen Teilchen vorkommt (z.B. Ausgleich von Konzentrationsunterschieden in Gasen, Flüssigkeiten, Vermischen von Tinte in Wasser u.a.).

Die mit der Diffusion begleitete Teilchenströmung nennt man *Diffusions-stromdichte* $\vec{S}_{\mathrm{TD}}$ (eindimensional)

$$\vec{S}_{\mathrm{TD}} = -D_{\mathrm{n}}(\partial n/\partial x)\cdot\vec{e}_{\mathrm{x}}\,. \tag{6.2.27}$$

Sie ist dem Dichtegefälle $-\partial n/\partial x$ proportional (Bild 6.2.11a). Der Koeffizient D_{n} heißt *Diffusionskonstante*. In diesem Teilchenstrom fehlt die elektrische Ladung (!). Diffundieren *Ladungsträger*, so entstehen die (elektrischen) Diffusionsstromdichten (Bild 6.2.11a,b)

$$\begin{array}{ll}\text{Löcher} & \text{Elektronen}\\[4pt]\vec{S}_{\mathrm{p}} = -qD_{\mathrm{p}}(\partial p/\partial x)\vec{e}_{\mathrm{x}} & \vec{S}_{\mathrm{n}} = +qD_{\mathrm{n}}(\partial n/\partial x)\vec{e}x\,.\end{array} \tag{6.2.28}$$

Die Diffusionsstromdichte ist ein Vektor. Seine Richtung stimmt mit der Bewegungsrichtung positiver Ladungsträger in Richtung ihres Konzentrationsgefälles überein. Bei negativer Ladung ist die Stromdichte der Ladungsbewegung entgegengerichtet.

Die Diffusionskonstanten D_{p} und D_{n}

$$\frac{D_{\mathrm{p}}}{\mu_{\mathrm{p}}} = \frac{D_{\mathrm{n}}}{\mu_{\mathrm{n}}} = \frac{kT}{q} = U_{\mathrm{T}} = 25{,}9\,\mathrm{mV}\big|_{T=300\,K} \tag{6.2.29}$$

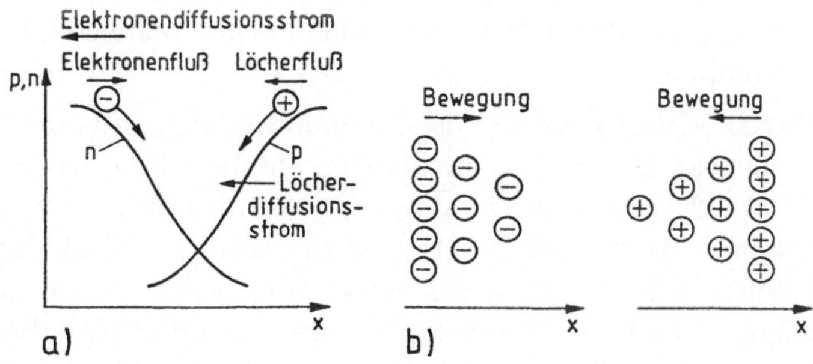

Bild 6.2.11 Diffusionsstrom
a) Bewegung und Stromdichte für Löcher und Elektronen
b) Veranschaulichung des Konzentrationsgefälles (Konzentrationsabnahme)

hängen mit den jeweiligen Beweglichkeiten zusammen. Die Beziehung (6.2.29) heißt *Nernst-Towsend-Einstein-Beziehung*.

Im allgemeinen treten im Halbleiter gleichzeitig Feld- und Diffusionsstrom auf. Deshalb gilt mit den Komponenten

Löcher

Elektronen

$$S_\mathrm{p} = qp\mu_\mathrm{p}E - qD_\mathrm{p}(\partial p/\partial x) \qquad S_\mathrm{n} = qn\mu_\mathrm{n}E + qD_\mathrm{n}(\partial n/\partial x)\,,$$

zusammengefaßt

$$\vec{S}_\mathrm{k} = \vec{S}_\mathrm{p} + \vec{S}_\mathrm{n} = \kappa\,\vec{E} - qD_\mathrm{p}(\partial p/\partial x)\vec{e}_\mathrm{x} + qD_\mathrm{n}(\partial n/\partial x)\vec{e}_\mathrm{x}. \tag{6.2.30}$$

Feld-
strom

Diffusionsstrom

Konvektionsstrom-
dichte in Halbleitern

Diffusionsstrom tritt besonders dort stark auf, wo große Dichteänderungen vorliegen, z.B. am Übergang von einem n- zu einem p-leitenden Gebiet, kurz einem pn-*Übergang*. Dabei entsteht zwangsläufig ein „innerer" Potentialunterschied, die sog. *Diffusionsspannung* (auch wenn kein Strom fließt!).

In einem stromlosen pn-Übergang möge der Leitungstyp abrupt an der Übergangsstelle wechseln (Bild 6.2.12a). Dann sind im p-Gebiet Löcher und im n-Gebiet Elektronen in großer Zahl vorhanden. An der Übergangsfläche ist dieser Dichteunterschied nicht stabil, deshalb setzt ein Ausgleich durch Diffusion ein. So diffundieren Elektronen ins p-Gebiet und Löcher ins n-Gebiet (Bild 6.2.12b, c). Dazu gehört ein Diffusionsstrom. Weil beim Transport dabei Elektronen und Löcher rekombinieren, sinken die Dichten allmählich.

Durch Abdiffusion der Elektronen aus dem n-Gebiet bleiben dort ortsfeste (positive) Donatoren zurück. So entsteht ein *positiver Raumladungsbereich* (Bild 6.2.12d). Ganz analog erzeugen abdiffundierte Löcher im p-Gebiet eine negative Raumladung. Diese Raumladungen sind Ursache eines elektrischen Feldes (Bild 6.2.12e). Es wirkt umgekehrt *rücktreibend* auf die Ladungsträger. Dazu gehört ein Feldstrom (man überlege dies!). Weil der Halbleiter jedoch von außen stromlos ist, müssen sich Feld - und Diffusionseinfluß *kompensieren*. Wir untersuchen dies für Löcher

$$S_\mathrm{p} = 0 = qp\mu_\mathrm{p}E - qD_\mathrm{p}(\partial p/\partial x)\,.$$

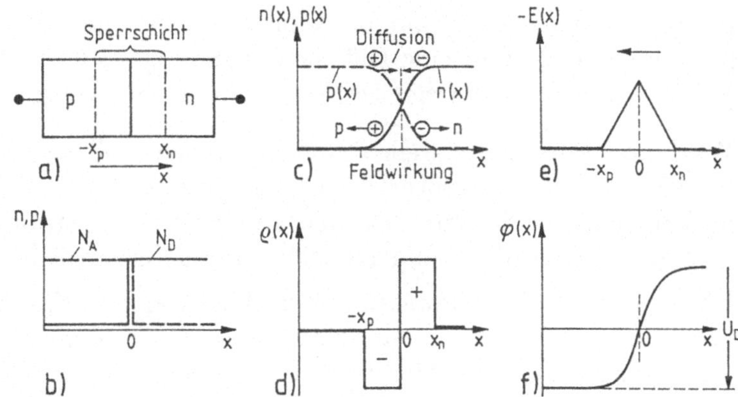

Bild 6.2.12 Prinzip des pn-Überganges
  a) Anordnung mit p- und n-dotierter Zone
  b) Konzentrationen N_A, N_D der Akzeptoren und Donatoren
  (ohne Trägerausgleich)
  c) Konzentration der Löcher und Elektronendichte
  (nach Diffusionsausgleich und Gegenfeld)
  d) Verlauf der Raumladungsdichte ϱ, die ein Gegenfeld (in c) aufbaut)
  e) Feldstärkeverlauf
  f) Potentialverlauf. Einstellung der Diffusionsspannung U_D

Mit $E = -\partial\varphi/\partial x$ (Gl. (1.3.9)) folgt daraus

$$-p\mu_\mathrm{p}(\mathrm{d}\psi/\mathrm{d}x) = D_\mathrm{p}(\partial p/\partial x) = 0$$

oder nach Trennen der Variablen:

$$-\,\mathrm{d}\varphi = (D_\mathrm{p}/\mu_\mathrm{p})(\mathrm{d}p/p) = U_\mathrm{T}(\mathrm{d}p/p)\,. \tag{6.2.31}$$

Die Integration zwischen zwei Grenzen $\varphi(x_1)$, $\varphi(x_2) \to p_1, p_2$ ergibt

$$U_\mathrm{D} = \varphi(x_1) - \varphi(x_2) = -U_\mathrm{T}\ln(p_1/p_2) \equiv -U_\mathrm{T}\ln(p|_\mathrm{p} \,/\, p|_\mathrm{n})\,. \tag{6.2.32}$$
$$\text{Diffusionsspannung}$$

Liegt x_1 im p-Gebiet, x_2 im n-Gebiet, so ist diese *Diffusionsspannung* $\varphi(x_1) - \varphi(x_2)$ abhängig vom Verhältnis der Löcherdichten auf beiden Seiten (Bild 6.2.12f). Dabei ist $p|_\mathrm{n}$ als Minoritätsdichte durch $p|_\mathrm{n} = n_\mathrm{i}^2/N_\mathrm{D}^+$ (Gl. (6.2.24)) gegeben. Zahlenmäßige Auswertungen führen auf Diffusionsspannungen in der Größenordnung von 0,5...0,7 V.

> Durch gegenseitige Kompensation von Feld- und Diffusionsstrom am pn-Übergang entsteht eine Diffusionsspannung ($\approx 0{,}5 \ldots 0{,}7\,$V). (Eigentlich hat sie die Aufgabe, der Diffusion gerade entgegenzuwirken!).

Wird diese Potentialschwelle durch eine außen angelegte Spannung „gestört" (verkleinert oder vergrößert), so fließt insgesamt ein *Nettostrom* über den pn-Übergang und zwar richtungsabhängig. Der stromdurchflossene pn-Übergang bildet die Grundlage vieler Halbleiterbauelemente (s. Abschn. 7).

Übrigens tritt dieser Potentialunterschied durch Diffusion an einer Grenzfläche in einer Reihe von Einrichtungen auf, z.B. dem Thermoelement, und als Lösungstension an Metallen in Elektrolyten. Auch die Trockenbatterie basiert auf diesem Grundprinzip.

Nicht zu übersehen ist, daß Halbleiter neben der Eigenschaft des Ladungsträgertransportes auch relativ gute Dielektrika sind (Tafel 6.2.3) mit ε_r-Werten zwischen 11 und 16 (Standardmaterialien). Deshalb fließt bei zeitlich schnell veränderlichem Feld auch ein merklicher Verschiebungsstrom (Gl. (6.2.19)).

Aufgaben 6.2.6, 6.2.7.

6.2.3.4 Leitungsmechanismen im Vakuum und in Gasen

Nach Abschnitt 6.2.2 stehen im Nichtleiter, wozu auch das Vakuum gehört, keine frei beweglichen Ladungsträger zur Verfügung (kein Konvektionsstromfluß). Auf der anderen Seite beweisen viele elektrotechnische Bauelemente und Geräte (Verstärker, Bildröhre, Röntgenröhre, Elektronenmikroskop, Teilchenbeschleuniger, Glimmlampe, Leuchtstoffröhre u.a.), aber auch Erscheinungen wie Funken und Blitz, daß ein Stromfluß möglich sein muß (beim Blitz höchst unerwünscht). Die Erklärung ist einfach gegeben:

- es müssen bewegliche Träger bereitgestellt oder erzeugt werden. Dafür gibt es verschiedene Mechanismen (Bild 6.2.13)
- das stromleitende Gebiet sollte möglichst wenig Gasmoleküle enthalten, so daß Ladungsträger bei Bewegung möglichst keine Zusammenstöße erfahren. Diese Bedingung erfüllt das *Hochvakuum* ($10^{-10} \ldots 10^{-6}$ bar).

In einer *Hochvakuumröhre* erfolgt die Elektronenbereitstellung durch Elektronenemission aus einer *Kathode* (Bild 6.2.13a). Damit Elektronen diese Kathode, also ein Metall, verlassen können, muß ihnen eine *Austrittsarbeit* (Energie) (bei Metallen etwa 4,5 eV, Cäsium, Barium rd. 2 eV) zugeführt werden. Dies kann erfolgen durch *thermische Emission* (Erhitzen einer Glühkatode auf etwa 3000 K) oder durch *Feldemission* (Erzeugung

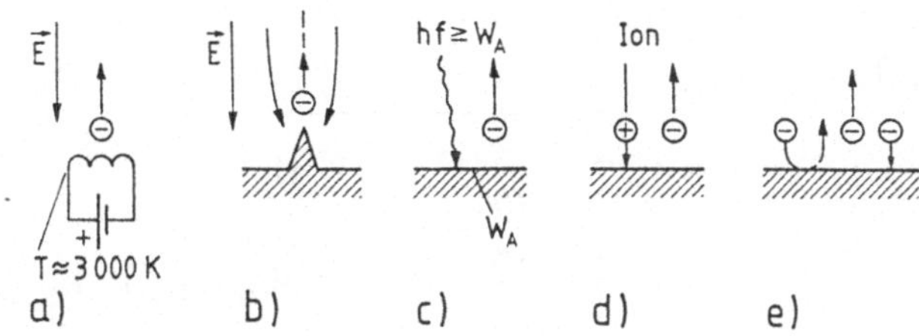

Bild 6.2.13 Elektronenemissionsvorgänge aus einer Metalloberfläche
a) thermische Emission, b) Feldemission durch hohes Feld, c) äußerer Fotoeffekt, d) Ionenbeschuß, e) Elektronenbeschuß (Sekundäremission)

einer extrem hohen Feldstärke $E \approx 10^7$ V/cm an der Kathode, so daß sie diese verlassen können). Extrem hohe Feldstärke entsteht immer an einer Elektrodenspitze.

Ebenso setzt auch der (äußere) *Fotoeffekt* Elektronen frei (Bild 6.2.13c). Dabei trifft kurzwellige elektromagnetische Strahlung (Licht) auf eine Metall- oder Halbleiterelektrode und sorgt für Trägeraustritt.

Schließlich können Träger auch durch Beschuß der Metallfläche mit Ionen oder Elektronen (Sekundärelektronen) freigesetzt werden.

Durch eine Spannung zwischen Anode und Kathode der Hochvakuumröhre (Bild 6.2.14) fließt im Vakuum der Konvektionsstrom $\vec{S}_K = \varrho\vec{v} = -qn\vec{v}$ und Elektronen fliegen zur Anode. Dabei erhöht sich ihre kinetische Energie, gleichzeitig sinkt die potentielle. Da die Gesamtenergie erhalten bleibt, gilt zwischen zwei Stellen x_1 und x_2 mit den potentiellen Energien W_1, W_2:

$$mv_1^2/2 + W_1 = mv_2^2/2 + W_2$$

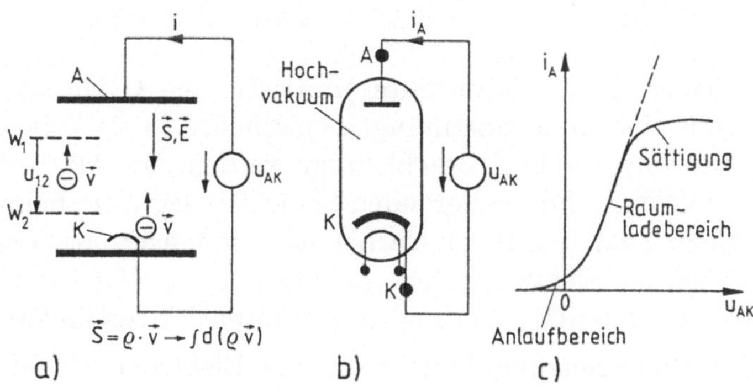

Bild 6.2.14 Vakuumdiode
a) Prinzip. Transportvorgang im Vakuum
b) Vakuumdiode, c) Kennlinie mit typischen Gebieten

oder

$$v_2 = \sqrt{v_1^2 + \frac{2}{m}(W_1 - W_2)}$$

$$= \sqrt{v_1^2 + \frac{2q}{m} \cdot u_{21}} \approx 600\sqrt{u_{21}}/V \; \text{km/s}\big|_{v_1=0} , \qquad (6.2.33)$$

da $(W_1 - W_2) = -qu_{12} = qu_{21}$. Schon kleine Spannungen führen zu beträchtlichen Endgeschwindigkeiten (z.B. $u_{21} = 100\,\text{V} \to v = 6000\,\text{km/s}$, $u = 10\,\text{kV} \to v = 6 \cdot 10^4\,\text{km/s}(!)$). Für hohe Geschwindigkeiten ist jedoch eine relativistische Massenkorrektur erforderlich, da man sich der Lichtgeschwindigkeit nähert. Im Unterschied zum Leiter, bei dem der Trägertransport durch Streuvorgänge mit dem Gitter mit konstanter (mittlerer) Geschwindigkeit erfolgt ($v \sim E$), vollzieht sich der Transport im Hochvakuum mit *konstanter* Beschleunigung ($\vec{F} = m \cdot \vec{b} = q\vec{E}$)! Ursachen sind fehlende Partner, mit denen Zusammenstöße erfolgen könnten.

Aus dem Zusammenhang $S = f(E)$ läßt sich schließlich die i-u-Kennlinie ermitteln (Bild 6.2.14b, c). Sie lautet im Falle der Hochvakuumdiode $i \sim u^{3/2}$. Elektronen, die sich so durch das Vakuumgefäß bewegen, können durch elektrische und magnetische Felder abgelenkt werden; das wird in der *Bildröhre* ausgenutzt (Bild 6.2.15).

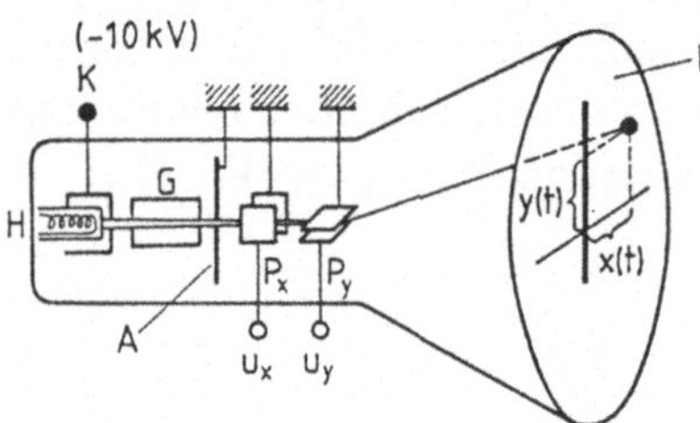

Bild 6.2.15
Prinzip der Elektronenstrahlröhre mit elektrostatischer Ablenkung

In einer Hochvakuumröhre emittiert eine Glühkatode K Elektronen, die durch eine hohe Spannung (typisch 5...25 kV) zu einer flächenhaft ausgeführten Anode A beschleunigt werden. Die Mattscheibe L der Bildröhre ist mit einer fluoreszierenden Schicht belegt, die beim Auftreffen von Elektronen Licht emittiert (farbig oder monochrom). Durch zusätzliche Elektroden im Elektronenweg (Lochblende U_x, U_y) kann der Strahl fokussiert, abgelenkt $\to$ $y(t)$, $x(t)$ und in der Intensität verändert werden.

Zur Bilderzeugung führt man den Elektronenstrahl zeilenweise über den Bildschirm ab und steuert ihn in der Intensität. Jede Bildzeile wird von links nach rechts geschrieben. Am Zeilenende springt der Strahl zur nächsten Zeile zurück. Gleichzeitig erfolgt Dunkeltastung. Nach einem so geschriebenen Bild springt er von rechts unten nach links oben zurück und schreibt ein neues Bild. Bei ausreichender Nachleuchtdauer der Mattscheibe und genügend häufigem Bildwechsel vermittelt die Trägheit des Auges einen Gesamtbildeindruck. Ein flimmerfreies Bild erfordert 50 Bilder pro Sekunde. Beim Fernseher erlaubt das Zeilensprungverfahren die Reduktion auf 25 Vollbilder oder 50 Halbbilder: zunächst erfolgt die Wiedergabe der ungeradzahligen (1, 3, 5), dann der geradzahligen (2, 4) Zeilen ($\rightarrow$ Einsparung an Übertragungsbandbreite).

Die Strahlablenkung erfolgt beim Videomonitor (und der Fernsehröhre) durch das Magnetfeld (Lorentzkraft) mit zwei um 90 % versetzten Elektromagneten (x-, y-Ablenkung), weil bei großer Bildgröße hohe Ablenkleistungen erforderlich sind. Die kleineren Oszillografenröhren arbeiten mit elektrischer Ablenkung.

Stromfluß in Gasen. Luft und andere Gase sind im Normalfall nichtleitend. Stromfluß durch Elektronen und/oder Ionen kann nur durch Trägergeneration erfolgen, wenn Elektronenemission (s.o.) auftritt oder im Gas Ionen erzeugt werden. *Ionisierung* ist möglich z.B. durch UV-Licht, Röntgenstrahlen, Höhenstrahlung. Beispielsweise entstehen in Luft durch die natürlichen Bedingungen $= 10^2 \ldots 10^3$ Teilchen/cm^3 (Elektronen und Ionen: im Vergleich Leiter $\approx 10^{22}$ El./cm^3!). Unter solchen Umständen gilt Luft durchaus noch als Isolator. Das elektrische Feld trennt die Ladungen in Elektronen und positiven Ionen und es fließt Strom (Bild 6.2.16a). Man nennt diesen Vorgang die *unselbständige Entladung*, weil der Strom durch äußere ionisierende Strahlung entsteht. Auch durch thermische Ionisation (Flamme!) kann Ionisierung erfolgen.

Ein Anwendungsgebiet dieser unselbständigen Entladung ist die Ionisationskammer, wie sie zur Strahlungsmessung verwendet wird.

Der Übergang von einer unselbständigen in die *selbständige Entladung* erfolgt bei der sog. *Durchschlagspannung*. Die zugehörige Durchbruchsfeldstärke beträgt für Luft $E \approx 30$ kV/cm.

In der *selbständigen Entladung* erfolgt die Trägerbildung durch Elektronenstoß und Lawinenvervielfachung: Träger hoher kinetischer Energie stoßen mit anderen Teilchen zusammen, ionisieren diese und lassen so ein neues Trägerpaar entstehen usw. In der i-u-Kennlinie einer solchen Anordnung (Bild 6.2.16b, c) gibt es dann – nach einer unselbständigen Entladung – schließlich eine (sichtbare) Glimmentladung mit fallender i-u-Kennlinie (Glimmspannung $50 \ldots 100$ V, geringer Strom, Bild 6.2.16). *Glimmentladung* geht bei noch größerem Strom schließlich in die *Bogenentladung* über.

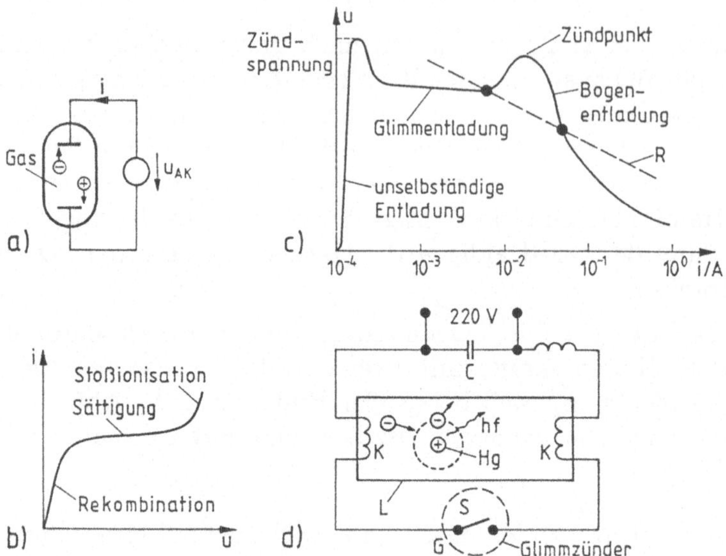

Bild 6.2.16 Strom-Spannungsverhalten einer Gasentladung
   a) Entladungsröhre, b) Kennlinie der unselbständigen Entladung, c) Kennlinie
   der selbständigen Entladung, d) Schaltung einer Leuchtröhre

Die hohe Trägerkonzentration und Stromdichte führen dabei durch starke
Aufheizung des Trägergases und der Elektroden (Temperaturen zwischen
3000 ... 10000 K) zu einem sog. *Plasma*.

Die Bogenentladung (Lichtbogen) ist mit starken Leuchterscheinungen verbunden. Die bereichsweise fallende i-u-Kennlinie einer solchen Anordnung
erfordert im Stromkreis einen Vorwiderstand R zur Strombegrenzung. Von
den drei möglichen Arbeitspunkten (Bild 6.2.16c) sind zwei immer stabil.
Fehlt der Vorwiderstand, so tritt zu großer Strom auf ($\rightarrow$ Kurzschlußgefahr).

Anwendung findet der Stromfluß in Gasen

– als Glimmentladungen in *Glimmlampen*. Auch die Sprühentladung (Funken am Fernsehschirm bei Berührung) ist darauf zurückzuführen

– als *Lichtbogen* zur Beleuchtung (Hg-Hochdrucklampen, Wolframpunkt-
  lampen, Leuchtröhre, UV-Strahlung (Solarium)), zum elektrischen
  Schweißen und Schneiden metallischer Werkstoffe, zur *Bearbeitung* harter
  nichtelektrischer Werkstoffe (Beton) u.a.m.

Ein verbreitetes Anwendungsbeispiel ist die Leuchtröhre (Bild 6.2.16d). Hier
wird die UV-Strahlung, die in einer langgestreckten Glimmlampe durch
Ionisierung von Hg (Hg-Dampf $\approx$ 0,01 mbar) entsteht, über Leuchtstof-
fe an der Glaswand in sichtbares Licht gewandelt. Die Wahl der Leucht-

stoffe beeinflußt die Farbe (kaltes, warmes Licht). Beim Einschalten der Röhre entsteht im Glimmstarter G (Zünder) eine Glimmentladung. Der Strom ($i \approx 10 \ldots 50\,\text{mA}$) reicht noch nicht zum Aufheizen der Kathoden K (Glühelektrode) aus. Deshalb wird die Glimmentladung in G zunächst zur Erwärmung eines Bimetallschalters S verwendet, der G kurzschließt und einen Strom ($\approx 0{,}5 \ldots 1$ A) im Glühkreis erlaubt. Es kommt dort zur Elektronenemission. Bei geschlossenem Schalter S unterbleibt die Glimmentladung in G (Abkühlen und Öffnen des Schalters). Beim Öffnen entsteht an der Vorinduktuktivität L (Drossel!) ein Spannungsstoß und die Leuchtröhre L „zündet": Einsetzen der Glimmentladung. Dabei fällt die Lampenspannung auf einen so niedrigen Wert, daß eine spätere Zündung von G nicht möglich ist. Im Entladungsraum sorgen dann erzeugte Hg-Ionen durch Aufprall auf die Elektroden für weitere Elektronenemission.

Die Induktivität L dient zur Strombegrenzung, der Kondensator C zur Leistungsfaktorverbesserung (Abschn. 4.5.1). Beispielsweise verbraucht eine 1,2 m lange Leuchtröhre bei $u = 220\,\text{V}$ etwa 48 W Verlustleistung ($i = 0{,}43$ A, $\cos\varphi = 0{,}5$ induktiv).

Leuchtröhren haben gegenüber Glühlampen etwa die 3fache Lichtausbeute bei gleicher Leistung, sparen also deutlich elektrische Energie.

6.2.3.5 Leitungsmechanismen in Flüssigkeiten. Elektrolyt

Es gibt nichtleitende und *leitende* Flüssigkeiten (und Schmelzen), letztere werden als *Elektrolyt* bezeichnet. Im Gegensatz zu Metallen und Halbleitern (Stromtransport durch Elektronen) erfolgt die Stromleitung in Elektrolyten durch *Ionen* (elektrisch geladene Atome oder Moleküle). Dabei gibt es positive (Kationen) und negative Ionen (Anion).

> Merkmal des Elektrolyten ist ein an den Strom gebundener chemischer Zersetzungsvorgang. Deshalb scheiden sich an den Elektroden der Elektrolysestrecke Stoffe (meist chemisch rein) ab.

Der Stofftransport wird durch die beiden Faradayschen Gesetze beschrieben und technisch vielfältig ausgenutzt: Aufbringen von Metallüberzügen, auch auf Kunststoffe, Eloxalverfahren zur Herstellung von Oxidschichten, elektrolytisches Polieren u.a.m.

Die wichtigste Anwendung finden Wechselwirkungen zwischen Festkörpern (Elektrode im Elektrolyt) und Elektrolyt in den *galvanischen Elementen* oder *Primärzellen*. Durch Konzentrationsunterschiede zwischen Elektrode und Flüssigkeit entsteht eine Spannung (nach einem ähnlichen Prinzip wie beim pn-Übergang). Sie ist stoffabhängig. Zwischen zwei in den Elektrolyten getauchten Metallen bildet sich eine Gesamtspannung, abhängig von der Stellung der Metalle in der elektrochemischen Spannungsreihe.

Bei Entladung verändert der Strom die Elektroden chemisch. Dabei entsteht eine Gegenspannung (Polarisationseffekt), die die Elementspannung reduziert (allmählicher „Verbrauch" der Batterie). Tafel 6.2.6 enthält einige typische Beispiele. Wichtig ist neben der Zellenspannung vor allem die Energie pro Gewicht oder Volumen. Im Vergleich zur preiswerten Kohle-Zink-Zelle (Lelanché-Element) schneiden die übrigen Zellen günstiger ab. Hohe spezifische Energiewerte haben die Zink-/Luft- und Lithium-Symsteme (letztere jedoch geringere Strombelastbarkeit). Preislich stehen die Silber- und Lithium-Typen an oberer Stelle. Deshalb sind sie speziellen Anwendungen vorbehalten (Armbanduhren, Hörgeräte, Schrittmacher).

Im Gegensatz zu den Primärelementen sind die *Sekundärelemente* (Akkumulatoren oder Sammler) wieder aufladbar. Hauptsächlich verwendet werden der Blei- und Nickel-Cadmium-Akkumulator. Ersterer findet wegen des niedrigen Preises im Auto Verwendung (Zellenspannung 2 V). Dagegen haben Nickel-Cadmium-Akkumulatoren lange Lebensdauer, hohe Belastbarkeit (Zellenspannung 1,3 V). Durch Reihenschaltung mehrerer Zellen entstehen die gewünschten Klemmenspannungen (6, 12, 24 V).

Tafel 6.2.6 Übersicht typischer Batterieformen

Zellentyp	Nennspannung in V	Energiedichte in mWh/cm^3	in mWh/g	Anwendung
– Zink-Braunstein – (Lelanché) – alkalisch	1,4 bis 1,6	120 bis 200	20 bis 80	Allzweckbatterie, Taschenlampe, Radio, Haushalt, Rechner, Meßgerät
Zink-Luft	1,4	650 bis 800	200 bis 350	Langzeitanwendungen (Weidezaun)
Zink-Silberoxid	1,55	350 bis 650	70 bis 120	Hörgerät, Armbanduhr
Zink-Quecksilber	1,35	400 bis 550	90 bis 130	Photo, Blitzgerät, Hörgerät, Uhr
Lithium	1,5 bis 3,8	500 bis 800	300 bis 500	Konsumerartikel, Photoblitz, Schrittmacher

6.2.3.6 Energieumsatz im Strömungsfeld

Das Strömungsfeld unterscheidet sich im energetischen Verhalten *grundlegend* vom Feld im Nichtleiter: während dort im stationären Zustand (keine zeitlichen Änderungen) *kein* Energieumsatz stattfindet (Feldenergie ist gespeichert!), erfolgt im stationären Strömungsfeld *beständig* Energieumsatz von elektrischer in Wärmeenergie (Reibungsverluste im Leiter bei der Trägerbewegung).

In Analogie zur Energiedichte W/V (Energie pro Volumen) des elektrostatischen Feldes bestimmen wir jetzt die „Leistungsdichte". Das ist die Verlustleistung p, die im Volumen $V = sA$ umgesetzt wird:

$$p' = \mathrm{d}p/\mathrm{d}V = \mathrm{d}(ui)/\mathrm{d}V = (\mathrm{d}u/\mathrm{d}s) \cdot (\mathrm{d}i/\mathrm{d}A) = E \cdot S \,,$$

allgemein

$$\boxed{p' = \vec{E} \cdot \vec{S} = S^2/\kappa \quad \text{Leistungsdichte im Strömungsfeld.} \quad (6.2.34)}$$

Im Cu-Leiter ($\kappa = 56$ Sm/mm^2) hat eine Stromdichte $S = 2$ A/mm^2 die Leistungsdichte $p' = 0{,}071$ W/cm^3 zur Folge. Der Wert ist relativ klein. In Halbleiterbauelementen liegen die Leistungsdichten erheblich darüber!

6.3 Magnetisches Feld. Verknüpfung zwischen elektrischem und magnetischem Feld

Physikalische Erscheinungsform. Das eben kennengelernte *elektrische* Feld mit dem Kennzeichen: räumliche Kraftwirkungen zwischen *ruhenden* Ladungen ist nicht das einzige Feld der Elektrotechnik. Es gibt vielmehr noch zahlreiche Phänomene, die sich nur durch Kraftwirkungen zwischen *bewegten* *Ladungen*, also Strömen, erklären lassen:

Ein Kraftfeld, das durch bewegte elektrische Ladungen und/oder ferromagnetischen Materialien erzeugt wird (oder umgekehrt auf bewegte elektrische Ladungen wirkt), heißt *magnetisches Feld*. Folglich ist ein stromdurchflossener Leiter stets von einem Magnetfeld umgeben. Das war das wichtigste Kennzeichen des Stromes (Abschn. 1.4.1).

Magnetische Wirkungen des sog. Magneteisensteins und das Prinzip der Kompaßnadel waren bereits im Altertum bekannt. Der Nachweis, daß auch ein Strom magnetische Wirkungen erzeugt, gelang erst Oersted (1819/20). Dieses Phänomen heißt *Elektromagnetismus*, im Gegensatz zum „Dauermagnet" (z.B. Magneteisenstein oder den Stabmagnet), der auch ohne erkennbaren Stromfluß z.B. Eisenstücke (Eisenfeilspäne, allg. ferromagnetische Stoffe) anzieht oder eine magnetisierte Nadel ablenkt. Deshalb kann die Auslenkung einer Magnetnadel als Indikator für ein Magnetfeld dienen.

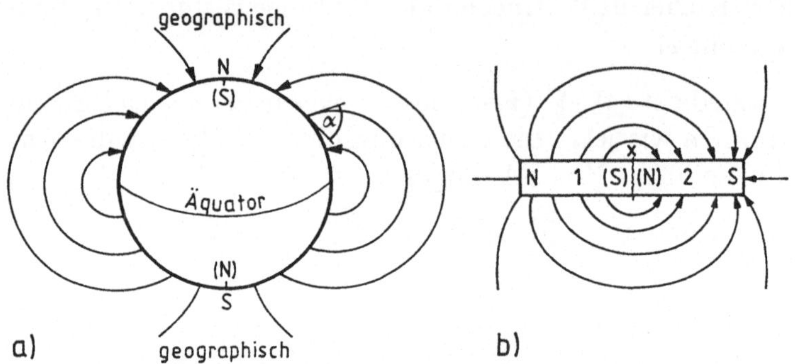

Bild 6.3.1 Magnetfelder von Dauermagneten
a) Erdmagnetfeld (S, N) magnetischer Süd-, Nordpol
b) Stabmagnet

Da auch die Erde von einem Magnetfeld umgeben ist, erfährt eine Magnetnadel eine entsprechende Ablenkung: der nach Norden (geographisch) zeigende Pol der Nadel heißt magnetischer Nordpol, obwohl dort der magnetische Südpol liegt. Folglich liegt der magnetische Nordpol in Nähe des geographischen Südpols (Bild 6.3.1a). Feststellbar ist auch, daß sich ungleichnamige Pole anziehen und gleichnamige abstoßen. Würde man einen Stabmagnet (Bild 6.3.1b) an der Stelle x zersägen, so entstünden dort sofort wieder Süd- und Nordpole und der Magnet haftet zusammen. Bei Umkehr des Teiles 2 beispielsweise erfolgt Abstoßung.

Das magnetische Feld wird – wie das elektrische – anschaulich durch *Feldlinien* beschrieben. Beim Stabmagneten verlaufen sie außerhalb des Magneten vom Nord- zum Südpol (positive Feldrichtung) und haben – wie die elektrischen Feldlinien – folgende *typische Eigenschaften*:

- die Tangente an die Feldlinien gibt die Kraftwirkung an
- die Liniendichte ist ein Maß für die Stärke der Kraftwirkungen.

Wir erkennen aber auch folgende grundlegende *Unterschiede* zum elektrischen Feld:

– magnetische Feldlinien sind stets in sich geschlossen, ohne Anfang und
Ende (elektrische beginnen und enden auf Ladungen)

– es gibt keine magnetischen Ladungen.

Systematisches Experimentieren läßt erkennen, daß das magnetische Feld die
Wirkungslinien der magnetischen Kraftwirkung nach Betrag und Richtung
beschreibt und daher ein *Vektorfeld* ist. Deshalb muß es wie das elektrische Feld durch zwei (Vektor-) *Feldgrößen* beschrieben werden, eine für die
Erregerursache (die sog. *magnetische Feldstärke* $\vec{H}$) und eine für die *Wirkung*, die *Flußdichte* $\vec{B}$. Zwischen beiden gibt es eine nur vom magnetischen
Material abhängige Verknüpfungsbeziehung, die *Permeabilität* μ.

Das magnetische Feld hat, wegen der rd. 1000mal höheren Energiedichte
verglichen mit dem elektrischen Feld (s. Abschn. 6.2) und der größeren
Kraftwirkung, größte technische Bedeutung. So grundlegende Prinzipien wie
der Elektromotor und Generator, aber auch Transformator, magnetische
Speicher, Lautsprecher, Elektromagneten u.a. wären ohne Magnetfeld nicht
möglich.

6.3.1 Feldgrößen des Magnetfeldes. Durchflutungsgesetz

Kraftwirkung und bewegte Ladung. Experimentell stellte Oersted fest, daß
ein (gerader) stromdurchflossener Leiter von einem Magnetfeld umgeben ist.
Im Bild 6.3.2a wurde das Magnetfeld des stromdurchflossenen Leiters durch
ausgewählte magnetische Feldlinien dargestellt. Sie sind durch eine Magnetnadel nachweisbar. Die Richtungspfeile weisen in Nordrichtung der Nadel.
Durch systematisches Probieren erkennt man die erwähnten typischen Eigenschaften. Gibt man den magnetischen Feldlinien eine Richtung (s.o.),
so stellt man eine rechtswendige Zuordnung zwischen Stromrichtung und
Magnetfeld (Bild 6.3.2b) fest.

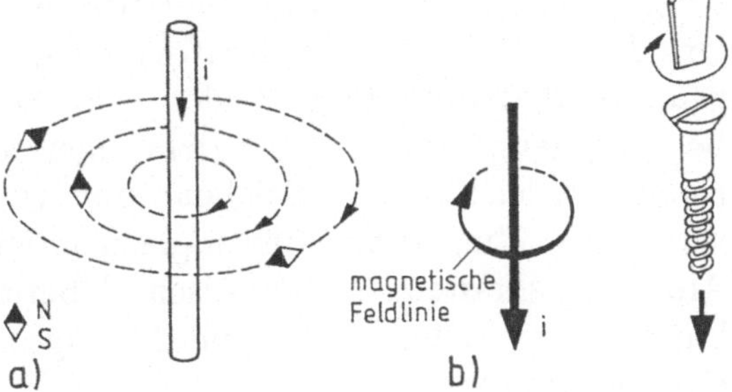

Bild 6.3.2
Magnetfeld eines geraden, stromdurchflossenen Leiters
a) Magnetfeld. Angedeutet sind ausgewählte magnetische Feldlinien
b) Rechtsschraubenregel

> Wird eine Rechtsschraube in Feldlinienrichtung gedreht, so bewegt sie sich in Stromrichtung (sog. Korkenzieher-Regel). Dies ist die sog. „Rechte-Hand-Regel": Zeigt der Daumen der rechten Hand in Stromrichtung, dann weisen die gekrümmten Finger in Feldrichtung.

Weil Stromfluß durch bewegte Ladungen zustandekommt, muß die *bewegte* Ladung für das Magnetfeld verantwortlich sein. Zwei Fragen bleiben offen:

- Durch welche Größe (Feldgröße des Magnetfeldes) wird die festgestellte Kraftwirkung ausgedrückt? Im elektrischen Feld war dies die elektrische Feldstärke E für die Kraftwirkungen auf ruhende Ladungen.
- Wie hängt diese einzuführende magnetische Feldgröße mit dem Stromfluß nach Bild 6.3.2 zusammen?

Wie beim elektrischen Feld liegt wieder eine doppelte Wechselwirkung vor zwischen der

- Kraft*wirkung*, die ein (vorhandenes) Magnetfeld auf eine bewegte Ladung ausübt und
- einer bewegten Ladung (Strom) als *Ursache* eines Magnetfeldes und damit dem Vermögen, Kraft auf eine andere bewegte Ladung auszuüben.

Im geschlossenen, stromdurchflossenen Leiterkreis (Bild 6.3.3a) läßt sich die Doppelwirkung gut erkennen. Über eine Entfernung mögen beide Leiter parallel verlaufen. Der Strom im linken Leiter 1 erzeugt ein Magnetfeld, das auf eine (im Leiter 2) bewegte Ladung eine Kraft ausübt. Die Ströme, Bewegungsrichtung der Elektronen, Feldlinien und Kraft sind eingetragen. Es gilt:

- Strom i_1 (bewegte Ladung) erzeugt ein Magnetfeld am Ort P_2
- Magnetfeld am Ort P_2 erzeugt Kraftwirkung auf bewegte Ladung am gleichen Ort.

Umgekehrt verursacht auch der Strom i_2 im Leiter 2 ein Magnetfeld am Ort P_1 und damit eine Kraftwirkung auf Leiter 1. Beide Kraftwirkungen – und damit Magnetfelder – überlagern sich und die Leiter werden bei entgegengesetzten Stromrichtungen auseinandergedrückt. Dieses Experiment ist leicht nachvollziehbar und wird zur Definition der Stromstärke verwendet. Umgekehrt führen gleichgerichtete Ströme in beiden Leitern zu Anziehungskräften. Systematische Überlegungen ergeben für die Kraftwirkung $\vec{F}_\mathrm{m}$ des Magnetfeldes und der *zugeordneten* magnetischen Feldgröße $\vec{B}$ (Bild 6.3.3b,c):

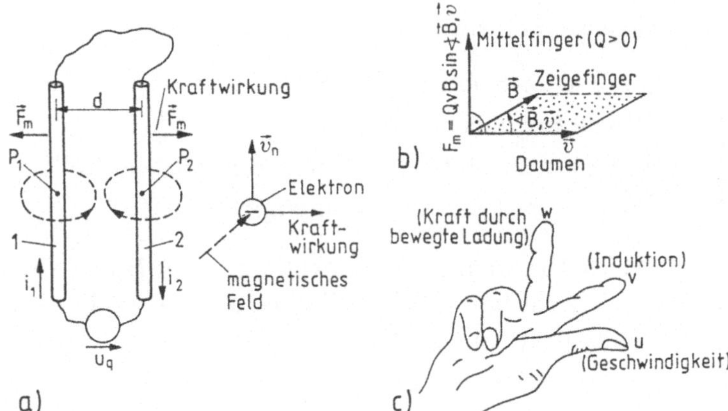

Bild 6.3.3 Kraftwirkung zwischen zwei Strömen
a) Kraftwirkung. Entgegengesetzt fließende Ströme stoßen sich ab
b) Zur Kraftrichtung
c) Rechte-Handregel

$$\vec{F}_m - Q(\vec{v} \times \vec{B}) = QvB \sin(\sphericalangle \vec{v}, \vec{B}) \qquad \text{Definition der magne-} \atop \text{tischen Flußdichte.} \qquad (6.3.1)$$

Die magnetische Induktion oder Flußdichte $\vec{B}$ ist definiert durch die Kraft $\vec{F}_m$, die auf eine Ladung Q (> 0) ausgeübt wird, wenn sie sich mit der Geschwindigkeit $\vec{v}$ senkrecht zum Magnetfeld bewegt.

Für die ruhende Ladung war $\vec{F}_e = Q \cdot \vec{E}$ die Definitionsgleichung der elektrischen Feldstärke $\vec{E}$. Wir erklären deshalb Gl. (6.3.1) als Definitionsgleichung der magnetischen Flußdichte $\vec{B}$. Kennt man Q und werden $\vec{v}$ und $\vec{F}_m$ gemessen, so ist damit $\vec{B}$ bestimmt.

Die *Maßeinheit* der Flußdichte $\vec{B}$ ist V·s/m^2 oder 1 Tesla [2]

$$[B] = 1 \text{ T} = 1 \text{ Vs/m}^2.$$

Früher wurde statt dessen die Einheit Gauß [G] benutzt: $1 \text{ G} = 10^{-8} \text{ Vs cm}^{-2} = 10^{-4} \text{ Vs m}^{-2}$, $1 \text{ T} = 10^4 \text{ G}$. Sie orientierte sich an der Größe des magnetischen Erdfeldes, ist aber heute nicht mehr zugelassen.

---

[2] Nikola Tesla, kroatischer Physiker 1856-1953

Größenvorstellungen:

- Erdfeld $B \approx 5 \cdot 10^{-5}$ T (≈ 1 G)
- Umgebung einer Fernleitung $B \approx 10^{-4}$ T
- Luftspalt in Motoren, Lautsprecher $0,1 \ldots 1,5$ T
- Magnet im Computertomograph ≈ 10 T.

Nach Gl. (6.3.1) steht $\vec{F}_\mathrm{m}$ senkrecht auf $\vec{v}$ und $\vec{B}$ und läßt sich durch die Dreifingerregel leicht interpretieren (*uvw*-Regel, *U*rsache, *V*ermittlung, *W*irkung, Bild 6.3.3c, positive Ladung Q))

Ursache	Vermittlung	Wirkung
Geschwindigkeit $\vec{v}$	Flußdichte $\vec{B}$	Kraft$\vec{F}_\mathrm{m}$
(bewegte Ladung)	(Magnetfeld)	(auf bewegte Ladungen)
(Daumen)	(Zeigefinger)	(Mittelfinger)

Die Kraft wird maximal, wenn $\vec{v}$ und $\vec{B}$ senkrecht zueinander stehen und Null, wenn sich Ladungsträger in Richtung des Magnetfeldes bewegen. Bei negativem Vorzeichen der Ladung wechselt die Kraftrichtung. An Hand von Gl. (6.3.1) läßt sich damit die Kraftwirkung im Bild 6.3.3 leicht erklären (vollziehen Sie dies).

Wir fassen zusammen:

Die grundlegende (Vektor-)Größe zur Kennzeichnung eines magnetischen Feldes ist die magnetische Flußdichte $\vec{B}$. Sie wird charakterisiert durch die Kraftwirkung auf eine bewegte Ladung und durch Feldlinien veranschaulicht, die z.B. mit der Magnetnadel nachweisbar sind (Bild 6.3.2).

Die bereits erwähnte *Haupteigenschaft* magnetischer Feldlinien, nämlich ohne Anfang und Ende zu sein, können wir dann so formulieren:

$\vec{B}$-Linien sind stets in sich geschlossen oder gleichbedeutend: $\vec{B}$ ist quellenfrei (die $\vec{E}$-Linien des Feldes ruhender Ladungen waren nicht quellenfrei).

Denken wir uns in ein Magnetfeld eine Hüllfläche gelegt (Bild 6.3.4a), so treten ebenso viele $\vec{B}$-Linien ein wie anderenorts aus: $\vec{B}$-Linien haben weder Anfang noch Ende.

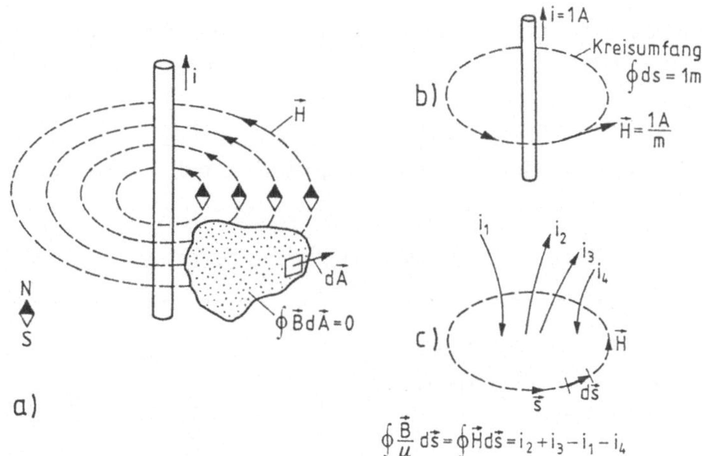

Bild 6.3.4 Magnetische Feldstärke
   a) Magnetfeld eines Stromes. Quellenfreies $\vec{B}$-Feld
   b) Zur Definition der magnetischen Feldstärke $\vec{H}$. $\vec{H}$ umwirbelt i
   c) Zum Durchflutungsbegriff

Zusammenhang Strom – magnetische Feldstärke. Durchflutungsgesetz. Wir haben die Kraft auf die bewegte Ladung zur Definition der magnetischen Flußdichte $\vec{B}$ verwendet und damit die erste der beiden oben gestellten Fragen beantwortet. Offen bleibt aber noch der Zusammenhang zwischen Strom und magnetischer Feldgröße nach Bild 6.3.2 oder anders:

Was ist die Ursache dafür, daß ein Strom i_1 (Bild 6.3.3a) am Ort P_2 ein Magnetfeld ($\to \vec{B}$) erzeugt, das seinerseits auf eine an P_2 befindliche bewegte Ladung eine Kraft $\vec{F}_\mathrm{m}$ ausübt?

Die Antwort darauf geben die *magnetische Feldstärke* $\vec{H}$ und der *Durchflutungssatz*.

Experimentell läßt sich zeigen, daß die magnetische Flußdichte $\vec{B}$ im Punkt P_2 abhängt vom Strom i und den magnetischen Materialeigenschaften des Raumes, gekennzeichnet durch die *magnetische Permeabilität* μ. Längs eines Umlaufes mit dem Wegelement $\mathrm{d}\vec{s}$ gilt (Bild 6.3.4b)

$$\oint (\vec{B}/\mu)\,\mathrm{d}\vec{s} = i\,. \tag{6.3.2}$$

Dabei ist i der Strom, der durch die (gedachte) Fläche fließt, die der Umlaufweg $\oint \mathrm{d}\vec{s}$ einschließt. Die eingeführte *magnetische Permeabilität*

$$\mu = \mu_\mathrm{r}\mu_0$$
$$\mu_0 = 4\pi \cdot 10^{-7}\ \mathrm{Vs/Am}$$
(6.3.3)

hängt von einer Naturkonstante μ_0 – der Permeabilität des Vakuums – (auch magnetische Feldkonstante genannt) und der Permeabilitätszahl μ_r der Materie um den Leiter ab (s. Abschn. 6.3.2). Obwohl die magnetische Flußdichte $\vec{B}$ in Gl. (6.3.2) um den Strom i von den magnetischen Eigenschaften (μ) des umgebenden Raumes beeinflußt wird, bleibt der Quotient

$$\vec{B}/\mu = \vec{H} \qquad \text{magnetische Feldstärke} \tag{6.3.4}$$

dagegen stets *unabhängig* von den Raumeigenschaften. Die Größe $\vec{H}$ heißt *magnetische Feldstärke*, und es gilt

$$\oint \vec{H}\,\mathrm{d}\vec{s} = i \equiv \int \vec{S}\,\mathrm{d}\vec{A} \equiv \sum_\nu i_\nu = \Theta \qquad \text{Durchflutungsgesetz} \tag{6.3.5}$$

1. Maxwellsche Gleichung
(Ampèresches Gese14tz).

Das Durchflutungsgesetz beschreibt den Zusammenhang zwischen einem Strom i und dem von ihm erzeugten Magnetfeld, gekennzeichnet durch die magnetische Feldstärke $\vec{H}$:

- elektrischer Strom ist von geschlossenen magnetischen Feldlinien umgeben. Umkehrung:
- geschlossene magnetische Feldlinien werden von einem Strom durchflossen oder *durchflutet* (Name!)

Verallgemeinert besagt dann Gl. (6.3.5):
Das Umlaufintegral über $\vec{H}$ (Integral längs einer geschlossenen Umlauflinie) ist gleich dem gesamten, durch diese Fläche hindurchfließenden Strom i. Dieser von den Feldlinien umfaßte Strom i heißt auch *Durchflutung* Θ.

Die magnetische Feldstärke $\vec{H}$ hat die Einheit (Bild 6.3.4b)

$$[H] = 1\ \mathrm{A/m}$$

ohne besonderen Namen. Sie ergibt sich längs des Randes eines Kreisringes mit 1 m Umfang, durch dessen Mittelpunkt ein gerader, unendlich langer Leiter mit dem Strom 1 A führt.

Das Durchflutungsgesetz gilt allgemein *unabhängig von der umgebenden Materie*. Es dient zur Berechnung der magnetischen Feldstärke bei beliebig geformten Leitern, z.B. in Spulen.

Der Strom i in Gl. (6.3.5) kann Konvektionsstrom (Ladungsträgerstrom) und/oder Verschiebungsstrom i_V (s. Abschn. 2.3.1) sein, er läßt sich auch durch die Stromdichte $\vec{S}$ ausdrücken. Für die Richtungen von $\vec{S}$ bzw. i und $\vec{H}$ gilt die Rechtsschraubenregel (Bild 6.3.2b).

Besteht der Strom i aus mehreren Teilströmen, wird i als algebraische Summe der Teilströme gebildet, z.B. Bild 6.3.4c

$$\oint \vec{H}\,\mathrm{d}\vec{s} = -i_1 + i_2 + i_3 - i_4 \,. \tag{6.3.6}$$

Wird kein Strom umschlossen, ist $\oint \vec{H}\,\mathrm{d}\vec{s} = 0$.

Obwohl Gl. (6.3.5) allgemein gilt, sollte man bei der Berechnung von $\vec{H}$ einen Integrationsweg finden, auf dem $\vec{H}$ konstant ist und damit die Analyse einfach wird. Um beispielsweise die magnetische Feldstärke um einen geraden Leiter zu bestimmen, empfiehlt sich nicht irgendeine Integrationsschleife (Bild 6.3.5a), sondern ein Kreis senkrecht zum Leiter (Bild 6.3.5b, c). Dann gilt

$$\oint \vec{H}\,\mathrm{d}\vec{s} = \oint H \cos(\angle \vec{H}, \mathrm{d}\vec{s})\,\mathrm{d}s = H \oint \mathrm{d}s = H \cdot 2\pi r = i$$

$$\boxed{H = i/2\pi r} \tag{6.3.7}$$

mit $\vec{H} = H_\alpha \vec{e}_\alpha$ $(H_\alpha = H)$, wenn Zylinderkoordinaten $(r,\,\alpha,\,z)$ verwendet werden.

Die magnetische Feldstärke steigt proportional zu i und sinkt mit wachsendem Radius. Zahlenmäßig ergibt sich für $i = 1$ A, $r = 1$m, $H = 0{,}16$ A/m,

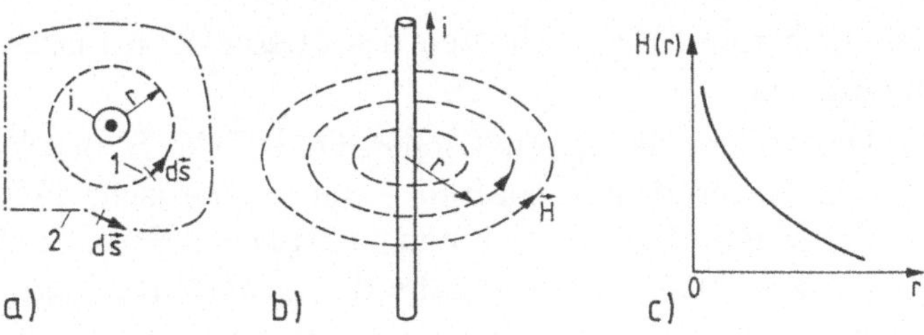

Bild 6.3.5 Magnetische Feldstärke $\vec{H}$
    a) Integrationswege
    b) magnetische Feldstärke eines geraden Leiters
    c) Abnahme der Feldstärke $\vec{H}$ außerhalb des Leiters

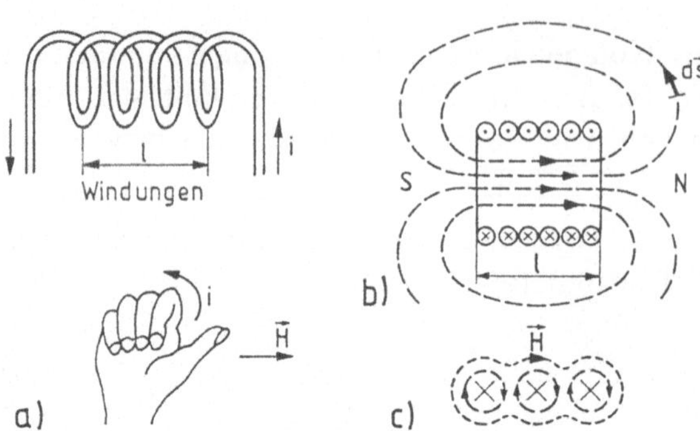

Bild 6.3.6
Magnetfeld in einer Zylinderspule
a) Spulenanordnung
b) Magnetfeld inner- und außerhalb der Spule. Das Feld ist im
Innern (etwa) homogen
c) Entstehung des resultierenden
Magnetfeldes durch Überlagerung der Felder einzelner Windungen (Annahme $l \gg d$, Durchmesser)

aber für $r = 10\,\mathrm{cm}$ $H = 1{,}6\ \mathrm{A/m}$. Dem entspricht eine Flußdichte von $2 \cdot 10^{-6}$ $\mathrm{Vs/m}^2$. Das ist rd. 1/100 des mittleren Erdmagnetfeldes.

Wir betrachten als Beispiel das Magnetfeld einer langen Zylinderspule im homogenen magnetischen Medium (Luft) mit w Windungen (Bild 6.3.6a). Im
Spuleninnern entsteht durch die Überlagerung der Einzelfelder eines jeden
Leiters (Bild 6.3.6b) ein annähernd homogenes Feld. Außerhalb der Spule
ist das Feld sehr schwach (weshalb es vernachlässigt werden soll). Dann gilt
mit Gl. (6.3.6)

$$\sum_{\nu} i_{\nu} = iw = \oint \vec{H}\,\mathrm{d}\vec{s} = \int \vec{H}_{\mathrm{i}}(s)\,\mathrm{d}\vec{s}_{\mathrm{i}} + \int \vec{H}_{\mathrm{a}}(s)\,\mathrm{d}\vec{s}_{\mathrm{a}}\,. \qquad (6.3.8)$$

Im Spuleninnern ist $\vec{H}_{\mathrm{i}} = \vec{H}$ konstant und das Wegintegral ergibt die Spu-
lenlänge l. Der Außenanteil wird wegen $H_{\mathrm{i}} \gg H_{\mathrm{a}}$ vernachlässigt. Dann verbleibt die magnetische Feldstärke

$$H_{\mathrm{i}} = H = iw/l = \Theta/l \qquad\qquad (6.3.9)$$

im Spuleninnern. Die Feldrichtung ergibt sich aus der Rechte-Hand-Regel.

Die bisherigen Eigenschaften des Magnetfeldes lassen sich wie folgt zusammenfassen:

– Der Vektor der magnetischen Feldstärke $\vec{H}$ beschreibt – unabhängig von
  den Materialeigenschaften – die magnetische Feld*ursache*. Erzeugt wird
  das Magnetfeld durch einen elektrischen Strom i (Konvektions-, Verschiebungsstrom) nach Maßgabe des Durchflutungsgesetzes.

– Der Vektor der magnetischen Flußdichte $\vec{B}$ stellt sich als *Wirkung* des
  Magnetfeldes auf eine Ursache ($\vec{H}$) ein und äußert sich z.B. durch Kraft
  auf einen stromdurchflossenen Leiter (bewegte Ladungen) oder ferromagnetische Materialien (Eisenspäne).

– Die beiden Feldgrößen $\vec{B}$ und $\vec{H}$ sind über die magnetischen Materialeigenschaften Gl. (6.3.4) verkoppelt.

– Als Feldgrößen gelten $\vec{B}$ und $\vec{H}$ in einem Raumpunkt.

Damit finden wir analoge Verhältnisse wie im elektrischen Feld vor, es gibt dort auch eine Ursache – die elektrische Feldstärke $\vec{E}$ – und eine Wirkungsgröße: die elektrische Flußdichte $\vec{D}$ (im elektrischen Feld) bzw. die Stromdichte $\vec{S}$ im Strömungsfeld und zugehörige Materialverknüpfungen ($\rightarrow \varepsilon, \kappa$).

Aufgaben 6.3.1, 6.3.2.

6.3.2 Materie im Magnetfeld

Die Flußdichte $\vec{B}$ kennzeichnet die Wirkung eines magnetischen Feldes. Sie hängt nach Gl. (6.3.4) von den Materialeigenschaften über die relative Permeabilität μ_r ab. Man unterscheidet bezüglich der magnetischen Eigenschaften folgende Stoffgruppen:

$\mu_r = 1$ Vakuum

$\mu_r \lesssim 1$ diamagnetische Stoffe (z.B. Cu, Bi, Pb)

$\mu_r \gtrsim 1$ paramagnetische Stoffe (z.B. Al, Pt)

$\mu_r \gg 1$ ferromagnetische Stoffe (z.B. Fe, Ni, Co, Ferrit,

        Mu-Metall u.a) (μ_r: Größenordnung $10^2 \ldots 10^4$).

Besonderes technisches Interesse besteht an *ferromagnetischen* Stoffen. Ohne auf Einzelheiten einzugehen, wird der Ferromagnetismus auf molekulare magnetische Dipole im Material zurückgeführt, verursacht durch die Hüllelektronen der Atome. Im Zusammenwirken mit dem äußeren Magnetfeld entstehen Drehmomente, die die Dipole orientieren. In den ferromagnetischen Stoffen gibt es eine große Zahl kleiner Bereiche – der sog. *Weißschen Bezirke* –, in denen diese magnetischen Dipole bereits ohne Fremdfeld magnetisch ausgerichtet sind. Im Normalzustand heben sich die inneren Felder der einzelnen Bezirke auf Grund der regellosen Anordnung gegenseitig auf. Durch das äußere Feld erfolgt eine Orientierung, allerdings sprungweise. Dadurch kommt es zur Verstärkung des Magnetfeldes.

Üblicherweise wird nicht die Permeabilität μ_r angegeben, sondern die sog. *Magnetisierungskurve $B(H)$* (auch Hysteresekurve genannt, s. Bild 6.3.7a). Häufig trägt man statt H den Strom i auf (für eine bestimmte Anordnung).

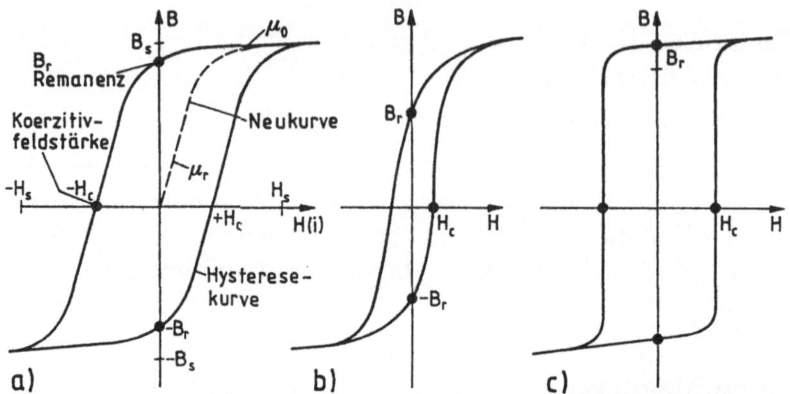

Bild 6.3.7 Magnetisierungskurve eines ferromagnetischen Materials
  a) Hysteresekurve, hartmagnetisches Material
  b) dto., weichmagnetisches Material
  c) Rechteck-Kern

War das Material vor Anlegen von H unmagnetisch, so bewegt man sich mit H-Zunahme auf der sog. *Neukurve* solange, bis alle Elementarmagneten in Richtung des Magnetfeldes ausgerichtet sind. Von da an tritt *Sättigung* ein. Jetzt steigt B nur noch proportional $\mu_0 H$, wie im Vakuum. Dazu gehört die Sättigungsinduktion B_s (bei Fe $\approx 1 \ldots 1{,}5$ T). Geht H auf Null zurück, so klappen nicht alle Dipole wieder in ihre Ausgangslage, selbst bei $H = 0$ bleibt noch ein Restmagnetismus, die sog. *Remanenz* B_r. Dieser Magnetismus wird in Dauermagneten ausgenutzt.

Vertauscht man die Richtung des Magnetfeldes (Stromrichtung), so sinkt B. Um den unmagnetischen Zustand $B = 0$ herzustellen, ist ein Gegenfeld, die *Koerzitivfeldstärke* H_c erforderlich. Wird weiter magnetisiert, so stellt sich nach einem „Durchlauf" die Hysteresekurve ein.

In einer so geschlossenen Kurve gibt es für die Feldstärkewerte $H = 0$ zwei mögliche Remanenzwerte $+B_r$, $-B_r$. Beide können zur permanenten Speicherung binärer Zustände verwendet werden. Permanent, weil die Speicherung auch bei verschwindendem Magnetisierungsstrom anhält.

Die Entmagnetisierung eines ferromagnetischen Materials gelingt durch Anlegen eines abklingenden Wechselstromes. Dabei wird die Hysterese innerhalb einer Periode einmal durchlaufen, so daß man mit sinkender Amplitude schließlich zum Nullpunkt gelangt.

Die Form der Hysteresekurve hängt stark vom magnetischen Material ab. Nach den Zahlenwerten der Koerzitivfeldstärke und Remanenz werden unterschieden:

- *weichmagnetische* Werkstoffe mit kleinem H_c ($0,1 < H_c < 10^3$ A/m) und kleinem B_r (z.B. Eisenkohlenstoff, Kobaltstähle, weichmagnetische Ferrite), also einer schlanken Hysteresekurve (Bild 6.3.7b)
- *hartmagnetische* Werkstoffe mit $10^3 < H_c < 10^7$ A/m, z.B. Legierungen aus Al-Ni-Co, Fe-Ti, Fe-Co-V, Seltene-Erde-Kobaltverbindungen. Sie haben eine breite Hysteresekurve (Bild 6.3.7c). Ein Sonderfall sind „Rechteck"-Kurven, wie sie für Magnetspeicher verwendet werden.

Weichmagnetische Werkstoffe dienen der Erzeugung einer hohen Flußdichte bei mäßigem Strom und geringer Verlustenergie. Anwendungsgebiete sind Transformatoren, Motoren, Schreib-/Leseköpfe u.a. Hartmagnetische Werkstoffe vewendet man für Dauermagneten, die Magnetschicht von Datenträgern u.a.

Die Fläche der Hysteresekurve ist ein Maß der Arbeit, die bei Ummagnetisierung geleistet werden muß. Für einen Betrieb mit Wechselstrom (50 Hz) rechnet man z.B. bei Transformatoreisen ($B \approx 1$ T) mit Verlusten von $1\dots 10$ W/kg.

Beim Dauermagneten sollte das Produkt $B_r H_c$ möglichst groß sein. Werte von $5\dots 150 \cdot 10^6$ kJ/m^3 (letzter Wert Seltene-Erde-Verbindungen) sind möglich. Tafel 6.3.1 enthält einige Zahlenwerte typischer Magnetwerkstoffe.

Tafel 6.3.1 Richtwerte typischer Magnetwerkstoffe

Werkstoff	μ_r	B_s in T	H_c in A/m
Dynamoblech	500 bis 5000	$1,0$	$0,3$ bis $0,5$
Mu-Metall	$50 \cdot 10^3$ bis $150 \cdot 10^3$	$0,6$ bis $0,8$	$0,5$ bis $1,5$
Stahl (1% C)	50	$0,7$	4500
Platin-Kobalt-Leg.	< 10	$0,5$	250 000
Ferrit	< 10	$0,3$	200 000

Curie-Temperatur. Oberhalb einer kritischen Temperatur, der sog. *Curie-Temperatur*, hört der Ferromagnetismus auf (Auflösung der Weißschen Bezirke durch Temperaturerhöhung). Der Stoff verhält sich dann dia- oder paramagnetisch. Die Curie-Temperatur von Eisen beträgt z.B. 770 °C.

6.3.3 Integralgrößen des magnetischen Feldes. Magnetischer Kreis

Die bisher kennengelernten Größen magnetische Feldstärke $\vec{H}$ und Flußdichte $\vec{B}$ beschreiben das Magnetfeld im *Raumpunkt*. Interessiert man sich aber für das Magnetfeld nur *global* im Raum, so ist die (gleichwertige) Beschreibung durch die sog. *integralen Größen* zweckmäßiger. Das sind

– der *magnetische Fluß* Φ, zugeordnet der Flußdichte $\vec{B}$

– die magnetische Spannung V, zugeordnet der magnetischen Feldstärke $\vec{H}$

– der *magnetische Widerstand* R_m als Verknüpfungsgröße zwischen Φ und V. Wir kommen so zum Modell des sog. *magnetischen* Kreises, der sich in vielen wichtigen Punkten völlig analog zum elektrischen Stromkreis verhält

– die *Induktivität* L als Verknüpfungsgröße zwischen magnetischem Fluß und elektrischem Strom i (Wechselwirkung Stromkreis $\leftrightarrow$ magnetisches Feld, vgl. Abschn. 2.4.2).

Damit liegen sinngemäß Verhältnisse vor, wie wir sie schon im elektrischen Feld kennenlernten (s. Abschn. 6.1), allerdings für die ruhende Ladung.

Magnetischer Fluß Φ. Der magnetische Fluß Φ durch eine Fläche A ergibt sich zu (Bild 6.3.8a, b)

$$\Phi = \int_A \vec{B} \cdot \mathrm{d}\vec{A} \, . \qquad\qquad (6.3.10\mathrm{a})$$

Die Einheit von Φ: $[\Phi] = 1 \ \mathrm{T/m^2} = 1 \ \mathrm{Vs} = 1 \ \mathrm{Wb}$ heißt Weber.

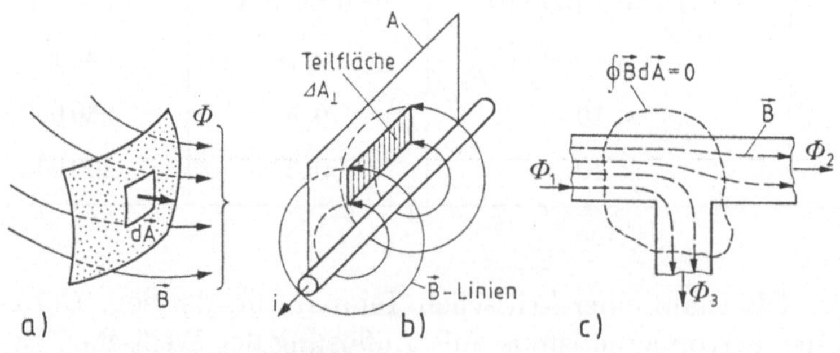

Bild 6.3.8 Magnetischer Fluß Φ
a) Definition, b) Veranschaulichung, c) Quellenfreiheit des magnetischen Flusses

Für eine vom homogenen Feld $\vec{B}$ senkrecht durchsetzte Fläche $\vec{A}$ wird daraus

$$\Phi = \vec{B} \cdot \vec{A} = BA\cos(\angle\vec{B}, \vec{A}) = B \cdot A\,. \tag{6.3.10b}$$

So herrscht beispielsweise im Innern der Zylinderspule (Bild 6.3.6b) der Fluß

$$\Phi = BA_{\mathrm{d}} = \mu_0 H A_{\mathrm{d}} = \mu_0(iw/l)A_{\mathrm{d}}\,,$$

wenn A_{d} der Spulendurchmesser ist. Beispielsweise ergibt sich für $i = 1$ A, $w = 100$, $l = 5$ cm, $A_{\mathrm{d}} = 1\,\mathrm{cm}^2$, $\Phi = 2{,}5 \cdot 10^{-7}$ Vs.

Die *Richtung* des Flusses Φ stimmt mit der von $\vec{B}$ überein (wir wollen das so in dieser einfachen Form festhalten).

Anschaulich ist der magnetische Fluß proportional der Gesamtzahl der Feldliniendichte, die eine (senkrecht gedachte) Fläche durchsetzen. Daher erklärt sich der Begriff Flußdichte für $B\,(= \Phi/A)$.

Haupteigenschaft: Quellenfreiheit. Ähnlich wie der elektrische Strom ist der magnetische Fluß quellenfrei. Deshalb gilt für eine Hüllfläche

$$\oint \vec{B}\,\mathrm{d}\vec{A} = 0 \rightarrow \sum_{\mu} \Phi_\mu = 0 \quad \text{magnetischer Knotensatz} \tag{6.3.11}$$

Quellenfreiheit.

Dies ist im Bild 6.3.8c für einen Eisenkreis „mit Flußverzweigung" erläutert. So entspricht der magnetische Fluß Φ in Eisenkreisanordnungen – dem sog. *magnetischen Kreis* (s.u.) – dem Verhalten der Stromstärke im verzweigten elektrischen Stromkreis. Deshalb bezeichnet man Gl. (6.3.11) (rechter Teil) auch als „magnetischen Knotensatz".

Magnetische Spannung V. Im elektrischen Kreis wurde das Wegintegral über die elektrische Feldstärke $\vec{E}$ zwischen zwei Punkten als Spannungsabfall definiert: $u_{\mathrm{AB}} = \int_A^B \vec{E}\,\mathrm{d}\vec{s}$ (Gl. (1.3.3)). Es liegt nahe, das Linienintegral über die magnetische Feldstärke H als *magnetische Spannung V* (Spannungsabfall) zu definieren

$$V_{\mathrm{AB}} = \int_A^B \vec{H} \cdot \mathrm{d}\vec{s} \quad \text{magnetische Spannung} \tag{6.3.12}$$

mit der Einheit $[V] = [H][s] = 1\ \text{A/m·1 m} = 1\ \text{A}$. Daß sich dabei als Einheit die der Stromstärke ergibt, mag nicht überraschen, sondern deutet eher (im übertragenen Sinn) auf den Strom als Ursache von $\vec{H}$ hin.

Für ein homogenes Magnetfeld gilt dann

$$V_{\text{AB}} = H l_{\text{AB}}\,. \tag{6.3.13}$$

Wird der Begriff magnetische Spannung auf den Durchflutungssatz Gl. (6.3.5) angewendet (und führt man längs des Umlaufes Stützpunkte n, $n+1$ ein, so gilt (Bild 6.3.9))

$$\Theta = i = \oint \vec{H}\,\mathrm{d}\vec{s} = \int\limits_1^2 \vec{H}\,\mathrm{d}\vec{s} + \int\limits_2^3 \vec{H}\,\mathrm{d}\vec{s} + \cdots + \int\limits_n^{n+1} \vec{H}\,\mathrm{d}\vec{s} + \int\limits_{n+1}^1 \vec{H}\,\mathrm{d}\vec{s}$$

$$= V_{12} + V_{23} + \cdots + V_{n,n+1} + V_{n+1,1}$$

oder zusammengefaßt

$$\Theta = i = \sum_{\nu=1}^{n} V_\nu \quad \text{magnetischer Maschensatz.} \tag{6.3.14}$$

Die algebraische Summe der Durchflutungen Θ ist gleich der algebraischen Summe der magnetischen Spannungsabfälle V.

Dies entspricht formal dem Ergebnis im elektrischen Stromkreis (Maschensatz). Dabei werden auch hier Zählpfeilrichtungen für die Spannungsabfälle eingerichtet. Sie ergeben sich über H direkt aus dem Durchflutungssatz (Bild 6.3.9).

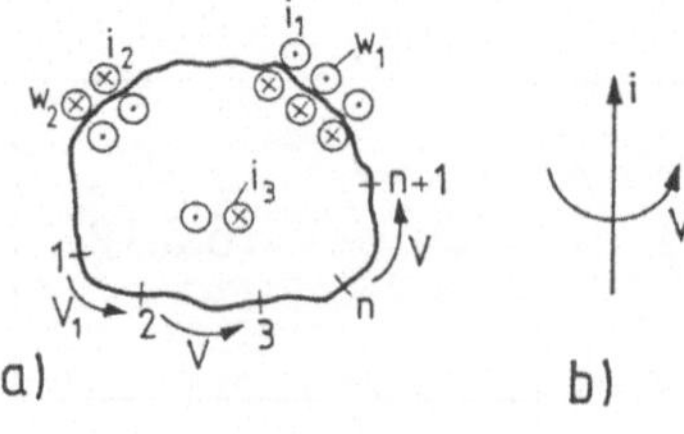

Bild 6.3.9
Magnetische Spannung und Durchflutung
a) magnetische Spannung, dargestellt an einer Anordnung mit 3 Spulen
b) Richtungszuordnung zwischen magnetischer Spannung und Durchflutung

Magnetischer Widerstand. Nach Definition des magnetischen Flusses Φ (analog zum Strom i) und des magnetischen Spannungsabfalles V (analog zur Spannung u), liegt es nahe, den Quotienten

$$R_{\mathrm{m}} = V/\Phi \qquad \text{magnetischer Widerstand}$$
$$[R_{\mathrm{m}}] = 1\,\mathrm{A}/1\,\mathrm{Vs} = \mathrm{A/Wb} \tag{6.3.15}$$

als *magnetischen Widerstand* zu definieren, analog zum elektrischen Widerstand $R = u/i$ im elektrischen Kreis (Bild 6.3.10a). Speziell für das *homogene* Magnetfeld gilt dann mit Gl. (6.3.13) und $\Phi = BA = \mu HA$ (Gl. (6.3.10b))

$$R_{\mathrm{m}} = V/\Phi = Hl/BA = l/\mu A \qquad \begin{array}{l}\text{Bemessungsgleichung des}\\ \text{magnetischen Widerstandes}\end{array} \tag{6.3.16}$$

als *Bemessungsgleichung* des magnetischen Widerstandes. Sie ist ganz analog zum elektrischen Widerstand ($R = l/\kappa A$) aufgebaut: der Leitfähigkeit κ entspricht die Permeabilität μ , dem Leiterquerschnitt A der Querschnitt des „magnetischen Kreises". Beispiel: Ein Eisenstab der Länge $l = 10\,\mathrm{cm}$, Querschnitt $A = 1\,\mathrm{cm}^2$ und $\mu_{\mathrm{r}} = 10^3$ hat den magnetischen Widerstand $R_{\mathrm{m}} = 10^7/4\pi\ \mathrm{A/Vs}$.

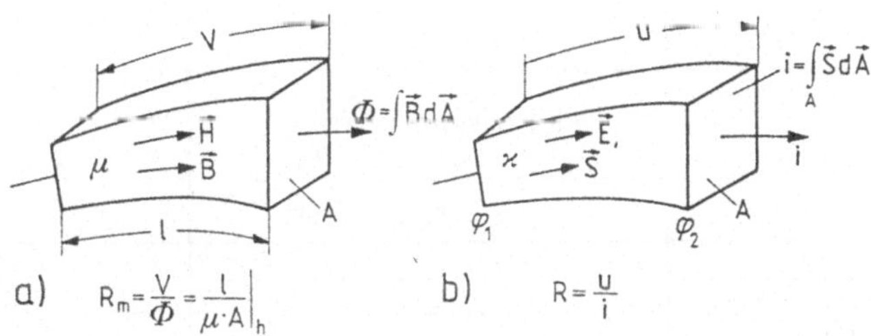

Bild 6.3.10 Magnetischer Widerstand R_{m}
a) Definition am magnetischen Leiter. Im Falle des homogenen Leiters gilt die angegebene Bemessungsgleichung
b) Analoge Definition des elektrischen Widerstandes

Magnetischer Kreis. Wie beim elektrischen Stromkreis kann man auch für den magnetischen Kreis eine *magnetische Ersatzschaltung* als Modell einführen, wenn die folgenden Analogien verwendet werden

$$\Phi \mathrel{\hat{=}} i\,;\ \ V \mathrel{\hat{=}} u\,,\ R_{\mathrm{m}} \mathrel{\hat{=}} R\,. \tag{6.3.17}$$

Vorsicht ist lediglich für die Richtung der magnetischen Quellspannung Θ ($\hat{=}$ u_q) geboten, die wir im elektrischen Feld als Spannungsabfall eingeführt haben ($\sum(u - u_\mathrm{q}) = 0$). Dementsprechend müßte dann Gl. (6.3.14) in der Form $\sum(\Theta - \oint \vec{H}\,\mathrm{d}\vec{s}) = 0$ geschrieben werden. Wir wollen diese Feinheiten aber übergehen und uns an die Ersatzschaltung nach Tafel 6.3.2 halten.

Tafel 6.3.2 Analogie zwischen elektrischem und magnetischem Kreis

	elektrischer Kreis	magnetischer Kreis
Grundkreis		
Analogie		
Ursache	elektrische Spannung u	magnetische Spannung $$\Theta = \int \vec{H}\,\mathrm{d}\vec{s} = w \cdot i$$
Wirkung	elektrischer Strom $$i = \frac{u_\mathrm{q}}{R_\mathrm{i} + R_\mathrm{a}} = \frac{u_\mathrm{q}}{R_\mathrm{ges}}$$	magnetischer Fluß $$\Phi = \frac{iw}{R_\mathrm{m\,L} + R_\mathrm{m\,Fe}} = \frac{\Theta}{R_\mathrm{m\,ges}}$$
Ohmsches Gesetz	$$R = \frac{u}{i}$$	$$R_\mathrm{m} = \frac{\Theta}{\Phi}$$
Widerstand	$$R = \frac{l}{\kappa \cdot A} \ \text{in}\ \Omega$$	$$R_\mathrm{m} = \frac{l}{\mu \cdot A} \ \text{in}\ \frac{\mathrm{A}}{\mathrm{Wb}}$$
Leitfähigkeit κ	$$\kappa \ \text{in}\ \frac{\mathrm{S}}{\mathrm{m}}$$	$$\mu_0 \mu_r \ \text{in}\ \frac{\mathrm{Wb}}{\mathrm{Am}}$$

Zusammengefaßt gibt es dann für die Beschreibung des magnetischen Kreises mit den vereinbarten Größen Φ, $V(\Theta)$ und R_m analoge Knoten- und Maschengleichungen sowie Elementbeziehungen:

$$\sum_\nu \Phi_\nu = 0 \,, \quad \sum_\mu (V_\mu - \Theta) = 0 \,, \quad V_\mu = R_{m\mu}\Phi_\mu \,. \qquad (6.3.18)$$

Diese Analogie erlaubt, die für Gleichstromnetzwerke kennengelernten Analysemethoden (z.B. Reihen-/Parallelschaltung von Widerständen, Zweipolbetrachtung, Spannungs-Stromteilerregel usw.) auch in magnetischen Kreisen anzuwenden. Vorausgesetzt haben wir lediglich *lineare* magnetische Widerstände, d.h. eine *lineare B-H-Beziehung*. Das ist aber nach der Magnetisierungskurve des Eisens (Bild 6.3.7) nur bedingt der Fall, so daß dann u.U. mit nichtlinearen Elementen gerechnet werden muß.

Kennt man in einem solchen magnetischen Kreis die Größen V und Φ, so kann daraus auch auf H und B geschlossen werden.

Die Methode des magnetischen Kreises ist sehr anschaulich, knüpft an die Anwendungsmethoden des Gleichstromkreises an und eignet sich deshalb sehr gut zur schnellen Analyse einfacher magnetischer Kreise.

Beispiel. Magnetischer Kreis mit Eisenkern und Luftspalt (Tafel 6.3.2). Viele technische Anordnungen (Elektromagnet, Motor, Relais, Schreib-/Lesekopf, s.u.) können auf das Grundmodell des Eisenkreises mit Luftspalt überführt werden. Wir zeichnen zunächst eine magnetische Ersatzschaltung mit den magnetischen Widerständen des Eisens und Luftspaltes $R_{\mathrm{mFe}}, R_{\mathrm{mL}}$. Im Kreis fließt der magnetische Fluß Φ, angetrieben durch die Erregung Θ (Rechtsschraubenregel, aber als Spannungsabfall eingetragen, Richtung von $\Phi \sim B$). Die Anwendung der Knoten- und Maschengleichung ergibt

$$V_{\mathrm{L}} + V_{\mathrm{Fe}} - (iw) = 0 \,, \quad V_{\mathrm{Fe}} = \Phi R_{\mathrm{mFe}} \,, \quad V_{\mathrm{L}} = \Phi R_{\mathrm{mL}}$$

sowie über die Bemessungsgleichung (6.3.16) $R_{\mathrm{mFe}} = l_{\mathrm{Fe}}/\mu_{\mathrm{Fe}}A_{\mathrm{Fe}}$, $R_{\mathrm{mL}} = l_{\mathrm{L}}/\mu_0 A_{\mathrm{L}}$ (im letzteren Fall ist homogenes Feld, also kleiner Luftspalt vorausgesetzt). Zusammenfassen ergibt

$$\Phi = \frac{iw}{R_{\mathrm{mL}} + R_{\mathrm{mFe}}} = \frac{iwA\mu_0}{l_{\mathrm{L}} + l_{\mathrm{Fe}}/\mu_{\mathrm{r}}} \,. \qquad (6.3.19)$$

Mit wachsendem Weg $l_{\mathrm{L}} + l_{\mathrm{Fe}}/\mu_{\mathrm{r}}$ sinkt der Fluß Φ, außerdem entspricht einem Luftspalt l_{L} (z.B. 1 mm) ein äquivalenter Eisenweg von $l_{\mathrm{Fe}}/\mu_{\mathrm{r}}$, d.h. bei $\mu_{\mathrm{r}} = 1000$ ein Eisenweg $l_{\mathrm{Fe}} = \mu_{\mathrm{r}}l_{\mathrm{L}} = 100\,\mathrm{cm}$ (über beiden tritt dann der gleiche Spannungsabfall auf). Dieses Beispiel verdeutlicht die guten

„Leitungseigenschaften" eines Eisenkreises für magnetische Größen im Vergleich zu Luft als einem viel schlechteren Leiter. Deshalb ist der magnetische Fluß immer im Eisen konzentriert. Dies wird z.B. ausgenutzt, um empfindliche Teile gegen Magnetfelder abzuschirmen. Man umgibt das zu schützende Teil einfach mit einer Eisenumhüllung. Es muß allerdings hervorgehoben werden, daß die hier benutzte Analogie nur dazu dient, den Umgang mit magnetischen Größen „in ein schon bekanntes Bild" einzuordnen, sie hat keinen tieferen physikalischen Sinn.

Wir wollen an Hand dieses Beispiels den Schreib-/Lesekopf eines magnetomotorischen Speichers diskutieren (Bild 6.3.11a). Es handelt sich um einen Eisenkreis mit Wicklung und Luftspalt ($l_\mathrm{L} = 1\ \mu$m), an dem ein Band mit dünner magnetischer Trägerschicht vorbeigleitet. Zum *Schreiben* fließt durch die Wicklung ein Schreibstrom, der Informationen der Zeichen „1", „0" enthält. Dadurch entsteht im Eisenkreis ein magnetischer Fluß Φ mit Spannungsabfällen im Eisenkreis und Luftspalt. Dort ist die magnetische Feldstärke sehr hoch, und es bildet sich ein Streufeld, das in die Magnetträgerschicht eingreift und diese magnetisiert, abhängig von der Richtung des Spulenstromes ($\rightarrow$ Zeichen 0, 1). Wir können die Feldstärke im Luftspalt abschätzen. Herrscht überall gleiche Induktion $B\,(\rightarrow B = \Phi A = A\Theta/(R_\mathrm{mFe} + R_\mathrm{mL}))$, so gilt im Luftspalt (wegen Gl. (6.3.11))

$$B_\mathrm{l} = \mu_0 H_\mathrm{l} = B_\mathrm{Fe} = \mu_\mathrm{r}\mu_0 H_\mathrm{Fe}\,,$$

also mit $H_\mathrm{l} = \mu_\mathrm{r} H_\mathrm{Fe}$ tatsächlich das hohe Feld H_L. In zweiter Näherung hat die Magnetträgerschicht selbst einen (hohen) magnetischen Widerstand, der in der Ersatzschaltung Bild 6.3.11b durch ein Parallelelement erfaßt wird.

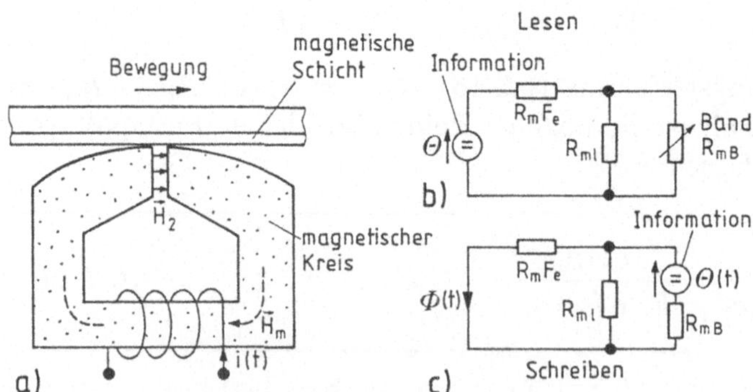

Bild 6.3.11 Lesekopf und magnetischer Kreis
  a) Anordnung
  b) magnetische Ersatzschaltung beim Schreiben
  c) magnetische Ersatzschaltung beim Lesevorgang

Zum *Lesen* bewegt man die Magnetträger am Luftspalt vorbei. Die verschieden magnetisierten Bereiche erzeugen im Luftspalt eine Änderung des Magnetflusses. Wir führen sie auf eine Erregungsänderung $\Theta(t)$ zurück, die jetzt durch die Bandinformation bedingt ist. Dabei wird der Kreis mit einem Hilfsfluß betrieben. Flußänderungen durch den Träger bewirken dann Flußänderungen im Kreis, die in der Spule nach dem Induktionsgesetz (Gl. (2.4.2)) eine Spannung induzieren. Auf diese Weise kann die im Magnetband gespeicherte Information wieder gelesen werden.

Aufgaben 6.3.3, 6.3.4.

6.3.4 Spule, Induktivität

Wir betrachten jetzt die Verkopplung zwischen erregendem Strom i eines magnetischen Kreises und dem magnetischen Fluß Φ. Er resultiert nach den bisherigen Erkenntnissen aus der Ablaufkette $i \rightarrow H \rightarrow B \rightarrow \Phi$ und hängt deswegen von Geometrie und Material des Eisenkreises ab. So gilt eine funktionelle Abhängigkeit $\Phi(i)$ und – wenn die Spule w Windungen hat: $\Psi(i) = w\Phi(i)$. Die Größe $\Psi(i)$ heißt *verketteter* Fluß oder *Induktionsfluß*. Die Beziehung zwischen Strom i und Induktionsfluß $\Psi(i)$ wurde durch die *Induktivität L* (Gl. (2.4.1)) erfaßt in einer Anordnung „Spule mit oder ohne Eisenkreis"

$$L = \Psi(i)/i \, . \tag{6.3.20}$$

Sie war das Merkmal des Bauelementes Spule: *Induktivität*. Hängt $\Psi(i)$ bei linearem Eisenkreis vom Strom i proportional ab, so gilt weiter ($\mu_\mathrm{r} = $ const.)

$$L = \frac{\Psi(i)}{i} = \frac{w\Phi(i)}{i} = \frac{wwi}{iR_\mathrm{m}} = \frac{w^2}{R_\mathrm{m}} = w^2 A_\mathrm{L} \, . \tag{6.3.21}$$

Die Induktivität L kann damit durch eine Bemessungsgleichung beschrieben werden, in die der magnetische Widerstand R_m direkt eingeht.

Man beachte die doppelsinnige Verwendung des Begriffes „Induktivität":

- sie dient zur Kennzeichnung des Bauelementes Spule (Objekt), vgl. Kondensator
- sie kennzeichnet die Eigenschaft des Objektes „Induktivität = Spule mit oder ohne Eisenkreis" (beim Kondensator war das die Kapazität!).

6.3.5 Induktionsgesetz. Verkopplung magnetische $\leftrightarrow$ elektrische Größen

Nach dem Durchflutungsgesetz Gl. (6.3.5) war jeder Strom von einem Magnetfeld begleitet. Faraday [3] stellt die umgekehrte Frage: Kann durch ein Magnetfeld nicht auch ein Strom bzw. eine Spannung erzeugt werden? Die Frage beantwortete er mit „ja" durch das von ihm 1831 entdeckte *Induktionsgesetz:*

Jede zeitliche Änderung des magnetischen Flusses

$$u_\mathrm{i} = -\frac{\mathrm{d}\,\Psi}{\mathrm{d}t} = -\frac{w\,\mathrm{d}\,\Phi}{\mathrm{d}t} = \oint \vec{E}_\mathrm{i}\,\mathrm{d}\vec{s} \quad . \text{ Induktionsgesetz} \qquad (6.3.22)$$

durch eine von einem Leiter oder einem gedachten Weg umschlossene Fläche induziert längs eines geschlossenen Weges eine Spannung. Sie ist das Wegintegral einer induzierten Feldstärke $\vec{E}_\mathrm{i}$ und Ursache des Stromantriebes längs des geschlossenen Weges. Weil das in Gl. (6.3.22) rechts stehende Integral $\oint \vec{E}_\mathrm{i}\,\mathrm{d}\vec{s}$ den veränderlichen Fluß umschließt, läßt sich das Induktionsgesetz auch verkürzt formulieren:

Jeder zeitveränderliche magnetische Fluß induziert ein elektrisches Wirbelfeld.

Das Induktionsgesetz vermittelt den Zusammenhang zwischen Magnetfeld*änderungen* und elektrischem Feld und stellt (neben dem Durchflutungssatz) die *zweite* grundlegende Gleichung der elektromagnetischen Feldbeschreibung (der sog. Maxwellschen Gleichungen, s. Abschn. 6.4) dar. Es hat überragende technische Bedeutung für nahezu alle Bereiche der Elektrotechnik/Elektronik. Ohne Induktionsgesetz gäbe es weder Motoren, Transformatoren, Rundfunk-, TV-Übertragung und überhaupt elektronische Informationstechnik.

Der zeitveränderliche Induktionsfluß $\Psi = w\Phi$ (Windungszahl w, wenn insgesamt w Umläufe oder Windungen um den magnetischen Fluß Φ erfolgen) kann bei (angenommen) homogenem Feld $\vec{B}(\Phi = \vec{B}\vec{A}) = B \cdot A\cos\varphi = BA_\mathrm{n}$ (φ Winkel zwischen der Flächennormalen von A und Richtung von B) wegen

$$u_\mathrm{i} = -w\frac{\mathrm{d}\,\Phi}{\mathrm{d}t} = -w\frac{\mathrm{d}}{\mathrm{d}t}\left[B \cdot A_\mathrm{n}\right] = -w\left[\frac{\mathrm{d}B}{\mathrm{d}t}A_\mathrm{n} + \frac{\mathrm{d}A_\mathrm{n}}{\mathrm{d}t}B\right] \qquad (6.3.23)$$

auf *zwei typische Arten* erzeugt werden:

---

[3] Michael Faraday, englicher Physiker 1791-1867

– durch ein zeitveränderliches Magnetfeld bei fester Fläche A_n (sog. *Ruheinduktion*, Transformatorprinzip)

– durch eine *zeitveränderliche Fläche* bei zeitlich konstanter Induktionsdichte B (sog. *Bewegungsinduktion*, Generatorprinzip).

Bild 6.3.12 zeigt diese Möglichkeiten übersichtsartig, ohne die Fülle der Anwendungen nur annähernd aufnehmen zu können.

Bei den folgenden Interpretationen wollen wir sorgfältig unterscheiden zwischen der (stromdurchflossenen) *Erregerspule*, durch die ein Magnetfeld erzeugt wird und der *Induktionsspule* im Magnetfeld, in der die Induktion erfolgt.

Die *Ruheinduktion* (mit fester Fläche der Induktionsspule) basiert auf zeitlicher Flußänderung. Sie kann z.B. erzeugt werden durch Eintauchen eines Dauermagneten in die Induktionsspule (Bild 6.3.12, Fall 1). Derartige Anordnungen dienen häufig als Signal- und Positionsgeber, Drehzahlmesser, induktive Schalter in der Meß- und Steuerungstechnik. Auch der *Lesevorgang* magnetomotorischer Speicher arbeitet nach diesem Prinzip: am Luftspalt des Lesekopfes (mit Induktionsspule = Lesespule, Bild 6.3.11) werden durch den Magnetträger beständig unterschiedlich stark magnetisierte Gebiete vorbeibewegt, also die „räumliche Lage des Dauermagneten" ständig geändert. Die induzierte Spannung − Lesesignal wird ausgewertet.

Zur Ruheinduktion gehören auch die Vorgänge „Selbst- und Gegeninduktion" (s. Abschn. 2.4.6). Im letzteren Fall durchsetzt der in der Erregerspule erzeugte zeitveränderliche Fluß (die z.B. von einem Wechselstrom durchflossen sein muß) auch die Induktionsspule und erzeugt eine Spannung. Darauf basiert der *Transformator* (Bild 6.3.12, Fall 2).

Die Erregerstromänderung läßt aber das Induktionsgesetz auch in der Erregerspule selbst wirken: Prinzip der Selbstinduktion. Eine Zunahme des Erregerstromes ($\rightarrow$ Flußzunahme) erzeugt eine induzierte Spannung und diese wiederum einen induzierten Strom *im gleichen Stromkreis*. Er versucht, den ursprünglich eingeprägten Strom zu hemmen und damit das Magnetfeld zu schwächen (Lenzsche Regel). Darauf beruht die Stromverzögerung beim Einschalten einer Spule und das Weiterfließen beim Ausschalten und überhaupt der Strom-Spannungs-Zusammenhang der Selbstinduktion (s. Abschn. 2.4.2).

Bewegungsinduktion liegt beispielsweise vor, wenn sich Leiter im (konstanten) Magnetfeld so bewegen, daß eine Relativbewegung zwischen beiden entsteht. Der klassische Fall ist die rotierende Spule (Bild 6.3.12, Fall 3), die sich im Magnetfeld mit konstanter Winkelgeschwindigkeit ω dreht. Das

Induktionsgesetz

$$u_i = -w \left(A_n \frac{\mathrm{d}B}{\mathrm{d}t} + B \frac{\mathrm{d}A_n}{\mathrm{d}t} \right)$$

Magnetfeldänderung $\dfrac{\mathrm{d}B}{\mathrm{d}t}$ — Flächenänderung $\dfrac{\mathrm{d}A}{\mathrm{d}t}$

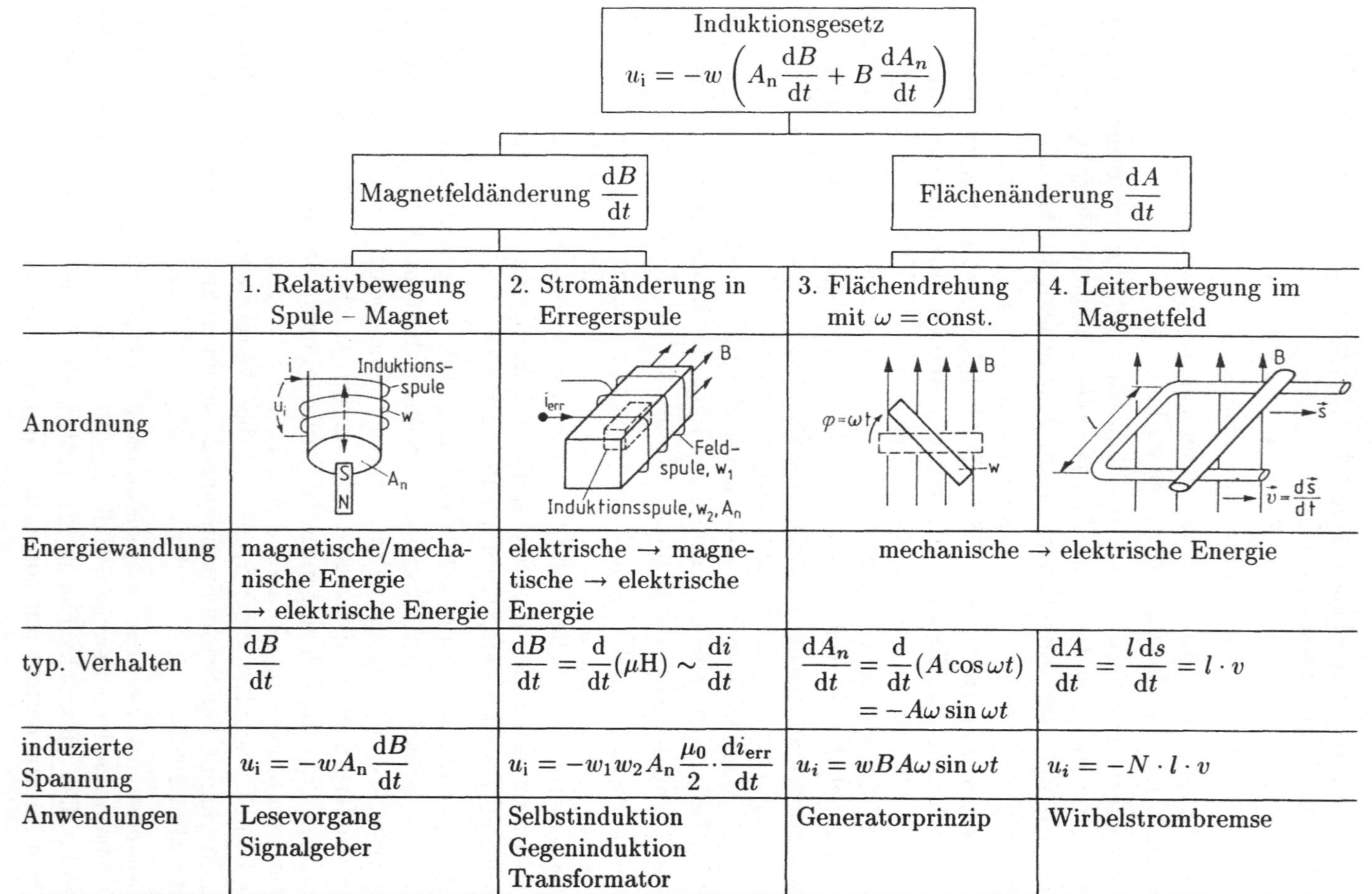

	1. Relativbewegung Spule – Magnet	2. Stromänderung in Erregerspule	3. Flächendrehung mit ω = const.	4. Leiterbewegung im Magnetfeld
Anordnung				
Energiewandlung	magnetische/mechanische Energie $\to$ elektrische Energie	elektrische $\to$ magnetische $\to$ elektrische Energie	mechanische $\to$ elektrische Energie	
typ. Verhalten	$\dfrac{\mathrm{d}B}{\mathrm{d}t}$	$\dfrac{\mathrm{d}B}{\mathrm{d}t} = \dfrac{\mathrm{d}}{\mathrm{d}t}(\mu H) \sim \dfrac{\mathrm{d}i}{\mathrm{d}t}$	$\dfrac{\mathrm{d}A_n}{\mathrm{d}t} = \dfrac{\mathrm{d}}{\mathrm{d}t}(A\cos\omega t) = -A\omega\sin\omega t$	$\dfrac{\mathrm{d}A}{\mathrm{d}t} = \dfrac{l\,\mathrm{d}s}{\mathrm{d}t} = l\cdot v$
induzierte Spannung	$u_i = -wA_n\dfrac{\mathrm{d}B}{\mathrm{d}t}$	$u_i = -w_1 w_2 A_n \dfrac{\mu_0}{2}\cdot\dfrac{\mathrm{d}i_{\mathrm{err}}}{\mathrm{d}t}$	$u_i = wBA\omega\sin\omega t$	$u_i = -N\cdot l\cdot v$
Anwendungen	Lesevorgang Signalgeber	Selbstinduktion Gegeninduktion Transformator	Generatorprinzip	Wirbelstrombremse

Bild 6.3.12 Typische Fälle des Induktionsgesetzes

Feld durchsetzt die senkrechte Flächenkomponente $A_\mathrm{n} = A\cos\omega t$. Daraus ergibt sich die Flächenänderung $\mathrm{d}A_\mathrm{n}/\mathrm{d}t$ und so die induzierte Spannung. Dies ist wegen der Drehbewegung eine *Wechselspannung: Prinzip des Wechselspannungsgenerators*. Er besteht aus einem Stator ($\rightarrow$ Erzeugung des Magnetfeldes) und einem Rotor (drehbare Spule), von der die Spannung über Schleifringe abgegriffen wird.

Bewegt sich ein Leiter mit der Geschwindigkeit $v = \mathrm{d}s/\mathrm{d}t$ im Magnetfeld, so ändert sich die Fläche um $\mathrm{d}A/\mathrm{d}t = lv$. Dadurch wird eine Spannung u_i im Stromkreis induziert (Bild 6.3.12, Fall 4). Wichtige Anwendungen dieses Prinzips sind z.B. Geber, elektrodynamische Wandler (Tauchspulenmikrofon: die mit einer Membran gekoppelte Spule bewegt sich im Takte der Schallwellen im Magnetfeld) u.a.m.

Aber auch das folgende Phänomen basiert auf diesem Fall: Ändert sich der Magnetfluß *durch* einen massiven Leiter, so entstehen dort (Kreis-)ströme, die sog. *Wirbelströme*. Letztere hemmen nach der Lenzschen Regel durch ein magnetisches Gegenfeld die Bewegung und erzeugen eine Verlustleistung. Daher sind sie – wie z.B. im Transformator und Motoreisenkernen, Spulen *unerwünscht*. Andererseits kann man Wirbelströme auch nutzbringend anwenden, z.B. zur Erzeugung oder Reduktion von Bewegungsenergie (Wirbelstrombremse, Elektrizitätszähler, Wirbelstrom-Kupplung, Tachometerprinzip, Asynchronmotor, Wirbelstrom-Meßverfahren zur Werkstoffprüfung). Diese wenigen Beispiele dürften die oben erwähnte grundlegende Bedeutung des Induktionsgesetzes genügend unterstreichen.

Aufgaben 6.3.5, 6.3.6.

6.3.6 Kraftwirkung und Energie des Magnetfeldes

Wir wiesen bereits bei der Einführung des Magnetfeldes auf die Kraftwirkung hin, die es auf *bewegte* Ladungsträger ausübt. Nicht zuletzt beruhte die Definition der Flußdichte $\vec{B}$ auf dieser Kraftwirkung. Herrscht umgekehrt ein Magnetfeld, so äußert sich die Kraftwirkung auf bewegte Ladungen auch als Kraftwirkung auf Ströme (stromdurchflossene Leiter, Bild 6.3.13) sowie Kräfte auf Trennfläche unterschiedlicher magnetischer Materialien und sog. magnetische Dipole (z.B. ist eine Magnetnadel ein solcher „Makrodipol").

In Gl. (6.3.1) hatten wir die Kraftwirkung auf eine bewegte Ladung als Grundlage der Flußdichte $\vec{B}$ erkannt. Ist nun umgekehrt ein Magnetfeld $\vec{B}$ (homogen) gegeben, durch das sich eine Ladung Q mit der Geschwindigkeit $\vec{v}$ bewegt, so erfährt diese Ladung die Lorentzkraft

$$\vec{F}_\mathrm{m} = Q(\vec{v} \times \vec{B}) \qquad (Q > 0,\ \text{Elektron } Q < 0)\,.$$

Das ist die umgekehrte Interpretation von Gl. (6.3.1): Bewegte Ladung im Magnetfeld erfährt Lorentz-Kraftwirkung, Richtungszuordnung: Rechte-Hand-Regel (Bild 6.3.3c).

Die Lorentzkraft ändert wegen des Kreuzproduktes $\vec{v}$, $\vec{B}$ nur die *Richtung* von v, nicht den Betrag. Deshalb erfahren geladene Teilchen im Magnetfeld eine Kreisbewegung (Bild 6.3.13). Sie ergibt sich direkt durch konsequente Anwendung der Rechte-Hand-Regel.

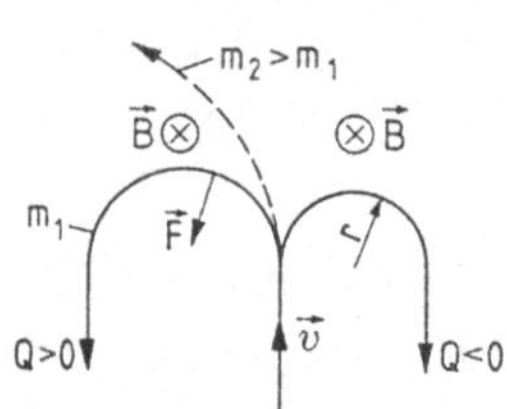

Bild 6.3.13 Ablenkung positiver und negativer Punktladung im homogenen Magnetfeld $(\vec{v} \times \vec{B})$

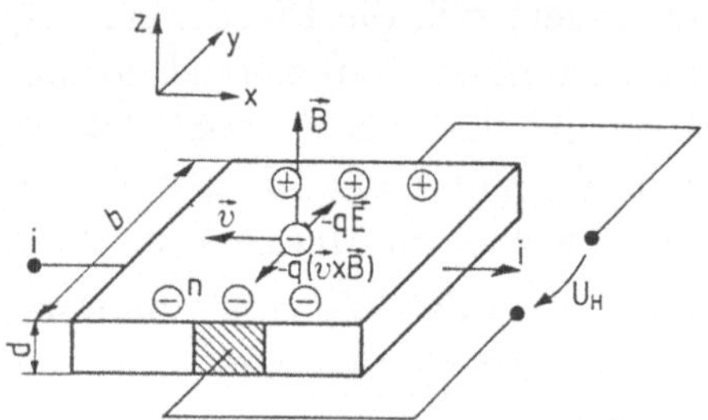

Bild 6.3.14 Halleffekt im n-Halbleiter

Anwendung findet diese magnetische Ablenkung z.B. in sog. magnetischen Linsen zur Bündelung von Elektronenstrahlen, als Ablenkprinzip in der Fernsehröhre, im Elektronenmikroskop, in Mikrowellenröhren (Magnetron) u.a. Auch der *Halleffekt* basiert auf der Lorentzkraft (Bild 6.3.14). Durch ein leitendes Plättchen (Dicke d, Breite b) fließe Strom in x-Richtung, senkrecht dazu herrsche das Magnetfeld B_z. Dann erfährt jedes Elektron $(Q = e = -q$, $q = 1{,}6 \cdot 10^{-19}$ As$)$ die Lorentzkraft $F_{my} = -qv_x B_z$. Dadurch wird es in y-Richtung abgelenkt. So entsteht eine Ladungsanhäufung an der einen Stirnseite, ein Ladungsdefizit an der anderen. Die Ladungstrennung ist Ursache eines elektrischen Gegenfeldes $F_e = -qE_y$. Bei Kräftegleichgewicht $F_e = F_{my} \rightarrow$

$$-qE_y = -qB_z v_x$$

kommt die „Verschiebung der Elektronen" zum Stillstand. Die Feldstärke $E_y = U_y/b$ ist als *Hallspannung*

$$u_H = U_y = B_z v_x b$$

meßbar. Die Elektronengeschwindigkeit v_x kann über die Stromdichte $S_x = nqv_x (\rightarrow i_x)$ auf den Strom $i_x = S_x\, bd$ zurückgeführt werden:

$$u_\mathrm{H} = \underbrace{\frac{1}{qn}}_{R_\mathrm{H}} \cdot \frac{B_\mathrm{z} i_\mathrm{x}}{d} \,. \qquad \text{Hallspannung} \qquad\qquad (6.3.24)$$

Im sog. *Hallkoeffizienten*[4] R_H ($\approx (-5 \cdot 10^0 \ldots 2 \cdot 10^7) \cdot 10^{-11}$ m^3/C bei Halbleitern, $\approx -10 \cdot 10^{-11}$ cm^3/C bei Metallen) drücken sich die Materialeigenschaften aus. Der Halleffekt ist besonders in Halbleitermaterialien (Silizium, GaAs, Indiumantimonid) sehr ausgeprägt. Hallspannungen von mehreren 100 mV sind bei Magnetfeldern um 1 T üblich.

Der Halleffekt wird in sog. Hall-Sensorbauelementen und -Schaltkreisen breit angewendet:

- z.B. zur Materialmessung (Leitungstyp, Leitfähigkeit, Trägerdichte)
- zur berührungslosen Steuerung (Drehzahlmesser, Zündimpulsgeber, Tastatursteuerung am Rechner durch Permentmagnet und Hallsensoren)
- als Multipliziereinrichtung ($U_\mathrm{H} \sim i_1 B!$, $B \sim i_2$)
- als Lesekopf im magnetomotorischen Speichern u.a.m.

Eine besondere Form des Halleffektes ist der *Quanten-Halleffekt*: Wird die Dicke des Leiterplättchens extrem dünn gewählt, z.B. in Form der Inversionsschicht eines MOSFET's (Abschn. 7.3), so verhalten sich die Elektronen in der Schicht wie ein sog. „2d dimensionales Elektronengas". Darunter versteht man Elektronen, deren Bewegung in Richtung der Schichtdicke extrem eingeschränkt ist. Diese Beschränkung führt zu „Sprungstellen" der Hallspannung im Verlauf über B. Aus diesem Verhalten läßt sich ein *Widerstandsnormal*

$$R = h/q^2 = 25813\,\Omega\,, \qquad h = 6{,}626 \cdot 10^{-34}\ \text{Js}, \qquad \text{Plancksche Konstante}$$

herleiten, das nur von Naturkonstanten (h, q) abhängt und für die Meßtechnik von großer Bedeutung ist.

---

[4]Edwin Hall, amerikanischer Physiker 1855-1938.

Kraftwirkungen auf stromdurchflossene Leiter. Die Lorentzkraft-Beziehung (6.3.1) für bewegte Ladungen kann leicht für den *stromdurchflossenen Leiter* umgeformt werden. Hat ein gerader Leiter die Länge l senkrecht zum konstanten Magnetfeld, so ergibt sich anstelle von Gl. (6.3.1)

$$\vec{F} = i(\vec{l} \times \vec{B}) = ilB\sin(\angle\vec{l}, \vec{B}) \qquad \text{elektrodynamisches Kraftgesetz.} \qquad (6.3.25)$$

Die Richtung von $\vec{F}$ folgt aus der Rechte-Hand-Regel (Bild 6.3.15).

> Die Kraft $\vec{F}$ eines stromführenden Leiters (Länge $\vec{l}$) um ein Magnetfeld $\vec{B}$ wirkt senkrecht zu der von $\vec{l}$ und $\vec{B}$ angespannten Fläche.

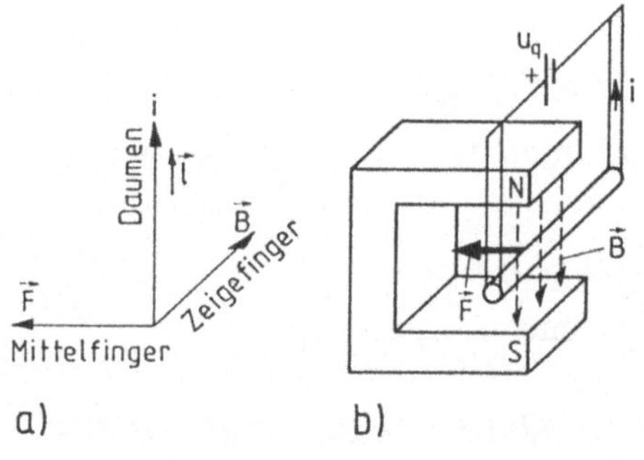

Bild 6.3.15
Kraftwirkung auf Leiter
a) Elektrodynamisches Kraftgesetz (gerader Leiter l)
b) Veranschaulichung der Anordnung a)

Die auftretende Kraft kann recht groß sein: sie beträgt z.B. $i = 1\,\text{A}$, $B = 1\,\text{T}$ pro Meter Länge $F/l = i \cdot B = 1\,\text{VA/m}^2 = 1\,\text{N/m}$!

Aus Gl. (6.3.25) läßt sich auch die Kraft zwischen zwei parallelen stromdurchflossenen Leitern (s. Bild 6.3.3a) herleiten. Das Magnetfeld am Ort des Leiters wird durch Strom 1 erzeugt und umgekehrt. Beträgt der Abstand d, so herrscht an Stelle 2 das Magnetfeld

$$H_2 = i_1/2\pi d\,.$$

Für die Kraft zwischen beiden Leitern gilt im Vakuum

$$F_{12} = i_2 \cdot lB_2 = \mu_0 i_1 i_2 l/2\pi d\,. \qquad (6.3.26)$$

Durch Auswerten der Feldrichtungen zwischen den Leitern erkennen wir (Bild 6.3.16):

> In gleicher Richtung fließende Ströme üben anziehende Kräfte, Ströme in entgegengesetzter Richtung abstoßende Wirkungen aus.

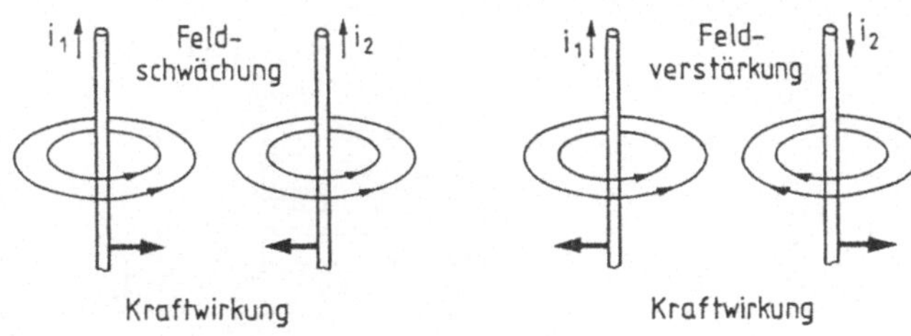

Bild 6.3.16 Kraftwirkung zwischen zwei Strömen
         a) parallele, gleiche Stromrichtungen
         b) parallele, entgegengesetzte Stromrichtungen

Beispielsweise beträgt die Kraft für $i_1 = i_2 = 1$ A, $d = 1$ m und $\mu = \mu_0 F = 2 \cdot 10^{-7}$ N. Dieses Prinzip ist die Grundlage für die Definition der Stromstärkeeinheit des Ampere.

Die Anwendungen des elektrodynamischen Kraftgesetzes sind vielfältig: Erzeugung eines Drehmomentes durch eine drehbare, stromdurchflossene Spule im Feld eines Hufeisenmagneten (Bild 6.3.17). Durch die Windungszahl w wird die im Feld befindliche Leiterlänge gewissermaßen vergrößert. So wirkt an der Spule ein Drehmoment, wobei der Ausschlag α dem Strom proportional ist. Damit kann das Drehspulinstrument als Strom- und Spannungsmesser (mit Vorwiderstand) verwendet werden.

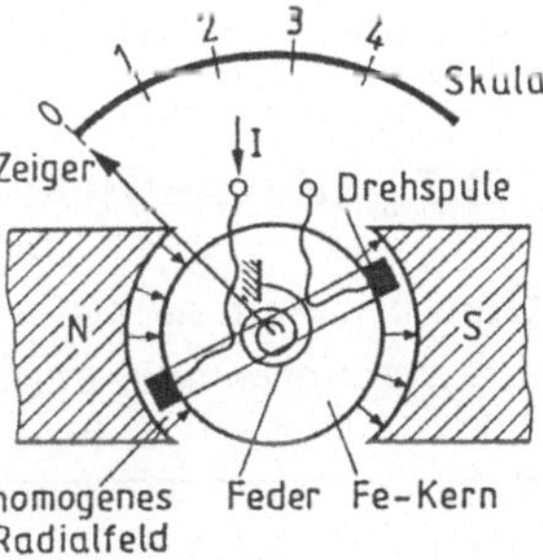

Bild 6.3.17
Drehspulinstrument

Auf ganz analogem Prinzip beruht der Gleichstrommotor. Dazu muß die Drehspule nur frei rotierbar sein und die Stromzufuhr über einen sog. Stromwender (Kommutator) erfolgen. Er besorgt eine regelmäßige Stromumkehr, damit eine rotierende Bewegung zustande kommt. (Man überlege sich dieses Prinzip!)

Kraftwirkungen treten auch zwischen Grenzflächen von Stoffen mit verschiedener Permeabilität auf. Dies ist das Prinzip des *Elektromagneten* (Bild 6.3.18a). Ein magnetischer Kreis mit stromdurchflossener Erregerspule, einem Luftspalt und einem zweiten beweglichen Eisengebilde (oft als Anker

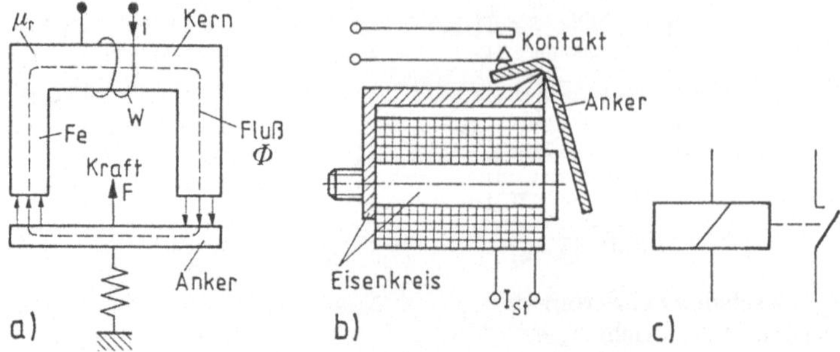

Bild 6.3.18 Kraftwirkung im magnetischen Kreis
a) Elektromagnet. Prinzipanordnung
b) Relais, c) Schaltsymbol mit Schließkontakt

bezeichnet) hat einen magnetischen Widerstand, der bei variablen Einzelanteilen (Luftanteil, Anker- und Energieanteil) die Tendenz zeigt, bei Flußerregung einen Minimalwert anzunehmen. Das ergibt sich aus einem allgemeinen physikalischen Mimimalprinzip. Dabei wird der Anker an den Erregerkreis durch Kraftwirkung „angezogen" ($\to$ Luftanteil $R_{\mathrm{mL}} \to 0$). Bei Abschalten des Stromes hört die Kraftwirkung auf: Abfall des Ankers. Dieses Prinzip liegt z.B. dem Relais (elektromagnetisch betätigter Schalter, Bild 6.3.18b,c), dem sog. Hubmagneten (mit dem beim Durchmesser von etwa 1 m Gewichte im Tonnenbereich gehoben werden können), der Magnetkupplung und anderen Einrichtungen zugrunde.

6.3.7 Magnetische Energie

Genau wie im elektrischen Feld speichert auch das magnetische Feld Energie, die *magnetischen Feldenergie* W_{m}. Sie beträgt im Volumen V

$$W_{\mathrm{m}} = \int_V \frac{\vec{H}\vec{B}}{2}\, \mathrm{d}V \to \frac{HB}{2}V = \frac{B^2}{2\mu}V \qquad \begin{array}{l}\text{magnetische Feldenergie}\\ \text{gespeichert im Volumen } V\end{array} \qquad (6.3.27)$$

(Die letzte Beziehung gilt für konstantes Volumen V und konstantes μ.) Beispielsweise beträgt die Feldenergie im Luftspalt eines Magneten (bei homogenem Feld) bezogen auf das Volumen V

$$\text{Energiedichte} \qquad \frac{W_{\mathrm{m}}}{V} = \frac{B^2}{2\mu_0} = \frac{0{,}4\,\mathrm{Ws}}{\mathrm{cm}^3}$$

bei $B = 1$ T. Dieser Wert liegt etwa um den Faktor 10^4 über der „Energie-dichte" des elektrischen Feldes (unter Durchbruchsbedingungen, s. Abschn. 6.2.2.3)).

Diese hohe Energiedichte (und die damit verbundene „Kraftdichte") ist die eigentliche Ursache für die breite Nutzung magnetischer Felder in der Elektrotechnik.

Die Wandlung elektrische Energie $\leftrightarrow$ magnetische Feldenergie erfolgt in der stromdurchflossenen Spule. Um den Strom von 0 auf i zu erhöhen, muß der Spule im Stromkreis die elektrische Energie

$$W = \int\limits_0^t ui\,\mathrm{d}t = \int\limits_0^i L\frac{\mathrm{d}i}{\mathrm{d}l}i\,\mathrm{d}t = L\int\limits_0^t \frac{\mathrm{d}}{\mathrm{d}t}(\frac{i^2}{2})\,\mathrm{d}t = \frac{Li^2}{2} \equiv W_\mathrm{m} \quad (6.3.28)$$

zugeführt werden (die umgekehrt beim Entladen wieder in den elektrischen Kreis zurückfließt).

Die Spule ist somit Durchsatzstelle elektrische $\leftrightarrow$ magnetische Feldener-gie.

Beim Kondensator erfolgt die Energiewandlung elektrische Energie $\leftrightarrow$ elek-trische Feldenergie.

Wird statt der Spule ein Paar magnetisch gekoppelter Spulen verwendet (s. Gl. (2.4.19)), so gilt analog zu Gl. (6.3.28)

$$W_\mathrm{el} = L_1\frac{i_1^2}{2} + L_2\frac{i_2^2}{2} \pm Mi_1i_2 = W_\mathrm{m} \qquad (6.3.29)$$

($+$ bei gleichsinnigen Richtungen der Teilflüsse).

Aufgabe 6.3.7.

6.4 Elektromagnetische Felder und Wellen

Wir wollen jetzt die Beziehungen des elektrischen und magnetischen Fel-des im rückblickenden Zusammenhang diskutieren und wichtige Folgerungen ziehen, die später für die Informationsübertragungen über räumlich große Systeme (Leitungen, drahtlose Übertragung, optische Kabel) wichtig sind. Dazu zählt vor allem die Ausbreitung der elektromagnetischen Wellen.

6.4.1 Maxwellsche Gleichungen

Elektrisches und magnetisches Feld sind miteinander verkoppelt. Fassen wir alle beschreibenden Gesetze zusammen und nehmen noch die sog. *Material-gleichungen* (Verknüpfungsgleichungen der Feldgrößen über die Material-gleichungen, z.B. $\vec{S} = \kappa\vec{E}$) hinzu, so ergeben sich die von Maxwell [5] for-mulierten *Maxwellschen Gleichungen* in der sog. *Integralform* (Bild 6.4.1). Wir haben diese Gleichungen in den vorangegangenen Abschnitten jeweils einzeln kennengelernt.

> Die Maxwellschen Gleichungen stellen die allgemeinsten Formulierungen des elektromagnetischen Feldes und seiner Wechselwirkung mit der Ma-terie dar. Sie werden in zwei gleichwertigen Formen, der *Integral-* und *Differentialform* (s.u.) formuliert.

Diese Gleichungen sind die Grundlage zahlreicher Spezialfälle (z.B. stati-sche Felder, langsam veränderliche Felder, Wellenausbreitung, Kirchhoffsche Gleichungen, Beziehungen der Netzwerkelemente u.a.). Die Darstellung Bild 6.4.1 ist *koordinatenunabhängig* (Vektorgrößen!) und muß für die konkrete Anwendung in einem speziellen Koordiantensystem beschrieben werden.

Die Maxwellschen Gleichungen umfassen:

1. Das *Durchflutungsgesetz* (die sog. erste Maxwellsche Gleichung (6.4.1)): Jeder Strom [Ladungsträgerstrom (Konvektionsstrom), Verschiebungsstrom ($\rightarrow \partial\vec{D}/\partial t$, zeitveränderliches elektrisches Feld)] wird von einem Magnetfeld umwirbelt (Magnetfeld als das Kennzeichen eines Stromes). Kurzform: $\vec{H}$ umwirbelt $\vec{S}$. Die Zuordnung erfolgt im Rechtssystem.

2. Das *Induktionsgesetz* (sog. zweite Maxwellsche Gleichung (6.4.2)). Jedes zeitveränderliche Magnetfeld ($-\partial\vec{B}/\partial t$) wird von einem elektrischen Feld $\vec{E}$ umwirbelt (unabhängig davon, ob ein Leiter vorhanden ist oder nicht!): Elektrisches Wirbelfeld als *das* Kennzeichen von zeitlichen Magnetfeldände-rungen. Kurzform: $\vec{E}$ umwirbelt $-\partial\vec{B}/\partial t$. Dabei gilt für $\vec{E}$ und $-\partial\vec{B}/\partial t$ ein Rechtssystem. Das ist offenbar die Verallgemeinerung des Induktionsgeset-zes $u_\mathrm{i} = -\,\mathrm{d}\Phi/\mathrm{d}t$ (Gl. (6.3.22)).
Der Integrationsweg kann längs eines Leiters (Drahtring), eines offenen Lei-terringes erfolgen oder auch nur ein *gedachter*, geschlossener Weg im Va-kuum sein: stets gilt das Induktionsgesetz. (Im ersten Fall würde im Lei-terkreis die Feldstärke sofort einen Strom antreiben, z.B. kurzgeschlossene

---

[5] James Clerc Maxwell, englischer Physiker 1831-1879.

	Elektromagnetisches Feld	
	Durchflutungssatz (1. Maxwell-Gl.)	*Induktionsgesetz* (2. Maxwell-Gl.)
	$\oint \vec{H}\,\mathrm{d}\vec{s} = \int_A (\vec{S}_\mathrm{k} + \dfrac{\partial \vec{D}}{\partial t})\,\mathrm{d}\vec{A}$ (6.4.1)	$\oint \vec{E}\,\mathrm{d}\vec{s} = -\int_A \dfrac{\partial \vec{B}}{\partial t}\,\mathrm{d}\vec{A}$ (6.4.2)

Veranschaulichung

	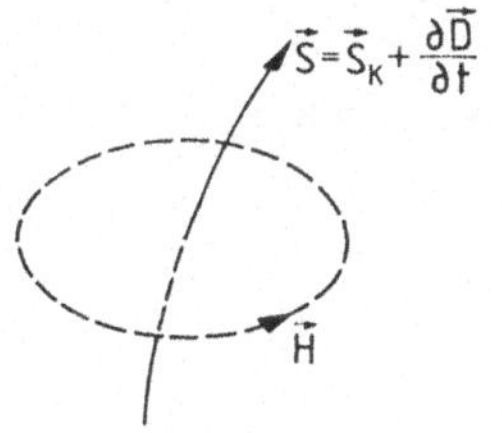 $\vec{H}$ umwirbelt $\vec{S}$ (Vakuum: Zeitveränderliches elektrisches Feld erzeugt magnetisches Wirbelfeld)	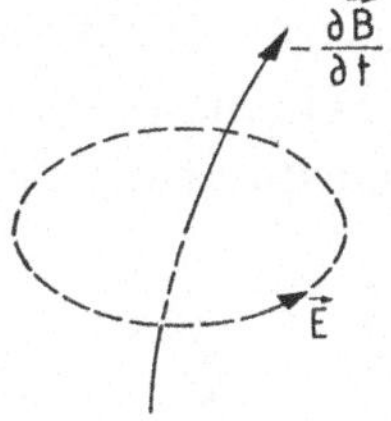 $\vec{E}$ umwirbelt $-\partial\vec{B}/\partial t$ (Zeitveränderliches Magnetfeld erzeugt elektrisches Wirbelfeld)

Auswertung

Quellen	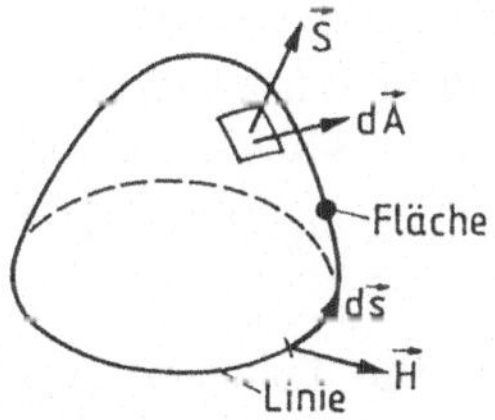 *Ladungen als Quellen von* $\vec{D}$ (3. Maxwell-Gl.)	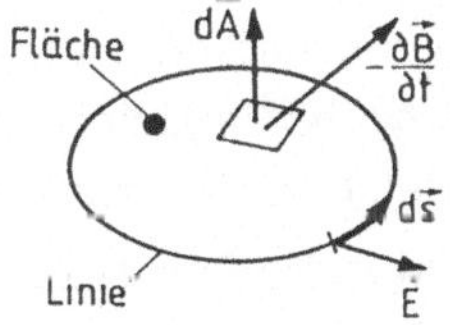 *Quellenfreiheit von* $\vec{B}$ (4. Maxwell-Gl.)
	$\oint \vec{D}\,\mathrm{d}\vec{A} = Q = \int \varrho\,\mathrm{d}V$ (6.4.3)	$\oint \vec{B}\,\mathrm{d}\vec{A} = 0$ (6.4.4)
Material-gleichung	$\vec{D} = \varepsilon_\mathrm{r}\varepsilon_0\vec{E}$ (6.4.5)	$\vec{B} = \mu_\mathrm{r}\mu_0\vec{H}$ (6.4.6)

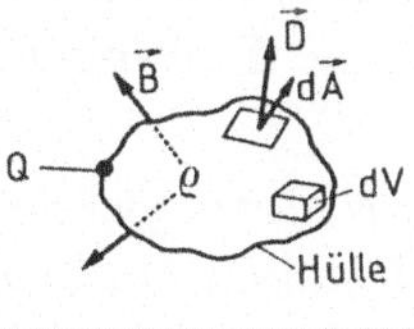

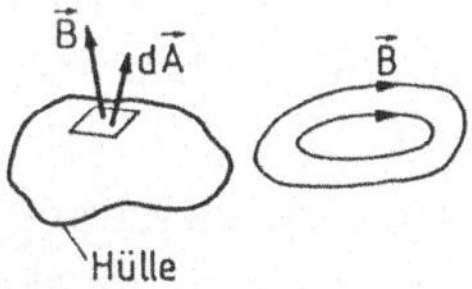

$$\vec{S}_\mathrm{k} = \int \varrho\,\mathrm{d}\vec{v}, \longrightarrow \text{lineare Leiter } \vec{S} = \kappa \cdot \vec{E}$$
$$(6.4.7)$$

Kraft-beziehung		

$$\vec{F} = q(\vec{E} + \vec{v} \times \vec{B}) \qquad (6.4.8)$$

Bild 6.4.1 Maxwellsche Gleichungen

Sekundärwindung eines Trafos, im zweiten Fall würde eine Leerlaufspannung gemessen.)

Die beiden Maxwellschen Gleichungen zeigen, daß magnetisches und elektrisches Feld *wechselseitig* verkettet sind. Ist beispielsweise die Magnetfeldänderung $\partial \vec{B}/\partial t$ selbst zeitabhängig, so entsteht nach dem Induktionsgesetz ein zeitveränderliches elektrisches Feld, das seinerseits wieder nach dem Durchflutungssatz ein Magnetfeld erzeugt. Dieses überlagert sich dem ursprünglichen Feld usw. (s. Bild 6.4.2). Wir werden dies später als Ursache der Wellenausbreitung erkennen.

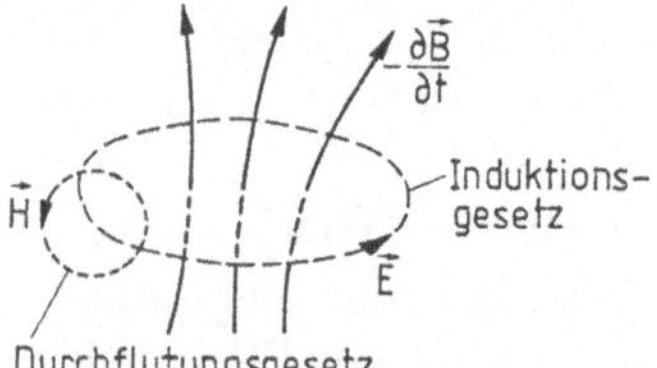

Bild 6.4.2
Wechselseitiges Zusammenwirken von Induktions- und Durchflutungsgesetz

Zwischen elektrischem und magnetischem Feld besteht trotz Ähnlichkeit der beiden Maxwellschen Gleichungen ein deutlicher Unterschied: er bezieht sich auf Eigenschaften (Ursachen) der erzeugenden Feldgröße und wird durch sog. *Nebenbedingungen* ausgedrückt, oft auch als *dritte* und *vierte* Maxwellsche Gleichung bezeichnet:

- Ladungen Q (oder Ladungsverteilungen) sind Ursache (Quelle) der Verschiebungsdichtelinien $\vec{D}$: elektrische Feldlinien ($\vec{E} \sim \vec{D}$) beginnen und enden an Ladungen (Einzelladungen, Ladungsverteilung, Gl. (6.4.3)). Anders formuliert: alle $\vec{D}$-Linien, die durch eine geschlossene Hülle treten, ergeben die im Innern sitzende Ladung Q.

- Die Induktion $\vec{B}$ ist stets *quellenfrei*. Deshalb gibt es keinen Anfang und Ende solcher Linien (es gibt keine magnetische „Ladungen", sondern nur Dipole, Gl. (6.4.4)).

Zu diesen vier Gleichungen treten noch die sog. *Materialgleichungen* (6.4.5ff). Dabei wird die Konvektionsstromdichte in Metallen, Halbleitern und z.T. Elektrolyten

$$\vec{S} = \int \mathrm{d}(\varrho \vec{v}) \equiv \kappa \vec{E}$$

häufig durch die Leitfähigkeit κ ausgedrückt.

Wie ordnen sich nun Begriffe wie Strom, Spannung und die bisher so erfolgreich benutzten Netzwerkelemente in das Bild der Maxwellschen Gleichungen ein?

Sind die Feldgrößen $\vec{E}$, $\vec{D}$, $\vec{B}$, $\vec{H}$, $\vec{S}$ (eines Punktes) bekannt, so lassen sich durch zwei *Integraltypen* über einen Vektor $\vec{X}$, nämlich

– das *Linienintegral*

$$\int_C \vec{X}\,\mathrm{d}\vec{s} \tag{6.4.9a}$$

– und das *Flächenintegral* (der sog. *Fluß* des Vektors $\vec{X}$)

$$\int_A \vec{X}\,\mathrm{d}\vec{A}, \tag{6.4.9b}$$

die sog. *Integral-* oder *Globalgrößen* angeben. Beispiele für den ersten Fall waren die Spannung u und die magnetische Spannung V (Gl. (6.3.12)), im zweiten Fall sind der Strom i, der magnetische Fluß Φ und der Verschiebungsfluß Ψ. (Man beachte aber, daß Gl. (6.4.9b) als Fluß eines Vektors (mathematische Definition) bezeichnet wird und *nicht* impliziert, daß physikalisch etwas Materielles fließt!). Auch die beiden *Kirchhoffschen Gesetze* haben ihren Ursprung in den Maxwellschen Gleichungen.

Wir erkennen ferner, daß die im Abschnitt 2 eingeführten „Netzwerkelemente" R, C, L offenbar eine sehr bequeme „integrale" Beschreibung für räumlich abgegrenzte Feldgebiete sind, die so einfach durch das Verhalten von außen (an Flächen oder Punkten) mit globalen Größen i, u beschrieben werden können! Die Berechnung der Feldverhältnisse im Innern ist somit überflüssig. Darin besteht der eigentliche Nutzen der Netzwerkbetrachtung.

In Tafel 6.4.1 wurden die elektromagnetischen Gesetze in ihrer Wechselwirkung zusammengestellt. Ein Vorteil der Maxwellschen Gleichungen in Integralform ist die anschauliche Interpretationsmöglichkeit. Auch lassen sich einfache Felder (vor allem solche mit Symmetrieeigenschaften, etwa Radial- und Kugelsymmetrie, z.B. das Feld einer Punktladung) leicht berechnen. Und schließlich hat das darauf aufbauende Stromkreiskonzept mit den Netzwerkelementen überragende technische Bedeutung für die gesamte Elektrotechnik/Elektronik.

Diese Darstellung ist aber z.B. zur Berechnung komplizierter Felder ungeeignet. Auch die Vorgänge bei sehr rasch zeitveränderlichen Feldern lassen sich damit nicht lösen, weil dann elektromagnetische Wellen entstehen. Das erfordert die Formulierung der Maxwellschen Gleichungen in Differentialform.

Tafel 6.4.1 Verknüpfung elektromagnetischer Feldgrößen

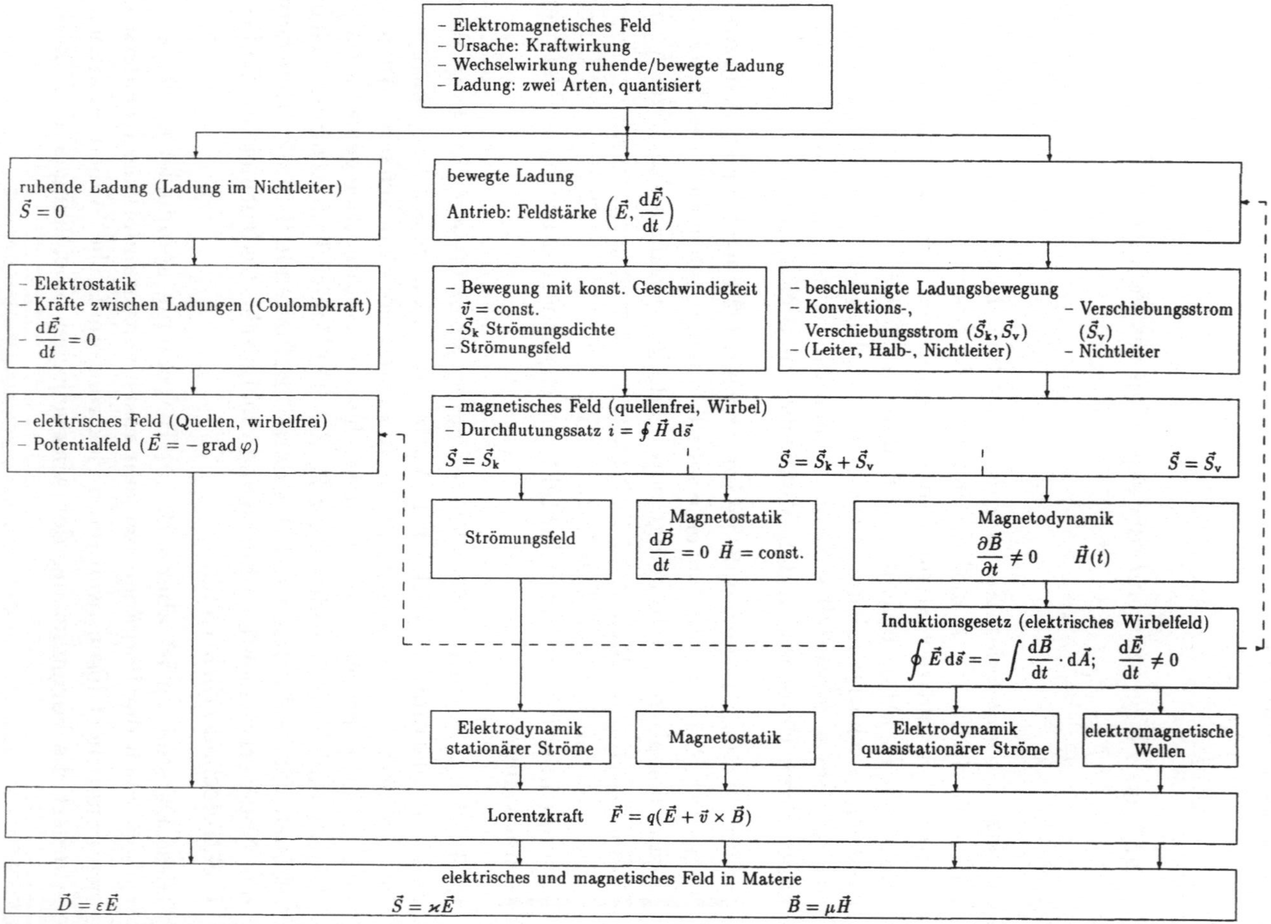

- Elektromagnetisches Feld
- Ursache: Kraftwirkung
- Wechselwirkung ruhende/bewegte Ladung
- Ladung: zwei Arten, quantisiert

ruhende Ladung (Ladung im Nichtleiter)
$\vec{S} = 0$

bewegte Ladung
Antrieb: Feldstärke $\left(\vec{E}, \dfrac{\mathrm{d}\vec{E}}{\mathrm{d}t}\right)$

- Elektrostatik
- Kräfte zwischen Ladungen (Coulombkraft)
- $\dfrac{\mathrm{d}\vec{E}}{\mathrm{d}t} = 0$

- Bewegung mit konst. Geschwindigkeit
  $\vec{v} = \text{const.}$
- $\vec{S}_{\mathrm{k}}$ Strömungsdichte
- Strömungsfeld

- beschleunigte Ladungsbewegung
- Konvektions-, — Verschiebungsstrom
  Verschiebungsstrom $(\vec{S}_{\mathrm{k}}, \vec{S}_{\mathrm{v}})$ $(\vec{S}_{\mathrm{v}})$
- (Leiter, Halb-, Nichtleiter) — Nichtleiter

- elektrisches Feld (Quellen, wirbelfrei)
- Potentialfeld $(\vec{E} = -\operatorname{grad}\varphi)$

- magnetisches Feld (quellenfrei, Wirbel)
- Durchflutungssatz $i = \oint \vec{H}\,\mathrm{d}\vec{s}$

$\vec{S} = \vec{S}_{\mathrm{k}}$ $\qquad$ $\vec{S} = \vec{S}_{\mathrm{k}} + \vec{S}_{\mathrm{v}}$ $\qquad$ $\vec{S} = \vec{S}_{\mathrm{v}}$

Strömungsfeld

Magnetostatik
$\dfrac{\mathrm{d}\vec{B}}{\mathrm{d}t} = 0$ $\quad \vec{H} = \text{const.}$

Magnetodynamik
$\dfrac{\partial \vec{B}}{\partial t} \neq 0$ $\quad \vec{H}(t)$

Induktionsgesetz (elektrisches Wirbelfeld)
$$\oint \vec{E}\,\mathrm{d}\vec{s} = -\int \frac{\mathrm{d}\vec{B}}{\mathrm{d}t}\cdot\mathrm{d}\vec{A}; \quad \frac{\mathrm{d}\vec{E}}{\mathrm{d}t} \neq 0$$

Elektrodynamik stationärer Ströme

Magnetostatik

Elektrodynamik quasistationärer Ströme

elektromagnetische Wellen

Lorentzkraft $\quad \vec{F} = q(\vec{E} + \vec{v} \times \vec{B})$

elektrisches und magnetisches Feld in Materie
$\vec{D} = \varepsilon\vec{E}$ $\qquad$ $\vec{S} = \varkappa\vec{E}$ $\qquad$ $\vec{B} = \mu\vec{H}$

Maxwellsche Gleichungen in Differentialform. Die Maxwellschen Gleichungen Bild 6.4.1 enthalten zwei typische Integralformen eines (allgemeinen) Vektors $\vec{X}$, nämlich

$$\oint_C \vec{X}\,\mathrm{d}\vec{s} \qquad \text{Wirbelstärke (Umlaufspannung)} \tag{6.4.10a}$$

$$\oint_A \vec{X}\,\mathrm{d}\vec{A} \qquad \text{Quellenstärke, Hüllenfluß, Ergiebigkeit.} \tag{6.4.10b}$$

Dies sind zunächst mathematische Definitionen, die aber am Beispiel der Maxwellschen Gleichungen zugleich auch physikalisch erklärt werden können:

- Das elektrische Feld kann ein *Quellen-* und/oder *Wirbelfeld* sein. Beispielsweise ist das elektrische Feld der ruhenden Ladung ein Quellenfeld, das Feld um einen zeitveränderlichen Magnetfluß ein Wirbelfeld.

  Das magnetische Feld tritt nur als *Wirbelfeld* auf.

Der Wert der Quellen- und Wirbelstärke hängt vom Integrationsweg ab, weil er ein ganzes Gebiet (Umlauf, Umhüllung) erfaßt. Um jedoch eine Aussage für den einzelnen Feldpunkt zu erhalten, muß die Wirbelstärke auf eine Fläche und die Quellenstärke auf ein Volumen bezogen werden, wobei diese Fläche bzw. das Volumen im Grenzfall gegen Null geht. Dieser Vorgang ist Inhalt der sog. *Integralsätze* (Stokes, Gauß) der Mathematik, die hier nur beiläufig erwähnt werden sollen:

$$\oint_C \vec{X}\,\mathrm{d}\vec{s} = \int_A \mathrm{rot}\vec{X}\,\mathrm{d}\vec{A} \qquad \text{Wirbelstärke} \tag{6.4.11a}$$

$$\oint_A \vec{X}\,\mathrm{d}\vec{A} = \int_V \mathrm{div}\vec{X}\,\mathrm{d}V \qquad \text{Quellenstärke.} \tag{6.4.11b}$$

Dabei wird die Fläche A von der Randkurve C umschlossen und das Volumen V hat die Oberfläche A. Die rechts stehenden Ausdrücke rot $\vec{X}$, div $\vec{X}$ sind sog. *Differentialoperatoren: Rotation* (rot, engl. curl) und *Divergenz* (div). Wenn auch an dieser Stelle sicher keine Kenntnis der Vektoranalysis vorhanden sein wird, so möge doch auf einige Vorteile ihrer Anwendung verwiesen werden:

– Es ist eine gleichwertige, wieder vom Koordinatensystem unabhängige Darstellung der Maxwellschen Gleichungen möglich.

– Die Gleichungen werden jetzt für den Raumpunkt formuliert und erlauben somit eine erheblich breitere Anwendung als in der Integraldarstellung.

– Für ein spezielles Problem gelingt die numerische und/oder analytische Lösung unter Annahme eines problemangepaßten Koordinatensystems immer.

Insgesamt wurden die Maxwellschen Gleichungen in Differentialform in Tafel 6.4.2 zusammengestellt.

Tafel 6.4.2 Maxwellsche Gleichungen, Differential- bzw. Punktform

$\operatorname{rot}\vec{H} = \vec{S}$ (6.4.12)	$\operatorname{rot}\vec{E} = -\dfrac{\partial \vec{B}}{\partial t}$ (6.4.13)
Amperesches Stromgesetz	*Induktionsgesetz*
$\operatorname{div}\vec{B} = 0$ (6.4.14)	$\operatorname{div}\vec{D} = \varrho$ (6.4.15)
Quellenfreiheit der Flußdichte	*Gaußsches Raumladungsgesetz*

Materialbeziehungen:

$\vec{B} = \mu\vec{H}$ (6.4.16)	$\vec{D} = \varepsilon\vec{E}$ (6.4.17)

Stromdichte als Summe von Konvektions- und Verschiebungsstromdichte

$$\vec{S} = \vec{S}_{\mathrm{K}} + \vec{S}_{\mathrm{V}}\,;\quad \vec{S}_{\mathrm{K}} = \int \vec{v}\,\mathrm{d}\varrho\,;\quad \vec{S}_{\mathrm{V}} = \frac{\partial \vec{D}}{\partial t} \qquad (6.4.18)$$

Um die Vektoroperationen rot, div für ein konkretes Koordiantensystem durchführen zu können, wird der sog. „Nabla-Operator" ∇ eingeführt. Er lautet z.B. im kartesischen Koordiantensystem $\vec{e}_{\mathrm{x}}$, $\vec{e}_{\mathrm{y}}$, $\vec{e}_{\mathrm{z}}$ symbolisch

$$\nabla = \vec{e}_{\mathrm{x}}\partial/\partial x + \vec{e}_{\mathrm{y}}\partial/\partial y + \vec{e}_{\mathrm{z}}\partial/\partial z\,. \qquad (6.4.19)$$

Angewendet auf einen Vektor $\vec{X}$ ergibt sich dann

– die *Divergenz*

$$\operatorname{div}\vec{X} = \nabla\vec{X} \qquad (6.4.20)$$

– die *Rotation*

$$\operatorname{rot}\vec{X} = \nabla \times \vec{X}\,. \qquad (6.4.21)$$

In einem Fall muß das Skalarprodukt, im anderen das Vektorprodukt gebildet werden. Schließlich sei erwähnt, daß auch die Gradientenbildung $\operatorname{grad}\varphi$ (Gl. (6.2.4)) eine solche Differentialoperation darstellt.

Tafel 6.4.3 Einteilung der elektromagnetischen Felder

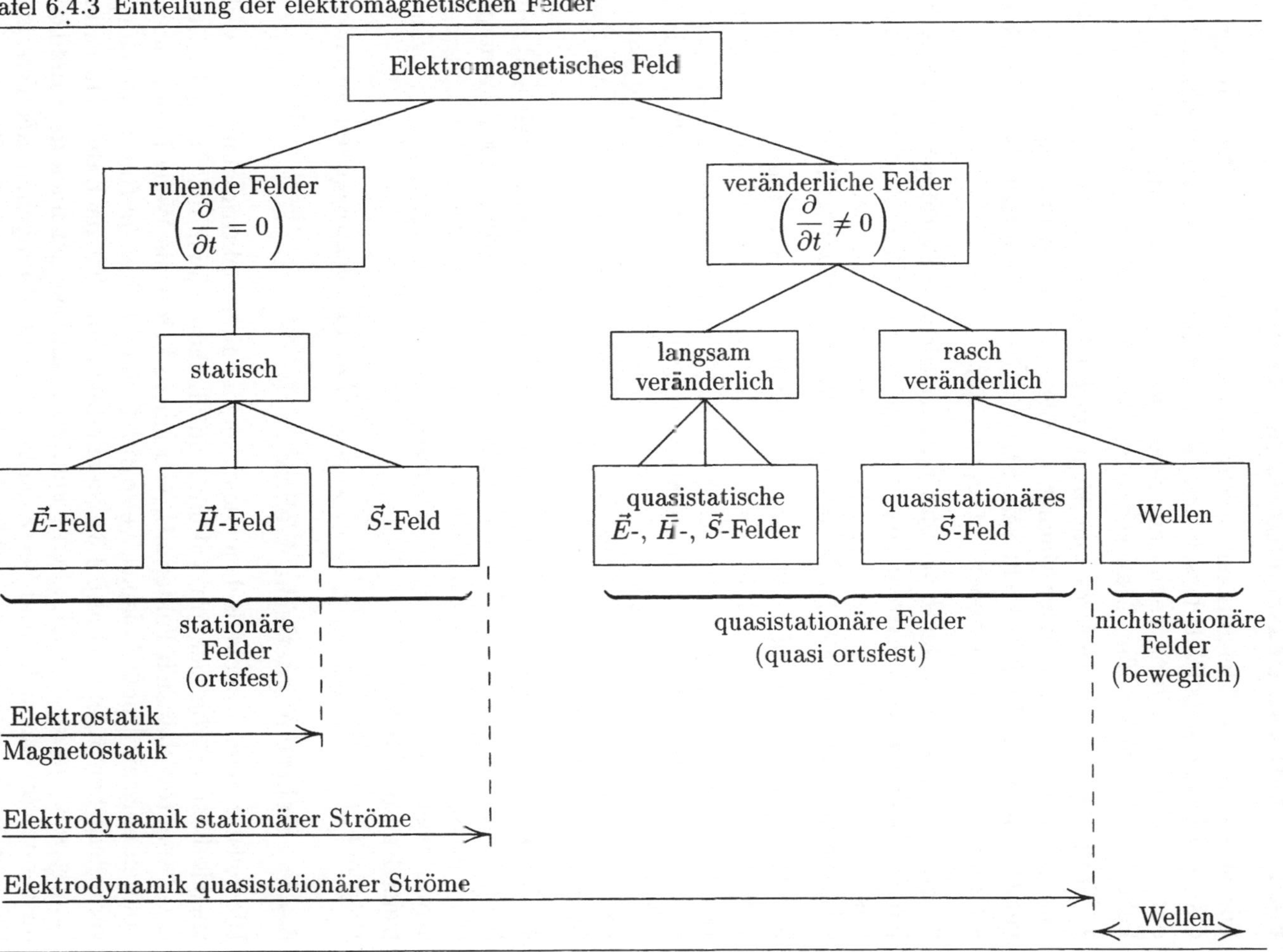

6.4.2   Einteilung elektromagnetischer Felder

Die Maxwellschen Gleichungen beschreiben elektromagnetische Vorgänge in Gänze. Für typische Fälle lassen sich die Gleichungen erheblich vereinfachen, dabei ist die Einteilung nach dem *Zeiteinfluß* in ruhende und zeitveränderliche Felder zweckmäßig. Man kennt folgende Spezialfälle (Tafel 6.4.3):

1. *Statische Felder. Elektro- und Magnetostatik.* Das sind die Felder ruhender Ladungen und ruhender Magneten. Alle zeitlichen Änderungen $\partial/\partial t = 0$ verschwinden, außerdem fließt kein Strom ($\vec{S} = 0$). Deshalb treten elektrische und magnetische Größen entkoppelt auf.

2. *Stationäre Felder.* Jetzt verschwinden zeitliche Ableitungen ($\partial/\partial t = 0$), jedoch fließt ein *Gleichstrom* (Konvektionsstrom). Magnetisches und elektrisches Feld sind über das Durchflutungsgesetz verkoppelt. Die Kopplung wirkt jedoch nur in einer Richtung elektrisches $\rightarrow$ Magnetfeld.

3. *Quasistationäre Felder.* Es fließt zeitveränderlicher Strom, doch ist die Wellenausbreitung vernachlässigbar. Das bedeutet: Einfluß von $\partial\vec{D}/\partial t$ auf $\vec{H}$ und rückwirkend auf $\vec{E}$ vernachlässigbar (Einfluß des Verschiebungsstromes gegen Leitungsstrom vernachlässigbar). In diesem Fall gelten Durchflutungs- und Induktionsgesetz. Mitunter wird noch unterteilt in quasistatisches $\vec{S}$-Feld (keine Stromverdrängung) und quasistationäres Feld (mit Stromverdrängung).

4. *Wellenausbreitung.* Alle Größen sind vorhanden und verkoppelt und zeitliche Änderungen so groß, daß sich Felder von den Anordnungen ablösen und sich im Raum als *Wellen* ausbreiten. Typischerweise kann der Leitungsstrom gegenüber dem Verschiebungsstrom vernachlässigt werden (verlustfreier Raum, $\kappa = 0$).

In allen Fällen ist der jeweils vorhergehende Fall im nachfolgenden enthalten.

6.4.3   Elektromagnetische Wellen

Die vollständigen Maxwellschen Gleichungen haben elektromagnetische Wellen als Lösung, die sich im Vakuum mit Lichtgeschwindigkeit ausbreiten. Das bedeutet, daß sich Felder z.B. von einem Leiter als Welle in den Raum ablösen müssen. Fließt beispielsweise durch einen Leiter im Raum ein schnell veränderlicher Strom (Bild 6.4.3), so entsteht zunächst nach dem Durchflutungsgesetz ein Magnetfeld. Seine Feldlinien sind wieder nach dem Induktionsgesetz von einem $\vec{E}$- und Verschiebungsstromfeld umgeben, der Verschiebungsstrom wieder von einem Magnetfeld usw. (Folge 1...5). Zur Ausbreitung kommt es, weil jedes nachfolgende Feld wegen des Wirbelcharakters

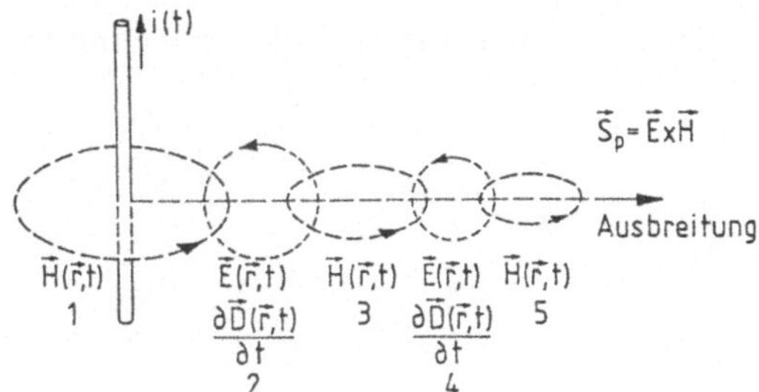

Bild 6.4.3
Ausbreitung des zeitveränderlichen elektromagnetischen Feldes

zwangsläufig eine etwas größere Ausdehnung besitzen muß als das vorher verursachte. Wesentlich ist hier die Mitwirkung des Verschiebungsstromes, deshalb läuft der Vorgang überhaupt im *Nichtleiter* (!) ab.

> Eine elektromagnetische Welle stellt somit einen wechselseitigen Auf- und Abbau elektrischer und magnetischer Felder dar, der sich mit endlicher Geschwindigkeit $v \leq c$ in den Raum ausbreitet.

Maßgebend für die Ausbreitungsgeschwindigkeit ist die *Phasengeschwindigkeit v*, d.h. die Ausbreitung eines bestimmten Momentanwertes der Welle. Es gilt:

$$v - \frac{1}{\sqrt{\varepsilon\mu}} = \frac{1}{\sqrt{\varepsilon_r\mu_r}}\,\frac{1}{\sqrt{\varepsilon_0\mu_0}} = \frac{c}{\sqrt{\varepsilon_r\mu_r}} \tag{6.4.22}$$

mit $c = 1/\sqrt{\varepsilon_0\mu_0} \approx 300000\,\text{km/s}$, der Lichtgeschwindigkeit.

Bei sinusförmiger Zeitabhängigkeit hängen Frequenz, Wellenlänge und Phasengeschwindigkeit zusammen

$$\lambda f = v\,. \tag{6.4.23a}$$

Die elektromagnetischen Wellen umfassen den Bereich zwischen tiefsten Wechselstromfrequenzen bis in das sog. Millimetergebiet (Tafel 6.4.4), aber ebenso infrarotes, sichtbares Licht sowie Röntgen-, Gamma- und kosmische Strahlung. Damit ist zu vermuten, daß auch die Optik (Wellenoptik) auf den Maxwellschen Grundgleichungen basiert (was nachgewiesen wurde), m.a.W. die *Bedeutung der elektromagnetischen Wellen weit über die Elektrotechnik hinausgeht.* So liegt das sichtbare Spektrum im Wellenlängenbereich $\lambda = 380$ nm bis $\lambda = 780$ nm. Dazu gehören Frequenzen von $f = 3{,}84 \cdot 10^{14}$ Hz

Tafel 6.4.4 Spektrum der elektromagnetischen Wellen

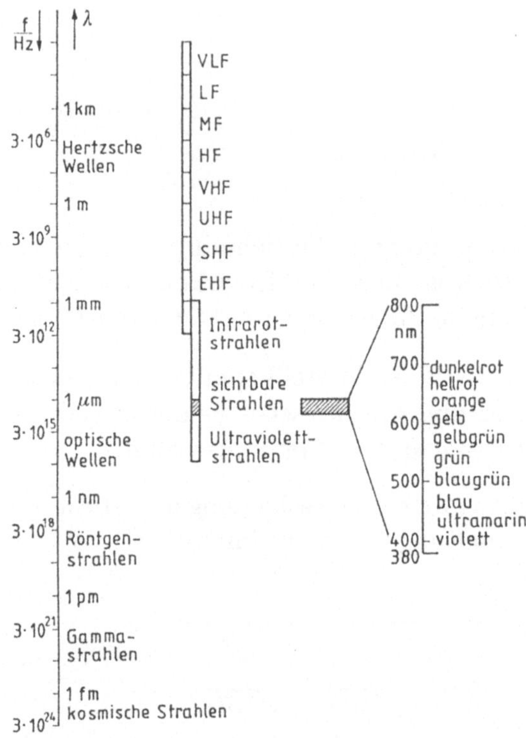

...$7{,}89 \cdot 10^{14}$, also etwa eine Oktave. Im optischen Bereich wird statt $\varepsilon_{\mathrm{r}}\mu_{\mathrm{r}}$ meist der Brechungsindex $n = \sqrt{\varepsilon_{\mathrm{r}}\mu_{\mathrm{r}}}$ verwendet, und es gilt statt Gl. (6.4.22)

$$v = c/n \,. \tag{6.4.23b}$$

Aber auch innerhalb der Elektrotechnik selbst wird praktisch das gesamte elektromagnetische Spektrum genutzt (Tafel 6.4.5).

Wie stehen nun die charakteristischen Größen einer Welle – wie Wellenlänge und Ausbreitungszeit – in Beziehung, z.B. zu geometrischen Abmessungen von Bauelementen, etwa der Länge l einer Leitung?

Wellenausbreitung kann sicher vernachlässigt werden, wenn die Ausdehnung l der Anordnung klein gegen die Wellenlänge λ ist

$$l \ll \lambda = v/f \quad \text{oder} \quad f = v/\lambda \ll v/l \,. \tag{6.4.24}$$

Tafel 6.4.5 Elektromagnetische Wellen (Anwendungsgebiete)

Abkürzungen: VLF very low frequency, HF high frequency, SHF super high frequency,
MF medium frequency, UHF ultra high frequency, EHF extremely high frequency

<————— Wellenlänge

100 km	10 km	1 km	100 m	10 m	1 m	10 cm	1 cm	1 mm
	Kilometer-wellen	Hektometer-wellen	Dekameter-wellen	Meter-wellen	Dezimeter-wellen	Zentimeter-wellen	Millimeter-wellen	
VLF	VF	MF	HF	VHF	UHF	SHF	EHF	
3 kHz	30 kHz	300 kHz	3 MHz	30 MHz	300 MHz	3 GHz	30 GHz	300 GHz

Frequenz f —————>

größte Entfernungen	*Bodenwelle* > 1000 km	> 100 km	unbedeutend		Ausbreitung nach optischen Gesetzen		
	Raumwelle nachts	nachts, Reflexion an Ionosphäre	große Entfernungen	geringe Reichweite	Beugung, Überhorizont-verbindung	Molekül-resonanz,- sonst große Dämpfung	Dämpfung, wetterab-hängig
Längstwellen	Langwellen	Mittelwellen	Kurzwellen	UKW, TV, Mobilfunk, Funkdienste	Richtfunk, Radartechnik, Satellitenfunk		
Navigation, Sonartechnik	Navigation, Funkfeuer	Seefunk	Faksimile				

Deshalb dürfen sich z.B. Strom-Spannungswerte in einem Zeitraum

$$\Delta t = l/v = (l/c)(\sqrt{\varepsilon_\mathrm{r}\mu_\mathrm{r}}) = 3{,}3\sqrt{\varepsilon_\mathrm{r}\mu_\mathrm{r}} \cdot ps \cdot l/\mathrm{mm} \qquad (6.4.25)$$

nur *unmerklich ändern*, m.a.W. muß das Zeitintervall einer Änderung Δt (z.B. die Anstiegszeit eines Spannungsimpulses) groß gegen T sein! Wird die Bedingung Gl. (6.4.24) für ein Bauelement eingehalten, so bezeichnet man es als *konzentriertes Element* (gleichwertig: elektrisch kurzes Gebilde), im anderen Fall als *verteiltes Element*.

Die gesamte Netzwerkanalyse basiert auf Annahme konzentrierter Elemente.

Elektromagnetische Wellenerscheinungen sind somit nur bei Bauelementen mit großen Abmessungen und/oder sehr schnellen zeitlichen Änderungen zu berücksichtigen.

Wellenausbreitung. Energietransport. Die Ausbreitung einer bestimmten Phase eines Wellenzustandes, z.B. einer maximalen Amplitude, wird von der Phasengeschwindigkeit v bestimmt. Für die Energieübertragung durch eine Welle ist aber die *Gruppengeschwindigkeit*

$$v_\mathrm{gr} = \mathrm{d}\omega/\mathrm{d}k \quad \mathrm{mit} \quad k = 2\pi/\lambda \qquad \mathrm{Wellenzahl} \qquad (6.4.26)$$

maßgebend. In dispersionsfreien Medien, in denen v nicht von ω abhängt, stimmt sie mit der Phasengeschwindigkeit überein. Dispersionsfrei ist nur das Vakuum.

Der Energietransport – ausgedrückt durch die Energieströmung des elektromagnetischen Feldes pro Zeit und Flächeneinheit – wird durch die sog. *Strahlungsdichte* oder den *Poyntingschen Vektor*

$$\vec{S}_\mathrm{p} = \vec{E} \times \vec{H} \qquad (6.4.27)$$

beschrieben. Er steht senkrecht auf $\vec{E}$ und $\vec{H}$ und weist in die Energieausbreitungsrichtung. Nun hat auch eine nur gleichstromdurchflossene Doppelleitung $\vec{E}$- und $\vec{H}$-Komponenten (wie verlaufen sie, wie ist $\vec{S}_\mathrm{p}$ orientiert?) und wir kommen zu dem überraschenden Ergebnis, daß der Energietransport durch das Feld erfolgt, nicht etwa die Drähte! Die Leitung „beliebiger" Form hat nur die Aufgabe, dieses Feld zu führen. Trotzdem ist es richtig, Energie und Leistung weiter durch i und u auszudrücken, weil es integral mit dem Feld verknüpfte Größen sind.

Auf die Herleitung der Wellengleichung aus den Maxwellschen Gleichungen werden wir hier verzichten, weil sich charakteristische Merkmale einer Welle leicht durch die Ausbreitungsvorgänge auf einer Leitung erklären lassen (s. Abschn. 10.4.1).

Lernorientierungen zu Abschnitt 6

Abschnitt 6.1

1. Elektrisches Feld: mit Energie erfüllter Raum, gekennzeichnet durch Kraftwirkung auf ruhende Ladungen.

2. Das elektrische Feld im Nichtleiter (Dielektrikum) wird im Raumpunkt gekennzeichnet durch die elektrische Feldstärke $\vec{E}$ und Verschiebungsflußdichte $\vec{D}$. Beide hängen über die dielektrischen Eigenschaften zusammen, $\vec{D} = \varepsilon_r \varepsilon_0 \vec{E}$ ($\varepsilon_r \geq 1$, Luft $\varepsilon_r = 1$).

3. Die Integralgrößen des elektrischen Feldes im Nichtleiter sind die Spannung u (bzw. Potentialdifferenzen), der Verschiebungsfluß Ψ ($\Psi = \oint \vec{D}\,d\vec{A}$) und die Kapazität $C = Q/u$.

4. Der Verschiebungsfluß Ψ ist die zwischen entgegengesetzten Ladungen (z.B. auf Platten) auftretende Erscheinung ($Q \equiv \Psi$, Dimension!) im Nichtleiter. Kennzeichen: zeitliche Änderungen des Verschiebungsflusses sind von einem Magnetfeld umgeben $\rightarrow$ Verschiebungsstrom $i_v = d\Psi/dt$.

5. Die Kapazität einer Leiteranordnung hängt von der Geometrie und den dielektrischen Eigenschaften des Raumes ab.

6. Kondensatoren lassen sich reihen- und parallelschalten (Beziehungen).

7. Die im elektrischen Feld im Nichtleiter gespeicherte Energie beträgt $W = (1/2)\vec{D}\vec{E}$ bzw. im Kondensator $W = Cu^2/2$.

8. Ein elektrisches Feld bewirkt auf die Ladung Q die Kraft $\vec{F} = Q \cdot \vec{E}$. Die Kraft ist so gerichtet, daß sie die Kapazität der Anordnung zu vergrößern sucht.

Abschnitt 6.2

1. Das Strömungsfeld (= Feld der Trägerströmung im Raumpunkt wird gekennzeichnet durch Stromdichte $\vec{S}$ und Feldstärke $\vec{E}$. Stets gilt die Materialbeziehung $\vec{S} = \kappa \vec{E}$ (Ohmsches Gesetz des Strömungsfeldes).

2. Stromdichte $\vec{S}$: (anschaulich) Strom pro Fläche (Normalenfläche). Zusammenhang $\int \vec{S}\,d\vec{A} = i$.

3. Integrale Größen des Strömungsfeldes sind Strom i, Spannung u und Widerstand R.

4. Für symmetrische Felder kann der Widerstand einer Anordnung aus Symmetriebedingungen berechnet werden.

5. Nach der Leitfähigkeit κ unterschieden gibt es Leiter, Halbleiter (mit Löchern und Elektronen als Ladungsträger) und Nichtleiter.

6. Der Zusammenhang $S(E)$ kann nichtlinear sein (z.B. in bestimmten Halbleitern, Stromfluß in Gasentladungen u.a.).

7. Das Strömungsfeld ist Ort des Umsatzes elektrischer Leistung in Wärmeleistung. Leistungsdichte: $p/V = \vec{S}\vec{E}/2$.

Abschnitt 6.3

1. Jeder Strom (Konvektions-, Verschiebungsstrom) wird von einem Magnetfeld (in konzentrischen Kreisen) umschlossen: Durchflutungsgesetz $\oint \vec{H}\,\mathrm{d}\vec{s} = i \cdot w = \Theta$. Die Durchflutung Θ ist eine rein elektrische Größe.

2. Das Magnetfeld wird im Raumpunkt beschrieben durch die Feldgrößen
   - magnetische Flußdichte $\vec{B}$ ($[B] = 1\ \mathrm{T} = 1\ \mathrm{Vs/m^2}$)
   - magnetische Feldstärke $\vec{H}$ ($[H] = 1\mathrm{A/m}$).

3. Die Verknüpfung von $\vec{B}$ und $\vec{H}$ ist materialabhängig. Es gibt zwei Grundformen:
   - nichtmagnetisch z.B. Luft $\vec{B} = \mu_0 \vec{H}$
   - ferromagnetisch $\vec{B} = \mu_\mathrm{r}\mu_0 \vec{H}$.

4. Der Zusammenhang $B = f(H)$ ist bei ferromagnetischen Materialien nichtlinear und heißt Magnetisierungskurve. In jedem Punkt gilt $\vec{B} = \mu_\mathrm{r}\mu_0\vec{H}$ mit $\mu_\mathrm{r}(B)$.

5. Ein Umlauf $B(H)$ führt zur Hystereseschleife mit den Kennwerten Remanenz B_r ($H = 0$) und Koerzitivfeldstärke H_c ($B = 0$). Es gibt hart- und weichmagnetische Werkstoffe.

6. Integralgrößen des Magnetfeldes sind der magnetische Fluß Φ (anstelle von $\vec{B}$), die magnetische Spannung V resp. Durchflutung Θ anstelle von $\vec{H}$ und der magnetische Widerstand R_m.

7. Zwischen einem magnetischen Kreis (homogenes Feld) und dem elektrischen Stromkreis besteht eine Analogie

magnetischer Kreis	*Stromkreis*
Durchflutung Θ	Spannung u_q
magnetischer Spannungsabfall V	Spannungsabfall u
Fluß Φ	Strom i
Flußdichte $B = \Phi/A$	Stromdichte $S = i/A$
magnet. Widerstand $R_\mathrm{m} = V/\Phi$	Widerstand $R = u/i$
Permeabilität $\mu_\mathrm{r}\mu_0$	Leitfähigkeit κ
Eisenquerschnitt A	Leiterquerschnitt A
Feldlinienlänge l_Fe, l_L	Drahtlänge l.

8. Induktionsgesetz: Jedes zeitveränderliche Magnetfeld wird von einem elektrischen Wirbelfeld (= Ringfeld) umschlossen: $\oint \vec{E}_\mathrm{i}\,\mathrm{d}\vec{s} = -\mathrm{d}\Phi/\mathrm{d}t$ unabhängig davon, ob längs des elektrischen Ringfeldes ein Leiter existiert oder nicht.

9. Das Umlaufintegral $\oint \vec{E}_\mathrm{i}\,\mathrm{d}\vec{s} = +u_\mathrm{q}$ kann als induzierte Quellenspannung (= Selbstinduktionsspannung) verstanden werden.

10. Ein zeitveränderliches Magnetfeld kann durch Ruhe- und/oder Bewegungsinduktion entstehen.

11. Das Induktionsgesetz erzeugt
    - in der gleichen Leiteranordnung durch Zusammenwirken mit dem Durchflutungssatz eine Selbstinduktionsspannung, gekennzeichnet durch die Selbstinduktivität L
    - in einer Nachbarleiterschleife (durch magnetische Kopplung) die Gegeninduktivität M.

12. Die u-i-Relation der Selbstinduktion lautet $u = L\,di/dt$. Die Induktivität $L = A_L w^2$ hängt vom Kernfaktor A_L und der Windungszahl w ab.

13. Die u-i-Beziehung der Gegeninduktivität M ($\rightarrow$ gekoppelte Spule) wird durch die Transformatorgleichungen beschrieben. Eigenschaften des idealen Transformators (Windungsverhältnis $ü = w_1/w_2$) sind Spannungsübersetzung $u_1/u_2 = ü$, Stromübersetzung $i_1/i_2 = 1/ü$ und Widerstandsübersetzung $R_1 = ü^2 R_2$.

14. Auf einen stromdurchflossenen Leiter wird im Magnetfeld die Lorentzkraft $\vec{F} = Q(\vec{v} \times \vec{B}) = B \cdot L \cdot i \sin\alpha$ ausgeübt.

15. Bei Bewegung einer Leiterschleife im Magnetfeld durch die Lorentzkraft (Motorprinzip) wird in ihr zusätzlich eine Gegeninduktionsspannung erzeugt (Generatorprinzip).

16. Der Energieinhalt des Magnetfeldes einer Spule beträgt $W = i^2 L/2$. Die Energiedichte im Luftspalt lautet $W/V = \vec{H}\vec{B}/2 = B^2/2\mu_0$.

Wiederholungsfragen zu Abschnitt 6

Abschnitt 6.1

1. Was versteht man unter dem elektrischen Feld? Wo tritt das elektrische Feld auf? Wodurch kann das Feld veranschaulicht werden?

2. Auf welcher Maxwell-Gleichung beruht der Knotensatz?

3. Was versteht man unter den Begriffen elektrische Feldstärke, Potential und Spannung?

4. Skizzieren Sie das Feldstärke- und Potentialfeld einer Punktladung!

5. Welche Feldgrößen treten in einem Dielektrikum (Beispiel: Plattenkondensator) auf? Wie lautet die Definition der Kapazität, was drückt sie inhaltlich aus?

6. Welche Feldvorgänge laufen im Dielektrikum eines Plattenkondensators ab, wenn sich die anliegende Spannung zeitlich ändert? Erklären Sie den Stromfluß mit den Maxwellschen Gleichungen.

7. Welche Größe muß am Kondensator stetig sein (Begründung)?

Abschnitt 6.2

1. Was ist ein Strömungsfeld, wo tritt es auf und durch welche Größen wird es beschrieben?

2. Was drückt der Begriff „Stromdichte" aus (Erläuterung)?

3. Erläutern Sie das Ohmsche Gesetz. Unter welchen Bedingungen gilt es?

4. Geben Sie eine Methodik an, nach der der Widerstand eines Feldraumes bestimmt werden kann.

5. Welcher Unterschied besteht zwischen Feld- und Diffusionsstrom? Warum gibt es in Metallen keinen Diffusionsstrom?

6. Was versteht man in Halbleitern unter Eigen- und Störleitung?

7. Wieso kann durch eine Elektronenröhre (Nichtleiter!) bei Anlegen einer Spannung dennoch Strom fließen?

8. Erklären Sie das Prinzip einer Leuchtstoffröhre!

9. Warum darf eine Glimmlampe stets nur mit Vorwiderstand beschrieben werden (Kennlinie, Diskussion)?

Abschnitt 6.3

1. Was versteht man unter einem magnetischen Feld? Wo tritt es auf? Wie kann es veranschaulicht werden?

2. Welche Größen kennzeichnen das magnetische Feld? Wie wird seine Richtung bestimmt? Worauf spricht eine Magnetnadel an?

3. Wie lautet das Durchflutungsgesetz, was drückt es aus?

4. Was versteht man unter dem magnetischen Fluß Φ? Wie unterscheidet er sich vom elektrischen Fluß (elektrisches Feld im Nichtleiter)?

5. Was versteht man unter den folgenden Begriffen: Ferromagnetismus, Magnetisierungskennlinie, Hysteresekurve, Remanenz, Koerzitivkraft?

6. Was ist ein magnetischer Kreis (Beispiel, Erläuterung), welche Gesetzmäßigkeiten gelten? Wie bestimmt man den magnetischen Widerstand? Erklären Sie diese Begriffe an einem Schreib-/Lesekopf. Wie arbeitet er?

7. Wie lautet das Induktionsgesetz, was besagt es? Nennen Sie Anwendungsbeispiele.

8. Erläutern Sie die Begriffe Selbst- und Gegeninduktion. Wie lautet die Strom-Spannungsbeziehung der Selbstinduktivität?

9. Welche Größe muß für eine Spule stetig sein (Begründung)?

Abschnitt 6.4

1. Wie lauten die Maxwellschen Gleichungen in Integralform (kurze anschauliche Erklärung), welche wirken in einer leerlaufenden Taschenlampenbatterie, welche bei Stromfluß (z.B. durch angeschlossene Glühlampen)?

2. Was bedeutet der Begriff Quellenfeld?

3. Warum benötigt man die Maxwellschen Gleichungen auch in Punktform?

4. Kann mit der Integralform die Wellenausbreitung erklärt werden (Begründung)?

5. In Rundfunkempfängern (z.B. Mittelwellenbereich) ist eine sog. Ferritantenne (= Ferritstab mit Wicklung) eingebaut. Erklären Sie mittels der Maxwellschen Gleichungen, warum z.B. eine Spannung an der Antenne des Senders im Rundfunkempfänger wahrgenommen wird. Wäre ein Empfang auch ohne Ferritstab (nur mit Wicklung) möglich?

Literaturverzeichnis

Ameling, W.: Grundlagen der Elektrotechnik. Bd. 1: 4. Aufl., Bd. 2: 2. Aufl. Braunschweig: Vieweg 1988/1984

Bosse, G.: Grundlagen der Elektrotechnik. Bd. 1: Elektrostatisches Feld und Gleichstrom, 2. Aufl.; Bd. 2: Magnetisches Feld und Induktion, 3. Aufl.; Bd. 3: Wechselstromlehre, 2. Aufl.; Bd. 4: Drehstrom, Ausgleichsvorgänge. Mannheim: Bibliographisches Institut 1989/1989/1978/1973

Fricke, H. u.a.: Grundlagen der Elektrotechnik. Stuttgart: Teubner Verlag 1976

Hahn, W.; Bauer, Fr.: Physikalische und elektrotechnische Grundlagen für Informatiker. Berlin: Springer Verlag 1975

Müller, R.; Piotrowski, A.: Einführung in die Elektrotechnik und Elektronik, Teil 1, 2. München: Oldenbourg Verlag 1985

Paul, R.: Elektrotechnik, Bd. 1: Felder und einfache Stromkreise, 3. Aufl.; Bd. 2: Netzwerke, 3. Aufl.; Berlin: Springer Verlag 1993/1994

Sautter, D.; Weinerth, H. (Herausgeber): Lexikon Elektronik und Mikroelektronik. Düsseldorf: VDI-Verlag 1990

Seifert, F.: Elektrotechnik für Informatiker, 2. Aufl. Wien: Springer Verlag 1991.

Anhang

Eine Reihe von Größen sind dimensionslos. Man unterteilt sie in Verhältnisgrößen und logarithmierte Verhältnisgrößen.

Verhältnisgrößen werden gebildet aus zwei Größen gleicher Größenart, z.B. Dielektrizitätszahl, Wirkungsgrad, Übertragungsfaktor, Verstärkungsfaktor u.a. Dabei werden benutzt

$$1\% = 10^{-2} \ (\% \ \text{Prozent}), \quad 1\text{\textperthousand} = 10^{-3} \ (\text{\textperthousand} \ \text{Promille})$$

$$1\,\text{ppm} = 10^{-6} \ (\text{ppm: parts per million, Millionstel})$$

$$1\,\text{ppb} = 10^{-9} \ (\text{ppb: parts per billion, Milliardstel}).$$

Logarithmierte Verhältnisgrößen. Logarithmierte Verhältnisgrößen werden benutzt, wenn sich eine Verhältnisgröße z.B. über mehrere Größenordnungen erstreckt. Die beim Logarithmieren entstehende Zahl ist wieder als Größe aufzufassen (da meßbar). Zur Charakterisierung verwendet man Einheiten, die auf die Basis des benutzten Logarithmus hinweisen: durchweg Dezibel (dB) und Neper (Np). Verbreitet werden logarithmierte Verhältnisgrößen für den Verstärkungs- und Dämpfungsgrad und das Übertragungsmaß benutzt, beispielsweise für die Leistungsverstärkung $A_\mathrm{p} = P_2/P_1$ (P_2, P_1 Leistungen am Aus- und Eingang)

$$A_\mathrm{p} = 10\lg(P_2/P_1)\,\mathrm{dB}, \quad \text{auch } A_\mathrm{p} = (1/2)\ln(P_2/P_1)\,\mathrm{Np}$$

oder wegen $P \sim U^2$ umgerechnet auf das Spannungsverhältnis

$$A_\mathrm{u} = 20\lg(U_2/U_1)\,\mathrm{dB}, \quad A_\mathrm{u} = \ln(U_2/U_1)\,\mathrm{Np}\,.$$

Es gelten die Umrechnungen 1 dB = 0,115 Np, 1 Np = 8,68 dB. Beispielsweise betragen folgende logarithmischen Leistungs- und Spannungsverhältnisse:

P_2/P_1	U_2/U_1	dB	Np
10^{-2}	10^{-1}	-20	$-2,3$
0,25	0,5	-6	$-0,7$
1	1	0	0
4	2	6,0	0,7
10^2	10	20	2,3
10^4	10^2	40	4,6 .

Als *Pegel* bezeichnet man logarithmierte Verhältnisgrößen mit festem Bezug, z.B. als Spannungspegel $20\lg U/U_0$. Anwendungen beispielsweise in der Übertragungstechnik und Akustik: Schalldruckpegel $L_\mathrm{p} = 20\lg(p/p_0)$ dB und Lautstärkepegel $L_\mathrm{N} = 20\lg(p/p_0)$ phon. Bezugsschalldruck 20 μPa ($=$ 1 pW) stellt etwa die menschliche Hörgrenze bei $f = 1$ kHz dar. Dort stimmen etwa L_N in phon und L_p in dB überein (sonst Bewertungsfiltereinfluß). Richtwerte sind

dB $\approx$ phon

0	Hörgrenze	70	Straßenlärm
20	ruhiges Zimmer	80	starker Straßenlärm
30	Rauschen eines Baumes	100	Autohupe
50	Umgangssprache	130	Schmerzgrenze.

Übungsaufgaben

1.1.1 Führen Sie eine Einheitenkontrolle folgender Beziehungen durch

a) $\ln i = \ln I_S + u/U_T$, b) $U = \sqrt{\int u^2 \, dt}$, c) $I = \exp u$, d) $I = R \cdot U$

1.1.2 Welche Einheiten haben haben die Konstanten a, b, c in $i = a \exp bt \cdot \sin(ct)$?

1.2.1 Eine Uhrenknopfzelle hat die Ladung $Q = 20\,\text{mAh}$. Wie lange kann eine Uhr mit einem mittleren Strom von $1\,\mu\text{A}$ betrieben werden? Wieviele Elektronen fließen durch die Uhr bis zur völligen Entladung der Knopfzelle?

1.3.1 Ein Kunststoffstab erfährt durch Reibung eine Ladung $Q = 10^{-9}\,\text{As}$. Er vermag ein Papierstück (Masse $m = 1\,\text{mg}$) noch aus einem Abstand d ($= 1\,\text{cm}$) anzuziehen. Welche Feldstärke herrscht in Stabnähe?

1.3.2 Welche Arbeit W wird verrichtet, wenn eine Ladung $Q = 50\,\mu\text{C}$ längs eines Weges $l = 50\,\text{cm}$ durch ein konstantes Feld $E = 50\,\text{kV/m}$ in Feldrichtung bewegt wird?

1.3.3 Die Durchschlagfeldstärke E in Luft beträgt $E \approx 30\,\text{kV/cm}$. Welche Spannung darf zwischen Membran und Gegenelektrode eines Kondensator-Mikrofons höchstens liegen ($\widehat{=}$ Plattenkondensator), wenn dieser Abstand $d \approx 5\,\mu\text{m}$ beträgt?

1.3.4 Gegeben sei ein elektrisches Feld (zweidimensional) mit den Komponenten $E_x = -3cx$, $E_y = -3cy$. Welche Potentialfunktion $\varphi(r)$ gehört zu diesem Feld?

1.4.1 Der Strom beim Laden/Entladen einer Autobatterie habe folgenden Zeitverlauf: $i = 2\,\text{A} = \text{const.}$ während der Zeit $0\ldots3$ Std., $i = -0{,}5\,\text{A}$ (Zeit $3\ldots4$ Std.), $i = 0$ anschließend. Welche Ladung hat die Batterie nach 4 Stunden, wenn ihre Anfangsladung Null war (Skizze des Strom- und Ladungsverlaufes)?

1.4.2 Durch eine Halbleiterprobe (rechteckförmiger Stab) mit dem Querschnitt $A = 0{,}1\,\text{mm}^2$ fließt ein Strom $i = 1\,\text{A}$. Die Ladungsträger (Elektronen) mögen sich mit der sog. thermischen Grenzgeschwindigkeit $v \approx 10^7\,\text{cm/s}$ bewegen. Wie groß ist die Elektronendichte n im Halbleiter?

1.4.3 Ein im Haushalt verwendetes Kabel (Cu $1{,}5\,\text{mm}^2$ Querschnitt A) ist für eine maximale Stromdichte von $6\,\text{A/mm}^2$ zugelassen. Darf ein Heizofen (Leistung $p = 10\,\text{kW}$, $u = 230\,\text{V}$) angeschlossen werden?

1.4.4 Ein Transistor führt durch seine drei Anschlüsse Basis (I_B), Kollektor (I_C), Emitter (I_E) drei Ströme. Wie lautet der Knotensatz, wenn gelten soll $I_C = B_N I_B$ (z.B. $B_N = 100$, Stromverstärkung). Wie groß ist I_E für $I_B = 1\,\mu\text{A}$?

1.5.1 Die Leistungsaufnahme eines Verbrauchers (z.B. Herd) kann bequem mittels des „Leistungszählers" und seiner Zählerkonstante, z.B. $75\,\text{kWh}$, d.h. 75 Umdrehungen für 1 kWh durchgeführt werden. Beispielsweise erfolgte 1 Umdrehung in $\Delta t = 24$ s. Welche Leistung wurde entnommen?

1.5.2 Eine Bohrmaschine ($u = 230$ V) gebe eine mechanische Leistung $P_{\mathrm{mech}} = 500$ W ab, dabei fließt ein Strom $i = 2{,}55$ A. a) Welchen Wirkungsgrad hat die Bohrmaschine? Welche Verlustleistung erwärmt sie? b) Die Bohrmaschine möge eine Wasserpumpe (Förderleistung $P_{\mathrm{f}} = 350$ W) antreiben. Welchen Wirkungsgrad hat sie, wie groß ist der Gesamtwirkungsgrad? c) Welche Wassermenge läßt sich damit aus einem 5 m tiefen Brunnen in einer Stunde fördern?

2.1.1 Jemand behauptet: Das Ersatzschaltbild einer Autobatterie kann nie aus einer Stromquelle mit parallelem Innenleitwert G_{i} bestehen, sonst würde der Quellenstrom immer durch G_{i} fließen, eine Verlustleistung erzeugen und sich die Batterie selbst entladen. Was ist dazu zu sagen?

2.1.2 Ein Rundfunkempfänger (12 V, 10 W) soll mit Monozellen (1,5 V) betrieben werden. a) Wie sind sie zu schalten, welcher Strom fließt? b) Welche Leistung erzeugt die Batterieanordnung im Erzeuger- und Verbraucherzählpfeilsystem?

2.1.3 Spannungsquelle, Grundstromkreis. Gegeben ist die Schaltung Bild A2.1.3 ($u_{\mathrm{q2}} = 10$ V, $R = 20\,\Omega$, $R_{\mathrm{i}} = 5\,\Omega$, $i_{\mathrm{q1}} = 1$ A). Welche Spannung fällt an R ab?

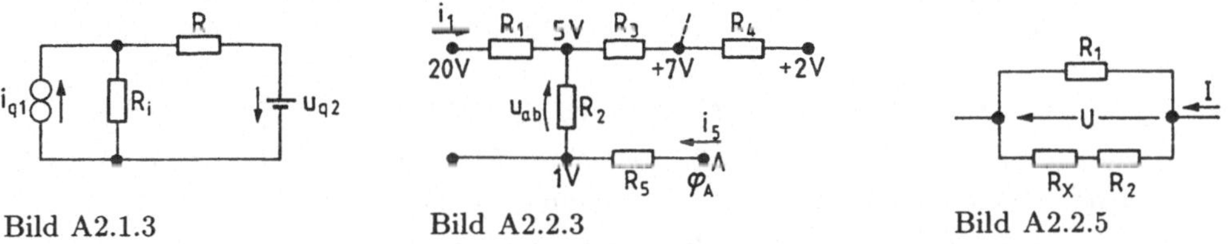

Bild A2.1.3   Bild A2.2.3   Bild A2.2.5

2.2.1 a) Durch einen Widerstand verdopple sich bei Verdopplung der anliegenden Spannung der Strom. Ist er linear? b) Wie ändert sich im Fall a) die im Widerstand umgesetzte Leistung?

2.2.2 a) Welchen Widerstand hat eine 100 m lange Doppelleitung (Cu, $\varrho = 0{,}017 \cdot 10^{-6}\,\Omega\,\mathrm{m}$, Querschnitt $A = 0{,}1\,\mathrm{mm}^2$)? b) Die Leitung wird an eine Batterie (1,5 V) angeschlossen und am Ende kurzgeschlossen. Welcher Strom fließt (Schaltung)? Welche Verlustleistung wird umgesetzt?

2.2.3 Gegeben ist der Ausschnitt aus einem Netzwerk (Bild A2.2.3). Es wurden die angegebenen Spannungen gemessen. a) Welche Spannungen treten an den Widerständen auf? Wie groß ist u_{ab}? b) Der Strom i betrage $i = 1$ mA. Wie groß ist R_1? c) Welcher Strom fließt durch R_4 ($R_4 = 1\,\mathrm{k}\Omega$)?

2.2.4 Zwei Widerstände R_1, R_2 haben bei Reihenschaltung den Gesamtwiderstand $R_{\mathrm{r}} = 220\,\mathrm{k}\Omega$, bei Parallelschaltung den Widerstand $R_{\mathrm{p}} = 18{,}18\,\mathrm{k}\Omega$. Wie groß sind R_1, R_2?

2.2.5 In obenstehender Schaltung A2.2.5 sind gegeben: $I = 10$ mA, $U = 10$ V, $R_1 = 2\,\mathrm{k}\Omega$, $R_2 = 400\,\Omega$. Wie groß ist R_{x}?

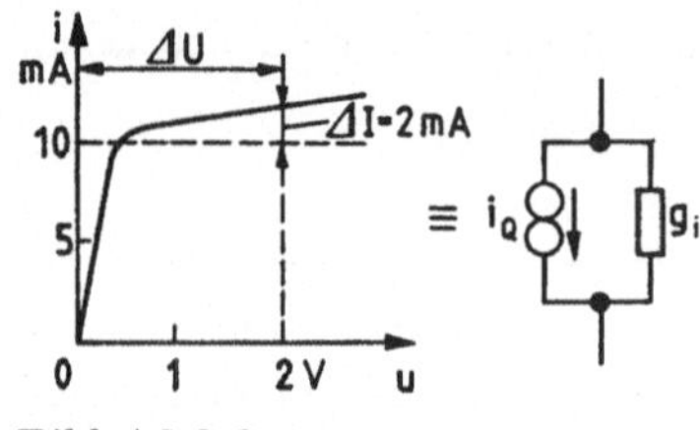

Bild A2.2.6

2.2.6 Überlegen Sie, ob die nebenstehende nichtlineare Kennlinie (Bild A2.2.6) durch eine Stromquelle i_q und einen parallelen (differentiellen) Leitwert g_i ersetzt werden kann?

2.3.1 Man skizziere den Ladestrom eines Kondensators, wenn die anliegende Spannung in einem Zeitintervall $0\ldots T$ zeitlinear ansteigt. Welche Ladung wird transportiert?

2.3.2 Ein Kondensator ($C = 1\,\mu\mathrm{F}$) wird mit einer Konstantstromquelle $i_q = 10\,\mu\mathrm{A}$ während der Zeit $\Delta T = 10\,\mathrm{s}$ geladen. Welche Ladung $Q(t)$ entsteht, welche Spannung, welche Energie wird gespeichert? (Anfangsladung $Q(0) = 0$).

2.3.3 Ein eingedrehter Plattenkondensator ($C = 500\,\mathrm{pF}$) wird mit der Spannung $u = 10\,\mathrm{V}$ geladen, dann vom Ladegerät getrennt und auf $C = 50\,\mathrm{pF}$ eingestellt. Wie groß ist die Kondensatorspannung, welche Ladung sitzt auf den Platten?

2.3.4 Zwei Kondensatoren C_1, C_2 sind parallelgeschaltet, dazu liege C_3 in Reihe und dieser Gesamtschaltung wieder C_4 parallel (Skizze). Wie groß ist a) die Gesamtkapazität, b) die Ladung auf den Einzelkapazitäten und c) die Spannung an jedem Kondensator, wenn an der Schaltung eine Gleichspannung von $U = 10\,\mathrm{V}$ anliegt ($C_1 = 10\,\mathrm{nF}$, $C_2 = 15\,\mathrm{nF}$, $C_3 = 5\,\mathrm{nF}$, $C_4 = 30\,\mathrm{nF}$)?

2.3.5 Bestimmen Sie die „Plattenfläche" eines Elektrolyt-Kondensators (Tantal, $C = 100\,\mu\mathrm{F}$, Dicke des Dielektrikums $d = 2{,}5\,\mu\mathrm{m}$, $\varepsilon_r = 25$, $\varepsilon_0 = 8{,}85 \cdot 10^{-12}\,\mathrm{As/Vm}$).

2.4.1 Eine supraleitende Spule (Induktivität L) wird an eine Spannungsquelle u_q mit Innenwiderstand R_i geschaltet. Skizzieren Sie den Stromverlauf. Wie groß ist die Zeitkonstante?

2.4.2 Ein Schaltkreisanschlußstift habe die Induktivität $L = 50\,\mathrm{nH}$. Welche Störspannung entsteht dadurch zwischen zwei Anschlußpunkten, wenn ein trapezförmiger Stromverlauf mit folgenden Werten gegeben ist: $i(0) = 0$, $i(1\mathrm{ns}) = 10\,\mathrm{mA}$, $i(2\mathrm{ns}) = 10\,\mathrm{mA}$, $i(3\mathrm{ns}) = 0$?

2.4.3 Welche Ersatzinduktivität entsteht bei der Parallelschaltung von zwei Spulen L_1, L_2 in Reihe zu L_3? ($L_1 = 10\,\mathrm{mH}$, $L_2 = 5\,\mathrm{mH}$, $L_3 = 20\,\mathrm{mH}$)

2.4.4 Wie groß ist die Induktivität einer Spule mit $w = 200$ Windungen und einem Eisenkern (Querschnitt $A = 2\,\mathrm{cm}^2$, Eisenweglänge $l_{\mathrm{Fe}} = 10\,\mathrm{cm}$, $\mu_r = 1000$)?

2.4.5 Mit einem Fe-Kern (Induktivitätsfaktor $A_L = 1\,\mathrm{mH}$) soll eine Spule von $1\,\mathrm{H}$ realisiert werden. Welche Windungszahl ist erforderlich?

2.4.6 Ein leerlaufender Transformator werde an eine Gleichspannungsquelle ($R = 50\,\Omega$, $u_q = 5\,\mathrm{V}$) für die Zeit $0\ldots 1\,\mathrm{ms}$ geschaltet, anschließend ($t \geq 1\,\mathrm{ms}$) geht $u_q \to 0$. Bestimmen Sie den Zeitverlauf der Sekundärspannung $u_2(t)$ ($L_1 = 10\,\mathrm{mH}$, $L_2 = 5\,\mathrm{mH}$, $M = 5\,\mathrm{mH}$)!

2.5.1 Ein Verstärker (Ersatzschaltung Bild 2.5.1) werde von einer Spannungsquelle ($u_q = 10\,\text{mV}$, $R_q = 1\,\text{k}\Omega$) gesteuert und mit einem Lastwiderstand $R_L = 5\,\text{k}\Omega$ betrieben (Verstärkerdaten: $R_{St} = 1\,\text{k}\Omega$, $R_i = 5\,\text{k}\Omega$, $A_u = 100$). Wie groß ist die Spannung u_L am Lastwiderstand?

2.5.2 Eine gesteuerte Spannungsquelle $A_u u_{St}$ wird in Reihe zu einem Widerstand R geschaltet. Die Steuerspannung u_{St} werde über R abgegriffen (in Stromflußrichtung, zum anderen entgegengesetzt). Welchen Gesamtwiderstand hat die Anordnung?

2.5.3 Für einen Bipolartransistor (Bild 2.5.4) soll ein Kleinsignalersatzschaltbild angegeben werden. Wie ändert sich Bild 2.5.4b? Kann die Anordnung in eine spannungsgesteuerte Spannungsquelle überführt werden?

3.1.1 Einer Monozelle ($u_q = 1{,}5\,\text{V}$, $R_i = 5\,\Omega$) sei beständig ein Widerstand $R_a = 100\,\Omega$ parallelgeschaltet. a) Durch welche Ersatzgrößen kann dieses „Batteriemodul" beschrieben werden? b) Welcher Unterschied besteht im Leistungsumsatz zwischen Batteriemodul und Ersatzschaltung?

3.1.2 Zwei Stromquellen (Kurzschlußströme $i_{q_1} = 1\,\text{A}$, $i_{q_2} = 2\,\text{A}$, $G_{i_1} = 1\,\text{mS}$, $G_{i_2} = 5\,\text{mS}$) werden parallelgeschaltet (Ströme gleichgerichtet). Welche Leerlaufspannung u_L und welchen Innenwiderstand hat der Ersatzzweipol?

3.1.3 An ein Modem (liefert Spannungsimpulse mit $u_q = 5\,\text{V}$, $R_i = 50\,\Omega$) ist eine Leitung (Gesamtwiderstand $R_L = 80\,\Omega$) zum Empfänger (Eingangswiderstand $R_e = 50\,\Omega$) angeschlossen. Mit welcher Spannung u_e erscheinen dort die Spannungsimpulse?

3.1.4 Eine Spannungsquelle ($u_q = 10\,\text{V}$) ist an einen Spannungsteiler 1:1 angeschlossen, an dessen Ausgang wieder ein Teiler 1:1 liegt. Somit finden vier Widerstände $R = 100\,\Omega$ Verwendung. Welche Spannung u_2 entsteht am Teilerausgang? Wie groß ist das Verhältnis u_2/u_q in dB?

3.1.5 Durch eine Parallelschaltung, bestehend aus einer Diode ($I_S = 10^{-14}\,\text{A}$, $U_T = 25\,\text{mV}$) mit einem Leitwert G, fließe ein Gesamtstrom $i = 100\,\text{mA}$ (durch G_1 möge $i_G = 35\,\text{mA}$ fließen). Welche Spannung u entsteht über der Gesamtschaltung?

3.1.6 Zwei Dioden ($I_{S_1} = 10^{-13}\,\text{A}$, $I_{S_2} = 10^{-14}\,\text{A}$, $U_T = 25\,\text{mV}$) sind mit gleicher Polung reihengeschaltet und werden von einem Strom $i = 100\,\text{mA}$ durchflossen. Welche Gesamtspannung entsteht an beiden Dioden?

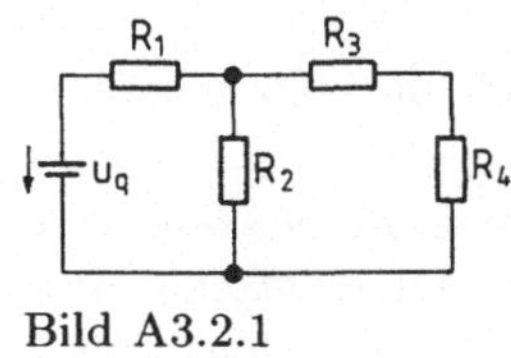

Bild A3.2.1

3.2.1 Für die Schaltung Bild A3.2.1 bestimme man den Strom durch R_4 nach der Zweipoltheorie ($u_q = 10\,\text{V}$, $R_1 = 1\,\text{k}\Omega$, $R_2 = 2\,\text{k}\Omega$, $R_3 = 3\,\text{k}\Omega$, $R_4 = 5\,\text{k}\Omega$).

3.2.2 Gegeben ist ein Potentiometer (Abgriff d, Widerstand R), das an einer idealen Spannungsquelle u_q liegt. Es sei mit einem Lastwiderstand R_a belastet. a) Wie lauten die Ersatzgrößen des aktiven Zweipols, wenn R_a als passiver Zweipol betrachtet wird? b) Für welche Potentiometerstellung gibt die Schaltung maximale Leistung an R_a ab?

3.2.3 An einer idealen Spannungsquelle $u_q = 30\,\text{V}$ liege ein Spannungsteiler ($R = 1\,\text{k}\Omega$) über dem $u = 10\,\text{V}$ abgegriffen wird (im Leerlauf). Um wieviel % geht diese Spannung zurück, wenn ein Verbraucherwiderstand $R_a = 100\,\Omega$ angeschlossen wird?

3.2.4 Ein Spannungsteiler (umschaltbar, Ausgangswiderstand $R_0 = 100\,\Omega$) soll für folgende Spannungsverhältnisse $u_2/u_1 = (-3, -6, -10, -20, -40)\,\text{dB}$ entworfen werden. Geben Sie eine Lösung an.

3.3.1 Für untenstehende Schaltung Bild A3.3.1 bestimme man den Strom i durch R_2 mit dem Überlagerungsprinzip.

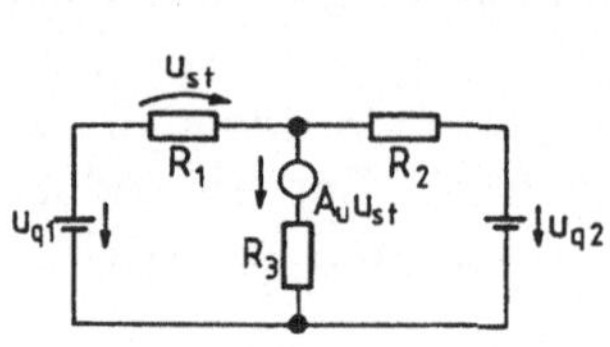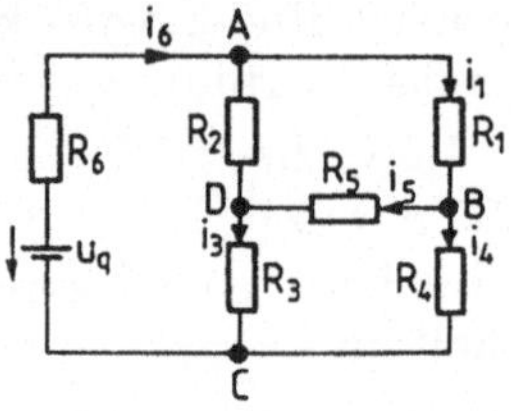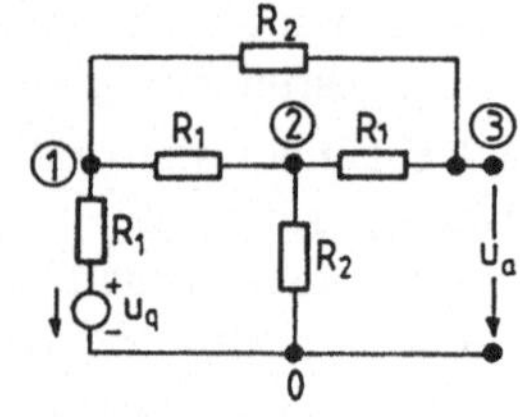

Bild A3.3.1　　　　　　　Bild A3.4.1　　　　　　　Bild A3.4.2

3.4.1 Gegeben ist die Schaltung Bild A3.4.1. a) Man stelle die Zweigstromgleichungen für die eingetragenen Ströme i_1, i_4, i_6 auf (keine Lösung). b) Wie lauten die Gleichungen für $R_1 = 1\,\Omega$, $R_2 = 1\,\Omega$, $R_3 = 2\,\Omega$, $R_4 = 4\,\Omega$, $R_5 = 2\,\Omega$, $R_6 = 2\,\Omega$, $u_q = 10\,\text{V}$?

3.4.2 Für die Schaltung Bild A3.4.2 soll die Spannung u_a mit der Maschenstromanalyse bestimmt werden ($u_q = 10\,\text{V}$, $R_1 = 1\,\text{k}\Omega$, $R_2 = 2\,\text{k}\Omega$).

3.4.3 Man berechne die Ströme i_1, i_4, i_6 der Schaltung Aufgabe 3.4.1 nach dem Maschenstromverfahren (Bild A3.4.3)!

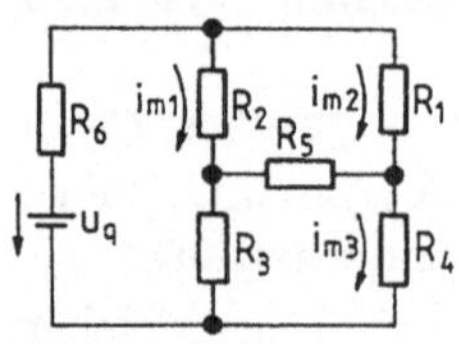

Bild A3.4.3　　　　　　　　　　　　　　　　Bild A3.4.4

3.4.4 Man berechne die Spannung (Bild A3.4.4) über G_3 mit der Knotenspannungsanalyse.

3.4.5 Man berechne die Spannung u_a (s. Aufgabe 3.4.2) nach der Knotenspannungsanalyse.

3.4.6 Für die gegebene Operationsverstärkerschaltung (sog. Umkehrverstärker, mit der OP-Ersatzschaltung nach Bild 2.5.3c) suche man eine Zweipolersatzschaltung für die Ausgangsklemmen mit der Knotenspannungsanalyse. Hinweis: Den Innenwiderstand R_{iers} bestimme man dadurch, daß an den leerlaufenden Zweipol ein Lastwiderstand $R_a \equiv R_{\text{iers}}$ solcher Größe angeschaltet wird, daß $u_l \equiv u_l/2$.

4.1.1 Eine Sinusspannung (Frequenz $f = 50\,\text{Hz}$) mit dem Effektivwert $U = 10\,\text{V}$ habe zur Zeit $t_0 = 2\,\text{ms}$ den Momentanwert $u(t_0) = 5\,\text{V}$. Wie groß ist der Nullphasenwinkel?

4.1.2 An einer Wechselspannung mit einem Spitzenwert von 325 V wurde ein Gleichrichtwert von 250 V gemessen. Handelt es sich um eine Sinusspannung?

4.2.1 Zwei Cosinus-Schwingungen gleicher Frequenz sind in Reihe geschaltet. Die resultierende Spannung habe den Effektivwert $U = 24{,}4$ V und den Nullphasenwinkel $\varphi_u = 52{,}5°$. Die eine Cosinus-Schwingung habe die Werte $\hat{u}_{q_1} = 25$ V, $\varphi_{u_1} = 75°$. Welche Werte hat u_{q_2}?

4.2.2 Durch einen Kondensator $C = 0{,}47\ \mu$F fließt bei einer anliegenden Spannung $U = 50$ V ein Strom mit dem Effektivwert $I = 12$ mA. Welche Frequenz hat die anliegende Spannung?

4.3.1 Eine sinusförmige Wechselspannung $u(t)$ ($U = 230$ V, $\varphi_u = 0$, $f = 50$ Hz) erzeuge durch eine Induktivität L einen Strom $i(t)(I = 1$ A$)$ mit einer Phasenverschiebung $\varphi_i = 25°$. a) Welche Zeitfunktionen gehören zu $u(t)$ und $i(t)$? Man skizziere den Verlauf! b) Wie lauten die zugehörigen komplexen Zeiger (rotierend)? c) Liegt eine ideale Induktivität vor?

4.3.2 Ein Zweipol werde an einer Spannung u ($U = 10$ V) betrieben. Dabei fließt ein Strom $I = 20$ mA, von dem bekannt ist, daß er um $30°$ voreilt. Welchen komplexen Widerstand $\underline{Z}$ hat der Zweipol?

4.3.3 Ein Lötkolben nehme bei der Spannung $U = 230$ V ($f = 50$ Hz) eine Leistung $P = 30$ W auf. Sie soll durch Vorschalten eines Kondensators in den Arbeitspausen auf die Hälfte reduziert werden. Wie groß ist C zu wählen?

4.3.4 Welche Ströme fließen durch eine Parallelschaltung eines Leitwertes G und Kondensators C, wenn eine Spannung $u(t)$ ($U = 10$ V, $f = 50$ Hz) anliegt ($G = 1$ mS, $\omega C = 2$ mS)?

4.3.5 Zu einer Parallelschaltung von C_1 und G ist ein Kondensator C_2 reihengeschaltet. Es liege die Gesamtspannung $U_q = 10$ V an ($\varphi_u = 0$). Welchen Phasenwinkel φ_{u_1} hat die Spannung $\underline{U}_1$ über C_1 in bezug zu $\underline{U}$? (Skizze, $f = 50$ Hz, $C_1 = 10$ nF, $C_2 = 10$ nF, $G = 1$ mS).

4.3.6 In der Schaltung Bild A4.3.6 soll sich der Betrag des Gesamtstromes $\underline{i}$ bei Schließen des Schalters S nicht ändern. Wie ist R_2 in bezug auf R_1, ωL zu wählen?

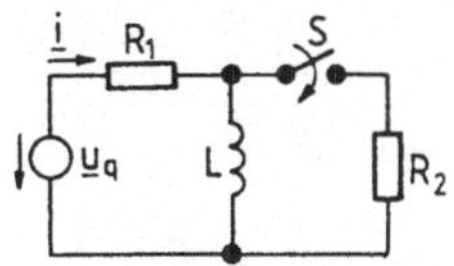

Bild A4.3.6

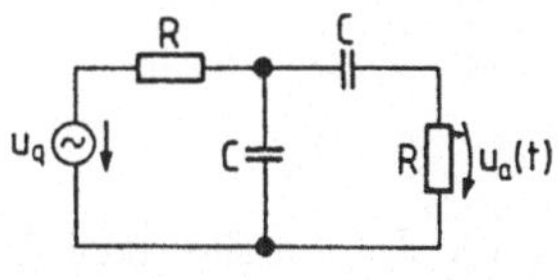

Bild A4.3.7

4.3.7 Für einen RC-Bandpaß (Bild A4.3.7) bestimme man $u_a(t)$, wenn eine sinusförmige Spannung am Eingang anliegt, mit der Maschenstromanalyse.

4.4.1 Man zeichne das Zeigerdiagramm des Stromes und aller Spannungen einer Reihenschaltung eines Widerstandes R und der Induktivität L, durch den ein Strom $I = 10$ mA fließt ($R = 100\ \Omega$, $\omega L = 300\ \Omega$).

4.4.2 Man bestimme das Zeigerdiagramm der Teilgrößen $\underline{U}_\mathrm{R}, \underline{U}_\mathrm{C}, \underline{U}_\mathrm{L}$ eines Reihenschwingkreises, der von einem Strom $I = \text{const.} = 10\,\mathrm{mA}$ durchflossen wird ($R = 100\,\Omega$, $L = 20\,\mathrm{mH}$, $C = 2{,}2\,\mathrm{nF}$) bei a) Resonanz $\omega_0 = 1/\sqrt{CL}$, b) bei $\omega = 1{,}05\,\omega_0$.

4.4.3 Skizzieren Sie das Bode-Diagramm (Betrag, Phasenverlauf) der Übertragungsfunktion

$$\underline{F}(\mathrm{j}\,\omega) = \frac{\mathrm{j}\,\omega \cdot 100}{(50 + \mathrm{j}\,\omega)(1 + \mathrm{j}\,\omega \cdot 0{,}1)}$$

(ω sei dimensionslos angesetzt).

4.4.4 Gegeben sei ein Spannungsverstärker (vgl. Bild 2.5.1c), der ausgangsseitig mit einer Kapazität C belastet wird. a) Wie lautet der Spannungsübertragungsfaktor $\underline{U}_\mathrm{a}/\underline{U}_\mathrm{e}$, wo liegt die Grenzfrequenz? b) Skizzieren Sie das Bode-Diagramm!

4.5.1 Durch eine Reihenschaltung von R und C fließt der Strom $I = 10\,\mathrm{mA}$ ($f = 50\,\mathrm{Hz}$), gemessen wird eine Gesamtspannung $U = 300\,\mathrm{V}$ (Phasenwinkel zwischen Strom und Spannung $\varphi_\mathrm{u} - \varphi_\mathrm{i} = 30°$). a) Welche Wirk-, Blind- und Scheinleistung tritt in der Anordnung auf? b) Wie groß sind die Schaltelemente R und C?

4.5.2 Gegeben ist eine Stromquelle mit Innenleitwert ($G_\mathrm{i} = 1\,\mathrm{mS}$, $B_\mathrm{i} = +\mathrm{j}\,2\,\mathrm{mS}$). Für welche Belastung $\underline{Y}_\mathrm{a}$ herrscht Wirkleistungsanpassung?

4.6.1 Ein Vierpol, dessen $\underline{Z}$-Parameter bekannt sind ($\underline{Z}_{11} = \underline{Z}_{22} = -\mathrm{j}\,20\Omega$, $\underline{Z}_{12} = \underline{Z}_{21} = -50\mathrm{j}\,\Omega$) wird eingangs- und ausgangsseitig bei Scheinleistungsanpassung betrieben. Wie groß ist das Leistungsverhältnis zwischen der Leistung am Lastwiderstand bezogen auf die Quellenleistung? Hinweis: In diesem Fall wird nach dem Wellenwiderstand $\underline{Z}_{\mathrm{W}_1} = \sqrt{\underline{Z}_{11} \cdot \underline{Z}_{1k}}$, $\underline{Z}_{\mathrm{W}_2} = \sqrt{\underline{Z}_{21} \cdot \underline{Z}_{2k}}$ auf beiden Seiten angepaßt (Gl. (4.5.16)).

4.6.2 Gegeben ist der Vierpol (z.B. Transistorersatzschaltung) Bild A4.6.2. Wie lauten die zugehörigen Leitwertparameter?

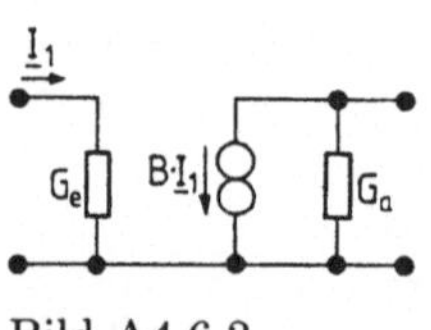

Bild A4.6.2

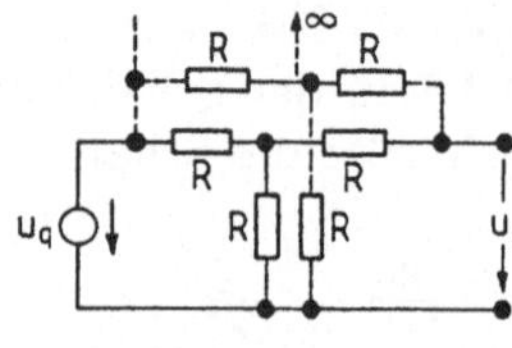

Bild A4.6.3

4.6.3 Zeigen Sie, daß die Leerlaufausgangsspannung des Vierpoles Bild A4.6.3, bestehend aus einer beliebigen Zahl parallelgeschalteter „T-Schaltungen", stets gleich $u_\mathrm{q}/2$ ist!

4.6.4 Gegeben sei ein Vierpol, dessen Leitwertparameter $\underline{Y}_{12} = \underline{Y}_{21} = 0$ verschwinden. a) Welche Ausgangsspannung $\underline{U}_2$ entsteht, wenn eingangsseitig die Spannung $\underline{U}_1$ anliegt? b) Gegeben sind zwei parallelgeschaltete Vierpole (Bild A4.6.4) von denen $\underline{Z}_1, \underline{Z}_2$ bekannt sind. Prüfen Sie, ob für bestimmte Werte $\underline{Z}_3, \underline{Z}_4$ ebenfalls $\underline{Y}_{12} = \underline{Y}_{21} = 0$ gilt (es sei Z_4 reell angenommen).

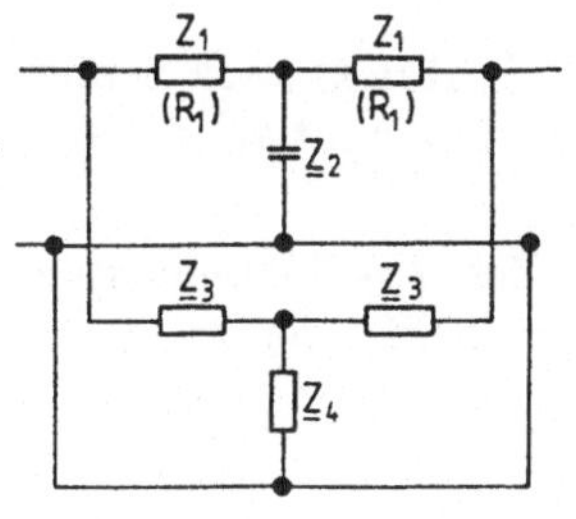

Bild A4.6.4

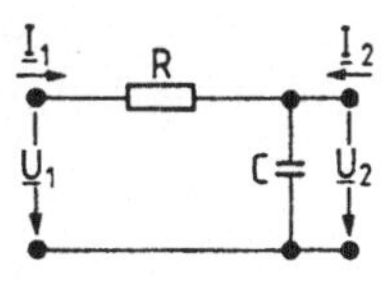

Bild A4.6.6

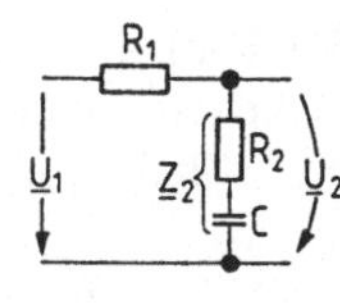

Bild A4.6.7

4.6.5 Gegeben ist folgendes Vierpolgleichungssystem (Kettenzählpfeilrichtung, $\underline{I}_2$ aus Vierpol herausfließend) $\underline{U}_1 = -1 \cdot \underline{U}_2 + 0I_2, \underline{I}_1 = 0\underline{U}_2 - 1\underline{I}_2$. Welcher Vierpol gehört dazu?

4.6.6 Gegeben ist der Tiefpaß nach Bild A4.6.6. a) Bestimmen Sie die Parameter der Kettenmatrix. b) Wie lautet der Frequenzgang $F(j\omega)$ dieses Vierpols? c) Bestimmen Sie den Frequenzgang $\underline{F}(j\omega)$, wenn zwei gleiche Vierpole in Kette geschaltet werden.

4.6.7 a) Für die gegebene Schaltung Bild A4.6.7 bestimme man die Übertragungsfunktion $\underline{F}(j\omega) = \underline{U}_2/\underline{U}_1$. b) Wie lautet die 3dB-Grenzfrequenz für $R_1 = 9\,R_2$? Stellen Sie $\underline{F}(j\omega)$ im Bode-Diagramm dar.

4.6.8 Ein Transformator sei mit dem Widerstand R belastet (Bild A4.6.8). Man berechne die Eingangsimpedanz $\underline{Z}$ unter Zugrundelegung der Transformatorgleichungen Gl. (2.4.19).

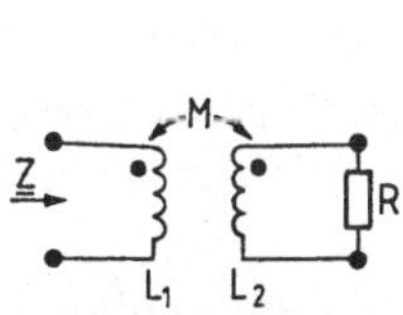

Bild A4.6.8

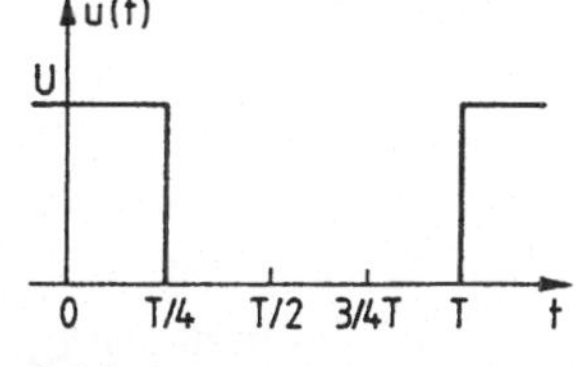

Bild A4.7.1

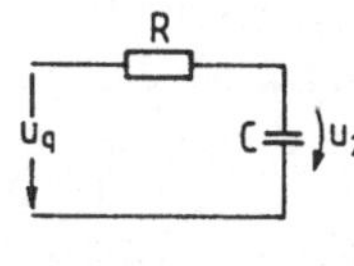

Bild A4.7.2

4.7.1 Eine Rechteckspannung habe im Zeitraum $0\ldots T/4$ den Wert U, sonst $= 0$ (Bild A4.7.1) a) Wie lautet die Fourierreihe in der Form Gl. (4.7.8)? b) Wie lauten die ersten vier Glieder der Reihe?

4.7.2 Der dargestellte RC-Tiefpaß (Bild A4.7.2) wird zur Zeit $t = 0$ mit einem Diracimpuls erregt. Wie lautet die Impulsantwort für u_2?

4.7.3 a) Wie lautet die Fouriertransformierte der Zeitfunktion

$$f(t) = \begin{cases} e^{-at} & \text{für } t \geq 0 \ (a > 0) \\ 0 & \text{für } t < 0. \end{cases}$$

b) Welche Ortskurve gehört dazu? c) Wie lauten Real- und Imaginärteil der Fouriertransformierten?

5.1.1 Man berechne den Zeitverlauf der Spannung $u_2(t)$ (Bild A5.1.1) nach Schließen des Schalters zur Zeit $t = 0$ (Kondensator energielos) a) Differentialgleichung für u_C, b) Berechnung des Verlaufs $u_2(t)$.

5.1.2 In der Schaltung Bild A5.1.2 wird der Schalter S zur Zeit $t = 0$ geschlossen. Welchen Zeitverlauf hat $u_C(t)$ (Anfangsladung Null, $R_1 = 30\,\text{k}\Omega$, $R_2 = 20\,\text{k}\Omega$, $R_3 = 38\,\text{k}\Omega$, $u_\text{q} = 15\,\text{V}$, $C = 0{,}2\ \mu\text{F}$)?

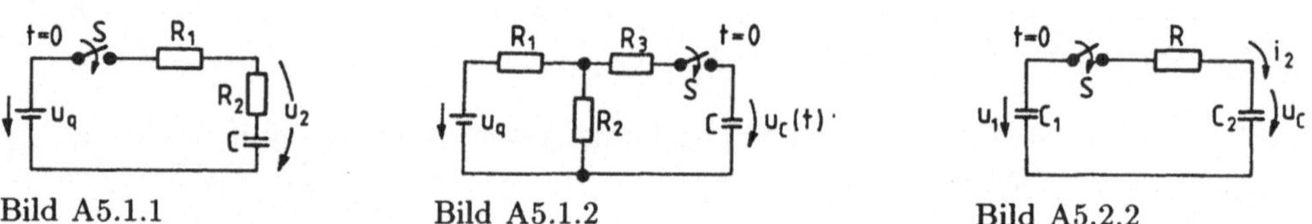

Bild A5.1.1   Bild A5.1.2   Bild A5.2.2

5.2.1 Man löse Aufgabe 5.1.1 mit der Laplace-Transformation.

5.2.2 Ein geladener Kondensator C_1 ($u_1(0) = 10\,\text{V}$) wird über einen Schalter S auf einen ungeladenen Kondensator C_2 (Bild A5.2.2) geschaltet (Zeit $t = 0$). Wie verläuft $u_C(t)$? (Man wende die Laplace-Transformation an.)

5.2.3 Im Unterschied zur Aufgabe 5.2.2 trage jetzt auch C_2 eine Anfangsladung $u_2(0)$. Berechnen Sie den Zeitverlauf $u_2(t)$ über den Zeitbereich (Zahlenwerte $C_1 = 1\mu\text{F}$, $C_2 = 2\mu\text{F}$, $R = 1\,\text{k}\Omega$, $u_1(0) = 100\,\text{V}$, $u_2(0) = -50\,\text{V}$).

5.3.1 Man löse Aufgabe 5.1.1 unter Benutzung der Übertragungsfunktion. Wie lauten Gewichts- und Sprungantwort?

6.2.1 Man bestimme das Potential eines Punktes: a) im Abstand d_1 von einer Punktladung Q_1, b) wie a), wenn sich zusätzlich noch im Abstand d_2 eine Ladung Q_2 befindet($d_1 = 5\,\text{cm}$, $d_2 = 10\,\text{cm}$, $Q_1 = 5\,\text{nC}$, $Q_2 = 10\,\text{nC}$ (es sei $\varphi_\infty = 0$)).

6.2.2 a) Welche Ladung befindet sich auf einem Plattenkondensator (Luftisolator), an dem eine Spannung von $500\,\text{V}$ liegt? (Plattenfläche A $= 10\,\text{cm}^2$, Plattenabstand $d = 1\,\text{cm}$). b) Wie groß ist der Verschiebungsfluß Ψ im Isolator?

6.2.3 a) Welche Kapazität hat eine Doppelleitung ($l = 1\,\text{km}$, Kunststoffumhüllung $\varepsilon_\text{r} = 3$), deren Leiter einen Durchmesser $d = 1\,\text{mm}$ und Abstand $a = 4\,\text{mm}$ haben? b) Welche Energie ist in der Leitung gespeichert, wenn eine Spannung $u = 100\,\text{V}$ anliegt?

6.2.4 a) Bestimmen Sie die Feldstärke und ihren radialen Verlauf im Innern einer $1{,}5\,\text{V}$ Batterie (Durchmesser Innenelektrode $d_\text{i} = 6\,\text{mm}$, Außenelektrode $d_\text{a} = 25\,\text{mm}$). Die Batterie habe die Leitfähigkeit κ und arbeite im Leerlauf. b) Wie groß ist die Feldstärke E am Innenleiter, am Außenleiter?

6.2.5 In einem linienhaften Leiter sind drei Materialbereiche mit den Leitfähigkeiten $\kappa_1, \kappa_2, \kappa_3$ „reihengeschaltet". Es fließt ein Strom i (Querschnitt $A = 100\,\text{mm}^2$). Welche Feldstärken herrschen in den einzelnen Leiterbereichen ($\kappa_1 = 1$ S/cm, $\kappa_2 = 3$ S/cm, $\kappa_3 = 6$ S/cm, $i = 100\,\text{mA}$)?

6.2.6 Man bestimme den Widerstand eines n-dotierten Siliziumstäbchens (Querschnitt $A = 5\,\mu\text{m}^2$, $l = 100\ \mu\text{m}$, Donatordichte $N_\text{D} = 10^{14}\,\text{cm}^{-3}$, Eigenleitungsdichte $n_i = 10^{10}\,\mathrm{cm}^{-3}$, Beweglichkeit der Elektronen $\mu_n = 0{,}14\,\mathrm{m}^2/\mathrm{Vs}$, $\mu_p = 0{,}05\,\mathrm{m}^2/\mathrm{Vs}$).

6.2.7 In einem Halbleiter ändere sich die Elektronendichte von $10^{14}\,\mathrm{cm}^{-3}$ auf $10^6\,\mathrm{cm}^{-3}$ längs einer Strecke $l = 3\ \mu\mathrm{m}$. Wie groß ist der Elektronendiffusionsstrom und das elektrische Feld an der Stelle, an der kein Strom fließt ($\mu_n = 0{,}14\,\mathrm{m}^2/\mathrm{Vs}$, $T = 300$ K, $U_T = 26\,\mathrm{mV}$)?

6.3.1 Zwei im Abstand $2a$ parallele Leiter führen die Ströme i_1, i_2 in gleicher Richtung ($2a = 30\,\mathrm{cm}$, $i_1 = 1\,\mathrm{A}$, $i_2 = 2\,\mathrm{A}$). a) Welche magnetische Feldstärke $\vec{H}$ herrscht in einem Punkt in der Mitte beider Leiter? b) wie a), jedoch bei entgegengesetzten Stromrichtungen?

6.3.2 Ein gerader (langer) Leiter (Durchmesser $d_a = 2r_a$) wird von einem Strom i durchflossen ($d_a = 1\,\mathrm{cm}$, $i = 100\,\mathrm{A}$). Wie groß ist der Betrag der magnetischen Feldstärke im Abstand r von der Leiterachse innerhalb und außerhalb des Leiters?

6.3.3 a) Bestimmen Sie für eine Kreisringspule (mittlerer Durchmesser $d = 10\,\mathrm{cm}$, Spulenquerschnitt $A = 5\,\mathrm{cm}^2$, $w = 500\,\mathrm{Wdg}$), die von einem Strom $i = 0{,}1\,\mathrm{A}$ durchflossen wird, die magnetische Feldstärke H, die Flußdichte B, den magnetischen Fluß Ψ, die Durchflutung Θ und den magnetischen Widerstand. b) Welche Größen ändern sich, wenn die Spule einen Eisenkern ($\mu_r > 1$) besitzt?

6.3.4 Eine Zylinderspule (Länge $l = 10\,\mathrm{cm}$, $d = 5\,\mathrm{cm}$, $w = 500$) ist auf einen Holzstab gewickelt. Welche Induktivität L hat sie?

6.3.5 In einer stromdurchflossenen Zylinderspule (Länge $l_1 = 10\,\mathrm{cm}$, Durchmesser $d_1 = 20\,\mathrm{mm}$, Windungszahl $w_1 = 200$) sei eine zweite Spule ($l_2 = 1\,\mathrm{cm}$, $d_2 = 100\,\mathrm{mm}$, $w_2 - 10$) konzentrisch angeordnet. a) Wie groß ist die Induktivität L_1 der äußeren Spule, wie groß die Gegeninduktivität M? b) Welche Spannung wird in Spule 2 induziert, wenn sich der Strom i_1 sinusförmig ändert ($i_1 = \hat{\imath}_1 \sin \omega t$, $\hat{\imath}_1 = 1\,\mathrm{A}$, $f = 50\,\mathrm{Hz}$), wie groß ist der Scheitelwert von u_2?

6.3.6 Im Abstand r einer Leitung befinde sich ein Rundfunkempfänger mit Ferritantenne (Ferritstab, Durchmesser $d = 10\,\mathrm{mm}$, $w = 50$ Windungen, $\mu_r = 50$). In der Leitung werde ein kurzzeitiger Stromstoß ($\Delta i = 1\,\mathrm{kA}$, $\Delta t = 1\,\mathrm{ms}$) erzeugt.
a) In welcher Lage zur Leitung muß sich die Ferritspule befinden, damit maximale Spannung induziert wird? b) Wie groß ist die maximal induzierte Spannung?

6.3.7 a) Durch eine Gleichstrom(doppel)leitung ($u = 500$ kV) werde eine Leistung $p = 1$ MV übertragen. Welche Kraft wirkt auf beide parallele Leiter längs einer Strecke $l = 100\,\mathrm{m}$, wenn beide Leiter einen Abstand von $r = 5\,\mathrm{m}$ haben? b) Welche magnetische Feldstärke stellt sich im Abstand $r = 10\,\mathrm{m}$ ein? Welche Induktion gehört dazu?

Lösungen

1.1.1 a) Einheiten stimmen, Gleichung besser als $\ln i/I_\mathrm{S} = u/U_\mathrm{T}$ geschrieben. b) Gleichung fehlerhaft (rechts fehlt $1/T$ unter $\sqrt{}$), c) Gleichung fehlerhaft (I, u), d) Gleichung fehlerhaft.

1.1.2 $[a] = \mathrm{A}$, $[b] = \mathrm{s}^{-1}$, $[c] = \mathrm{s}^{-1}$.

1.2.1 $Q = i\Delta t \rightarrow \Delta t = Q/I = 20\,\mathrm{mAh}/1\,\mu\mathrm{A} = 20 \cdot 10^3\,\mathrm{h} = 2{,}28\,\mathrm{Jahre}$. Ladungsmenge $n = Q/q = (20 \cdot 10^{-3}\,\mathrm{A} \cdot 3600\,\mathrm{s})/1{,}6 \cdot 10^{-19}\,\mathrm{As} = 4{,}5 \cdot 10^{20}\,\mathrm{Elektronen}$.

1.3.1 Es gilt $F_\mathrm{el} = F_\mathrm{mech} \rightarrow QE = mg \rightarrow E = mg/Q = (10^{-6} \cdot 9{,}81)/10^{-9}\,\mathrm{kgm/s^2As} = 981\,\mathrm{V/m}$.

1.3.2 $W = Fl = QEl = 50 \cdot 10^{-6} = \mathrm{As} \cdot 50 \cdot 10^3\,\mathrm{V/m} \cdot 0{,}5\,\mathrm{m} = 1{,}25\,\mathrm{Nm} = 1{,}25\,\mathrm{J}$.

1.3.3 $U \leq Ed = 15\,\mathrm{V}$.

1.3.4 Das Gesamtfeld beträgt $\vec{E} = -3c(\vec{e}_\mathrm{x}x + \vec{e}_\mathrm{y}y) = -3c\vec{r}$. Integration nach Gl. (1.3.6) $(\mathrm{d}\vec{s} = \mathrm{d}\vec{r})$ liefert das Potential

$$-\varphi = \int \vec{E}(r)\,\mathrm{d}\vec{r} = 3c\int \vec{r}\,\mathrm{d}\vec{r} = 3cr^2 + \mathrm{const.}$$

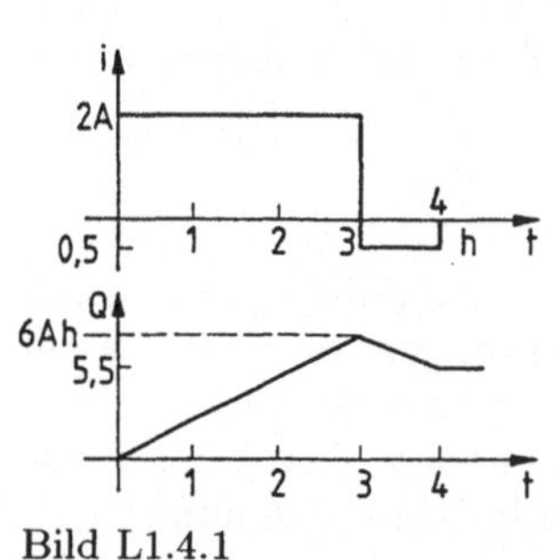

Bild L1.4.1

1.4.1

$$\Delta Q = \int\limits_0^t 2A\,\mathrm{d}t = 2At \quad \text{für } 0 \leq t \leq 3\,\mathrm{h}$$

$$\Delta Q(t) = \Delta Q(3\,\mathrm{h}) - \int\limits_{3\,\mathrm{h}}^t 0{,}5A\,\mathrm{d}t$$

$$= 6\,\mathrm{Ah} - 0{,}5\,\mathrm{A}(t - 3\,\mathrm{h}) \quad \text{für } 3\,\mathrm{h} \leq t \leq 4\,\mathrm{h}$$

$$\Delta Q(t) = \Delta Q(4\,\mathrm{h}) = 5{,}5\,\mathrm{Ah} \quad \text{für } t \geq 4\,\mathrm{h}\,.$$

1.4.2 Es gilt $n = S/qv = I/qvA = 0{,}62 \cdot 10^{15}\,\mathrm{cm}^{-3}$.

1.4.3 Im Heizofen fließt ein Strom $i = p/u = 43{,}4\,\mathrm{A}(!)$. Dadurch würde im Kabel eine Stromdichte $S = i/A = 28{,}9\,\mathrm{A/mm}^2$ auftreten. Es ist mehrfach überlastet und dürfte in Brand geraten.

1.4.4 Knotensatz: $I_\mathrm{B} + I_\mathrm{C} = I_\mathrm{E}$ (oder $I_\mathrm{B} + I_\mathrm{C} + I_\mathrm{E} = 0$, Richtungsfestlegung I_E in bezug zu $I_\mathrm{B}, I_\mathrm{C}$ erforderlich). Hier: $I_\mathrm{E} = (B_\mathrm{N} + 1)I_\mathrm{B}$. Für $I_\mathrm{B} = 1\mu\mathrm{A} \rightarrow I_\mathrm{E} = 10\,\mu\mathrm{A}$.

1.5.1 Die entnommene Energie beträgt $\Delta W = 1\,\mathrm{kWh}/75$ in $\Delta t = 24\,\mathrm{s}$. Damit beträgt die entnommene Leistung $P = \Delta W/\Delta t = 1\,\mathrm{kWh}/(75 \cdot 24\,\mathrm{s}) = 2\,\mathrm{kW}$.

1.5.2 a) Wirkungsgrad $\eta = P_{\text{mech}}/P_{\text{el}} = 500\,\text{W}/(230\,\text{V} \cdot 2,55\,\text{A}) = 0,85$. Wärmeleistung: $P_{\text{el}} = P_{\text{mech}} + P_{\text{w}} \to P_{\text{w}} = (1-\eta)P_{\text{el}} = 86,5\,\text{W}$. b) Wirkungsgrad der Pumpe: $\eta_{\text{p}} = 350\,\text{W}/500\,\text{W} = 0,70$. Gesamtwirkungsgrad $\eta_{\text{ges}} = \eta \cdot \eta_{\text{p}} = 0,60$. c) Energiebedarf für die geförderte Wassermenge: $\Delta W = P_{\text{f}}\Delta t = mgh \to m = P_{\text{f}}\Delta t/g\eta = (350\,\text{W} \cdot 1\,\text{h})/(5\,\text{m} \cdot 9,81\,\text{m}^2/\text{s}) = 25,7 \cdot 10^3\,\text{kg} \triangleq 25,7\,\text{m}^3$, da $1\,\text{kW} = 10^3\,\text{kg}\,\text{m}^2/\text{s}^3$.

2.1.1 Die Zweipolersatzschaltung ist stets ein Modell bezüglich des *äußeren* Klemmenverhaltens. Es läßt keinen Schluß auf Vorgänge im Innern des Zweipols zu. Deshalb ist der Schluß auf den Leistungsumsatz, wie dargelegt, unzulässig.

2.1.2 a) Reihenschaltung von 8 Batterien (betrachtet als ideale Spannungsquelle), b) $i = p/u = 0,835$ A, c) $p = -10\,\text{W}$, $p = 10\,\text{W}$ (Skizze!).

2.1.3 Die Umwandlung der Stromquelle in eine Spannungsquelle ($u_{\text{q}2} = i_{\text{q}2} \cdot R_{\text{i}} = 5\,\text{V}$). Gesamte Quellenspannung im Kreis: $u_{\text{q}1} - u_{\text{q}2} = 5\,\text{V}$ (Richtung beachten). Strom $i = (u_{\text{q}1} - u_{\text{q}2})/(R + R_{\text{i}}) = 5\text{V}/25\,\Omega = 0,2$ A.

2.2.1 a) ja, b) $p \sim u^2$ Vervierfachung.

2.2.2 a) $R = 2l\varrho/A = 17\,\Omega$, b) $i = u/R = 88,2\,\text{mA}$, $p = u^2/R = 0,132$ W.

2.2.3 a) Spannungen: R_1:15 V, R_2:6 V, R_3:2 V, R_4:5 V, $R_5 : \varphi_{\text{A}} - (-1\text{ V})$, $u_{\text{ab}} = -6\,\text{V}$, b) $R_1 = u_1/i_1 = 15\,\text{V}/1\,\text{mA} = 15\,\text{k}\Omega$, c) $i = u_4/R_4 = 5\,\text{V}$.

2.2.4 Aus $R_1 = R_1 + R_2$ und $R_{\text{p}} = (R_1 R_2)/(R_1 + R_2)$ ergibt sich z.B. für $R_1 : R_1^2 - R_1 R_{\text{r}} + R_{\text{r}}R_{\text{p}} = 0$ mit der Lösung $R_1 = R_{\text{r}}/2 \pm \sqrt{(R_{\text{r}}^2/4) - R_{\text{r}}R_{\text{p}}}$. ($R_2 = R_{\text{r}} - R_1$). Es ergeben sich $R_1 = 200\,\text{k}\Omega$ bzw. $20\,\text{k}\Omega$ und $R_2 = 20\,\text{k}\Omega$ bzw. $200\,\text{k}\Omega$.

2.2.5 Es gilt $u_{\text{x}} = R_{\text{x}}i_{\text{x}}$ Maschengleichung: $u_{\text{x}} - u_1 + u_2 = 0$. Knotengleichung $i = i_1 + i_{\text{x}}$. Lösung:

$$R_{\text{x}} = \frac{u_1 - (i - u_1/R_1)R_2}{i - (u_1/R_1)} = 1,6\,\text{k}\Omega.$$

2.2.6 Ja, i_{q} stellt den Strom im Arbeitspunkt dar.

2.3.1 $u(t) = u_0 \cdot t/T \to i = Cu_0/T = \text{const.}$, $Q = \displaystyle\int_0^T i\,\mathrm{d}t = Cu_0$.

2.3.2 Es gilt $Q = \displaystyle\int_0^T iu\,\mathrm{d}t = i_{\text{q}}T = 100\,\mu\text{As}$, $u_{\text{C}} \cdot C = Q \to u_{\text{C}} = 100\,\text{V}$, $W = (C/2)u^2 = 5\,\text{mW}$.

2.3.3 $Q = C_1 u_1 = C_2 u_2 \to u_2 = 100\,\text{V}$. $Q = 5 \cdot 10^{-8}$ As.

2.3.4 a) $C_{\text{ges}} = C_4 + [(1/C_3) + (1/(C_1 + C_2)]^{-1} = 34,166\,\text{nF}$. b) $Q_{\text{ges}} = uC_{\text{ges}} = Q_4 + Q_3$; $Q_3 = Q_{1+2}$; $Q_4 = uC_4 = 300\,\text{nC}$, $Q_3 = 4,166\,\text{nC}$, $C_3 u_3 = (C_1 + C_2)u_{12}$, $u_{12} + u_3 = u \to u_3 = 8,33\,\text{V}$, $u_{12} = 1,67\,\text{V}$.

2.3.5 $A = 1,12\,\text{m}^2$(!).

2.4.1 $u_{\text{q}} = i(t)R_{\text{i}} + (L\,\mathrm{d}i/\mathrm{d}t) \to i = (u_{\text{q}}/R_{\text{i}})(1 - \mathrm{e}^{-t/\tau})$, $\tau = L/R_{\text{i}}$.

536　Lösungen

2.4.2 $u = L\,di/dt \rightarrow L\Delta i/\Delta t$, ($L = 100$ nH): $0\ldots1$ ns: $u = 1$ V, $1\ldots2$ ns: $u = 0$, $2\ldots3$ ns: $u = -1$ V (Skizze). Ein anderer Weg wäre die bereichsweise analytische Formulierung von $i(t)$ und Berechnung von u.

2.4.3 $1/L = 1/L_3 + 1/(L_1 + L_2) \rightarrow L = 8{,}57$ mH.

2.4.4 $R_\mathrm{m} = l_\mathrm{Fe}/\mu A$, $L = w^2/R_\mathrm{m} = 100{,}5$ mH.

2.4.5 Gl. (2.4.15), $w = \sqrt{10^3}$.

2.4.6 $i_2 = 0$, $u_\mathrm{q} = i_1 R + L_1(di_1/dt)$; $u_2 = M(di_1/dt) \rightarrow i_1 = u_\mathrm{q}/R[1 - \exp{-t/\tau}], \tau = L_1/R$ (Einschalten, $0 \le t \le 1$ ms). Ausschalten: nach $t \ge t_0(t_0 = 1$ ms), $i_1(t) = i(t_0)\exp{-t/\tau}$.

2.5.1 $u_\mathrm{L} = (A_\mathrm{u}u_\mathrm{st}R_\mathrm{L})/(R_\mathrm{i} + R_\mathrm{L}) = (R_\mathrm{L}A_\mathrm{u})/(R_1 + R_\mathrm{L}) \cdot (u_\mathrm{q}R_\mathrm{st})/(R_\mathrm{q} + R_\mathrm{st}) = 250$ mV.

2.5.2 Gesamtspannung $u = iR + A_\mathrm{u}u_\mathrm{st}$, $u_\mathrm{st} = iR \rightarrow$ Gesamtwiderstand $R_\mathrm{ges} = u/i = R(1 + A_\mathrm{u})$ Zunahme des Widerstandes ($A_\mathrm{u} > 0$). Bei entgegengesetzter Steuerspannung ($u_\mathrm{st} = -iR) \rightarrow R_\mathrm{ges} = R(1 - A_\mathrm{u})$.

2.5.3 Ersatz der Eingangsdiode durch ihren Kleinsignalleitwert $g = di_\mathrm{B}/du_\mathrm{BE} \approx i_\mathrm{B}/U_\mathrm{T}$. Die stromgesteuerte Stromquelle bleibt erhalten. Überführung in spannungsgesteuerte Spannungsquelle hier nicht möglich, da ideale Stromquelle gegeben. (Möglich erst durch Hinzunahme eines Innenwiderstandes).

3.1.1 a) Aktiver Zweipol, Leerlaufspannung $u_\mathrm{l} = u_\mathrm{q}R_\mathrm{a}/(R_\mathrm{i} + R_\mathrm{a}) = 1{,}43$ V ($\approx1{,}5$ V-5 %), $R_\mathrm{i\,ers} = R_\mathrm{i} \parallel R_\mathrm{a} = 4{,}76\,\Omega$. b) Reale Anordnung verbraucht ständig Leistung, Entladung der Batterie nach einiger Zeit. Im Ersatzzweipol erfolgt keine Entladung.

3.1.2 $u_\mathrm{l} = \dfrac{(i_\mathrm{q_1} + i_\mathrm{q_2})}{G_\mathrm{i_1} + G_\mathrm{i_2}} = 500$ V, $\qquad R_\mathrm{iers} = \dfrac{1}{G_\mathrm{i_1} + G_\mathrm{i_2}} = \dfrac{1}{6}$ kΩ .

3.1.3 $u_\mathrm{e} = (R_\mathrm{e}u_\mathrm{q})/(R_\mathrm{e} + R_\mathrm{l} + R_\mathrm{i}) = 1{,}38$ V.

3.1.4 $u_2 = \dfrac{1}{2}\dfrac{R \parallel 2R}{R + R \parallel R}u_\mathrm{q} = \dfrac{u_\mathrm{q}}{5}$; $\qquad \dfrac{u_2}{u_\mathrm{q}}\Big|_\mathrm{dB} = -13{,}97$ dB .

3.1.5 $i = i_\mathrm{G} + I_\mathrm{S}(\exp u/U_\mathrm{T} - 1)$. Umstellung $u/U_\mathrm{T} = \ln([i - i_\mathrm{G} + I_\mathrm{S}]/I_\mathrm{S}) = 0{,}737$ V.

3.1.6 $u_\mathrm{ges} = u_1 + u_2 = U_\mathrm{T}[\ln(i/I_\mathrm{S_1} + 1) + \ln(i/I_\mathrm{S_2} + 1)] \approx U_\mathrm{T}\ln(i^2/I_\mathrm{S_1}I_\mathrm{S_2}) = 1{,}439$ V.

3.2.1 Ersatzgrößen des aktiven Zweipols $u_\mathrm{l} = R_2/(R_1 + R_2)u_\mathrm{q}$, $R_\mathrm{i} = R_1 \parallel R_2 + R_3$, Strom durch $R_4 = i = u_2/(R_\mathrm{i} + R_4) = 0{,}77$ mA.

3.2.2 a) Ersatzgrößen des aktiven Zweipols $u_\mathrm{l} = (\alpha R u_\mathrm{q})/(\alpha R + (1 - \alpha)R) = \alpha u_\mathrm{q}$; $R_\mathrm{i} = \alpha R \parallel (1-\alpha)R = \alpha(1-\alpha)R$, α-abhängig. Maximum bei $\alpha = 1/2$. b) Anpassung $R_\mathrm{i} = R_\mathrm{a}$. Hier nur für einen Festwert α möglich.

3.2.3 Unbelasteter Teiler aufgefaßt als aktiver Zweipol ($u_\mathrm{l} = 10$ V, Teiler $R \equiv R_1 + R_2 = 1$ kΩ, $R_1 = R/3$, $R_\mathrm{i} = R_1 \parallel R_2 = R/3 \parallel (2/3)R = 0{,}22$ kΩ, Spannung u_AB mit $R_\mathrm{a} : u_\mathrm{AB} = R_\mathrm{a}/(R_\mathrm{a} + R_\mathrm{i})u_\mathrm{l}$. Abweichung $(u_\mathrm{AB}/u_\mathrm{l}) - 1 = -R_\mathrm{i}/(R_\mathrm{a} + R_\mathrm{i}) = -0{,}312 \rightarrow -31{,}2\%$.

3.2.4 Die Spannungsteilung nach Bild L3.2.4 ergibt $u_2/u_1 = R_x/(R_x + R_0)$,

$$\left.\frac{u_2}{u_1}\right|_{\mathrm{dB}} = 20\lg(\frac{u_2}{u_1}) \rightarrow \frac{u_2}{u_1} = 10^{(1/20)[u_2/u_1]_{\mathrm{dB}}}$$

$$R_x = R_0[U_1/U_2 - 1] = R_0[10^{-1/20[u_2/u_1]_{\mathrm{dB}}} - 1]$$

Werte

u_2/u_1|dB	-3	-6	-10	-20	-40
R_x/Ω	41,2	99,6	216,2	900	9,9 k

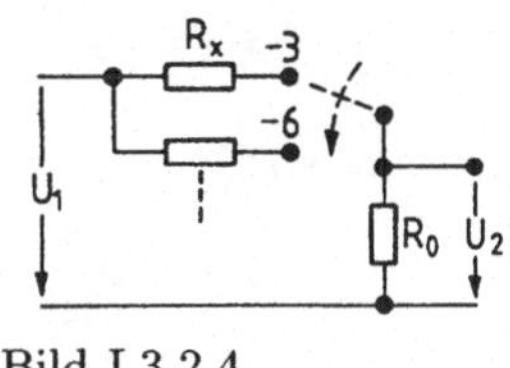

Bild L3.2.4

3.3.1 $i = i_1(u_{q_1}) + i_2(u_{q_2})$, $i_1(u_{q_1}) = (1/R_2)\cdot(R_2 \parallel R_3)/(R_1 + R_2 \parallel R_3)u_{q_1}$,
$i_2(u_{q_2}) = -u_{q_2}/(R_2 + R_1 \parallel R_3)$.

3.4.1 a) Die Schaltung hat $k = 4$ Knoten und $z = 6$ Zweige. Es gibt somit $m = 3$ unabhängige Gleichungen. Maschengleichungen

$$-u_{R_2} + u_{R_1} + u_{R_5} = 0$$
$$-u_{R_3} - u_{R_5} + u_{R_4} = 0$$
$$u_{R_2} + u_{R_3} - u_{R_4} = u_6.$$

Zusätzlich mit den Knotengleichungen für die Knoten A, B, D und den Widerstandsbeziehungen entstehen daraus schließlich

$$\begin{array}{llll}
(R_1 + R_2 + R_5)i_1 & -R_5 i_4 & -R_2 i_6 & = 0 \\
-R_5 i_1 & (R_3 + R_4 + R_5)i_4 & -R_3 i_0 & - 0 \\
-R_2 i_1 & -R_3 i_4 & +(R_2 + R_3 + R_6)i_6 & = u_q.
\end{array}$$

b) Einsetzen der Zahlenwerte führt auf

$$\begin{array}{ll}
4\Omega i_1 \ -2\Omega i_4 \ -1\Omega i_6 = 0 & 4i_1 \ -2i_4 \ -i_6 = 0 \\
-2\Omega i_1 \ +8\Omega i_4 \ -2\Omega i_6 = 0 & -2i_1 \ +8i_4 \ -2i_6 = 0 \\
-1\Omega i_1 \ -2\Omega i_4 \ +5\Omega i_6 = 10\,\mathrm{V} & -i_1 \ -2i_4 \ +5i_6 = 10\,\mathrm{A}.
\end{array}$$

Werden alle Gleichungen durch „1Ω" gekürzt, so verbleibt das rechts stehende System. Die Lösung dieser Gleichungen nach den einzelnen Strömen i_1, i_4, i_6 bereitet prinzipiell keine Schwierigkeiten und ist nach mehreren Methoden möglich.

3.4.2 Die Schaltung wird durch zwei unabhängige Maschenströme i_{m_1}, i_{m_2} beschrieben. nach der Lösungsmethodik ergibt sich

$$\begin{array}{c} \quad\quad 1 \quad\quad\quad\quad 2 \end{array}$$
$$\begin{array}{c} 1 \\ \\ 2 \end{array}
\begin{bmatrix} (2R_1 + R_2) & | & -R_1 \\ \text{-----} & + & \text{-----} \\ -R_1 & | & (2R_1 + R_2) \end{bmatrix}
\cdot
\begin{bmatrix} i_{m_1} \\ \\ i_{m_2} \end{bmatrix}
=
\begin{bmatrix} u_q \\ \\ 0 \end{bmatrix}.$$

Weiter gilt $u_a = i_{m1}R_2 + i_{m_2}R_1$. Die Ströme gehen z.B. durch die Determinantenregel hervor:

$$i_{m_1} = \frac{u_q(2R_1 + R_2)}{(R_1 + R_2)(3R_1 + R_2)}; \qquad i_{m_2} = \frac{u_q R_1}{(R_1 + R_2)(3R_1 + R_2)}.$$

Daraus wird

$$u_a = u_q \frac{R_1 + R_2}{3R_1 + R_2} = 6\,\text{V}.$$

3.4.3 Wir führen in die Schaltung drei unabhängige Maschenströme $i_{m_1} \ldots i_{m_3}$ ein und erhalten nach der Lösungsmethodik „Maschenstromanalyse" im Ergebnis:

$$
\begin{aligned}
(R_6 + R_2 + R_3)i_{m_1} - && R_2 i_{m_2} - && R_3 i_{m_3} &= u_q \\
-R_2 i_{m_1} + (R_1 + R_5 + R_2)i_{m_2} - && R_5 i_{m_3} &= 0 \\
-R_3 i_{m_1} - && R_5 i_{m_2} + (R_3 + R_4 + R_5)i_{m_3} &= 0
\end{aligned}
$$

oder zusammengefaßt

$$
\begin{bmatrix}
(R_2 + R_3 + R_6) & -R_2 & -R_3 \\
-R_2 & (R_1 + R_2 + R_5) & -R_5 \\
-R_3 & -R_5 & (R_3 + R_4 + R_5)
\end{bmatrix}
\cdot
\begin{bmatrix}
i_{m_1} \\ i_{m_2} \\ i_{m_3}
\end{bmatrix}
=
\begin{bmatrix}
u_q \\ 0 \\ 0
\end{bmatrix}.
$$

Man erkennt die Symmetrie der Matrix zur Hauptdiagonalen. Die Zweigströme i_1, i_4, i_6 ergeben sich aus den Maschenströmen: $i_6 = i_{m_1}$, $i_1 = i_{m_2}$, $i_4 = i_{m_3}$.

3.4.4 Für die Knotenspannungen u_{10}, u_{20} ergeben sich aus der Schaltung direkt

$$
\begin{array}{c}
\;\;1\qquad\;\;2 \\
\begin{array}{c} 1 \\ 2 \end{array}
\begin{bmatrix}
G_1 + G_2 & -G_2 \\
-G_2 & G_2 + G_3
\end{bmatrix}
\cdot
\begin{bmatrix}
u_{10} \\ u_{20}
\end{bmatrix}
=
\begin{bmatrix}
i_q \\ 0
\end{bmatrix}.
\end{array}
$$

Daraus folgt durch Auflösen nach u_{20} (Determinatenregel)

$$u_{20} = \frac{i_q G_2}{(G_1 + G_2)(G_2 + G_3) - G_2^2}.$$

3.4.5 Mit Bezugskonten 0 (wie angegeben) gibt es drei unabhängige Knoten $K_1 \ldots K_3$ und damit Knotenspannungen $u_{10} \ldots u_{30}(u_{30} = u_a)$. Die Spannungsquelle u_q wird mit R_1 in eine Stromquelle $i_q = u_q G_1$ gewandelt. Dann ergibt sich

$$
\begin{array}{c}
\quad\;1\qquad\quad\;2\qquad\quad\;\;3 \\
\begin{array}{c} 1 \\ 2 \\ 3 \end{array}
\begin{bmatrix}
(2G_1 + G_2) & -G_1 & -G_2 \\
-G_1 & (2G_1 + G_2) & -G_1 \\
-G_2 & -G_1 & (G_1 + G_2)
\end{bmatrix}
\cdot
\begin{bmatrix}
u_{10} \\ u_{20} \\ u_{30}
\end{bmatrix}
=
\begin{bmatrix}
u_q G_1 \\ 0 \\ 0
\end{bmatrix}.
\end{array}
$$

Die Lösung des Gleichungssystems nach u_{30} ergibt

$$u_{\mathrm{a}} = u_{30} = \frac{u_{\mathrm{q}}(R_1 + R_2)}{3R_1 + R_2}\,.$$

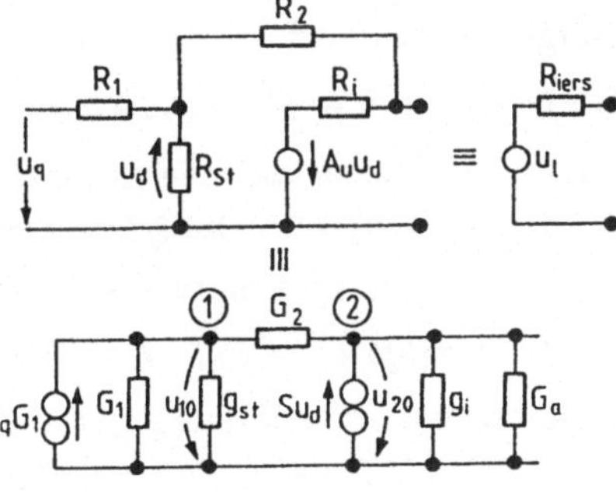

Bild L3.4.6

3.4.6 Zunächst Überführung der Spannungsquellen (Bild L3.4.6) in Stromquellen. Einführung der Knoten 1, 2 mit $(g_{\mathrm{st}} = 1/R_{\mathrm{st}}, S = A_{\mathrm{u}}/R_{\mathrm{i}}, g_{\mathrm{i}} = 1/R_{\mathrm{i}})$ Knotengleichungen

$$\begin{array}{cc} 1 & 2 \end{array}$$
$$\begin{array}{c} 1 \\ 2 \end{array}\begin{bmatrix} G_1 + G_2 + g_{\mathrm{st}} & -G_2 \\ -G_2 & g_{\mathrm{i}} + G_2 \end{bmatrix} \cdot \begin{bmatrix} u_{10} \\ u_{20} \end{bmatrix} = \begin{bmatrix} u_{\mathrm{q}}G_1 \\ S \cdot u_{\mathrm{d}} \end{bmatrix}\,.$$

Mit $u_{10} = -u_{\mathrm{d}}$ wird

$$\begin{array}{cc} 1 & 2 \end{array}$$
$$\begin{array}{c} 1 \\ 2 \end{array}\begin{bmatrix} G_1 + G_2 + g_{\mathrm{st}} & -G_2 \\ -G_2 + S & G_{\mathrm{i}} + G_2 \end{bmatrix} \cdot \begin{bmatrix} u_{10} \\ u_{20} \end{bmatrix} = \begin{bmatrix} u_{\mathrm{q}}G_1 \\ 0 \end{bmatrix}\,.$$

Auflösung nach u_{20} ergibt

$$u_{20} = \frac{-u_{\mathrm{q}}G_1(S - G_2)}{(G_{\mathrm{i}} + G_2 + g_{\mathrm{st}})(g_{\mathrm{i}} + G_2) + G_2(S - G_2)} = u_2\,.$$

Damit ist u_{l} bestimmt.

Bestimmung von R_{iers}: Durch Zuschalten des Leitwertes G_{a} verändern wir u_2 so, daß sich $u_2/2$ einstellt. Dann gilt $G_{\mathrm{a}} = G_{\mathrm{iers}}$. Es gilt so

$$\frac{1}{(G_1 + G_2 + g_{\mathrm{st}})(G_{\mathrm{a}} + g_{\mathrm{i}} + G_2) + G_2(S - G_2)}$$
$$\equiv \frac{1}{2}\frac{1}{(G_1 + G_2 + g_{\mathrm{st}})(g_{\mathrm{i}} + G_2) + G_2(S - G_2)}\,.$$

Aufgelöst nach G_{a} wird daraus:

$$R_{\mathrm{iers}} = R_{\mathrm{a}} = \frac{G_1 + G_2 + g_{\mathrm{st}}}{(G_{\mathrm{i}} + G_2 + g_{\mathrm{st}})(g_{\mathrm{i}} + G_2) + G_2(S - G_2)}\,.$$

Hinweis: R_iers-Bestimmung kann auch durch Einführung eines sog. Probestromes an die Ausgangsklemmen und Berechnung der dadurch hervorgerufenen Spannungsänderung erfolgen.

4.1.1 Es gilt $\hat{u} = \sqrt{2}U = 14{,}1\,\text{V}$, $\omega = 314\,\text{s}^{-1}$, $u(t) = \hat{u}\sin(\omega t + \varphi_\text{u})$, $\varphi_\text{u} = -15{,}22°$.

4.1.2 Die Sinusspannung hat den Gleichrichtwert $\overline{|u|} = (2/\pi)\hat{u} = 207\,\text{V}$, demnach kann keine Sinusspannung vorliegen.

4.2.1 Sinngemäßes Entwickeln von Gl. (4.1.14) führt auf $\hat{u}_{\text{q}_2} = 15\,\text{V}$, $\varphi_{\text{u}_2} = 12°$.

4.2.2 $\omega = I/CU = 2\pi f$, $f = 81\,\text{Hz}$.

4.3.1 a) $u(t) = \sqrt{2}U\sin(2\pi f t + \varphi_\text{u})$, $i(t) = \sqrt{2}I\sin(2\pi f t + \varphi_\text{i})$,
b) $\underline{u}(t) = \hat{u}\exp\text{j}(\omega t + \varphi_\text{u}) = \underline{\hat{u}}\exp\text{j}\,\omega t$, $\underline{\hat{u}} = \sqrt{2}\underline{U}$,
  $\underline{i}(t) = \hat{\imath}\exp\text{j}(\omega t + \varphi_\text{i}) = \underline{\hat{\imath}}\exp\text{j}\,\omega t$, $\underline{\hat{\imath}} = \sqrt{2}I$,
c) nein, da $\angle(\varphi_\text{i} - \varphi_\text{u}) \neq |\pi/2|$.

4.3.2 Gegeben: $\underline{U} = 10\,\text{V}/\,\angle 0°$, $\underline{I} = 20\,\text{mA}\,\angle 30°$. Damit wird $\underline{Z} = \underline{U}/\underline{I} = 500\,\Omega\angle{-}30° \equiv R + \text{j}\,X$. Umwandlung in rechtwinklinge Koordinaten $R, \text{j}\,X$ ergibt $\underline{Z} = R + \text{j}\,X = (433 - \text{j}\,250)\Omega$.

4.3.3 a) Widerstand des Lötkolbens: $R = U^2/P = (230)^2\,\text{V}/30\,\text{W} = 1{,}763\,\text{k}\Omega$. Spannung U_R bei halber Leistung: $U_\text{R} = \sqrt{PR} = \sqrt{15\,\text{W} \cdot 1{,}76\,\text{k}\Omega} = 162\,\text{V}$. Spannung am Kondensator: $U_\text{C} = \sqrt{U^2 - U_\text{R}^2} = 162\,\text{V}$, Kondensatorstrom $I = U_\text{R}/R$, Kondensator $C = 1/\omega X_\text{c} = I/\omega U_\text{C} = U_\text{R}/\omega R U_\text{C} = 1/\omega R = 1{,}81\,\mu\text{F}$. Hinweis: Aufgabe kann auch direkt im Frequenzbereich gelöst werden. Führen Sie dies durch!

4.3.4 Es gilt im Frequenzbereich $\underline{I} = (G + \text{j}\,\omega C)\underline{U}$, damit $\underline{I}_\text{G} = G\underline{U}$, $\underline{I}_\text{C} = \text{j}\,\omega C\underline{U}$, $\underline{I} = \underline{I}_\text{G} + \underline{I}_\text{C}$. Lösung im Zeitbereich: $i(t) = \hat{\imath}\sin(\omega t + \varphi_\text{i})$ mit $\hat{\imath} = \sqrt{2}I = \sqrt{2}\sqrt{G^2 + (\omega C)^2}U = 31{,}6\,\text{mA}$, $\varphi_\text{i} = \varphi_\text{u} + \varphi_\text{y}$ mit $\tan\varphi_\text{y} = \omega C/G = 2$, $\varphi_\text{y} = 63{,}43°$.

4.3.5 Spannungsteilerregel führt auf:

$$\frac{\underline{u}_{\text{C}_1}}{\underline{u}_\text{q}} = \frac{\underline{Z}_1}{\underline{Z}_1 + \underline{Z}_2} = \frac{1}{1 + \underline{Z}_2\underline{Y}_1}$$

$$= \frac{1}{1 + (G + \text{j}\,\omega C_1)/\text{j}\,\omega C_2} = \frac{1}{1 + (C_1/C_2 - \text{j}(G/\omega C_2)}\,,$$

Phasenwinkel aus

$$\tan\varphi_{\text{u}_1} = \frac{G/\omega C_2}{1 + (C_1/C_2)} = \frac{G/\omega}{C_1 + C_2}\,, \quad \varphi_{\text{u}_1} = 89{,}6°\,.$$

4.3.6 Bei offenem Schalter S gilt $\underline{I} = \underline{U}_\text{q}/(R_1 + \text{j}\,\omega L)$, bei geschlossenem $\underline{I}' = \underline{U}_\text{q}/(R_1 + (R_2 \parallel \text{j}\,\omega L))$. Die Forderung $|\underline{I}| = |\underline{I}'|$ führt mit $\text{j}\,X = \text{j}\,\omega L$ auf

$$\frac{1}{R_1^2 + X^2} = \frac{X^2 + R_2^2}{R_1^2 R_2^2 + X^2(R_1 + R_2)^2}$$

und nach Lösung für R_2 auf $R_2 = (\omega L)^2/2R_1$.

4.3.7 Es gibt zwei unabhängige Maschen mit den Maschenströmen i_{m_1}, i_{m_2}. Transformation der Schaltung in den Frequenzbereich ergibt das Gleichungssystem

$$\begin{array}{cc} & \underline{I}_{m_1} \qquad\quad \underline{I}_{m_2} \end{array}$$
$$\begin{array}{c} 1 \\ 2 \end{array} \begin{bmatrix} R + 1/\mathrm{j}\,\Omega C & -1/\mathrm{j}\,\omega C \\ -1/\mathrm{j}\,\omega C & R + 2/\mathrm{j}\,\omega C \end{bmatrix} \cdot \begin{bmatrix} \underline{I}_{m_1} \\ \underline{I}_{m_2} \end{bmatrix} = \begin{bmatrix} \underline{U}_q \\ 0 \end{bmatrix} \,.$$

Ausgangsspannung $\underline{U}_a = R\underline{I}_{m_2}$. Lösung nach $\underline{I}_{m_2}$ führt auf $(\Omega = \omega RC)$

$$\frac{\underline{U}_a}{\underline{U}_q} = \frac{\mathrm{j}\,\Omega}{1 - \Omega^2 + \mathrm{j}\,3\Omega}$$

$$= \frac{\Omega}{\sqrt{(1 - \Omega^2)^2 + 9\Omega^2}} \, \frac{\exp(\mathrm{j}\,\pi/2)}{\exp\mathrm{j}\,\arctan(3\Omega/(1 - \Omega^2))} = F\,\mathrm{e}^{\mathrm{j}\,\varphi_F} \,.$$

Lösung im Zeitbereich: $u_q(t) = \hat{u}_q \sin(\omega t + \varphi_u)$;
$$u_a(t) = \hat{u}_a \sin(\omega t + \varphi_a)$$

mit $\hat{u}_a = F\hat{u}_q$; $\varphi_a = \varphi_u + \varphi_F$, $\varphi_F = \pi/2 - \arctan 3\Omega/(1 - \Omega^2)$.

4.4.1 Es gilt $\underline{U} = \underline{I}(R + \mathrm{j}\,\omega L)$, $\underline{U}_R = \underline{I}R, \underline{U}_L = \underline{I}\mathrm{j}\,\omega L$. Rechteckkonstruktion. Zahlenwerte: $U_R = 1\,\mathrm{V}$, $U_L = 3\,\mathrm{V}$, $U = \sqrt{U_R^2 + U_L^2} - \sqrt{10}\,\mathrm{V}$.

4.4.2 Resonanz $f_0 = 23{,}99\,\mathrm{kHz}$, a) $U_R = 1\,\mathrm{V}$, $\underline{U}_L = \mathrm{j}\,\omega_0 L\underline{I}$, $U_L = 30{,}1\,\mathrm{V}$, $\underline{U}_C = \underline{I}/\mathrm{j}\,\omega C$, $U_C = 30{,}1\,\mathrm{V}$. b) Bei $\omega = 1{,}05\omega_0$ erhöht sich U_L um rd. 5 % und U_C sinkt um 5 % gegenüber den Werten a).

4.4.4 Spannungsübertragungsfunktion

$$\frac{\underline{U}_a}{\underline{U}_e} \equiv \frac{\underline{U}_a}{\underline{U}_{st}} = \frac{A_u}{1 + \mathrm{j}\,\omega C R_i} \,.$$

Tiefpaß mit Grenzfrequenz $\omega_g RC = 1$. Bode-Diagramm nach Bild 4.4.6.

4.5.1 Es gilt $\underline{U} = \underline{I}(R - \mathrm{j}\,/\omega C)$, $U = I \cdot Z$,
$Z = \sqrt{R^2 + (1/\omega C)^2} = R\sqrt{1 + \tan^2(\varphi_u - \varphi_i)} = 30\,\mathrm{k}\Omega$
$\tan(\varphi_u - \varphi_i) = -(1/R\omega C) = 0{,}577$
$X = -1/\omega C = -14{,}99\,\mathrm{k}\Omega$, $C = 220\,\mathrm{nF}$, $R = 25{,}98\,\mathrm{k}\Omega$, Wirkleistung $P = 2{,}59\,\mathrm{W}$,
Blindleistung $Q = -1{,}499\,\mathrm{W}$, $S = \sqrt{P^2 + Q^2} = 2{,}99\,\mathrm{W}$.

4.5.2 $\underline{Y}_a = \underline{Y}_i{*}$, d.h. $G_a = G_i = 1\,\mathrm{mS}$, $B_a = -B_i = -\mathrm{j}\,2\mathrm{mS}$ (Induktivität).

4.6.1 Es ist $\underline{Z}_{w_1} = \sqrt{\underline{Z}_{11}(\underline{Z}_{11} - (\underline{Z}_{12}/\underline{Z}_{21}/\underline{Z}_{22}))} = \underline{Z}_{w_2}$ (Vierpolsymmetrie, $\underline{Z}_{11} = \underline{Z}_{22}$, $\underline{Z}_{21} = \underline{Z}_{12}$). $\underline{Z}_w = 45{,}8\,\Omega \rightarrow \underline{Z}_1 = \underline{Z}_2 = 45{,}8\,\Omega$ (reell). Ausgangsleistung P_a = Eingangsleistung P_e, da Vierpol nur aus Blindschaltelementen besteht.

4.6.2 $\underline{Y}_{11} = \left.\dfrac{\underline{I}_1}{\underline{U}_1}\right|_{\underline{U}_2=0} = G_e \,,$ $\qquad\qquad \underline{Y}_{12} = \left.\dfrac{\underline{I}_1}{\underline{U}_2}\right|_{\underline{U}_1=0} = 0$

$\underline{Y}_{21} = \left.\dfrac{\underline{I}_2}{\underline{U}_1}\right|_{\underline{U}_2=0} = \dfrac{B\underline{I}_1}{\underline{U}_1} = BG_e \,;$ $\quad \underline{Y}_{22} = \left.\dfrac{\underline{I}_2}{\underline{U}_2}\right|_{\underline{U}_1=0} = G_a \,.$

Das sind die Standardleitwertparameter einer Transistorersatzschaltung.

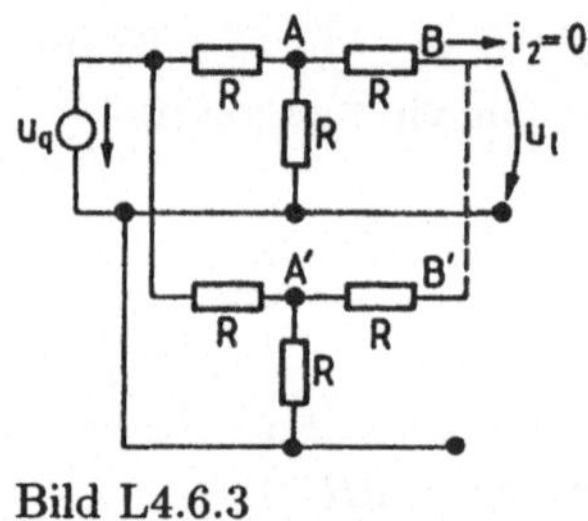

Bild L4.6.3

4.6.3 Für eine T-Schaltung ist das Ergebnis $u_q/2$ durch die Spannungsteilerregel sofort ersichtlich, m.a.W. ist der Zweig AB stromlos (Bild L4.6.3). Auch für einen zweiten, parallelgeschalteten T-Vierpol gilt dieses Ergebnis ($A'B'$ stromlos), m.a.W. können B und B' zusammengeschaltet werden. Das Ergebnis gilt auch für beliebig viele parallelgeschaltete Anordnungen wie gegeben.

4.6.4 A) Ergebnis: $\underline{U}_2 = 0$, da $\underline{Y}_{21} = 0$. b) Haben die Einzelvierpole die Widerstandsparameter $\underline{Z}'_{ik}, \underline{Z}''_{ik}$, so folgt für die Parallelschaltung

$$\underline{Y}_{12} = \underline{Y}'_{12} + \underline{Y}''_{12} = -\left\{ \frac{\underline{Z}'_{12}}{\Delta \underline{Z}'} + \frac{\underline{Z}''_{12}}{\Delta \underline{Z}''} \right\},$$

wobei die Umkehrbarkeit und Symmetrie der Einzelschaltungen $\underline{Z}_{11} = \underline{Z}_{22}$, $\underline{Z}_{12} = \underline{Z}_{21}$ gilt. Für die Vierpole gilt: $\underline{Z}'_{11} = \underline{Z}_1 + \underline{Z}_2$, $\underline{Z}'_{12} = \underline{Z}_2$, $\underline{Z}''_{11} = \underline{Z}_3 + \underline{Z}_4$, $\underline{Z}''_{12} = \underline{Z}_4$ und damit

$$\underline{Y}_{12} = \left\{ -\frac{\underline{Z}_2}{2\underline{Z}_1(\underline{Z}_1 + 2\underline{Z}_2)} + \frac{\underline{Z}_4}{\underline{Z}_3(\underline{Z}_3 + 2\underline{Z}_4)} \right\}.$$

Im Beispiel ist $\underline{Z}_2 = -j_1\ \Omega$, $\underline{Z}_1 = 2\Omega$, d.h. $\underline{Z}_2 = -j(\underline{Z}_1/2)$. Für die Forderung $\underline{Z}_4$ reell ergibt sich aus

$$0 = \frac{-j}{2\underline{Z}_1(1 - j)} + \frac{\underline{Z}_4}{\underline{Z}_3(\underline{Z}_3 + 2\underline{Z}_2)}$$

durch Vergleich der Real- und Imagniärteile die Lösung

$$\underline{Z}_3 = -j\underline{Z}_1, \quad \underline{Z}_4 = \underline{Z}_1/2.$$

Betragen beispielsweise $\underline{Z}_1 = 2\Omega$, $\underline{Z}_2 = -j1\Omega$, so gelten $\underline{Z}_3 = -j2\Omega$, $\underline{Z}_4 = 1\Omega$. Die Schaltung ist als sog. Doppel-T-Brücke bekannt.

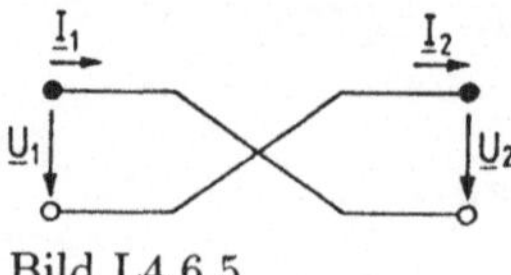

Bild L4.6.5

4.6.5 Leitungsüberkreuzung (Bild L4.6.5).

4.6.6 a) Aus Kettengleichung: $\underline{A}_{11} = \dfrac{\underline{U}_1}{\underline{U}_2}\bigg|_{\underline{I}_2=0}$;

Spannungsteilerregel: $\dfrac{\underline{U}_2}{\underline{U}_1} = \dfrac{1}{1+j\omega RC} = \dfrac{1}{\underline{A}_{11}}$

$$\underline{A}_{22} = \dfrac{\underline{I}_1}{\underline{I}_2}\bigg|_{\underline{U}_2=0} \quad C \text{ kurzgeschlossen } (\underline{I}_1 = -\underline{I}_2)) \to \underline{A}_{22} = -1$$

$$\underline{A}_{12} = \dfrac{\underline{U}_1}{\underline{I}_2}\bigg|_{\underline{U}_2=0} \quad C \text{ kurzgeschlossen },\underline{U}_1 = R\underline{I}_1 = -R\underline{I}_2 \,;\; \underline{A}_{12} = -R$$

$$\underline{A}_{21} = \dfrac{\underline{I}_1}{\underline{U}_2}\bigg|_{\underline{I}_2=0} = j\omega C \,.$$

b) $F(j\omega) = \dfrac{\underline{U}_2}{\underline{U}_1}\bigg|_{\underline{I}_2=0} = \dfrac{1}{\underline{A}_{11}}$.

c) Vorzeichen $\underline{I}_2$ beachten (erste Matrix). Kettenschaltung führt mit Teilmatrizen $\underline{A}_1, \underline{A}_2$ auf

$$\underline{A}_{\text{ges}} = \begin{bmatrix} 1+j\omega RC & R \\ j\omega C & 1 \end{bmatrix} \cdot \begin{bmatrix} 1+j\omega RC & -R \\ j\omega C & -1 \end{bmatrix}$$

Übertragungsverhalten $\underline{F}$ durch $\underline{A}_{11\text{ges}}$ bestimmt

$$\underline{A}_{11\text{ges}} = (1+j\omega RC)^2 + j\omega RC = 1 + 3j\omega RC - (\omega RC)^2 \,.$$

(Hinweis: es ist nicht $\underline{F} = \underline{F}_1 \cdot \underline{F}_2$, da keine Rückwirkungsfreiheit vorliegt).

4.6.7 a) Das Spannungsübersetzungsverhältnis lautet

$$\dfrac{\underline{U}_2}{\underline{U}_1} = \dfrac{1+j\omega CR_2}{1+j\omega C(R_1+R_2)} = \underline{F}(j\omega) = \underline{G}(j\omega)$$

b) Für $R_1 = 9R_2$

$$\underline{G}(j\omega) = \dfrac{1+j\omega CR_2}{1+j\omega C10R_2} \,,$$

dominante Tiefpaßfunktion: $\to \omega_{3\,\text{dB}}\, C10R_2 = 1 \to$ $\omega_{3\,\text{dB}} = 1/10CR_2$ (Bild L4.6.7). Für hohe Frequenzen: $\lim_{\omega\to\infty} G(j\omega) = 1/10$. 3dB-Abweichung nach hohen Frequenzen: $\omega_2 = 1/CR_1 = 10\omega_{3\,\text{dB}}$.

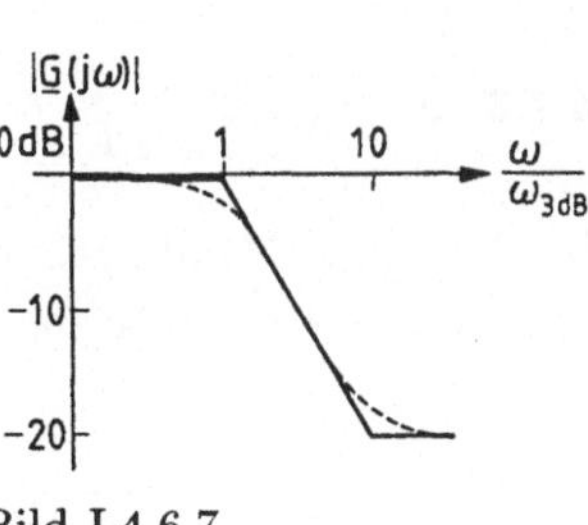

Bild L4.6.7

4.6.8 Ausgang sind Gl. (2.4.19)

$$\underline{U}_1 = j\omega L_1\underline{I}_1 + j\omega M\underline{I}_2$$
$$\underline{U}_2 = j\omega M\underline{I}_1 + j\omega L_2\underline{I}_2 \,; \qquad \underline{U}_2 = -\underline{I}_2 R \,.$$

Eliminierung von $\underline{I}_2$ ergibt (mit $M = k\sqrt{L_1 L_2}$)

$$\underline{Z} = \frac{\underline{U}_1}{\underline{I}_1} = \frac{\omega^2(M^2 - L_1 L_2) + \mathrm{j}\,\omega L_1 R}{R + \mathrm{j}\,\omega L_2}$$

$$= \frac{\omega^2 L_1 L_2 (k^2 - 1) + \mathrm{j}\,\omega L_1 R}{R + \mathrm{j}\,\omega L_2} \approx \frac{L_1}{L_2} R = (\frac{w_1}{w_2})^2 R, \qquad \omega L_2 \gg R,\ k \to 1.$$

Widerstandstransformation $(w_1/w_2)^2 R$ erfolgt nur bei Leerlaufbelastung $R \gg \omega L_2$ und fester Kopplung $k \to 1$.

4.7.1 Die Funktion ist weder gerade noch ungerade noch liegt Halbwellensymmetrie vor. Daher

$$A_{\mathrm{n}} = \frac{2}{T} \int\limits_0^{T/4} U \cos n\omega_0 t + \int\limits_{T/4}^{T} \omega_0 \,\mathrm{d}t = \frac{2U}{T} \cdot \frac{\sin n\omega_0 t}{n\omega_0}\Big|_0^{T/4} = \frac{U}{n\pi} \sin \frac{n\pi}{2}\,.$$

$$B_{\mathrm{n}} = \frac{2}{T} \int\limits_0^{T/4} U \sin n\omega_0 t = \frac{U}{n\pi}(1 - \cos \frac{n\pi}{2})\,.$$

Mittelwert: $A_0 = \int\limits_0^{T/4} f(t)\,\mathrm{d}t = \frac{U}{4}\,.$

b) $u(t) = \dfrac{U}{4} + \dfrac{\sqrt{2U}}{\pi} \cos(\omega_0 t - 45°) + \dfrac{U}{\pi} \cos(2\omega_0 t - 90°) + \dfrac{\sqrt{2U}}{3\pi} \cos(3\omega_0 t - 135°).$

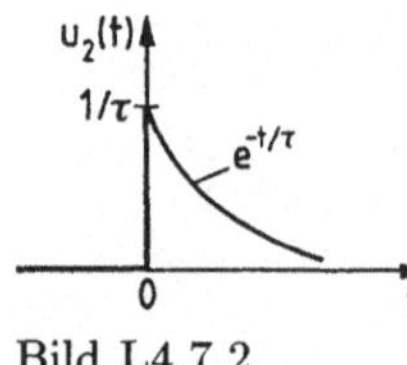

Bild L4.7.2

4.7.2 Es ist $u_{\mathrm{q}}(t) = A\delta(t)$. Fouriertransformierte: $\underline{U}_{\mathrm{q}}(\mathrm{j}\,\omega) = \mathcal{F}\{A\delta(t)\} = A \cdot 1$. Frequenzgang der Schaltung $\underline{F}(\mathrm{j}\,\omega) = \underline{G}(\mathrm{j}\,\omega) = 1/(1 + \mathrm{j}\,\omega RC)$. Ausgangsgröße $\underline{U}_2(\mathrm{j}\,\omega) = \underline{U}_{\mathrm{q}}(\mathrm{j}\,\omega)\underline{F}(\mathrm{j}\,\omega) = A \cdot 1/RC(1/RC + \mathrm{j}\,\omega)$. Mit $\mathcal{F}^{-1}\{1/(a + \mathrm{j}\,\omega)\} = s(t)\mathrm{e}^{-at} \to u_2(t) = s(t)A/RC \exp -t/RC;\ a = 1/RC$ (Bild L4.7.2).

4.7.3 a) $\mathcal{F}(\mathrm{j}\,\omega) = \int\limits_{-\infty}^{\infty} f(t)\,\mathrm{e}^{-\mathrm{j}\,\omega t}\,\mathrm{d}t = \int\limits_0^{\infty} \mathrm{e}^{-(a+\mathrm{j}\,\omega)t}\,\mathrm{d}t = \dfrac{1}{a + \mathrm{j}\,\omega}\,.$

b) Ortskurve: Halbkreis durch Nullpunkt mit Durchmesser $1/a$ im 4. Quadranten,

c) $\mathcal{F}(\mathrm{j}\,\omega) = (a - \mathrm{j}\,\omega)/(a^2 + \omega^2)\,.$

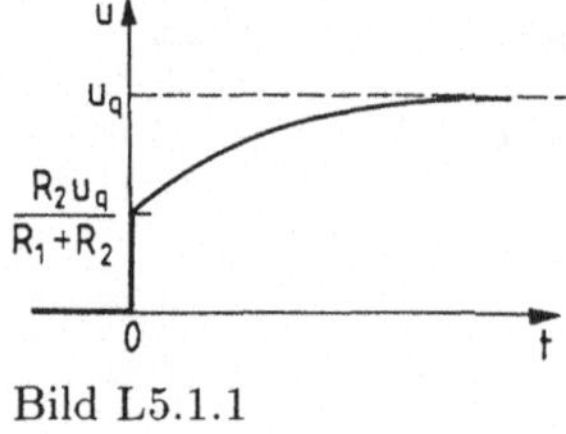

Bild L5.1.1

5.1.1 a) Maschensatz liefert $u_{\mathrm{q}} = u_{\mathrm{C}} + i(R_1 + R_2)$; $i = C\,\mathrm{d}u_{\mathrm{C}}/\mathrm{d}t \to u_{\mathrm{q}} = u_{\mathrm{C}} + (R_1 + R_2)C\,\mathrm{d}u_{\mathrm{C}}/\mathrm{d}t.$ Lösung: $u_{\mathrm{C}} = u_{\mathrm{q}}(1 - \exp -t/\tau),\ \tau = C(R_1 + R_2),$ $i = C\,\mathrm{d}u_{\mathrm{C}}/\mathrm{d}t = uq/(R_1 + R_2)\exp -t/\tau,$ b) $u_2 = u_{\mathrm{C}} + R_2 i = u_{\mathrm{q}}[1 - R_1/(R_1 + R_2)\cdot \mathrm{e}^{-t/\tau}]$ (Bild L5.1.1).

5.1.2 Ersatz des Netzwerkes links vom Schalter durch aktiven Zweipol mit $u_1 = R_2/(R_1 + R_2)U_q = 6\,\mathrm{V}$, $R_i = R_3 + R_1 \parallel R_2 = 50\,\mathrm{k\Omega}$. Differentialgleichung $u_1 = u_C + RC\,du_C/dt$. Lösung $u_C(t) = u_1(1 - \exp{-t/\tau})$.

5.2.1 Kondensator anfangsenergielos. Dann ergibt sich aus den Lösungsgleichungen (mit $\tau_1 = C(R_1 + R_2), \tau_2 = R_2C$) $p\tau_1\underline{U}_C(p) + \underline{U}_C(p) = \mathcal{L}\{u_q\}$ und $p\tau_2\underline{U}(p) + \underline{U}_C(p) = \underline{U}_2(p)$ mit $\mathcal{L}\{u_q\} = U_q(p)/p$ (Einschaltsprung). Auflösen nach $\underline{U}_2(p)$ liefert im Bildbereich als Lösung

$$\underline{U}_2(p) = \frac{u_q\tau_2}{p\tau_1 + 1} + \frac{u_q}{p}\frac{1}{p\tau_1 + 1}\,.$$

Rücktransformation führt auf

$$u_2(t) = u_q\tau_2/\tau_1\,e^{-t/\tau_1} + u_q(1 - e^{-t/\tau_1})$$
$$= u_q(1 - R_1/(R_2 + R_1)\,e^{-t/\tau_1})\,.$$

5.2.2 Es gelten im Bildbereich $\underline{I}_1(p) = pC_1(\underline{U}_1(p) - u_1(0)/p)$ (Strom durch C_1 mit Anfangsspannung $u_1(0), \underline{I}_2(p) = pC_2\underline{U}_2(p), \underline{I}_1(p) = -\underline{I}_2(p)$ und $\underline{U}_1(p) = R\underline{I}_2(p) + \underline{U}_2(p)$. Eliminieren von $\underline{U}_1(p)$ und $\underline{I}$ führt auf

$$\underline{U}_2(p) - \frac{u_1(0)}{p\{1 + (C_2/C_1) + pRC_2\}}\,.$$

Mit Korrespondenz $1/(p(p + a)) \;\bullet\!\!-\!\!\circ\; 1/a(1 - \exp{-at})$ wird mit $a = \dfrac{1 + (C_2/C_1)}{RC_2}$ als Lösung

$$u_2(t) = \frac{u_1(0)}{1 + C_2/C_1}(1 - \exp{-at})\,.$$

5.2.3 Für geschlossenen Schalter gilt für den Stromverlauf

$$i(t) = \frac{u_1(0) - u_2(0)}{R}\exp{-t/\tau}\,; \quad \tau = \frac{RC_1C_2}{C_1 + C_2}\,.$$

Die Kondensatorspannung u_2 wird dann (Bild L5.2.3)

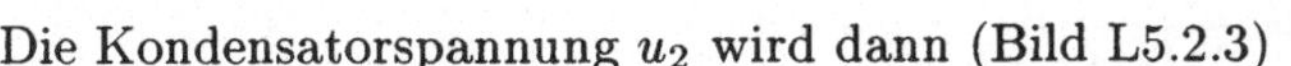

Bild L5.2.3

$$u_2 = u_2(0) + \frac{1}{C_2}\int_0^t i\,dt' = \frac{C_1u_1(0) + C_2u_2(0) - C_1(u_1(0) - u_2(0))\,e^{-t/\tau}}{C_1 + C_2}\,.$$

5.3.1 Im Frequenzbereich ergibt sich die Ausgangsspannung $\underline{U}_2(j\omega)$

$$\underline{F}(j\omega) = \frac{\underline{U}_2(j\omega)}{\underline{U}_q} = \frac{\underline{Z}_2}{\underline{Z}_1 + \underline{Z}_2} = \frac{j\omega CR_2 + 1}{j\omega(R_1 + R_2)C + 1}\,.$$

Daraus wird mit $p = j\omega$

$$\underline{G}(p) = \frac{\tau_2 p + 1}{\tau_1 p + 1}, \qquad \tau_1 = (R_1 + R_2)C,\ \tau_2 = R_2C\,.$$

546 Lösungen

Da $\underline{U}_q$ eine Sprungerregung (Einschalten einer Gleichspannung) darstellt ($\rightarrow u_q/p$) wird (vgl. Aufg. 5.2.1)

$$u_2(t) = \mathcal{L}^{-1}\{\underline{G}(p)(u_q/p)\} = u_q(1 - R_1/(R_1 + R_2)\,\mathrm{e}^{-t/\tau_1}).$$

Die Sprungantwort ist dann

$$h(t) = 1 - [R_1/(R_1 + R_2)]\,\mathrm{e}^{-t/\tau_1}$$

und die Gewichtsfunktion

$$g(t) = \mathrm{d}h/\mathrm{d}t = [R_1/(R_1 + R_2) \cdot 1/\tau_1]\exp -t/\tau_1\,.$$

6.2.1 a) Es gilt

$$\varphi = \int\limits_r^\infty E\,\mathrm{d}r + \varphi_\infty \quad \text{mit}\quad E = \frac{D}{\varepsilon_0} = \frac{Q}{4\pi\varepsilon_0 r^2},\quad \text{da}\quad D = \frac{Q}{A} = \frac{A}{4\pi r^2}\quad \text{und damit}$$

$$\varphi = \int\limits_r^\infty \frac{Q\,\mathrm{d}r}{4\pi\varepsilon_0 r^2} = \frac{Q}{4\pi\varepsilon_0 r}\,. \quad \text{Zahlenwert}\quad r_1 = d_1,\quad Q = Q_1,\quad \varphi_1 = 899\,\text{V}\,.$$

b) Tritt eine zweite Ladung Q_2 hinzu, so beträgt das Gesamtpotential $\varphi = \varphi_1 + \varphi_2 = 1/4\pi\varepsilon_0(Q_1/d_1 + Q_2/d_2)$, $\varphi = 2\varphi_1$, da $Q_2/d_2 = Q_1/d_1$.

6.2.2 a) $Q = Cu = (A\varepsilon_0/d)u = 0{,}442\,\text{nC}$, b) $\Psi = Q = 0{,}442\,\text{nC}$.

6.2.3 a) Es gilt $C = \pi l\varepsilon/\ln a/r = 40{,}11\,\text{nF}$, b) $W = (C/2)u^2 = 200\,\mu\text{Ws}$.

6.2.4 a) Würde durch die Batterie ein eingeprägter Strom I (von außen) fließen, so würde sich im Innern an einem Zylindermaterial $A(r) = 2\pi lr$ die Stromdichte $S(r) = I/A(r)$ und damit Feldstärke $E(r) = S(r)/\kappa = I/2\pi\kappa lr$ einstellen. In einem Punkt r gehört dazu das Potential

$$\varphi(r) = \int\limits_r^{r_a} E(r)\,\mathrm{d}r = \frac{I}{2\pi l\kappa}\int\limits_r^{r_a}\frac{\mathrm{d}r}{r} = \frac{I}{2\pi l\kappa}\ln\frac{r_a}{r}\,.$$

Wir setzen $\varphi = 0$ bei $r = r_a$. Die Spannung u zwischen beiden Elektroden lautet $u = \varphi(r_i) - \varphi(r_a) = I/2\pi\kappa l \cdot \ln r_a/r_i$. Rückeingesetzt wird die Feldstärke $E(r) = (u/r)/\ln r_a/r_i$.

b) $\qquad E(r_i) = \dfrac{1{,}5\,\text{V}}{3\,\text{mm}\,\ln 25/6} = 35{,}8\,\text{mV/mm}\,;\qquad E(r_a) = 8{,}27\,\text{mV/mm}\,.$

6.2.5 Es gilt $S = \text{const.} \rightarrow E_1 = S/\kappa_1$; $E_2 = S/\kappa_2$, $E_3 = S/\kappa_3$, $E_1 = 10^{-1}\,\text{V/cm}$, $E_2 = E_1/3$, $E_3 = E_1/6$.

6.2.6 Es gilt wegen $N_D = 10^{14}\,\text{cm}^{-3}$, $p \approx n_i^2/N_D = 10^6\,\text{cm}^{-3}$. Leitfähigkeit $\kappa = q(n\mu_n + p\mu_p) = 2{,}24 \cdot 1/\Omega\text{m}$. Die Löcherkonzentration ist vernachlässigbar ($p \ll$, n-Halbleiter). Widerstand: $R = l/\kappa A = 8{,}92\,\text{M}\Omega$.

6.2.7 Die Elektronendiffusionsstromdichte beträgt $S_n = \mu_n q U_T (dn/dx) = 0{,}14\,\mathrm{m^2/Vs} \cdot 1{,}6 \cdot 10^{-19}\,\mathrm{As} \cdot 25\,\mathrm{mV}(10^{14} - 10^6)\,\mathrm{cm^{-3}}/3 \cdot 10^{-6}\,\mathrm{m} = 1{,}94 \cdot 10^4\,\mathrm{Am^{-2}}$. Die Gesamtstromdichte verschwindet bei

$$E = \frac{S_n}{q\mu_n n} = \frac{1{,}94 \cdot 10^4\,\mathrm{Am^{-2}}}{1{,}6 \cdot 10^{-19}\,\mathrm{As} \cdot 0{,}5 \cdot 10^{20}\,\mathrm{m^{-3}} \cdot 0{,}14\,\mathrm{m^2/Vs}} = 1{,}7 \cdot 10^4\,\mathrm{Vm^{-1}}.$$

6.3.1 a) Die Ströme erzeugen in der Mitte die Feldstärke H_1, H_2 (Beträge): $H_1 = i_1/2\pi a = 1A/2\pi \cdot 15\,\mathrm{cm} = 1{,}05\,\mathrm{A/m}$; $H_2 = i_2/2\pi a = 2{,}12\,\mathrm{A/m}$. Die Gesamtfeldstärke ergibt sich durch (vektorielle) Addition der Komponenten: bei übereinstimmenden Stromrichtungen $H_{ges} = H_1 - H_2 = -1{,}06\,\mathrm{A/m}$. b) Bei entgegengerichteten Strömen gilt $H_{ges} = H_1 + H_2 = 3{,}18\,\mathrm{A/m}$.

6.3.2 Außerhalb des Leiters $(r \geq d_a/2)$ gilt $H = i/2\pi r$. Im Leiterinnern ist das Magnetfeld jeweils mit einem Teilstrom verkettet. Teilstrom durch Stromdichte bestimmt: $\oint \vec{H}\,d\vec{s} = \int_A \vec{S}\,d\vec{A} \to H \cdot 2\pi r = i$; $S = i \cdot 4/\pi d^2$ (const. über Leiterquerschnitt). Teilstrom $i_r = SA_r = i\pi r^2/\pi r_a^2 = i(r/r_a)^2$. Damit $H(r) = i_r/2\pi r = ir/2\pi r_a^2 (0 \leq r \leq r_a)$. Zahlenwert: $H(r_a) = 100\,\mathrm{A}/\pi\,1\,\mathrm{cm} = 31{,}8\,\mathrm{A/cm}$.

6.3.3 a) Die magnetischen Feldlinien verlaufen praktisch alle innerhalb des Spulenkörpers. Mit mittlerem Durchmesser d gilt dann: $H = iw/\pi d = 159{,}2\,\mathrm{A/m}$; $B = \mu_0 H = 4\pi \cdot 10^{-7}\,\mathrm{Vs/Am} \cdot 159\,\mathrm{A/m} = 1{,}99 \cdot 10^{-4}\,\mathrm{Vs/m^2} = 1{,}99 \cdot 10^{-4}\,\mathrm{T}$, $\Phi = BA = 9{,}99 \cdot 10^{-8}\,\mathrm{Vs}$, $\Theta = iw = 50\,\mathrm{A}$ (Amperewindungen), $R_m = \Theta/\Phi = 5 \cdot 10^8$ A/Vs. b) Unverändert bleiben H und Θ, es erhöht sich $B = \mu_r\mu_0 H$, Φ und R_m sinkt.

6.3.4 $L = w^2\mu_0 A/l = w^2(\mu_0\pi d^2)/4l = 6{,}16 \cdot 10^{-3}\,\mathrm{H}$.

6.3.5 Es gilt für die magnetische Feldstärke in Spule 1: $H_1 = i_1 w_1/l_1$. Dabei entsteht der Fluß $\Phi_1 = B_1 A_1 = \mu_0 H_1 A_1 = (\mu_0 i_1 w_1/l_1)\,(d_1^2\pi/4)$ und die Induktivität $L_1 = \Phi_1/i_1 = w_1^2(\mu_0 d_1^2\pi/4l_1) = 157\,\mu\mathrm{H}$. Die Spule 2 wird vom Fluß $\Phi_{12} = \mu_0 H_1(d_2^2\pi/4) = (\mu_0 w_1/l_1)(d_2^2\pi/4)i_1$ durchsetzt. Er induziert die Spannung $u_2 = w_2(d\Phi_{12}/dt) = M(di_1/dt)$ mit $M = w_1 w_2(\mu_0 d_2^2\pi/4l_1) = 628 \cdot 10^{-9}\,\mathrm{H}$.
b) Bei zeitveränderlichem Strom beträgt $u_2 = M(di_1/dt) = \omega M\hat{i}\cos\omega t$, $\hat{u}_2 = \omega M\hat{i} = 197\,\mu\mathrm{V}$.

6.3.6 a) Querschnitt der Ferritantenne wird senkrecht von H-Linien durchsetzt.
b) $u_i = wA(\mu_r\mu_0/2\pi r)(di/dt) = 3{,}92\,\mathrm{mV}$.

6.3.7 a) Es gilt $F = B \cdot i \cdot l$ mit $i = p/u$. Leiter 1 befindet sich im Magnetfeld des anderen, d.h. $i \to i_1$, $B \to B_2 = \mu_0 i_2/2\pi r = \mu_0 p/2\pi r u$, $i_1 = i_2 \to F = l\mu_0/2\pi r(p/u)^2 = 16 \cdot 10^{-6}\,\mathrm{N}$. Kraft durch großen Abstand vernachlässigbar,
b) $H = (1/2)\pi r(p/u) = 31{,}8\,\mathrm{mA/m}$. $B = \mu_0 H = 39{,}5 \cdot 10^{-12}\,\mathrm{Vs/m^2}$ (extrem klein).

Sachverzeichnis